国家林业和草原局普通高等教育"十三五"规划教材
"十三五"江苏省高等学校重点教材

树木病原菌物学

吴小芹　叶建仁　主编

中国林业出版社

内容提要

本书主要依据《菌物词典》第 10 版的分类系统，并结合新近的研究进展，较系统阐述了菌物各主要类群的形态特征和分类地位。本书在介绍基本知识点的基础上，还注重增加了相关的最新研究成果，重点对与树木病害相关或有其他重要意义的代表属种进行了较为详细的介绍。全书分上下两篇，共 12 章，上篇为总论，包括第 1 章菌物概述、第 2 章菌物的一般性状、第 3 章菌物的代谢与遗传、第 4 章菌物分类系统；下篇为各论，包括第 5 章原生动物界中的菌物、第 6 章藻物界中的菌物、第 7 章壶菌门、第 8 章芽枝霉门、第 9 章接合菌类、第 10 章子囊菌门、第 11 章担子菌门和第 12 章无性型真菌。分章介绍了各类菌物的形态特征、分类地位、重要属种的形态特征及其引起的树木病害种类等。

本书可作为森林保护、林学、园林、园艺、生物学、菌物学、植物学、生态学等专业本科生和研究生的教材或参考书，也可作为相关研究工作者及大专院校相关专业师生及兴趣爱好者的参考书或工具书。

图书在版编目(CIP)数据

树木病原菌物学/吴小芹，叶建仁主编. —北京：中国林业出版社，2020.10
国家林业和草原局普通高等教育"十三五"规划教材
"十三五"江苏省高等学校重点教材
ISBN 978-7-5219-0866-4

Ⅰ.①树… Ⅱ.①吴… ②叶… Ⅲ.①树木-病原细菌-高等学校-教材 Ⅳ.①S432.1

中国版本图书馆 CIP 数据核字(2020)第 202143 号

"十三五"江苏省高等学校重点教材　　　教材编号：2017-2-163

中国林业出版社教育分社
策划编辑：肖基浒　范立鹏　　责任编辑：范立鹏　高兴荣　　责任校对：苏　梅
电　　话：(010)83143626　　传　　真：(010)83143516

出版发行	中国林业出版社(100009　北京市西城区德内大街刘海胡同 7 号) E-mail:jiaocaipublic@ 163.com　电话:(010)83143500 http://www.forestry.gov.cn/lycb.html
经　销	新华书店
印　刷	北京中科印刷有限公司
版　次	2020 年 12 月第 1 版
印　次	2020 年 12 月第 1 次印刷
开　本	787mm×1092mm　1/16
印　张	23
字　数	545 千字
定　价	56.00 元

未经许可，不得以任何方式复制或抄袭本书之部分或全部内容。

版权所有　侵权必究

《树木病原菌物学》编写人员

主　　编：吴小芹　叶建仁

编写人员：吴小芹（南京林业大学）
　　　　　叶建仁（南京林业大学）
　　　　　戴婷婷（南京林业大学）
　　　　　朱丽华（南京林业大学）
　　　　　黄　麟（南京林业大学）
　　　　　薛　旗（南京林业大学）
　　　　　胡龙娇（南京林业大学）
　　　　　吴苗苗（南京林业大学）
　　　　　黄　鑫（南京林业大学）

主　　审：李德伟

前　言

菌物是地球上一类种类繁多且十分重要的生物类群。据最新估计全世界菌物约有220万~380万种，是世界上生物多样性最丰富的生物类群之一。依据目前最新的生物分类系统，菌物涉及三个界中的生物，即真菌界（Fungi）、藻物界（Chromista，茸鞭生物界Stramenopila）和原生动物界（Protozoa）。

菌物在地球上几乎无处不在，占据了所有可能的生态位。曾有报道称若缺少了菌物，植物在陆地上就无法定殖。在地球生态系统中，菌物与人类的生产生活息息相关。菌物作为分解者，在大自然物质循环中起着关键的作用。许多菌物种类被广泛应用于医药、食品、化学工业和生物农药等领域，给人类带来了益处。然而某些菌物对人类的经济生活也造成了严重的危害。除有些菌物可引起人和动物疾病及食物和其他农产品腐败变质外，许多菌物还能使植物发生病害。由菌物引起的植物病害约占其病害总数的70%~80%。世界上有许多著名的农作物和林木病害都曾造成了巨大的经济损失和生态灾难以及严重的社会影响，如马铃薯晚疫病（*Phytophthora infestans*）、榆树枯萎病（*Ophiostoma ulmi/O. novo-ulmi*）和栗疫病（*Cryphonectria parasitica*）等。正是由于这种人与菌物间错综复杂的、直接或间接的关系及其作用，人们对菌物的认识和了解就显得非常的重要和迫切。

目前，我国高等农林院校中常用的菌物学方面的教材或参考书，主要是普通菌物学或者是内容上偏重于农作物菌物病害种类介绍的菌物学教材，而对于农林院校中的森林保护、林学、园林、园艺、生物学和生态学等涉林专业，在开展菌物学教学过程中尚缺乏以树木病原菌物为内容重点的菌物学教材。正是基于这样的考虑，依据现阶段菌物分类学和树木病理学等学科的最新研究进展，并结合森林保护、林学、园林等涉林相关专业对菌物学系统知识的需要，我们组织编写了这本《树木病原菌物学》教材。

近年来菌物分类学发展很快，研究手段从发现菌物的描述性记述，已发展到细胞和分子水平的研究。所产生的重要影响主要是对菌物基因序列的分析及其分子系统学的追溯，改变了以往人们对菌物成员之间相互系统发育关系的认知。本书主要以《菌物词典》第10版的分类体系为依据，并参考借鉴近年国内外菌物学和树木病理学的相关研究进展，除介绍基本的重要菌物类群外，偏重了树木主要病原菌物的分类和种类形态描述。本书共分12章，前4章为菌物生物学基础知识，主要包括菌物概述，菌物一般性状，菌物代谢与遗传，菌物分类系统等；后8章为菌物分类学各论部分，重点介绍了各主要菌物类群的形态特征、分类地位、与树木病害相关的重要属种的形态特征及其引起的树木病害的种类，以及其他重要属种的形态特征，分类地位及经济重要性等。第1章至第3章由吴小芹和胡龙娇编写，第4章由戴婷婷和吴小芹编写，第5章和第7章由戴婷婷编写，第6章由朱丽华、吴小芹和戴婷婷编写，第8章和第9章由吴小芹和黄鑫编写，第10章由吴小芹、吴苗苗和胡龙娇编写，第11章由吴小芹和薛旗编写，第12章由吴小芹、朱丽华和薛旗编写。全书统稿修订由吴小芹和叶建仁完成。感谢李德伟教授主审此书。同时感谢南京林业大学相关专业的博士研究生和硕士研究生，以及中国林业科学研究院相关专业的几位研究生协助搜集和编译文献，为本书的出版作出了贡献。

  人类对自然界的探索是无止境的。目前，菌物主要谱系之间的进化关系还远未探明。相信未来随着科技发展水平的不断提高，菌物各类群及其种系发育关系研究的不断深入，菌物的分类体系仍会随之不断变化，并更趋于体现其本质的自然演化关系。正是由于这一领域的发展变化之快，而关于树木病原菌物学相关领域的专门信息又相对较缺乏，加之编者的水平和学识所限，书中难免存在错误和不足，敬请读者谅解并不吝指正。

吴小芹

2020年5月于南京

目 录

前 言

上篇 树木病原菌物学——总论

第1章 菌物概述 (3)
1.1 菌物的定义 (3)
1.2 菌物学的发展史 (3)
1.2.1 古菌物学时期 (4)
1.2.2 菌物学形成和发展时期 (5)
1.2.3 菌物独立成界时期 (7)
1.2.4 菌物多界化时期 (8)
1.3 中国菌物学发展史 (10)
1.4 菌物的多样性 (11)
1.5 菌物与人类的关系 (12)
1.5.1 菌物对人类的有利影响 (12)
1.5.2 菌物对人类的不利影响 (14)
本章小结 (14)
思考题 (15)

第2章 菌物的一般性状 (16)
2.1 菌物的营养体 (16)
2.1.1 丝状营养体 (16)
2.1.2 单细胞营养体 (18)
2.2 菌物的细胞结构和功能 (22)
2.2.1 细胞壁 (22)
2.2.2 原生质膜 (23)
2.2.3 细胞核 (23)
2.2.4 线粒体和核糖体 (24)
2.2.5 内膜系统 (24)
2.2.6 细胞骨架 (25)
2.2.7 其他内含体 (25)

2.3 菌物的生殖 (26)
2.3.1 无性繁殖 (26)
2.3.2 有性生殖 (28)
2.3.3 孤雌生殖 (31)
2.3.4 准性生殖 (31)

2.4 菌物的生活史 (32)
2.4.1 菌物生活史的概念 (32)
2.4.2 菌物的生活史类型 (32)

本章小结 (33)
思考题 (33)

第3章 菌物的代谢与遗传 (34)

3.1 菌物的营养 (34)
3.1.1 碳素营养 (34)
3.1.2 氮素营养 (36)
3.1.3 无机营养 (37)
3.1.4 维生素和生长因子 (38)

3.2 菌物的生长 (39)
3.2.1 丝状菌物的生长 (39)
3.2.2 单细胞菌物的生长 (41)
3.2.3 菌物的两型现象 (42)
3.2.4 菌物生长的测定 (43)
3.2.5 环境因子对菌物生长的影响 (43)
3.2.6 菌物生长的抑制剂 (45)

3.3 菌物的代谢 (46)
3.3.1 菌物的能量代谢 (46)
3.3.2 菌物的分解代谢 (47)
3.3.3 菌物的合成代谢 (48)

3.4 菌物的遗传 (49)
3.4.1 菌物的遗传学特点 (50)
3.4.2 染色体交换及基因标记 (51)
3.4.3 菌物DNA的转化 (53)
3.4.4 菌物基因组的结构和特点 (56)

本章小结 (59)
思考题 (60)

第4章 菌物分类系统 (61)

4.1 菌物在生物界中的地位及分类 (61)

4.2 菌物的分类系统 …………………………………………………………………… (63)
4.3 菌物的命名规则 …………………………………………………………………… (67)
　　4.3.1 菌物的分类等级 …………………………………………………………… (67)
　　4.3.2 菌物的命名规则 …………………………………………………………… (68)
4.4 常见菌物分类系统检索的网站 …………………………………………………… (70)
本章小结 ………………………………………………………………………………… (72)
思考题 …………………………………………………………………………………… (72)

下　篇　树木病原菌物学——各论

第5章 原生动物界中的菌物 …………………………………………………………… (75)
5.1 网柄菌门和集胞菌门 ……………………………………………………………… (75)
　　5.1.1 概述 ………………………………………………………………………… (75)
　　5.1.2 生物学特性 ………………………………………………………………… (77)
　　5.1.3 分类 ………………………………………………………………………… (77)
5.2 黏菌门 ……………………………………………………………………………… (78)
　　5.2.1 概述 ………………………………………………………………………… (78)
　　5.2.2 生物学特性 ………………………………………………………………… (78)
　　5.2.3 分类 ………………………………………………………………………… (80)
　　5.2.4 代表类群 …………………………………………………………………… (81)
5.3 根肿菌门 …………………………………………………………………………… (84)
　　5.3.1 概述 ………………………………………………………………………… (84)
　　5.3.2 生物学特性 ………………………………………………………………… (84)
　　5.3.3 分类 ………………………………………………………………………… (85)
　　5.3.4 代表类群 …………………………………………………………………… (85)
本章小结 ………………………………………………………………………………… (86)
思考题 …………………………………………………………………………………… (87)

第6章 藻物界中的菌物 …………………………………………………………………… (88)
6.1 卵菌门 ……………………………………………………………………………… (88)
　　6.1.1 概述 ………………………………………………………………………… (88)
　　6.1.2 生物学特性 ………………………………………………………………… (89)
　　6.1.3 分类 ………………………………………………………………………… (90)
　　6.1.4 代表类群 …………………………………………………………………… (94)
6.2 丝壶菌门 …………………………………………………………………………… (117)
　　6.2.1 概述 ………………………………………………………………………… (117)
　　6.2.2 分类 ………………………………………………………………………… (117)
　　6.2.3 代表类群 …………………………………………………………………… (117)

本章小结 ··· (119)
　　思考题 ··· (120)
第7章　壶菌门 ··· (121)
　7.1　概述 ··· (121)
　7.2　生物学特性 ·· (121)
　7.3　分类 ··· (124)
　7.4　代表类群 ·· (125)
　　　7.4.1　壶菌纲 ··· (125)
　　　7.4.2　单毛壶菌纲 ··· (126)
　　本章小结 ··· (128)
　　思考题 ··· (128)

第8章　芽枝霉门 ··· (129)
　8.1　概述 ··· (129)
　8.2　生物学特性 ·· (129)
　8.3　分类 ··· (130)
　8.4　代表类群 ·· (130)
　　本章小结 ··· (133)
　　思考题 ··· (134)

第9章　接合菌类 ··· (135)
　9.1　概述 ··· (135)
　9.2　生物学特性 ·· (135)
　9.3　分类 ··· (136)
　9.4　代表类群 ·· (137)
　　　9.4.1　虫霉亚门 ··· (137)
　　　9.4.2　梳霉亚门 ··· (138)
　　　9.4.3　毛霉亚门 ··· (138)
　　　9.4.4　捕虫霉亚门 ··· (143)
　　本章小结 ··· (144)
　　思考题 ··· (144)

第10章　子囊菌门 ·· (145)
　10.1　概述 ·· (145)
　10.2　生物学特性 ··· (146)
　10.3　分类 ·· (152)
　10.4　代表类群 ··· (152)
　　　10.4.1　座囊菌纲 ·· (152)
　　　10.4.2　散囊菌纲 ·· (163)

  10.4.3 锤舌菌纲 (166)
  10.4.4 盘菌纲 (183)
  10.4.5 酵母菌纲 (187)
  10.4.6 粪壳菌纲 (189)
  10.4.7 外囊菌纲 (209)
 本章小结 (211)
 思考题 (212)

第11章 担子菌门 (213)
 11.1 概述 (213)
 11.2 生物学特性 (213)
 11.3 分类 (218)
 11.4 代表类群：柄锈菌亚门 (219)
  11.4.1 柄锈菌纲 (220)
 11.5 代表类群：黑粉菌亚门 (246)
  11.5.1 外担菌纲 (250)
  11.5.2 黑粉菌纲 (251)
 11.6 代表类群：伞菌亚门 (252)
  11.6.1 伞菌纲 (254)
  11.6.2 花耳纲 (275)
 本章小结 (276)
 思考题 (277)

第12章 无性型真菌 (278)
 12.1 概述 (278)
 12.2 无性型真菌生物学特性 (279)
 12.3 无性型真菌的分类 (283)
  12.3.1 几种无性型真菌分类系统 (285)
  12.3.2 无性型真菌分类与命名的交叉问题 (288)
  12.3.3 无性型真菌分类研究的发展趋势 (288)
 12.4 无性型真菌主要类群 (289)
  12.4.1 丝孢类 (289)
  12.4.2 腔孢类 (312)
 本章小结 (345)
 思考题 (345)

主要参考文献 (346)

上篇

树木病原菌物学——总论

第 1 章

菌物概述

1.1 菌物的定义

菌物是自然界生物群体中一个庞大的类群。传统上它泛指一类具有真正细胞核,无叶绿素,无根、茎、叶的分化,能产生孢子,能进行有性和(或)无性繁殖,营养体一般为菌丝体(少数为单细胞、原质团),具有几丁质或纤维质的细胞壁,以吸收或吞噬的方式吸收营养的生物。这些特征表明它与植物、动物、细菌和更为原始的其他类群有着明显差别。而越来越多的事实又证明"菌物"(fungi)并非一类亲缘关系密切的有机体。根据《菌物词典》第10版的分类,菌物中的类群归属3个界,即真菌界(Fungi)、藻物界(Chromista,又称茸鞭生物界Stramenopila)和原生动物界(Protozoa)。其中真菌界分为8个门,即壶菌门(Chytridiomycota)、芽枝霉门(Blastocladiomycota)、新丽鞭毛菌门(Neocallimastigomycota)、微孢菌门(Microsporidia)、球囊霉门(Glomeromycota)、接合菌门(Zygomycota)、子囊菌门(Ascomycota)和担子菌门(Basidiomycota)。据最新分子系统学分类进展,菌物中的真菌界承认了8个门,即隐菌门(Cryptomycota)、微孢菌门、壶菌门、芽枝霉门、捕虫霉门(Zoopagomycota)、毛霉门(Mucormycota)、子囊菌门和担子菌门。因此,目前提到的真菌仅指真菌界中的类群,通常用Fungi表示;而菌物则指包含3界中的类群,用fungi表示。

1.2 菌物学的发展史

虽然人类认识和利用菌物已有数千年,但菌物作为一门学科开展研究还不足300年。纵观世界菌物学的发展史,两大革命性的突破大大推动了菌物学的研究进程。首先是显微镜的发明和使用,使对菌物的研究由对宏观的大型菌物形态观察转变为其微观结构的可视化;其次,分子生物学突飞猛进地发展,生物DNA序列等遗传信息被不断挖掘,推动了整个生命科学的根本变化,从而使整个菌物分类体系发生变化,从分子进化的生命世界本质上进一步阐述菌物。

我国著名菌物学家余永年在《真菌学的二百五十年》中,将菌物学发展史分为4个时期,即前菌物学阶段(B.C.5000~A.D.1700)、古菌物学阶段(1701~1850)、近代菌学阶段(1851~1950)和现代菌物学阶段(1951至今)。之后一些学者将上述划分修订为3个时期,即古菌物学时期(~1860)、近代菌物学时期(1861~1950)和现代菌物学时期(1951至今)。历史是人类认识事物过程的记载。本书借鉴李玉等在《菌物学》中的研究归纳,将菌物学发展历史分为4个时期,即古菌物学时期(B.C.5000~A.D.1728)、菌物学形成和发展时期(1729~1968)、菌物独立成界时期(1969~1994)和菌物多界化时期(1995至今)。

1.2.1 古菌物学时期

这一时期由于缺乏对自然界的认知,人们对各种自然现象的解释普遍充满了迷信和神道色彩,对菌物的认识处于萌芽状态。据史料记载,中国是最早认识和利用菌物的国家。早在6000~7000年前,我们的祖先已大量采食蘑菇,而酿酒的历史可追溯到7000~8000年前的新石器时期。由于酒的制作过程离不开菌物,所以在当时人们已经对菌物有了认知并且进行了利用。

饮食文化在数千年的中国文化中始终占据着不可替代的位置,在可食用的美味中菌物备受青睐,如《吕氏春秋》中"齐文宣帝凌虚宴取香菌以供品味",说明菌物早已进入国宴的杯盘之中。中医药学中历来讲究"药食同源"。直接用菌物作为药材在我国同样有着悠久的历史。我国最早的药书《神农本草经》和之后的历代本草中都记载有至今仍广泛应用的茯苓、灵芝、马勃和虫草等。我国的冬虫夏草、桑黄、樟芝、云芝和槐耳等300多种药用菌物是保障人类健康的珍贵资源。

在古代文献中关于菌物的记述对认识、辨析、考证和总结菌物学的发展有着不可估量的价值。除了在各种史籍、农书和笔记等的资料中有零散提及外,专门涉及菌物的图谱和专著我国也早于西方数百年。《太上灵宝芝草品》是世存最早的菌物图鉴,书中记述了芝草103种,对菌物的生理、生态等特征进行了十分详细的描述。菌物专著则首推南宋陈仁玉的《菌谱》,书中记载11种菌类,如松蕈、竹蕈和鹅膏蕈等,描述了它们的形态和生态特征并进行了分类,该书是我国乃至世界上最早的介绍食用菌的专著。元代《王祯农书》(1313)在"菌子"篇中记载了有关香菇的栽培方法。之后还有明代潘之恒的《广菌谱》、吴林的《吴菌谱》等都以陈仁玉的《菌谱》为基础,进一步深入对菌物进行研究。在《广菌谱》中19种菌物被描述,详细记录了它们的地理分布。《吴菌谱》则大多记载的是江南地区的食用菌。在我国古代众多记载食用和药用菌的书籍中,李时珍的《本草纲目》和蒋廷锡的《古今图书集成》极为重要。《本草纲目》中记载了34种菌物,而《古今图书集成》是我国古代研究菌物的百科全书,记录了清代之前的菌物文献。

西方关于菌物的认识要晚于中国,也是从酿酒开始认识菌物发酵,可当时人们并不知道是由酵母完成发酵过程。世界上许多地方的原始部落都把菌物与超自然的现象联系起来,无论是北美洲抑或欧洲、亚洲,均发现包括菌物子实体雕刻的神像、图腾甚至陪葬品。在西方见诸文字的如《吠陀》(B.C.1200)曾有植物病害的记录,《圣经》中也有枯萎和霉病的记载。较早用简单描述语言研究菌物且贡献最大的是Clusius(1526~1609),其出版了涉及菌物的专著。与此同时代的英国的John Ray(1627~1705),在其《植物学》一书中将94种菌物分为4组,但分类标准偏重于生态,而很少用形态特征。另外一位

Vam Sterbeeck(1630~1693)记述菌物的目的在于实用,旨在寻找能准确分辨可食菌类的方法来区别食用菌和毒蕈。1659 年,Magnol 首次在大型菌物分类中将形态分类作为基础。Tournefort(1656~1708)在其《植物学基础》中通过属名命名附加特征描述和绘图的方法将菌物分为 6 组。

1.2.2 菌物学形成和发展时期

17 世纪末显微镜的发明使生物学的研究进入了微观世界,也使人们能够更细致地观察菌物的形态结构。意大利菌物学家米奇里(P. A. Micheli,1679~1737)是首位使用显微镜系统观察和研究菌物的人。1729 年,米奇里的《植物新属》(*Nova Platarum Genera*)问世,这被认为是菌物学诞生的标志。该书中米奇里提出了菌物分类的检索表,并有插图和描述。他命名的一些菌物属名,如 *Aspergillus*、*Clathrus*、*Mucor* 和 *Tuber* 等至今仍被采用。米奇里也是第一位观察菌物囊状体和担子着生状态,并对菌物(曲霉、灰霉和毛霉等)进行培养的人,同时通过接种证明了灰霉菌的孢子可通过空气传播。

显微镜的发明和使用结束了人们仅凭肉眼观察菌物的时代,大大推动了菌物形态结构和分类学的研究,开启了菌物研究的新时代。这一时期菌物学奠基者除米奇里外,还有林奈(C. Linnaeus,1707~1778)、帕松(D. C. H. Persoon,1761~1836)、弗里斯(E. M. Fries,1794~1878)和狄巴利(H. A. de Bary,1831~1888)等一批代表性学者。其中林奈提出的"双名法"对整个生物学起到了巨大的推动作用(菌物学及其他生物学分支学科也从"双名法"中受益)。1981 年,第十三届国际植物学会议通过了以林奈 1753 年发表的《植物种志》为所有菌物的命名起点。帕松的《菌物观察》(*Observationes Mycologicae*)、《菌物属、科、目、纲的分类》(*Tentamen Dispositionis Methodicae Fungorum in Classes, Ordines, Genera et Familias*)、《菌物纲要》(*Synopsis Methodica Fungorum*)和《欧洲菌物》(*Mycologia Europaea*)所采用的菌物分类系统和方法成为后来菌物学家工作的基础,是菌物学的奠基之作。瑞典人弗里斯的《菌物系统》(共 3 卷)和《欧洲层菌》(*Hymenomycetes Europaei*)描述了 5000 余种菌物,对大型菌物的分类作出了重要贡献,被誉为"菌物学中的林奈"。在之后的 100 多年里,对于伞菌和多孔菌的分类都是以弗里斯的系统为基础。德国人狄巴利对多种菌物的分类及生活史进行了深入的研究,出版了《黑粉菌》(*Die Brandpilze*)(1853)、《菌形动物》(*Mycetozoa*)(1859)和《地衣》(*Lichens*)(1859)等专著,论证了引起欧洲严重饥荒的马铃薯晚疫病菌(*Phytophthora infestans*)的致病性(1861),揭示并证明了禾柄锈菌(*Puccinia graminis*)的多型性和转主寄生现象(1865),被誉为"植物病理学之父"。1866 年,他在《菌物、地衣和黏菌的比较形态学和生理学》(*Morphologie und Physiologie der Pilze, Flechten, und Myxomycetenm*)一书中将进化论的概念首次引入菌物分类,提出菌物的"单元论"进化学说,即按进化顺序编排菌物分类系统,为后来的菌物分类奠定了基础。同年,狄巴利提出了"腐生真菌"和"寄生真菌"的概念,1877 年又提出"兼性寄生物"和"专性寄生物"的概念。狄巴利同时被誉为"近代菌物学的奠基人"。

这一时期也是菌物学快速发展的时期,如通过对菌物的生理、遗传和分类学等的研究,大大推动了菌物研究的发展。对菌物生理学的研究有赖于"纯培养技术"的发明。O. Brefeld(1872)首先将固体培养基引入了菌物学研究领域,并发明了稀释单孢分离法。

Van Tieghem 和 Le Monnier(1873)发明了孢子悬滴培养法。R. J. Petri(1887)发明了皮氏培养皿(Petri dish)。这些都极大地促进了菌物生理学的研究。Raulin(1869)指出微量 Zn 元素是黑曲霉生长必不可少的；此后 Wilders(1901)指出菌物生长需要多种复杂物质，这些物质当时被称为"酵母生长素"，即生物素、肌醇及维生素 B_1 等，这些研究为菌物的生理学研究奠定了重要基础。W. H. Schopfer(1934)发现维生素 B_1 为布拉克须霉(*Phycomyces blacksleeanus*)生长所必需。这一时期在菌物寄生、共生、促生和抗生各方面也都开展了工作。特别是 1928 年英国科学家弗莱明(Fleming)发现世界上第一种抗生素——青霉素，揭开了人类利用抗生素的历史。1942 年青霉素开始应用于临床，其问世在第二次世界大战期间挽救了数以千万人的生命。

菌物遗传学方面的研究，首先是对菌物"性"的发现。1820 年，G. Ehrenberg 观察到了联轭霉(*Syzygites megalocarpus*)的接合现象，并认为这是一种有性过程。1857~1860 年，Pringsheim 发表了一系列关于水霉菌藏卵器和雄器的文章。狄巴利(1852)在 *Albugo* 和 *Peronospora* 中发现了藏卵器和雄器；狄巴利(1866)也是第一位观察到菌物细胞核的人。Rosen (1892)和 Wager(1893)分别首次在担子中观察到细胞核以及在粪球盖菇的担子中观察到有丝分裂过程。Blakeslee(1904)在毛霉中发现了异宗配合现象之后，Buller(1909)、Kniep (1920)和 Dodge(1928)分别在多种高等担子菌、黑粉菌及脉孢菌属(*Neurospora*)中发现了同样的现象。随后，Beadle et al. (1945)在对脉孢菌(*N. crassa*)遗传性状研究的基础上，用人工方法(X 射线和其他辐射方法)对该菌进行诱变获得了营养缺陷型突变体，提出了"一个基因一种酶"的学说，开辟了菌物生化遗传学的新领域。Pontecorvo et al. (1952)和 Pontecorvo(1956)在对构巢曲霉(*Aspergillus nidulans*)的研究中发现了异核体和准性生殖的现象。由此推动了菌物遗传学的研究。

在这一时期关于菌物分类学的许多研究论文和著作问世，主要内容是对大量新种的描述以及对以往资料的收集和整理。从 19 世纪初开始，几乎所有的关于菌物的出版物都来源于欧洲。在 1834 年之前，来自世界各地的几乎所有菌物标本都由欧洲来描述。至 19 世纪中叶，多数出版物，尤其是分类方面的，都用拉丁语描述。意大利的菌物学家萨卡多(P. A. Saccardo,1845~1920)将当时世界范围内已发表的有关菌物研究的资料进行了收集总结归纳，用拉丁文汇编成册，即《真菌汇刊》(*Sylloge Fungorum*)，共出版了 26 卷，其中第 26 卷由其女婿帮助完成。该汇刊极大方便了菌物学家对菌物分类的研究。此外，C. J. Oudeman(1825~1906)的《真菌系统详述》(*Enumeratio Sytematica Fungorum*)、G. Lindau(1866~1923)和 P. Sydow(1851~1925)的《真菌及地衣文选》(*Thesaurus Litteraturea Mycologicae et Lichenologicea*)以及 Schweinitz(1834)出版的《北美菌物纲要》(*Synopsis Fungorum in American Boreali Media Digentium*)等，均为菌物分类学的发展作出了重要贡献。

开展菌物分类研究的必备条件是具备标本和文献资料。意大利的 Luca Ghini 于 1551 年创建了标本馆。1922 年成立的英联邦菌物研究所(CMI)和 1955 年成立的美国农业部国家菌物保藏中心(USDA-NFC)都设有菌物标本馆。标本馆的设立极大地促进了地区菌物志的编写。菌种保藏也是菌物学研究的基础。1903 年在荷兰 Leiden 召开的国际植物学协会的会议上决定成立菌种保藏中心，荷兰的菌种保藏中心(Centraalbureau voor Schimmelcultures，CBS)是世界上最著名的菌物菌种保藏中心，1920年，CBS搬到了Baarn。美国的模式菌种保藏中心(American Type Culture Collection，ATCC)将菌物菌种保藏在华盛顿。英国菌物菌种保藏工作由位于伦敦郊区Kew的英联邦菌物研究所(CMI)负责。其他著名的菌物保藏中心有位于法国巴黎的巴斯德研究所和位于日本大阪的发酵研究所。

在医学菌物研究方面，虽早有报道菌物能引起人类和动物的疾病，但因其多认为是"癣疥之疾"而未受重视，随着肿瘤、白血病、放射病、烧伤和器官移植，以及由于抗生素和免疫抑制剂的广泛使用，导致许多系统性菌物病，尤其是深部系统菌物病的发生，医学真菌才得以重视，主要研究包括多种重要菌物性系统病的发现，及对其地理分布、传染途径和致病性及其治疗方法的改进等。

菌物毒素是指一些菌物产生的易引起人和动物中毒的次级代谢产物。公元9世纪，欧洲发生的麦角中毒事件是人类认识菌物毒素的最早记载。长期以来人们已知误食有毒蘑菇会使人中毒。直至1960年，随着黄曲霉毒素的发现及其致癌作用的研究，引起了人们对菌物毒素的重视，从而推动了菌物毒素学的发展。目前已知有300余种菌物代谢产物对人类和动物有毒，其中代表性的毒素有黄曲霉毒素、杂色曲霉毒素、麦角菌毒素、草酸青霉毒素、镰孢烯酮、玉米赤霉烯酮和伏马毒素等。

菌物药用在我国历史悠久，许多药用真菌早已应用于我国传统中医药配方。随着人们发现药用真菌含有较丰富的菌物多糖、蛋白质和酶等，药用菌物日益引起了人们的重视，成为在世界范围内探索和发掘新药(抗癌药剂、抗菌剂和免疫抑制剂等)的重要领域之一，并显示出广阔的前景。已发现40个属的菌物发酵物具有抗癌活性，这主要是菌物多糖和萜烯类化合物。

自古人们认为蘑菇味道鲜美，但人类开始栽培蘑菇的确切时间尚无法考证。这一时期随着对菌物研究的不断深入，一门菌物应用学科——蕈菌学(Mushroomology)也形成和发展起来，它的兴起使得食用菌物的研究得到飞速发展。已知有2000多种菌物可食用。如双孢蘑菇、香菇、木耳、侧耳和松茸等。我国也逐渐成为世界上最大的食用菌生产国和出口国。

综上所述，菌物学的研究在这一时期得到了较为全面的发展。

1.2.3 菌物独立成界时期

菌物独立成界是以1969年Whittaker提出生物五界系统为标志的。它打破了较长时间以来生物的两界、三界学说。生物五界包括原核生物界、原生生物界、植物界、菌物界和动物界。该系统明确阐明了菌物与其他生物间的区别，将菌物与动物、植物列为同一等级，并分别单独列为一界。这一观点被多数菌物学家所接受。生物五界系统是一个相对完整的纵横统一的分类系统，在纵的方面显示了生物进化的主要阶段，即无细胞的生物、原核单细胞生物、真核单细胞生物、真核多细胞生物；在横的方面，显示了生物获取营养的3种方式，即植物的光合作用、真菌的吸收作用和动物的消化作用。因此，该系统成为这一时期菌物分类的主流。

菌物学在这一时期得到飞速发展，在超微结构、胞壁组分、比较酶学、生物合成途径、核酸分子杂交、基因结构分析、系统发育和进化研究等方面取得了突破性进展。20

世纪中叶发明的电子显微镜以其超高的分辨率成为生物学研究的有利工具，使得观察菌物的超微结构成为可能，如发现真菌游动孢子鞭毛具有"9+2"结构，发现了须边体(lomasome)、细胞壁和细胞核的细微结构、担子菌的桶孔隔膜(dolipore septum)、孢子的纹饰和专性寄生菌的吸器等。在研究孢子的萌发与发育、亚细胞器的结构、细胞核行为以及病原与寄主的互作等方面得到广泛应用。

菌物代谢过程中可以产生多种酶类，如纤维素酶、木质素酶、淀粉酶、凝乳酶、过氧化氢酶、乳糖酶和蛋白酶等，这些酶可用于工业酶制剂的生产、饲料添加剂及环境污染物的处理等。如白腐菌降解污染物的关键酶主要是木质素过氧化物酶、锰过氧化物酶和漆酶。同时，菌物还可产生多种物质，如延胡索酸、乳酸、柠檬酸以及维生素等，这些均已用于商业化生产。

菌物的系统进化一直是菌物学研究的核心课题之一。菌物的起源、演化和系统发育的研究，由于缺少足够的化石证据，菌物学家最初是根据比较形态学和细胞学的资料去探讨菌物这类形态比较简单但又十分多样化的类群的系统进化关系，如细胞壁成分、细胞学检测、细胞代谢、生物合成途径和超微结构等。随着分子生物学的发展，如 G+C 碱基含量、rRNA 序列的研究等，都推动了菌物起源和演化的研究。DNA 序列分析表明，菌物与动物的关系要比与植物的关系密切，其分化时期约在 10 亿年以前。

世界各国菌物学家在这一时期的交流与合作也广泛开展。国际菌物学会于 1971 年在法国成立，并召开第一届国际菌物学大会。会议规定每 4 年召开一次大会，对菌物学研究的各个领域进行学术交流。2018 年，第 11 届国际菌物学大会在波多黎各首都圣胡安召开。此期，各国菌物学会创办了许多菌物学重要期刊，如 *Fungal Biology*、*Mycologia*、*Mycological Progress*、*Sydowia*、*Persoonia*、*Mycoscience*、*Fungal Diversity* 等十几种。我国菌物学会成立于 1993 年，至 2018 年已召开了 8 届全国会员大会。我国菌物学的学术期刊主要有 *Fungal Diversity*、*Mycology*、菌物学报、菌物研究和食用菌学报等近十种。

总体而言，在这一时期菌物学的相关研究不断深入，得到了长足的发展。

1.2.4　菌物多界化时期

1995 年，《菌物词典》第 8 版接受了 Cavalier-Smith 等 1981 年提出的生物八界系统的观点(此间，Ainsworth、Alexopulos 及 Hawksworth 等对菌物的内涵进行了不断完善)，将菌物划分在其中 3 个界中，即真菌界(Fungi)、藻物界(Chromista)(也称假菌界或茸鞭生物界 Stramenopila)和原生动物界(Protozoa)，开启了菌物多界化时期。在随后的《菌物词典》第 9 版(2001 年)和第 10 版(2008 年)中这一分类体系的合理性得到了进一步确定。菌物多界体系中的这些有机体尽管在进化系统路径上存在差别，但在形态学、营养方式和生态学上又的确有着密切的相互关联，而且一直由菌物学家们来进行研究。

随着相关学科和分子生物学技术的发展，菌物学研究在这二十多年中已经从传统的描述菌物学、实验菌物学扩展到分子菌物学、基因组菌物学和蛋白质组学等全新的领域。1996 年，欧洲、美国和加拿大等国际上 96 个实验室的 633 位科学家通力合作，完成了第一个真核生物酿酒酵母(*Saccharomyces cerevisiae*)的基因组测序，标志着菌物学研究进入了基因组时代。这一模式体系为随后的人类基因组计划的完成提供了重要参考数据。2000

年,美国 Broad 研究所和菌物学研究团体发起菌物基因组行动(fungi genome initiative, FGI)。随着 DNA 测序技术的不断发展和完善,更多的菌物基因组测序完成,如粟裂殖酵母(*Schizosaccharomyces pombe*)(2002)、丝状菌物粗糙脉孢菌(*Neurospora crassa*)(2003)、双孢蘑菇(*Agaricus bisporus*)和灵芝(*Ganoderma lucidum*)(2012)等测序完成。黑孢块菌(*Tuber melanosporum*),俗称松露,属于子囊菌,是昂贵的食药用菌物之一,基因组测序发现其基因组大小在 125Mb 左右,但编码基因只有 7500 个左右,是已经测序的菌物中基因组最大、最为复杂的菌物。在真核生物各界中真菌界目前是最深度测序的类群。截至 2018 年 3 月 31 日,具有公开可用的基因组序列的菌物数量为 1532 种。这与仅有 326 种的植物和 868 种的动物物种相比,菌物的基因组序列显然要多些。截至 2020 年 6 月,被测序基因组序列的菌物已达 2327 种,这些序列可在美国国家生物技术信息中心(NCBI)基因组数据库中获得。然而,这些数据仍然只占菌物估计的 220 万~380 万种的一小部分。

尽管这其中大部分物种基因组信息不全,但为从分子角度研究菌物提供了大量信息,有力地推动了菌物分子生物学的研究。与其他真核生物基因组相比,菌物的基因组基因密度高,重复序列少,这些特点使菌物基因组实用而有效。我国在菌物分子生物学方面的研究相对滞后,但近年来随着二代和三代测序技术的广泛应用,已完成及正在进行测序的不同菌物物种已达 70 余种,对于推动菌物的基因组学、基础及应用基础研究起到了重要的促进作用。

关于菌物界下高分类阶元的变更是这一时期菌物学研究的另一个明显进展。根据形态学及分子系统学研究结果,2007 年,Hibbett 等 67 位菌物学家共同发表文章对菌物中真菌界下的高分类阶元进行了划分,将菌物中真菌界分为 7 个门,即壶菌门(Chytridiomycota)、芽枝霉门(Blastocladiomycota)、新丽鞭毛菌门(Neocallimastigomycota)、球囊霉门(Glomeromycota)、接合菌门(Zygomycota)、子囊菌门(Ascomycota)和担子菌门(Basidiomycota)。2011 年,Jones 等根据 DNA 序列分析及 TSA_FISH(酪胺信号放大的荧光原位杂交)实验结果重新建立了一个新的门,即隐菌门(Cryptomycota)。这是菌物学中第一个根据分子数据而不是形态特征建立的分类群体。目前真菌界承认了 8 个门,即隐菌门(Cryptomycota)、微孢菌门(Microsporidia)、芽枝霉门、壶菌门、捕虫霉门(Zoopagomycota)、毛霉门(Mucormycota)、子囊菌门和担子菌门。

综上,在菌物学的发展过程中,人类对菌物的认知不断地深入,是一个从最初的迷信到科学、从简单到复杂、从局部到系统,不断探索和完善的过程。菌物学发展到今天,学科交叉日益增进,菌物学的研究不再仅仅是菌物学家们热衷的事业,也受到了包括细胞生物学家、发育生物学家、生态学家、遗传学家、微生物学家、分子生物学家和植物病理学家等的重视和青睐,为菌物学研究提供了既有广度又有深度的理论和手段。尤其进入 21 世纪以来,随着科学技术的进步,大大促进了菌物学相关学科的发展。特别是菌物分子生物学研究在经历了从基因复制、表达和调控的阐明到重组 DNA 技术的创立、DNA 序列快速测定、基因库的构建、全基因组序列的测定和注释、功能基因的分离鉴定等的发展,菌物分子生物学的成果不断推陈出新,使得人们期望重建地球上生物的进化史并以系统发育树的形式表述基本成为现实。目前,菌物学已成为一门综合性学科。相信未来随着先进的科学理论和技术的不断发展和应用,菌物的奥秘一定能被不断地发现和揭示,菌物在自然生态及人类社会经济发展进步中的作用将越来越重要。

1.3 中国菌物学发展史

我国历史悠久，地大物博，从远古到明代的 4500 多年间，科学技术一直处于世界前列，菌物学研究也是如此。但至晚清时期，科技发展相对滞后，菌物学的发展也逐渐落后。中华人民共和国成立后，我国菌物学研究得到了恢复和快速发展。纵观我国菌物学发展史，在《中国菌物学 100 年》中，将菌物学的发展分为 4 个时期，即古菌物学时期（B.C. 5000~A.D. 1910）、外人在华采菌时期（1759~1949）、描述菌物学时期（1911~1949）及实验菌物学时期（1950 至今）。

在古菌物学时期，我们的祖先在生活实践中对菌物的认知和利用积累了丰富的经验和知识。尤其在食用、酿酒、药用和人工培蕈方面远比西方为早。早在新石器时代（B.C. 3000~B.C. 1200）我国就有发酵酿酒，黄帝（B.C. 2550）于岐伯讨论醪醴之事等，往后各朝代对菌物的应用都有繁简不同的记载或描述。

在外人在华采菌时期，主要是一些外国传教士、学者、官吏、军人和专家等来我国调查采集菌物，主要内容涉及调查菌物的历史背景、分布及新种发掘。当时主要有法国、俄国、奥地利、瑞典、美国及日本等国人士。

在描述菌物学时期，主要是根据其宏观形态来鉴定和描述菌物，因而研究对象大多是大型菌物。近代我国学者研究菌物始于 20 世纪初，主要从植物病原菌物、工业发酵菌物及医药菌物三个方面调查菌物，并进行描述和鉴定。如胡先骕（1915）发表《菌类鉴别法》；章祖纯（1916）发表《北京附近发生最盛之植物病害调查表》，其中包括植物病原菌物几十种；戴芳澜（1927）发表了《江苏真菌名录》，报道了采自江苏的 41 属 76 种真菌；1930 年他发表了《三角枫上的白粉菌新种（*Uncinula sinensis* Tai et Wei）》；并连续发表《中国已知真菌名录》（1936，1937），其中共计菌物 2606 种，首次对当时我国菌物已知种的数目做出精确统计。这一时期，作出重要贡献的菌物学家不胜枚举，主要代表人物有胡先骕、章祖纯、戴芳澜、邓叔群、俞大绂、魏景超和裴维藩等，出版了许多总结性和专业性著作，如《中国真菌名录》《水稻病原手册》《中国的真菌》《中国黑粉菌》《中国真菌总汇》及《真菌鉴定手册》等，大大推动了我国菌物学研究的发展。

在实验菌物学时期，随着中国科学院应用真菌研究所（1958 年改称为微生物研究所）的建立，以及全国高等院校相关院系的成立，有了较多的人才从事菌物学研究，我国菌物学的研究步入全面发展的时期。在这期间，我国菌物学家们进行了标本的全面采集、《中国真菌志》的研编，菌物属种数量统计，菌物分子生物学、菌物化学及代谢功能的研究，学会、学报的创建，人才培养与学科建设，科研机构的设置等方面的工作，使我国菌物学研究和教育全面发展。如《中国真菌志》第一卷于 1987 年出版，至 2003 年出版了 47 个卷册，包括非地衣型子囊菌、担子菌、半知菌、卵菌和黏菌等在内的 601 属 6890 种。至 2019 年，《中国真菌志》已出版了 59 个卷册。除此之外，这一时期，食药用菌产业不断发展。目前我国野生食药用菌超过 2000 种，驯化栽培种超过 100 种，商品化的种类约 60 种。2012 年，我国成为世界上最大的食用菌生产和出口国。2018 年，我国食用菌产量达

3842万吨，总产值2937亿元；同时按生产品种统计，产量过100万吨的依次是：香菇、黑木耳、平菇、双孢蘑菇、金针菇、杏鲍菇和毛木耳。我国食用菌生产仍有巨大的发展潜力。在药用菌物学方面，目前我国已知药用及包括实验有效的菌物约有692种，其中173种是新增加的种。我国已成为世界药用菌物生产大国。

多年来，我国学者将经典生物学方法与多基因序列分析等现代技术相结合，在酵母菌的起源和群体遗传、菌物捕食器官的演化、子囊菌和担子菌部分类群系统发育关系的研究以及分类体系的完善方面不断取得新进展。同时，目前已经在植物病原菌物（如稻瘟病菌（*Pyricularia oryzae*）、禾谷镰孢菌（*Fusarium graminearum*）及大豆疫霉（*Phytophthora sojae*）的致病机制和模式菌（如酿酒酵母、粗糙脉孢菌及构巢曲霉）的基因表达调控等研究领域取得了国际认可的成绩。我国学者还积极与国际同行一起参与了筛选菌物通用DNA条形码的工作。在食用菌、毒菌、植物病原菌物的快速、准确鉴定等方面进行了有益的尝试。我国地域辽阔，菌物资源十分丰富。尽管近年来我国在菌物分类、遗传、生理、生态、基因组及相关领域开展了大量的研究和开发工作，但关于菌物系统进化学的更多信息还有待挖掘和揭示，还有大量的菌物种类资源有待发现和利用。

1.4 菌物的多样性

生物多样性通常被分为3个层次，即物种多样性、遗传多样性和生态系统多样性。因此，生物多样性，实际上是指生存于地球生物圈各生态系统中含有多种多样基因的物种多样性。

在自然界中究竟有多少种菌物目前仍没有确切的定论。菌物学家曾对地球生物圈中生存的菌物物种多样性进行了最保守的定量估计。有人估计，地球上的菌物至少有150万种，即按全世界有25万种维管束植物为基数，每种维管束植物上的菌物数量以6种计算，则地球至少应有150万种菌物。若按每种维管束植物有4种内生菌物估计，那么内生菌物也至少有100万种。有人认为菌物有220万~350万种，甚至推测有350万~510万种。然而，由于人们对菌物的认识有限，至2008年，已被人类所认识和命名的菌物仅为97861种，占估计总数的3.9%。据统计，我国大陆地区已知菌物有14846种297变种，再加上我国香港和台湾地区已报道的菌物总数，我国已知菌物物种约有15000种；若按保守的18万种计算，已知种类仅占估算总种数的8.2%；其中真菌占绝大多数约14000种，藻物界（主要是卵菌）约300种，原生动物界（主要是黏菌）约有340种。在全世界150万种菌物中，地衣型菌物约占20%，因而地衣型菌物估计也有30万种。我国地衣型菌物按这一方法计算也约有3.6万种。然而，已有报道的我国地衣型菌物仅约为2000种，占估计种数的5.5%，尚有94.5%的地衣型菌物未知。

近年来随着研究技术和手段的进步，大大促进了菌物新种的发现。据不完全统计，截至2018年，全球已有144000个菌物物种被命名和分类，近些年每年约有2000种新种被发现。2017年共发现2189个菌物新种，其中子囊菌占68%（1481种），担子菌占31%（684种），其他只占1%（24种）；发现新种最多的地区是亚洲（占新种总数的35%）和欧洲（25%）。2017年，在我国共发现362个菌物新种，如我国高原地区发现的6个芽枝霉属新种，东北地区发现的3个担子菌伞菌目新种，2个木霉属新种、2个褶孔牛肝菌新种在孟加拉国被发现等。目前，绝大部分的菌物仍然未知，但可以肯定的是，菌物是除昆虫以外种类最多的一大类生物。相信随着科技的不断进步及研究的深入，越来越多的未知菌物将会揭开神秘的面纱，被人们了解、认识、研究和利用。

菌物的遗传多样性，20世纪曾开展过一些研究，但真正意义上的遗传多样性研究至今还不足30年。由于分子标记对于认识菌物物种的遗传多样性和演化具有高的解析度，有关研究发展势头迅猛，并已有一些突破性进展，特别是在人类和动植物病原菌物的研究领域。菌物在生态圈中无处不在，其生态多样性在各类生态系统中（包括各种极端环境）都是相当复杂的。在自然界，菌物主要通过腐生、寄生和共生等异养方式与其周围生境中的动植物及其他生物相互作用和影响，实现生存和繁衍。

目前人们对菌物的多样性仍缺乏足够的认识，在开发利用菌物中存在诸多问题。因此，加强菌物多样性特别是以物种多样性为基础的研究迫在眉睫，这对深入准确地认识菌物资源状况、揭示各类生物在生态系统中的作用、维护国家菌物资源安全、菌物资源的有效保护和持续利用等都具有重要的现实价值和战略意义。

1.5 菌物与人类的关系

菌物与人类的关系十分密切，是人类必不可少的宝贵资源，然而菌物对人类社会的生存和可持续发展具有利与害两个方面的影响。

1.5.1 菌物对人类的有利影响

（1）菌物在自然界物质循环中扮演着重要的角色

菌物可以分解有机物，将生物大分子转换成可被其他生物利用的小分子的营养物质。菌物具有极强的纤维素和木质素降解能力，尤其在森林生态系统中，菌物能将枯枝落叶和朽木分解，并将营养重新释放到生物圈中，以便被其他生物加以重新利用。有机物的分解还为绿色植物光合作用提供二氧化碳，同时植物进行光合作用释放的氧气，又是人和动物生存必不可少的。

（2）菌物在工业领域的应用

菌物的发酵产物可作为食品及调味品等，如酒、酱油、豆豉、腐乳及红曲等。除应用于酿酒、制酱及其他发酵食品外，菌物在甘油发酵、有机酸和酶制剂生产、纺织、造纸、制革和石油发酵等行业中也均得到广泛运用。据统计，在550种酶制剂中有1/3由菌物产生。其中菌物来源的淀粉酶、蛋白酶、果胶酶、纤维素酶和磷酸二酯酶等早已应用于工业生产。

（3）菌物具有较高的食用价值

菌物可为人体提供多种维生素和矿物元素，如维生素 B_1、维生素 B_{12}、维生素 C、维生素 K、维生素 D 及磷、钠、钾、钙、铁和许多微量元素。据不完全统计，世界上可供食用的菌物有2000余种，能商品化大面积人工栽培的约有60种。食用菌在分类上绝大多数属于担子菌门，如平菇、香菇、鸡枞菌、草菇、杏鲍菇、双孢菇、木耳、金针菇、牛肝菌和竹荪等，更有世界上珍稀名贵食用菌，被誉为"菌中之王"的松茸，它不仅具有食用价值,还是珍贵的天然药用菌。另外,子囊菌中也有很多食用菌,如羊肚菌和块菌等。

(4) 菌物具有重要的药用价值

在我国菌物作为药材历史悠久,《神农本草经》中就有药用菌的记载。目前中药药典里记载了 12807 种菌物药物。药用菌物中的有益成分主要有:蛋白质、氨基酸、脂肪、多糖、核苷及干扰素等。目前菌物主要用于抗生素、激素、维生素和麦角碱等的合成与生产。值得一提的是,我国盛产许多珍贵的菌物药材,如茯苓、灵芝、马勃、猪苓、冬虫夏草、木耳、银耳、蝉花和神曲等。近年来的研究发现多种菌物含有抗癌物质,从菌物中筛选抗癌药物成为中外医学研究的热门课题。近 30 年来,用蕈菌研制药物在日本、欧美等国家发展得很快。我国也有新的突破,例如,用杂色云芝提取多糖,在防治各种癌症上已取得了明显治疗效果。据报道,目前已发现有 40 个属约 100 余种的菌物发酵物具有抗癌活性,其中多为担子菌,主要是多糖和萜烯类化合物。应用现代遗传育种研究成果培育新品种,菌物应用于药材开发前景广阔。

(5) 菌物在农林业领域的应用

19 世纪中期,人们发现有些菌物能与植物根系形成"菌根",主要是内生菌根真菌和外生菌根真菌,它们可帮助植物吸收水分和养料,促进植物生长,并影响植物群落的组成、演替和分布。有的菌物可产生生长素类物质,促进动物、植物的生长发育;有的菌物对其他有害生物具有寄生、重寄生和颉颃作用,可广泛用于有害生物的生物防治。例如,蝗虫霉(*Entomophthora grylli*)可以防治蝗虫,且成效显著;白僵菌(*Beauveria bassiana*)和绿僵菌(*Metarhizium anisopliae*)可防治玉米螟(*Pyrausta nubilalis*)、松毛虫(*Dendrolimus* spp.)、稻水象甲(*Lissorhoptrus oryzophilus*)等农林业害虫;绿色木霉(*Trichoderma viride*)和哈茨木霉(*T. harzianum*)被用于植物土传病害(如菌核病、立枯病)的生物防治;利用胶孢炭疽菌(*Colletotrichum gloeosporioides*)和平头炭疽菌(*C. truncatum*)对菟丝子等杂草进行防治。还有一些如青霉属、曲霉属的产毒菌株可以产生有毒的次生代谢产物,起到杀虫作用。菌物还被发现可产生生物活性物质,是合成新农药的重要来源组分。如德国学者从嗜球果伞(*Strobilurus tennacellus*)中发现具杀霉菌活性的化合物 Strobilurin,对子囊菌、担子菌和卵菌等植物病原菌具有杀菌效果。

(6) 菌物与环境保护

由于菌物繁衍迅速、分布广泛,具有分泌相关酶类和代谢产物等特点,它们在清除环境污染物中的作用和优势是任何其他理化方法所不能比拟的。它们可有效降低重金属的毒性,吸附并回收重金属,如构巢曲霉(*Aspergillus nidulans*)可吸附环境中的 Cd^{2+}、Au^{3+};赤霉(*Gibberella* sp.)、卧孔菌(*Poria monticola*)可吸附环境中的 Cu^{2+};黑曲霉(*A. niger*)可吸附环境中的 Hg^{2+}、Pb^{2+}、Co^{2+} 等。人们发现在受核污染地区生长的野生蘑菇子实体可吸收和浓缩土壤中的放射性物质铯(Cs)。菌物还可降解多种难降解染料,如担子菌中的白腐菌类和子囊菌中的酵母菌类。其中白腐菌的作用对象及范围较广,可以有效降解单、双偶氮染料、杂环染料、酞菁染料和酸性染料等。菌物还可以处理其他污染物如农药、洗涤剂、有机氯代化合物、硝酸酯类及固体废弃物等。如降解农药的菌物主要有曲霉属(*Aspergillus*)、青霉属(*Penicillium*)、根霉属(*Rhizopus*)、木霉属(*Trichoderma*)、镰刀菌属(*Fusarium*)及交链孢属(*Alternaria*)等,这些属真菌也可以有效处理洗涤剂污染。所以有效利用菌物对减轻环境污染具有重要作用。

1.5.2 菌物对人类的不利影响

菌物在为人们提供有益作用的同时，有一些菌物也存在有害的一面。

（1）引起食物和工业产品霉变

在温暖环境，尤其在高温潮湿环境下，有些菌物可引起粮食、水果、蔬菜、饲料、肉类和蛋制品等发霉变质，造成一定的经济损失，并威胁人体健康。同时，菌物还可引起纺织品、皮革制品、木器、纸张、光学仪器、电工器材和照相胶片等的腐蚀霉坏。

（2）产生毒素

许多菌物可产生毒素，如黄曲霉毒素(aflatoxins, AF)、单端孢霉烯族毒素(tri-chothecenes)、玉米赤霉烯酮(zear-alenone, ZEN)、黄绿青霉毒素(citre-oviridin, CIT)、震颤毒素(tremorgenictoxins)和麦角生物碱(ergoalkaloids)等，其中黄曲霉毒素是目前公认的最危险的致癌物，是食品和饲料安全领域的重点检测对象。据统计全世界有毒蘑菇达1000多种。毒蘑菇所占的种类和数量虽然不多，但危害十分严重。据2019年最新报道，我国毒蘑菇有482种，其中包括担子菌类的近20属菌物和子囊菌类的近5属菌物，如鹅膏菌属(*Amanita*)、丝膜菌属(*Cortinarius*)和鹿花菌属(*Gyromitra*)等。

（3）引起人类疾病

有些菌物可侵入人体及动物体，引起浅表组织(皮肤、毛发和指甲等)癣病，一旦发生，难以痊愈。如发癣菌属(*Trichophyton*)和小孢霉属(*Microsporum*)等。另有些菌物可侵入深部组织(脑及神经系统、黏膜和内脏组织或器官等)，引起严重的疾病。如引起全身性疾病的白假丝酵母菌(*Candida albicans*)和新型隐球酵母(*Cryptococcus neoformans*)等。

（4）引起植物病害

植物在生长过程中，常会受到多种病原物包括菌物、细菌、病毒、植原体、寄生线虫和寄生性种子植物等为害。据不完全统计，植物的侵染性病害70%~80%由菌物引起，因而菌物是植物病原物中最重要的一类。它们可引起巨大的经济损失和生态破坏。如卵菌中的致病疫霉引起的马铃薯晚疫病造成了19世纪中叶爱尔兰大饥荒；子囊菌中的稻梨孢(*Pyricularia oryzae*)引起的稻瘟病是水稻生产中的重要病害；寄生隐丛赤壳(*Cryphonectria parasitica*)引起的栗疫病曾使美国东部的美洲栗从天然林中消失；榆蛇口壳(*Ophiostoma ulmi*)和新榆蛇口壳(*O. novo-ulmi*)引起的榆枯萎病在20世纪曾使欧洲和北美的榆树几近毁灭。担子菌中的茶藨生柱锈菌(*Cronartium ribicola*)引起的五针松疱锈病是世界有名的危险性病害，已被多个国家列为检疫对象。因此，植物病理学家也在不断地对菌物引起的病害进行深入研究，以期防控植物病害。

本章小结

菌物是指一类具有真正细胞核，无叶绿素，无根、茎、叶的分化，能产生孢子，能进行有性和(或)无性繁殖，营养体一般为菌丝体(少部分为单细胞、原质团)，具有细胞壁，以吸收或吞噬的方式吸收营养的生物。

世界菌物学发展历史可分为4个时期,即古菌物学时期、菌物学形成和发展时期、菌物独立成界时期、菌物多界化时期。我国菌物发展史主要被分为:古菌物学时期、外人在华采菌时期、描述菌物学时期及实验菌物学时期。

菌物生境复杂,多样性丰富。据保守估计,地球上至少应有150万种菌物。也有认为菌物有220万~350万种。菌物的确切数量仍然未知,但可以肯定的是,菌物是除昆虫以外种类最多的一大类群生物。

菌物对人类既有有利的一面,也有有害的一面,认识和了解菌物,有效利用菌物有利一面,用于食用、药用、工业发酵及农林业生产等领域;同时认识菌物有害一面,防止其引起人类、动物及植物病害。

思考题

1. 菌物与植物、动物、细菌和病毒的主要区别是什么?
2. 现代意义上的菌物包含了哪几类生物?
3. 简述世界及中国菌物学的发展历史及每个时期的主要代表人物。
4. 举例阐述菌物与人类的关系。

第 2 章

菌物的一般性状

2.1 菌物的营养体

菌物的营养体是其营养生长阶段的结构,可以用来吸收水分和养料,进行菌体的营养增殖。大多数菌物的营养体为多细胞结构的丝状体,单个丝状物称为菌丝(hypha)。除了丝状体形式外,还有一些菌物的营养体为单细胞,如酵母菌和低等的壶菌。有些菌物细胞芽殖成一串的芽孢,细胞相互连接成链状,类似菌丝体而称假菌丝。有些菌物在寄主体内为菌丝体,在培养基上则为酵母状菌体,表现出两种不同的类型,称为两型菌丝。黏菌和根肿菌的营养体为原质团。

2.1.1 丝状营养体

(1) 菌丝的一般结构

菌丝一般是由细胞壁包围的具分枝的管状结构,内含可流动的原生质。菌丝可延长生长,其直径大小因菌物种类不同而有所变化,一般为 1~30μm 或更大,大多数在 5~10μm。菌丝的生长不同于细菌的裂殖,其生长特点是顶端生长,旁侧分枝,为无限生长式。菌丝的任何部位或片段都有发育成一个新个体的能力。在顶端之后自由分支而产生一团菌丝,称为菌丝体(mycelium)。大多数菌物菌丝是无色透明的,但有些菌物能产生色素而使菌丝呈现褐色、棕色、黑色或鲜艳颜色等。菌丝与其他真核生物类似,其细胞内含有两层膜包围的细胞核,核内有核仁(nucleolus)。另外,细胞内的细胞器和其他物质也与真核生物相似,包括线粒体、核糖体、高尔基体、内质网和液泡等(图 2-1)。

(2) 无隔菌丝和有隔菌丝

高等菌物的菌丝中具有典型的横壁称为隔膜(septum),而低等菌物的菌丝中不存在隔膜。因此,菌丝常根据隔膜的有无而分为有隔菌丝(septate hypha)和无隔菌丝(aseptate hypha)(图 2-2),并以此为依据将菌物分为高等菌物和低等菌物。隔膜主要起加固作用,增加菌丝的机械强度而对细胞内含物的运动阻碍较小。人们认为,高等菌物为适应环境而形成隔膜,因为有隔膜的菌丝往往更能抵抗干旱条件。不同种类的菌物,其隔膜类型不同,主要有以下 4 种类型:

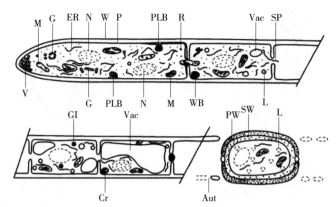

V. 泡囊　M. 线粒体　G. 高尔基体　ER. 内质网　N. 细胞核　W. 细胞壁　P. 原生质膜
PLB. 膜边体　R. 核糖体　WB. 沃鲁宁体　Vac. 液泡　SP. 隔膜孔　L. 脂肪粒　GI. 糖原
Cr. 结晶体　Aut. 自溶现象　PW. 初始壁　SW. 厚垣孢子的次生壁

图 2-1　菌物的菌丝，显示菌丝顶端、逐步变老的菌丝和液泡，自溶现象和厚垣孢子的形成

（引自邢来君等，2010）

①封闭型：低等菌物的无隔菌丝在衰老、损伤或形成生殖器官的情况下，常形成一封闭型隔膜，用以防止细胞质的流失（图2-3）。

②单孔型：隔膜中央具有一个较大的中心孔，直径为 0.05~0.5μm，是子囊菌门和无性型菌物主要的隔膜类型（图2-3、图2-4）。

③多孔型：隔膜上有多个小孔，小孔在隔膜上的排列类型又有差异，如白地霉（*Geotrichum candidum*）和一些镰刀菌（*Fusarium* spp.）（图2-3）。

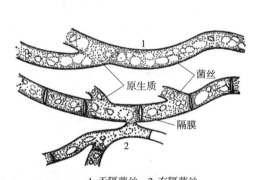

1. 无隔菌丝　2. 有隔菌丝

图 2-2　无隔菌丝和有隔菌丝

（引自邢来君等，1999）

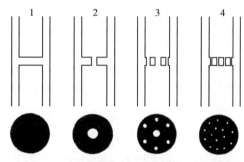

1. 低等菌物菌丝的全封闭隔膜　2. 典型的子囊菌隔膜
3. 镰刀菌菌丝隔膜　4. 白地霉菌丝隔膜

图 2-3　菌丝隔膜类型

（引自邢来君等，1999）

④桶孔型：桶孔型（dolipore）隔膜有一个中心孔，孔的直径一般为 100~150nm，孔的边缘膨大而使中心孔呈"琵琶桶"状，外面覆盖一层由内质网形成的弧形的膜（膜上有穿孔），称为桶孔覆垫（parenthesome）（图2-5）。这种隔膜类型能使细胞质从一个细胞穿过到另一细胞，一般情况下细胞核不能通过，这种隔膜通常称为桶孔隔膜或桶状隔膜，在担子菌的菌丝中比较常见。

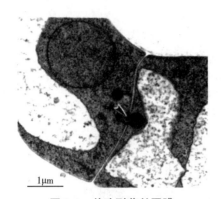

图 2-4　单孔型菌丝隔膜

（引自 Alexopoulos et al., 1996）

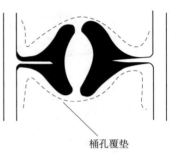

图 2-5　菌丝的桶状隔膜

（改绘自 Deacon, 1980）

部分接合菌形成封闭型隔膜，多数子囊菌形成单孔型隔膜，担子菌的锈菌、黑粉菌也形成单孔隔膜，多数担子菌形成桶孔隔膜。在无性型菌物中，单孔隔膜的有性世代多为子囊菌，具有桶孔隔膜类型的有性世代多为担子菌，还有部分无性型菌物形成多孔型隔膜。

（3）菌落

菌丝可以沿着生长的任何一点发生分支，由于不断形成分支而形成一个圆形的菌落（colony）。菌落发育后期，菌丝会相互接触而发生菌丝的网结现象，从而使菌落成为一个完整的网状结构，这种现象在高等菌物中十分普遍，但在低等菌物中不常见。

不同菌物菌落的性状、质地及形态也不同。菌物菌落性状有紧密的、光滑的和平坦的；质地有絮状、绳索状和毡状等；形态有绒毛状和褶皱状等。另外，根据菌落空间上的分布，由内向外可以分为4个区域，即老化区、产孢区、生长区及伸展区。

2.1.2　单细胞营养体

酵母菌是单细胞菌物的代表，虽然壶菌门的许多种是单细胞，但它们通常产生菌丝状的假根或侧生假根，并非典型的单细胞结构。

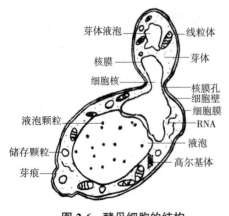

图 2-6　酵母细胞的结构

（引自李玉等，2015）

酵母菌分布在子囊菌、担子菌和无性型菌物中，而不是一个分类群体，但是它们在细胞组成上有着共同的特征。

酵母细胞具有真核生物所具有的细胞器（organelle）。细胞被细胞膜所包裹，膜外有一层厚的细胞壁，细胞质内含有细胞核、线粒体、微体、内质网、液泡、核糖体等细胞器。在酵母细胞中往往可以观察见到由2~3层光面内质网重叠而形成的未分化状态的高尔基体。在细胞核中可观察到核仁、纺锤体（spindle pole body，SPB）、微管等，在细胞中还存在着作为能源的糖原（glycogen）、脂质体以及多磷酸盐（polyphosphate）（图2-6）。

2.1.3 菌丝的变态

菌物在长期适应不同外界环境条件和进化的过程中，其菌丝形态产生了不同的变态类型，这些变态类型具有特定的功能。以下是几种主要的菌丝变态类型。

（1）吸器

吸器(haustorium)是菌丝产生的一种短小分枝，是侵入寄主细胞内吸收营养的吸收器官。吸器常见的形状有丝状、指状、棒状、球状和掌状等，因菌物的种类不同而异。一般专性寄生菌，如锈菌、霜霉菌、白粉菌等都有吸器。吸器一般通过细胞壁上的小孔深入寄主细胞，并不戳破寄主的原生质膜，而是简单地凹入。它是菌丝的旁枝，是专化的吸收器官，其主要功能是为了增加寄生菌物吸收营养的面积(图2-7)。

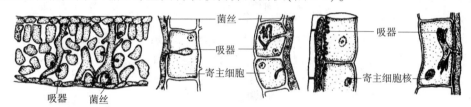

图 2-7 吸器的类型
(引自贺运春，2008)

（2）附着胞和侵染垫

附着胞(appressorium)是菌物孢子萌发形成的芽管或菌丝顶端的膨大部分，常分泌黏液而牢固地附着在寄主表面，同时其下方产生侵入钉侵入寄主角质层和细胞壁(图2-8)。

侵染垫(infection cushion)是菌丝顶端受到重复阻塞的影响，形成多分枝且在其分枝菌丝顶端膨大而发育成的一种垫状组织结构。这一结构形成的具体机制目前还不十分清楚(图2-8)。

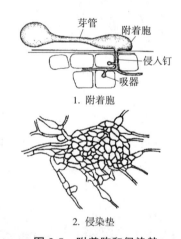

图 2-8 附着胞和侵染垫
(1. 引自 Schumann & D'Arcy, 2006;
2. 引自邢来君等，1999)

（3）黏性菌球、菌环和菌网

黏性菌球(adhesive knob)、菌环(constricting ring)和菌网(networks loops)是捕食性菌物的菌丝分枝特化形成的球状、环状或网状结构，用来捕捉线虫类原生动物，以获取营养。黏性菌球是一类简单的捕食器官，它们黏住线虫后球状物产生菌丝侵入线虫体内。当线虫进入菌环或菌网后，菌丝细胞很快膨胀而把线虫固定在菌环上，并产生菌丝侵入线虫体内吸收其营养物质。捕虫霉目(Zoopagales)的菌物和一些无性型菌物具有此类变态菌丝(图2-9)。

（4）假根和匍匐菌丝

假根(rhizoid)是菌体的特定部位长出多根有分支的根状菌丝，可以伸入基质吸取养分并支撑上部的菌体。连接两组假根之间的匍匐状菌丝称为匍匐菌丝(stolon)。

  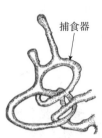

1. 未膨大的菌环　　2. 膨大的菌环　　3. 菌网及捕获的线虫　　4. 菌丝上产生收缩环捕获线虫

图 2-9　菌环和菌网

毛霉目（Mucorales）的根霉属（Rhizopus）和犁头霉属（Absidia）具有典型的匍匐菌丝和假根，假根作为营养吸收器官与基质接触（图 2-10）。

壶菌门（Chytridiomycota）中一些低等类群的营养体是单细胞并具有无核的根状菌丝——假根（图 2-11），此细胞兼有营养和繁殖两种功能，在分类学上被称为整体产果式。另外，在芽枝霉目中在孢子体和配子体时期都形成假根以固定在基物表面吸收营养物质。

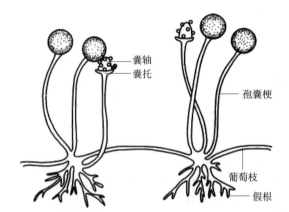

图 2-10　匍枝根霉（Rhizopus stolonifer）示匍匐菌丝和假根
（引自贺运春，2008）

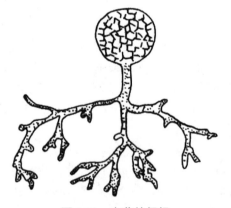

图 2-11　壶菌的假根
（引自李玉等，2015）

1. 疏丝组织　　2. 拟薄壁组织

图 2-12　菌物的组织
（引自李玉等，2015）

（5）菌丝体的组织体

菌丝体生长到一定阶段，由于适应一定的环境条件或抵御不良的环境，菌丝体变成疏松的或紧密的密丝组织（plectenchyma），形成特殊的营养体。这是一种组织化的菌丝体。密丝组织又分为两种类型（图 2-12）：一种是疏丝组织（prosenchyma），为长形的菌丝细胞在一起彼此平行排列，这些菌丝细胞具有相对的独立性而容易被识别；另一种是拟薄壁组织（pseudoparenchyma），是由紧密排列的多角形或卵圆形的菌丝细胞组成,与维管束植物的薄壁细胞相似。这些菌丝失去了它们的独立性而彼此不易被区别。

疏丝组织和拟薄壁组织构成了菌物各种不同类型的营养结构和繁殖结构。尤其是在高等的子囊菌和担子菌中,在生活史的一定时期内形成营养结构,如菌核、子座和菌索等,它们可以休眠很长一段时间,当周围环境条件适宜时重新萌发。如担子菌中的多孔菌和伞菌以及子囊菌中的盘菌等,在形成子实体的过程中菌丝以不同的组织体形式,构成子实体而形成繁殖结构。

①菌核(sclerotium):是由拟薄壁组织和疏丝组织交织而成的一种休眠体,同时又是糖类和脂类等营养物质的储藏体。菌核具有不同的形态、颜色和大小。例如,雷丸(*Polyporus mylittae*)的菌核可重达15kg,而小的菌核只有米粒大小。典型菌核的内部结构可分为两层(图2-13),即皮层和菌髓。皮层由拟薄壁组织构成,有一层或数层细胞厚,颜色较深;而菌髓由疏丝组织构成,颜色较浅或无色,菌核萌发所产生的子实体都起源于菌髓。子囊菌和担子菌以及一些不产孢的无性型菌物常形成菌核。菌核按其发育类型主要分为两种:一种是真菌核,菌核完全由菌丝组成;另一种是假菌核,由菌丝和寄主组织组成。菌核是菌物越冬或越夏的休眠体,对高温、低温、干旱等不良条件有较强的抗性,当条件适宜时,又可萌发产生菌丝体或产孢结构。

②菌索(rhizomorph)和菌丝束(mycelial strand):在大多数菌物中,正常营养菌丝营养物质的运输是借助于细胞质流动的方式进行。然而一些菌物的菌体出现集群现象而形成特殊的运输结构,如菌索(图2-14)和菌丝束。

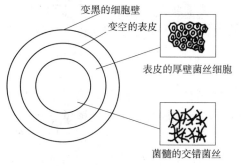

图2-13 菌核的内部结构
(引自邢来君等,2010)

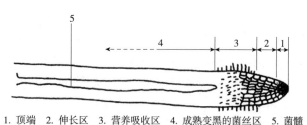

1. 顶端 2. 伸长区 3. 营养吸收区 4. 成熟变黑的菌丝区 5. 菌髓

图2-14 假蜜环菌(*Armillariella tabescens*)的菌索
(改绘自邢来君等,1999)

菌索是由菌丝体组织化后形成的绳索状结构,外形与高等植物的根相似,故又称为根状菌索。高度发达的菌索分化为表皮、皮层和中央菌髓3部分。根状菌索具有类似于树根一样的形状,一般生于地下或树皮下。如蜜环菌(*Armillaria mellea*)的根状菌索与树木的根极其相似。这些结构能在缺少营养的环境中为菌体生长提供基本的营养来源,尤其是在高等担子菌中,如食用菌和毒蕈,以及木材腐朽菌大都能形成这种结构。

菌丝束是由正常菌丝的分枝快速平行生长且紧贴母体菌丝而发育来的简单结构,菌丝彼此不分散开,次生的菌丝分枝也按照这种规律生长,使得菌丝束变得浓密而集群,并借助分枝间大量的联结而形成统一体。简单的菌丝束只是大量的菌丝和分枝密集排列在一起,而复杂结构的菌丝束,在成熟的部位有不同类型的菌丝存在,常见的至少有3种类

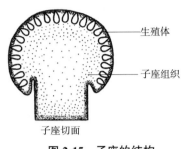

图 2-15 子座的结构
（引自李玉等，2015）

型：a. 导管菌丝（vessel hyphae），具有薄的细胞壁和较少的细胞质；b. 纤细菌丝（fibre hyphae），具有厚的细胞壁，而且几乎没有管腔，围绕着导管菌丝；c. 正常菌丝，具有明显的代谢活性。前两种菌丝埋置在正常菌丝之中。

③子座（stroma）：子座是由疏丝组织和拟薄壁组织形成的产生子实体的结构。子座的形状变化很大，一般呈垫状、柱状、棍棒状和头状等（图 2-15）。由菌丝单独组成的称为子座；由菌丝与寄主组织构成的称为假子座（pseudostroma）。子座常在菌核上发生，是菌物从营养阶段向繁殖阶段过渡的一种形式。它具有帮助菌物克服不良环境影响的作用，但其更主要的作用是在条件适宜时发育出各种无性或有性的产生孢子的结构。

2.2 菌物的细胞结构和功能

菌物细胞同其他真核生物的细胞结构相似，由细胞核及其他细胞器组成。菌物大多数是丝状的，两个相邻细胞间由隔膜分开，而且大多数隔膜中央有隔膜孔，允许细胞质甚至细胞核通过。因此，菌物细胞的概念与动物和植物细胞是有区别的。

菌物细胞由细胞壁包围着，细胞核由双层的核膜包裹，并且有特殊的核膜孔，通常有一个核仁。细胞质由细胞膜包围着，细胞质中含真核生物细胞中常见的细胞器。要研究菌物的细胞器，需要通过合适的方法分离它们。通常情况下，首先要将菌丝打碎成单个细胞，然后用机械法或酶解破除细胞壁，使细胞器释放出来，进而用离心法分离各个细胞器。

2.2.1 细胞壁

细胞壁（cell wall）是细胞最外层的结构单位，集中了细胞 30% 左右的干物质，同时坚固的细胞壁保持了细胞的形状。菌丝细胞壁在光学显微镜下通常是均匀的，厚壁的休眠孢子，如接合孢子、厚垣孢子等则有明显的纹饰，有时可见到层次，一般为 2~3 层。细胞壁的厚度因菌龄而有区别，一般 100~200nm。细胞壁作为菌物和周围环境的分界面，起着保护细胞的作用，同时细胞壁是一些酶的保护场所，调节营养物质的吸收和代谢产物的分泌；它还具有抗原的性质，并依此调节菌物和其他生物间的相互作用。

(1) 细胞壁的主要成分

细胞壁的主要成分为己糖或氨基己糖构成的多糖链，如几丁质（甲壳质）、脱乙酰几丁质、纤维素、葡聚糖、甘露聚糖和半乳聚糖等。此外，还有蛋白质、类脂和无机盐等。

几丁质是大多数真菌（包括壶菌、子囊菌、担子菌及无性型菌物）细胞壁的主要成分（以 β-1,4-N-乙酰氨基葡糖为单位的无支链多聚体）。纤维素（以 β-1,4-葡聚糖链为单元的多聚体）是卵菌和黏菌细胞壁的主要成分。

蛋白质成分一般不超过细胞壁组成的 10%，这些胞壁蛋白既是细胞壁的结构成分同时又具有酶的功能。脂类通常不超过细胞壁组成的 8%，其特征是由饱和脂肪酸组成。磷脂是较为普遍的组成成分。细胞壁中也含有不同数量的无机离子，其中磷是含量丰富的无机元素，其次为钙离子和镁离子。

细胞壁的成分因菌物类群及菌体的生活周期不同而异。电镜观察表明，菌丝的细胞壁可分为数层。

（2）细胞壁组分与菌物分类的关系

在不同的菌物类群中，细胞壁内微纤丝及其基质多糖的存在可作为菌物分类的一个重要依据。经典分类学类群与细胞壁中主要多糖成分之间有着相当紧密的联系。几丁质是绝大多数菌物细胞壁的主要成分，不同门的菌物细胞壁成分是不相同的，各门菌物的细胞壁有一些固定的成分，但也并非固定不变。

2.2.2 原生质膜

原生质膜（plasma membrane）是细胞与外界环境之间调节营养物质的吸收和传递信息的屏障。这种传递是双向的，即既向外界分泌细胞产物，又从外界吸收物质能量。由于质膜具有选择透过性功能，使得细胞内化学组分不同于外部环境。细胞器和大分子的物质都被严密地包围在膜内，而使细胞维持正常的生命活动。

原生质膜主要由脂类和蛋白质构成。脂类的成分主要是磷脂和鞘脂类。磷脂酰胆碱和磷脂酰乙醇胺是最常见的磷脂，磷脂酰丝氨酸和磷脂酰肌醇微量存在。磷脂中脂肪酸含量与进化关系基本一致，在高等菌物中糖类尾巴由多个碳构成，可以是饱和的或是单不饱和的脂肪酸。在低等菌物中，主要是奇数脂肪酸，而且大都是多不饱和脂肪酸。鞘脂类由一个脂肪酸、一个极性头部和一个长链鞘氨醇乙醇胺或它的衍生物组成。磷脂背对背排列成双层结构，蛋白质非对称性镶嵌排列在磷脂两侧（图2-

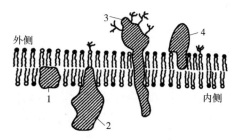

1、2. 内周蛋白　3. 整合蛋白　4. 外周蛋白

图 2-16　原生质膜的模式图
（改绘自邢来君等，2010）

16）。一些蛋白质所受的约束作用较小，在盐和螯合剂作用下容易被除去，被称为外周蛋白；还有一种蛋白质称为整合蛋白，它穿过磷脂双层，因此又称为跨膜蛋白；绝大多数蛋白为内周蛋白，所受约束较大。研究证明外周蛋白和脂质一般在同一表面，而且能够侧向移动。这一发现最终形成了细胞膜的"流动镶嵌模型"。膜蛋白有许多功能。如可以调节养分的运输，以及作为酶参与细胞壁组分的合成。在原生质膜上也存在糖类物质，主要位于质膜外表面，其主要作用是细胞识别。

2.2.3 细胞核

菌物的细胞核与其他真核生物的细胞核相比较小，一般直径为 $2 \sim 3 \mu m$，个别大的核直径可达 $25 \sim 30 \mu m$。细胞核的形状变化较大，通常为椭圆形，能通过菌丝的隔膜孔而移动。不同菌物细胞核的数目不同，有些菌物细胞内可有 20～30 个核，占细胞总体积的 20%～25%，如须霉属（*Phycomyces*）和青霉属（*Penicillium*）。而担子菌的单核菌丝和双核菌丝的细胞核只占菌丝细胞总体积的 0.05%。菌丝的顶端细胞内常常找不到细胞核。

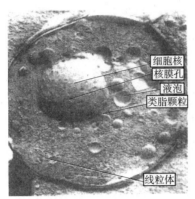

图 2-17 酿酒酵母(*Saccharomyces cerevisiae*)
细胞冷冻蚀刻技术的电镜照片
显示细胞核和核膜孔
(引自 Madigan et al., 2006)

菌物细胞核的结构与其他真核生物的相似，细胞核外有核膜(图 2-17)。核膜由双层单位膜构成，厚为 8~20nm，在膜的内层和外层有大量的小孔存在，孔的数目随菌龄而增加。据推测这些核膜孔是核与细胞质物质交换的通道。核内有个中心稠密区，为核仁，被一层均匀的无明显结构的核质包围。菌物的细胞核非常小，在光学显微镜下不易观察。菌物的基因组也非常小，从大量菌物的检测中发现它的范围为 $1.7 \times 10^7 \sim 9.3 \times 10^7$ bp，DNA 的含量介于原核生物和高等动植物之间。

大多数菌物的有丝分裂是在细胞核内进行，减数分裂也在核内进行。

2.2.4 线粒体和核糖体

(1) 线粒体

线粒体是一个重要的细胞器。菌物线粒体(mitochondrium)的功能与动植物的相似，含有参与呼吸作用、脂肪酸降解和各种其他反应的酶类。所有菌物细胞中至少有一个或几个线粒体，其数目随菌龄的不同而变化。线粒体具有双层膜，外膜光滑，与质膜相似，内膜较厚，常向内延伸成不同数量和形状的嵴，嵴的外形与菌物的类群有关，如壶菌、接合菌、子囊菌和担子菌的嵴为板片状，而具有纤维素胞壁和无壁的菌物如卵菌、前毛壶菌和黏菌的嵴为管状。线粒体中含有闭合环状 DNA，周长为 19~26μm，大于动物线粒体的 DNA(5~6μm)，小于植物线粒体的 DNA(30μm)。线粒体拥有自己的 DNA、核糖体和蛋白质合成系统。

(2) 核糖体

核糖体(ribosome)又称为核蛋白体，是合成蛋白质的场所。菌物细胞中有两种核糖体，即细胞质核糖体和线粒体核糖体。核糖体包含 RNA 和蛋白质，直径为 20~25nm。细胞质内的核糖体呈游离状态，有的与内质网和核膜结合。线粒体核糖体存在于线粒体内膜的嵴间，含有较小的 RNA 和不同的碱基百分比。此外，单个的核糖体可结合成多聚核糖体。线粒体核糖体的功能是合成膜和嵴上的蛋白质，它对放线菌酮不敏感，对氯霉素敏感。细胞质核糖体的 RNA 通常由于沉降系数的不同而分为 25S rRNA、18S rRNA、5.8S rRNA 和 5S rRNA 分子。25S rRNA 的相对分子质量在各种菌物中有一定区别，18S rRNA 的变化不大。

2.2.5 内膜系统

内膜系统包括在功能上为连续统一体的细胞内膜，如内质网、高尔基体、泡囊和液泡。

(1) 内质网

内质网(endoplasmic reticulum, ER)是菌物细胞中多形态的结构，典型的为管状、中空、两端封闭，通常成对地平行排列，大多与核膜相连，很少与质膜相通。除管状外，还有片状、囊状、腔状及泡状。其形状和大小与环境条件、发育阶段等有关，一般在幼嫩菌丝细胞中较多。主要成分为脂蛋白，时常被核糖体附着形成粗面内质网（RER），常见于菌丝顶端细胞中。反之，未被核糖体附着的则为光滑型内质网（SER），它是脂质的合成场所。蛋白质在核糖体中一经合成就被运送至内质网腔，再由此运输至细胞的不同部位，内质网是细胞中各种物质运转的一种循环系统，同时还供给细胞质中所有细胞器的膜。一些新合成的物质往往以泡囊（vesicle）的形式在内质网的表面形成，并被运送出细胞。

（2）高尔基体

高尔基体（dictysome，又称 Golgi body）是由一叠具有管状的扁平囊及其外围的小囊泡构成，位于细胞核或核膜孔周围。蛋白质、脂类等大分子物质合成完成后会被运送至高尔基体内进行化学修饰、包装而形成泡囊，以便后期运输。如一些水解酶被包装成泡囊后留在细胞中起类似溶酶体的功能。目前具有高尔基体的菌物种类并不多，仅在根肿菌、前毛壶菌和卵菌中见到，在接合菌、子囊菌和担子菌等较高等的真菌中很少有报道。

（3）液泡和泡囊

液泡（vacuole）是一种囊状的细胞器结构，通常认为菌物细胞中液泡起源于光面内质网或高尔基体的大型囊泡，其在细胞内含量丰富。液泡主要有三大功能：即储存代谢物和阳离子、调节细胞质中的 pH 值和离子动态平衡以及含多种细胞溶解酶。泡囊是一种类似小气泡的细胞器，由一层单位膜包被，目前认为它是由内质网或高尔基体产生。泡囊含有蛋白质、多糖、磷酸酶和水解酶等。它对菌丝的顶端生长、菌物对各种染料和杀菌剂的吸收、胞外酶的释放及对高等植物的寄生性具有不同程度的相关性。

2.2.6 细胞骨架

在菌物的细胞中，微管（microtubule）和微丝（microfibril）构成了细胞的骨架，维持了细胞器在细胞质中的位置，同时担负了细胞质和细胞器的运动。微管是细小中空的管，直径约为 25nm，在细胞质中随处可见。微管由微管蛋白（tubulin）聚合而成，分散在细胞质中而且走向与菌丝的长轴平行，有时集中成束。在细胞质的外层区域，相邻的微管之间交叉联结形成网状结构。在菌物游动孢子的鞭毛结构中，微管以轴纤丝的形式参与了鞭毛的组成，由 9 对微管包围 2 个微管，形成 9+2 结构。微管参与了细胞核和染色质的运动。

2.2.7 其他内含体

（1）伏鲁宁体

伏鲁宁体（woronin body）是一类较小的球状细胞器，直径约为 0.2μm，由一单层膜包围的电子密集的基质构成（图 2-18）。它与子囊菌和无性态菌物的隔膜孔有关联，具有塞子的功能，可以调节两个相邻细胞间细胞质的流动。当菌丝受伤后，它可以堵塞隔膜孔而防止原生质流失。目前它的化学组成还不十分清楚。

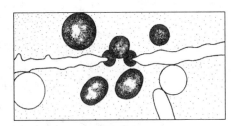

图 2-18 伏鲁宁体堵塞隔膜孔
（仿自邢来君等，1999）

（2）微体

微体（microbody）是一种圆形或卵圆形、电子密集的膜结构，普遍存在于菌物细胞中，直径约为 0.5~1.5nm。微体分为两大基本类型，即过氧化物酶体和乙醛酸循环酶体，内含过氧化氢酶和其他不同的酶类，使其具有与代谢相关的功能。

2.3 菌物的生殖

生殖是生物进行繁衍产生新个体的方式。菌物的生殖包括配子、孢子和它们相应器官的形成，并要在一定的遗传、营养物质和环境条件下进行。菌物的繁殖不仅导致新个体的形成，而且为便于物种的延续，还可形成能抵御不良环境和有利于传播的结构。不同种类的菌物可通过无性繁殖或有性生殖，或兼而有之的方式形成新个体。

2.3.1 无性繁殖

菌物的无性繁殖（asexual reproduction）是指不经过两性细胞或性器官的结合，营养体直接经有丝分裂后形成新个体的繁殖方式，所产生的各种孢子称为无性孢子或有丝分裂孢子。无性繁殖的后代通常可以保持亲本的原有性状，这对保持不同种类菌物遗传性状的稳定性具有重要作用。大多数菌物都可通过无性繁殖产生后代，且它们中的大多数无性繁殖能力很强。完成一个无性繁殖世代通常只需几天时间，产孢数量大，且通常在植物生长季可反复多次发生，这有利于植物病原菌物的发生和蔓延。无性孢子形态各异，其形状、大小、颜色、细胞数目、产孢部位和排列方式与菌物种类有关。菌物的无性繁殖方式、过程及无性孢子的特征可作为菌物分类和鉴定的重要依据。

2.3.1.1 无性繁殖方式

菌物的无性繁殖方式大致包括4种：断裂、芽殖、裂殖和原生质割裂。

（1）**断裂**（fragmentation）

断裂是指菌物的菌丝断裂成短段或菌丝细胞相互脱离产生孢子。断裂的方式主要有3种：

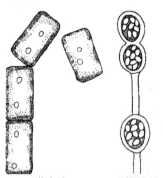

1. 节孢子　2. 厚垣孢子

图 2-19　菌丝断裂
（引自李玉等，2015）

①当菌丝体生长到一定阶段，菌丝细胞与细胞相互脱离，形成许多长形、单细胞的小段，称为节孢子（图 2-19），萌发后形成新的菌丝体。

②菌丝体上形成更多的隔膜，将原来的菌丝细胞分隔成较短的长方形细胞。细胞相互脱离或排列成串，稍后细胞稍微膨大成椭圆形，称为粉孢子或节孢子。

③某些类群菌物的菌丝中个别细胞膨大形成厚壁的、原生质浓缩的单细胞的厚垣孢子。厚垣孢子产生在菌丝的顶端或菌丝中间，单生或数个连接在一起，可以脱离菌丝体单独生存或继续连在菌丝体上（图 2-19）。菌物可借助厚垣孢子度过不良环境条件，当条件适宜时又萌发形成新的菌丝体。

(2) 芽殖 (budding)

芽殖是指单细胞营养体、孢子或菌物的产孢细胞以芽生的方式产生无性孢子，可称为芽孢子(图2-20)。如某些单细胞酵母菌进行芽殖时，首先母细胞的某一部分向外突起并逐渐膨大，当子细胞形状、大小与母细胞几乎相同时，母细胞形成隔膜，子细胞脱落，发育成新个体。黑粉菌担孢子可通过该方式产生芽孢子。依据子细胞形成部位，可分为多端芽殖(multipolar budding)和两端芽殖(bipolar budding)。

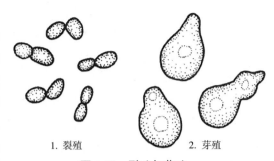

1. 裂殖　　2. 芽殖

图 2-20　裂殖与芽殖

（引自李玉等，2015）

(3) 裂殖 (fission)

裂殖是指菌物的营养体细胞发生有丝分裂后，一分为二分裂成性状相似的两个菌体的繁殖方式。裂殖主要发生在单细胞菌物中，如酵母菌中的裂殖酵母菌属(*Schizosaccharomyces*)的无性繁殖最为典型，裂殖与细菌的分裂非常相似(图2-20)。

(4) 原生质割裂 (cleavage)

原生质割裂是指成熟的孢子囊内的原生质被分割成若干小块，每小块原生质被膜后转变成一个孢子的过程。接合菌的孢子囊成熟后，其内含物割裂成许多单核部分，这些部分在外围分泌细胞壁，并发育成孢囊孢子。藻物界(假菌界)及壶菌门的菌物其无性繁殖大多以原生质割裂的方式产生无性孢子。

2.3.1.2　无性型孢子类型

菌物无性繁殖产生的孢子有多种类型，包括游动孢子、孢囊孢子、分生孢子和厚垣孢子(图2-21)等。

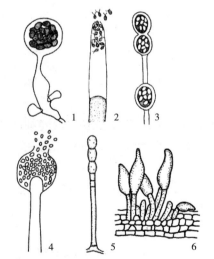

1. 泡囊　2. 游动孢子囊及游动孢子　3. 厚垣孢子
4. 孢子囊及孢囊孢子　5. 分生孢子梗　6. 分生孢子

图 2-21　菌物无性繁殖产生的孢子类型

（引自李玉等，2015）

(1) 游动孢子 (zoospore)

壶菌门和卵菌门等菌物的无性孢子。游动孢子呈球形、椭圆形、梨形或肾形，无细胞壁，具1~2根鞭毛，可在水中游动。产生游动孢子的孢子囊称为游动孢子囊(zoosporangium)。游动孢子囊成熟时，以割裂的方式将原生质分割成小块，每小块原生质外有细胞膜包裹，其发育成熟后释放出来。游动孢子在水中经一定时期游动后休止，鞭毛收缩，产生细胞壁，转变为休止孢。休止孢萌发产生芽管侵染寄主。游动孢子的鞭毛分为尾鞭和茸鞭两种。尾鞭式鞭毛只有1根粗的、表面光滑的鞭杆；而茸鞭式鞭毛在鞭杆的四周还有许多细小的纤毛，形似茸毛。

(2) 孢囊孢子 (sporangiospore)

接合菌的无性孢子。在孢子囊(sporangium)内形成，没有鞭毛，不能游动，又称静孢子。孢囊孢子大多为圆柱形、球形、卵形、梨形或不规则形，颜色大多为无色至褐色。孢子囊生于孢子囊梗顶端，形状因种类的不同而不同，一般呈圆形、梨形或狭圆柱形。

(3) **分生孢子**(conidium)

分生孢子是无性型菌物、子囊菌及担子菌无性阶段所产生的孢子类型。其种类繁多，是一类最常见的外生无性孢子的统称。分生孢子可直接产生在菌丝上，或产生在由菌丝分化而成的分生孢子梗上(顶生、侧生或串生)，或产生于一定的产孢结构内(如分生孢子器和分生孢子盘等)。分生孢子形状多种多样，为圆形、椭圆形、梭形、线形、镰孢形等，孢子分隔数和颜色因菌物种属的不同存在明显差异。分生孢子包括节孢子、裂殖孢子、着生于分生孢子梗或菌丝上以及生于各种产孢结构中的分生孢子。

(4) **厚垣孢子**(chlamydospore)

菌丝体的个别细胞膨大，原生质浓缩，细胞壁加厚而成为有休眠功能的孢子。厚垣孢子产生在菌丝的顶端或菌丝中间，常呈球形或近球形，单生或串生，有的可形成纵横隔膜，多为深色，表面光滑或具疣突或刺。厚垣孢子寿命较长，是一种可抵抗不良环境的休眠孢子，菌物能籍以度过干旱、高低温及营养贫乏等不良环境，常见于老化的菌丝中。

2.3.2 有性生殖

菌物的有性生殖(sexual reproduction)是指具可亲和性的两个性细胞(配子，gamete)或两个性器官(配子囊，gametangium)结合后，经质配、核配和减数分裂后产生新个体的一种生殖方式，产生的孢子称为有性孢子。有性生殖产生了遗传物质重组的后代，有益于增强菌物的生活力和适应性。

2.3.2.1 性的亲和性

根据菌物的有性生殖器官是否雌雄同体，或是否分化出性器官，可以将其分为3种类型：

①雌雄同体型：即在同一菌体上产生雌配子囊和雄配子囊。

②雌雄异体型：即雌配子囊和雄配子囊分别在不同的菌体上产生，单个菌体不能进行有性生殖。少数菌物属于此种类型。

③性不分化型：缺乏分化的性器官，性器官的功能由有性孢子萌发形成的营养细胞或菌丝体所代替，配子的功能由细胞核承担。菌丝体在形态上虽然不能区别性别，但在功能上可分为不同交配型的菌丝体。绝大多数菌物属于该种类型。

菌物在有性生殖过程中，某一特定的菌丝能否同其相应的菌丝进行交配取决于性的亲和性。菌物性的亲和性表现为同宗配合和异宗配合两种方式。

(1) **同宗配合**(homothallism)

在雌雄同株的菌物当中，有些菌株是自体可孕的，即单个菌株就可完成有性生殖，这种现象称为同宗配合。这在卵菌和子囊菌中占优势，少数存在于担子菌中。同宗配合的菌物在单核萌发的菌丝上即可完成其有性世代，无需引入另一核型。如担子菌中的粪鬼伞(*Coprinus sterquilinus*)和草菇(*Volvariella volvacea*)。大多数菌物为雌雄同株(hermaphroditic)，但并不是所有雌雄同株的菌物都自交可育(self-fertile)，都能进行同宗配合。

(2) 异宗配合(heterothallism)

单个菌株不能完成有性生殖，即自交不孕，需要两个性亲和的菌株共同生长在一起才能完成有性生殖，这种现象称为异宗配合。异宗配合菌物的有性后代比同宗配合菌物具有更大的变异性，这有助于增强其适应性及生活力。异宗配合也是某些菌物不常发生有性生殖的原因之一。菌物中属于异宗配合的约占90%，而同宗配合的约占10%。

2.3.2.2 有性生殖的细胞学过程

菌物的有性生殖一般包括质配、核配和减数分裂3个阶段。

(1) 质配(plasmogamy)

质配是指两个可亲和的性细胞或性器官的细胞质连同细胞核结合在一个细胞中。菌物质配过程因不同种群而不同，主要有以下5种方式(图2-22)：

①游动配子配合(planogametic copulation)：即能动的1个或2个裸露配子的结合。低等的水生菌物中大多是这种配合方式。游动配子配合又有3种类型：第1种类型为同形配子的配合，即形态、大小相似的同形游动配子的配合；第2种类型为异形配子配合，是指形态相同，但大小不同的游动配子的配合；第3种类型为在异形配子配合中能游动的雄配子(又称游动精子，antherozoids)进入藏卵器(oogonium)中，与不动的雌配子(又称卵球，oosphaere)结合。

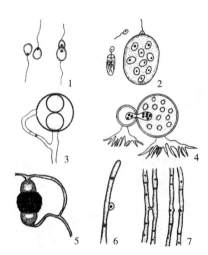

1、2. 游动配子配合 3. 配子囊接触
4、5. 配子囊交配 6. 受精 7. 体细胞结合

图2-22 菌物性孢子的结合方式
(引自李玉等，2015)

②配子囊接触(gametangial contact)：在两个配子囊相互接触时，雄性的核是通过在配子囊壁的接触点溶解成的小孔进入雌配子囊中，有的是通过短的受精管进入雌配子囊中。核输送完成后，雌配子囊(藏卵器)发育而雄配子囊(雄器)最后消解。雌配子囊、雄配子囊可以是同形的也可以是异形的。

③配子囊交配(gametangial copulation)：是指两个配子囊接触后两者全部内容物相互融合的过程，主要有两种方式。第1种方式是雄配子囊的内容物通过配子囊壁上的接触点生成的小孔转移到雌配子囊中。这种方法是整体产果式菌物的典型配合方式，如某些水生壶菌就属于这一类型。第2种方式是两个配子囊壁接触部位溶解，在溶解孔处两个配子囊的内容物融合形成一个新细胞。这是接合菌有性生殖中典型的配合方式。

④受精(spermatization)：有些菌物以各种方式产生很多小的、单核的孢子状的雄性结构，称为不动精子(spermatium)，或称性孢子(pycniospore)。这些精子由昆虫、风、水或其他媒介带到受精丝或营养菌丝上，在接触点形成一个孔，精子的内容物输入而完成质配过程。这种方式多发生在子囊菌和担子菌中，如锈菌等。

⑤体细胞结合(somatogamy)：很多高等菌物不产生任何性器官(或性器官退化)，而是通过营养体菌丝的融合代替了性器官的功能，大多数担子菌属于此类生殖方式。体细胞融合使得有性生殖趋于简单化，可看成有性生殖的退化现象。

(2) 核配(karyogamy)

核配是质配后两个可亲和性的单倍体核进入同一细胞内进行配合，形成二倍体细胞核。质配后，在低等菌物中两个细胞核可随即发生核配形成二倍体核，但双核期不明显；而在高等菌物中每个融合的体细胞内含有两个遗传性不同的单倍体核，它们通过双核分裂产生新的双核体细胞，生活史中呈现较长时间的双核阶段，经一定时期才能进行核配。不同菌物的双核阶段有所不同，如子囊菌的双核阶段短，典型的双核阶段只出现在它的产囊丝中；而担子菌的双核阶段很长，质配后要经过很长时间才能核配。

(3) 减数分裂(meiosis)

核配后的二倍体细胞发生减数分裂，细胞核内染色体数目减半，恢复为原来的单倍体状态。单倍体细胞核连同周围的原生质及其分泌物积累形成细胞壁，发育成有性孢子，有性孢子萌发产生单倍体的营养体。

2.3.2.3 有性孢子类型

菌物的有性孢子一般分为 5 种类型：休眠孢子囊、卵孢子、接合孢子、子囊孢子和担孢子（图 2-23）。

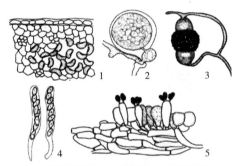

1. 休眠孢子囊 2. 卵孢子 3. 接合孢子
4. 子囊孢子 5. 担孢子

图 2-23 菌物有性生殖产生的孢子类型
（引自李玉等，2015）

(1) 休眠孢子囊(resting sporangium)

休眠孢子囊由两个游动配子结合而成，为二倍体，细胞壁较厚，能抵抗不良环境并且存活时间久，萌发时减数分裂，释放出 1 个到多个单倍体的游动孢子，如壶菌和根肿菌。根肿菌产生的休眠孢子囊萌发时通常只释放一个游动孢子，故其休眠孢子囊有时也称休眠孢子(resting spore)。

(2) 卵孢子(oospore)

卵孢子是卵菌门菌物的有性孢子。由 2 个异性配子囊结合后发育而成，即当藏卵器和雄器交配接触时，雄器通过产生的受精丝将其细胞质和细胞核输送入藏卵器中，进而发育成双倍体的卵孢子。在藏卵器中，原生质在与雄器配合之前往往又收缩成一个或数个原生质小团，称为卵球。在较高等的卵菌中，藏卵器通常分化为两层，中部密集的原生质称为卵质，外层称为卵周质，卵质即为卵球。每个藏卵器内含 1 个至多个卵孢子。

(3) 接合孢子(zygospore)

接合孢子是接合菌的有性孢子。由菌丝上生出的形态相同或略有不同的两个配子囊接合而成，有同宗配合和异宗配合两种形式。当两个邻近的菌丝相遇时，各自向对方长出极短的侧枝，称为原配子囊。两个配子囊接触后，各自的顶端膨大形成横隔，隔成一个细胞，称为配子囊。两个配子囊之间的隔膜消失后，质与核各自相互配合形成双倍体的接合孢子。

(4) 子囊孢子(ascospore)

子囊孢子是子囊菌的有性孢子。在较高等的子囊菌中，两个异形配子囊——雄器和产囊体相接触，雄器的细胞质和细胞核通过受精丝进入产囊体中，产囊体上形成许多丝状分枝的产囊丝，产囊丝顶端细胞伸长并弯曲形成产囊丝钩（crozier），而后形成一个棒状的子囊母细胞。子囊母细胞发育成子囊，在子囊内常经过一次有丝分裂和减数分裂形成内生的单倍体子囊孢子。子囊的形状有球形、圆筒形等，不同子囊菌产生的子囊孢子的形状差异明显。

（5）担孢子（basidiospore）

担孢子是担子菌的有性孢子。在担子菌中，越高等的担子菌其有性生殖方式越简单，两性器官多退化，多以菌丝结合的方式产生双核菌丝。在双核菌丝的两个核分裂之前可以产生钩状分枝而形成锁状联合（clamp connection）（图2-23），这有利于双核并裂；双核菌丝的顶端细胞膨大为担子，担子内两性细胞核配后形成一个二倍体细胞核，经减数分裂后形成4个单倍体细胞核。同时在担子顶端长出4个小梗，小梗顶端膨大，最后4个核分别进入小梗的膨大部位，形成4个外生的单倍体的担孢子。担孢子多为圆形、椭圆形、肾形和腊肠形等。

2.3.3 孤雌生殖

有些菌物由一个配子体或一个雌配子体单独发育出正常的具有有性生殖的个体，称为孤雌生殖（parthenogenesis）或单性生殖。如接合菌中的拉曼毛霉（*Mucor ramannianus*），其接合孢子未见报道。再如子囊菌中的黑曲霉其子囊果也尚未报道。同样，水霉目中某些种，在藏卵器内可以发育形成卵孢子，但并未观察到雄器。这些现象均被视作单性生殖（parthenogenetic）或无配生殖（apogamous）。毛霉目中某些种不能正常进行配子囊配合，而是以一个或两个配子囊通过单性生殖形成与接合孢子的结构、形态相似的单性接合孢子或称拟接合孢子。

2.3.4 准性生殖

有些菌物其遗传重组不是建立在有性生殖而是建立在有丝分裂的基础上，既有有性生殖的内容，又与有性生殖有一定差异。20世纪50年代在研究构巢曲霉（*Aspergillus nidulans*）时首次发现了准性生殖（parasexuality）现象。准性生殖是指异核体菌丝细胞中两个遗传物质不同的细胞核可以结合成杂合二倍体的细胞核，这种二倍体细胞核在有丝分裂过程中发生染色体交换和单倍体化，最后形成遗传物质重组的单倍体（图2-24）。准性生殖过程实际是导致基因重组的过程。准性生殖可以促进菌物，特别是无性型菌物的遗传变异性和环境适应性，保持了自然群体的平衡。同时，在应用上，许多用于发酵工业的无性型菌物

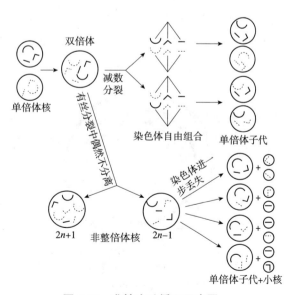

图2-24 准性生殖循环示意图
（仅以3个不同的染色体表示，引自陆家云，2000）

通过准性生殖可将不同菌系的优良性状组合在一个菌系内，从而培养出新的菌系。另外，通过对准性生殖的研究，可以进一步阐明许多无性型菌物遗传变异的机制。准性生殖一般包括异核体(heterokaryon)形成、二倍(体)化(diploidization)、有丝分裂交换(mitotic crossing-over)和单倍体化(haploidization)。在自然界中，自发形成杂合二倍体的频率非常低。在构巢曲霉中以 $10^{-7} \sim 10^{-5}$ 的概率在异核体中发生核融合，形成稳定的杂合二倍体。同样单倍体化的频率也很低。通常在二倍体菌落培养中出现扇形角变区，角变区产生单倍体分生孢子，由此可分离到单倍体菌株。

2.4 菌物的生活史

2.4.1 菌物生活史的概念

菌物的生活史(life-cycle)是指菌物从一种孢子经过萌发、营养生长和繁殖阶段，最后又产生同一种孢子的过程。菌物典型的生活史包括无性阶段和有性阶段，又可称为无性态(anamorph)和有性态(teleomorph)。同时具有无性态和有性态的菌物称为全性态(holomorph)；只有无性态而缺少有性态的称为非全性态(ana-holomorph)；具有一个有性态，而有2个或多个无性态的称为共同无性态(syn-anamorph)。菌物孢子萌发形成菌丝体，在适宜的条件下进行无性繁殖产生无性孢子；无性阶段通常可多次重复进行，它们对植物病害的传播和流行起着重要作用，尤其在植物生长季；有性阶段在生活史中往往只出现一次，通常在病菌侵染后期发生，其作用除了繁衍后代，还帮助病原菌度过不良环境，成为翌年病害的初侵染来源。另外，有些菌物的生活史中可以产生两种或两种以上的孢子，该现象称为多型现象(polymorphism)，如典型的锈菌在生活史中可依次产生性孢子、锈孢子、夏孢子、冬孢子和担孢子，共5种不同类型的孢子。菌物的孢子主要借助气流、水力和动物等传播，当然也有些菌物的子实体、菌核和菌丝体等组织也可由人类活动传播。研究和了解菌物的生活史对于研究植物病害的侵染循环和综合治理植物病害具有重要意义。

2.4.2 菌物的生活史类型

菌物完整的生活史由单倍体和二倍体两个阶段组成。依据菌物单倍体、双倍体和双核阶段的有无及时间长短，通常可将菌物生活史划分为5种类型(图2-25)：

①无性型(asexual)：只有无性阶段，缺乏有性阶段，如无性型菌物。

②单倍体型(haploid cycle)：营养体和无性繁殖为单倍体，有性生殖过程中，质配后立即进行核配和减数分裂，二倍体阶段短，如许多单倍体卵菌、接合菌和一些低等子囊菌。

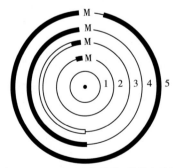

每一圈代表一个生活史；M表示减数分裂；单线表示单倍体阶段；双线表示双核单倍体阶段；粗黑线表示二倍体阶段

图 2-25 菌物 5 种生活史类型

(引自许志刚，2009)

③单倍体—双核型(haploid-dikaryotic)：生活史中出现单倍体和双核体菌丝，如高等子囊菌和多数担子菌。一些子囊菌的有性生殖过程中形成的产囊丝是一种单倍双核体结构，但这种双核体结构存在的时期较短，且不能脱离单核菌丝体单独生活，一旦子囊开始形成就进行核配。而许多担子菌则不同，由性孢子与受精丝之间进行质配形成的双核细胞可以发育成发达的单倍双核菌丝体，并可以独立生活，双核体阶段占据了整个生活史相当长的时期，如锈菌，直至冬孢子萌发时才进行核配和减数分裂。

④单倍体—二倍体型(haploid-diploid)：生活史中出现单倍体和二倍体营养体，有明显的单倍体和二倍体世代交替现象，只有少数低等壶菌，如异水霉属属于这种类型。

⑤二倍体型(diploid)：营养体为二倍体，二倍体阶段占据生活史中的大部分时期，只在部分菌丝细胞分化为藏卵器和雄器时，细胞核在藏卵器和雄器内发生减数分裂时形成单倍体，随后藏卵器和雄器很快进行交配又恢复为二倍体，如卵菌。

不同类群的菌物其生活史类型各异。菌物的倍体性对菌物大类群的分类有一定的参考价值。

本章小结

菌物的营养体主要由菌丝体、单细胞和原质团组成。其中丝状菌丝体分为无隔菌丝和有隔菌丝。菌物菌丝变态类型主要有吸器、附着胞、侵染垫、菌环、菌网和假根等，菌丝也可交织在一起形成疏丝组织和拟薄壁组织，并由此形成菌核、菌索和子座等特殊菌丝组织体。

菌物的无性繁殖是指不经过两性细胞或性器官的结合，营养体直接经有丝分裂后形成新个体的繁殖方式，无性繁殖的方式有4种：断裂、芽殖、裂殖和原生质割裂。无性繁殖产生的无性孢子包括游动孢子、孢囊孢子、分生孢子和厚垣孢子。

菌物的有性生殖是指具有可亲和性的两个性细胞或性器官结合后，经质配、核配和减数分裂后产生新个体的一种生殖方式。菌物质配过程主要有5种方式，即游动配子配合、配子囊接触、配子囊交配、受精及体细胞接合。产生5种类型的有性孢子，即休眠孢子囊、卵孢子、接合孢子、子囊孢子和担孢子。

菌物的生活史是指菌物从一种孢子经过萌发、营养生长和繁殖阶段，最后又产生同一种孢子的过程。菌物的生活史有5种类型：无性型、单倍体型、单倍体—双核型、单倍体—二倍体型和二倍体型。

思考题

1. 菌物的营养体、菌丝变态及组织体有哪些类型？
2. 菌物不同类群间细胞壁成分有何差别？
3. 菌物的无性繁殖和有性繁殖方式有哪些？各产生哪些类型的孢子？
4. 菌物的性亲和性表现为哪两种方式，请简述其含义。
5. 简述菌物生活史的含义及生活史类型。

第 3 章

菌物的代谢与遗传

3.1 菌物的营养

菌物是异养生物，只能从其他生物体中获得营养。菌物的营养类型主要包括：活体营养型、半活体营养型和腐生营养型。不同营养类型的菌物获取营养的方式不同。活体营养型(专性寄生物、严格寄生物)只能从活的寄主组织或细胞中吸取营养，除离体的组织培养外，一般都不能人工培养。半活体营养型(兼性寄生物或兼性腐生物)可以从活的寄主组织或细胞内取得营养，也可以从死亡的寄主组织或细胞内取得营养，一般都能进行人工培养。腐生营养型即一些腐生物，它们主要从死组织或细胞中夺取营养物质。这类菌物主要危害生活力较弱的寄主，易于在人工组合培养基上生长发育。菌物所需的营养物质复杂而多样，主要有碳素、氮素、矿质营养元素和生长因子等。菌物的生长因子一般有维生素、嘌呤或嘧啶、氨基酸、肌醇、脂肪酸和植物激素等。

对菌物营养的研究是为了准确合理地调控菌物的生长，对有益菌物可以通过提供各种营养物质的方式，使其大量产生对人类有经济价值的菌体或代谢产物，对有害菌物可以控制营养供给，限制其生长发展，以减少对人类的危害。

3.1.1 碳素营养

菌物细胞干重的 1/2 由碳组成，这表明菌物生长发育过程中碳元素起着重要作用。在菌物和其他异养生物的生理学中，碳提供了两种基本的功能，即为细胞关键组分的合成提供了所需的碳素，并构成这些关键组分的基本骨架。例如，糖类、蛋白质、脂肪和核酸等。另外，碳源的氧化过程为菌物基本生命过程提供能源。

菌物作为一个类群，能够利用许多种类的碳源，从小分子的糖、有机酸、乙醇到大分子的多聚物，如蛋白质、脂类、多糖和木质素等都能被菌物利用。

(1) 单糖和双糖

糖类是菌物碳源的一种重要形式，主要包括单糖、糖酸、糖醇、双糖以及它们短链的和长链的多聚物。菌物利用单糖及其衍生物的能力因其种类不同而有所差别。葡萄糖、半乳糖和甘露糖都是六碳糖，其中葡萄糖是几乎所有菌物都易于利用的良好碳源，甘露糖次之，半乳糖也可被许多菌物利用，但只有少数菌物在半乳糖上生长与在葡萄糖上生长的一样好。果糖是五碳糖，是仅次于葡萄糖的良好碳源。其他单糖，如山梨糖、阿拉伯糖、木糖、鼠李糖，都很少被菌物利用，但对个别菌物可能是很好的碳源。许多糖醇（如山梨糖醇、甘露醇和甘油等）可以被菌物吸收作为碳源，但是通常不及单糖效果好。

许多菌物能够利用单糖而不能利用同一种单糖组成的双糖或较大分子的糖，可能是这些菌物缺乏分解双糖的能力。最普遍存在的双糖有麦芽糖、纤维二糖、蔗糖和乳糖，其中麦芽糖和纤维二糖能被菌物广泛利用，少数菌物可利用蔗糖，更少数的菌物可利用乳糖。

（2）大分子糖类及木质素

大分子糖类主要包括：纤维素和淀粉。许多菌物能够利用寡糖和多聚糖作为糖源，这些大分子糖类由于分子较大因而在被利用之前首先必须利用所分泌的各种酶（如纤维素酶、淀粉酶、葡聚糖酶、木聚糖酶和几丁质酶等）将其水解为亚单位。纤维素是存在于植物组织中的多聚糖，对寄生和腐生菌物而言是一种广泛存在于自然界的很有潜力的碳源；许多植物病原菌物和腐生菌物能产生纤维素酶，将纤维素降解为葡萄糖，然后吸收利用。淀粉作为一种植物多聚糖，也能被大多数菌物利用；淀粉酶是一种可诱导的酶，在有淀粉存在时它才能被合成。木质素是多年生植物的主要组成成分，在自然界中是仅次于纤维素的有机多聚物；木质素的结构使它阻止了被大多数微生物利用，但可被一些寄生和腐生菌物所利用，如担子菌和子囊菌中的白腐菌（white-rot）、褐腐菌（brown-rot）和软腐菌（soft-rot）等。酚氧化酶（如漆酶和过氧化物酶）是木质素降解中不可缺少的酶。

（3）醇类

某些菌物能够以醇类作为主要碳源。酵母是工业上重要的生产菌，它能发酵产生乙醇。产朊假丝酵母（*Candida utilis*）可以在含有乙醇或丙烷醇的培养基上生长旺盛，但是在其他的醇类上几乎不生长。有些丝状菌物能利用乙醇作为碳源，如构巢曲霉（*Aspergillus nidulans*）、假蜜环菌（*Armillariella tabescens*）。然而刺盘孢属（*Colletotrichum* sp.）的一些种不能利用乙醇。

多羟醇也能被许多菌物作为碳源，甘油就是多羟醇作为碳源的良好材料。对一种汉逊氏酵母（*Hansenula miso*）进行了以各种醇类作为碳源的实验，发现乙醇和甘油是最好的碳源，且超过了葡萄糖的效应。

多羟醇除了作为菌物的主要碳源外，还能够促进菌物对其他碳源的利用。乙醇除了能够产生葡萄糖被假蜜环菌利用的效应外，也能刺激菌物对氮源和磷酸盐的利用。

（4）脂肪酸和碳氢化合物

许多菌物能够利用多种非极性的分子作为碳源，如脂肪酸、甘油三酯和碳氢化合物。

①脂肪酸：脂肪酸包括甘油三酯也可作为碳源，多种菌物能分泌脂酶进入周围环境，水解脂质为亚单位，然后较容易地吸收进入细胞。但是，脂肪酸或其化合物不能作为主要碳源，当各种脂肪酸作为主要碳源时，假蜜环菌、白地霉（*Geotrichum candidum*）都不能良好地生长，然而加入葡萄糖后，它们的生长量明显增加。

②碳氢化合物：碳氢化合物也是菌物易于利用的一类碳源。近年来，由于石油工业的发展，发现许多能利用烃类的霉菌和酵母，如枝孢属（*Cladosporium*）、黏鞭霉属

(*Gliomastix*)和假丝酵母属(*Candida*)等菌物是典型的航空燃油的污染菌,其他菌物也被发现能在柴油、煤油和石蜡油基质上生长。有人从原油中分离了40~60种菌物,并揭示菌物能够利用原油。菌物在以碳氢化合物作为碳源时,在其生长培养基中补加脂肪酸往往能提高生长效果。

（5）CO_2

尽管多数菌物不能利用CO_2作为主要碳源,但是许多菌物具有固定CO_2的能力,并且一些菌物在利用其他碳源时,固定CO_2似乎是必需的。CO_2也广泛地影响菌物的形态,如CO_2能刺激埃默森小芽枝霉(*Blastocladiella emersonii*)细胞壁加厚形成孢子囊;又如鲁氏毛霉(*Mucor rouxianus*)在高CO_2浓度下菌体由丝状变为类酵母形态。

3.1.2 氮素营养

氮源对于菌物的生长和发育是不可缺少的,它的作用主要是合成各种关键的细胞组分,包括氨基酸、蛋白质、嘌呤、嘧啶、核酸、氨基葡糖、几丁质以及各种维生素等。

菌物能利用许多不同的化合物作为氮源,如硝酸盐、亚硝酸盐、铵和有机氮化物等。菌物不能够固定分子氮。多数菌物在培养基中补加无机或有机氮源时都能生长;一些菌物能够利用铵和有机氮,但不利用硝酸盐,有很少数的菌物只能利用有机氮源。

（1）硝酸盐

多数菌物能够利用硝酸盐。硝酸盐同化是由硝酸盐还原酶还原为氨,硝酸盐还原酶催化从NADPH(还原型烟酰胺腺嘌呤二核苷酸磷酸)转移电子到硝酸盐,而且需要Mo^{2+}和Fe^{2+}作为辅助因子。但某些菌物不能利用硝酸盐,这可能是由于它们不能合成硝酸盐还原酶的缘故。硝酸盐还原酶活性与硝酸盐吸收相关,这种酶可能存在于原生质膜或接近原生质膜,还原酶存在于细胞壁和细胞膜之间以及液泡膜上。

（2）亚硝酸盐

亚硝酸盐可以作为氮源被一些菌物利用,但它对许多菌物是有毒的。亚硝酸盐的毒性可能是它对氨基酸的脱氨基作用和干扰硫代谢的能力。亚硝酸盐的运输和吸收与亚硝酸盐还原酶相关,而且氨会抑制该酶的合成。

（3）铵

绝大多数菌物能够利用铵作为主要的氮素营养,相对于硝酸盐而言,菌物通常先利用铵。铵化合物的种类广泛,包括硫酸铵、氯化铵、磷酸铵、硝酸铵和酒石酸铵等。实验证明,向硝酸盐培养基中加入铵后,菌物停止对硝酸盐的吸收,但是硝酸盐的存在并不影响铵的吸收。这归因于铵抑制硝酸盐还原酶的产生,这种优先利用铵可能是由于反馈抑制,最终产物抑制了酶的形成。因为铵抑制硝酸盐还原酶,因此也抑制了硝酸盐向亚硝酸盐转化。铵还可以影响菌物中一系列发育系统的调节。铵盐、硝酸盐和亚硝酸盐在培养丽赤壳属的 *Calonectria camellia* 时,在含铵的培养基上形成可育的子囊壳,而硝酸盐和亚硝酸盐培养基上则形成不育的子囊壳。

（4）尿素

少数酵母菌和丝状霉菌,如酿酒酵母(*Saccharomyces cerevisiae*)、黑曲霉(*Aspergillus niger*)等能够以尿素作为氮源。尿素被吸收后在细胞内首先转换为氨,因此,生长在尿素培养基和含氨培养基上的酿酒酵母的长势相当。但有些菌物在尿素培养基上生长很弱,例如,卷曲葡萄孢(*Botrytis convoluta*)在尿素培养基上的菌丝生长比在酪蛋白水解物的培养基上低10%。

(5) 有机氮

大多数菌物能够利用有机氮作为氮源,但不是全都能很好地利用。在对香菇(*Lentinus edodes*)培养基配方的研究中发现,培养基中氮源和维生素的比例要高,香菇在小麦琼脂培养基和玉米粉蔗糖培养基上菌丝体生长速率较快。研究发现,黄豆芽汁为氮源的液体培养基对猴头菇(*Hericium erinaceus*)菌丝体生长量和产生多糖物质量的效果最好。天冬酰胺是一种良好的有机氮源,甘氨酸、谷氨酸以及天冬氨酸一般也是菌物偏爱的氮源。混合的氨基酸要比单一氨基酸对菌物生长更有利。菌物能够利用蛋白质和多肽,例如,变色多孔菌(*Polyporus versicolor*)在蛋白质和多肽作氮源时生长得很好。

3.1.3 无机营养

在菌物培养过程中,当培养基中缺乏某些无机元素时,就会导致菌体生长缓慢或繁殖能力降低,这些无机元素被称为必需的无机营养元素。无机元素的主要功能包括:构成细胞的主要成分,作为酶的组成部分并维持酶的活性;调节细胞渗透压、氢离子浓度和氧化还原电位等。

菌物所需的无机元素的量与碳源、氮源相比是很低的,一般每升培养基只需几百毫克。对于不同的菌株、培养基以及培养环境来说,维持不同菌体最大生长速率所需要的无机元素的量是不同的。根据所需的无机营养的量将无机元素分为两类,即常量元素和微量元素。常量元素主要包括 Mg、P、K、Ca、S 等,微量元素包括 Cu、Fe、Zn、Mn、Mo 等。有些菌也需要其他元素,如 B、Co、Na 等。

(1) 镁

镁是菌物需要并起广泛调节作用的无机元素,是许多酶类的辅因子。细胞内的 Mg^{2+} 浓度受菌体生长速率的影响。例如,马格内孢霉(*Endomyces magnusii*)和产黄青霉(*Penicillium chrysogenum*)快速生长时,细胞内的 Mg^{2+} 浓度变低。另外,Mg^{2+} 参与了大量的代谢过程,并且能影响细胞膜的结构与功能。又如,在粗糙脉孢菌(*Neurospora crassa*)中,细胞膜上的糖蛋白合成需要 Mg^{2+},而且 Mg^{2+} 能使蛋白质组分聚集在一起而保持膜的稳定性,Mg^{2+} 还能增加膜的密度使其通透性降低而抑制运输。在酵母中,Mg^{2+} 能部分地阻碍 K^+ 与 H^+、K^+ 与 K^+ 在基质与细胞间的交换。

(2) 磷

磷大多数是以 PO_4^{3-} 的形式存在,是许多重要大分子如 DNA、RNA、磷脂以及小分子(NAD、FAD、焦磷酸硫胺素、维生素 B_{12}、辅酶 A 等)的重要组分。此外,还是核苷酸(ATP、GTP、CTP 和 UTP)的组分。PO_4^{3-} 在细胞内参与能量的贮存和转换。

(3) 钾

钾是菌物中的主要阳离子,K^+ 在菌物中的主要作用是调节渗透压。K^+ 的吸入降低了培养基和细胞质的渗透压的差异,改变了 Na^+ 对菌物的抑制作用。另外,胞内 K^+ 大量积累对于有机体的正常功能至关重要,并且 K^+ 在细胞内还与蛋白质结合,使酶被激活,如醛缩酶、丙酮酸激酶等。

（4）硫

硫是蛋白和维生素的组成成分，因此有机体需要量较大，氨基酸中甲硫氨酸、胱氨酸等都含有硫。硫还参与辅酶、硫胺素、生物素、辅酶 A 和硫酸锌的构建。

（5）钙

在菌物培养基中一般要加入钙盐，可使许多菌物的生长和繁殖速率加快。钙也是许多细胞结构的组分。在菌物的孢子囊、配子囊以及接合孢子中都发现有以草酸钙晶体存在的钙，接合孢子中的晶体是与细胞壁紧密结合的，有些时候覆盖在细胞壁上。

（6）铁

铁离子对于所有生物有机体来说都是必需的，但它的溶解性和生物活性通常很低，所以在生物进化过程中衍生了特异性吸收铁离子的机制。嗜铁素（siderophore）是由 Fe^{2+} 螯合的复合小分子化合物，它的主要功能是溶解、转运和贮存铁离子，从而解决菌物对铁离子的吸收。Fe^{2+} 比 Fe^{3+} 易溶，更易被利用。

（7）铜

铜是基本的微量元素，它是一些菌物酶的金属激活因子，特别是对氧化酶。超过最适浓度的铜对菌物生长变成抑制剂，而且是某些杀菌物剂的关键成分。因此，铜在生长培养基中受到重视。

（8）锌

锌是许多菌物酶的功能性组分。在多种两型菌物中，增加培养基中锌的含量可明显刺激酵母状细胞形成。Zn^{2+} 能影响多种代谢产物的形成。因为大量酶需要 Zn^{2+}，忽略培养基中的 Zn^{2+} 可能造成广泛的生理后果。

（9）锰

因为在许多反应中 Mn^{2+} 和 Mg^{2+} 的功能相同，所以很难证明菌物是否专一性需要锰。锰主要靠主动运输进入细胞，并且它能间接地影响菌物的酶活性。

3.1.4 维生素和生长因子

菌物的生长需要一些少量的有机物质，这些物质不是像碳素、氮素等作为营养物质，而是起一种更精细的功能。一般而言，维生素在 $0.01\sim0.1\mu g/g$ 便可起到促进生长和发育的作用，并且一般都是辅酶的成分或充当辅酶的功能。还有一些有机物不属于维生素类，但在低浓度时对菌物生长具有活性，称之为"有机生长因子"，包括肌醇、脂肪酸以及高等植物的生长激素等。

（1）维生素

所有生物都需要维生素，但它们的合成能力有所不同。例如，一些腐生性菌物和所有绿色植物可以合成自身所需的维生素，而不需要外源供给。有些菌物由于缺乏某一种维生素而限制生长，但如果提供维生素前体，它自己便能合成而生长得很好。还有一些菌物维生素的缺乏可能是不可逆的。菌物本身合成和所需的维生素大都是水溶性的 B 族维生素和维生素 H（生物素）；对于维生素 A、D 和 E 的合成没有在菌物中发现，至少在目前看来菌物是不需要的。

由菌物产生的维生素有硫胺素(维生素 B_1)、生物素(维生素 H)、吡哆醇(维生素 B_6)、烟酸、泛酸、核黄素(维生素 B_2)、肌醇和对氨基苯甲酸等。

(2) 生长调节剂

有些有机化合物在低浓度时就能够影响菌物的生长和发育,这类物质称为生长调节剂或生长因子。生长调节剂与维生素的不同之处是它们的功能不是作为辅酶,而且通常在浓度稍高的情况下才能影响生长,这些调节剂包括一些脂肪酸、高等植物的激素以及一些挥发性物质等。

脂肪酸类物质在低浓度下对某一菌物可能刺激其生长和发育,而对另一种菌物表现出抑制作用。例如,同一种短链脂肪酸能促进假蜜环菌形成假根,然而却毒害松香枝孢(*Cladosporium resinae*)。高等植物激素在低浓度下能刺激菌物的生长和发育。像其他生长调节剂一样,浓度是植物激素对菌物产生促进和抑制的关键。

3.2 菌物的生长

生长与营养是密切相关的,营养是生长的基础,生长是营养的一种表现形式。研究表明,丝状真菌和非丝状真菌的生长类型虽然不同,但它们的生长机制却是相似的。

3.2.1 丝状菌物的生长

丝状菌物是以顶端延长的方式进行生长的。它与维管束植物之间的一个重要区别是菌物细胞不能通过分生组织分裂而生长,但可通过顶端延长而生长成丝状体,顶端之后的菌丝细胞壁变厚而不能再延长。丝状菌物生长过程中产生繁茂的分支而构成菌物的菌落,因此,分支现象也是菌物生长过程中不可缺少的环节。

3.2.1.1 丝状菌物的生长机制

菌物的生长一般是由孢子萌发产生一个短的芽管,菌丝从这个中心点向各方向均等生长而发育成一个球形菌落。菌丝体的生长点是菌丝的顶端,菌丝的衰老部分是不能生长的。

菌丝顶端延伸区域近似于半椭圆形,而小型菌丝则近似半球形。菌丝顶端与生长有关的延伸区域中有一个称为顶体(spitzenkorper)的黑色的区域。电镜观察表明顶体是由亚泡囊围绕组成的核心泡囊。在许多子囊菌、担子菌和无性型菌物的菌丝顶端区域有一个小的、易染色的或有折射的小球,即顶体。它的功能目前尚不清楚。然而它的行为与菌丝生长相关,其仅存在于生长菌丝的顶端,且总是在菌丝的前边移动。

细胞质的泡囊起源于高尔基体或内质网。Grove et al. (1970)提出了菌丝顶端生长的泡囊假说模式。该假说认为,细胞质的泡囊是从内质网上以水泡状的形式转移至高尔基体,在高尔基体内进行浓缩加工,并把泡囊的类内质网膜转化成类原生质膜,然后泡囊从高尔基体释放并转移至菌丝顶端,与原生质膜融合并释放它们的内含物到细胞壁中,这一融合过程不但使泡囊内含物进入膜壁之间用来合成细胞壁,而且泡囊的膜也并入原生质膜,增加了原生质膜的面积,从而导致了菌丝顶端的生长(图3-1)。

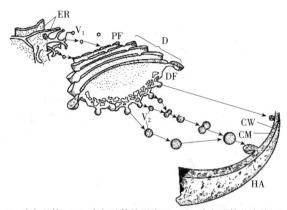

ER. 内质网　D. 高尔基体　PF. 高尔基体的形成面　DF. 高尔基体的成熟面　CM. 细胞膜
CW. 细胞壁　HA. 菌丝顶端　V_1. 内质网形成的泡囊　V_2. 高尔基体形成的泡囊

图 3-1　菌丝顶端生长的图解

（引自邢来君，2010）

关于菌丝顶端生长的机制，研究者们认为，菌丝顶端泡囊的聚集导致了顶端的延长生长。研究发现，当生长停止时这些泡囊便从顶端消失，分布在整个细胞的周围表面，只有当它们再聚集在顶端时生长才重新开始。此现象在植物花粉管的顶端和酵母细胞出芽的部位也被发现，证明了细胞壁的局部生长与泡囊有关。顶端生长被认为是细胞壁水解、壁的合成和壁的膨压之间的动力平衡。因此，破坏这一平衡会改变生长的模式。在菌丝顶端生长过程中，泡囊向顶端迁移的驱动力主要来自以下两个方面：

①常规驱动蛋白在膜的运输中作为微管的直接驱动力：在各种细胞中，驱动蛋白与内质网、高尔基体、线粒体、内含体、溶酶体相联系，表明在这些膜细胞器运输过程中存在驱动蛋白马达。

②动力蛋白和肌动蛋白：在粗糙脉孢菌和构巢曲霉中动力蛋白和肌动蛋白集中于生长菌丝的顶端，表明动力蛋白可对泡囊运输起作用，而且动力蛋白和肌动蛋白在真菌泡囊的运输中是必需的。

3.2.1.2　菌物的分枝生长

一个简单的菌丝几乎沿着菌丝长度的任何一点都能产生分枝，在第一次分枝上可产生第二次分枝，周而复始连续不断，最终形成一个菌物典型菌落的球形轮廓。由于分枝的交替，往往使彼此之间交错生长的菌丝发生融合，导致了核与细胞质的交换，所以在单一菌丝中往往可以发现不同的细胞核（异核现象）和不同的细胞质（异质现象）。

如果将菌丝顶端切除，其原生质遭到破坏，菌丝生长就会形成一个新的顶端，一般在亚顶端部分出现分枝。在亚顶端切除菌丝可导致切除部位原生质的死亡，但是由于菌丝隔膜孔的作用，菌丝生长一般不会受到影响。

大多数菌丝的分枝是在菌丝顶端之后的某一距离发生，而且新的分枝总是向前或朝向菌落的边缘，于是菌丝的整个系统像松柏树枝，这一规律显示了菌物的顶端优势。这一优势在菌物中是如何维持的目前仍然未知。

菌丝的顶端彼此分离使菌丝间充满间隙，这保证了菌丝对营养的需求。同时菌丝会从营养耗尽的区域撤离，并向营养丰富区生长。例如，在一个缺乏营养的琼脂培养基（如水洋菜)上生长的菌物,如果在菌落边缘的内侧放置一块营养丰富的培养基,那么菌丝顶端将旋转180°朝向营养丰富的地方生长。

在培养基中,菌落的密度和菌落形成分枝的数目直接与营养水平相关。在营养贫乏的基质上菌落分枝稀少,在丰富的基质上菌落分枝稠密,然而培养基的丰富与否,对于作为一个整体的菌落的生长速率影响较小,即在一定的时间范围内,培养基的丰富与贫乏对于菌物菌落的伸长影响并不大。另外,丝状菌物的生长有一个重复循环,相当于酵母和其他单细胞生物的细胞循环。

3.2.1.3 生长的动力学

单细胞生物的生长曲线,像液体培养的酵母,是以细胞数目或干重的对数相对于时间作图(图3-2)。在这条典型的生长曲线中分为5个时期,即延迟期(lag phase)、指数期(exponential phase)、减速期(deceleration phase)、稳定期(stationary phase)和衰亡期(declining phase)。在指数生长期中,1个细胞产生2个,2个产生4个……这个过程继续下去,直到受到营养的限制、氧气缺乏或代谢产物积累到有毒的水平,然后进入衰亡期。这条曲线是分批培养(batch culture)的典型曲线,所有的营养物质是开始时一次加入的,所以这个体系基本上是封闭的。在指数生长期中生长的速率称为比生长速率(specific growth rate),假若所有的条件是最适宜的,那么最大比生长速率是能够获得的。

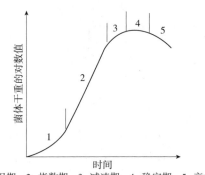

1. 延迟期 2. 指数期 3. 减速期 4. 稳定期 5. 衰亡期

图3-2 典型分批培养的生长曲线
(引自邢来君,2010)

3.2.2 单细胞菌物的生长

丝状菌物的生长是以顶端细胞延长的方式进行的,非丝状菌物如酵母的生长是借助裂殖和芽殖两种方式增加细胞数目。无论是裂殖还是芽殖都是酵母的营养繁殖,属无性繁殖生长方式。

酵母的出芽方式表现为一端芽殖、两端芽殖和多端芽殖。多端芽殖表现为整个细胞表面都可形成芽体,如酿酒酵母。两端芽殖表现为在细胞的两极出芽,而一端芽殖总是在细胞的相同部位形成芽体,如路德类酵母(*Saccharomycodes ludwigii*)。芽体脱落之后,形成芽体的部位上新合成的壁像气球膨胀一样又形成一个新芽体,然后在母体和芽体之间形成隔膜,芽体与母体分离,并在母体上留下芽痕。

一些酵母是以裂殖方式进行生长,但是这种裂殖不同于原核细胞的裂殖方式。如在粟裂殖酵母(*Schizosaccharomyces pombe*)中,裂殖开始之前,母体的一端或两端拉长,形成一个圆柱体并进行有丝分裂。在接近母体中间的部位产生一个隔膜,然后从这一隔膜的中间劈开,产生两个相等大小的子细胞。而在子囊菌酵母中,二倍体细胞也以芽殖的方式增殖。单倍体细胞也可以出芽方式繁殖。两种不同配型的单倍体细胞融合后又成为二倍体细胞。一些单倍体酵母,芽殖只能出现在单倍体时期,融合后经减数分裂再形成子囊孢子。在二倍体酵母中,子囊孢子萌发时,不同配型的子囊立即配合,又形成二倍体酵母。关于

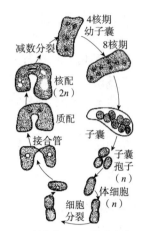 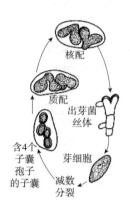 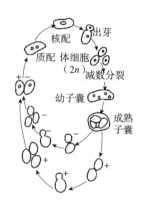

1. 单倍体型：八孢裂殖酵母（*Schizosaccharomyces octosporus*）   2. 双倍体型：路德类酵母（*Saccharomycodes ludwigii*）   3. 单倍体—双倍体型：酿酒酵母（*Saccharomyces cerevisiae*）

图 3-3　酵母的 3 种生活史类型

（引自邢来君等，2010）

酵母的生活史基本有 3 种类型，即单倍体型、双倍体型和单倍体—双倍体型（图 3-3）。

单倍体细胞在生活史中占主要地位，称为单倍体型。以八孢裂殖酵母（*Schizosaccharomyces octosporus*）为代表。营养细胞经裂殖分为两个子细胞，任何一个营养细胞都有成为配子囊的潜能。在有性生殖过程中，两个细胞接触，两个单倍体的核在加宽的接合管部位融合而形成合子，合子亦变为子囊，融合的二倍体核在子囊中经减数分裂而形成 8 个子核，每个子囊孢子由一个子核变成。子囊孢子被释放后具有营养细胞的作用，通过裂殖形成新的单倍体营养细胞。

双倍体细胞阶段在生活史中占主要地位，称为双倍体型。以路德类酵母（*Saccharomycodes ludwigii*）为代表，其营养细胞为双倍体，只是在有性生殖时形成的子囊孢子为单倍体时期；子囊孢子未被释放前，在子囊内便结合（质配和核配）形成合子，合子并不立即进行减数分裂，以芽殖的方式生出许多双倍体的营养细胞，这个阶段延续很长时间，最后双倍体的营养细胞变成子囊，这时才进行减数分裂而产生单倍体的子囊孢子，这个阶段占用的时间很短。因此，子囊孢子代表了生活史唯一的单倍体时期。

单倍体营养细胞与双倍体营养细胞在生活史中占的地位相等，即为单倍体—双倍体型。以酿酒酵母（*Saccharomyces cerevisiae*）为代表。

3.2.3　菌物的两型现象

许多菌物具有依赖环境条件而改变其形态的能力，可以从菌丝型（M 型）转变为类酵母型（Y 型），这种生长习性的转变称为两型现象（dimorphism）。此现象在接合菌、子囊菌、担子菌和无性型菌物中都有存在。

解释菌物的两型现象是一个复杂的问题。两型菌物从 M 型到 Y 型，从 Y 型转变为 M 型是与环境条件有关的，有的是依赖单一因子就可以发生转变，有的需要复合因子。目前的研究显示，两型菌物可根据触发互变的环境因子的类型分为 4 类，即温度依赖型、温度和营养依赖型、营养依赖型及血清诱导促发型。

3.2.4　菌物生长的测定

菌物的生长是菌物重要的生理机能。菌物通过适宜的环境条件吸收营养物质，通过异化和同化等代谢过程将营养物质变为本身的细胞物质，因而增加了个体的体积，这是一切生理活动的综合反映。因此，研究菌物的生长可较好了解菌物的生理特性及对生长环境的适应性。

菌物大都是丝状的，因此其生长量的测定不同于细菌等单细胞生物。酵母是单细胞的菌物，其生长量的测定方法则与细菌相同。丝状菌的生长主要是指菌丝体的生长量，主要包括以下测定内容和方法：

①直线生长的测定：目前主要有3种测定方法，即菌丝生长速率的测定、菌落生长速率的测定、直线生长速率的测定。

②菌丝干重测定：液体培养菌物的生长期完成后，过滤菌丝、洗涤、离心、烘干及称量干重。这种测定法比较直接而可靠，但仅适用于菌体密度较高的样品，而且要求样品中不含有菌体以外的其他干物质。同时，也可以采用测定菌丝湿重法，把烘干步骤省去。菌物的生长还可用间接的方法测定，如全氮量和核糖核酸的分析，一般干的菌丝体含氮量是4.5%~8.5%，核糖核酸是2.0%~4.0%。另外，还可以分析培养基中糖的消耗量和氧的吸收量等作为测定生长量的指标。这些方法大都是工业生产中所采用的方法。

3.2.5　环境因子对菌物生长的影响

菌物生长除了需要一定的营养物质外，还需要一定的环境条件。例如，一定的温度、湿度、pH值和光照等。每种环境因子对生长都有最适点、最高限和最低限。在营养、温度、湿度和光线等条件合适的情况下，菌物便能迅速生长发育，并产生无性孢子借以进一步繁殖。通常当环境条件不适于生存时，菌物便转入有性生殖阶段，或产生坚硬的保护组织如菌核、子座等，或产生厚垣孢子和休眠孢子。当菌物在最高或最低的条件范围内，也能生存，只是生长缓慢而已。超过高限或低于低限，菌物都不能生长。实际上，有少数菌物对极端环境有很强的耐受性。

（1）水分

水分对于菌物生长是必需的。在菌物细胞周围通常需要一层水膜，以便于其营养吸收和酶的扩散。水分太多对菌物生长是有害的，例如，大多数丝状菌物在淹没培养中不能形成孢子，同时由于淹没发生厌氧而限制生长。然而干燥的条件下菌物也极难生长，因为细胞壁对水的可渗透性，所以生长中的菌物对干燥特别敏感。

菌物要在高湿条件下生长。许多菌物在相对湿度95%~100%条件下生长良好，相对湿度降至80%~85%，菌物生长缓慢甚至停滞。少数菌物能在相对湿度65%的条件下生长。

有少数菌物可以在高渗透压的基质上生长，例如，高盐和高糖浓度的基质。这些耐高渗透压的菌物虽然处于高渗透压基质环境中，但细胞内却仍可维持适宜的低代谢活性的溶液状态，因而并不破坏其正常的代谢活动。尽管如此，大多数菌物并不耐高渗透压环境，故食品工业往往利用这一特性，如在肉类、水果或果酱里加入高含量的糖或盐来抑制菌物生长（即糖渍和盐渍），防止食品腐败。

(2) 温度

各种菌物只在一定的温度范围内生长，并各有其最适生长温度、最高生长温度和最低生长温度。随温度升高，菌物的生长速率随之加快，达到最适生长温度时生长速率最快。温度如再上升，生长速率开始减慢，达到最高生长温度时，生长速率则显著下降。一般菌物生长的最适温度为20~30℃，但也有例外。从温度角度可将菌物分为以下3类：

①嗜冷菌：可在10℃以下生长。例如，枝孢属（*Cladosporium*）和侧孢属（*Sporotrichum*）的一些种的株系能够在-8~-5℃下生活。

②适温菌：大多数菌物是适温菌，可在10~40℃下生长。一般生长的最适温度为25~35℃。

③喜温菌：可在40~60℃下生长。例如，粪污鬼伞（*Coprinus fimetarius*）的某些株系最适生长温度是40℃，甚至能在44℃下生长。一般菌物的致死温度是50~60℃，但是有些木腐菌物的致死温度高达105℃，且12h后才能致死。由于菌物长期生长在自然环境中，所以有少数菌物对极端的自然环境产生了一定的耐受性。

(3) 氢离子浓度

大多数菌物对酸碱度不太敏感，一般在pH值3.0~9.0内都能生长。与细菌、放线菌相比，菌物喜欢在酸性环境中生长，细菌喜碱性，放线菌喜中性。植物病原菌物的最适pH值为5.0~6.5，而动物皮肤菌物在pH值4.0~10.0内都可生长。

氢离子浓度对一些金属离子的利用有一定影响，一些金属离子形成的复合物在一定pH值范围内是不溶解的。Mg^{2+}和磷酸根在酸性条件下呈游离状态，pH值升高会形成不可溶的复合物，菌物即不能利用。在碱性培养基质中铁离子形成不可溶的复合物，造成基质中铁离子的缺失。钙和锌离子也有相似的现象。

pH值还能影响细胞的渗透性，这可能是由于改变了化合物的离子化。外界的氢离子浓度也影响细胞内的pH值，从而影响酶的活性。在极端酸碱环境中，某些菌物可借助自身的活性来改变环境中的pH值。因此，它能够在不同的酸碱环境中生长。

(4) 光照

光照可影响菌物的生长速率、合成能力和生殖器官的形成。有时光照影响生殖器官的向光性，可见光对孢子的形成有重要意义。光照往往诱发有性和无性结构的形成，这对陆生菌物要比水生菌物更普遍。其次在孢子释放期间，产孢结构是绝对向光性的，而且它们的孢子也向光。

紫外线（UV，300nm）是一种强诱变剂，它使DNA上两个相邻的胸腺嘧啶相联接，形成胸腺嘧啶二聚体（thymine dimer）。紫外线引起的诱变可以部分地被光复活。光复活作用的机制是光激活酶与胸腺嘧啶二聚体结合，并在原位置上解离为单体。光激活酶是由近紫外线或是"黑光"（300~380nm）激活的产物。

(5) 空气

大多数菌物是严格的好气菌，它们必须有氧气才能生长。而有些菌物，如大多数酵母和少数丝状菌物能借助无氧呼吸（发酵）获得足够的能量，它们可以耐受周围聚集的乳酸和乙醇。

不同的菌物耐受CO_2的浓度不同，并且在自然环境中CO_2的浓度变化显著影响菌物的生长。如尖孢镰刀菌(*Fusarium oxysporum*)和真马特镰刀菌(*F. eumartii*)能够在正常空气条件下生长,也能在高达 75.3% 的 CO_2 条件下生长。而在蘑菇房中,CO_2 浓度等于或低于 0.08% 时才能形成蘑菇芽。在足够的供氧条件下,菌物才能吸收和利用碳和氮素化合物。例如,鲁氏毛霉(*Mucor rouxianus*)在有氧条件下能利用多种碳源和氮源,但在无氧条件下,只能利用已糖作为碳源,氨基酸作为氮源。在缺氧情况下鲁氏毛霉需要的营养物质增多,但生长速率反而降低。

3.2.6 菌物生长的抑制剂

许多抗菌物剂被用来抵抗菌物的危害和治疗植物的菌物性病害,它们通常被称为杀菌物剂(fungicide)。当被用于治疗动物或人的疾病时就被称为抗菌物药物(antifungal drug),如果是用微生物发酵的方法制成的则是抗菌物的抗生素(antifungal antibiotic)。各种抗菌物剂在化学本质、反应特点和方式上有很大不同。

(1) 生化特异性低的菌物抑制剂

一些抗菌物剂有很低的生化特异性,这种低特异性是有益的,它们许多是细胞组分并在生化代谢反应中起作用。由于任何生物都不可能缺少所有这些细胞组分和生化反应,因此,大多数菌物都潜在地容易受这种抗菌物剂的攻击。生化特异性低的杀菌物剂可喷洒在植物体上来抑制菌物生长,使落在植物体表面的孢子中毒。同时,还可能抵抗昆虫的袭击。低特异性的杀菌物剂包括盐类、各种金属的有机衍生物、硫的无机物和一些有机化合物。

①天然硫(elemental sulphur):是早期应用的杀菌物剂之一,现在仍被广泛用于阻止一些重要的粉状霉菌(如白粉菌)引起的病害。如葡萄这样的藤本植物,可以洒施表面或喷施胶状的悬浮液。

②二氧化硫(sulphur dioxide):在酿酒酵母和其他一些酵母中,二氧化硫本身可以扩散进入细胞。二氧化硫能够引起很多化学变化,干扰新陈代谢,引起细胞死亡。它可以二氧化硫、亚硫酸盐或亚硫酸氢盐的形式被加入酒和果汁,被广泛用于防止由酵母和霉菌引起的腐败。微量二氧化硫用于食品和饮料中一直被认为是对人体无害的,但是它能与氨基酸组分(如胞嘧啶)相互作用,因此应限制它的作用。

③波尔多液(Bordeaux mixture):是最早应用的杀菌物剂之一,现在仍被用于保护植物免受菌物性疾病的侵害。当将其喷洒在植物体上时,可溶性的能杀菌物的铜化合物就被慢慢释放出来。它作用于菌物的孢子,与蛋白质的氨基、羧基、硫醇基相连,抑制酶的活力。其他一些以相同的方式起作用的无机铜杀菌物剂也有应用。

④弱酸类(weak acids):如山梨酸等被广泛地用作食品的保鲜剂。这些亲脂性的未游离的酸扩散通过质膜,释放大量质子,通过酸化引起细胞死亡,看起来似乎是醋酸起作用的机制。但山梨酸是非饱和脂肪酸,有两个变化了的双键,并非通过破坏细胞膜起作用,而是引起钾离子的渗透,提高质子的透性。

(2) 生化特异性高的菌物抑制剂

目前应用的许多杀菌物剂都非常有效,而且对动植物生长几乎没有影响。这种药剂有高特异性,其仅与唯一一种细胞组分或生化反应相互作用,这种选择性是由于目标仅存在

于菌物细胞中,也可能是由于只有在菌物细胞中杀菌物剂才能转变为有活性的形式。这种特异性高的菌物抑制剂可分为以下 8 类:

①有丝分裂抑制剂:在有丝分裂抑制剂中,灰黄霉素(griseofulvin)和苯并咪唑(benzimidazole)被广泛应用。灰黄霉素被用来治疗人类皮肤菌物所引起的感染。苯并咪唑用来防止和治疗许多种菌物引起的植物病害。

②核苷酸合成抑制剂:主要用来治疗人类假丝酵母(*Candida albicans*)和隐球菌(*Cryptococcus neoformans*)感染。

③蛋白质合成抑制剂:春雷霉素(kasugamycin)用来治疗稻梨孢菌(*Pyricularia oryzae*)引起的植物病害。它与核糖体结合从而抑制氨酰 tRNA 与核糖体的结合。它们特异地抑制真菌蛋白质合成因子中延长因子 2。

④呼吸抑制剂:如萎锈灵(carboxin)对担子菌的锈菌和黑粉菌十分有效,它们进入线粒体与琥珀硫酸泛醌还原酶作用,抑制琥珀硫酸和辅酶 Q 间的质子传递。

⑤磷酸代谢抑制剂:如三乙磷酸铝对卵菌纲的一些最重要的植物病原体有抑制功能。其可以稳定地穿透植物体,然后向上运输到木质部,向下运输到韧皮部。

⑥麦角固醇合成抑制剂:麦角固醇是所有菌物细胞膜的重要成分,但卵菌是个例外。有许多杀真菌剂是通过抑制麦角固醇脱甲基而起作用的。

⑦破坏细胞质膜的功能:如多烯类抗生素,两型霉素 B,通过静脉滴注能治疗人体全身性的真菌感染。

⑧细胞壁合成抑制剂:几丁质、β-1,3-葡聚糖和甘露糖蛋白等都是大部分真菌细胞壁的重要组分,因此它们的合成就成了抑真菌剂的靶标。目前仅有多氧菌素用于商业。在日本其被用来控制植物的真菌感染。抗真菌药物棘白菌素(echinocandin)和阜孢杀酵素(papulacandin)以及它们的半合成衍生物,作用机制是特异性抑制菌物细胞壁中 β-1,3-葡聚糖合成酶的活性,进而引起菌物细胞壁的裂解。

3.3 菌物的代谢

菌物的新陈代谢(metabolism)过程包括合成代谢和分解代谢。合成代谢又称为同化作用,是菌物利用简单的小分子通过一系列的化学反应合成复杂的大分子乃至细胞结构的过程。分解代谢又称为异化作用,即菌物将各种营养物质降解成小分子的简单物质,并释放能量的过程。分解代谢产生的能量和原料提供给合成代谢进行细胞组分的合成;合成的过程包括糖类、蛋白质和脂质,这些又是分解代谢的基础。菌物的代谢过程贯穿于其生命活动的始终。

3.3.1 菌物的能量代谢

菌物属于化能异养型生物(heterotrophy),代谢所需的能量绝大多数是通过生物氧化作用而获得。致病菌获得能量的基质主要是糖类,通过糖的氧化或酵解释放能量,并以高能磷酸键的形式(ADP、ATP)储存能量。菌物的生物氧化类型分为呼吸(respiration)和发酵(fermentation),其主要作用是从被氧化的底物中释放化学能,促进细胞内其他的合成反应。

(1) 有氧呼吸

有氧呼吸是指以分子氧作为最终电子受体的生物氧化过程。其为基质在氧化中释放出电子,通过呼吸链(电子传递链)交给最终电子受体氧,并在传递电子过程中产生 ATP 的生物化学过程。这种产生 ATP 的方式称为氧化磷酸化作用。呼吸作用一般包括 3 个相关的过程,即三羧酸循环(krebs cycle or tricarboxylic acid cycle)、电子传递链和氧化磷酸化(oxidative phosphorylation)。这些过程多在线粒体内膜上进行,故线粒体被认为是菌物和其他真核生物的呼吸中心。许多环境和内部的因素影响呼吸的过程和速率。影响菌物呼吸的外部因素包括 pH 值、温度、O_2、CO_2 和营养等。

(2) 发酵作用

发酵作用(无氧呼吸,anaerobic respiration)是产能代谢中以有机物同时作为电子供体或最终电子受体的生物氧化过程。一般来说,菌物的电子受体是丙酮酸。在无氧条件下,菌物分解丙酮酸后会积累乙醇和乳酸等,根据发酵产物,发酵的主要类型有乙醇发酵(工业上最重要的发酵产品,其中啤酒酵母是进行乙醇发酵的典型代表,至今酵母仍是酒精最主要的产生菌)、乳酸发酵(壶菌纲的一些好氧性菌物和一些在无氧条件下也能生存的菌物,能形成乳酸作为无氧条件下唯一的发酵产品)、甘油和其他多元醇的发酵。绝大多数菌物都是好氧生物。

3.3.2　菌物的分解代谢

复杂的有机物质,通过一系列分解代谢酶系的催化,产生能量(ATP)和小分子物质的过程称为分解代谢(catabolism)。

(1) 碳的分解代谢

菌物中的碳主要以糖的形式存在,糖的分解代谢过程主要作用就是为菌物生存提供能量物质 ATP,同时还可为生物合成提供辅酶和必要的中间产物。糖的代谢分解主要包括糖酵解、三羧酸循环和戊糖磷酸途径。在菌物中糖酵解主要通过 3 条途径进行,即 EMP 途径(embden-meyerhof-parnas pathway)、HMP 途径(hexose monophosphate pathway)及 ED 途径(entner-doudoroff pathway)。这 3 条途径在菌物中并非共同存在,与其他生物一样,EMP 途径是主要的糖酵解途径,一般占糖分解的 1/2 以上。如麦角菌(*Claviceps purpurea*)的糖酵解主要赖于 EMP 途径(占 90%~96%)。而小麦网腥黑粉菌(*Tilletia caries*)的孢子中,ED 途径是唯一的糖酵解途径,但其菌丝体中被 EMP 和 HMP 所代替。

(2) 氮的分解代谢

菌物体内含氮化合物的分解主要是氨基酸的分解代谢,氨基酸代谢产生的物质是菌物体内重要含氮化合物前体。氨基酸代谢最重要的过程就是脱氨基作用,而绝大多数氨基酸的脱氨基是出自转氨基作用。

(3) 脂类的分解代谢

脂类是菌物的重要能源物质,同时也是其细胞膜的重要组成分子。菌物和其他生物一样,能合成很广泛的脂质,包括中性脂肪、磷脂、固醇及其他。脂质也存在于菌物壁中,尤其是孢子壁中,使其具有保护和防水作用。菌物产生的某些性激素是固醇类物质。菌物所含的脂质随菌龄、生长时期及培养条件会有很大的变化。在菌物中脂质通常占干重的20%，甚至有些达到干重的50%以上。脂类的代谢会推动ATP合成，并产生一些重要的生物分子进入其他代谢途径或作为生物合成的前体物质。如菌物生长过程中可产生甘油三酯，其含量丰富。菌物中的甘油三酯代谢首先是在酶的作用下分解成甘油和脂肪酸，甘油经过磷酸化生成3-磷酸甘油并进入糖酵解途径，而脂肪酸需要进一步进行β-氧化。脂肪酸的β-氧化主要发生在菌物的线粒体基质中。

3.3.3 菌物的合成代谢

菌物的细胞物质主要是由蛋白质、核酸、碳水化合物和类脂等组成。合成这些大分子有机化合物需要大量能量和原料。能量来自营养物质的分解，至于原料，可以是菌物从外界吸收的小分子化合物，但更多的是从营养物质分解中获得。由于它们相互依赖、偶联进行，菌物才能具有旺盛的生命活动和正常的生长繁殖。因而在自然界中得以生存和发展。

（1）碳水化合物的合成

当含碳化合物被同化后，一定数量的碳被菌物利用来进行细胞物质的生物合成，包括细胞壁的构建、糖类的贮存以及对菌物无明显价值的次生代谢。

①单糖的合成：菌物的单糖合成途径有EMP途径向合成葡萄糖-6-磷酸开始，再转化为其他糖。其中合成代谢反应中所需的已糖可由外源物质或非糖前体物合成。

②多糖的合成：菌物同化的大量碳被用于细胞壁物质的生物合成，在酵母中主要的壁物质是具有甘露聚糖支链的糖原，大约占菌丝体和孢子干重的5%，是由α-1,4-糖苷键连接而成的葡萄糖多聚体。还有些低等菌物的细胞壁是纤维素、聚氨基葡萄糖（脱乙酰几丁质）等。菌物形成的多糖主要用作能量的贮存。形成的甘露醇被用作食物的贮存，特别是在子囊菌和担子菌中，菌物形成的其他糖醇可能也作为产物贮存。活体营养的寄生菌物并不杀死它们的寄主细胞，少数菌丝能直接穿入细胞吸取植物组织的糖，并借助HMP途径产生的辅酶Ⅱ把这些糖转变为糖醇，然后转移到分布在寄主表面或寄主细胞间隙的菌丝中去，这是营养物质从植物体向菌丝转移非常有效的方法。

③芳香族碳化合物的合成：菌物中有很多芳香族化合物，它们可以单环或多环的形式存在。芳香族的核心是以六碳环和3个不饱和双键为标志的碳水化合物，它可以通过乙酸途径和莽草酸途径被衍生，但是大多数芳香族化合物是否通过这两个途径衍生而来目前还未知。

（2）氨基酸的生物合成

丝状菌物中氨基酸的生物合成首先从粗糙脉孢菌中观察到，同时在构巢曲霉、黑曲霉、产黄青霉和玉米黑粉菌中也先后进行了研究。已被证明在丝状菌物中能够合成的氨基酸，根据来源可分为5组：①从三羧酸循环的中间产物产生的氨基酸；②从糖酵解的中间产物产生的氨基酸；③从谷氨酸来源的氨基酸；④从天冬氨酸来源的氨基酸；⑤从咪唑磷酸甘油来源的氨基酸。其中①和②组与碳代谢有着密切关系，是氨基酸的主要来源；而③和④组是由谷氨酸和天冬氨酸派生而来。

赖氨酸是一种独特的氨基酸，它可以由两条不同的途径来合成。根据各自的中间产物——二氨基庚二酸（diaminopimelic acid，DAP）和α-氨基己二酸（α-aminoadipic acid，

AAA),而分别称作 DAP 合成途径和 AAA 合成途径。大多数真菌具有 AAA 合成途径,而以卵菌为代表的一些菌物具有 DAP 合成途径。色氨酸是属于芳香族的氨基酸,是通过莽草酸途径合成。色氨酸合成包括 5 种酶。对菌物分析已表明,卵菌有其独自的酶学图型,而壶菌、子囊菌和担子菌属于同一酶学图型。

(3) 脂肪酸的生物合成

脂肪酸的生物合成在细胞质中进行。脂肪酸合成所需的碳原子都来自乙酰 CoA,乙酰 CoA 经多种酶所组成的脂肪酸合成酶复合体系所催化。该酶系以没有活性的脂酰基载体蛋白(ACP)为中心,与外围的 6 种酶组成一簇。ACP 的侧链就像一个"摆臂",它从一个酶分子转运底物(脂酰基)到下一个酶分子,以完成每加入一个二碳单位所需的 6 个步骤,合成 16 个碳原子以下的脂肪酸。更长碳链的脂肪酸是依此为基础加二碳单位的方式形成的。单不饱和脂肪酸可通过氧化反应直接从饱和脂肪酸获得。多不饱和脂肪酸是生命体细胞生物膜的关键组成成分,可调控与生物膜相关的多种合成代谢途径及一些基因的转录水平。

(4) 次生代谢产物的合成

次生代谢产物是以初级代谢产物为前体,通过次生代谢途径所合成的化合物。菌物产生的次生代谢物超过 1000 种,在化学组成方面差异较大,且往往是种或株系所特有的。一些次生代谢物有重要的商业价值,如抗生素、植物激素以及少数次生代谢物构成的美味食品;但是另一些次生代谢物对人体毒性极强。例如,麦角菌的菌核往往混在粮食和饲料中,用其制造食物常会引起食物中毒造成死亡;有一些生长在贮藏食品上的丝状菌物,能产生大量的菌物毒素。因此,食品在投放市场之前要经过常规的检查。

菌物的次生代谢产物主要有类胡萝卜素、赤霉素、麦角碱、青霉素、头孢霉素和黄曲霉毒素等。类胡萝卜素是菌物的一种色素,广泛分布于菌物的主要类群,它以 β-胡萝卜素和酸性胡萝卜素的形式存在于菌物体内。赤霉素是一类双萜类化合物的植物激素。1926 年,日本病理学家黑泽英一发现水稻植株发生徒长(恶苗病)是由赤霉菌的分泌物引起的;1935 年,薮田贞治郎和住木谕介从藤仓赤霉(*Gibberella fujikuroi*)的培养物中分离获得结晶并命名为赤霉素(GA)。麦角碱是由麦角属(*Claviceps*)的真菌侵染麦类植物形成的菌核中提取的生物碱。麦角属真菌多达 40 余种,我国已发现麦角菌的寄主植物(主要为禾本科)有 17 属 26 种。人畜误食麦角菌后会引起中毒或流产,但同时也被用于药用。青霉素(penicillin)由 Flemin 于 1929 年从点青霉(*Penicillium notatum*)中获得,而现代商业产品却来自产黄青霉(*P. chrysogenum*)的突变株。氨苄青霉素(ampicillin)具有广谱的抗菌作用,杀菌力强而且毒性低。头孢霉素(cephalosporin)是目前临床应用的重要抗生素之一,它是顶头孢霉(*Cephalosporium acremonium*)的次生代谢产物,是菌物中除了青霉素之外的第二个具有重要应用价值的抗生素。黄曲霉毒素(aflatoxin)是由黄曲霉(*Aspergillus flavus*)和寄生曲霉(*A. parasiticus*)产生的一种肝毒素。黄曲霉毒素对人及动物有极强的毒害作用,并有高度的致癌性。花生和玉米最易受黄曲霉毒素的污染,大米和棉花籽次之。

3.4 菌物的遗传

菌物的遗传学是菌物生物学研究的重要内容。菌物是低等的真核生物,与高等真核生物具有很多相似之处，因此是研究其他高等真核生物遗传学的理想模式生物。在生物界，动植物虽然在许多方面表现出千差万别，但它们都是二倍体，而菌物绝大多数是单倍体，即细胞核只含一套染色体，所以它们在遗传学研究上优于二倍体生物，染色体上的每个基因都有能力表达自己的遗传性状，而且不产生等位基因之间的互相掩盖；同时，菌物存在的异核体和体细胞交换现象以及世代周期短等特点，使得利用菌物开展遗传学分析变得简单而容易。因此，菌物是当代遗传学领域开展遗传行为研究的一个十分重要的实验生物材料。

3.4.1 菌物的遗传学特点

菌物是一类易发生变异的生物，具有多样性。已证明菌物是理想的用于进行遗传学分析的材料，已报道对20多属约30种的菌物进行了较全面的遗传学研究。例如，粗糙脉孢菌（*Neurospora crassa*）、酿酒酵母以及多种粪壳菌（*Sordaria* spp.）等。菌物的遗传学研究广泛受到重视，主要是菌物具有以下几个明显的遗传学特点：

（1）单倍体（haploid）

菌物中除卵菌的营养体是二倍体外，大多数菌物的营养体是单倍体，且在菌物的无性和有性生殖中形成大量单核的单倍体孢子，这些单倍体均可用于研究自然发生的或诱发的遗传突变。在单倍体生物中，每个基因只是等位基因中的一个，可以避免显隐性的复杂性。但菌物中也表现有显隐性的特点，这主要反映在异宗配合的菌物中。异宗配合时营养体大部分时期为异核体，虽然细胞由两个核所组成，但仍是单倍体，因为这两个核共存于一个细胞中并未融合，这类异核体为双核体（$n+n$），与双倍体（$2n$）相区别。所以在这种情况下菌物也可以出现显隐性。不过动植物的显隐性发生在同一核内的等位基因之间，而菌物异核体是发生在两个核之间，称为互补作用。

（2）异核体（heterokaryon）

菌物的菌丝之间可以互相融合，彼此交换细胞核而形成异核体。异核体的形成使得菌物在外界环境条件改变的情况下具有广泛的适应性。异核体可以通过分离孢子或菌丝片段的方法被检测出来，用于遗传学的互补实验。菌丝融合现象也可以导致细胞质交换，形成异质体（heteroplasmon），这对于细胞质遗传的研究更有利用的价值。

（3）交换现象（phenomenon of crossing-over）

交换现象是遗传重组的一个重要过程，在子囊菌中，例如，脉孢菌和粪壳菌，在有性生殖过程中，减数分裂后产生的单倍体的核以一定顺序排列于子囊内，一个核形成一个子囊孢子，且这些子囊孢子有顺序地直线排列于筒状的子囊内，据此可判断是属于减数分裂的第一次分裂分离还是第二次分裂分离（图3-4）。如果出现交换，可根据第二次分裂分离确定这个基因与着丝点的距离，这样即可确定这个基因在染色体上的位置。所以在进行遗传学研究时，可以利用适合的标记基因将第一次分裂分离和

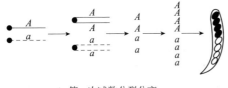

1. 第一次减数分裂分离

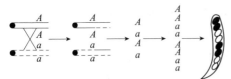

2. 第二次减数分裂分离

图3-4　子囊孢子的第一次和第二次分裂分离
（引自邢来君等，2010）

第二次分裂分离区别开来,可以检测出相互交换的和非相互交换的染色体,同时利用基因定位原理进行染色体作图。

(4) 体细胞交换(somatic crossing-over)

体细胞交换现象首先是在果蝇(*Drosophila*)中观察到的,但是在菌物中更容易进行研究。在菌物中异核体现象被认为是普遍发生的。在这些异核体中体细胞的核融合频率较低,尽管如此,核融合现象还是存在的,所得到的杂合二倍体的核通常不进行有丝分裂交换,具有相对的稳定性。这对于研究体细胞交换是一个绝好的材料。但是这些杂合二倍体的核能通过不规则的减数分裂转变为单倍体的状态,于是这些单倍体的核是在没有性的参与下进行遗传重组的准性生殖。由于准性生殖的缘故,大量的表达特殊遗传标记的单倍体孢子产生,使得产生分生孢子的菌物更适宜进行遗传现象的研究。

(5) 真核体(eukaryotic)

菌物是低等的真核生物,具有很短的世代周期,便于研究和利用。另外菌物像细菌一样容易操作,在实验室条件下容易进行纯培养,许多纯培养物可以在试管里保藏,很多影响遗传学研究的环境因素都会被最大限度地排除,这为研究工作带来便利。

菌物遗传学研究也经常会遇到困难。菌物的核通常很小,一般不能在光学显微镜下进行细胞分裂中期染色体的观察。其次菌物所产生的分生孢子、子囊孢子、担孢子的个体较小,使得单独处理较为困难,同时严格的无菌操作技术也增加了研究工作的难度,但在实际工作中,这些困难都能被克服。因此,菌物不再仅是种群遗传学方面的研究材料,而已被广泛地应用于基因重组及其行为的研究。

3.4.2 染色体交换及基因标记

(1) 染色体交换

染色体交换(crossing-over of chromosome)是减数分裂过程中的一个正常行为,在这一过程的初始阶段,二倍体的核具有两套染色体,在染色体的复制过程中,形成两条平等的染色单体。同源染色体是并列的,一对"白色"染色单体代表一个同源染色体,一对"黑色"的染色单体代表另一个同源染色体(图3-5)。如果假定"黑色"染色单体带有产生黑色子囊孢子的基因,而"白色"的染色单体带有同一基因的不同等位基因,这一基因将产生浅色的子囊孢子。

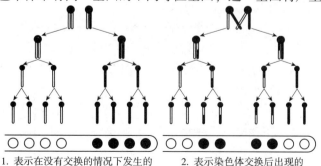

1. 表示在没有交换的情况下发生的第一次减数分裂分离结果
2. 表示染色体交换后出现的第二次减数分裂分离结果

图 3-5 染色体间交换

(引自邢来君等, 2010)

染色体交换使得有性生殖产生多样的后代，保证了生物的多样性。因此交换是使得生物在自然选择中保持多样性的重要机制之一。如果采用适合的标记基因，如子囊孢子的颜色，就能够通过偶然发生的交换来找出这些基因在染色体上的大概位置。首先假定染色体长度上的任何一点被打断的机会是相等的，因此，标记基因离着丝点越远，它参与交换的可能性越大。同样，如果有两个连锁的标记基因，那么在染色体上它们距离越远，通过交换被分开的可能性就越大，这样就能够绘制染色体图谱来表示标记基因的位置关系。

染色体图谱的绘制依赖于这样一种假定，即我们能够获得减数分裂后的产物。而大多数生物体中发现和分析减数分裂后的所有核是不可能的，但在一些子囊菌中是能够做到的，因为它们的减数分裂发生在子囊内，减数分裂后的产物呈线状且顺序排列，能够描述出它们精确的来源。

染色体交换比较复杂，不能真正地看到这种交换，只能通过子囊孢子的排列来解释这种交换。并非所有基因都像决定子囊孢子颜色的基因一样能够很明确地表达自己的性状。不过所有基因的分离情况是一样的，为了分析其他种在子囊孢子表达不出可见性状的标记基因时，只能采用实验操作的方法取出子囊孢子，使之成为单孢培养物，记录每个孢子在子囊中的顺序，来帮助进行遗传学分析。

（2）着丝粒距离

遗传学研究表明，染色体上的基因位点呈直线排列，染色体上两个位点相距越远，这两个位点发生交换的频率就越高。将着丝粒作为一个位点，可通过第二次分裂分离形成的交换型子囊频率，计算某一基因与着丝粒的重组率，从而估计该基因与着丝粒之间的距离，这种距离称为着丝粒距离。以这种方式进行基因定位的方法称为着丝粒作图。

第二次分裂分离形成的子囊在数值上怎样反映着丝粒的距离呢？由于某一基因与着丝粒之间发生一次交换，就会有一个第二次分裂分离的子囊形成，因此可以根据第二次分裂分离的子囊数目来计算重组频率。重组频率可用交换型子囊孢子数与子囊孢子总数的比值来表示。

由于交换是发生在粗线期同源染色体的非姊妹染色单体之间，每发生一个交换，在第二次分裂分离形成的一个交换型子囊中，只有一半的子囊孢子发生重组，另一半的子囊孢子不发生重组。因此，着丝粒距离计算公式为：

着丝粒距离=(1/2 第二次分裂分离子囊数)/(第一次分裂分离子囊数+第二次分裂分离子囊数)×100 图距单位

早在1932年就通过子囊类型的数据，测定了粗糙脉孢菌接合型基因的着丝粒距离。

（3）标记基因的选择

可利用突变型菌株的突变基因作为标记基因研究菌物的遗传学。突变型基因应为能影响某一性状类型（如形态学、颜色、交配型和营养要求等）的基因。

在一些形态学突变体中，因为生长速率或菌丝分枝方式发生改变而影响到菌落形态，如粗糙脉孢菌中菌落形态有"扣状"和"绳状"型突变体；在构巢曲霉中有"矮化"的分生孢子梗突变型。颜色突变株中通常影响孢子的颜色，如黑曲霉具有"白色""浅黄褐色"和"橄榄色"突变株。

营养突变株是遗传学研究应用广泛的标记方法。营养缺陷性菌株是野生型菌株经过人工诱变(物理的或化学的诱变方法),或自发突变在营养要求方面失去合成某种生长因子的能力,而只能在完全培养基或补充了相应的生长因子的基本培养基中才能正常生长,这样的突变型称为营养缺陷型(auxotroph)。营养缺陷型菌株所需要的特殊营养物质,一般有氨基酸、维生素和核酸等,通过基本培养基和完全培养基可以区别它们。抗性突变型(resistant mutant)是另一种应用广泛的标记方法,这是将野生型菌株暴露于代谢颉颃物或其他有害物质中自发产生的突变体,尤其是对抗生素的一些抗性突变株应用十分广泛。生理突变型(physiological mutant)也是一种经常应用的标记方法,这些菌株在形态学或生物化学上不发生变化,但是它却对环境影响的反应发生了改变,如温度和光照等。总之,上述各种突变型都是研究遗传学和分子生物学方面经常应用的标记方法。

细胞质遗传不遵守有性生殖中的孟德尔定律。在基因分离的过程中,由细胞质遗传控制的性状一般不分离,而且细胞质遗传控制的性状一般来自提供细胞质的母本而不是父本。在一些异宗配合的菌物中,通常雌性细胞大于雄性细胞,因此,在有性融合过程中雌性的核所拥有细胞质的体积,可以远远大于雄性核所拥有细胞质的体积,它们后代的性状将像它的双亲中原生质较多的一个。菌物中的细胞质遗传可能来自线粒体和病毒颗粒的转移,当原生质体融合时,病毒和线粒体很容易从一个细胞进入另一个细胞。线粒体是细胞质中的细胞器,它能自主分裂而且含有一个大的环状 DNA,用于编码线粒体功能蛋白。线粒体 DNA 的改变导致生物体基因型的改变,这是典型的细胞质遗传。由线粒体改变导致的性状改变的研究主要集中在啤酒酵母的小菌落突变型(petite colony mutant)、粗糙脉孢菌的生长缓慢型突变(poky mutant)和柄孢壳菌(*Podospora anserina*)的老化(senescence)等,这些现象都是由于线粒体 DNA 缺失造成的呼吸缺陷而引起的。

3.4.3 菌物 DNA 的转化

1973 年,Rockefeller 大学的 Tatum 实验室首次报道了粗糙脉孢菌以 DNA 为介导的菌物种间转化。而当时普遍认为真核生物的遗传转化非常困难,以至于这一结果曾受到一些质疑。直到 1979 年,Mishra 实验证实了在丝状菌物中转化的存在,从此在分子生物学理论和实践的基础上,丝状菌物的转化技术才有了飞速的发展。目前在所有菌物门中都建立了 DNA 转化系统,并用于基因分离、基因结构分析和基因表达调控等方面的研究。

3.4.3.1 菌物 DNA 转化的方法

随着 DNA 重组技术的发展,丝状菌物的 DNA 转化技术和将丝状菌物作为新的基因表达系统的研究已迅速发展起来。目前成熟的转化方法包括:原生质体介导的转化方法、直接转化及农杆菌介导的转化。

(1) 原生质体介导的转化

最早且现在还继续使用的转化方法是用多种不同的细胞壁降解酶处理菌物细胞或者菌丝,用所获得的无细胞壁的原生质体作为不同来源和种类的 DNA 转化的受体细胞。多种初始材料可用于制备原生质体,如发芽的无性孢子、幼嫩的菌丝片段和担孢子。如何选择初始材料主要根据实际情况来决定。用来降解细胞壁的酶并非单一酶种,往往是多种酶的混合物。酶混合物的选择是制备原生质体的关键因素。一般情况下混合酶种要包括纤维素酶和几丁质酶。

DNA 转化到菌物细胞的过程，首先是制备与载体 DNA 互补的原生质体，然后载体 DNA 和受体菌原生质体在 Ca^{2+} 和聚乙二醇（PEG）作用下，DNA 向受体菌原生质体进行转移。这一过程在原生质体或非原生质体转化中都很需要，一般采用 10 倍体积的 40% 的 PEG4000。PEG 随同 $CaCl_2$ 和缓冲液一同加入，维持这些成分的原有浓度，PEG 引起细胞聚集而有利于 DNA 的捕获。在某些菌物转化中还在转化混合物中加入 1% 的二甲亚砜，或加入 0.05~0.1mg 的肝素，有时加入 1mmol/L 亚精氨等，这些额外的方法能成功地提高转化率。

（2）直接转化

直接转化的方法避免了原生质体制备和再生的复杂过程，通过化学试剂的诱导、点击或高速撞击的方法将外源 DNA 导入到菌物细胞中。通常采用的直接转化方法有 3 种，即醋酸锂转化法、电击转化法和基因枪转化法。醋酸锂转化法已经被成功地应用于酿酒酵母、粗糙脉孢菌、灰盖鬼伞（*Coprinus cinereus*）和花药黑粉菌（*Ustilago violacea*）的转化。电击转化法适用的受体细胞的范围较广泛，如细胞壁经过处理的分生孢子、原生质体及正在出芽的分生孢子。该方法已经被广泛用来转化多种丝状真菌，如粗糙脉孢菌、构巢曲霉（*Aspergillus nidulans*）、黑曲霉（*A. niger*）等。基因枪转化法是利用火药爆炸、高压放电或高压气体作为驱动力加速金属粒子（微弹）进入带壁细胞的一种方法。该方法已被成功应用在粗糙脉孢菌、哈茨木霉、构巢曲霉和瑞氏木霉（*Trichoderma reesei*）等真菌中。

（3）农杆菌介导的转化

该方法是伴随着大量丝状菌物基因组序列的破译发展来的。Bundock et al.（1995）发表了一种新型的转化酿酒酵母的方法。该方法是通过革兰氏阴性的植物致病菌——根癌农杆菌（*Agrobacterium tumefaciens*）介导的方法转化酵母细胞。转化的操作方法，通常是将处于诱导状态的根癌农杆菌和转化的起始材料在含有乙酰丁香酮的诱导培养基中进行共培养，以实现 T-DNA 的转移，然后在合适的培养基上进行筛选。该方法已被应用到多种丝状菌物基因敲除、基因克隆、基因标记、基因重组和菌株筛选中。

3.4.3.2 菌物 DNA 选择标记

不管采用哪种转化方法将 DNA 转化到丝状菌物细胞后都要通过一定方法将成功转化的转化子与没有转化成功的受体细胞区分开。目前主要的方法是通过营养缺陷互补、表型互补或先行标记来完成转化子的选择。所采用的选择标记可分为俩类，即营养互补标记和显性标记。

营养缺陷标记是选择转化子最常用的方法，在所使用的标记中有一些已经证明是非常有用的。如 *pyrG*（编码乳清酸盐脱氢酶），*niaD*（编码硝酸盐还原酶）和 *trpC*（编码色氨酸生物合成的功能酶），特别是在一些只有较少特性的菌物中，可以通过正选择分离出所需的突变株，通过抗 5-氟乳清酸分离 *pyrG*，通过抗氯酸盐分离 *niaD*。使用营养互补标记基因的优点是有可能引导载体质粒整合到染色体的同源部位，且转化的成本很低，易于选择；缺点是需要分离相应的营养缺陷型作为受体，这对那些有工业利用价值的菌物几乎是很困难的。

显性选择标记可以转化野生型和突变型，且往往具有"较宽寄主范围"，可用在不同种类的菌物中，它们大多是抗药性标记，例如，潮霉素 B 抗性、卡那霉素抗性和抗生物素抗性等；另一类显性标记是提供受体株以利用某种底物进行生长能力的标记。如构巢曲霉的乙酰胺酶基因(*amdS*)，它使受体能在乙酰胺或丙烯酰胺为唯一碳源或氮源的培养基上生长；又如 *niaD* 基因，它使硝酸盐缺陷突变体能在以硝酸盐为唯一氮源的培养基上生长，硝酸盐营养缺陷突变体很容易从自发发生的氯酸盐抗性突变体中分离到，这个标记已成功地用于十几种重要的工农业丝状菌物的转化。

3.4.3.3 载体类型和转入的 DNA 在细胞中的归宿

通常用作转化实验的载体大多是由大肠杆菌质粒 DNA 和合适的选择标记组成，经过转化以后，多数菌物载体 DNA 整合到寄主基因组上。到目前为止，在丝状菌物的转化系统中很难找到类似于酵母 2μg 质粒那样能在染色体外自主复制的核质粒。此外，在一些其他种中，通过添加一个整合载体自主复制序列(ARS)已成功构建了自主复制载体。例如，在玉米黑粉菌(*Ustilago maydis*)的染色体末端，丛赤壳属(*Nectria*)天然存在的线粒质粒末端。在接合菌类的丝状菌物中，例如，卷枝毛霉(*Mucor circinelloides*)、布拉克须霉(*Phycomyces blakesleeanus*)和灰绿犁头霉(*Absidia glauca*)都发现了自主复制载体，在丝状酵母的丝孢酵母(*Trichosporon cutaneum*)中也同样存在。

通过对转化子中外源 DNA 分子生物学分析表明，当使用没有菌物自主复制起始序列构建的载体进行转化时，一般可发生 3 种类型的整合：①通过同源重组整合载体；②通过非同源重组异位整合载体；③基因替换。对于多数在选择标记两端含有同源序列的载体而言，通常发生同源的相互作用主要是第一和第三种类型。通过非同源重组发生的异源可选择性标记整合，通常发生在基因组的随机位点。

3.4.3.4 菌物 DNA 转化的应用

由于 DNA 转化菌物方法的不断发展，为丝状菌物工业用菌株的育种开辟了新途径。自 1986 年以来，陆续出现了丝状菌物基因工程的大量相关报道。1987 年，Cullen 等首先报道了牛凝乳酶原基因在构巢曲霉中的表达和分泌。在大肠杆菌中克隆的牛凝乳酶原基因产物不能向胞外分泌，给提取工作带来困难。而在啤酒酵母中克隆的该酶原基因产物虽然能够分泌到胞外，但产量很低。Cullen 等(1987)使用黑曲霉糖化酶基因使之与牛凝乳酶原的 cDNA 序列融合，在转化质粒中构建了粗糙脉孢菌的 *pyr*4 基因作选择标记用来转化构巢曲霉的 *pyr* 突变体。结果牛凝乳酶原基因在构巢曲霉中得到表达。这是丝状菌物基因工程菌的第一个实例。

1988 年，第一个用基因工程菌生产的工业用酶——脂肪酶工程菌的构建，是用米黑毛霉(*Mucor miehei*)的脂肪酶基因 cDNA 插入含有曲霉启动子和终止子的表达质粒，以插入构巢曲霉的 *amdS* 基因的 p3SRZ 作选择质粒，将两种质粒共转化米曲霉，从形成大菌落的转化子中选育出脂肪酶的工程株。1989 年，Skatrud 等报告了在生产头孢霉素 C 的工业生产菌顶头孢(*Cephalosporium acremonium*)中引入编码扩环酶的基因(*cefEF*)后，头孢霉素 C 产量提高了 15%。目前应用的生产菌中因扩环酶活力低而成为头孢霉素 C 生物合成的限制因素。它们构建的转化质粒 *pPS*56 含有潮霉素 B 抗性基因和顶头孢 DNA 的 7kb 长的酶切片段(含有完整的 *cefEF* 基因)。用该质粒转化顶头孢后,从第一次转化获得的 8 个转化子中就获得了产量提高 15% 的菌株。

酵母的转化和表达系统已经研究的较为深入,尤其在啤酒酵母中做了大量研究。基因工程技术的发展,为菌物合成和生产外源蛋白展示出了广阔的前景,目前已开始投向医药、食品、化工等重要的生物工程产物。菌物基因工程的研究,将为生产新型药物、疫苗、生物制品和基因治疗等方面的研究作出重要的贡献。

3.4.4　菌物基因组的结构和特点

基因组学是一门对生命有机体所有基因进行基因组作图(包括遗传图谱、物理图谱和转录图谱)、核苷酸序列分析、基因定位及功能分析的一门学科。近年来,菌物基因组学发展迅速,通过基因组测序可以得到该物种的所有基因,了解该物种各基因的结构、功能及进化,从而揭示菌物的繁殖方式、致病机理、菌物与寄主互作等重要生命现象的分子基础。

菌物是真核生物中基因组相对较小的类群,基因结构相对简单,容易测序和注释。目前已知的菌物的基因组范围为 $1.7×10^7 \sim 9.3×10^7$ bp,DNA 的含量介于原核生物和高等动植物之间。蘑菇的 DNA 含量较低,例如,双孢蘑菇(*Agaricus bisporus*)的单倍体基因组的大小是 $3.42×10^7$ bp,相当于大肠杆菌的 8 倍,仅为人类单倍体数量的 1%。

像其他真核生物的 DNA 一样,菌物 DNA 是由单拷贝和多拷贝的核苷酸序列构成,单拷贝序列编码 mRNA,对于 rRNA、tRNA 和染色体的蛋白质必须是多拷贝的序列编码。重复 DNA 在菌物中含量较高等动、植物要低得多。典型的重复序列在菌物中大约为 10%~20%,约是 100 个基因的拷贝;而在其他真核生物中,重复序列约占 DNA 的 80%,大约是 100~1000000 个基因拷贝。

菌物核内的染色体较小,不易染色。因此,用常规细胞学分析法不易分析。近年来用遗传学的方法了解了一些菌物的染色体的数目,如粗糙脉孢菌 $n=7$ 条,构巢曲霉 $n=8$ 条,啤酒酵母 $n=17$ 条。菌物中染色体的数目(在单倍体细胞内)估计范围大约 2~18 条。菌物染色体中的蛋白质为组蛋白或酸性蛋白。

对于菌物染色体数目及基因组大小的测定,近年来随着脉冲电场凝胶电泳(PFGE)技术的发明而克服了以往难于测定的困难。脉冲电泳是将染色体包埋在琼脂糖凝胶中,依赖染色体的大小和立体结构,通过其在凝胶中迁移速度将基因组分离成染色体带,这就是所谓的电泳核型。脉冲电泳的出现使得染色体数目及大小的测定获得了巨大的进展,已被广泛用于动物、植物、菌物,尤其是人类基因组的测定。据不完全统计,截至 2020 年 6 月,已有 2327 种菌物的基因组被测序并提交至 NCBI,其中子囊菌有 1719 种,担子菌 471 种,卵菌和原生生物 77 种。在上述已测序的菌物种类中,已拼接组装完整基因组的菌物仅 44 种(表 3-1)。

细胞质核糖体的 RNA 通常由于沉降系数的不同而分为 28S rRNA、18S rRNA、5.8S rRNA 和 5S rRNA 分子。从表 3-2 中可以看出,28S rRNA 的相对分子质量在各种菌物中是有一定区别的,而 18S rRNA 的变化不大。几丁质胞壁的菌物与纤维素胞壁的菌物及黏菌相比,具有显著小的 28S rRNA,所有菌物的 28S rRNA 相对分子质量介于人和大肠杆菌之间,18S rRNA 的相对分子质量也与人和植物以及大肠杆菌的有所不同。

表 3-1　NCBI 公布的具有完整基因组信息的菌物

菌物分类	菌物拉丁学名	染色体数目(条)	基因组大小(Mb)	数据释放时间
子囊菌	*Alternaria solani*	10	32.78	2018 年
	Apiotrichum mycotoxinovorans	7	30.75	2020 年
	Aspergillus flavus	9	37.56	2020 年
	A. sojae	8	40.11	2019 年
	Botrytis cinerea	18	42.63	2015 年
	Candida dubliniensis	8	14.62	2009 年
	Cercospora sojina	12	40.12	2019 年
	Clavispora lusitaniae	8	12.08	2019 年
	Cordyceps militaris	7	33.62	2017 年
	Cryptococcus wingfieldii	15	20.87	2019 年
	Epichloe festucae	8	35.02	2018 年
	*Eremothecium gossypii	8	9.12	2014 年
	Exophiala lecanii-corni	13	34.42	2018 年
	Hyphopichia burtonii	8	12.50	2018 年
	H. pseudoburtonii	8	15.55	2018 年
	*Kluyveromyces lactis	7	10.73	2004 年
	*K. marxianus	9	10.90	2014 年
	Komagataella phaffii	4	9.38	2017 年
	Malassezia furfur	8	8.31	2020 年
	M. globosa	10	9.12	2020 年
	M. sympodialis	8	7.76	2017 年
	Metschnikowia pulcherrima	7	15.80	2019 年
	*Parastagonospora nodorum	22	34.78	2017 年
	Peltaster fructicola	5	18.99	2020 年
	*Pichia kudriavzevii	5	10.81	2018 年
	*Pyricul aria oryzae	7	42.70	2019 年
	*Saccharomyces cerevisiae	17	12.09	2015 年
	S. jurei	18	11.94	2018 年

(续)

菌物分类	菌物拉丁学名	染色体数目(条)	基因组大小(Mb)	数据释放时间
子囊菌	Saccharomycetaceae sp. 'Ashbya aceri'	8	8.89	2013 年
	* S. fibuligera	7	19.57	2017 年
	* S. malanga	7	16.95	2019 年
	Sugiyamaella lignohabitans	4	15.94	2016 年
	Talaromyces funiculosus	21	28.49	2019 年
	* T. marneffei	8	28.31	2018 年
	* T. pinophilus	9	36.51	2017 年
	T. rugulosus	6	35.76	2020 年
	Thermothelomyces thermophilus	7	38.74	2011 年
	Thielavia terrestris	6	36.91	2011 年
	* Torulaspora delbrueckii	9	9.36	2018 年
	* Trichoderma reesei	7	34.92	2017 年
	* Verticillium dahliae	8	36.15	2014 年
	Venturia effusa	21	45.35	2019 年
	* Yarrowia lipolytica	7	20.55	2016 年
	* Zygosaccharomyces parabailii	18	20.86	2017 年
担子菌	* Cryptococcus amylolentus	15	20.87	2019 年
	* Malassezia restricta	10	7.37	2018 年
	* M. sympodialis	8	7.73	2017 年
	* Sporisorium scitamineum	27	20.07	2015 年
	* Ustilago bromivora	24	20.63	2016 年

注：*表示同一物种的多个菌株被测序。

基因组的注释可为菌物生物学提供前所未有的新视野。基因组科学已经成为 21 世纪生物科学的重要组成部分。随着分子生物学技术的不断发展，将会有越来越多的基因组、转录组、蛋白组数据将不断补充到主要数据中心。基因组学方法对于研究那些难培养或不易进行实验的菌物而言是十分有效的。尤其那些与工业、农林业及医学相关的具有相对较小基因组的菌物包括霉菌、锈菌、担子菌、块菌、卵菌在内的菌物类群将成为基因组学研究的主流。基因组测序显示了现代分子生物学的优势，同时也暴露了它的局限性。因此要将微观的分子生物学和宏观的形态特征相结合才是进行菌物研究更为科学合理的方法。

表 3-2 菌物核糖体 RNA 相对分子质量的比较

菌 物	相对分子质量($\times 10^6$)	
	28S rRNA	18S rRNA
黏菌纲	1.45	0.75
集胞黏菌	1.42	0.73
卵菌纲	1.42	0.73
接合菌门	1.34	0.72
子囊菌门	1.3	0.72
担子菌门	1.31	0.73
大肠杆菌	1.10	0.56

注：引自贺运春，2008，有改动。

本章小结

菌物的营养主要包括碳素、氮素、无机营养、维生素及有机生长因子。菌物能够利用许多种类的碳源，从小分子的糖、有机酸、乙醇到大分子的多聚物。氮源主要包括氨基酸、蛋白质、嘌呤、嘧啶、核酸、氨基葡糖及几丁质等。不同的菌物维持其菌体最大生长速度所需的无机元素的量不同。常量元素主要包括 Mg、P、K、Ca、S 等，而微量元素包括 Cu、Fe、Zn、Mn、Mo 等。菌物本身合成和所需的维生素大都是水溶性的维生素 B 和维生素 H。还有一些"有机生长因子"在低浓度时对菌物生长具有活性，包括肌醇、脂肪酸以及高等植物的生长激素等。

丝状真菌是以顶端延长的方式进行生长，产生繁茂的分枝而构成菌物的菌落。许多菌物具有两型现象。两型菌物可根据触发互变的环境因子的类型分为 4 类，即温度依赖型、温度和营养依赖型、营养依赖型及血清诱导促发型。菌物生长除需一定的营养物质外，还需一定的环境条件，如温度、湿度、pH 值和光照等。

菌物的代谢主要包括能量代谢、分解代谢和合成代谢。菌物属于化能异养型生物，代谢所需的能量绝大多数通过生物氧化作用而获得。菌物的生物氧化类型分为呼吸和发酵。菌物的分解代谢主要有碳、氮以及脂类的分解代谢。菌物的合成代谢主要有碳、氨基酸、脂类以及次级代谢产物的合成代谢。

菌物有几个明显的遗传学特点，即单倍体、异核体、交换现象、体细胞交换、真核体。目前成熟的 DNA 转化方法包括：原生质体介导的转化方法、直接转化及农杆菌介导的转化。菌物的基因组较小，已知菌物的基因组范围在 $1.7\times 10^7 \sim 9.3\times 10^7$ bp，DNA 的含量介于原核生物和高等动植物之间。

思考题

1. 列举菌物可吸收利用的碳素、氮素、矿质元素、维生素及生长因子。
2. 简述丝状菌物的生长机制并阐明与其生长相关的环境因子。
3. 简述菌物生长的测定方法。
4. 菌物的次级代谢产物有哪些?如何开发利用其次级代谢产物?
5. 丝状菌物的 DNA 转化方法主要有哪些?
6. 菌物作为遗传学研究材料有哪些优点?

第 4 章

菌物分类系统

人类对菌物的认识是一个渐进的过程。早期的生物分类，主要是基于生物形态的相似性而不是根据亲缘关系，所以在一定程度上带有主观性而未能全面反映生物的系统发育关系。菌物在生物界级分类中的地位以及菌物的分类系统同样经历了变化过程。

4.1 菌物在生物界中的地位及分类

自林奈 1753 年到 20 世纪 50 年代的 200 多年间，人们一直沿用生物两界系统即将生物分成动物界和植物界，其中菌物归植物界藻菌植物门（图 4-1）。然而，这样的归属渐渐受到质疑，因为菌物不像植物那样可进行光合作用，也不像动物那样可以进行吞食和消化。这期间曾有三界系统（Hogg，1861；Haeckel，1866）和四界系统（Copeland，1938，1956）的

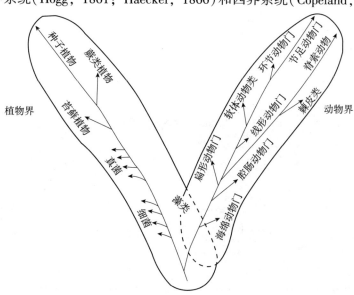

图 4-1 林奈两界系统示意图
（引自 Linnaeus，1753）

提出，均把菌物放在原生生物界内。20世纪中叶，电子显微镜的应用和细胞生物学的发展对实验生物学的分类系统起了很大的推动作用。

1969年，Whittaker在其四界系统(1959年)的基础上提出生物五界分类系统(图4-2)，包括原核生物界(Procaryotae)、原生生物界(Protista)、植物界(Plantae)、菌物界(Myceteae)和动物界(Animalia)，正式将菌物独立成界(Kingdom Fungi)。Whittaker的五界系统，反映了生物从原核到真核的进化阶段，显示了生物演化的三大方向(植物的光合作用、菌物的吸收和动物的摄食)，是一个比较完整的纵横统一的系统，为世界各国的学者所广泛接受。《菌物词典》第7版反映了Whittaker的生物五界分类系统，并在真菌界下划分真菌门(Eumycota)和黏菌门(Myxomycota)。

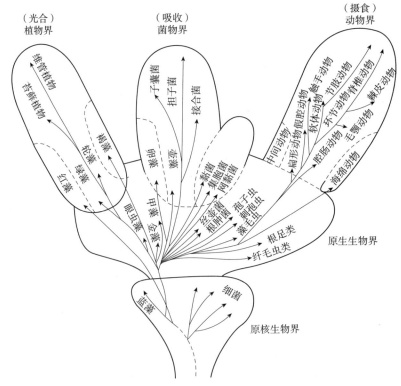

图4-2 Whittaker生物五界系统示意图
(引自Whittaker，1969)

此后随着对菌物各类群的超微结构以及生物化学和分子系统学的深入研究，人们对生物多界以及对菌物起源多元演化的认识也不断深化。许多证据表明，Whittaker五界系统中的"菌物界"在亲缘关系上是多元的复系类群，即原来处于菌物界的黏菌和卵菌在亲缘关系上远离真菌(图4-3)。因此，黏菌和卵菌被分别归入原生动物界(Protozoa)和藻物界(又译为假菌界Chromista或茸鞭生物界Stramenopila)。

1988～1989年，Cavalier-Smith提出将细胞生物分为八界，即细菌总界(Empire Bacteria)的真细菌界(Kingdom Eubacteria)和古细菌界(Kingdom Archaebacteria)；真核总界(Empire Eukaryota)的原始动物界(Kingdom Arehezoa)、原生动物界(Kingdom Protozoa)、植物界(Kingdom Plantae)、动物界(Kingdom Animalia)、真菌界(Kingdom Fungi)、藻物界

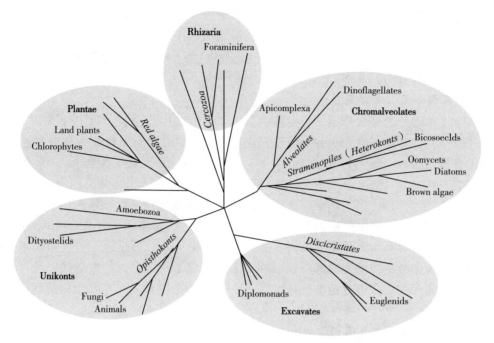

图 4-3 真核生物系统进化图

(引自 Govers，2006)

(Kingdom chromista)。《菌物词典》第 8 版(1995)和第 9 版(2001)接受了生物的八界分类系统，卵菌和丝壶菌被归入藻物界(或称假菌界)中，并提升为门；而黏菌、根肿菌被放在原生动物界中，也提升为门；其他菌物则归为真菌界，分为壶菌门、接合菌门、子囊菌门和担子菌门，而原来的半知菌亚门则不成为门，而是将已发现有性态的半知菌归入相应的子囊菌门和担子菌门中，对尚未发现有性态的半知菌则归入有丝分裂孢子真菌(mitosporic fungi)中。《菌物词典》第 10 版(2008)仍将菌物分归三界，但在界以下门纲目等的分类单元上与第 9 版略有不同。

关于"真菌"和"菌物"的界定。过去我国学者和相关书籍统称菌物为真菌，但随着细胞生物学和分子系统学的深入研究，原来所谓的"真菌"，现在具有狭义和广义的两种解释，即前者是指具有几丁质细胞壁等特征的真菌，通常以"Fungi"表示；后者则还包括黏菌和卵菌。一般主张用"Fungi"表示狭义的真菌，用"fungi"表示广义的真菌即"菌物"，将"Mycology"译为"菌物学"。采用菌物作为真菌、卵菌、黏菌的统称是较为科学的界定，符合学科发展，有利于教学、科研和交流。1993 年，中国真菌学会正式更名为中国菌物学会。

4.2 菌物的分类系统

菌物的分类系统是菌物学家根据相关类群菌物在形态、生理、生化、遗传、生态和超微结构及分子生物学等多方面的共同和不同的特征进行归类而建立起来的。菌物的分类系统会随着菌物学家们对菌物各方面知识领域不断深入研究而不断被修改、补充和完善。因此，菌物分类系统不会始终保留某一位菌物学家所倡导的分类体系，而是经常变动的。从菌物学诞生至今的约 300 年间，各种菌物分类系统层出不穷，表 4-1 归纳了一些主要的分类系统，其中以"三纲一类"的分类系统、Ainsworth"五个亚门"的分类系统、Alexopoulos 分类系统以及《菌物词典》第 8 版后的分类系统影响较大。

（1）"三纲一类"的分类系统

该系统将菌物分为藻状菌纲、子囊菌纲、担子菌纲和半知菌类。自 19 世纪末到 20 世纪 60 年代中期，"三纲一类"的分类系统在国内外真菌学教科书上被广为接受和采用。该系统的代表是 Bessey（表 4-1）和 Martin。Bessey 于 1935 年出版了美国第一部真菌学教材——*A Text-Book of Mycology*，并于 1950 年出版了《真菌的形态和分类》；同时美国学者 Martin 曾参加《菌物词典》第 1 版至第 5 版的编写工作，也采用了"三纲一类"的分类系统。Alexopoulos 1952 年《真菌学概论》（*Introductory Mycology*），基本沿袭以往"三纲一类"的分类体系。该书全世界有十多种文字的译本，其中也有中译本，可见这一分类系统被普遍采用。该分类系统中最主要的问题如藻状菌纲太杂乱，成了一个多源的大杂烩，且有关分类单元称谓的字尾存在许多不规范的提法。"三纲一类"的分类体系早在几十年前就已不再被采用。

（2）Ainsworth "五个亚门" 的分类系统

该系统由 G. C. Ainsworth（1971，1973）创立，最突出的特点是根据 Whittaker 生物五界系统（其中菌物独立为菌物界），在菌物界下包括黏菌门和真菌门两个门，真菌门下又分为 5 个亚门：取消了"三纲一类"分类系统中的藻状菌纲，创建了鞭毛菌亚门和接合菌亚门，将原来的子囊菌纲、担子菌纲和半知菌类各升为亚门（表 4-1）。变动较大的是子囊菌，其中原来的一些亚纲升级为纲，成立了 6 个纲。半知菌的 3 个纲也是首次提出。原来一个担子菌纲也变成 3 个纲，并首次建立冬孢菌纲。"五个亚门"的分类系统在《菌物词典》第 6 版（1971）、*The Fungi* 第Ⅳ卷（1973）问世后，被广大菌物学者接受和引用。在我国也广为采用，一直沿用至 20 世纪末或 21 世纪初。

（3）Alexopoulos 分类系统（1952，1962，1979，1996）

Alexopoulos 1952 年提出的分类系统仍沿袭"三纲一类"的分类系统，但其 1962 年的分类系统摒弃了"三纲一类"的分类体系，将藻状菌纲划分为 6 个纲，为后来的分类系统演变奠定了基础。Alexopoulos 1979 年提出的分类系统《菌物学概论》第 3 版，相较 1952 年、1962 年的分类系统做了较大的变动，最突出的是首次将单倍体、二倍体特性从分类系统上体现出来。二倍体鞭毛菌亚门和卵菌纲的建立是依据 Eva. Sansome 对卵菌长期研究发现其生活史主要以二倍体阶段为主而提出的。同时将接合菌与子囊菌和担子菌归入无鞭毛菌门（表 4-1）。这为菌物其后三界系统中真菌界的建立提出依据。但 Alexopoulos 1979 年的分类系统并未得到广泛采用。加之，同一时期又有 Ainsworth 的 1973 年、1983 年《菌物词典》第 6 版和第 7 版的分类系统问世，多数菌物学工作者更易接受后者的分类系统。

Alexopoulos 的《菌物学概论》曾被翻译成多国文字，并在多个国家出版发行。Alexopoulos 等 1996 年在《菌物学概论》第 4 版中将菌物分成 11 个门（表 4-1）。

表 4-1 几个重要的菌物分类系统

Bessey (1951)	Ainsworth et al. (1973)	Alexopoulos et al. (1979)	《菌物词典》第 8 版 (1995)	Alexopoulos et al. (1996)	《菌物词典》第 10 版 (2008)
菌虫	真菌(菌物)界	真菌界(菌物界)	原生动物界	真菌界(菌物界)	原生动物界
藻状菌纲	黏菌门	裸菌门	集胞黏菌门	壶菌门	Ramicristated
产实真菌类	集胞黏菌纲	集胞裸菌亚门	网柱黏菌门	接合菌门	原柄菌纲
子囊菌纲	网黏菌纲	集胞菌纲	黏菌门	子囊菌门	黏菌纲
核菌	黏菌纲	原质体裸菌亚门	黏菌纲	担子菌门	网柄菌纲
担子菌纲	根肿菌纲	原柄菌纲	原柄菌纲	卵菌门	藻物界
冬孢子亚纲	真菌门	黏菌纲	根肿菌纲	丝壶菌门	丝壶菌门
异担子亚纲	鞭毛菌亚门	鞭毛菌门	藻物界	网黏菌门	网黏菌门
层菌亚纲	壶菌纲	单鞭毛菌亚门	丝壶菌门	根肿菌门	卵菌门
腹菌亚纲	丝壶菌纲	壶菌纲	网黏菌门	网柄菌门	真菌界
半知菌	卵菌纲	丝壶菌纲	卵菌门	集胞菌门	壶菌门
丛梗孢目	接合菌亚门	根肿菌纲	真菌界	黏菌门	球囊菌门
球壳孢目	接合菌纲	双鞭毛菌亚门	子囊菌门		新丽鞭毛菌门
黑盘孢目	毛菌纲	卵菌门	担子菌门		微孢子菌门
	子囊菌亚门	无鞭毛菌门	担子菌纲		芽枝霉门
	半子囊菌纲	接合菌亚门	冬孢菌纲		接合菌门
	不整囊菌纲	接合菌纲	黑粉菌纲		子囊菌门
	核菌纲	毛菌纲	壶菌门		担子菌门
	盘菌纲	子囊菌亚门	接合菌门		
	虫囊菌纲	子囊菌纲	毛菌纲		
	腔囊菌纲	担子菌亚门	接合菌纲		
	担子菌亚门	担子菌纲			
	冬孢菌纲	半知菌亚门			
	层菌纲	半知菌形式纲			
	腹菌纲				
	半知菌亚门				
	芽孢纲				
	丝孢纲				
	腔孢纲				

（4）菌物多界系统

菌物多界系统的观点从 Cavalier-Smith（1991）、Barr（1992）和《菌物词典》第 8 版至第 10 版几个分类系统中均已体现（表 4-1）。每一个分类系统对菌物所属的各个界所包含的类群并不完全一致，甚至对各分类单元的名称命名各不相同。对于从事和学习菌物分类学来说只能在掌握各个分类系统选用的分类依据的基础上，慎重取舍和引用。

简单介绍菌物所属的三个界。原生动物界属于真核生物，具有原质团（plasmodium），营养方式为吞食，营养体阶段无细胞壁，纤毛不刚硬，非管状，如果具叶绿体，不含淀粉及藻胆体（phycobilisomcs），类囊体具柄及三层膜。多细胞的一些种其细胞分化程度极低，在两个不相似的上皮之间缺少连接组织。Cavalier-Smith（1993）将原生动物界分成 18 个门，Corliss（1994）将原生动物界分成 14 个门，其中只有 Mycetozoa（包含 3 个纲：Protostelea，Myxogastrea 和 Dictyostelea）被菌物学家研究。

藻物界（假菌界）也属于真核生物，主要为单细胞和丝状体，细胞壁成分不是几丁质和 β-葡聚糖，而是纤维素，如果有叶绿体，存在粗糙的管状内质网的腔体内，缺少淀粉和藻胆体，双层膜，其内为周质膜（periplastid membrane），具叶绿素 a 和叶绿素 c；线粒体通常管状或鸡冠状；具有高尔基体和过氧化物酶体；如果有鞭毛，至少有 1 根是刚硬、管状的和 1 根茸鞭茸毛，定鞭藻（haptophytes）除外，大都自由生活，许多类群只能在光学显微镜下观察到（但褐藻除外）。假菌界的分类目前尚未完全固定。Corliss（1994）将其分成 10 个门。Cavalier-Smith（1993）分为 3 个门 8 个亚门。Barr（1992）的假菌界包含的类群与上述两人的意见相近，但选用的分类单元不是相同的级别。

真菌界同样属于真核生物，又称 True fungi，与 Chromista（假菌界）明显不同。其营养方式以吸收为主，细胞壁成分为几丁质及葡聚糖，线粒体网壁平坦；单细胞或丝状体，含有多核的单倍体菌丝（同核或异核的，homo 或 heterokaryotic）；大多无鞭毛，如有鞭毛，通常非茸鞭，具有无性繁殖和有性生殖，双核阶段短暂，包括腐生、共生或寄生的类群。

《菌物词典》第 8 版（1995）与以往分类系统最大的分歧是半知菌亚门不成立，将已知有性阶段的半知菌分别归入相应的子囊菌门和担子菌门中，将有性阶段尚不清楚的半知菌归为有丝分裂孢子真菌（mitosporic fungi）；在子囊菌门下分 46 个目，未分纲。《菌物词典》第 9 版（2001）将子囊菌门分成 6 个纲 55 个目 291 个科；担子菌门中坚持了第 8 版将腹菌和层菌合并在担子菌纲的思想，但将第 8 版中担子菌纲的 32 个目合并为 16 个目。考虑到了担子菌类的酵母菌分类问题，将担子菌类酵母菌划分到 3 个不同类群中。第 9 版与以往版本不同的另一特点是赞同采用 Urediniomycetes 和 Ustiladinomycetes 两个纲代表锈菌和黑粉菌类的担子菌。同时将有性阶段尚不清楚的半知菌归为无性型菌物（anamorphic fungi）。

由 P. M. Kirk 等编写的《菌物词典》第 10 版（*Ainworth & Bisby's Dictionary of the Fungi*, 10th Edition），于 2008 年 11 月由 CABI 公司出版。在这个新版中有超过 21000 个条目，完整地提供了关于菌物有效属名、所属的科和目及其属性描述等的清单。对于每一个属，给出了文献来源、出版日期、出版机构、分类系统地位、已经被承认的物种数量、分布和主要参考文献，包括菌物中所有类群的科、目、纲、门、界等分类等级的详细信息。另外。

还有传记摘录、著名的变异体和菌物毒素的信息，简明地记载了几乎所有科目。具有如下特征：基于菌物界近年来多基因进化关系研究的一个完整的新分类系统；担子菌门分类地位的重要订正和基本类群的重大修正；进一步地对渐变进化和远缘进化的属的分类地位进行了统一划分；增大了真菌和传统上由菌物学家研究的其他菌物类群之间的区别。真菌界中门的主要分类依据是根据有性生殖结构进行划分，将真菌界划分为 8 个门，即壶菌门（Chytridiomycota）、芽枝霉门（Blastocladiomycota）、新丽鞭毛菌门（Neocallimastigomycota）、球囊霉门（Glomeromycota）、接合菌门（Zygomycota）、子囊菌门（Ascomycota）、担子菌门（Basidiomycota）和微孢子菌门（Microsporidia）。记载了 36 纲 140 目 560 科 8283 属 97861 种。

在这些分类系统中，仍然是以生态环境、形态特征、细胞结构、生殖特性为主要分类依据，结合系统发育的规律来分类的。大都处于"人为分类"和"自然分类"相融合的状况。真正按亲缘关系和客观反映系统发育的分类方法对菌物进行"自然分类"，是菌物分类学中追求的最终目标。

本书的菌物分类体系基本以《菌物词典》第 10 版的分类系统为主。同时结合新的研究进展对所介绍菌物的种类进行部分更新。

4.3 菌物的命名规则

4.3.1 菌物的分类等级

同植物分类一样，菌物的分类等级依次为界、门、纲、目、科、属、种。另外，有学者主张在界分类等级上设域或超界。根据实际分类需要，在以上不同分类等级下又可分设亚门、亚纲、亚目、亚科、族、亚属或亚种等分类单位。

菌物的最基本分类单元是种（species）。若干相近的种归在一起组成属（genus），菌物的种仍然是生物学意义上的种，与其他高等真核生物的种的含义是一致的，菌物种的建立主要以形态特征为基础，种与种之间在主要形态上应该有显著而稳定的差别。但是在菌物学上划分某些寄生性菌物的种时，即使形态相似，有时也根据寄主范围的不同而分为不同的种。例如，许多锈菌和黑粉菌的种，如果不知道它们的寄主植物是很难鉴定的。种的下面可以根据一定的形态差别分为亚种或变种。变种或亚种以上的各级分类单元是命名法规正式承认的。

菌物在种以下除变种或亚种外，还有"专化型"和"小种"等名称。同一个菌物种的形态相似，但种内不同个体（菌株）之间的生理性状有时会有明显的差异，对植物病原菌物，特别表现在对不同种或品种的寄主植物的寄生专化性或致病能力有差异。因此，有些植物病原菌物的种，可以根据对不同属的寄主植物的寄生专化性，在种的下面分为若干个专化型（forma specialis, f. sp.）。有些病原菌物的种下无明显的专化型分化，但是可以分为许多小种。有些植物病原菌物还可以根据营养体亲和性，在种的下面或专化型下面划分出营养体亲和群（vegetative compatibility group, VCG）或菌丝融合群（anastomosis group, AG）。

分类单元(英文名称)	中文名称(拉丁文词尾)
Domain	领域
Kingdom	界
Subkingdom	亚界
Phylum(Division)	门(-mycota)
Subphylum(Subdivision)	亚门(-mycotina)
Class	纲(-mycetes)
Order	目(-ales)
Suborder	亚目(-ineae)
Family	科(-aceae)
Subfamily	亚科(-oideae)
Tribe	族(-inae)
Genus	属
Species	种

4.3.2 菌物的命名规则

(1)拉丁双名法

林奈(Carl von Linné)对生物界的伟大贡献之一是1753年创立了"拉丁双名法"来命名生物物种,即生物的拉丁学名。现已广泛用于动物、植物、菌物、细菌等各类生物的命名。

拉丁双名法确定的学名由两个拉丁词组成,第一个词是属名,首字母大写;第二个词为种加词,均为小写,种加词的后面还要加上命名人的姓或姓名的规范写法,命名人的姓如太长,应进行缩写,Fries→Fr.;Linnaeus→L.。手写体的拉丁学名,在属名和种加词下应加横线,印刷时则使用斜体,命名人的姓或姓名为正体。如致病疫霉(*Phytophthora infestans* de Bary),*Phytophthora* 为属名,*infestans* 为种加词,de Bary 为命名人。如果命名人为两个人,则在两人姓氏中间用"et"或"&"连接,如淡色冬菇(*Flammulina rossica* Redhead & Petersen)。如果一个种由一位作者命名,但未曾有效发表,后来由另一位作者有效发表了,则在两位作者之间用"ex"联起来,有效发表的作者姓名在后面,如野蘑菇(*Agaricus arvensis* Schaeff. ex Pers.)。若后人对前人命名的分类单位进行重新修订时,则用 ex 或冒号(:)表示。在书写属级以上的分类单位时,则用正体,而不用斜体。在书写种下的变种或专化型时,则在种名后加上"var."表示"变种",用"f. sp."表示"专化型",并在其后加上表示变种或专化型的形容词和定名人,所加形容词要求用斜体或加下划线书写,如大豆疫霉大雄专化型(*Phytophthora sojae* f. sp. *medicaginis* Faris)。如需改名重新组合时,应把最初命名人的姓写在括号中,如落叶松三胞锈菌(*Triphragmium laricinum* Chou),后来戴芳澜把这个种移到拟三胞锈菌属(*Triphragmiopsis*)中去,进行了新的组合,称为落叶松拟三胞锈菌

[*Triphragmiopsis laricinum* (Chou) Tai]；再如松木层孔菌云杉薄皮变种 [*Phellinus pini* (Thore ex Fr.) Ames var. *abietis* Karst]。

（2）命名法规

为了避免混乱，便于世界各国通用，1900 年，在法国巴黎召开的第一次国际植物学会议上形成了统一意见，规定菌物的命名按照《国际植物命名法规》(*International Code of Botanical Nomenclature*)进行。之后，差不多每一届会议上都会对命名规则进行适当修改，1999 年，在美国圣路易斯召开的第 16 届国际植物学大会通过了《圣路易斯法规》。2005 年，在奥地利维也纳召开的第 17 届国际植物学大会上通过了《维也纳法规》。2011 年，澳大利亚墨尔本会议对命名法规进行了一些新的修订，具体如下：①将《国际植物命名法规》改为《国际藻类、菌物和植物命名法规》(*International Code of Nomenclature for Algae, Fungi and Plants*)；②新分类单元要有拉丁文或英文的特征集要；③从 2012 年 1 月 1 日起，在具有 ISSN 或 ISBN 号码的期刊或书籍中，以电子版 PDF 格式（推荐格式为 PDF/A）发表的新名称均为有效发表；④菌物名称需注册。目前，菌物名称注册信息库有 Fungal Names（中国）、Index Fungorum（英国）和 MycoBank（荷兰）；⑤1 个菌物 1 个名称。更详细的内容可参考网站 http://www.iapt-taxon.org/nomen/。

（3）优先权

名称的选择取决于它是否符合命名法规各有关条例的规定。一个正确的名称首先要符合优先律，即任一分类单元都必须采用最早有效发表的合格和合法的名称，而所有其他名称均为异名。优先权原则对科以上的分类等级无效。国际植物命名法规优先律为避免由于法规的严格应用而引起命名上不利的改变，提供了保留名的名单。保留名是合法的，即使它们最初可能是不合法的。

（4）模式标定

菌物分类过程中，无论是发表新种或者研究前人标定的模式标本，经常遇到模式标本的标定问题。命名的模式标本是分类群名称的永久载体。除了优先权之外，命名模式是命名法规中的一条重要原则。科级以下的分类群的名称都是凭命名模式来决定的，但更高一级的名称只有当其名称基于属名时，才凭命名模式来决定。因此，命名模式是菌物研究中最重要的依据之一。模式标定包括如下类型：

①主模式（holotype）：被原始作者使用过的，或被指定为命名模式的那一份标本。

②等模式（isotype）：主模式的任何一个重号的标本，等模式永远是一份标本。

③选模式（lectotype）：在作为命名模式的原始材料中指定的一份标本。总是优先于新模式。

④合模式（syntype）：除名称发表的原始出处外，原作者未曾指定主模式或仅笼统地指明所引证的这些标本为模式，那么所引证的全部标本中的任何一份，便为合模式。然而，如果原作者只引证一份标本，那么这份标本便是该分类单元的主模式，而不是合模式。如果后来的作者在原作者引证的那份标本中又发现另一份标本的个体混杂其中时，这些标本是合模式。

⑤新模式（neotype）：当分类群的名称所依据的全部材料不存在时，另选出来用以替代主模式的命名模式。

⑥副模式（paratype）：新名称合格发表的原始出处中，原作者所引证的除主模式、等模式或合模式之外任何一份标本。

⑦附加模式（epitype）：当主模式、选模式、后来指定的新模式，或与有效发表的名称有关的所有原始材料被证明模糊不清，选出的一份标本为附加模式。

4.4 常见菌物分类系统检索的网站

（1）Index Fungorum（IF）

菌物索引网站，国际权威的分类系统网站。网址 http://www.indexfungorum.org/。该网站提供的是菌物各级分类单元名称的检索系统，可以检索所有的分类单元。特别是属名和该属所有已知物种的详细清单，输入属名就可以检索到具体的分类学地位。该网站每天都在更新并增加新的检索词条；同时提供了很多物种的原始文献扫描文件，可供读者在进行物种鉴定时进行比对和参考；该系统中还列出了所有合法名称的同物异名，特别是属名和物种的名称，便于读者引用。该系统还可以用命名人的姓名进行检索；也可以用种加词进行检索。特别是对于错误拼写的名称，可以将单词从最后一个字母开始逐个删除，进行检索，最后找到正确拼写的单词。但在 Index Fungorum 中只能查到每一个分类单元的具体分类系统地位，缺乏一个逐级分类单元的清单，无法看到整个分类系统的全貌，例如，无法查到一个"科"的所有"属"，便无法在"目"的名称找到目下所有的"科"。

（2）MycoBank（MB）

菌物库网站，网址 http://www.mycobank.org。该网站列出了所有分类单元的名称，不论是新系统中的还是旧系统中的，不论是同物异名还是合法的学名。每一个被承认的分类单元等级下面都有相应的链接，直到一个属的所有物种。很多物种下面还有详细的形态描述和形态图片。在其系统的清单中可以一步一步查到科内属的清单、属内物种的清单。该系统同时还提供了重要的参考文献目录。没有被承认的名称下面的链接为：None。

MycoBank 在真菌界（Fungi）担子菌门（Basidiomycota）的分类系统中与 Index Fungorum 有很大的区别。MycoBank 中承认的亚门包括：伞菌亚门（Agaricomycotina）。承认的纲包括：担子菌纲（Basidiomycetes）。未承认的分类单元包括：担子菌亚门 Basidiomycotina、腹菌纲（Gasteromycetes）、黑粉菌亚门（Ustilaginomycotina）、夏锈菌亚门（Urediniomycotina）、柄锈菌亚门（Pucciniomycotina）、半担子菌纲（Hemibasidiomycetes）、异担子菌纲（Heterobasidiomycetes）、芦苇担子菌纲（Phragmobasidiomycetes）、节担菌纲（Wallemiomycetes）。在担子菌纲（Basidiomycetes）中记载包括：蓝色菌属（*Caeruleomyces*）、极毛菌属（*Pilacre*）、奥尔德里奇菌属（*Aldridgea*）、下红口菌属（*Hypolyssus*）、丛棒菌属（*Mycodendron*）、隔担子菌属（*Heterobasidium*）、小纤丝菌属（*Fibriilaria*）、异足菌属（*Xenopus*）、小沟革菌属（*Minostroscyta*）、哈尔斯勒夫菌属（*Hauerslevia*）、梨形孢属（*Piriformospora*）、核果菌属（*Druparia*）、内角锈菌属（*Endoconia*）、颗粒菌属（*Granulina*）、串珠瘤锈菌属（*Nostoclavus*）、焰色锈菌属（*Pyrisperma*）、小裂缝菌属（*Rimella*）、包托菌属（*Volvycium*）、异体菌属（*Xenosoma*）、核果菌属（*Drupasia*）、隐胶菌属（*Celatogloea*）等和担子菌亚纲（Basidiomycetidae），其下没有细分。这些属在 Index Fungorum 中被划入了相应的具体地位，如蓝色菌属（*Caeruleomyces*）是

刺锈革菌目(Hymenochaetales)中科未确定的属；隔担子菌属(*Heterobasidium*)和异足菌属(*Xenopus*)是伞菌纲(*Agaricomycetes*)中地位未确定的属；隐胶菌属(*Celatogloea*)是担子菌门(Basidiomycota)中地位未确定的属。

MycoBank 在伞菌亚门(Agaricomycotina)中列出了很多新系统或旧系统中使用的名称：木耳纲(Auicalariomycetes)、全担菌纲(Holobasidiomycetes)、同担菌纲(Homobasidiomycetes)、(Repetobasidiomycetes)、层菌纲(Hymenomycetes)，但是这些词条下面都没有继续的链接，表明现代菌物分类系统已经废弃了这些名称。

(3) **Catalogue of Life**(COL)

生命目录网站，网址 http://www.catalogueoflife.org/。该网站提供了古细菌、真细菌、藻物界、菌物界、动物界、植物界、病毒、原生动物界等所有生物分类单元的逐级清单。其菌物界的分类系统与 Index Fungorum 和 Mycobank 都有很大的区别，一些新门没有得到承认或更新。该网站特别提供了中文搜索界面，可以用中文直接搜索，但是很多信息都不完全。在英文界面下，可搜索任何一个分类单元名称下面的清单，包括所有的物种。键入一个物种学名可以找到接受的学名、同物异名、分类地位、分布和原始文献等信息。

(4) **Encyclopedia of Life**(EOL)

生命百科全书网，网址 http://eol.org/pages/。可以逐级查到各级分类单元下的清单。同时提供有很多物种的详细描述和菌丝体或子实体的彩色图片，便于读者鉴定物种时进行比对。除常规物种外，还提供了很多环境样品中难培养的但测定了 DNA 序列的物种信息，如 Cryptomycota。

(5) **Global Biodiversity Information Facility**(GBIF)

全球生物多样性信息平台，搜索 Fungi 物种的网址 http://www.gbif.org/species/search?q=fungi。在该网站的 Fungi 词条下面可以搜索到 19586193 条。输入一个分类单元名称可以查到其分类学地位、同物异名、分布地图、该单元的下级单元清单和特征概述等信息，以及代表物种的子实体或菌丝体的图片。最后还提供了大量参考文献目录。

(6) **Integrated Taxonomic Information System**(ITIS)

综合分类信息系统网站。搜索物种的官网地址：http://www.itis.gov/download.html。可以查到动物、植物、菌物、藻物界、原生动物界等的各级分类单元。

(7) **Wikipedia**

维基百科网，网址 http://en.wikipedia.org/。可以查到动物、植物、菌物、藻物界、原生动物界等的各级分类单元及其以下的单元。提供了各分类单元的概况、下级单元清单、参考文献、图片。输入任何一个分类单元名称都可以搜索出其基本信息。该网站还提供了中文界面。

对一个物种而言，介绍了物种名称及其来源、分类地位、形态特征、分布、生态、相似物种、图片、参考文献、生物活性成分等，便于读者在物种鉴定时进行比对。该网站采用的菌物分类系统与 Index Fungorum 有很大差异。

(8) **Discoverlife**

网址 http://www.discoverlife.org/。提供了很多质量极高的菌物子实体图片。

有序地介绍菌物各界的分类系统是一件非常困难的事情，因为每一个官方网站的内容总不是非常的齐全，这些系统里面并没有100%列出所有已知的分类单元，常常缺乏对一些常见属的分类地位的记载。有些关于菌物的官网对于菌物分类系统的编排可能还是十分的混乱，如维基百科，其中的一些分类单元是较新的系统，但还有些分类单元采用的却是以往的系统。

本章小结

本章主要介绍了菌物在生物界中的地位、比较归纳了近代几种重要的菌物分类系统，其中在不同时期以"三纲一类"的分类系统、Ainsworth"五个亚门"的分类系统、Alexopoulos分类系统以及菌物多界分类系统影响较大。并简单介绍了菌物现今的命名规则，主要以《国际藻类、菌物和植物命名法规》和林奈的"双名制命名法"为主。

菌物系统学是研究菌物学其他问题的基础，其研究成果是菌物的分类系统。菌物系统学的任务从根本上来说有两个方面：一个是对菌物系统规律的认识；另一个是在认识系统规律的基础上掌握菌物各类群间的系统亲缘关系，并依此来认识菌物的系统发育和分类。

思考题

1. 菌物命名遵循哪些规则？
2. 试述 Whittaker(1969) 五界系统的内容及特点，菌物独立成界的理由。
3. 菌物在生物界中的分类地位是如何变化的？菌物被分为哪三界？
4. 常见的菌物分类系统有哪些？
5. 比较分析《菌物词典》第 10 版中菌物分类系统变化的原因和依据。

下篇

树木病原菌物学——各论

第 5 章

原生动物界中的菌物

　　菌物不仅包括真菌界中的全部成员，还包括根据系统演化现今属于原生动物界（Kingdom Protozoe）的黏菌和藻物界（Kingdom Chromista）的卵菌等非真菌界的类群。原生动物界至少包含 5 万种生物。原生动物界（Protista）的生物都有细胞核，且几乎是单细胞生物。某些原生生物像植物（如硅藻 diatom），某些像动物（如变形虫 amoeba、纤毛虫 ciliate），某些既像植物又像动物（如眼虫（euglena）。原生生物包括藻类和原生动物等。它们是由原核生物进化来的，是真核生物中最原始的类群。早期藻类是植物的祖先，早期的原生动物是动物的祖先，所以人们对生物进行分类时，常把藻类归于植物界，把原生动物归于动物界。

　　原生动物是简单的真核生物，多为单细胞生物，亦有部分是多细胞的，但不具组织分化。这个界别是真核生物中最低等的。原生动物界生物营养体阶段无细胞壁，为原质团或假原质团。广义的"黏菌"（slime moulds）故又称裸菌（Gymonomycota）。其营养方式主要为吞食，有的跟真菌一样，吸收外界的营养；纤毛不刚硬，非管状，如具有叶绿体，不含淀粉及藻胆体，类囊体具柄及 3 层膜。

　　原生动物界中的菌物尽管它们在形态特征和个体发育上看似相近，但至今为止，它们之间真实的亲缘关系并不清楚。以往分类主要包括网柄菌门（Dictyosteliomycota）、集胞菌门（Acrasiomycota）、黏菌门（Myxomycota）、根肿菌门（Plasmodiophoromycota）和原柄菌门（Protosteliomycota）等。根据《菌物词典》第 10 版（2008）和李玉等 2018 年编著的《中国生物物种名录第 3 卷菌物黏菌、卵菌》所述，黏菌被划归为原生动物界下的枝冠菌（Ramicristates）下，包括 3 个纲，分别为原柄菌纲（Protostelea）、黏菌纲（Myxogastrea）和网柄菌纲（Dictyostelea）。目前，黏菌的地位仍存在疑问，很多学者认为黏菌是有独立起源和独立发展方向的独立类群，不一定非与某些类群相近。

　　本书采用以往分类进行介绍。

5.1　网柄菌门和集胞菌门

5.1.1　概述

　　网柄菌（Dictyosteliomycota）和集胞菌（Acrasiomycota）曾被长期放在一起，统称为细胞状黏菌。它们生活于其他微生物存在的有机质残体上，这些微生物则成为其食物来源。体细胞变形体集群形成假原生质团，由于其迁移而产生的具一条类似于无壳软体动物尾部的结构，被称作蛞蝓体。假原生质团组分中的变形体绝不融合而保持其个体性，但却如同一个组织完善的群落中的成员一样协调一致直至形成孢堆果。尽管网柄菌与另一细胞状黏菌类群集胞黏菌在表面上相似，但仍有许多基本的差异把它们分开（表 5-1）。网柄菌的变形体有线状假足，核膜存留至具核外纺锤体的有丝分裂中，变形体以通过对其产生信息素梯度的应答所形成的变形体流进入生活循环的群集阶段，在群集后假原生质团迁移，然后，在孢堆果形成时拔顶，前孢子细胞含有液泡，后者是孢子壁物质的合成场所，孢堆果分成孢子和柄区，仅孢子能萌发。

表 5-1 网柄菌和集孢菌的区分特征

特 征	网柄菌	集孢菌
变形体的假足	线状	瓣状
有丝分裂器	存在纺锤极体	无纺锤极体
信息素	cAMP，其他	未知
蛞蝓体的迁移	有	无
前孢子泡囊	有	无
孢堆果分化	柄细胞不萌发	柄细胞萌发
孢子和胞囊壁	含纤维素	未知
鞭毛	无鞭毛	在一些单元中为双鞭毛
有性生殖	有大胞囊	未知

网柄菌广泛分布于世界各地，是温带森林中落叶层、食草动物粪便、土壤及腐烂植物上非常普通的生物，此外也存在于沙漠、草原和冻原上；但因其子实体和假原质团都极其微小、短寿，所以很少能在自然环境中发现它们。网柄菌种的分布和组成随着生境的改变而变化。例如，毛霉状网柄菌（*Dictyostelium mucoroides*）在世界各地不同海拔、不同类型的许多森林中均已被发现，而紫网柄菌（*D. purpureum*）发生在较温暖的森林中，北方网柄菌（*D. septentrionalis*）则发生在较冷凉的森林中。网柄菌易于从表土和抚育良好的落叶林下充分腐烂的落叶层中获得。分离通常是在营养贫瘠的干草浸汁琼脂培养基上进行，做带有来自基物中细菌的二元培养，也可加入大肠杆菌（*Escherichia coli*）或产气肠杆菌（*Enterobacter aerogenes*）作为变形体的食物。

集胞菌以行吞噬营养的圆柱形变形体为主要特征，变形体是蛞蝓体型的。蛞蝓状变形体具一单个的、大的、瓣片状的假足，假足有明确可分的颗粒状内质和非颗粒状外质，运动的发生有赖于细胞质向前的爆发性冲击，类似于蛞蝓的运动方法。变形体的前体区有一个可收缩的液泡，也可由此生出小的线状假足。集胞菌的许多种极为普通，然而，由于十分微小，它们很少在自然环境中被发现，在对土壤、死的植物体、连续出菇过程中早期阶段的腐烂蘑菇等的温室培养中能够发现它们，食草动物粪便是这类生物的一个特别肥沃的基物。

5.1.2 生物学特性

(1) 网柄菌生物学特性

网柄菌的基本营养单位是单核、单倍体的变形体，变形体靠吞噬细菌来取食。除变形体外，其生活循环包括几个其他特征的形态学和发育上的阶段，如变形体集群、小胞囊和在特定结构中的孢子等。网柄菌的孢子产生于各种类型的孢堆果中，大多数种的孢堆果为囊状、卵圆形或球形。孢子具有含纤维素的光滑细胞壁，通常可被水、鸟、蝙蝠和其他哺乳动物等携带和传播。孢子萌发时，通过孢子壁的一个裂口出现一个单核单倍体的变形体，萌发可能需要特殊的活化处理，或者可能在孢子成熟后随着基质材料中所含萌发抑制剂的去除而萌发。变形体具线状假足，其核有两个或多个周位核仁；变形体靠吞噬作用摄取细菌，并在食物泡囊中消化细菌；变形体用肽激素和蛋白质作为信号，通过将其分泌到培养基上，向每个细胞告知细胞种群密度和营养效力（图5-1）。

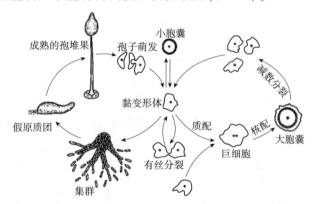

图 5-1 盘基网柄菌（*Dictyostelium discoideum*）的生活史

(2) 集胞菌生物学特性

集胞菌和网柄菌的生物学特性有很多相似之处，但在形态学和生活循环的细节之处有差异。集孢菌在群集过程中，变形体单个或成小簇，而不是像网柄菌那样成群流状进入集群中。集孢菌的有性生殖尚不清楚。

5.1.3 分类

多年来，网柄菌和集胞菌两个类群一直被联系在一起，统称为细胞状黏菌类群而放在集胞菌门中，Olive(1975)将它们分成两个不同的、高界元的类群。Patterson et al. (1992) 提出网柄菌谱系是处于植物、动物和真菌之前分支的路线。

(1) 网柄菌分类

网柄菌纲只有一个目——网柄菌目，根据孢堆果的结构和颜色及蛞蝓体的形态，划分为2科4属，现知约100种。我国目前发现3属36种。网柄菌属（*Dictyostelium*）具有分枝或不分枝的孢堆果柄，但分枝绝不轮生，著名的模式生物——盘基网柄菌具有白色至黄色的孢堆果和盘状基部的不分枝柄，蛞蝓体子弹状。轮柄菌属（*Polysphondyium*）具有带轮状分枝的孢堆果。紫轮柄菌（*P. violaceum*）所产生的美丽的丁香紫色的孢堆果常在培养于琼脂上的食草动物粪便上观察到。

管柄菌属(*Acytostelium*)具有非细胞状的柄管。托果菌属(*Coenonia*)，除了 van Tieghem(1884)从腐烂的蜂窝豆分离得到并加以描述外，再未被发现过。

（2）集胞菌分类

按照 Blanton(1990)的系统，集胞菌由4科6属组成，现仅知14种。集胞菌科(Acrasidae)含集胞菌属(*Acnasis*)；粪黏菌科(Copromyxidae)含粪黏菌属(*Copromyxa*)和小粪黏菌属(*Copromyxella*)，都具有管状的线粒体嵴；斑瘤菌科(Guttulinopsidae)含斑瘤菌属(*Guttulina*)和拟斑瘤菌属(*Guttulinopsis*)；涌泉菌科(Fronticulidae)含涌泉菌属(*Fonticula*)，只有涌泉菌(*Fronticula alba*)一种，有片状的线粒体管和一个变形体群集阶段。

网柄菌和集胞菌都是很小的类群，种类也较少，但是作为模式生物，在生物的系统学、细胞学、遗传学、生物化学和生物物理学等领域内具有重要的理论价值，在生态系统中起着物质和能量转换中间体的作用。目前尚未知其经济重要性。

5.2 黏菌门

5.2.1 概述

黏菌(Myxomycota)又称为原质团黏菌(plasmodial slime moulds)、非细胞黏菌(acelluar slime moulds)或真黏菌(true slime moulds)。黏菌的营养生长阶段是独立生活的、具有多个真正细胞核的、仅有表面质膜而无细胞壁的、能变形移动和摄食有机物的一团原生质团；随着营养生长阶段转入繁殖阶段，原质团转变为一个或一群非细胞结构的子实体即孢子果，孢子果内含有纤维素细胞壁骨架和真正细胞核的孢子。

黏菌是世界性分布的生物类群，在可生长植物、有枯死植物残体和具备一定温湿度条件的地方，都可以有黏菌的存在。温暖湿润的森林地区是黏菌种类最繁盛的地方，且这一类群在生境上表现出丰富的生态多样性。从气候带看，温带地区最多，但有些种类却只生于热带，而少数种可发生在沙漠、高寒山区和极地。

5.2.2 生物学特性

黏菌主要进行异宗配合，但并非都表现为异宗配合。在异宗配合的株系中，游动孢子和黏变形体行使配子功能，它们最后成对融合形成接合子。配合受单一位点(两极性或单因子)上的基因控制。接合子最初是有鞭毛的，游动一段时间后缩回鞭毛而成为一变形体状细胞，随着接合子的生长，细胞进行连续的有丝分裂，最终转变成为多核的变形体结构的原质团。原质团仅为一纤薄的原生质膜和一胶质鞘所包围，没有明确的大小和形状，有时为球形的，有时又是扁平片状的、扩展成大面积很纤细稀薄并具鲜艳颜色的网体，不断地变形和流动，爬行在基物的表面，一路上吞取食物颗粒，并随着原质团在基物上的爬行而被蜕去且留下痕迹。黏菌的原质团颜色多样，从无色到白色、灰色、黑色、紫色、蓝色、绿色、黄色、橙色和红色等。

黏菌主要有3种基本的原质团类型。一是原始型原质团，它是刺轴菌目(Echinosteliales)和多种无丝菌目(Liceales)原质团的特征。这种类型的原质团一生中都很微小，质地多少是均一的，不形成网脉，呈现非常缓慢的原生质流动，没有其他类型原质团那样的快速节律性往复流动。原始型原质团在其产生子实体时只产生一个孢囊。二是隐型原质团，其最初也像原始型原质团，但很快就伸长、分枝，形成一个由很细的透明股索状结构组成的网体。其原生质颗粒状结构不明显，原质团缺乏黏质鞘，难以见到，网脉中并不明显分化出胶体和流体部分，流动的原生质像是被极纤薄的膜所包裹，流动是快速和节律性往复的。隐型原质团是发网菌目(Stemonitales)的特征。三是显型原质团，最初也似原始型原质团，很快就长成大块状，其原生质具显著颗粒状，这种原质团即使在发育初期也可见到，网脉中的胶体部分和流体部分易于分辨，节律性往返流动非常明显，显型原质团是绒泡菌目(Physarales)的特征。还有种原质团类型，通常为团毛菌目(Trichiales)的成员所产生，在特征上是介于显型和隐型原质团之间的中间类型。

在从营养阶段转到繁殖阶段时，黏菌的整个原质团通常转变成一个或多个孢子果。由原质团向子实体的发育主要有2种类型：基质层上型和基质层下型。原质团接触基物的底层变为基质层，上面的原生质集中隆起形成孢囊，在有柄的种类中，柄是以后从上升的原生质柱体中分化形成的，常为中空或纤维索状，由于没有原生质从柄内上升，柄内不含圆胞状或杂质颗粒物体，柄和孢囊的表面也没有基质层的薄鞘，这种发育方式称为基质层上型(图5-2)。在大多数黏菌种类中，原质团形成孢囊时，表面的一层原生质转变为基质层，下面的原生质向上隆起而形成孢囊。在有柄孢囊的种类中，原生质通过柄内的空腔上移，最后常在柄内留下圆胞状的剩余原生质或是从基物中混入的杂质颗粒。柄和孢囊的外表有一层原生质遗留的薄鞘，同基质层相连。这种发育方式称为基质层下型(图5-3)。

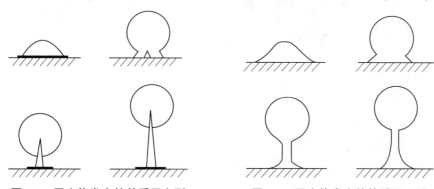

图5-2　子实体发育的基质层上型　　　　图5-3　子实体发育的基质层下型

在正常的发育进程中，原质团产生孢子果。但在某些不良条件下，一个显型原质团会转变成一个坚硬的不规则的团块，即菌核。菌核能长期处于休眠状态，当适宜生长的条件恢复时又恢复生长为原质团。有些黏菌还以菌核状态越冬。

黏菌可产生4种基本的孢子果类型。第1种类型为单个孢囊，原质团在其占据的基物附近形成大量单个的有柄或无柄孢囊。每个孢囊各自有一个囊被，也会有一纤薄玻璃纸状的基部即基质层，孢囊从基质层上发生，群体中的每一孢囊都彼此独立，只有基质层可以作为所有孢囊的共同基部。第2种为复囊体，是一种较大的、通常垫状的孢子果，它由整个原质团衍生而来，没有分化完全的单个孢囊，整个复囊体有一层多少连续的总的囊被。第3种为假复囊体。一群孢囊紧密地挤在一起形成一个看似单个孢子果的结构，但各个孢子囊清楚可分，并不融合，都形成于一个共同的基质层上，基质层有时是巨大的和柄状的。第 4 种为联囊体。在联囊体形成时，原生质围绕这原质团的若干主脉集中积累，从而发育成一个孢子果，多少保留着产果时原质团脉络的形状。

黏菌的生活史始自其上一代产生的繁殖器官中的内生孢子。孢子释放后在适合条件下萌发，产生 1~4 个、有时会更多的黏变形体或游动胞，它们以细菌为食，经过多次分裂形成大群，然后成对交配。在水分充足时，黏变形体可生出鞭毛而转变成游动胞；在干燥条件下，游动胞也可以失去鞭毛转变为黏变形体。这两种营养体都是单核单倍体，但游动胞不能分裂而黏变形体可以正常分裂。两个黏变形体或两个游动胞经过质配再经过核配就形成了接合子。伴随着一系列的同步核有丝分裂，接合子生长、扩大，形成多核的二倍体原质团。原质团的生长一方面是通过核的同步有丝分裂；另一方面也可以在发育过程中与接合子或其他原质团合并而增大。遭遇不良条件，特别是干燥条件时，某些原质团可以收缩而转变为菌核，当条件适宜生长时菌核萌发，恢复成为原质团，有的黏菌则以菌核越冬。原质团成熟后，会转化成一个或多个具有该种特征的子实体。在子实体形成过程中，幼子实体内的原生质围绕着二倍体核分割形成幼孢子，18~30h 的幼孢子中发生减数分裂，伴随着孢子的成熟，只有一个核得以发育，其他 3 个核败育，所以成熟的孢子是单核单倍体的。子实体充分成熟后在一定外界因素作用下，孢子释放和散布（图 5-4）。

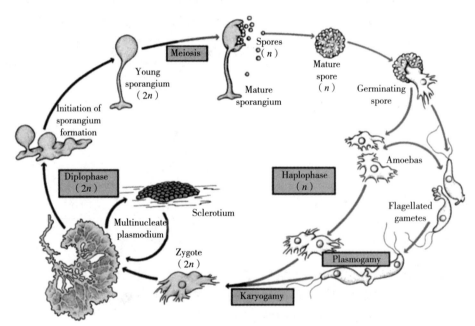

图 5-4　黏菌（Myxomycota）生活史示意图
（改绘自 Raven et al., 2005）

5.2.3　分类

从林奈将生物划分为动物和植物两界的时代起，对于黏菌的分类地位或系统学归属就存在着争议。Link（1833）强调了这一类群的菌物特点，赋予黏菌以 Myxomycetes 的名称，de Bary（1859）则强调了黏菌的动物属性，称之为 Mycetozoa（菌状动物或菌虫）。黏菌在历史上被划入真菌界或者原生生物界，一直没有定论。当代的细胞学和分子证据支持将黏菌归于原生动物界，从 Cavalier-Smith(1981)提出八界系统后，这一分类归属已得到广泛的认可。黏菌纲现有 2 亚纲 5 目 14 科 62 属，现知约 1500 种。

5.2.4 代表类群

（1）团网菌属(*Arcyria* Hill ex F. H. Wigg.)

子实体为孢子囊，孢囊亚圆柱形、卵圆形或球圆形，有柄或无柄而基部收缩为一点。囊被薄，上部早凋落，下部持久留存为杯状、盘碟状基托。柄内充满比孢子大的圆胞。孢丝为有弹性的网体，囊被开裂后常伸展几倍的高度，与杯托全面连着，连着杯托底中央一点而易整体脱落，纹饰多样：环、齿、刺、疣、网纹及螺纹等。孢子成堆时丝同色，透射光下色浅或无色透明，表面一般密生小疣或簇生大疣。主要发生在朽木和死树上。模式种为暗红团网菌(*A. denudata*)，常见种有灰团网菌(*A. cinerea*)、球圆团网菌(*A. globase*)等（图 5-5）。我国已报道 36 种，含 1 变种。

（2）高杯菌属(*Craterium* Trentep.)

子实体为孢囊。孢囊高杯状或球圆形，有柄，很少无柄。囊被软骨质，从上部盖状开裂，盖圆形或不规则，下部留存为杯状体，明显，较深。孢丝为无色透明线状网体，具石灰结。石灰结常在孢囊中部集结成假囊轴。孢子成堆时暗色。常见种有白头高杯菌(*C. leucocephalum*)、小高杯菌(*C. minutum*)等（图 5-6）。我国已报道 13 种，含 3 变种。

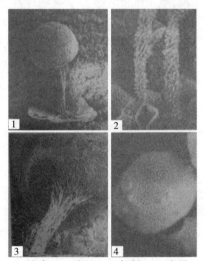

图 5-5 球圆团网菌(*Arcyria globase*)
1. 孢囊　2. 孢丝　3. 杯托　4. 孢子
（引自李玉，2007）

图 5-6 小高杯菌(*Craterium minutum*)
1. 孢囊　2. 囊被　3. 石灰节　4. 孢子
（引自李玉，2007）

（3）灯笼菌属(*Dictydium* Schrad.)

子实体为孢囊，有柄，球圆形或亚球圆形，常上下都脐凹或一面凹。囊被纤弱，一般上部早消失，留存囊被网和基部杯托，原质颗粒显著，一般暗色，网上、杯托上、孢子上都有。网线有粗壮的纵肋和纤细的横线相连，下部特别明显，上部有时多少呈网状，但节不加厚。模式种为灯笼菌（*Dictydium cancellatum*），分布广泛且常见，主要生针叶树朽木上（图5-7）。我国已报道1种。

1. 囊被网，有托、柄　2. 孢子　3. 囊被网线　4. 网线表面
5. 孢囊顶部的部分囊被网　6. 囊被网表面

图 5-7　灯笼菌（*Dictydium cancellatum*）

（引自李玉，2007）

（4）半网菌属（*Hemitrichia* Rostaf.）

子实体为孢囊或联囊体，有柄或无柄。囊被膜质或软骨质，上部一般早凋落，下部留存为不规则杯托，上部较薄，部分早凋落。柄存在时内实，或充满圆胞或不定型物质。孢丝为管状线条联结成较完整而有弹性的网体，散头少或无，螺纹带2条以上。孢子成堆时红色、橙色或黄色。模式种为蛇形半网菌（*H. serpula*）。常见种还有细柄半网菌（*H. calyculata*）等（图5-8）。我国已报道13种。

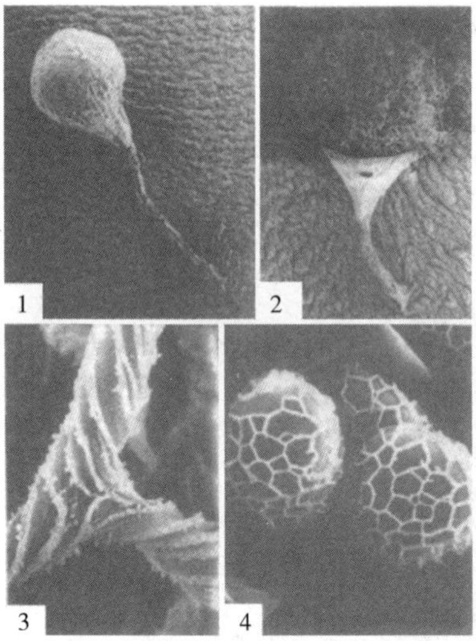

（5）粉瘤菌属（*Lycogala* Pers.）

子实体为复囊体，球圆形、圆锥形或垫状，似马勃。皮层结构多样；或厚而牢固的壳状，或海绵状，或纤薄膜质、近光滑，或有鳞有疣。假孢丝为简单分枝的管体，近光滑或有皱纹，有时穿过皮皮层，孢子成堆时起初常为粉红色，以后变灰色。模式种为粉瘤菌（*L. epidendrum*），野外常见，生于朽木上（图5-9）。我国已报道6种。

1. 孢囊　2. 杯托及孢子　3. 孢丝　4. 孢子

图 5-8　细柄半网菌

（*Hemitrichia calyculata*）

（引自李玉，2007）

（6）煤绒菌属（*Fuligo* Haller）

子实体为复囊体，偶尔近似联囊体，由结构分不清楚的管状孢囊互相错综交织而成，各管体有石灰质的管壁，很少形成由孢囊密集成团的结构。表面有脆弱的皮层，易破裂脱落，有时缺。基部有膜质的基质层。中部为孢子、孢丝和石灰质管壁。孢丝为无色透明细线连着石灰结。孢子成堆时暗色。模式种为煤绒菌（*F. septica*），发生于朽木、植株和土壤等多种基质上，1973年，在美国得克萨斯州达拉斯引起轰动一时的新闻报道中的"泡泡"

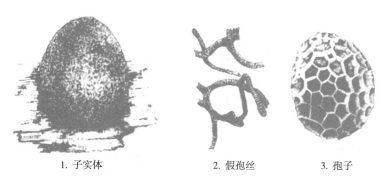

1. 子实体　　　　　　　2. 假孢丝　　　　　3. 孢子

图 5-9　粉瘤菌（*Lycogala epidendrum*）

（路红　绘）

就是此种（图5-10）。我国已报道12种，含4变种。

（7）绒泡菌属（*Physarum* Pers.）

子实体为孢囊或联囊体，孢囊可密集成假复囊体，但很少近于复囊体，囊被单层或双层，有石灰质。柄存在时一般中空，半透明，或充满石灰质，孢丝网体由细管状线条联结石灰结组成，连着囊基和囊被。囊轴不常见，有时有假囊轴。囊被、孢丝石灰结和柄的石灰质为不定型颗粒，很少接近结晶状。孢子成堆时黑色或暗褐色，透射光镜下浅紫褐色或重紫色，这是种类最多的一个黏菌属，已知约150种，发生于朽木、枯枝落叶、活植物体、菇床、苗床、苔藓和地表等基质上。常见种有扁绒泡菌（*P. compressum*）、黄头绒泡菌（*P. flavicomum*）（图5-11）、圈绒泡菌（*P. gyrosum*）和多头绒泡菌（*P. polycephalum*）等。多头绒泡菌是生物学研究中的重要模式生物。我国已报道109种，含4个变种及1个变型。

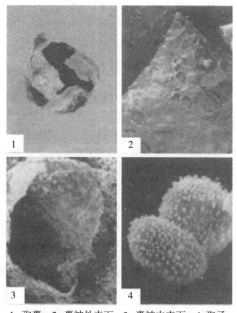

1. 孢囊　2. 囊被外表面　3. 囊被内表面　4. 孢子

图 5-10　煤绒菌（*Fuligo septica*）

（引自李玉，2007）

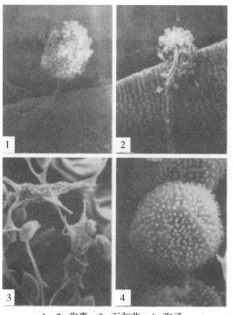

1、2. 孢囊　3. 石灰节　4. 孢子

图 5-11　黄头绒泡菌（*Physarum flavicomum*）

（引自李玉，2007）

(8) 发网菌属(*Stemonitis* Gled.)

孢囊圆柱形。通常有柄,群生、簇生、密集必生或密集成大群落,很少稀疏群生。基质层通常发达,为小丛或大群所共有。柄黑色,光滑发亮,中空,延长到孢囊内成为囊轴。孢丝从囊轴全长伸出,多次分枝,联结成网,末端与囊被下面形成的表面网相连。囊被早消失。孢子成堆时近黑色、暗紫褐色至锈褐色,主要生于朽木上。1933年,在美国芝加哥举办的世界博览会上,在"信不信由你"展馆的"头发长在木头上"的标牌下展出的就是该属中的成员之一。常见种有锈发网菌(*S. axifera*)、褐发网菌(*S. fusca*)和美发网菌(*S. splendens*)等。我国已报道26种,含8个变种及1个变型。

5.3 根肿菌门

5.3.1 概述

根肿菌(Plasmodiophoromycota)的营养体为多核、无细胞壁的原质团,以整体产果的方式繁殖。营养体以原生质割裂方式形成大量散生或堆积在一起的孢子囊。形成的孢子囊有两种:一种是薄壁游动孢子囊,由无性繁殖产生;另一种是休眠孢子囊,一般认为由有性生殖产生。休眠孢子囊萌发时通常释放出1个具有2根长短不等尾鞭型鞭毛的游动孢子。这类休眠孢子囊习惯上称为休眠孢子。休眠孢子分散或聚集成堆,以及休眠孢子堆的形态是该类植物病原菌物分类的重要依据。

根肿菌均为寄主细胞内专性寄生菌。寄生于高等植物的根或茎细胞内,有的寄生于藻类和其他水生真菌上。寄生高等植物的根或茎引起细胞膨大和组织增生,受害根部往往肿大,故称为根肿菌。较重要的植物病原菌如芸薹根肿菌(*Plasmodiophora brassicae*),危害十字花科植物的根,引致根肿病。在木本植物上有桤木根肿菌(*P. alni*)和桑根肿菌(*P. mori*),但危害不大。根肿菌门中许多种还是多种植物病毒的传毒介体。

5.3.2 生物学特性

根肿菌的生活循环涉及两个不同阶段的原质团:一个为初生原质团或产孢囊原质团,由它产生薄壁的游动孢子囊;另一个为次生原质团或产孢原质团,产生厚壁(明显几丁质化的)休眠孢子,后者能度过干燥逆境直至萌发产生游动孢子。在生长过程中,初生和次生的原质团均具有特征鲜明的有丝分裂区。在有丝分裂中,一个核内纺锤体形成于染色体环绕着核仁所排列的环上,随着染色体的分开,染色体环移向两极,核仁留存一段时间并伸长,由于从一侧观察,被染色体环包围着的伸长了的核仁看上去像一个十字,这种现象称为"十字形分裂"。并非所有根肿菌的核分裂都是十字形。在由初生原质团转变为游动孢子囊过程中发生的分裂和由次生原质团转变为休眠孢子过程中发生的分裂均缺少十字形结构;同样,在游动孢子形成过程中孢子囊内发生的有丝分裂也不是十字形的。

根肿菌的休眠孢子因所存在的被侵染的寄主组织的崩解而出现在土壤里或水中,然后萌发,通常形成能侵染合适寄主的初生游动孢子。初生游动孢子附着在根毛细胞壁上,鞭毛停止活动,轴纤丝回缩,游动孢子囊化。在囊化的游动孢子中发育出一个长的管腔,管腔位于朝向寄主细胞壁的一端，其末端充填着一个栓。在管腔内，有一高度着色的尖杆——棘杆。管腔翻出之后，立即形成一个附着胞状的球形结构，它黏附于寄主细胞壁上，棘杆也向外突出刺穿寄主的细胞壁，使囊化的游动孢子的原生质进入到寄主细胞中。在囊化的初生游动孢子穿透寄主根毛或表皮细胞之后，根肿菌的单核原质团被胞质环流立即带入寄主细胞内，发生十字形有丝分裂，原生质增大形成初生或产孢囊原质团。初生原质团达到一定大小后，分裂出发育成游动孢子囊的片段，由此而来的游动孢子囊可单个地发生也可疏松地团聚在一起，在有些种中，它们会组织成孢囊堆。次生游动孢子从直接进入其他寄主细胞或到达根外侧的游动孢子囊中分裂产生，释放到土壤中并与适当寄主的组织接触后，穿透寄主，这如同初生游动孢子的情形一样，一旦进入寄主体内，就会发育成一个次生或产孢原质团。随着次生原质团在皮层和维管组织中建成，寄主细胞常常经历剧烈的过度生长和畸形增生。随着受侵染的根的老化，次生原质团变得越来越多，并逐渐分布到寄主细胞小团中，而这些寄主细胞的小团散布于此时通常已增大和变形的根的各处，最后这些原质团分裂形成休眠孢子。自然状态下，休眠孢子形成前发生的核分裂为减数分裂。

5.3.3 分类

根肿菌纲是单系类群，其休眠孢子分散或聚集成堆以及休眠孢子堆的形态特征是根肿菌分类的重要依据。由于18S rDNA序列分析支持这个类群与具纤毛的原生生物具密切的亲缘关系，《菌物词典》第10版(2008)为根肿菌单独建了一个门——尾鞭门(Cercozoa)，与黏菌门并列于原生动物界，只有1纲1目，根据休眠孢子的排列方式和形态学划分成2科15属，现知约50种。常见的属包括：根肿菌属(*Plasmodiophora*)、球壶菌属(*Sorosphaera*)、粉痂菌属(*Spongospora*)、八黏霉属(*Ortomyxa*)和多黏霉属(*Polymyxa*)等。

5.3.4 代表类群

（1）根肿菌属(*Plasmodiophora* Woronin)

根肿菌属的主要特征是休眠孢子初形成时堆积在一起呈鱼卵块状，但成熟的休眠孢子游离分散在寄主细胞内，不联合成休眠孢子堆。休眠孢子萌发时通常产生1个游动孢子，前端双生尾鞭式不等长鞭毛，变形虫状，侵入寄主形成小型原生质团；菌体形成游动配子囊群，产生游动配子，亦为前端双鞭毛，游动时短的在前，长的在后，交配后再侵入寄主形成大型菌体充塞寄主细胞，成熟时菌体分割为多核的休眠孢子。该属菌物寄主范围广，有6种都是细胞内专性寄生物。寄生于陆生、水生植物的维管束内，引起寄主根部薄壁组织的畸形膨大，呈手指状或人参状，称为根肿病。我国已报道3种。

芸薹根肿菌(*P. brassicae*)，又称甘蓝根肿菌，引起十字花科植物根肿病。该病原物为专性寄生物，自然条件下只侵染十字花科植物，存在多个生理小种。芸薹根肿菌的生活史如图5-12所示。其休眠孢子抵抗不良环境的能力很强，可以在酸性土壤中存活多年，是十字花科植物根肿病的初侵染来源。该病是我国的检疫对象(图5-12)。此外，桤木根肿菌(*P. alni*)和桑根肿菌(*P. mori*)分别引起桤木和桑属植物的根肿病。

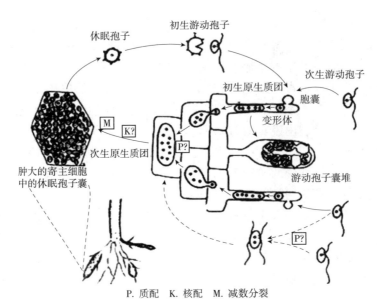

P. 质配 K. 核配 M. 减数分裂

图 5-12　芸薹根肿菌(*Plasmodiophora brassicae*)的生活史

(引自 Webster et al., 2007)

（2）粉痂菌属(*Spongospora* Brunch.)

粉痂菌属的休眠孢子囊聚集成休眠孢子堆。休眠孢子堆球状，具有中腔空穴，外观如海绵；休眠孢子球形、椭圆形或多角形，黄色至黄绿色，壁平滑、不很厚，萌发时产生 1 个游动孢子。游动孢子近球形，无胞壁，顶生不等长的双鞭毛，在水中能游动；静止后成为变形体，从根毛或皮孔侵入寄主内致病。游动孢子及其静止后所形成的变形体，成为病害初侵染源。菌体寄生在维管束植物上，造成疮痂症状。该属有 3 个种，广泛分布，最常见的是马铃薯粉痂菌(*S. subterranea* J. A. Toml.)，为害马铃薯块茎的皮层，形成疮痂状小瘤，后期表皮破裂，散出深褐色粉末(病菌的休眠孢子囊)。病菌以休眠孢子囊随病残体在土壤中越冬，能存活 5 年之久。除为害马铃薯外，马铃薯粉痂菌还可以侵染番茄和龙葵等植物(图 5-13)。该属我国已报道 1 种。

1. 受害的马铃薯　　　2. 休眠孢子堆

图 5-13　马铃薯粉痂菌(*Spongospora subterranea*)

(引自邢来君等, 1999)

本章小结

原生动物界中的菌物主要包括黏菌门、集胞菌门、网柄菌门、根肿菌门、原柄菌门等类群，其中具重要性的是黏菌、网柄菌和根肿菌。

黏菌的营养生长阶段是独立生活的、具有多个真正细胞核的、仅有表面质膜而无细胞壁的、能变形移动和摄食有机物的一团原生质即原质团；随着营养生长阶段转入繁殖阶段，原质团转变为一个或一群非细胞结构的子实体——孢子果，孢子果内含具有纤维素细胞壁骨架和真正细胞核的孢子。黏菌大约有1500种。一些黏菌是生物学研究中的重要模式生物，如多头绒泡菌等黏菌是潜在的药物来源；另一些黏菌是研究疑难疾病发生机制和诊断治疗的工具和材料。黏菌对作物和食用菌的危害正成为现代农业上引起关注的新问题。网柄菌是食草动物粪便、土壤、腐烂的蘑菇和植物材料上常见且微小、短寿的生物，基本营养单位是单核、裸露、单倍的变形体，子实体为孢堆果，孢子壁含纤维素，光滑，通常可被水、螨、鸟、蝙蝠和其他哺乳动物等携带和传播。

集胞菌的变形体是蛞蝓体型的，具有瓣片状的假足，孢堆果中的所有细胞都能萌发产生变形体，柄细胞无纤维素柄管。

根肿菌虽然常被称为内寄生黏菌，但与黏菌明显不同。营养体虽为多核的原质团，但不能移位活动，游动细胞的鞭毛为前生的两根不等长尾鞭，主要以吸收方式获取营养，在植物体内专性寄生，孢子壁含甲壳质而非纤维素。根肿菌只有大约50种，通常是维管植物的专性寄生物，这个类群在植物保护上具有重要意义。

思考题

1. 名词解释：原始型原质团、显型原质团、隐型原质团、基质层上型、基质层下型、孢囊、复囊体、假复囊体、联囊体、假原质团、接合子、蛞蝓体
2. 黏菌门具有哪些主要特征？
3. 试图示黏菌生活史的模式过程。
4. 以盘基网柄菌为例，试图示并说明网柄菌生活循环的主要过程。
5. 简要说明网柄菌和集胞菌的特征区别。
6. 根肿菌具有哪些主要特征？

第 6 章

藻物界中的菌物

藻物界(Chromista)，又译假菌界，也称茸鞭生物界(Stramenopila)，主要为单细胞和丝状体，或形成集群的初生向光性生物。细胞壁不含几丁质和 β-葡聚糖，主要成分为纤维素。藻物界的分类目前尚不稳定。Cavalier-Smith(1997，1998)将此类中的菌物分成两个不同的门：Sagenista［网黏菌(Labyrinthista)或网黏菌纲(Labyrinthulomycetes)］和 Bigyra［假菌(Pseudofungi)或卵菌纲(Oomycetes)和丝壶菌纲(Hyphochytriomycetes)］。Dick(2001)将所有的这些类群归附于长短鞭毛门(Heterokonta)。

由于过去被称为卵菌的菌物其结构、遗传及生化上的特殊性，使它成为藻物界中单独的一个门——卵菌门(Oomycota)。除了卵菌门外，藻物界还有另外两类来自菌物的门——丝壶菌门(Hyphochytriomycota)和网黏菌门(Labyrinthulomycota)，它们水生或陆生，腐生或寄生。产生游动孢子。网黏菌最重要的特征是具有一个外质网体，由于其主要生活在水中的基质或宿主上而被称为水生黏菌，但它们其实与黏菌并没有亲缘关系。

在 Kirk 等主编的《菌物词典》第 9 版(2001)和第 10 版(2008)中接受了菌物的这 3 个门归属于藻物界，即：

丝壶菌门(Hyphochytriomycota)

网黏菌门(Labyrinthulomycota)

卵菌门(Oomycota)

共含 3 纲 16 目 29 科 126 属(+46 个异名属)1036 种。

本章将主要介绍卵菌门和丝壶菌门。

6.1 卵菌门

6.1.1 概述

卵菌(Oomycota)水生、两栖或陆生，是淡水、海水和陆地上常见的一类生物。卵菌有腐生、兼性寄生和专性寄生。低等的卵菌大都是水生腐生菌，或者寄生在水生动植物和水生真菌上；中间类型是两栖的，生活在较潮湿的土壤中，多为腐生或兼性寄生物；较高等的卵菌具有接近陆生的习性,其中有许多是高等植物的专性寄生菌。因此,一般认为卵菌的进化是由水生到陆生,寄生性是从腐生到专性寄生。

水生的卵菌多腐生于动植物残体上,其在水生生态系统的养分降解和再循环中具有重要的作用。然而,有些寄生的种类,可危害藻类或各类动物。有的卵菌可为害鱼类,如寄生水霉(*Saprolegnia parasitica*)寄生在鱼苗和鱼卵上,引起鱼的水霉病。多数陆生卵菌为维管束植物的兼性或专性寄生菌。有些能引起严重的植物病害,如致病疫霉(*Phytophthora infestans*)和葡萄生单轴霉(*Plasmopara viticola*)曾分别对马铃薯和葡萄生产造成了毁灭性的损失;在澳大利亚樟疫霉(*Ph. cinnamomi*)引起的根腐病毁灭了整个桉树林生态系;*Ph. palmivora* 和 *Ph. megakarya* 等危害热带作物可可,造成严重的经济损失。由于卵菌具有水生的习性,只有在高湿的条件下才能产生游动孢子囊和释放出游动孢子,而且大多数卵菌主要是以游动孢子萌发产生的芽管侵入寄主植物,因此由卵菌引起的植物病害在潮湿、多雨、低洼积水、通风透光条件差的环境下发生普遍,危害较严重。

有些卵菌对人类有一定益处,如腐霉能合成核黄素、生物素、叶酸、泛酸和抗坏血酸等多种维生素,还能分泌果胶酶、纤维素酶以及转化甾族化合物等;鞭绵霉(*Achlya flagellata* Coker)可测定抗癌物质;许多水霉科(Saprolegniaceae)真菌可用于测定和鉴定污水。在研究菌物的演化时,如从腐生到寄生、从水生到陆生等问题上,卵菌为人们提供了较理想的材料。

6.1.2 生物学特性

卵菌门菌物通常称作卵菌,其共同特征是有性生殖产生卵孢子,无性繁殖产生具双鞭毛的游动孢子。

(1) 营养体

卵菌的营养体大多为发达、无色透明的无隔菌丝体,少数低等的为单细胞或具很短的菌丝体。卵菌营养体为二倍体;细胞含有多个细胞核;细胞壁主要成分为纤维素。卵菌进行繁殖时,多数是分体产果(eucarpic),少数为整体产果(holocarpic)。

(2) 无性繁殖

卵菌无性繁殖时形成游动孢子囊(zoosporangium),并产生和释放游动孢子。游动孢子囊形态变化大,陆生卵菌的孢子囊为稍膨大的瓣状菌丝到圆筒形、球形、卵形或柠檬形,着生于菌丝上(如低等卵菌)或孢囊梗(如高等卵菌)上,其中产生多个游动孢子。低等卵菌的孢子囊成熟后通常不脱落,高等卵菌的孢子囊可从孢囊梗上脱落并随风传播。游动孢子囊萌发大多释放游动孢子。游动孢子梨形或肾形,具有等长双鞭毛,一为茸鞭(tinsel),一为尾鞭(whiplash);在水中游动时茸鞭向前,尾鞭向后。鞭毛的结构为9+2型,即鞭毛的鞭杆是由外围9根纤丝及中心2根纤丝组成的一个圆筒形体(纤丝间充有胶质鞘),其周围9根纤丝每根由3根亚纤丝组成,中心2根纤丝每根由2根亚纤丝组成。游动孢子从孢子囊顶部形成的排孢孔释放,游动一段时间后转变为休止孢,萌发产生1至几根芽管。有些卵菌的游动孢子具两游现象(diplanetism)。若缺少合适基物或寄主,部分游动孢子可出现游动、休止、再游动、再休止,并多次重复的多游现象

(polyplanetism)。在此情况下，休止孢释放出的游动孢子均为肾形游动孢子。多游现象可提高植物寄生菌的侵染机会。部分较高等卵菌的孢子囊可直接萌发长出芽管，尤其在自由水缺乏的环境条件。

（3）有性生殖

卵菌的有性生殖是通过藏卵器和雄器的接触交配产生卵孢子（oospore）。有性生殖开始时，部分营养菌丝的顶端膨大，分化为雄器（antheridium）和藏卵器（oogonium）。藏卵器大多球形，壁平滑或有刺或有泡状突起。雄器常为棍棒形或椭圆形。其中的二倍体细胞核在发育的雄器和藏卵器内发生减数分裂，产生单倍体细胞核。藏卵器和雄器接触后，雄器产生授精丝穿入藏卵器，将单倍体核送入藏卵器。两个单倍体细胞核在藏卵器中立即核配或在卵孢子萌发前进行核配，形成1至多个二倍体的卵孢子。在卵孢子形成过程中，藏卵器中的卵质分化成一卵球，在卵球周围有卵周质或无明显的卵周质或无卵周质，卵球发育形成卵孢子，卵周质的一部分作为卵孢子营养，另一部分被卵孢子外壁的纹饰所消耗。卵孢子球形，具厚壁，壁表面光滑或有饰纹，具抵抗不良环境的作用；通常需经一段时间休眠后才可萌发，萌发时产生1至多根芽管。卵孢子萌发产生二倍体的营养体。因此，卵菌的卵孢子、游动孢子和菌丝体均为二倍体，为独特的二倍体型生活史。植物寄生卵菌的卵孢子通常作为植物病害的初侵染来源。藏卵器内卵孢子的数目是卵菌分类的重要依据之一。

另外，有些卵菌还可以进行孤雌生殖（parthenogenesis）。

6.1.3　分类

卵菌被广泛地研究已有一百多年的历史。由于它的营养体、无性繁殖和生活习性与其他鞭毛菌相似，长期以来一直归在真菌中并成为真菌学家研究的对象。然而，在过去的几十年中，卵菌（Oomycota）一直被认为与纯真菌（Kingdom Fungi）存在明显区别，特别是卵菌的性（sexuality）、生活史、核循环，以及一些分类性状和分类地位，常常成为分类学家争论的焦点。

根据形态发生学、细胞学、生理学和分子生物学等近代新技术的研究结果，卵菌在诸多方面与其他真菌明显不同：①卵菌的营养体为二倍体，少数还存在多倍体现象，其他真菌主要为单倍体；②卵菌的减数分裂在配子囊中进行，当雌雄配子囊（雄器和藏卵器）交配后随即恢复为双倍体阶段，单倍体时期甚短，其他真菌一般是核配后随即进行减数分裂；③卵菌细胞壁的主要成分为纤维素，并缺乏明显层次，而其他真菌细胞壁成分主要为几丁质，在电镜下观察一般可分为2~4层；④卵菌有性生殖为卵配生殖（oogamy），产生卵孢子，这在其他真菌中很少见；⑤卵菌线粒体脊排列不规则，呈嵴状，与藻类、地钱相似，而不同于接合菌、酵母菌的线粒体内嵴呈扁平片状；⑥卵菌高尔基体的形态和绿色植物相似；⑦卵菌的核膜厚薄不均匀，核孔多，而其他真菌核膜厚薄均匀，有2~3层，核孔少；⑧卵菌的赖氨酸合成途径为二氨基庚二酸途径（DAP），与藻类和维管植物相同，而其他真菌为氨基乙二酸途径（AAA）；⑨卵菌25S rRNA与其他真菌有较大差异，其相对分子质量为1.42×10^6u，其他真菌为$(1.30\sim1.36)\times10^6$u；⑩麦角固醇是所有真菌细胞膜的重要组分，卵菌是个例外（表6-1）。

表 6-1 卵菌门与真菌界各门性状比较

项　目	卵菌门	壶菌门	接合菌门	子囊菌门	担子菌门
细胞壁组分	多为纤维素	多为几丁质	多为几丁质	多为几丁质	多为几丁质
细胞壁蛋白	有羟基脯氨酸	无羟基脯氨酸	无羟基脯氨酸	无羟基脯氨酸	无羟基脯氨酸
细胞膜	不含麦角甾醇	含麦角甾醇	含麦角甾醇	含麦角甾醇	含麦角甾醇
营养体核象	2倍体	单倍体	单倍体	单倍体	单倍体
减数分裂	临配前进行	核配后进行	核配后进行	核配后进行	核配后进行
线粒体脊形状	管状	盘状	盘状	盘状	盘状
游动孢子	双鞭毛	单鞭毛	无鞭毛	无鞭毛	无鞭毛
赖氨酸生物合成途径	DAP	AAA	AAA	AAA	AAA
色氨酸合成酶沉降图型	Ⅳ	Ⅰ	Ⅲ	Ⅰ，Ⅱ	Ⅰ，Ⅱ
25S rRNA 相对分子质量	1.42	1.34	1.34	1.30	1.31

鉴于卵菌与其他真菌有很大差别，不少生物系统学家把它排除在真菌界以外，如 Massalski et al. (1969) 和 Hibberd et al. (1972)，把卵菌与褐藻门 (Pheophyta)、金藻门 (Chrysophyta)、黄藻门 (Xanthophyta) 和硅藻门 (Bacillariophyta) 放入一个界；Leedale (1974) 认为卵菌与金藻和褐藻有较密切的关系，Ross (1979) 认为卵菌与绿藻 (Chlorophyta) 很接近，他们主张将卵菌归入植物界。Margulis (1974) 和 Margulis et al. (1982) 将包括卵菌在内的全部鞭毛菌都排除在真菌界外，转入原生动物界。Ainsworth 在《菌物词典》第 6 版 (1971) 和真菌进展文集 (1973) 阐述的分类系统中，将卵菌归属于真菌界 (Fungi)、鞭毛菌亚门 (Mastigomycotina)、卵菌纲 (Oomycetes)。Alexopoulos 等 (1979) 认为卵菌纲可独立为一亚门——双（倍）鞭毛亚门，主要是依据 Eva. Sansome 对卵菌经过长期研究，发现其生活史主要为二倍体为主提出的。在 Hawksworth 等主编的《菌物词典》第 8 版 (1995) 分类系统中，卵菌被归入藻物界 (Chromista)，并提升为卵菌门 (Oomycota)。在 Kirk 等主编的《菌物词典》第 9 版 (2001) 和第 10 版 (2008) 的分类系统中，接受并追随第 8 版的高阶层分类体系，将卵菌归属藻物界 (Chromista)，卵菌门 (Oomycota)。

卵菌是一类与真菌亲缘关系较远而与褐藻和硅藻等藻类亲缘关系较近的独特的真核生物类群，卵菌中含有大量的病原微生物。随着基因组时代的到来，多种植物病原卵菌的基因组已进行了测序，包括腐霉科 (Pythiaceae) 腐霉属 (*Pythium*) 的瓜果腐霉 (*Py. aphanidermatum*)；霜霉科 (Peronosporaceae) 疫霉属 (*Phytophthora*) 的大豆疫霉 (*Ph. sojae*)、致病疫霉 (*Ph. infestans*)、橡树疫霉 (*Ph. ramorum*)、辣椒疫霉 (*Ph. capsici*)；以及寄生霜霉 (*Hyaloperonospora arabidopsidis*)、古巴假霜霉 (*Pseudoperonospora cubensis*)；白锈科 (Albuginaceae) 的 *Albugo candida* 和 *Albugo laibachii* 等 (表 6-2)。

表 6-2　NCBI 公布的已进行基因组测序的植物病原卵菌(截至 2020 年 6 月)

科	物种名称	拼装大小(Mb)	基因数量	参考文献
Pythiaceae	*Globisporangium ultimum*	44.9135	15290	Lévesque et al., 2010
	G. splendens	53.3600		
	Phytopythium vexans	41.7256		Adhikari et al., 2013
	Pilasporangium apinafurcum	37.4447		
	Pythium aphanidermatum	35.8768		Adhikari et al., 2013
	Py. arrhenomanes	44.6726		Adhikari et al., 2013
	Py. guiyangense	110.1780		
	Py. insidiosum	53.2390	14850	Rujirawat et al., 2015
	Py. irregulare	42.9681		Adhikari et al., 2013
	Py. iwayamai	43.1992		Adhikari et al., 2013
	Py. oligandrum	41.9689	14954	Berger et al., 2016
	Py. periplocum	35.8865		Kushwaha et al., 2017
	Py. splendens	53.3610		
Peronosporaceae	*Phytophthora sojae*	82.5976	28142	Tyler et al., 2006
	Ph. capsici	56.0343	19805	Lamour et al., 2012
	Ph. infestans	228.5440	19150	Paquin et al., 1997
	Ph. agathidicida	37.3404		Studholme et al., 2016
	Ph. betacei	270.8940		
	Ph. boehmeriae	52.0855		
	Ph. cactorum	59.2510	23882	Grenville-Briggs et al., 2017
	Ph. cambivora	230.6160		Feau et al., 2016
	Ph. chlamydospora	45.3033		
	Ph. citricola	50.3242		
	Ph. cinnamomi	53.6914		Studholme et al., 2016
	Ph. colocasiae	56.5926		
	Ph. cryptogea	63.8393		Feau et al., 2016
	Ph. fragariae	75.9815		Gao et al., 2015
	Ph. gonapodyides	61.1324		
	Ph. hibernalis	84.5086		
	Ph. kernoviae	37.0022	10129	Sambles et al., 2015
	Ph. lateralis	60.2568		Quinn et al., 2013
	Ph. litchii	38.2009		Ye et al., 2016
	Ph. macrochlamydospora	69.8526		
	Ph. megakarya	101.5050	39108	Ali et al., 2017

(续)

科	物种名称	拼装大小(Mb)	基因数量	参考文献
Peronosporaceae	*Phytophthora melonis*	112.0100		
	Ph. multivora	40.0622		Studholme et al., 2016
	Ph. nicotianae	81.6101	17348	
	Ph. palmivora	107.7730	27163	Ali et al., 2017
	Ph. parasitica	55.2296	23251	
	Ph. pinifolia	94.6173		Feau et al., 2016
	Ph. pisi	58.8567		
	Ph. plurivora	40.4412		
	Ph. pluvialis	53.6211		
	Ph. pseudosyringae	47.9213		
	Ph. quininea	87.6499		
	Ph. ramorum	60.2500	15743	Tyler et al., 2006
	Ph. rubi	78.9735		
	Ph. syringae	74.9346		
	Ph. taxon totara	55.5809		Studholme et al., 2016
	Ph. alni	236.0000		Feau et al., 2016
	Bremia lactucae	115.8990	9767	
	Hyaloperonospora arabidopsidis	78.3805		Baxter et al., 2010
	Nothophytophthora sp.	84.4455	27122	
	Peronospora belbahrii	59.2425		
	Pe. destructor	29.3348		
	Pe. effusa	32.1629	8569	
	Pe. tabacina	63.0659		Derevnina et al., 2015
	Plasmopara halstedii	75.3218	15469	Sharma et al., 2015
	Pl. muralis	59.5409		
	Pl. obducens	295.3010		
	Pl. viticola	92.9378		Dussert et al., 2016
	Pseudoperonospora cubensis	64.3328		Savory et al., 2012
	Ps. humuli	40.5067		
	Sclerospora graminicola	253.7170		Kobayashi et al., 2017
Albuginaceae	*Albugo candida*	32.9217	13490	Links et al., 2011
	A. laibachii	37.0000		Kemen et al., 2011

依据游动孢子形成的场所和游动习性、藏卵器内卵孢子的数目及菌体形态等，Ainsworth(1971，1973)的分类系统将划归鞭毛菌亚门(Mastigomycotina)的卵菌纲(Oomycetes)分为4个目，即链壶菌目(Lagenidiales)、水霉目(Sprolegniales)、水节霉目

(Leptomitales)和霜霉目(Peronosporles)。在《菌物词典》第 8 版(1995)中，卵菌门(Oomycota)仅卵菌纲(Oomycetes)1 纲，下分 9 个目，即在上述 4 目中去除链壶菌目，增加拟串胞壶菌目(Myzocytiopsidales)、拟油壶菌目(Olpidiopsidales)、腐霉目(Pythiales)、囊轴霉目(Rhipidiales)、Salilagenidiales 和指梗霉目(Sclerosporales)6 个目。在《菌物词典》第 9 版(2001)中，卵菌门下 1 个卵菌纲，下分 13 个目，即在《菌物词典》第 8 版的 9 个目中新增异壶菌目(Anisolpidiales)、Lagenismatales、隔拟罗兹壶菌目(Rozellopsidales)和 Haptoglossales 4 个目，共 92 属 808 种。在《菌物词典》第 10 版(2008)中，卵菌门下共 1 纲(卵菌纲)8 目 19 科 95 属 911 种。其分类体系如下：

  卵菌门(Oomycota)
    卵菌纲(Oomycetes)
      白锈菌目(Albuginales)
        白锈科(Albuginaceae)［含 3 属+1 异名属］
      水节霉目(Leptomitales)
        拟异绵霉科(Apodachlyellaceae)［含 2 属］
        Ducellieriaceae［包括 1 属］
        小细囊霉科(Leptolegniellaceae)［含 4 属］
        水节霉科(Leptomitaceae)［含 3 属+1 异名属］
      拟串胞壶菌目(Myzocytiopsidales)
        Cryptiolaceae［含 1 属+1 异名属］
        Myzocytiopsidaceae［含 4 属+1 异名属］
      拟油壶菌目(Olpidiopsidales)
        拟油壶菌科(Olpidiopsidaceae)［含 2 属+5 异名属］
      霜霉目(Peronosporales)
        霜霉科(Peronosporaceae)［含 20 属+15 异名属］
      腐霉目(Pythiales)
        腐霉科(Pythiaceae)［含 7 属+5 异名属］
        亚腐霉科(Pythiogetonaceae)［含 2 属+1 异名属］
      囊轴霉目(Rhipidiales)
        囊轴霉科(Rhipidiaceae)［含 6 属+2 异名属］
      水霉目(Saprolegniales)
        细囊霉科 Leptolegniaceae［含 4 个属］
        水霉科(Saprolegniaceae)［含 19 属+4 异名属］

6.1.4 代表类群

6.1.4.1 水霉目(Saprolegniales)

  水霉目菌物一般称为水霉。营养体大多为发达的无隔、多核、多分枝的菌丝体，多为分体产果式。少数菌体简单，为单细胞，整体产果。

  无性繁殖产生丝状、圆筒状或梨形的游动孢子囊，通常产生于菌丝的顶端，由一隔膜与菌丝隔开。孢子囊具层出现象(proliferation),即新孢子囊可不断从空孢子囊内或老孢子囊基部的孢囊梗(或菌丝)侧面长出。孢子囊内部产生许多游动孢子。游动孢子具两游现象,即从孢子囊释放出来的梨形游动孢子(一型或初生游动孢子)经一段时间游动后转变为休止孢,休止孢萌发释放出肾形游动孢子(二型或次生游动孢子),继续游动一个时期,然后休止,萌发长出芽管。有的水霉菌具有典型的两游现象,且两种孢子游动的时间基本等长;有的水霉游动孢子的第一个游动时期很短,孢子在孢子囊顶部的排孢孔口外;有的水霉在孢子囊内形成休止孢,不产生一型游动孢子,孢子囊内的休止孢萌发时形成小管穿透孢子囊壁,释放出二型游动孢子,这类水霉菌游动孢子的第一个游动时期完全消失,因此仅具有两游式征象。游动孢子的两次游动特征是水霉目分类的重要依据之一。有些水霉的二型游动孢子休止后又可释放出一个二型游动孢子,并如此重复多次,此现象多与环境因素(主要是营养)有关,而不是特定分类单元的特征。有些水霉在菌丝顶端或中间单个或成串地分隔出许多细胞,形成球形、卵形、梨形或不规则形的具厚壁的芽孢或厚垣孢子,经休眠后萌发产生芽管。

有性生殖产生卵孢子。藏卵器大多生于菌丝顶端,偶尔生于菌丝中部,一般为圆形,具厚壁。藏卵器内卵孢子形成过程中无卵球与卵周质的分化,一个藏卵器内含1个至数十个卵孢子。雄器单生或有分枝,圆柱形或棒形,侧生。一个菌体上能同时发生藏卵器与雄器(同株的),或一个菌体上只生一雄器,藏卵器生于另一菌体上(异株的)(图6-1)。有的种类可以孤雌生殖。性器官的形成常受营养条件的影响,在液体培养基中,如果提供肉汤等有机营养物质,能无限制地保持在营养阶段。当以水代替营养物质时,菌丝顶端可产生孢子囊。培养基中缺乏硫、磷、钙、钾与镁可以限制藏卵器形成。

水霉菌广泛分布于淡水中,且易于分离培养,可取池塘、河沟水于培养皿中,投入几粒大麻籽或芝麻籽(需劈开并在水中煮沸数分钟)、饭粒、家蝇等做诱饵,静置2~4d,诱饵周围形成白色的晕圈即为水霉。水霉通常很容易诱捕到,但要获得水霉的纯培养仍较困难。

水霉目大多为腐生菌,生于水中各种有机物上,或习居于土壤中,少数寄生于藻类、水生真菌、小动物、鱼及鱼卵和种子植物根部。水霉大都与植物病害无关,少数可引起农作物根腐病,较重要的有引起水稻烂秧的稻绵霉(*Achlya oryzae*)和为害豆科植物根部的根腐丝囊霉(*Aphanomyces euteiches*)。此外,水霉属(*Saprolegnia*)的一些种可寄生鱼和鱼卵,影响渔业生产。水霉目已记载2科24属172种。本目的代表属、种如下:

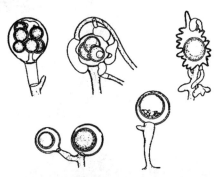

图6-1 水霉目(Saprolegniales)的
卵孢子、藏卵器和雄器
(引自陆家云,2001)

(1)绵霉属(*Achlya* Nees)

营养体为发达、多核的无隔菌丝体。游动孢子囊圆筒形,产生在菌丝的顶端。孢子囊具外层出现象(outside proliferation),即新的孢子囊从老的孢子囊基部的孢囊梗侧面长出,并可重复多次呈聚伞形排列。游动孢子在孢子囊内呈多行排列,具两游现象,但第一个游动时期很短，休止孢形成于孢子囊顶部的排孢孔口外，并聚集成团，片刻后萌发产生具有侧生双鞭毛的肾形游动孢子。藏卵器球形，有1至数个卵孢子。雄器棍棒形，侧生(图6-2)。绵霉属菌物分布广泛。大多腐生于土壤或水中，少数为高等植物弱寄生菌。绵霉属归水霉科(Saprolegniaceae)，目前约80种。我国已报道21种。

稻绵霉(*Achlya oryzae* Ito & Nagai)、层出绵霉［*A. prolifera*(Nees)de Bary］、鞭绵霉(*A. flagellata* Coker)可侵染秧苗，引起稻苗绵腐病。

（2）丝囊霉属(*Aphanomyses* de Bary)

营养体为丝状体。孢子囊顶生，细长丝状，形态与菌丝相似，基部有隔膜与菌丝分开，游动孢子单行排列。游动孢子从孢子囊顶端排孢孔排出后，成休止状态成团聚集在孢子囊孔口外。休止孢萌发释放出肾形游动孢子。孢子囊合轴产生，新孢子囊由老孢子囊基部的菌丝侧面长出。藏卵器顶生，壁平滑或有突起，通常内含1个卵孢子，平均直径小于25μm。雄器侧生(图6-3)。此属有多种兼性寄生菌，引起经济作物病害。丝囊霉属归细囊霉科(Leptolegniellaceae)，约15种。我国已报道10种。

1. 孢子囊及游动孢子释放
2. 藏卵器、卵孢子与雄器

图6-2 绵霉属(*Achlya*)

(引自陆家云，2001)

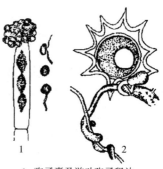

1. 孢子囊及游动孢子释放
2. 藏卵器、卵孢子与雄器

图6-3 丝囊霉属(*Aphanomyses*)

(引自陆家云，2001)

根腐丝囊霉(*A. euteiches* Drechsl.)可侵染豌豆、香豌豆、羽扇豆和其他一些豆科植物以及堇菜根部，引起根腐病。螺壳状丝囊霉(*A. coclioides* Drechsl.)可侵染甜菜引起猝倒病和根腐病。萝卜丝囊霉(*A. raphani* Kendr)侵害萝卜引起黑根病。

（3）水霉属(*Saprolegnia* Nees)

营养体为发达、多分枝的无隔菌丝体。孢子囊圆筒形，顶生。孢子囊具内层出现象(inside proliferation)，即新的孢子囊从老的孢子囊基部长出，其内形成梨形双鞭毛的游动孢子。游动孢子成多行排列，具有典型的两游现象。藏卵器球形，壁光滑，内含多个卵孢子，有的可达30个。雄器多为侧生(图6-4)。在环境不适时，在菌丝顶端或中间可见球形、长圆形或不规则形的厚壁孢子(芽孢子)。目前该属约80种。

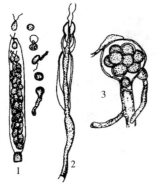

1. 孢子囊释放游动（两游现象）孢子
2. 孢子囊形成方式（内层出现象）
3. 藏卵器、卵孢子与雄器

图6-4 水霉属(*Saprolegnia*)

(引自陆家云，2001)

在适宜的环境条件下，菌丝顶端产生游动孢子囊。孢子囊萌发释放出许多梨形的游动孢子，在水中游动一段时间后休止，鞭毛收缩并形成细胞壁，转变为球形的休止孢。休止孢经短期休止后，又萌发释放一个具有侧生双鞭毛的肾形游动孢子，经再次游动后休止。休止孢萌发长出芽管，进而发育成无隔菌丝体。无性循环可单独不断地重复进行。当有利于有性生殖的条件出现时，营养菌丝上便分化出藏卵器和雄器。藏卵器多为球形，较大，成熟时含有一至多个游离的卵球。雄器棍棒形，较小。在藏卵器和雄器中细胞核发生减数分裂，藏卵器内产生单倍体的卵球，雄器内则产生单倍体的细胞核。交配时多个雄器附着在藏卵器的侧面，授精管自雄器上形成并穿过藏卵器壁将细胞核送入卵球中。雄器细胞核与卵球的核融合形成二倍体细胞核。受精后，卵球周围产生厚壁，转变为卵孢子。经一段时间的休眠后，卵孢子萌发长出芽管。芽管生长形成二倍体菌丝体。此为水霉属菌物的生活史循环(图6-5)。

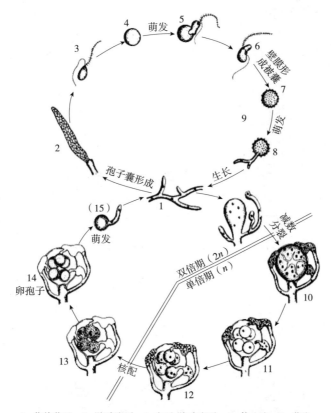

1. 营养菌丝　2. 游动孢子　3. 初生游动孢子　4. 休止孢　5. 萌发
6. 第二型（肾形）游动孢子　7. 休止孢　8. 萌发　9. 配子囊
10. 减数分裂后的配子囊　11. 分化出的卵球　12. 交配
13. 核配　14. 卵孢子　15. 从藏卵器放出后正在萌发的卵孢子（未按比例）

图 6-5　水霉属(*Saprolegnia*)的生活史

(改绘自 Alexopoulos et al.，1996)

水霉属菌物大多腐生在淡水中或土壤中的有机物上，少数寄生植物和鱼类。水霉属归水霉科，已记载 22 种。异孢水霉(*Saprolegnia anisospora* de Bary)和串囊水霉(*S. monilifera*)可引起水稻烂秧；寄生水霉(*S. parasitica*)可引起鱼的水霉病。我国已报道 12 种。

6.1.4.2 水节霉目(Leptomitales)

水节霉目菌物腐生于淡水或沉没于水中的枯枝落叶上，有些为动物寄生菌，其形态和习性与水霉目菌物相似。与水霉目的主要区别是无隔菌丝分段缢缩。缢缩处常被纤维素颗粒堵塞，因而形如分隔(图6-6)。细胞壁主要成分为纤维素。分体产果。

无性繁殖在菌丝顶端产生柱形至梨形的游动孢子囊，在孢子囊内形成游动孢子(图6-7)。游动孢子具双鞭毛，双游或单游。有些水节霉的孢子囊是长形的并与营养菌丝直径相同，从乳突释放出游动孢子。

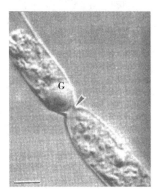

缢缩（箭头所示）的光学显微镜照片在G处有一个可见的纤维素质体颗粒（标尺=5μm）

图 6-6 全异绵霉(Apodachlya completa)营养菌丝
（引自Alexopoulos et al., 1996）

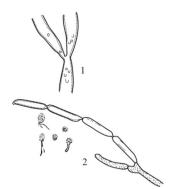

1、2. Leptomitus lacteus的孢子囊、游动孢子、静体及纤维粒等

图 6-7 水节霉目(Leptomitales)特征
（引自邵力平等，1984）

有性生殖通过配子囊接触交配形成卵孢子。卵孢子游离在没有卵周质形成的藏卵器内。藏卵器壁薄，平滑大多含一个卵球，但拟异绵霉属(Apodachlyel)中含有2~12个卵球。

水节霉目下分拟异绵霉科(Apodachlyellaceae)、细囊霉科(Leptolegniellaceae)、水节霉科(Leptomitaceae)和Ducellieriaceae 4科，共13属33种。与林木病害关系不大。

水节霉科(Leptomitaceae)

菌体由无分枝、壁不加厚、缢缩的菌丝体组成，游动孢子发育于游动孢子囊内，无卵周质。本科含3个属：异绵霉属(Apodachlya)、水节霉属(Leptomitus)和满器水节霉属(Plerogone)，共5种。

水节霉属(Leptomitus Agardh)

该属每一段菌丝都可形成孢子囊，孢子囊与菌丝无区别。细胞壁含几丁质。顶端的孢子囊最先形成。游动孢子自孢子囊顶端孔口游出，而在此以下的孢子囊则顺序成熟，游动孢子自侧部孔游出。目前约11种。我国已报道1种。

水节霉[L. lacteus (Roth) Agardh]：常大量生长于被有机质污染的江河水域中，特别是糖厂、酿造厂、造纸厂排出废水的江河中。菌丝连成片，初呈乳白色，后呈黄褐色，老熟后由于菌丝自溶或被分解而放出大量硫化氢气体。由于水节霉及其他微生物的生长，水中氧气大量减少。加上被污染的水不透明，影响藻类的光合作用，水中的氧气得不到补充，以及冬季结冰隔绝了水中氧气的补充，造成严重缺氧状态，可导致鱼类窒息而大量死亡。稠密的菌丝团絮有时会堵塞管道。

6.1.4.3 腐霉目(Pythiales)

腐霉目菌物营养体大多为无色、多核、多分枝的发达无隔菌丝体。寄生种类的菌丝大多进入寄主细胞内吸取养分。

无性繁殖产生丝状、裂瓣状、近球形或柠檬形孢子囊,大多着生在菌丝或形态与菌丝无明显区别的孢囊梗上,部分种类具特殊分化的孢囊梗。孢囊梗无限生长(即新的孢囊梗从空孢子囊内基部长出或从旧孢子囊基部的孢囊梗侧面长出,顶端又可形成新的孢子囊,并能不断重复)或有限生长。孢子囊成熟后大多不脱落,少数从孢囊梗上脱落,在湿度较低的条件下直接长出芽管。在有自由水、温度适宜的条件下,孢子囊萌发释放游动孢子。游动孢子形成于孢子囊或孢子囊萌发时形成的泡囊中。游动孢子无两游现象。有些种类无性繁殖还可形成厚垣孢子。厚垣孢子大多呈球形,单生或串生,具厚壁和浓厚的原生质,可抵抗不良环境,条件适宜时萌发长出芽管。

有性生殖由藏卵器和雄器交配产生卵孢子,有些种类可以孤雌生殖形成卵孢子。藏卵器球形,具柄,壁表面光滑或有泡状、刺状突起。卵孢子球形,壁表面光滑。雄器近球形或短圆筒形,大多侧生,有的围生。卵孢子充满藏卵器内或至少占有65%以上体积的称满器(plerotic);卵孢子只占藏卵器60%以下体积的称不满器(aplerotic)。

本目含腐霉科(Pythiaceae)和亚腐霉科(Pythiogetonaceae)2科,共10属174种。包括水生、两栖和陆生的种类。腐生或兼性寄生。寄生的种类主要是腐霉属(*Pythium*)和霜疫霉属(*Peronophthora*),可侵染经济植物引起许多严重的病害。

1) 腐霉科(Pythiaceae)

(1) 腐霉属(*Pythium* Pringsh.)

腐霉属的特征是孢囊梗与菌丝无明显区别,孢子囊丝状、瓣状或球状,顶生、间生或侧生;孢子囊成熟后一般不脱落,萌发时形成泡囊,游动孢子在泡囊内形成。游动孢子肾形,侧生两根鞭毛,无两游现象。有的种类其孢子囊直接萌发长出芽管。藏卵器球形或近球形,表面光滑或有刺状、指状或不规则的突起,间生或顶生,只形成1个卵孢子。雄器侧生,有柄或无柄。

腐霉菌的生活史以狄巴利腐霉(*P. debaryanum*)为代表加以阐明(图6-8)。无隔多核的菌丝生长于寄主组织的细胞内或细胞间。孢子囊产生于与菌丝无明显区别的孢囊梗顶端或中间。孢子囊萌发产生游动孢子或产生芽管。游动孢子在孢子囊顶端的泡囊内形成。泡囊破裂释放肾形、侧生双鞭毛的游动孢子。游动孢子游动一段时间后便停止,鞭毛收缩形成细胞壁,转变为休止孢。休止孢萌发长出芽管,发育形成新的菌丝体。该属中绝大多数种类的有性生殖(包括狄巴利腐霉)为同宗配合,也存在异宗配合的现象,目前已知异宗配合的种有7个。该种的藏卵器和雄器常位于同一菌丝上。藏卵器球状,具多核卵球,包被一层卵周质。雄器小,呈长形或棍棒形,当配子囊接触时,长出授精管并穿透藏卵器和卵周质。同时,两配子囊内部发生减数分裂,在每个配子囊里除了一个有功能的核外,其余的核全部分解。此时雄核通过授精管到达卵球,并与雌核结合而形成合子。卵球发育成一个厚壁近球形的、不具纹饰的卵孢子,经过一个休眠期后再萌发。高温下(28℃)卵孢子萌发产生芽管,进而发展成菌丝体。在较低的温度下(10~17℃),芽管长至5~20μm时便停止生长,卵孢子中的原生质体经芽管挤向顶部而形成泡囊,在泡囊内形成游动孢子。

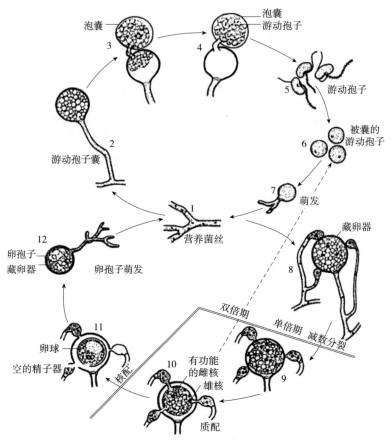

1. 营养菌丝 2. 游动孢子 3. 萌发形成泡囊 4. 泡囊中成熟的游动孢子 5. 释放出的游动孢子
6. 休止的游动孢子 7. 正在萌发的游动孢子 8. 配子囊 9. 减数分裂后的配子囊 10. 雄核进入卵球
11. 核配和形成卵孢子 12. 正在萌发的卵孢子（注意不易区别的卵周质）

图 6-8 狄巴利腐霉（*Pythium debaryanum*）的生活史

（引自 Alexopoulos et al., 1996，中译本 2002）

从土壤中分离腐霉菌可采用诱饵法，即将诱饵埋入潮湿土壤中或漂浮于土壤水溶液中，待诱饵发病后进行组织分离。常用的诱饵有大麻子、各种瓜果、胡萝卜、马铃薯、蔬菜叶和草叶等。常用的培养基为玉米琼脂培养基和水琼脂培养基等。

腐霉菌常以腐生的方式在土壤中长期存活，条件适宜时，可侵染植物幼嫩的根或幼茎的基部，有些可为害植物地上部分，引起根腐、猝倒及果腐等症状，是幼苗猝倒的最重要病原。目前已记载约 200 种，分布广泛。我国约 68 种。

瓜果腐霉 [*Pythium aphanidermatum*（Edson）Fitzpatrick]：菌落在玉米粉培养基（CMA）上呈放射状，气生菌丝棉絮状。菌丝发达，分枝繁茂。孢子囊菌丝状或裂瓣状，顶生或间生，萌发后形成球形泡囊，内含 6~25 个或更多游动孢子。藏卵器球形，壁平滑，多顶生，偶有间生，直径 7~26μm。雄器形状多样，间生或顶生，同丝生或异丝生，大小为（11.6~16.9）μm×（10~12.3）μm。卵孢子球形，壁平滑，不满器，直径 14~22μm（图 6-9）。

瓜果腐霉可在土壤中长期存活，菌丝体和卵孢子可在病组织和土壤中越冬，卵孢子对不良环境的抵抗能力很强。在高湿的条件下，病组织表面和附近的土面可以形成一层白色絮状物。挑取白色棉絮状物镜检其中可以观察到病菌的菌丝体和游动孢子囊，有时还可以观察到卵孢子。该种是世界广布种，能侵染琉球松、台湾二叶松、落叶松、湿地松、黄山松、火炬松、雪松、柳杉、杉木、油桐、直杆相思树、喜树、光灰楸、银杏和刺槐等约100种植物，引起幼苗猝倒和根茎、瓜果腐烂。

狄巴利腐霉（*Pythium debaryanum*）：孢子囊球形或椭圆形，大小为 20~25μm，萌发时形成乳头状突起，由此形成泡囊。卵孢子球形，无色，平滑，直径 15~18μm。森林苗圃中常引起针叶树幼苗猝倒病，此外还为害瓜类、棉花、番茄、茄子、烟草、高粱及玉米等作物。

宽雄腐霉（*P. dissotocum* Drechsler）：菌落在 CMA 培养基上呈放射状。孢子囊菌丝状，不分枝或具略膨大的短分枝，直径 4~8μm。出管细长，顶端形成球形泡囊。藏卵器球形或近球形，壁平滑，大多顶生，少数间生。雄器钩状，与藏卵器同丝生，罕为异丝生。卵孢子球形，壁平滑，满器或不满器，直径 11~27μm（图 6-10）。可为害松、柏、桃、山核桃、柑橘、甘蔗、蚕豆、水稻、豌豆、甜菜等植物。

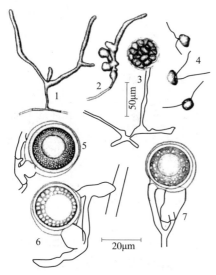

1、2. 孢子囊　3~4. 泡囊、游动孢子
5~7. 藏卵器、雄器与卵孢子

图 6-9　瓜果腐霉

(*Pythium aphanidermatum*)

（引自余永年，1998）

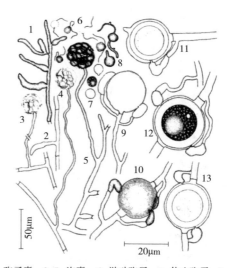

1、2. 孢子囊　3~5. 泡囊　6. 游动孢子　7. 休止孢子　8. 休止孢子萌发　9、10. 藏卵器和雄器　10~13. 藏卵器、雄器与卵孢子

图 6-10　宽雄腐霉

(*Pythium dissotocum*)

（引自余永年，1998）

刺腐霉（*P. spinosum* Saw.）：菌落在 CMA 培养基上呈放射状。菌丝初无隔，后期有隔，发达，不规则分枝。孢子囊顶生或间生，球形或近球形，直径 10~30μm，萌发长出芽管，一般不释放游动孢子。藏卵器球形，顶生或间生，直径 15~25μm，表面均匀分布指状突起，突起长 3~10μm。雄器棍棒状或弯棍棒状，与藏卵器同丝生，多有柄。卵孢子球形，壁平滑，大多满器，直径 12~22μm（图 6-11）。寄主范围广，可寄生马尾松、黄檗（黄柏）、秃叶黄檗、日本黄檗、日本柳杉、琉球松、银合欢、高冠木、枫香、白花泡桐、大麦和甘薯等近百种植物，引起猝倒或根腐病。

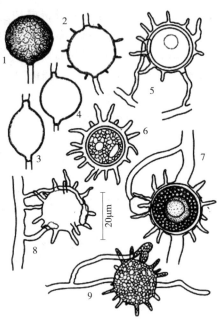

1~4. 菌丝膨大体　5~7. 藏卵器、雄器与卵孢子
8、9. 藏卵器、雄器

图 6-11　刺腐霉(*Pythium spinosum*)
（引自余永年，1998）

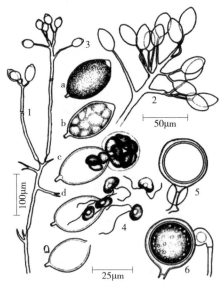

1. 多极有限生长的孢囊梗　2. 同步形成的孢子囊
3. 孢子囊释放游动孢子的全过程　4. 具双鞭毛的
游动孢子　5. 具围生雄器的藏卵器　6. 具侧生雄
器的藏卵器，内含1个卵孢子

图 6-12　荔枝霜疫霉(*Peronophthora litchii*)
（引自余永年，1998）

（2）刺腐霉属（*Trachysphaera* Tab. et Bunt.）

孢囊梗顶端膨大呈球形，在球体上产生数小梗，孢子囊单生与小梗顶端。孢子囊球形，表面有刺，不产生游动孢子；藏卵器近球形或椭圆形，表面具瘤突。雄器围生。卵孢子球形，壁薄。兼性寄生。只有1个种。*T. fructigena*，寄生于可可、利比亚咖啡、香蕉等植物上，造成果腐。其分布限于热带西部和非洲中部。

（3）霜疫霉属（*Peronophthora* Chen ex Ko et al.）

菌丝初期无隔，后期形成隔膜，分枝，无色。孢囊梗为多级有限生长，顶部单分枝2~3次，末端双叉分枝，小枝顶端同步形成1个孢子囊。孢子囊柠檬形，具乳突和短柄，萌发时产生游动孢子。有性生殖为同宗配合，藏卵器球形，平滑，卵周质稀薄或无；雄器侧生或围生；卵孢子球形。该属仅一种，我国有报道。

荔枝霜疫霉(*P. litchii* Chen ex Ko et al.)：菌丝无隔多核，自由分枝。孢囊梗高度分化，长短不等。在梗端双分叉1至数次，或在主轴两侧形成近双分叉的小分枝，并在顶端同步形成1个孢子囊，成熟脱落后在小分枝上不再形成孢子囊。但有些孢囊梗的分枝不直接形成孢子囊，而是伸长形成新的孢囊梗，并如此多次重复形成多级孢囊梗，这种生长方式称多级有限生长(multideterminate)。孢子囊柠檬形，在WA培养基上，大小为(24~45)μm×(15~28)μm，有明显乳突，具柄。游动孢子在孢子囊内形成，孢子囊萌发时游动孢子自顶端排孢孔逸出。藏卵器球形，表面光滑。雄器多围生，偶侧生，无色。卵孢子球形，壁光滑，在人工培养基上易大量形成(图6-12)。主要分布中国，越南，新几内亚等地。国内已知的寄主只有荔枝。主要侵染果实，叶片偶有受害，病果表面或叶背生白色霉层。引起荔枝霜疫病。

2) 亚腐霉科(Pythiogetonaceae)

亚腐霉属（*Pythiogeton* Mind.）

菌丝体发达，无色，无隔，偶尔形成附着胞。孢囊梗细长，常分枝。孢子囊长形或袋状，少数近球形，顶生或间生，其纵轴与孢囊梗成直角或近于直角，具层出现象。萌发时在孢子囊的一端形成薄壁细长的出管，内部的原生质通过出管排挤出，在一类似腐霉属的泡囊内或在水中形成游动孢子（图6-13）。藏卵器球形或多角形，顶生或间生，壁平滑。雄器与藏卵器同丝生，侧生。卵孢子球形，具厚壁，多满器。腐生水中或弱寄生。目前已记载16个种。我国已报道9种。

多枝类腐霉（*Pythiogeton ramosum* Mind.）（图6-14）、单态类腐霉（*P. uniforme* A. Lund.）可寄生于衰弱的稻苗上引起烂秧，产生绵腐症状。

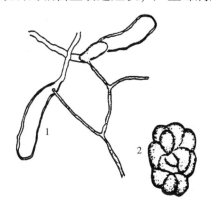

1. 孢囊梗与孢子囊　2. 原生质在孢子囊外形成游动孢子

图6-13　类腐霉属（*Pythiogeton*）

（引自陆家云，2001）

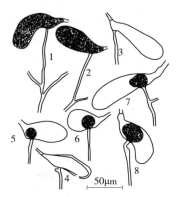

1、2. 孢子囊　3、4. 空孢子囊
5~8. 空孢子囊内层出幼次生孢子囊

图6-14　多枝类腐霉（*Pythiogeton ramosum*）

（仿绘自欧阳世璜，1940）

6.1.4.4　霜霉目（Peronosporales）

霜霉目菌物的营养体为发达的无隔菌丝体，多在寄主植物细胞间隙扩展并产生各种类型的吸器进入寄主细胞内吸取养分。无性繁殖产生柠檬形、球形或卵形孢子囊。孢子囊着生在形态上有特殊分化的孢囊梗上，成熟时易从孢囊梗上脱落并通过气流传播。在高湿条件下，孢子囊可以通过释放游动孢子萌发，游动孢子无两游现象；在湿度较低条件下孢子囊往往直接萌发产生芽管，此时孢子囊的功能与分生孢子相似。有性生殖由藏卵器和雄器交配产生卵孢子。细胞核减数分裂在发育中的藏卵器和雄器中进行，交配后在藏卵器中形成卵孢子。藏卵器多呈球形，壁多平滑。每个藏卵器中只形成一个卵孢子，卵孢子壁较厚，表面光滑或有纹饰，满器或不满器。雄器侧生。

霜霉目卵菌大都是植物的专性寄生菌，主要为害植物地上部分。

霜霉目仅1科——霜霉科（Peronosporaceae），下含20属365种。

霜霉科（Peronosporaceae）

大多数种类过去通常称作霜霉菌（downy mildew）。菌丝体生长在寄主细胞间隙，形成丝状或球形吸器进入寄主细胞内吸取养分。孢囊梗高度分化，有明显的主轴，顶部有1至数次分枝，有限生长。孢子囊单生于孢囊梗顶端，多呈卵形、近球形或柠檬形，同步成熟，易脱落。孢子囊萌发释放游动孢子或直接长出芽管并发育成菌丝。同宗配合或异宗配合。有性生殖在寄主组织中进行，许多种类不产生卵孢子。藏卵器球形或近球形，有明显的卵周质，卵孢子壁形成后卵周质消解。雄器棍棒形或圆筒形，侧生。卵孢子球形，具厚壁，表面平滑或具皱褶或瘤状突起，萌发长出芽管发育形成菌丝体或在芽管顶端形成孢子囊。

霜霉科大多数种类的生活史以葡萄单轴霉（*Plasmopara viticola*）为例加以说明（图6-15）。菌丝在寄主细胞间生长，达到一定成熟阶段时，分化出特殊形态的孢囊梗。孢囊梗数根成丛由寄主的气孔伸出表面。孢囊梗成熟后停止生长，在分枝顶端的小梗上同步形成多个柠檬形或卵形的孢子囊。孢子囊成熟后脱落，萌发释放出多个游动孢子。游动孢子经一段时间游动后转变为休止孢，萌发长出芽管侵入寄主。此无性循环在一个生长季节中可多次重复进行。一些霜霉菌（主要是异宗配合的）在自然条件下不产生卵孢子或卵孢子很少见，以菌丝体、孢子囊越冬或越夏，成为植物病害的初侵染源。

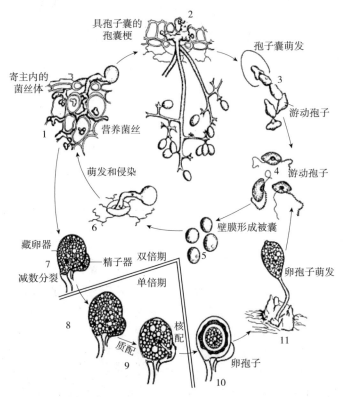

1. 寄主体内菌丝体及营养菌丝　2. 具孢子囊的孢子梗　3. 孢子囊萌发及游动孢子
4. 游动孢子　5. 休止孢子　6. 萌发及侵染　7. 藏卵器和雄器，减数分裂
8. 质配　9. 核配　10. 卵孢子　11. 卵孢子萌发

图 6-15　葡萄单轴霉（*Plasmopara viticola*）**生活史**
（引自 Alexopoulos et al., 1996）

　　进行有性生殖时，部分菌丝顶端分化出雄器和藏卵器，细胞核在发育的藏卵器和雄器中发生减数分裂。藏卵器内分化形成一个卵球。交配时雄器与藏卵器接触，产生授精管将单倍体雄核送入卵球。受精卵球产生厚壁转变为卵孢子。卵孢子萌发产生芽管或在芽管顶端形成孢子囊。

　　霜霉菌具有陆生或接近陆生的习性，均为高等植物专性寄生菌，只为害植物地上部，在潮湿条件下，该科大多数种类孢囊梗和孢子囊在病斑表面形成典型的霜状霉层，所致病害通称霜霉病。此病流行性强，常对许多木本植物和经济作物造成严重损害。

霜霉科含 20 个属，各属孢囊梗特征较稳定，因此是分属主要的依据之一（图 6-16）。

本科的代表属种如下：

(1) **圆霜霉属**（*Basidiophora* Roze et Cornu）

孢囊梗棍棒状、圆筒形，不分枝，顶端略膨大，上生多枝短的小梗，小梗顶端单生孢子囊。孢子囊近球形，顶部有乳突，萌发产生多个游动孢子。藏卵器壁边缘不规则或有泡状突起。卵孢子球形，壁光滑，与藏卵器壁不愈合，不满器，黄褐色。目前发现 3 种，其中内孢圆梗霉（*B. entospora*）我国有报道。

该菌孢囊梗自气孔伸出，单生或 2~4 根丛生，圆柱状，无色透明，不分枝，基部稍膨胀，顶部头状膨大，圆柱状短小梗着生于膨大处。孢子囊单生小梗上，卵形、球形或近球形，具顶生乳突。藏卵器壁边缘不规则，等厚或不等厚。卵孢子近球形或圆形，壁厚（图 6-17）。寄生于一年蓬、加拿大蓬、堪察加蓬等植物上，在寄主叶片引起褪色或黄褐色的不规则形病斑，病斑背面有白色或浅黄色的稀疏霜状霉层。

(2) **盘梗霉属**（*Bremia* Regel）

孢囊梗单根或成簇自气孔伸出，上部有多次二叉状锐角分枝，末枝顶端膨大呈盘状，边缘生 2~8 个小梗，每小梗上单生 1 个孢子囊。孢子囊近球形或卵形，具乳突或不明显，易脱落，萌发时释放游动孢子或长出芽管。卵孢子球形，黄褐色，外壁光滑或粗糙，与藏卵器壁分离，一般情况下卵孢子不常见。目前该属约 15 种。我国已报道 10 种。

莴苣盘霜霉（*B. lactucae* Regel）：寄生于菊科植物。该种孢囊梗顶部二叉状分枝 3~6 次，顶枝上部膨大盘状，上缘周生 2~5 个小梗。孢子囊卵形、椭圆形或近球形（图 6-18）。为害莴苣及菊科植物叶片。病斑多角形，初淡绿色，后黄褐色，背面产生白色霜状霉层，引起霜霉病。

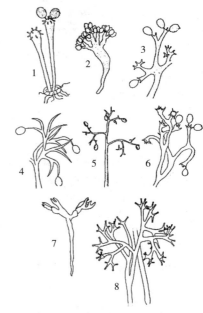

1. 圆霜霉属 2. 指梗霜霉属 3. 轴霜霉属 4. 霜霉属
5. 假霜霉属 6. 盘霜霉属 7. 指霜霉属 8. 类霜霉属

图 6-16 霜霉科（Peronosporaceae）
主要属的孢子梗形态
（引自陆家云，2001）

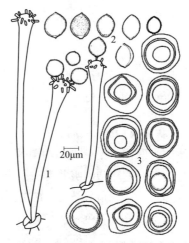

1. 孢囊梗 2. 孢子囊 3. 藏卵器和卵孢子

图 6-17 内孢圆梗霉
（*Basidiophora entospora*）
（引自余永年，1998）

(3) 类霜霉属 (*Paraperonospora* Const.)

孢囊梗单枝或成丛自寄主气孔伸出，无色，常有隔膜，基部略膨大，上部二叉、三叉分枝或不规则锐角分枝。分枝向顶部渐宽，末次分枝由一枝或不等长的二枝、三枝有时四枝组成，粗直，长圆锥形，顶部钝圆或扩大成小球体。孢子囊椭圆形或卵形，单生于末枝顶端，无色或黄褐色，无乳突，常具短柄，同步成熟、脱落，萌发生出芽管。卵孢子球形或近球形，黄褐色，壁平滑，不满器。主要寄生菊科植物，已记载 9 种。我国已报道 7 种。

小子类霜霉 (*Pa. leptosperma* Constantinescu)：孢囊梗 1~5 枝，从寄主气孔伸出，具隔膜，长 180~330μm。主轴长 60~175μm，占全长的 2/5~1/2，粗 7~8μm，上部有不规则分枝或二叉、三叉或近单轴分枝 3~6 次，分枝向上渐变宽。末枝粗直，长 6.6~16.6μm，常二枝或三枝。分枝近直角，顶端平截、钝圆或略扩大。孢子囊椭圆或卵圆形，无色，大小为 (20~37)μm×(12~25)μm，长宽比为 1.4（图 6-19）。有性阶段未见。为害野菊、南京野菊及多种春黄菊族植物。病部有白色霜状霉层。

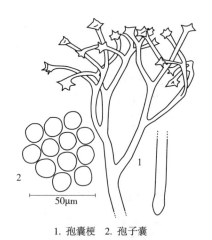

1. 孢囊梗　2. 孢子囊

图 6-18　莴苣盘霜霉 (*Bremia lactucae*)
（引自余永年，1998）

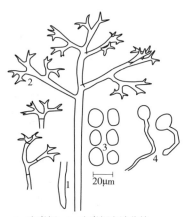

1. 孢囊梗　2. 孢囊梗末端分枝
3. 孢子囊　4. 孢子囊萌发

图 6-19　小子类霜霉 (*Paraperonospora leptosperma*)
（引自余永年，1998）

(4) 霜霉属 (*Peronospora* Corda)

菌丝体为发达、无色无隔的菌丝体，在寄主组织的细胞间隙扩展，产生指状、囊状或裂瓣状吸器进入寄主细胞内吸收养分。孢囊梗单根或成丛自寄主气孔伸出，主轴粗壮，基部稍膨大，顶部二叉状锐角分枝 2~10 次，小枝末端大多尖锐。孢子囊在末枝顶端同步形成，卵形或椭圆形，无色或有色，无变形囊盖顶区和乳突，易脱落，萌发产生芽管。藏卵器多球形或近球形、广椭圆形、倒卵形，壁平滑。雄器侧生，棍棒形或椭圆形。卵孢子球形，壁平滑或有网纹、皱褶或瘤状突起，不满器或满器。有性生殖不常发生。是霜霉科最大的属，目前该属约 350 种。我国已记载 93 种 3 变种。分布广泛，引起许多植物的霜霉病。

寄生霜霉 [*P. parasitica* (Pers.) Fr.]：孢囊梗单生或丛生，大小为 (175~655)μm×(7.2~20)μm，顶部二叉状锐角分枝 4~8 次，顶枝稍弯曲，末端尖细。孢子囊卵形或椭圆形，大小为 (24~2.7)μm×(15~20)μm，萌发时产生芽管。卵孢子球形，黄褐色，表面光滑或略有皱纹，直径 30~48μm（图 6-20）。主要为害十字花科植物，引起十字花科植物的霜霉病，常造成严重损失，是霜霉属最重要种之一。

枸杞霜霉（*Peronospora lycii* Ling et M. C. Tai）：孢囊梗大小为（240~400）μm×（13~17）μm。上部大多作 4 次二叉状分枝，末枝弯曲，呈直角生长。孢子囊浅褐色，近球形或广椭圆形，大小为（19~33）μm×（16~17）μm。叶斑浅黄褐色，边缘不明显，常沿叶缘形成，背面有松散不明显的白色霉层。寄生于枸杞。

菊花霜霉（*P. radii* de Barry）：孢囊梗单枝或多枝，自寄主气孔伸出，大小为（225~412）μm×（7.8~11）μm，主轴为全长的 1/2~3/4；顶部二叉或三叉分枝 3~7 次，末枝长 7.8~11.8μm，上端细基部粗，末枝端钝圆，微膨大（图 6-21）。孢子囊椭圆形，淡褐色，大小为（24~39）μm×（15~25）μm。卵孢子未见。寄生菊花。

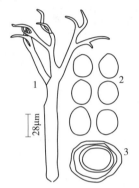

1. 孢囊梗　2. 孢子囊　3. 卵孢子

图 6-20　寄生霜霉（*Peronospora parasitica*）
（引自余永年，1998）

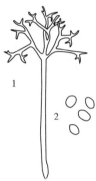

1. 孢囊梗　2. 孢子囊

图 6-21　菊花霜霉（*Peronospora radii*）
（引自余永年，1998）

蔷薇霜霉（*P. sparsa* Berk.）：孢子囊梗垂直生出，大小为（150~405）μm×（7~11）μm（平均 293.5μm×7.7μm），基部膨大，顶端分枝 4~9 次，孢子囊梗占总梗长 1/2~2/3，尖端弯曲大小平均为 12.8μm×2.0μm，孢子囊亚球形或宽椭圆形，透明或灰黄色，大小为 16.5μm×14.0μm。未见卵孢子。寄生于蔷薇。

（5）指霜霉属［*Peronosclerospora*（Ito）Shirai et Hara］

菌丝体无隔多核，生寄主细胞间。吸器多为小球状。孢囊梗自气孔伸出，常 2~4 枝丛生，上部粗短，二叉状锐角分枝 2~5 次，小梗圆锥形或钻形。孢子囊椭圆形，卵圆形或圆柱形，无囊盖，萌发时产生芽管。藏卵器近球形至不规则形。雄器侧生。卵孢子球形至近球形，卵孢子壁充满藏卵器，表面粗糙，萌发时产生芽管。该属的孢囊梗孢子囊和卵孢子与指梗霉属极为相似，但孢囊梗具隔，基部有较细的足细胞；孢子囊不具乳突，萌发不释放游动孢子而直接长出芽管。目前已记载有 15 种。我国已报道 5 种，引起高粱和甘蔗等霜霉病。

（6）疫霉属（*Phytophthora* de Bary）

疫霉属卵菌通常称作疫霉菌。营养体初为无隔多核菌丝体，后期产生隔膜，分枝多呈锐角，分枝处常缢缩，有的种可以形成菌丝膨大体（图 6-21）。游动孢子囊着生在具一定分化的孢囊梗上，呈卵形、梨形、椭圆形或近球形，一般顶生，偶间生，顶部具乳突或无乳

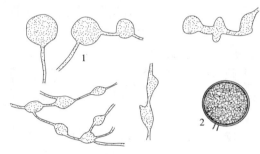

1. 各种形态的菌丝膨大体　2. 厚垣孢子

图 6-22　疫霉属（*Phytophthora*）的菌丝膨大体与厚垣孢子形态

（引自陆家云，2001）

突。具乳突的种，孢子囊成熟后可以从孢囊梗上脱落；不具乳突的种孢子囊成熟后不脱落。孢囊梗无限生长，分枝在产生孢子囊处膨大呈鞭节状，顶端又可形成新的孢子囊。孢子囊萌发时从顶部排孢孔释放出游动孢子。缺乏自由水时，孢子囊可以直接长出芽管。如形成厚垣孢子，多为球形，顶生或间生。有性生殖产生藏卵器和雄器。藏卵器球形，壁表面光滑或具饰纹，内含1个卵孢子。卵孢子球形，厚壁，表面光滑，满器或不满器。雄器大小形状不一，围生或侧生（图6-22）。

疫霉菌生活史以模式种致病疫霉（*Phytophthora infestans* de Bary）为代表（图6-23）。菌丝体经一定时期的营养生长，部分菌丝分化出孢囊梗并产生孢子囊。孢子囊萌发释放出游动孢子。游动孢子经一定时期的游动，休止，鞭毛收缩形成细胞壁，转变为休止孢。休止孢萌发长出芽管，发育形成新的菌丝体。其有性生殖为异宗配合，需要两种交配型（分别称为A1交配型和A2交配型）的菌株生长在一起才能进行。当A1和A2两个不同交配型菌株接触时，双方部分菌丝顶端分化出藏卵器和雄器。藏卵器原基穿过雄器后开始膨大，与藏卵器相连的菌丝内的原生质流入藏卵器中。此时藏卵器内有多个细胞核，其中一个具功

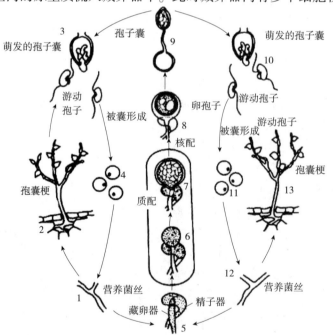

1、12. 营养菌丝　2、13. 孢囊梗　3、10. 正在萌发的孢子囊及游动孢子
4、11. 休止孢　5. 配子囊（藏卵器、雄器）减数分裂
6. 藏卵器及雄器　7. 质配及核配　8. 卵孢子　9. 孢子囊

图 6-23　致病疫霉（*Phytophthora infestans*）的生活史

（引自 Alexopoulos et al. 1996，中译本 2002）

能性的核经减数分裂产生4个单倍体核，其中3个消解，待交配的藏卵器中央仅剩1个单倍体细胞核。与藏卵器发育的同时，雄器原基发育为雄器，其内的细胞核发生减数分裂。交配时，雄器产生授精丝穿入藏卵器，雄核和雌核或迅速进行核配，或至卵孢子萌发前才发生核配，恢复为二倍体。卵孢子通常需经一段时间的休眠才能萌发。卵孢子萌发长出1至数根芽管，芽管生长发育形成菌丝，有时在芽管顶端形成芽孢子囊。由于在世界绝大多数地区仅存在一种交配型(A1)，至今只发现墨西哥中部地区有两种交配型存在，所以在自然条件下很难看到它的卵孢子，但在其他疫霉种的相对交配型的诱导下也可形成卵孢子。

疫霉菌的分离培养通常采用组织分离法。分离时将洗净的病组织直接置于选择性培养基上，通常不必进行表面消毒。在灭菌后的培养基中加入青霉素、利福平、五氯硝基苯(PCNB)各50 μg/mL可有效抑制病组织中杂菌的生长，PCNB也可用相同浓度的苯莱特或多菌灵替代。常用的培养基有利马豆培养基、V8或V6培养基、胡萝卜培养基、玉米培养基、燕麦培养基和番茄培养基等，许多疫霉菌在一般真菌常用的马铃薯葡萄糖琼脂(PDA)培养基上生长不良。标本采集后应注意保湿并尽快分离。多数种的培养适温为25~28℃，少数低温的种群如致病疫霉为18~20℃。土壤中的疫霉菌通常采用诱捕法分离：取带菌土壤于玻璃缸中，加入灭菌水充分搅匀，静置待土壤颗粒沉淀后，加入寄主植物材料为诱饵。待诱饵上出现水渍状小病斑时，再采用组织分离法分离。用作诱饵的植物材料应根据所诱捕的疫霉菌种类加以选择。如诱捕樟疫霉(*Phytophthora cinnamomi*)常用苹果，诱捕烟草疫霉(*P. nicotianae*)可用柑橘叶片和果实，黄瓜果实常用于诱捕掘氏疫霉(*P. drechsleri*)。

疫霉菌种适宜的保藏温度为10~15℃，此温度下，在斜面培养基上通常可保藏6个月左右。室温下可保藏2~3个月，大多数疫霉菌在4℃冰箱中通常只能存活1~2周。

疫霉菌大多为两栖类型，生活在潮湿的土壤中，几乎都是植物病原菌，极少数为腐生型。部分种类生活在海洋或淡水中。多种疫霉可以侵染植物地上和地下部分，引起根腐、茎腐、基腐、果腐、枝干溃疡、叶腐、叶枯和早期落叶等症状。病部通常呈淡绿色至墨绿色水渍状，潮湿条件下病部表面出现发达或不发达的白色霉层或霜状霉层，病害扩展快，引起的病害通称为疫病。目前已知约150种。我国记载34种。

恶疫霉(*P. cactorum* Schroter)：在固体培养基上菌落均匀，边缘明显，气生菌丝少。菌丝粗细较均匀，未见菌丝膨大体，分枝较少。孢囊梗合轴分枝。孢子囊顶生，近球形或卵形，罕有长卵形，大小为(33~40)μm×(27~31)μm，长宽比1.3~1.5。具一明显乳突。孢子囊成熟后脱落，具短柄，柄长0~4.2μm。厚垣孢子不常见。同宗配合，单株培养产生大量卵孢子。藏卵器球形，壁薄，光滑。雄器近球形，侧生，偶有围生。卵孢子球形，近满器。最适生长温度24℃，最高32℃。寄主范围广，据Ribeiro(1978)统计，包括44科83属160余种。我国已记载的寄主有橡胶树、苹果、杜鹃、苎麻、柑橘、紫荆、中华猕猴桃、槭和梨等。可引起多种树苗和树木枝条、干基部溃疡或腐烂。

樟疫霉(*P. cinnamomi* Rands)：在固体培养基上菌落棉絮状，气生菌丝繁茂。菌丝刚硬，呈珊瑚状，宽7.9(6.3~9.5)μm。具大量球形或不规则形菌丝膨大体，分散或聚集成簇。有时还具有葡萄串状的膨大体，但较少。孢子囊卵形或长椭圆形，长宽比1.8(1.3~2.4)，无乳突，不脱落，内层出。厚垣孢子球形，大多顶生、单生或簇生，偶尔间生，量多，且较常见。异宗配合，偶同宗配合。藏卵器球形，少数近圆锥形，壁薄，光滑，直径

41(32~47)μm。卵孢子球形，大多满器，直径35(25~44)μm。雄器围生(图6-24)。最适生长温度24℃，最高32℃。寄主范围广，我国已记载的寄主有香樟、雪松、鳄梨(油梨)、刺槐、木瓜、金鸡纳树(李氏金鸡纳树)、山茶花、凤梨、澳洲坚果、猕猴桃、中华猕猴桃、杜鹃和枳椇(拐枣)等。为害针阔叶树根部可引起根腐，如雪松根腐病，也能为害树干基部，引起皮层腐烂或溃疡；在苗圃，可引起雪松猝倒或立枯现象。

柑橘生疫霉(*Phytophthora citricola* Saw.)：在固体培养基上气生菌丝少。孢子囊形状变异大，近球形、卵形、椭圆形或不规则形。畸形孢子囊和双乳突孢子囊常见，长宽比1.4(1.1~2.0)。孢子囊具半乳突，平均厚度3~4μm。同宗配合。藏卵器球形，壁光滑，雄器侧生(图6-25)。最适生长温度25℃，最高35℃。其寄主除柑橘类植物外，还有苹果属、松属、杜鹃属、丁香属、鳄梨属、马醉木属、悬钩子属和木槿属植物等。我国已记载的寄主有柑橘、柠檬、甜橙、脐橙、雪橙、无患子、拐枣属等植物。寄生于柑橘上常引起果实腐烂。

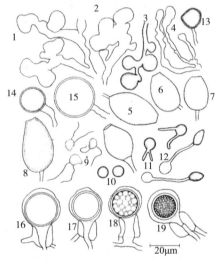

1~4. 菌丝膨大体　5~8. 孢子囊　9. 游动孢子
10. 休止孢子　11. 空孢子囊　12. 休止孢子萌发
13~15. 厚垣孢子　16~19. 藏卵器、雄器

图6-24　樟疫霉(*Phytophthora cinnamomi*)
(引自余永年，1998)

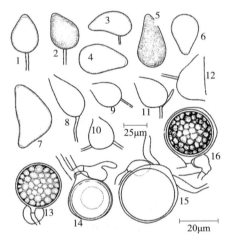

1~7. 孢子囊　8~12. 空孢子囊　13. 藏卵器和围生雄器
14~16. 藏卵器、侧生雄器和卵孢子

图6-25　柑橘生疫霉(*Phytophthora citricola*)
(引自余永年，1998)

柑橘褐腐疫霉(*P. citrophthora* Leonian)：在固体培养基上菌落均匀，放射状，气生菌丝较少。菌丝粗细较均匀，具少量球形或不规则形菌丝膨大体，顶生或间生。孢囊梗假轴式、不规则分枝或不分枝。孢子囊形态变异极大，近圆形、卵形、椭圆形、倒梨形、长椭圆形和不规则形，部分孢子囊不对称，长宽比1.9(1.3~2.9)，一般一个，少数2个，平均厚度4.0(1.8~6.3)μm。孢子囊成熟后脱落。厚垣孢子未见。异宗配合，配对培养常不产生藏卵器。藏卵器球形，雄器围生(图6-26)。最适生长温度24~26℃，最高为28~33℃。我国已记载的寄主有橡胶树、番木瓜、杨桃、柠檬、枸橼、甜橙、脐橙、柑橘、冬青卫矛、油棕、苹果、梨、苎麻、杜鹃、无患子属等植物。该菌在四川、湖南引起严重的柑橘果实褐腐和根部腐烂。

掘氏疫霉(*P. drechsleri* Tucker，异名：*P. melonis* Katsura，中国疫霉 *P. sinensis* Yu et

Zhuang)：在固体培养基上气生菌丝旺盛。菌丝较细、均匀，直径直径通常<6μm。菌丝膨大体球形至近球形，多间生。孢子囊卵形至长卵形，无乳突，顶部较平截，部分孢子囊基部渐狭，具内层出现象，长宽比 1.8(1.3~2.4)。萌发产生游动孢子。厚垣孢子少见。异宗配合，配对培养产生大量卵孢子，偶有同宗配合。藏卵器球形，壁薄。卵孢子球形，或近球形，满器或几乎满器。雄器大多圆筒形，单细胞，围生，罕有双细胞或侧生（图 6-27）。最适生长温度 26~29℃，最高为 36~37℃。寄主范围很广。我国已记载的寄主有雪松、刺槐、银合欢、木瓜和滇刺枣(印度枣)等。侵染寄主新生根或部分老根可引起根腐。

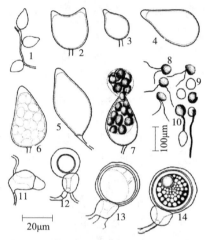

1. 孢子梗和孢子囊　2~6. 孢子囊　7. 孢子囊释放游动孢子
8. 游动孢子　9、10. 休止孢子及其萌发　11. 幼藏卵器穿雄生
12~14. 藏卵器、雄器和卵孢子（PL3）

图 6-26　柑橘褐腐疫霉(*Phytophthora citrophthora*)
（引自余永年，1998）

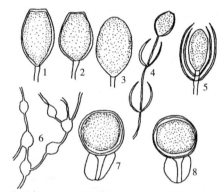

1~3. 孢子囊　4、5. 孢子囊内层出　6. 串生的菌丝膨大体
7、8. 藏卵器、雄器和卵孢子

图 6-27　掘氏疫霉(*Phytophthora drechsleri*)
（引自陆家云，2001）

致病疫霉(*Phytophthora infestans* de Bary)：在固体培养基上生长缓慢，气生菌丝中等至繁茂。在寄主上，孢囊梗常合轴分枝，顶端稍膨大并着生孢子囊，孢子囊成熟时被推向一侧，梗继续生长，顶端再产生孢子囊，整个孢囊梗呈粗细相间的节状。孢子囊椭圆形至卵形，在寄主和培养基上常大量产生，具半乳突。孢子囊成熟后脱落，具短柄(<5μm)（图 6-28）。不产生厚垣孢子。异宗配合。藏卵器球形，壁光滑。卵孢子球形，常不满器。雄器围生。最适生长温度 20℃，最高为 26℃；寄主范围窄，一般仅限于茄科。我国已记载的寄主有马铃薯、番茄、茄子、十萼茄、蜀羊泉。1845 年前后，致病疫霉在欧洲曾造成马铃薯的绝产。

烟草疫霉(*P. nicotianae* Breda de Hann,

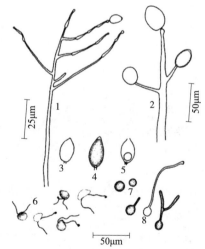

1、2. 孢子梗和孢子囊　3、4. 孢子囊　5. 空孢子囊内留有一休止孢子　6. 游动孢子　7. 休止孢子　8. 休止孢子萌发

图 6-28　致病疫霉(*Phytophthora infestans*)
（引自余永年，1998）

异名：寄生疫霉 *Phytophthora parasitica* Dast.）：在固体培养基上气生菌丝旺盛。菌丝粗细不均匀，有少量球形或角形菌丝膨大体，膨大体上有若干条放射状菌丝。孢囊梗不规则分枝或简单合轴分枝。孢子囊常为卵圆形至近圆形，顶生、侧生或间生。部分孢子囊上有丝状附属物。孢子囊具明显乳突。孢子囊脱落具短柄。厚垣孢子有或无。异宗配合。藏卵器小，球形，壁光滑，基部棍棒状。雄器围生，近圆形或卵形。卵孢子满器或不满器（图6-29）。最适生长温度25~30℃，最高为36℃。该菌寄主范围很广，引起植株的根腐和果腐。由其引起的烟草黑胫病是目前烟草生产上最严重的病害。我国已报道的木本寄主有蜡梅、雪松、花椒、刺槐、柚、柑橘、甜橙、木麻黄、泡桐、杨桃、佛手、常春藤、橡胶树、朱槿（扶桑）、枸杞、银合欢、鳄梨、番木瓜和栓皮栎等。

P. nicotianae 的名称长期以来一直处于争论之中。研究表明 *P. nicotianae* 与 *P. parasitica* 为同物异名，前者具优先权，应以烟草疫霉作为种名。但有不少人认为该种的寄主范围很广，而烟草疫霉这一种名带有寄主专化性的含意，不如寄生疫霉这个种名更能反映该种的致病性特征。因此，寄生疫霉这一种名目前仍被广泛使用。

棕榈疫霉（*P. palmivora* Butler）：在固体培养基上气生菌丝中等旺盛。菌丝粗细均匀，未见菌丝膨大体。孢囊梗简单合轴分枝。孢子囊大多倒梨形、卵形、近圆形，少数椭圆形，长宽比1.5（1.2~2.4）。孢子囊单乳突，大多明显，厚5.2（3~7.5）μm。孢子囊脱落，具短柄，长3.3（2.3~5.0）μm。厚垣孢子球形，顶生或间生，大量产生。异宗配合，配对培养容易产生大量藏卵器。藏卵器球形，壁光滑，柄棍棒状。卵孢子球形，大多满器。雄器围生（图6-30）。最适生长温度27~30℃，最高<35℃，寄主范围很广。我国已记载的木本寄主有红花红木、白榄、枫香、橡胶树、杧果、泡桐属植物、柑橘属植物、无花果、木瓜、番木瓜、甜橙、咖啡、枇杷、冬青卫矛、短筒倒挂金钟、鳄梨、桃、酸枣等植物。可引起芽腐、树干条溃疡。

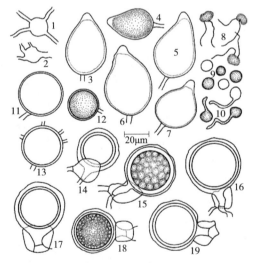

1、2. 菌丝膨大体　3~7. 孢子囊　8. 游动孢子
9、10. 休止孢子及其萌发　11~13. 厚垣孢子
14~19. 藏卵器、雄器和卵孢子（PL127）

图6-29 烟草疫霉（*Phytophthora nicotianae*）
（引自余永年，1998）

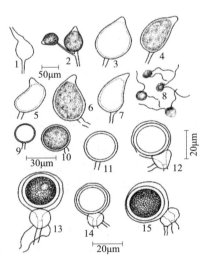

1. 菌丝膨大体　2. 孢子梗和孢子囊　3~7. 孢子囊
8. 游动孢子　9~11. 厚垣孢子　12~15. 藏卵器、
雄器和卵孢子

图6-30 棕榈疫霉（*Phytophthora palmivora*）
（引自余永年，1998）

橡胶树疫霉（*Phytophthora heveae* Thompson）：在 V8 和 CMA 培养基上菌丝体生长良好。孢子囊卵形至倒梨形，具乳突，大小为（33~46）μm×（28~37）μm。藏卵器近球形，大小为（31~39）μm×（28~34）μm。雄器矩圆形，极小，围生。卵孢子球形，壁厚（图 6-31）。该菌是橡胶树、可可、鳄梨、槟榔、杧果和番石榴的主要病原菌。我国仅在台湾地区发现此菌。

（7）单轴霉属（*Plasmopara* Schrot.）

菌丝体生在寄主细胞间隙，吸器球形。孢囊梗单生或丛生，常为直角或近直角单轴分枝，顶枝刚直，有时3~4根丛生，顶端平截或钝圆。孢子囊球形至椭圆形，无色，有的顶部具乳突，萌发时释放游动孢子或直接长出芽管，少数孢子囊则先释放出全部原生质，再由原生质团形成游动孢子或长出芽管。卵孢子圆形、黄褐色，壁与藏卵器不融合，不常见。目前已报道约150种，我国约记载17种。大多寄生草本或藤本植物。

葡萄生轴霜霉 [*P. viticola*（Berk et Curt.）Berl. et de Toni]：孢囊梗大多丛生，大小为（298~749）μm×（6~11）μm，上部单轴直角分枝4~6次。孢子囊卵形或椭圆形，大小为（13~39）μm×（8~21）μm，顶部有乳头状突起。卵孢子球形，褐色，表面平滑，略具皱纹状起伏，直径30~35μm（图6-32）。为害葡萄、山葡萄、蛇葡萄、毛葡萄、桦叶葡萄以及爬山虎属植物等，引起霜霉病。

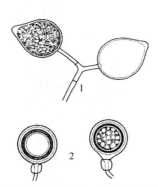

1. 孢子囊 2. 藏卵器、雄器和卵孢子

图 6-31　橡胶树疫霉（*Phytophthora heveae*）
（引自余永年，1998）

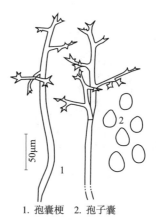

1. 孢囊梗 2. 孢子囊

图 6-32　葡萄生轴霜霉（*Phytophthora viticola*）
（引自余永年，1998）

此外，泡桐轴霉属（*P. paulowniiana* Chen）为害台湾泡桐叶片，致叶提早脱落。

（8）假霜霉属（*Pseudoperonospora* Rostovtsev）

菌丝体生在寄主细胞间，吸器球形或略呈裂瓣状。孢囊梗单生或成丛自寄主气孔伸出，主干单轴分枝，以后又作两至数次不完全对称的二叉状锐角分枝，末枝较柔软，略弯曲，顶端尖细。基部稍膨大，单轴式二叉状锐角分枝，末枝略弯曲，顶端尖细。孢子囊球形或卵形，有色，单生于末枝顶端，顶部有较浅的乳突，基部有时有短柄，常以游动孢子萌发。卵孢子球形，黄褐色，表面光滑或有突起，与藏卵器壁分离。本属与霜霉属（*Peronospora*）的孢囊梗的形态近似，其区别在于：假霜霉属的孢子囊具有囊盖的变形顶区，萌发时从这里开孔释放游动孢子。霜霉属的孢子囊壁厚度均匀，不具顶孔，常以芽管萌发。目前已记载约9种。

朴树假霜霉［*Pseudoperonospor celtidis*（Waite）Wils.］：孢囊梗1~2根自气孔伸出，全长205~410μm，主轴长107~280μm，占全长的1/2~3/4，粗5~8.5μm，上部分枝4~7次，末枝较直。孢子囊椭圆或卵圆形，具乳突（图6-33）。卵孢子未见。该菌是假霜霉属中唯一寄生于木本植物的种。寄生于朴树，病斑生于叶上，受叶脉所限，呈多角形，暗褐色，叶背生较厚密的霜霉层。为害朴树和四蕊朴（滇朴）。

此外，荨麻假霜霉（*P. urticae* Salm. et Ware）为害裂叶荨麻；葎草假霜霉［*P. humuli*（Miyabe et Tak.）Wils.］为害啤酒花、葎草；大麻假霜霉［*P. canabina*（Otth）Curzi］为害大麻。

（9）指疫霉属（*Sclerophthora* Thirum et al.）

菌丝体产生吸器伸入寄主细胞内吸收养料。孢囊梗菌丝状，短而粗，单生不分枝或偶有假单轴式分枝；孢子囊柠檬形、卵形或椭圆形，具乳突，单个着生于孢囊梗顶端，非同步形成，萌发时产生多个具双鞭毛肾形游动孢子。藏卵器球形，壁厚。卵孢子球形，无色，壁厚，藏卵器壁与卵孢子壁几乎愈合。雄器侧生（图6-34）。

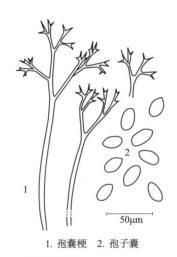

1. 孢囊梗 2. 孢子囊

图6-33 朴树假霜霉（*Pseudoperonospor celtidis*）

（引自余永年，1998）

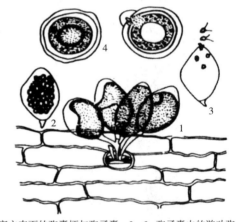

1. 寄主表面的孢囊梗与孢子囊 2、3. 孢子囊内的游动孢子与游动孢子释放 4. 藏卵器、卵孢子与侧生雄器

图6-34 指疫霉属（*Sclerophthora*）

（引自陆家云，2001）

目前约5种。喜冷指疫霉（*S. cryophila* Jones）、黑麦草指疫霉（*S. loii* Kenneth）、褐条指疫霉（*S. rayssiae* Kenneth）和大孢指疫霉［*S. macrospora*（Sacc.）Thirum et al.］，均寄生于禾本科植物如水稻、小麦、玉米、高粱、大麦、燕麦、黑麦及禾本科杂草等，引起霜霉病。我国已报道3种，含1变种。

（10）指梗霉属（*Sclerospora* Schrot.）

菌丝体生在寄主细胞间，产生球形吸器伸入细胞内。孢囊梗单生或2~3根丛生，自气孔伸出，主轴粗壮，顶端不规则二叉状分枝，分枝顶端生2~5个小梗。孢子囊椭圆形，倒卵形，有乳突，萌发时释放游动孢子。藏卵器球形，椭圆形或不规则形，深褐色，器壁纹饰明显，厚薄不均匀。雄器丝状。卵孢子球形，外壁平滑，充满藏卵器，萌发时产生芽管（图6-35）。目前已记载2种。我国已报道2种。

禾生指梗霉[*Sclerospora graminicola*(Sacc.)Schrot.]：孢囊梗粗短，顶部有数次分枝。孢子囊倒卵形至长椭圆形，具乳突，着生小梗上。卵孢子球形，淡黄色或黄褐色，具厚壁，外壁与藏卵器相融合。雄器侧生。为害谷子(粟)引起白发病。受害叶片背面产生白色霜状霉层。病叶后期纵裂成细丝，并散出大量褐色粉末状物(即病菌的卵孢子)，俗称白发。受害植株心叶不能展开，不能抽穗或全穗蓬松，小穗不能结实，组织破裂。该种还可为害黍、狗尾草等多种禾本科植物。

6.1.4.5 白锈目(Albuginales)

白锈目菌物原属于霜霉目白锈菌科，2005 年，Thines 等将白锈菌科从霜霉目中分出，并将其提升为目。该目仅 1 科——白锈菌科(Albuginaceae)。

图 6-35 指梗霜霉属 (*Sclerospora*)孢子梗形态 (引自陆家云，2001)

白锈科(Albuginaceae)

孢囊梗棍棒形，不分枝，顶端可以连续不断地产生孢子囊。藏卵器周质明显，单个卵球。卵孢子壁表面平滑或有各种饰纹。雄器侧生，棍棒状。均为高等植物地上部分的专性寄生菌，主要为害草本被子植物，在病部形成白色疱状的孢子囊堆，症状与锈菌的孢子堆相似，因呈白色，故称白锈病。该科含 3 属 53 种。

白锈属[*Albugo*(Pers.)Roussel ex Gray]

白锈属真菌的菌丝生长于寄主细胞间，产生小球形或圆锥状吸器伸入寄主细胞内吸取养料。孢囊梗短而粗，棍棒状，不分枝，成排生于寄主表皮下。孢子囊球形或短圆筒形，无色或淡黄色，短链状串生于孢囊梗顶端(图 6-36)，向基性形成，孢子囊间有胶质连接物，成熟后脱落，遇水萌发产生多个游动孢子。卵孢子在寄主体内形成，藏卵器球形，内含一个卵孢子。卵孢子近球形，壁厚，表面平滑或有网纹、小刺或瘤状突起，萌发时形成泡囊，泡囊破裂时游动孢子逸出。目前已记载约 40 种，我国已报道 17 种。

白锈属真菌的生活史可以白锈菌(*A. candida*)为代表来说明(图 6-36)。白锈菌菌丝生长于寄主细胞间，借助吸器进入寄主细胞内吸取营养。菌丝在寄主细胞内生长并分枝，达到一定成熟阶段时，分枝顶端产生棍棒状的短孢囊梗。许多孢囊梗生长在一起，在寄主表皮下形成密集的一层。随后孢囊梗顶端连续不断地产生孢子囊。孢子囊向基性形成，最老的在顶端，最幼的在基部。菌丝的生长和孢子囊的形成使寄主表皮隆起并导致破裂。表皮破裂后孢子囊呈白色粉末状散出并随风、雨传播。孢子囊萌发产生游动孢子或长出芽管取决于环境条件。释放游动孢子时，每个孢子囊释放出 4~12 个游动孢子。游动孢子经休止、萌发产生芽管侵入寄主，发育形成菌丝体。此为白锈菌的无性循环。

白锈菌的有性生殖过程与其他霜霉目卵菌相似。减数分裂发生在配子囊中。交配时，球形藏卵器中央形成一个由卵周质包围的卵球，1 个具功能的核移入卵球内，其余的核移入卵周质中。雄器产生授精管，雄核经授精管进入卵球并与卵核融合。卵孢子具厚壁，表面有纹饰。卵孢子经休眠后萌发。萌发时排出一个泡囊，泡囊内产生多个游动孢子。泡囊破裂时释放出游动孢子。游动孢子经游动、休止、萌发产生芽管从而完成生活史。

白锈属卵菌主要为害草本植物。如白锈菌(*A. candida*)，引起许多十字花科植物的白

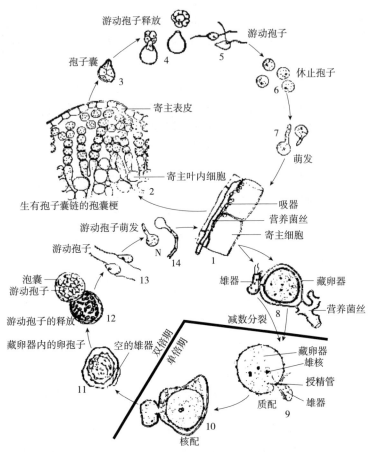

1. 营养菌丝及吸器 2. 位于寄主表皮和叶肉细胞间的胞囊梗和孢子囊链 3. 孢子囊
4. 游动孢子释放 5. 游动孢子 6. 休止孢子 7. 萌发 8. 减数分裂：藏卵器及雄器
9. 质配、藏卵器、雄器、雄核、授精管 10. 核配 11. 藏卵器内的卵孢子和空的雄器
12. 游动孢子的释放（泡囊和游动孢子） 13. 游动孢子 14. 游动孢子萌发

图 6-36 白锈菌(*Albugo candida*)生活史

(改绘自 Alexopoulous et al., 1979)

锈病，有时造成严重的经济损失。在新疆引起驼绒藜白锈病。

6.1.4.6 囊轴霉目(Rhipidiales)

囊轴霉目菌物产生膨大的、单中心的长形菌体，由假根将菌体固定于基物上。无性繁殖产生顶生的、梨形到长形的游动孢子囊。孢子囊具囊盖，游动孢子通过乳突释放。游动孢子可从孢子囊释放到泡囊内。有性生殖形成一个卵孢子，具永久的卵周质。水生小林霉属(*Aqualinderella*)菌物以孤雌生殖的方式形成卵孢子。

该目仅1个科，囊轴霉科(Rhipidiaceae)，包括水轴霉属(*Aqualinderella*)、柱轴霉属(*Araiospora*)、刺轴霉属(*Mindeniella*)、*Nellymyces*、囊轴霉属(*Rhipidium*)、腐水霉属(*Sapromyces*)6个属，共15种。多生长在氧气水平低的污浊和(或)污染的静水中。这种水体中 CO_2 浓度极高，O_2 含量极低或缺，这种生态特性不仅有助于分类，而且还可作为鉴定污水的指示菌。

6.2 丝壶菌门

6.2.1 概述

丝壶菌门(Hyphochytriomycota)菌物游动孢子具有前生单根茸鞭型鞭毛。细胞壁中同时含有几丁质和纤维素或仅含几丁质。分体产果,在分枝的假根系统上或具有隔膜的分枝菌丝上单中心或多中心地产生繁殖体。游动孢子囊无囊盖,通过出管释放游动孢子。多数种的有性生殖还不清楚,少数已知者为同配生殖,在寄主体内形成休眠孢子囊。丝壶菌门菌物多生于水中,寄生于淡水藻、海藻、水生真菌及盘菌的子实体上,或腐生于各种水生植物和昆虫的残体上。

6.2.2 分类

丝壶菌门菌物的形态结构、生活史与壶菌门较相似,故以前与其他包括壶菌在内的、具鞭毛的类型归并在一起。在 Ainsworth(1973)真菌分类系统中,丝壶菌隶属于真菌界(Fungi)、鞭毛菌亚门(Mastigomycotina)、丝壶菌纲(Hyphochytridiomycetes),仅丝壶菌目(Hyphochytriales)1个目,根据成熟菌体的形态学分为异壶菌科(Anisolpidiaceae)、根前毛菌科(Rhizidiomycetaceae)和丝壶菌科(Hyphochytriaceae)3个科。Barr(1982)提出丝壶菌的祖先在具有异鞭毛的藻类内,具有相似的鞭毛结构,其后的 DNA 序列分析结果支持了这一观点。Fuller(1990)将它们置于原生生物界(Kingdom Protoctista)的丝壶菌门。在《菌物词典》第9版(2001)和第10版(2008)分类系统中,丝壶菌被归入藻物界(Chromista),丝壶菌门(Hyphochytriomycota)。该门下分1纲,仅丝壶菌目1个目,保留根前毛菌科和丝壶菌科2科,共6属24种。异壶菌科则调整至卵菌门卵菌纲下,并提升为异壶菌目(Anisolpidiales)。

6.2.3 代表类群

1) 根前毛菌科(Rhizidiomycetaceae)

营养体为具假根的单细胞单中心菌体(图6-37),分体产果式,体外生,假根体内生,游动孢子形成于孢子囊内部或外部。

根前毛菌科包括3个属,根前毛菌属(*Rhizidiomyces*)、拟根丝壶菌属(*Latrostium*)和裸异壶菌属(*Reesia*),共16种。目前,对根前毛菌(*R. apophysatus*)了解得比较清楚。

根前毛菌(*R. apophysatus*):寄生于水霉科(Saprolegniaceae)的水霉和金藻的无隔藻属(*Vaucheria*)的藏卵器上。从土壤和松树花粉上也曾分离到。菌体单中心,单细胞,具有伸入基质的假根系统,可转化为游动孢子囊。游动

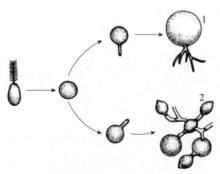

1. 根前毛菌科具假根的单细胞、单中心菌体
2. 丝壶菌科多中心菌体

图6-37 丝壶菌门(Hyphochytriomycota)两个科中从前生茸鞭游动孢子开始到菌体的发育过程

(引自 Alexopoulos et al., 1996)

孢子单生一根朝前的茸鞭。Karling(1994)对其生活史进行了描述。游动孢子在休止前可游动一段时间(25~90min)。在即将形成孢囊时,游动孢子变圆,并收缩其鞭毛。随着菌体增大,可萌发产生初生假根穿透寄主,并开始分枝(图6-38)。随着假根系统的发育,紧挨着寄主藏卵器壁里面的假根可能会发生膨大,并增大变成孢子囊的囊托。成熟的孢子囊释放游动孢子时,会形成一个明显的乳突,并在突起处发育生成一个管,原生质团移进管内。管的顶端膨大并转化为泡囊,原生质体在泡囊内割裂,分化成游动孢子。未发现有性生殖。

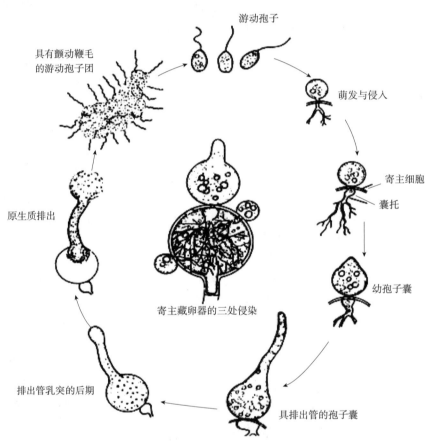

图 6-38　根前毛菌(*Rhizidiomyes apophysatus*)生活史
(引自 Alexopoulos et al.,1996)

2) 丝壶菌科(Hyphochytriaceae)

营养体为多中心菌体,分体产果式,根状菌丝体的顶端或中间细胞膨大,成为孢子囊或休眠孢子。游动孢子部分或完全在孢子囊中,或在出管外(图6-39)。

丝壶菌科包括3个属,丝壶菌属(*Hypochytrium*)、*Canteriomyces* 和 *Cystochytrium*,共8种。丝壶菌的种类较少,对其经济重要性也了解不多。腐生的种类在有机质降解、转化和再循环上起着重要作用,海生的种类会引起所寄生的藻类或动物发生病害。

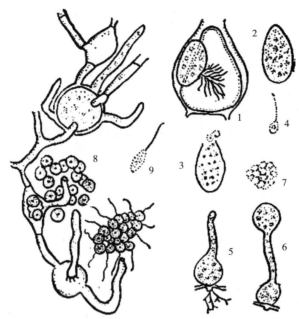

1~4. 巨球孢内根壶菌在无隔藻的藏卵器内: 1. 孢子囊在寄主藏卵器内的卵上, 假根生在卵内
2. 孢子囊内有一旁生大突起 3. 在突起处放出孢子 4. 有前根鞭毛的游动孢子;
5~7. 丝基内生根壶菌在绵霉的藏卵器上: 5. 成熟的有囊下泡有出管的孢子囊
6. 孢子囊中的内容物已经转移至顶端的泡囊 7. 孢子囊外形成的游动孢子;
8. 菌体的一部分, 游动孢子在出管口形成的一堆静孢子和有出管的孢子囊
9. 有前单鞭毛的游动孢子

图 6-39　丝壶菌目 (Hyphochytriales)

(引自邵力平等, 1984)

本章小结

卵菌的主要特征为: 无性繁殖产生双鞭毛的游动孢子, 即一根为向前较长的茸鞭, 另一根为朝后的较短的尾鞭; 营养体为二倍体, 减数分裂在发育的配子囊内进行; 有性生殖为配子囊接触进行的卵配生殖, 并产生厚壁的有性孢子卵孢子; 细胞壁主要由葡聚糖组成, 也含有脯氨酸及少量纤维素; 细胞中含高尔基体, 线粒体具管状脊突; 赖氨酸合成途径为二氨基庚二酸途径等。在《菌物词典》第 10 版 (2008) 中, 卵菌门下仅 1 纲 (卵菌纲) 8 目 19 科 95 属 911 种。所引起的霜霉病、疫霉病、腐霉病、绵霉病和白锈病等是农林业上的重要病害。

丝壶菌含有土居或水生具有游动细胞的壶菌状有机体, 每个游动细胞都具有一根朝前的覆有茸毛的鞭毛。目前已证实其与壶菌的亲缘关系很远。丝壶菌现仅知 24 种, 寄生在藻类和菌物上, 或腐生于植物和昆虫的残体上。

卵菌、丝壶菌和网黏菌现在一般被置于藻物界 (假菌界) 或管毛生物界中。

思考题

1. 卵菌的主要特征有哪些?
2. 简述卵菌的分类进展及其经济重要性。
3. 试述将卵菌置于真菌界之外的主要根据。
4. 试述卵菌疫霉属中引起树木病害的几个主要种的分类特征及其生活史。
5. 试述 2~3 种引起树木霜霉病的霜霉菌的主要特征及经济重要性。

第 7 章

壶菌门

7.1 概述

壶菌门(Chytridiomycota)菌物属于真菌界,菌体微小,水生或土生,腐生或寄生于植物、动物和菌物。营养体为单细胞或分枝的菌丝体,没有隔膜,无性繁殖产生游动孢子囊和游动孢子。大多数种的游动孢子单鞭毛,其内的核糖体常聚集并覆盖细胞核,脂肪体常与微体、线粒体及具膜潴泡形成微体—类脂体复合体(microbody-lipid complex,MLC)。有性生殖形成休眠孢子、休眠孢子囊或卵孢子。作为真菌进化的基部成员,壶菌是重建真菌祖先特征和推测真菌进化动力的关键类群。

7.2 生物学特性

(1) 营养体

壶菌的营养体为单细胞或分枝的菌丝体,菌丝没有隔膜,菌丝细胞具有多个细胞核。单细胞菌体有的具有假根(rhizoids)或假根状菌丝体(rhizomycelium)。假根呈丝状,短而纤细,简单或具有分枝,无隔膜,无细胞核,可将菌体固着于基物上,并吸收营养供给菌体进行生长和繁殖。单细胞壶菌多数完全生活于寄主细胞内,为内寄生菌,其他种类仅以假根或假根状菌丝体深入其定居的活体或死体组织,为外生菌。繁殖器官的基部和菌丝老化部分有隔膜,隔膜为封闭式。

壶菌以两种方式发育形成繁殖结构,即整体产果(holocarpic)和分体产果(eucarpic)。整体产果多发生于单细胞的内寄生壶菌中,其整个菌体转变为一个或多个繁殖结构,如隶属于油壶菌属(*Olpidium*)和集壶菌属(*Synchytrium*)的种类。分体产果发生于具有假根或营养体为菌丝体的壶菌中,仅有部分菌体(假根除外)转变为一个或多个繁殖结构。分体产果的菌体具有一个或多个孢子囊(sporangiurn),又分为单中心式(monocentric)和多中心式(polycentric),单中心式又按菌体位于宿主细胞内还是细胞外分为内生式(endobiotic)和外生式(epibiotic)(图 7-1)。

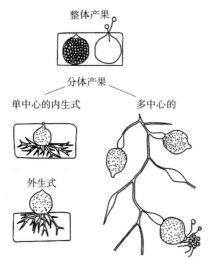

图 7-1 壶菌门(Chytridiomycota)真菌菌体繁殖结构的发育类型

(改绘自 Webster et al., 2007)

(2) 无性繁殖

壶菌的无性繁殖通过游动孢子囊产生游动孢子(zoospore)。游动孢子囊中的原生质体经液泡割裂成为许多微小的、单核的小块,每一小块进一步发育形成一个游动孢子(图 7-2、图 7-3)。游动孢子囊壁上可形成囊盖(operculum)或小孔和出管释放游动孢子。形成囊盖的种类称为有囊盖的(operculate)壶菌,不形成囊盖的种类称为无囊盖的(inoperculate)壶菌。游动孢子从游动孢子囊中被释放后,经过一段时间的游动、静止、缩回或脱掉鞭毛,通常经过一个短时间的休止期后便开始萌发形成新菌体。

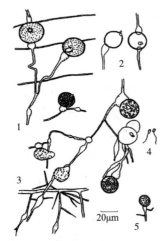

1. 多中心发育的菌体,具游动孢子囊 2. 具囊盖的空游动孢子囊 3. 具游动孢子的菌丝体 4. 游动孢子 5. 休眠孢子囊

图 7-2 雅致小诺壶菌

(*Nowakowskiella elegans*)

(改绘自 Webster et al., 2007)

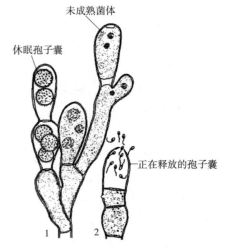

1. 被寄生菌体的顶端,寄主的休眠孢子囊和寄生菌的未成熟菌体 2. 寄生菌正在释放游动孢子

图 7-3 寄生于异水霉(*Allomyces Bwtles*)的异水霉罗兹壶菌(*Rozella allomycis*)

(该菌目前已归入隐菌门;
改绘自 Alexpoulos et al., 1996)

壶菌的游动孢子具一条"9+2"结构的后生尾鞭型鞭毛,鞭毛在孢子内的部分称为动体(kinetosome),其功能是形成鞭毛。在某些种类中,存在次生动体(也称休眠体,dormant kinetosome),这一结构可能是壶菌在自然演化过程中失去的另一条鞭毛留下的残迹。游动孢子均具有单个细胞核,细胞核的形状和位置因种而异。还具有1个至多个线粒体、线状内质网、核糖体、一个大的脂肪体和许多位于游动孢子内特定区域的小脂肪体等细胞器。核糖体可分散在整个游动孢子的细胞质中,也可聚集形成"核糖体聚集体"。核糖体聚集体常覆盖部分细胞核。大的脂肪体常与微体、线粒体及具膜潴泡(cisternae)紧密相连,形成微体—类脂体复合体。微体—类脂体复合体可分解类脂产生能量供给鞭毛运动。复合体的结构组成及其排列,以及它们在游动孢子中的空间位置关系是壶菌划分目的依据(图7-4)。

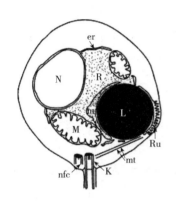 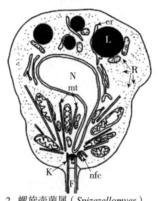 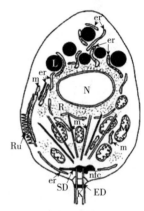

1. 根囊壶菌属（*Rhizophydium*）　　2. 螺旋壶菌属（*Spizezellomyes*）　　3. 单毛菌属（*Monoblepharis*）
ED. 鞭毛基部的电子密集区　er. 内质网　F. 鞭毛　K. 动体　L. 脂肪体　M. 线粒体　m. 微体
mt. 微管　N. 细胞核　nfc. 休眠动体　R. 核糖体　Ru. 具膜潴泡　SD. 条纹盘

图7-4　壶菌门（Chytridiomycota）真菌的游动孢子特征

（引自 Alexopoulos et al., 1996）

（3）有性生殖

壶菌的有性生殖已为人们所了解,但仍有许多分类单元的有性生殖尚未被认识或仍存在问题。壶菌有性生殖的性细胞结合方式包括以下4种类型。

①游动配子配合（gametogamy）：

a. 同型游动配子配合（isogamy）：两个形态相似但生理功能不同的游动配子在水中结合形成一个能动合子,如引起马铃薯癌肿病的内生集壶菌（*Synchytrium endobioticum*）。在某些种类里,来自同一配子囊的配子不能结合。

b. 不动雌配子（卵）与能动雄配子（游动精子）的受精作用（oogamy）：能动配子由雄配子囊（有时称雄器）释放到水里后便游散开来,有些则到达配子囊（有时称藏卵器）,于是一个雄配子进入一个藏卵器,与里面的卵结合,如单毛菌目（Monoblepharidales）的成员。

②配子囊配合（gametangiogamy）：在壶菌中这种配合方式是由一个配子囊将其全部原生质体输送到另一个配子囊中,如 *Zygorhizidium planktonicum*（图7-5）,该种常寄生于针杆藻属（*Synedra*）的藻体上。

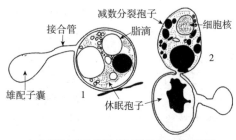

1. 与休眠孢子通过结合管连接的空的雄配子囊
2. 自休眠孢子囊萌发的减数分裂孢子囊的中央剖面

图 7-5 *Zygorhizidium planktonicum* 的有性生殖

（改绘自 Webster et al.，2007）

③配子囊配子配合（gametangio-gametogamy）：在壶菌中这种配合方式是由一个配子将其全部原生质体输送到另一个配子囊中，如根囊壶菌属（*Rhizophydium*）的成员。

④体细胞配合（somatogamy）：体细胞配合是体细胞结构的简单融合。在某些壶菌中，假根丝状体融合，然后形成休眠孢子，如晶壶丝菌（*Chytriomyces hyalinus*）。

壶菌的有性生殖性细胞经配合后形成合子，合子进一步发育形成厚壁的休眠孢子或休眠孢子囊，在休眠孢子或休眠孢子囊内经减数分裂形成游动孢子。休眠孢子囊有时也经无性繁殖形成，萌发时直接产生游动孢子，或先产生薄壁游动孢子囊，再释放游动孢子，如分枝小诺壶菌（*Nowakowkiella ramosa*）等。

（4）生活习性

壶菌既有水生的也有土生的。水生种类大部分生于淡水中，少数种类生于低盐和中盐海水中。有些陆生种类甚至可见于高海拔暴露土壤和地球两极高纬度土壤。大部分为腐生菌，少数寄生于植物、动物和菌物上引起疾病。植物寄主包括维管植物、苔藓和浮游植物；动物寄主则包括线虫、轮虫、蚊、摇蚊和一些甲虫类的生物；菌物寄主包括其他壶菌、丛枝菌根菌、子囊菌，甚至担子菌。腐生型壶菌可采用诱集法从水和土样中分离，将诱饵，如花粉、树叶、果实、蛇皮、昆虫和节肢动物残骸、玻璃纸等放入水中或埋在土壤中即可获得。

壶菌菌体微小，大多数种类需要借助显微镜检查其定殖的死体有机物，或其寄生的动植物的细胞和组织时才能发现。

壶菌广泛于分布于自然界中。有些壶菌是几丁质、角蛋白、纤维素和半纤维素等大分子有机物的分解者；一些种类是植物病原菌，如内生集壶菌（*S. endobioticum*）引起马铃薯癌肿病，*Caulochytrium* 寄生于陆生真菌的菌丝和孢子引起病害。寄生于十字花科植物根的芸薹油壶菌（*Olpidium brassicae*）对植物似乎没有明显的伤害，但其游动孢子是许多重要经济植物病毒，如莴苣巨脉病毒的传播媒介。该病毒可引起豌豆、菠菜、韭菜、大黄等植物的莴苣巨脉病毒病。

7.3 分类

壶菌门真菌营腐生或寄生生活，水生或土生。菌体简单，为单细胞或分枝的菌丝体，多核。无性繁殖产生游动孢子囊和游动孢子，游动孢子具 1 条尾鞭型鞭毛。有性生殖产生休眠孢子、休眠孢子囊或卵孢子。

壶菌门包括 2 纲，壶菌纲（Chytridiomycetes）和单毛壶菌纲（Monoblepharidomycetes），共含 4 目 14 科 105 属 706 种。

7.4 代表类群

7.4.1 壶菌纲

壶菌纲(Chytridiomycetes)真菌水生或土生,腐生或寄生。菌体为单细胞,整体产果或分体产果。游动孢子囊球形。游动孢子的核糖体分散或由一双层膜包裹于细胞中央,细胞核与动体相连或不相连,微体一类脂体复合体包含一个或多个线粒体。有性生殖通过游动配子、配子囊或体细胞结合形成厚壁的休眠孢子或休眠孢子囊,在休眠孢子或休眠孢子囊内经减数分裂形成游动孢子。

壶菌纲包括3目[壶菌目(Chytridiales)、根囊壶菌目(Rhizophydiales)和螺旋壶菌目(Spizellomycetales)]10科98属678种。

壶菌目真菌大多生活在水或土壤中,腐生于死植物的残体上,或寄生在藻类、水生菌物和维管束植物上,少数种类寄生在动物的卵和原生动物体内。

壶菌目包括4科[壶菌科(Chytridiaceae)、集壶菌科(Synchytridiaceae)、歧壶菌科(Cladochytridiaceae)和内囊壶菌科(Endochytridiaceae)]75属494种。了解较多的壶菌有壶丝菌属(*Chytriomyces*)、内囊壶菌属(*Endochytrium*)、集壶菌属(*Synchytrium*)、歧壶菌属(*Cladochytrium*)和小诺壶菌属(*Nowakowskiella*)等。

1)壶菌科

壶菌科包括33属238种。菌体单细胞,外生,有假根,分体产果,单中心式发育。壶丝菌属(*Chytriomyces* Karling)隶属于壶菌科,其中晶壶丝菌(*C. hyalinus*)是该属最常见的种。由游动孢子囊产生游动孢子进行无性繁殖。有性生殖发生时以体细胞结合的方式进行,即质配发生在两个菌体的假根之间(图7-6)。假根互相接触、融合,形成初期休眠孢子。初期休眠孢子中的两个核互相靠近并融合,进一步发育形成厚壁的休眠孢子。休眠孢子萌发形成游动孢子囊并释放游动孢子。减数分裂可能发生在休眠孢子萌发期间。晶壶丝菌腐生于淡水中蚌蜉的蜕壳上和几丁质碎片上,可在含0.5%的几丁质琼脂培养基上生长。

2)集壶菌科

集壶菌科包括5属136种。菌体单细胞,内寄生,整体产果。有独特的游动孢子囊堆或原孢子囊堆结构。

集壶菌属(*Synchytrium* de Bary & Woronin)

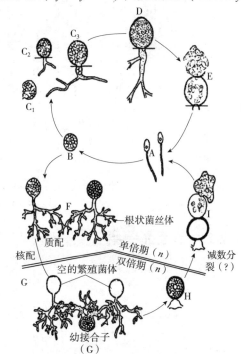

A. 游动孢子 B. 成囊的游动孢子 $C_1 \sim C_3$. 菌体发育阶段
D. 有游动孢子和囊盖的游动孢子囊 E. 游动孢子释放
F. 有性菌体的结合 G. 合子在休眠体内发育
H. 成熟的休眠孢子 I. 休眠孢子萌发,游动孢子释放

图7-6　晶壶丝菌(*Chytriomyces hyalinus*)的生活史
(改绘自 Alexpoulos et al., 1996)

隶属于集壶菌科。该属菌体内寄生，整体产果。繁殖时菌体直接发育形成一个孢子囊堆(sorus)，或先形成一个原孢子囊堆(prosorus)(图7-7)，原孢子囊堆再进一步发育形成孢子囊堆。成熟的孢子囊堆位于宿主细胞的表面，内有多个游动孢子囊，游动孢子囊无囊盖。游动孢子囊可产生游动孢子，当有性生殖发生时，也可作为配子囊产生游动配子。菌体有时也可以直接发育形成休眠孢子囊。休眠孢子囊萌发可以形成游动孢子囊直接产生游动孢子，也可以形成原孢子囊堆。有性生殖的性细胞结合方式为同形游动配子结合，合子进一步发育形成厚壁的休眠孢子囊，休眠孢子囊萌发时经减数分裂形成游动孢子。集壶菌属真菌寄生于显花植物，目前包括255种。我国已报道3种。

内生集壶菌(*Synchytrium endobioticum*)是该属最重要的成员，寄生于马铃薯茎、叶、块茎等，引起马铃薯癌肿病，严重危害马铃薯块茎。内生集壶菌的生活史如图7-7所示。

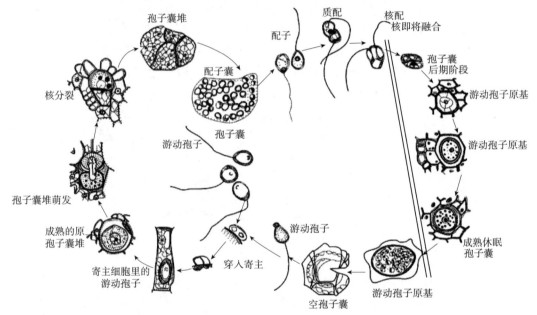

图7-7 内生集壶菌(*Synchytrium endobioticum*)的生活史
(改绘自 Alexopoulos et al.，1996)

7.4.2 单毛壶菌纲

单毛壶菌(Monoblepharidomycetes)常腐生于土壤或水中的枝条和果实上。菌体为丝状体，分枝或不分枝，分体产果。菌丝细胞的原生质高度液泡化。游动孢子囊生于菌丝顶端，圆柱状或烧瓶状。游动孢子的细胞核被核糖体聚集体环绕，微体—类脂体复合体位于孢子的一侧。有性生殖产生不能动的雌配子(卵)和能动的雄配子(游动精子)，雌雄配子配合后发育形成休眠孢子，即卵孢子。

单毛壶菌纲(Monoblepharidomycetes)包括1目[单毛壶菌目(Monoblepharidales)]；4科[单毛壶菌科(Monoblepharidaceae)、节水霉科(Gonapodyaceae)、肋壶菌科(Harpochytriaceae)和鞘壶菌科(Oedogoniomycetaceae)]，5属26种。

隶属于单毛壶菌目的5属是单毛菌属(*Monoblepharis*)、节水霉属(*Gonapodya*)、拟单毛菌属(*Monoblepharella*)、肋壶菌属(*Harpochytrium*)和鞘壶菌属(*Oedogoniomyces*)，其中节水霉属和拟单毛菌属隶属于节水霉科。该目真菌腐生于土壤中或淹没在淡水中的枝条和果实上，少数种类可以在培养基上生长，有些种类甚至可以在厌氧条件下生长。

菌体为丝状体，分枝或不分枝，具有假根或固着器，分体产果。菌丝细胞的原生质高度液泡化，使原生质体看上去像是充满了泡沫，类似蜂窝状。无性繁殖产生游动孢子囊和游动孢子。游动孢子囊生于菌丝的顶端，圆柱状或烧瓶状，基部有隔膜，游动孢子囊内的原生质体割裂形成游动孢子。游动孢子从游动孢子囊的顶端释放。有性生殖的性细胞结合方式是不能动的雌配子(卵)与能动的雄配子(游动精子)的受精作用，即卵配生殖(oogamy)。具鞭毛的雄配子经雌性配子囊壁上的乳突进入雌性配子囊，经质配、核配后发育形成合子，即休眠孢子(或称为卵孢子)。休眠孢子萌发形成菌丝。减数分裂可能发生在休眠孢子萌发期间，但尚未得到证实。

本目真菌的游动孢子具有以下超微结构特征：细胞核位于中央，核糖体聚集在细胞核周围，几条内质网稀疏地围绕着核糖体；有很多脂滴和线粒体，前者位于孢子的前端，后者位于孢子的后端；微体—类脂体复合体由微体、脂肪体和具膜潴泡组成，位于孢子的一侧。

单毛壶菌科(Monoblepharidaceae)

仅有 1 属，单毛壶菌属(*Monoblepharis*)，目前包括 15 种。

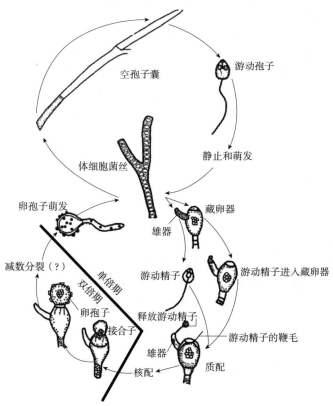

图 7-8　多形单毛菌(*Monoblepharis polymorpha*)的生活史

(改绘自 Alexpoulos et al., 1996)

单毛壶菌属(*Monoblepharis* Cornu)

菌体由发达的分枝菌丝组成,具有假根,原生质高度液泡化。游动孢子囊单个形成于菌丝的顶端,圆柱状或棒状,直径一般不大于体细胞菌体的直径,基部具有隔膜,顶端有小孔。游动孢子从小孔释放,游动一段时间后,变圆,静止,萌发形成芽管,生长成新的菌丝体。有性生殖时产生游动孢子囊的同一菌体产生配子囊。雌配子囊球形,基部有隔膜,其内的原生质分化出一个单核、球形的雌配子。雄配子囊细长,着生在雌配子囊上,产生并释放 4~8 个单鞭毛游动精子。单个精子经雌配子囊壁上的乳突进入与雌配子融合,但两者间只发生质配。在多形单毛菌(*M. polymorph*)和 *M. macrandra* 等种类中,融合后的原生质从雌配子囊顶端的乳突处溢出,并分泌形成金褐色的加厚细胞壁将自身包裹住,随后即进行核配并发育形成卵孢子;而在 *M. sphaerica* 等种类中,质配后的原生质团始终在雌配子囊中发育,直至形成卵孢子。卵孢子在寒冷干燥的冬春季节处于休眠状态,当环境条件适宜时,萌发产生菌丝,发育成新的菌体。多形单毛菌是该属的典型种类,其可能的生活史如图 7-8 所示。

本章小结

壶菌门真菌菌体微小。水生或土生,腐生或寄生于植物、动物和菌物。营养体为单细胞或分枝的菌丝体,有假根或假根状菌丝体,没有隔膜,菌丝细胞具多个细胞核。壶菌以整体产果和分体产果两种方式发育形成其繁殖结构。无性繁殖为游动孢子囊产生游动孢子。大多数种的游动孢子为单鞭毛,其内的核糖体常聚集并覆盖细胞核,脂肪体常与微体、线粒体及具膜潴泡形成微体一类脂体复合体。有性生殖形成休眠孢子、休眠孢子囊或卵孢子。

思考题

1. 简述壶菌类真菌游动孢子的超微结构特征。
2. 简述壶菌类真菌区别于菌物其他类群的主要特征。
3. 试比较壶菌门和芽枝霉菌门的主要特征。
4. 壶菌类真菌通常生活在哪些环境中?
5. 试举例一种壶菌的繁殖过程。
6. 壶菌为何被认为是介于真菌和原生生物之间的代表?

第 8 章

芽枝霉门

8.1 概述

芽枝霉曾被认为与壶菌门密切相关,原是壶菌门下的一个目,即芽枝霉目(Blastocladiales)。然根据其生活史、超微结构特征及与壶菌的系统发育距离,芽枝霉被认为是一个单独的类群。2006 年 James 等根据分子系统学研究结果和超微结构特征分析,将该类真菌提升为一个门,即芽枝霉门(Blastocladiomycota)。该门真菌全球分布,多腐生,常见于土壤和水中,少数可寄生于昆虫、小动物、植物或其他菌物上,引起植物、无脊椎动物和菌物的疾病。例如,营腐生生活的大雌异水霉(*Allomyces macrogynus*)和埃默森小芽枝霉(*Blastocladiella emersonii*)是细胞和分子生物学实验室常用的实验生物。雕蚀菌属(*Coelomomyces*)的种类可用于蚊子的生物防治。线虫链枝菌(*Catenaria anguillulae*)寄生于线虫引起疾病。节壶菌属(*Physoderma*)和尾囊壶菌属(*Urophlyctis*)是维管植物专性寄生菌,玉蜀黍节壶菌(*P. maydis*)常引起玉米褐斑病,苜蓿节壶菌(*P. alfalfae*)可引起苜蓿冠瘤病。

8.2 生物学特性

(1) 营养体

营养体简单或复杂,形态多样。专性内寄生的雕蚀菌属的菌体为单细胞、缺乏细胞壁,呈原生质体状结构,没有假根。有些属菌体为单细胞或为较发达菌丝体,多核,有明显的基部细胞(或称主干);无隔,有时具假隔膜;假根发达或不发达。菌丝细胞壁主要成分为几丁质。有菌丝的种类常两级萌发。

(2) 无性繁殖

繁殖时除雕蚀菌属外,其他种类都是分体产果的。无性繁殖产生游动孢子。游动孢子单鞭毛,具核帽和边体复合物(sidebody complex),后者位于孢子后端的胞膜下,是双层膜。游动孢子前端有许多颗粒,其内储存有蛋白质。颗粒一般出现在游动孢子的发育和游动时期。产生两种孢子囊:一种孢子囊是薄壁的,形状不一,有时发育成串珠状,成熟时发生一个乳头状突起；另一种孢子囊是厚壁的，光滑或壁上布满半透明的斑点。厚壁暗色孢子囊是此目的特征。

（3）有性生殖

有性生殖由同型或异型游动配子配合产生厚壁的休眠孢子囊。生活史具有减数分裂孢子囊。有些属如异水霉属(*Allomyces*)雌、雄配子囊发生于一个菌体上，但在另一些属如小芽枝霉属(*Blastocladiella*)两性菌体是分开的。某些菌的生活史中具有配子体和孢子体的世代交替现象，是菌物中已知拥有单倍体和双倍体世代交替的类群。

8.3 分类

芽枝霉门包括1纲：芽枝霉纲(Blastocladiomycetes)；1目：芽枝霉目(Blastocladiales)；5科：芽枝霉科(Blastocladiaceae)、链枝菌科(Catenariaceae)、雕蚀菌科(Coelomomycetaceae)、节壶菌科(Physodermataceae)和Sorochytriaceae；14属；179种。

8.4 代表类群

1) 芽枝霉科(Blastocladiaceae)

芽枝霉科包括5属40种。菌体为单细胞或分枝的菌丝体，假根发达或不发达，分体产果，单中心式或多中心式发育。芽枝霉属(*Blastocladia*)和小芽枝霉属(*Blastocladiella*)等的菌体为单细胞，假根发达或不发达，单中心式发育，游动孢子囊球形或袋状，休眠孢子囊直接由菌体发育形成或着生在一个单细胞的柄上。异水霉属(*Allomyces*)的成员具有发达的菌丝体，常二叉式分枝，有不完全隔膜，具发达、分枝的假根，外生多中心式发育，游动孢子囊和休眠孢子囊形成于各菌丝分枝上。

异水霉属(*Allomyces* Buti.)

本属真菌分布广泛，腐生于水和土壤中。将植物种子放在水里，加入土样或水样，不久后即可在种子上观察到异水霉的菌体，这些菌体可在营养培养基上继代培养。该属在《菌物词典》第10版(2008)中包括9种，分为3亚属：真异水霉亚属(*Euallomyces*)、产囊亚属(*Cystogenes*)和座异水霉亚属(*Brachyallomyces*)。三者的区别在于真异水霉亚属具有独立的孢子菌体和配子菌体；产囊亚属没有独立的配子菌体，配子菌体被一个胞囊结构所替代；座异水霉亚属缺乏有性生殖。目前该属约13种。我国已报道1种。

真异水霉亚属真菌的菌体为丝状体，常二叉式分枝，有不完全的隔膜，也称假隔膜，中央有小孔，使原生质可以在细胞间流动。发达分枝的假根将菌体固定在基质上。分体产果，外生多中心式发育。生活史有明显的世代交替现象，是单倍体的配子菌体与双倍体的孢子菌体交替。配子菌体产生无色的雌性配子囊和橙色的雄性配子囊，雌配子囊与雄配子囊常分别由同一菌丝分枝的顶端和亚顶端细胞发育形成，雄配子囊明显小于雌配子囊，可生在雌配子囊上面，如大雌异水霉(*Allomyces macrogynus*)，也可长在雌性配子囊的下面，如树状异水霉(*A. arbuscula*)。雄配子囊显示橙色是由于其细胞质内含有胡萝卜素。两种配子囊均通过顶端的乳突状释放游动配子，配子具后生尾鞭型单鞭毛，橙色的雄配子较小，雌配子较大。

配子从配子囊中释放后，稍做游动即配对融合形成合子。双鞭毛的合子游动一段时间后脱掉鞭毛，静止，成囊，核配，很快萌发形成双倍的、无性孢子菌体。孢子菌体形成两种类型的孢子囊：薄壁、乳突状的、无色游动孢子囊（有丝分裂孢子囊）和厚壁、卵形、暗褐色的厚垣孢子囊（也称为休眠孢子囊，减数分裂孢子囊）。薄壁的游动孢子囊经有丝分裂形成双倍体游动孢子（有丝分裂孢子），游动孢子萌发形成孢子菌体，重复双倍体世代。厚垣孢子囊萌发时进行减数分裂，形成单倍体游动孢子，游动孢子产生单倍的、有性配子菌体，配子菌体产生配子囊。真异水霉亚属真菌的孢子菌体和配子菌体形态相似，其生活史属于同形世代交替（图8-1）。

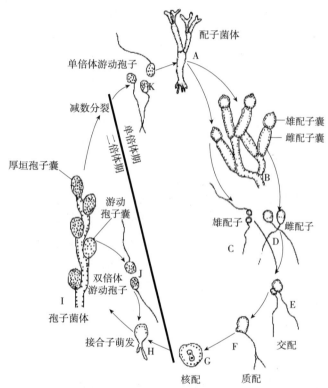

图8-1　大雌异水霉（*Allomyces macrogynus*）的生活史
（改绘自 Alexpoulos et al., 1996）

2) 雕蚀菌科（Coelomomycetaceae）

该科种类寄生于昆虫体内，菌体无细胞壁。目前包括两个无脊椎动物病原菌属，即雕蚀菌属（*Coelomomyces*）和拟雕蚀菌属（*Coelomycidium*）。这两个属的区别是寄主不同，雕蚀菌属的寄主是蚊子、介形亚纲动物或桡足类动物；而拟雕蚀菌属的寄主是蚋。

雕蚀菌属（*Coelomomyces* Keilin）

菌体为略有分枝的多核叶状体，成熟时菌体分化成厚壁的孢子囊，在适宜条件下每个孢子囊产生几百个尾生单鞭毛的游动孢子。该属是Keilin（1921）从黄热病（yellow fever）的传播介体白纹伊蚊（*Stegomyia scutellaris*）的幼虫体腔中发现的，是蚊子和摇蚊（俗称蠓）的专性寄生菌，引起蚊类流行病。由于它们高度的寄生专化性和致死的特征，因此一直被作为蚊子生防制剂的首选菌种。Couch et al.（1985）在美国北卡罗来纳大学率先对雕蚀菌属进行了大量的开创性的研究工作，大部分研究成果在《雕蚀菌属》一书中已有概述。Couch 和 Bland（1985）承认雕蚀菌属的 50 个种和许多变种。休眠孢子囊的形态特征是该属最重要的分类标准。我国已报道 1 种。目前该属约 66 种。

Whisler 及其同事（1974，1975）的研究发现，骚蚊雕蚀菌（*Coelomomyces psorophorae* Couch）不但存在世代交替，而且还是转主寄生菌，它要求有两个完全不同的寄主——蚊子和桡足虫，才能完成其生活史。以往的认识是菌物的转主寄生现象仅出现在担子菌门的锈菌纲中，过去虽然注意到了侵染桡足虫阶段，但从未将其与雕蚀菌属相联系。借助对骚蚊雕蚀菌的了解，研究者们很快鉴定了雕蚀菌属中其他转主寄生的种类。为了完成其生活史，骚蚊雕蚀菌不仅需要脉毛蚊（*Culiseta inornata*）幼虫，而且也需要桡足虫寄主。双倍体孢子的产生阶段是在蚊子上，而单倍体的配子产生阶段则是发生于桡足虫上。

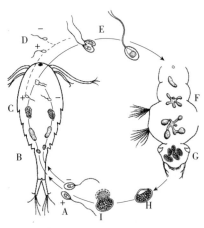

图 8-2 骚蚊雕蚀菌（*Coelomomyces psorophorae*）的生活史
（由 Carlo Gubbias Hahn 重绘自 Whisler et al.，1975）

骚蚊雕蚀菌的生活史（图 8-2）：其单倍体的减数分裂孢子有两种类型，即（+）和（−）（图 8-2，A）。当这些自由游动的孢子接触到寄主桡足虫时，便静止，然后穿透寄主体壁，在寄主血腔内形成简化而短小分枝的配子菌体（图 8-2，B）。这一阶段的菌体和孢子菌体都是无壁的，这一特征对芽枝霉目或对真菌来说都是罕见的。（+）和（−）两种菌体可在同一动物体内形成。这些菌体成熟后便形成配子（图 8-2，C），且在寄主桡足虫死之前很快释放在其体内。若（+）和（−）两种配子存在于同一寄主内，它们在寄主体内便可融合，形成能动合子。合子和未融合的配子最终在其死亡寄主桡足虫的体壁崩解时释放到所处的环境中（图 8-2，D）。在寄主体外，配子也可进一步融合，形成能动合子（图 8-2，E）。这些能动合子若碰到其寄主蚊子的幼虫，它们便静止，形成细胞壁，侧生出一附着胞，由附着胞产生侵入管，穿透寄主体壁进入下表皮细胞，将原生质注入表皮细胞，接着进一步发育成孢子菌体（图 8-2，F）。孢子菌体进入寄主血腔，在血腔中通过形成称为虫菌体的不连续的菌丝段而增殖，最后发育成双倍体菌丝体，其顶端形成厚壁、卵圆形、黄褐色的休眠孢子囊（图 8-2，G）。休眠孢子囊形成的数量极多，可完全充满整个垂死的或已经死亡的幼虫体腔。当幼虫崩解时，休眠孢子囊被释放出来（图 8-2，H）。条件适宜时，休眠孢子囊很快产生孢子（图 8-2，I）。在这一过程中，发生减数分裂，形成许多单倍体减数分裂孢子。总之，许多对雕蚀菌属真菌的关注都与其对蚊子的生防潜力有关，然而由于各种复杂的原因，目前还妨碍着雕蚀菌广泛应用于蚊子幼虫生防接种体的大规模生产。

3）链枝菌科（Catenariaceae）

该科具链状菌丝体，由膨大或孢子囊与狭窄菌丝重复间隔构成。含 3 属。代表属：

链枝菌属(*Catenaria* Sorokin)

该属种类主要寄生在微小动物上。其中线虫链枝菌(*C. anguillulae*)是研究雕蚀菌属时经常碰到的种类。

线虫链枝菌(*C. anguillulae* Sorokin):产生由分枝或不分枝的具假根的串珠状分隔菌体。多中心式分体产果。游动孢子囊和休眠孢子由菌丝上有规律间隔的膨大体发育而成。该种不但可寄生甲壳纲类动物寄主,而且还是雕蚀菌属真菌厚垣孢子囊的重寄生菌。它还是线虫的内寄生菌,且能在植物残体上营腐生生活。实验室内可用营养琼脂培养基培养。

4) 节壶菌科(Physodermataceae)

节壶菌科包括2个植物病原菌属,即节壶菌属(*Physoderma*)和尾囊壶菌属(*Urophlyctis*)。菌体均产生一个体外生单中心孢子囊阶段和一个体内生多中心孢子囊阶段。代表属:

节壶菌属(*Physoderma*)

营养体呈陀螺状的膨大细胞,膨大细胞间有细丝相连,具隔膜。外寄生阶段的假根稀少、粗短、单中心的,无性繁殖产生外生的游动孢子囊。内生阶段为多中心的,在寄主体内产生黄褐色近球形、具囊盖的休眠孢子囊,萌发时释放出多个游动孢子(图8-3)。该属目前约99种。可造成枝干、叶部和花序的褪色到明显增生。玉蜀黍节壶菌(*Physoderma maydis*)引起玉米褐斑病。

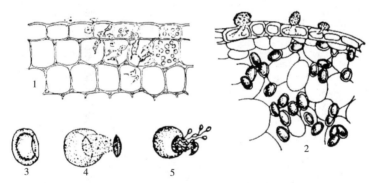

1. 寄主细胞内的菌体 2. 寄主表面的游动孢子囊和寄主体内的休眠孢子囊
3. 休眠孢子囊放大 4、5. 休眠孢子囊萌发

图8-3 节壶菌属(*Physoderma*)

(引自陆家云,2001)

本章小结

芽枝霉门由壶菌门中分出,广泛生于各种水生和陆地生境。多腐生,少数可寄生于昆虫、小动物、植物和其他菌物上。营养体形态多样,为单细胞或分枝的菌丝体,无性繁殖产生单鞭毛游动孢子,有性生殖通过游动配子融合产生合子(休眠孢子囊)。在《菌物词典》第10版中本门真菌包括1纲1目5科14属179种。典型代表为异水霉属(*Allomyces*)。雕蚀菌属(*Coelomomyces*)的种类可用于蚊子的生物防治。线虫链枝菌(*Catenaria anguillulae*)寄生于线虫引起疾病。玉蜀黍节壶菌(*Physoderma maydis*)常引起玉米褐斑病。

思考题

1. 试述芽枝霉门的主要特征。
2. 在哪些环境中可以找到芽枝霉菌类真菌?
3. 试比较芽枝霉门与壶菌门的主要区别。
4. 试述芽枝霉门主要科中典型代表属、种的特征和生态意义。
5. 试述芽枝霉门中拥有单倍体和双倍体世代交替,且具有转主寄生现象的类群及其经济意义。

第 9 章

接合菌类

9.1 概述

接合菌类（Zygomycetous fungi）真菌的共同特征是有性生殖产生接合孢子。该类真菌是由低等的水生真菌发展到陆生的种类，在形态上表现为由能动的具鞭毛的游动孢子发展为无鞭毛不游动的孢囊孢子。多数种类的生存环境脱离了水，大多腐生于土壤、植物残体、动物粪便以及多种有机质上，少部分寄生于菌类、植物、动物和人类。

接合菌类中的许多真菌是食品、发酵、医药等工业的生产菌，有的是人、畜及其他动物的寄生菌和高等植物的弱寄生菌。条件适宜时常可引起食品、果蔬等霉烂变质。

9.2 生物学特性

（1）营养体

大部分接合菌的营养体为发达、分枝、无隔多核的菌丝体，少数种类菌丝体有隔，在形成子实体时，一些种类也会产生封闭的隔膜。部分寄生在昆虫体上的种类会形成虫菌体。有的菌丝体特化形成匍匐枝、假根、吸器和吸盘等，有的能分泌黏性物质。菌丝细胞壁主要成分是几丁质和壳聚糖。

（2）无性繁殖

接合菌的无性繁殖主要是产生内生的不能游动的孢囊孢子，孢子囊由孢囊梗顶端膨大形成，有囊轴或无囊轴，囊轴是孢囊梗与孢子囊之间的隔膜向孢子囊内凸出形成的球形或梨形结构。孢囊梗上有囊托或无囊托。囊托是孢囊梗和囊托连接处膨大形成的。这种顶生的孢子囊一般含有大量的孢囊孢子。此外还有小型的孢子囊，只含有少数孢子。小型孢子囊为圆球形或圆柱形，里面的孢囊孢子列成一排。大小孢子囊多着生在各自的孢囊梗上，但也有着生在同一囊梗上。一般大型的孢子囊单独着生在孢囊梗顶端，小型孢子囊着生在孢囊梗中下部长出的短梗上。孢囊孢子多为球状，也有梨形、瓶形或圆筒形等（图9-1）。有的形成分生孢子、节孢子、毛孢子、虫菌体和变形虫状细胞，少数形成厚垣孢子、芽孢子和酵母状细胞。成熟的孢子条件适宜时萌发成菌丝。

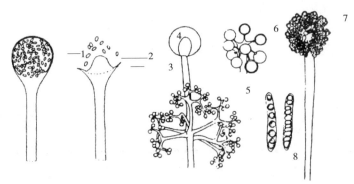

1. 大型孢子囊 2. 囊轴 3. 囊托 4. 顶生大型孢子囊 5. 球形小型孢子囊
6. 小型孢子囊的放大 7. 柱形孢子囊 8. 柱形孢子囊放大

图 9-1 接合菌孢子囊类型

(1~6 改绘自 Talbot，1971；7、8 改绘自 Alexopoulos et al.，1996)

（3）有性生殖

接合菌有性生殖以配子囊配合的方式进行质配，接合产生接合孢子。配子囊大小、形态相似的称作同型配子囊，反之则为异性配子囊。交配型菌丝"+""-"靠近后，前端膨大形成配子囊，配子囊接触后，前端破裂，原生质体融合形成接合孢子，此为异宗配合。即只有当两个可亲和的菌系配合后，才能形成接合孢子。这两个菌系在形态上很难区别，所以不能用雌、雄来区别，而用"+""-"来区分。有的种类可在同一菌丝的不同部位产生配子囊，形成接合孢子，为同宗配合。在与菌丝相连的细胞处，即配子囊基部称为配囊柄。有的种类在配囊柄基部可以产生附属丝，附属丝包围接合孢子。有些则进行孤雌生殖，产生单性接合孢子。接合孢子形态多样，表面光滑或有纹饰，是接合菌分类的重要依据（图 9-2）。条件适宜时，接合孢子直接萌发出芽管产生菌丝，或在其顶端产生芽孢子囊，由孢子囊萌发产生菌丝。

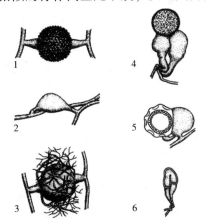

1. 总状共头霉（*Syncephalastrum racemosum*）
2. *Coemansia mojavensis* 3. 辐枝霉（*Radiomyces spectabilis*）
4. 克莱因水玉霉（*Pilobolus kleinii*） 5. *Mortierella epigam*
6. 圆柱孢珠头霉（*Piptocephalis cyindrospora*）

图 9-2 不同形态的接合孢子

(引自 O'Donnell et al.，1979)

9.3 分类

根据生活习性和生态特点，接合菌在以往"五个亚门"分类系统中被归于接合菌亚门。C. W. Hesseltine 在 1973 年将接合菌亚门分为接合菌纲和毛菌纲，下设 7 目；1995 年《菌物词典》第 8 版将接合菌亚门升为门；2008 年 9 月出版的《菌物词典》第 10 版，将接合菌门分为 4 亚门：梳霉亚门（Kickxllalomycotina），包含内孢毛菌目（Asellariales）、双珠霉目（Dimargaritales)、钩孢毛菌目(Harpellales)、梳霉目(Kickxellales)4 目;毛霉亚门(Mucoromycotina),包含内囊霉目(Endogonales)、被孢霉目(Mortierellales)、毛霉目(Mucorales)3 目;虫霉亚门(Entomophthoromycotina),包含虫霉目(Entomophthorales)和蛙粪霉目(Basidiobolales)两目;捕虫霉亚门(Zoopagomycotina),含捕虫霉目(Zoopagales)1 目。共 10 目 27 科 168 属 1065 种。

此类群近年来变化很大,目前学术界有建议不将接合菌门合格化。2016 年 Spatafora 等基于基因组数据对接合菌进行了门水平的系统发育分类,提出将接合菌分为毛霉门(Mucoromycota)和捕虫霉门(Zoopagomycota)两个门。毛霉门包括球囊霉亚门(Glomeromycotina)、被孢霉亚门(Mortierellomycotina)和毛霉亚门(Mucoromycotina);捕虫霉门包括虫霉亚门(Entomophtoromycotina)、梳霉亚门(Kickxellomycotina)和捕虫霉亚门(Zoopagomycotina)。根据相关文献,目前该类群又有较大变动。

本书分类仍以《菌物词典》第 10 版为基础。

9.4 代表类群

9.4.1 虫霉亚门

虫霉亚门(Entomophthoromycotina)的真菌多为腐生生物,或寄生于节肢动物上,形成简单或分枝的分生孢子梗,分生孢子梗端产生单一的原生分生孢子。原生分生孢子由与分生孢子梗连续的壁层组成,通常被强制排出;如果它们落在不良的生存环境下,则可产生次级分生孢子。休眠孢子含有 2 个至多个核。休眠孢子可由接合孢子或者单性孢子形成。虫霉亚门下只有虫霉目(Entomophthorales)1 目。

虫霉目(Entomophthorales)

主要寄生于昆虫、原生动物及线虫,少数寄生于高等真菌及低等植物;有些腐生在青蛙、蜥蜴的粪便上或土壤中;有些种类是狗、马、人和其他哺乳动物上的兼性寄生菌,可通过菌丝体或者酵母状的细胞繁殖,使菌丝体遍布寄主全身而将其杀死。有严格的寄主专一性,可以迅速杀死寄主,因而成为生物防治研究的热点。

虫霉目菌丝体多核或单核,多有隔膜,常在隔膜处断裂成段,形成虫菌体(hyphal bodies)。细胞壁无色或淡褐色,主要成分为几丁质。可以 3 种方式进行无性繁殖:①虫菌体以芽殖或裂殖方式进行繁殖;②一个虫菌体产生一个有色或无色的分生孢子梗,顶端着生初生分生孢子(单孢子囊),分生孢子单核或多核,近球形或长椭圆形,可以强力弹射,分生孢子的外面有一黏液层,有助于射出的孢子黏着于目的物,环境适宜时,孢子萌发成为菌丝,否则产生次生孢子;③虫菌体也可形成厚垣孢子。

有性生殖由菌丝体细胞接合或虫菌体接合形成接合孢子或拟接合孢子。接合孢子壁厚,无色或有色,表面光滑或有纹饰。也可以孤雌生殖方式形成拟接合孢子。

该目已有大量的分类专著。Waterhouse(1973)认为该目只有 1 科,即虫霉科(Entomophthoraceae);Humber(1989)将该目分为 6 科。《菌物词典》第 10 版(2008 年)将该目分为 5 科,即:钩虫霉科(Ancylistaceae)、蕨霉科(Completoriaceae)、虫霉科、新接合菌科

（Neozygitaceae）、裂殖虫霉科（Meristacraceae），共23属。

虫霉属（*Entomophthora* Fresen）

寄生于节肢动物上，主要寄生于昆虫体上。菌丝体全部或部分断裂成多核菌丝段，即虫菌体。初生分生孢子梗形似担子；分生孢子光滑，生于寄主体外，弹射释放。配子囊等大或不等大或缺，有性生殖产生接合孢子，从两个结合细胞的侧芽上产生。该属种类主要寄生在双翅目、半翅目、鳞翅目和直翅目等昆虫的虫体上，使昆虫发病，可用于生物防治。该属目前约 63 种。我国已报道 8 种。

蝇虫霉[*E. muscae*（Cohn）Fresen]：为常见种（图 9-3），寄生在苍蝇上，被害的苍蝇常贴附在玻璃窗上，寄主的四周由于射散的孢子而形成白色的晕。

库蚊虫霉[*E. culicis*（A. Braun）Fresen]：可危害蚊和蠓虫。

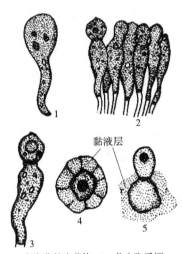

1. 正在发芽的虫菌体 2. 分生孢子梗
3. 将要射出的分生孢子 4. 脱落的分生孢子 5. 正在发芽的分生孢子

图 9-3　蝇虫霉（*Entomophthora muscae*）
（引自邢来君等，1999）

9.4.2　梳霉亚门

梳霉亚门（Kickxllalomycotina）的真菌陆生，寄生或腐生，也常在昆虫或等足类动物的中或后肠道形成共生体。

梳霉亚门成员的特征在于形成规则的有隔菌丝。隔垫产生透镜腔，其包含或多或少具有透镜形状的单个隔垫塞。双珠霉目（Dimargaritales）的种形成两个突起的隔垫塞，每个突起一个突出到相邻的菌丝细胞的细胞质中。其他目形成的间隔塞没有突起。无性繁殖可产生节孢子、单孢或双孢的柱孢子囊。接合孢子球形、宽梭形、半圆形或长圆柱形和卷曲形。

在《菌物词典》第 10 版分类中，本亚门包括内孢毛菌目（Asellariales）、双珠霉目（Dimargaritales）、钩孢毛菌目（Harpellales）和梳霉目（Kickxellales）4 个目。内孢毛菌目下有内孢毛菌科（Asellariaceae）1 科 3 属；双珠霉目下有双珠霉科（Dimargaritaceae）1 科 3 属；钩孢毛菌目有 2 科：钩孢毛菌科（Harpellaceae）和侧孢毛菌科（Legeriomycetaceae），共 38 属；梳霉目下有梳霉科（Kickxellaceae）1 科 12 属。其中代表属有钩孢毛菌属（*Harpella*）、变形毛菌属（*Amoebidium*）、内孢毛菌属（*Asellaria*）、外毛菌属（*Eccrina*）、双珠霉属（*Dimargaris*）、旋梗霉属（*Spiromyces*）和梳霉属（*Kickxella*）。

9.4.3　毛霉亚门

毛霉亚门（Mucoromycotina）分为 3 个目，即内囊霉目（Endogonales）、被孢霉目（Mortierellales）和毛霉目（Mucorales）。

9.4.3.1　内囊霉目

内囊霉目（Endogonales）真菌包括了一些外生菌根真菌和腐生真菌。其有性繁殖是在一个简单的、封闭的子实体中，通过配子接合产生接合孢子。子实体可能存在于地下或严重腐烂的木材中，或在苔藓和地衣植物上产生。形成外生菌根的真菌在地下形成孢子果。孢子果中只含有接合孢子或厚垣孢子。从系统的角度来看，内囊霉目依然被认为是毛霉亚门的一部分。但是，不同于毛霉目的厚壁，具纹饰的黑色接合孢子，内囊霉目的接合孢子通常是薄壁、不着色且光滑的。通过配囊柄并生的接合孢子繁殖，接合孢子单个或多个生于孢囊果中。

在《菌物词典》第10版分类中，内囊霉目有内囊霉科（Endogonaceae）1科，4属，即内囊霉属（*Endogone*）、夹孢霉属（*Peridiospora*）、硬内囊霉属（*Sclerpgone*）和雍氏霉属（*Youngiomyces*），6种。

内囊霉目曾经被认为是毛霉目（Hesseltine 和 Ellis 1973）中的一个科，Benjamin（1979年）通过将科升为目，验证了莫罗（1953）提出的内囊霉目。随后 Morton et al.（1990）认为内囊霉目只包括内囊霉科和内囊霉属，并将其他属移到了新的目球囊霉目（Glomales）。2011年 Dibartono 等提出了与内囊霉属相似的真菌可能与早期陆地植物的菌根相关的证据。内囊霉属的几个现存物种是具有最早分枝菌根的菌根真菌。这些菌根物种类似于在苏格兰莱尼燧石（Rhynie Chert）化石植物 *Nothia aphylla* 中发现的真菌。2013年 Tedersoo 和 Smith 的研究表明，外生菌根真菌可能在内囊霉目真菌中存在两次进化。相较于丛枝菌根真菌的球囊霉亚门（Glomeromycotina）和外生菌根真菌的双核亚界 Dikarya 真菌，内囊霉目真菌是菌根真菌的独立的另外一类起源。这种共生的接合菌是已知的兼性腐生生物。并且它与其他的毛霉一样含有内共生细菌。

9.4.3.2 被孢霉目

被孢霉目（Mortierellales）的物种数量约占已知的接合菌总数的10%，该目真菌具有非常高的生态和生理多样性，使其能够在全球范围内分布。作为多不饱和脂肪酸的工业生产者，如花生四烯酸或二十碳五烯酸，它们具有巨大的生物工程利用的重要性。

该目真菌产生孢子囊和小孢子囊，囊轴无或较小；接合孢子薄壁透明，光滑或具有棱角，配囊柄并生，少数种类配囊柄被菌丝环绕。孢囊梗基部常常膨大。除被孢霉属（*Mortierella*）物种超过90种外，其他属都是单种属或双种属。菌落常呈环带状（zonate colonies），产生大蒜样气味。大多数物种是脂质积累生物体，如高山被孢霉（*Mortierella alpina*）。被孢霉真菌常伴有内共生细菌。

在《菌物词典》第10版分类中，被孢霉目含1科，即被孢霉科（Mortierellaceae），包括6属93种。

关于该目的分类，虽然 Hesseltine 和 Ellis（1973）和 Benjamin（1979）在毛霉目（Mucorales）内保留了被孢霉科，但被孢霉科 rDNA 系统发育中证实其是独立的进化谱系。同样从氨基酸和核苷酸序列数据推断的系统发育支持了单系的被孢霉目（Mortierellales）。此外，完整 SSU 和部分 LSU 序列数据（O'Donnell unpubl）的初步双基因座系统发育分析表明，被孢霉属可能与 *Dissophora*、*Lobosporangium* 和 *Gamsiella* 相当，因此属间关系值得进一步研究，才能制定被孢霉目内的进化关系。

9.4.3.3 毛霉目

毛霉目（Mucorales）是接合菌中种类最多和形态最具多样性的一个目。多数为腐生菌，广泛分布在土壤、动物粪便及其他腐殖质上；许多种在发酵工业及食品工业中发挥着重要作用。少数为寄生菌，寄生于其他真菌；极少数为弱寄生菌，引起植物病害，也能引起人类的接合菌病。

毛霉目菌丝体发达，大多为无隔多核，只有在形成孢子囊或配子囊的基部，以及生长末期的老熟菌丝才偶尔形成隔膜，但少数科一开始就有隔膜。菌丝体有两类，生长在基物内的称为营养菌丝体；生于空气中，有繁殖体称为气生菌丝体。有的菌丝特化为匍匐枝和假根；有的形成厚垣孢子或芽孢子。在液体培养时具有两型性：当二氧化碳过量时常为酵母状细胞，而当氧气充足时又长出菌丝体。菌丝的细胞壁组成复杂，以几丁质为主。

无性繁殖产生大型或小型孢子囊。大型孢子囊一般顶生，其内含物最后割裂成许多单核部分，这些部分在外围分泌细胞壁，并发育成孢囊孢子。大型孢子囊内的孢囊孢子数目多不固定，通常50~100个，多则可达10万个。孢囊梗不分枝或具不同形态的分枝，孢囊梗与孢子囊间的隔膜大多均向孢子囊凸出成球形、卵形或梨形，称为囊轴。小型孢子囊形态差异很大，具有或缺乏囊轴，内含少数孢囊孢子，通常1个至多个，多时可达30个。小型孢子囊圆球形或圆柱形，圆柱形孢子囊又称为柱孢子囊，其内的孢囊孢子排成一排。大小孢子囊多分别着生在各自的孢囊梗上，但也有着生在同一孢囊梗上的。一般大型孢子囊单独着生在孢囊梗的顶端，球形的小型孢子囊着生在孢囊梗中下部生出的短梗上，而柱孢子囊都集中在孢囊梗顶端，或在膨大的球状体上放射状着生或并列着生在一侧。单孢子的孢子囊，因其功能与分生孢子相似，不易与真正的分生孢子区别。有些种类在气生菌丝或基物内的菌丝上产生厚垣孢子；少数种类形成球形的粉孢子。

有性生殖大多由同型或异型配子囊接合形成接合孢子。此种接合最初是由两个邻近异质的菌体各向对方发生一侧枝，称原配子囊。原配子囊接触后，在每个原配子囊前端接近融合隔膜处各形成一个壁，随后融合隔膜溶解，两个原配子囊的原生质发生质配和核配，随后细胞增大，形成厚而多层的壁，从而变成接合孢子囊。有的配囊柄上可形成附属丝。接合孢子表面平滑或有纹饰。同宗配合或异宗配合。

毛霉目的分类主要依据孢子囊类型、孢囊梗形态以及分枝状、囊梗的有无及形态特征、配子囊类型、附属丝形态以及接合孢子的形态等特征。根据《菌物词典》第10版(2008)，毛霉目包括9科51属205种。目前基于分子序列数据，毛霉目承认14个科。其中常见的重要科属有：

1) 毛霉科(Mucoraceae)

菌丝通常无隔膜，生长繁茂。无小型孢子囊。孢囊梗单生或分枝。孢子囊球形至洋梨形，有永存性囊轴，有时有囊托。孢子囊不脱落，也不强力散射。配囊柄对生、并生或作钳状，有附属丝或无。接合孢子光滑或具疣状突起。多为腐生，也有弱寄生的。本科共分为20个属，其中常见的重要属有：

（1）**毛霉属**(*Mucor* Fresen.)

菌丝体无隔，分枝多，不形成假根和匍匐枝。菌丝体分化出孢囊梗，孢囊梗单生或分枝，分枝形式有两种：一为单轴式，即总状分枝；另一为假轴状分枝。孢子囊顶生、球形或椭圆形，囊壁上常带有针状的草酸钙结晶，大多数种的孢子囊成熟后其壁易消失或破裂。囊轴形状不一，囊轴与囊柄相连处无囊托。孢囊孢子球形、椭圆形或其他形状，单胞，大多无色，无线状条纹，壁薄而表面光滑。有性生殖多异宗配合，也有同宗配合的种类。配子囊同型，囊柄不弯曲，无附属物。接合孢子表面有瘤状突起，萌芽时产生芽孢子囊(图9-4)。某些种产生厚垣孢子。

本属中一些种类可用于生产有机酸，如梨形毛霉(*Mucor piriformis* A. Fiseh.)、鲁氏毛霉(*M. rouxianus* Lendn.)，还可以用于腐乳及豆豉的加工。一些种可引起谷物、果实和储藏物的腐烂。有些是人类的病原菌。我国已报道23种。目前本属约91种。

大毛霉(*M. mucedo* Fresen.)：孢囊梗不分枝，孢子囊为黄色或灰黄色，孢囊孢子椭圆形，接合孢子呈黑色，可引起果实、蔬菜、面包和肉类等腐烂。

总状毛霉(*M. racemtosus* Fresen.)：孢囊梗分枝，孢子囊球形，孢囊孢子球形或短卵圆形，不易形成接合孢子，可引起甘薯软腐，也引起许多水果和蔬菜储存期腐烂，还可用于豆豉的生产。

(2) 根霉属(*Rhizopus* Ehrenb.)

菌丝无隔，菌丝体分化出假根和匍匐丝，与假根相对处向上长出孢囊梗，单生或丛生，顶端形成孢子囊。孢子囊球形，成熟后孢囊壁消解或成块破裂。囊轴明显，球形或近球形，囊轴基部有囊托(孢子囊壁的残片)。孢囊孢子球形、卵形或不规则形，或有棱角或线纹、无色或淡褐色。接合孢子由菌丝体或匍匐菌丝生出两个同形对生的配子囊结合而成，配囊柄上无附属丝。接合孢子表面有瘤状突起。该属中除有性根霉为同宗配合外，目前已知的其他种都是异宗配合。我国已报道7种。目前本属约13种。

根霉的用途很广，我国利用根霉制曲酿酒已有悠久历史。如米根霉(*R. oryzae* Went)具有活力很强的淀粉酶，多用作糖化菌。少根根霉(*R. arrhizus*)、米根霉(*R. oryzae*)等都能产生乳酸。匍枝根霉(*R. stolonifer*)能产生果胶酶，还常用来发酵豆类和谷类食品。少根根霉能产生脂肪酶。匍枝根霉、华根霉(*R. chinensis*)等都能转化多种甾族化合物，是微生物转化甾族化合物的重要真菌。

匍枝根霉[*R. stolonifer*(Ehrenb.) Vuill.]：为根霉属的代表种。营养菌丝深入培养基内，在培养基表面有匍匐菌丝。匍匐菌丝和培养基接触的地方形成假根，假根正上方有一根或多根直立的、灰褐色的孢囊梗，顶端膨大形成黑色、圆球形孢子囊，囊托近球形。孢囊壁破裂后，大量褐色孢囊孢子散出。其有性生殖为异宗配合。以配子囊配合的方式进行质配，发育成黑色、厚壁、有瘤状突起的接合孢子(图9-5)。寄生能力较弱，可使果实和花序等发生腐烂。引起木波罗、番木瓜、桃、胡桃、枣和板栗果腐，为害八角引起花腐病，为害云杉和樟子松等引起种实霉烂。在草莓的运输与销售过程中，能造成相当大的损失。根霉也可用来作为延胡索酸生产的商业化菌种，在可的松生产中也有应用。

木波罗根霉[*R. artocarpi* Racib]：可引起木波罗软腐病。

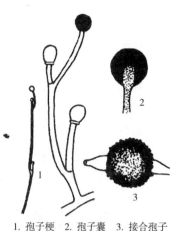

1. 孢子梗 2. 孢子囊 3. 接合孢子

图 9-4 毛霉属(*Mucor*)**形态特征**

(引自宗兆锋等，2002)

(3) 犁头霉属(*Absidia* Tiegh.)

有匍匐菌丝和假根，假根间的匍匐菌丝上有孢囊梗着生，与假根呈不对称生长，大多为 2~5 支成簇。孢囊梗顶生洋梨形孢子囊，有囊托。囊轴圆锥形、近球形，顶端有时有乳状突起。孢囊孢子较小，单胞，无色(图9-6)。有性生殖时，配囊柄对生，由一个或两个配囊柄上长出附属丝包围接合孢子。接合孢子呈深褐色，异宗配合或同宗配合。多为腐生菌。分布广泛，是土壤、粪便和酒曲中常见的腐生真菌。本属目前约 20 种。我国已报道 7 种。

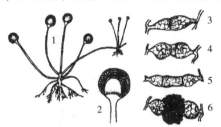

1. 孢囊梗、孢子囊、假根和匍匐枝 2. 放大的孢子囊
3. 原配子囊 4. 原配子囊分化为配子囊和配子囊柄
5. 胚子囊交配 6. 最终形成的接合孢子

图 9-5　匍枝根霉(*Rhizopus stolonifer*)
(引自许志刚，2009)

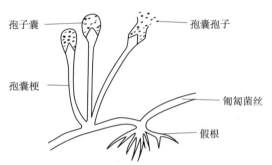

图 9-6　犁头霉属(*Absidia*)形态
(引自李玉等，2015)

2) 笄霉科(Choanephoracea)

具大型孢子囊及小型孢子囊，分别着生于各自的孢囊梗上。孢子囊有囊轴。孢囊孢子有条痕，两端各具附属丝一丛。多数小型孢子囊仅含一个孢子，也有少数含几个的。接合孢子光滑或粗糙，平行，对生或钳状生于配囊柄上。常见的有 2 属。

笄霉属(*Choanephora* Currey)

大型孢子囊着生在弯曲下垂、不分枝的孢囊梗顶端，有囊轴，孢子囊内含大量形状不一的孢囊孢子。孢囊孢子褐色，大多有条纹以及在两端各有成束而无色的毛状附属丝。小型孢子囊成群聚生在孢囊梗顶端膨大的球体上，即泡囊的小突起上，内含 2~5 个孢囊孢子。孢囊卵形至纺锤形，暗褐色，有条纹及毛状附属丝，有时形成厚垣孢子(图9-7)。接合孢子表面无突起，但有条纹。配囊柄钳状，下部互相扭结，无附属物，异宗配合。目前本属约 2 种。

瓜笄霉[*Choanephora cucurbitarum* (Berk. Rt. Rav.) Thaxt]：具有两种孢子囊：大型孢子囊直径 170μm，小型孢子囊只有一个孢子。引起洋麻、茄子、棉花、丝瓜和南瓜等花腐病，在雨季极易找到。此菌也产生 β-胡萝卜素，也能转换甾族化合物。

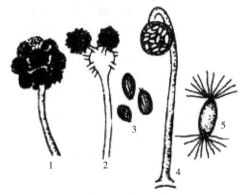

1. 小型孢子囊聚生在孢囊梗顶端 2. 孢囊梗顶端的球状体及小梗 3. 小型孢子囊 4. 大型孢子囊 5. 放大的孢囊孢子

图 9-7　笄霉属(*Choanephora*)的繁殖体
(引自宗兆锋和康振生，2002)

3) 吉尔霉科(Gilbertellaceae)

本科只有吉尔霉属(*Gilbetella* Hesseltine)一属，仅产生大孢子囊而无小型孢子囊。孢囊孢子有条纹和附属丝。异宗配合，接合孢子表面

粗糙。常见的有桃吉尔霉[*Gilbetella persicaria*(Eddy)Hesselt.]，配囊柄并生，接合孢子外壁粗糙。为害桃及番茄。

4) 小克银汉科(Cunninghamellaceae)

菌丝初始无隔膜，后产生不规则隔膜。孢囊梗直立，分枝或不分枝，顶端膨大成球状，上密生小刺，小刺上着生小型孢子囊。小型孢子囊单胞，无色，球形或卵形，表面常有刺。配囊柄对生，接合孢子具疣状突起。本科中的短刺小克银汉霉(*Cunninghamella blakesleana* Lendn.)等曾用于测定土壤中有效磷和氮的含量。仅个别种类为害植物。

小克银汉霉属(*Cunninghamella* Maturchot)

小型孢囊梗直立，上生细刺，刺端着生小型孢子囊。小型孢子囊单胞，球形、卵形或洋梨形，表面有刺(图9-8)。有厚垣孢子。我国已报道7种。目前本属约13种。

雅致小克银汉霉(*C. elegans* Lendn)：孢囊梗主轴顶端的球状膨大体直径小于50μm；分枝轮生。小型孢子囊卵形，表面具短刺。不常产生厚垣孢子。可寄生于多种植物的种子。

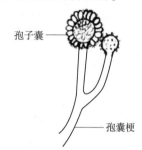

图9-8 小克银汉霉属(*Cunninghamella*)形态
(引自李玉等，2015)

班尼小克银汉霉(*C. bainieri* Nauru)：小型孢囊梗分枝轮生，小型孢子囊球形，有刺或无刺。寄生于木槿花上。

刺孢小克银汉霉[*C. echinulata*(Thaxt.)Thaxt.]：小型孢囊梗分枝假轴状，呈聚伞形或不规则形。小孢子囊球形，有长刺。寄生于南瓜花上。

9.4.4 捕虫霉亚门

捕虫霉亚门(Zoopagomycotina)的所有成员都是其他真菌或小动物(变形虫、轮虫和线虫及其卵)的专性寄生菌。该亚门只有捕虫霉目(Zoopagales)1目。

捕虫霉目真菌的营养体是无隔分枝的菌丝体或旋卷的丝状菌体。有捕食性、内寄生性和外寄生性。捕食性的种类形成无隔、繁茂分枝的菌丝体，表面有黏性物质，将被捕食的小原生动物黏住；内寄生菌的菌体多样，在小原生动物体内形成旋卷状菌丝；外寄生菌的分生孢子膨大黏附在原生动物体外，产生吸器，侵入寄主，在体内分枝(图9-9)。

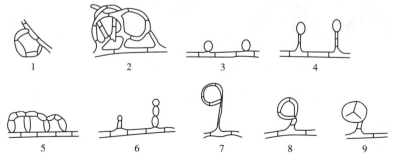

1、2. 黏性网　3、4. 黏性球　5、6. 黏性分枝　7. 非收缩环　8、9. 收缩环

图9-9 捕虫霉目(Zoopagales)菌丝体形成的捕虫结构
(引自李玉等，2015)

无性繁殖形成分生孢子。多数产生气生分生孢子，有的种类只产生厚垣孢子。分生孢子针形、球形或梭形，单个或成串地在孢子梗上侧生或顶生，非强力发射。孢子可在脱落后萌发或黏附在寄主体表萌发，或在被吞入寄主体内萌发。

接合孢子由菌丝顶端两个相似或不相似的配子囊接合形成，球形，表面有疣突。

捕虫霉目是由 Bessey 于 1950 年为捕虫霉科（Zoopagaceae）而建立。该目分类的主要依据是分生孢子的形状、大小和产生方式。按照《菌物词典》第 10 版（2008 年），该目分为 5 科 22 属 190 种。常见属有旋体霉属（*Cochlonema* Drechsler）、捕虫霉属（*Zoopage* Drechsler）、梗虫霉属（*Stylopage* Drechsler）、泡囊虫霉属（*Cystopage* Drechsler）、蛭孢霉属（*Bdellospora* Drechsler）和嗜虫霉属（*Amoebophilus* P. A. Dang）等。

本章小结

接合菌大多产生无隔、发达的菌丝体，较高等的接合菌菌丝有隔膜；菌丝体还可产生假根、葡匐丝、捕虫菌环和菌网等变态结构。接合菌的无性繁殖产生孢子囊和孢囊孢子；有性生殖以配子囊配合的方式进行质配，接合产生接合孢子。有的种类可在同一菌丝的不同部位产生配子囊，形成接合孢子，为同宗配合。异宗配合是交配型菌丝"+""-"靠近后，前端膨大形成配子囊，配子囊接触后，前端破裂，原生质体融合形成接合孢子。接合菌多为腐生性，少数寄生性，与工业生产、农业生产及人类健康密切相关。

依据传统的分类方式，接合菌类（门）的真菌分为接合菌纲和毛菌纲；在《菌物词典》第 10 版（2008）中将接合菌门分为 4 个亚门。近年来根据一系列分子系统学研究，接合菌分类变化较大，有提出将接合菌分为毛霉门（Mucoromycota）和捕虫霉门（Zoopagomycota）两个门或多个门。

思考题

1. 简述接合菌的形态特征及无性繁殖和有性生殖的特点。
2. 简述接合孢子的形成过程。
3. 试举例说明接合菌中的植物病原菌和昆虫病原菌。
4. 简述毛霉目及匍枝根霉的形态特征。

第 10 章

子囊菌门

10.1 概述

子囊菌门(Ascomycota)是真菌界中物种多样性最丰富的一个门。该类群真菌在有性阶段可形成子囊及子囊孢子,因而通常称其为子囊菌。子囊菌的结构比较复杂,其与担子菌均被称为高等真菌。在《菌物词典》第 10 版(2008)中,子囊菌门真菌已知约有 6355 属 64163 种。据 2018 年报道子囊菌门真菌已知约有 90000 种。

子囊菌广泛存在于陆生和水生生境中,也有极少数可在一些极端的环境中生存,如在高纬度、高海拔的南极地区,科学家就发现了地衣型真菌。地衣型真菌中绝大多数都属于子囊菌。大多数子囊菌的营养方式为腐生(许多是粪生或土生),可生于地面或地下、海水或淡水中,或腐生于各种动植物的残体上;少部分的子囊菌营寄生生活,主要寄生于植物、昆虫、人和禽畜上引起一些病害;还有一些子囊菌可以与动植物、昆虫和藻类形成共生关系,如与蓝细菌、藻类共生为地衣,与植物共生形成菌根或为内生菌有利于植物的生长。

子囊菌与人类生活的关系十分密切。有些子囊菌可以引起一些林木、农作物和园林花草的病害,使植物表现出根腐、茎腐、枯萎、果(穗)腐、枝枯和叶斑等症状,主要病症是白粉、烟霉、各种色泽的点状物(黑色为主)与霉状物、颗粒状的菌核和根状的菌索等。在林木上主要引起叶斑病、炭疽病、白粉病、烟霉病、萎蔫病、枝枯病、腐烂病以及过度生长性病害。在北美东部,由寄生隐丛赤壳(*Cryphonectria parasitica*)引起的板栗疫病使得大部分栗树的地面部分枯死,而根部抽生出新生的小枝使栗树变成了"小灌木丛"。另一种子囊菌新榆蛇口壳(*Ophiostoma novo-ulmi*)引起榆树枯萎病的新流行,威胁着欧洲和美洲榆树的生存。有些子囊菌是人和动物的条件致病菌,可造成皮肤、皮下和全身性感染,如引发皮癣、脚气和肺炎等。还有一些子囊菌可引起纤维织品、皮革、木材和食物的霉烂和变质。子囊菌的一些次生代谢产物被认为是真菌毒素,会影响人类的健康。同时,也有一些子囊菌对人类有益,可作为食用真菌和药用真菌,如羊肚菌、块菌和冬虫夏草;有些子囊菌还可以用于防治植物病虫害,如毛壳属(*Chaetomium*)可降低番茄枯萎病和苹果斑点病的发病率;我国用白僵菌(*Beauveria*)防治松毛虫。子囊菌在食品和医药行业也有广泛的应用,如曲霉(Aspergillus)产生的蛋白酶、淀粉酶和果胶酶等,在我国的酒曲和酱油曲中广泛应用;青霉(Penicillium)产生的青霉素挽救了无数患者的生命。在生态环境中,一些子囊菌可以对农药和有毒物质进行降解,如曲霉和青霉对乐果、灭幼脲及甲胺磷等有降解作用。

10.2 生物学特性

(1) 营养体

子囊菌的营养体为单倍体,菌丝细胞常为单核,也有双核或多核的;除酵母主要是单细胞外,一般都是分枝繁茂的菌丝体。细胞壁主要成分是几丁质,一般不含纤维素。酵母菌细胞壁主要成分为甘露聚糖和 β-1,3-苷糖。菌丝细胞内含有核糖体、线粒体、内质网、液泡、微管、类脂体、质膜外泡等典型的细胞成分。

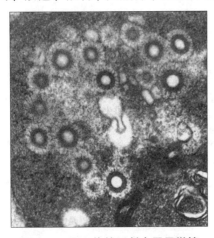

图 10-1 同心体的透射电子显微镜照片,此区域里的细胞质不含任何细胞器(×45000)
(引自 Chapman,1979)

丝状子囊菌的菌丝具有隔膜(septum,复数 septa)和显著的壁。大多数子囊菌的隔膜中央有一微小的孔道,菌丝细胞的原生质、细胞器和细胞核可通过这个孔道相互沟通,从而使菌丝构成一个整体。许多产生菌丝的酵母菌通常具有限定隔膜完全向内生长的闭合线(closure line)或微孔,其作用类似于植物中的胞间连丝。在隔膜附近,通常还有圆形、四方形和六角形的有膜包被的伏鲁宁体(Woronin body),伏鲁宁体可以与菌丝隔膜结合形成孔塞,被认为是用来隔开老化或受损的菌丝,但其确切的功能仍然未知。地衣型子囊菌菌丝中央常出现球形、具同心环纹结构的同心体(concetric body)(图 10-1),同心体有一个透明的中心被类似于膜的构造所包裹而与外围致密层分开。同心体的来源与功能目前还不清楚。

菌丝体可以交织在一起相互纠结形成疏丝组织(prosenchyma)和拟薄壁组织(pseudoparenchyma),这些组织又可形成子座和菌核等,这些结构与子囊菌的生殖、休眠和抗逆等功能相关。另外,菌丝还可以特化成附着胞(appressorium)、吸器(haustorium)、附着枝(hyphopodia)等结构,通常与病原菌侵染寄主有关。此外,有些子囊菌的菌丝还能分化产生活结、圈套、螺旋与黏桩,用以捕食线虫或其他微小动物。

有些子囊菌在一定条件下形成菌丝体,而在另一条件下则形成单细胞的菌体,如外囊菌,这种一种菌具有两种营养体的现象称为两型现象(dimorphism)。

(2) 无性繁殖

子囊菌无性繁殖发达,因菌种类和环境的不同采用不同的方式,主要以裂殖(fission)、芽殖(budding)、断裂(fragmentation)的方式形成粉孢子(oidium,复数 oidia)、厚垣孢子(chlamydospore)及分生孢子(conidium,复数 conidia)等。酵母及二型性子囊菌的正常繁殖方式是裂殖和芽殖。裂殖是指细胞通过缢缩和细胞壁形成简单地分裂成两个子细胞的繁殖方式。芽殖是由母细胞产生小芽,在芽形成时,母细胞的核进行有丝分裂产生子核,其中一个核进入小芽中。小芽附着在母细胞上,体积不断膨大,最终从母细胞上脱离形成新个体。有些种类的菌丝可以有规律地断裂成它们的组成部分,称为节孢子(arthrospore)。有些在不良环境条件下产生厚垣孢子。地衣可以产生粉芽(soredia)和裂芽(isidia)两种营养繁殖体,都是由菌物菌丝体和藻类细胞组成的共生体。

分生孢子对于子囊菌的繁衍和传播十分重要,不少子囊菌的无性繁殖能力很强,通常在一个生长季内分生孢子可连续繁衍好几代。分生孢子单胞或多胞,形态上差异很大,壁薄或厚,颜色有无色透明、绿色、黄色、橙色、红色、褐色和黑色,体积有大有小,形状为球形、卵圆形、椭圆形、棍棒形、圆柱形、线形、镰刀形、螺旋状等。细胞数目从一个到多个。细胞的排列方式和孢子的产生方式也各有不同。分生孢子产生于分生孢子梗(conidiophore)上,有些种类的分生孢子梗独立,彼此之间没有明显的结合,而一些种类则可以与营养细胞和寄主细胞聚集形成产孢结构(载孢体)。常见的载孢体有分生孢子器(pycnidium)、分生孢子盘(acervulus)、分生孢子座(sporodochium)和孢梗束(synnema)(图10-2)。

（3）有性生殖

子囊菌的有性生殖产生子囊和子囊孢子。子囊菌发生质配之后,经历短期的双核阶段,而后在子囊母细胞内进行核配,核配后进行减数分裂,形成4个单倍核,再进行一次分裂,形成8个核,以游离细胞的方式形成8个子囊孢子。

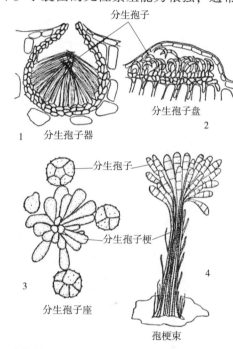

1. 壳针孢属(*Septoria*)　2. 盘二孢属(*Marssonina*)
3. 附球菌属(*Epicoccum*)　4. 笔束菌属(*Arthrobotryum*)

图10-2　载孢体类型

(引自Alexopoulos et al., 1996)

①子囊菌的有性生殖方式:

a. 同型配子囊结合:两个外态相似的配子体菌丝顶端相互接触或相互缠绕而发生细胞质融合,融合后的细胞不久就进行核配,最终发育成子囊。酵母菌多数是单细胞,其营养体细胞就相当于配子体,结合子直接转化为子囊。

b. 异型配子囊结合:是子囊菌典型的交配方式。形成子囊的两性配子体,因形态不同而被称为产囊体(ascogonium)与雄器(antheridiim)。产囊体为雌配子体,一般由一个卷曲、多核的细胞构成,多呈圆柱形或圆形。其顶端具有受精丝(trichogyne),受精丝分支或不分支,向雄器伸出。雄器为雄配子体,较产囊体小,圆柱状或棒状。两性器官接触后,雄器中的细胞质和细胞核通过受精丝进入产囊体,此时只发生质配,质配后产囊体生出许多短菌丝-产囊丝,成对的核移入产囊丝。有些子囊菌虽有雄器,但雄器不起作用,产囊体以孤雌生殖方式形成产囊丝。

c. 受精作用(spermatization):有些种类的子囊菌,不产生雄器,产生一种很小的圆柱形、杆状、单核的雄性细胞，称为性孢子（spermatium）。性孢子可由特殊的菌丝形成，也可在性孢子器（spermagonium，复数 spermagonia）上形成。性孢子可经昆虫、风或水传播到受精丝上，然后进入产囊体内进行质配。具有功能的雄配子体可能是性孢子、小型分生孢子（microconidium）或分生孢子。

d. 体细胞融合（somatogamy）：有些子囊菌没有性器官，由两条亲和性的非特化菌丝或两个孢子的芽管互相融合，细胞核通过菌丝隔膜洞孔移流到产囊体内。

②子囊菌的性亲和性：子囊菌存在性分化现象，有些子囊菌为雌、雄异株，即一个菌体只能分化出雌配子体或者雄配子体；还有些子囊菌为雌、雄同株，即一个菌体可以同时分化出雌配子体和雄配子体。雌配子体和雄配子体可以交配完成有性生殖的称为性亲和性，反之称为性不亲和。子囊菌的性亲和性可以分为同宗配合和异宗配合两类。子囊菌的性亲和是由一对等位基因控制的，一般可用 A、a 或 $A1$、$A2$ 表示。即携带基因型 A 的配子体只能与携带基因型 a 的配子体交配。同宗配合菌株同时携带 A 与 a 基因，自身就可以产生雌、雄配子体进行交配，完成有性生活史。异宗配合的菌株自身不能完成有性生殖，需要两个亲和性菌株配对才能完成有性生殖。

③子囊和子囊孢子的形成与类型：大多数子囊菌的子囊都是由产囊体上长出的产囊丝发育而来，少数低等子囊菌如酵母菌，是由合子直接发育成子囊。产囊体受精之后，会长出产囊丝（ascogenous hyphae），两个分别来自雄器和产囊体的核进入产囊丝。产囊丝顶端细胞伸长，弯曲成钩状，形成产囊丝钩（ascus hook；crozier）。双核在产囊丝钩内进行分裂，形成4个核，随后产囊丝钩形成两个横隔膜，构成3个细胞，顶端与基部的细胞为单核，一个含雄器的核，另一个含产囊体的核。中间弯曲的细胞为双核，这个细胞将膨大进一步发育为子囊，因此也称为亚顶细胞或子囊母细胞。产囊丝钩顶端的细胞向下弯曲与基部细胞融合，并继续生长形成一个新的产囊丝钩，如此循环往复形成一丛子囊。在子囊母细胞中的两个核先进行核配，而后减数分裂形成单倍体子核，再进行有丝分裂形成8个单倍体的核，但有些子囊菌还能继续进行分裂，形成32~1024个核。电镜观察发现，在子囊母细胞内核分裂结束后，子囊内会出现许多双层膜的泡囊，泡囊沿子囊周围排列，最后联结成一个下端开口，具双层膜的囊状物。把子囊里的大部分原生质和全部的细胞核包裹在内，然后双层膜向内收缩，隔离出一个含细胞质和一个细胞核的子囊孢子，随着子囊的成熟双层膜之间形成孢子壁（图10-3）。

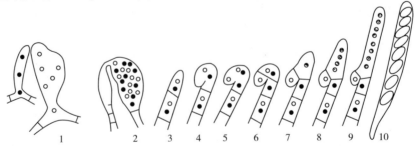

1. 雄器和产囊体 2. 质配 3. 双核菌丝 4~6. 产囊母细胞形成 7. 核配 8. 减数分裂产生4个核
9. 多数子囊菌再进行一次有丝分裂产生8个核，同时子囊伸长 10. 孢子壁产生，每个核发育成一个子囊孢子

图 10-3　子囊形成的一般过程

（引自 Schumann et al., 2006）

子囊的形状多种多样，大多为圆筒形或者棍棒形，少数为球形、卵形、长方形，子囊有柄或者无(图 10-4)。低等子囊菌的子囊单独存在，高等子囊菌的子囊被包在一包被内，形成子实体。子实体内的子囊有的无规则散布，有的平行排列成子实层(hymenium，复数 hymenia)。子囊内的不育丝状体称为侧丝(paraphysis)，它有助于子囊和子囊孢子的释放。子囊的形态结构各不相同，主要有 3 种类型的子囊：a. 原囊壁子囊(protounicate)，壁薄，当孢子释放时，子囊壁破裂，子囊孢子被释放在子囊果内并形成一胶质团，然后从子囊果孔口排出；b. 单囊壁子囊(unitunicate)，子囊的内外层紧密结合，当顶端孔口、裂缝或盖开裂时，子囊释放；c. 双囊壁子囊(bitunicate)，当子囊内层吸水膨胀到原来长度的两倍以上，外层顶部被崩解，内层以孔裂开，孢子自孔口释出。原囊壁的子囊只有在子囊壁破裂或者消解之后，子囊孢子才能被释放出来；单囊壁和双囊壁子囊的子囊孢子都能够主动放射(图 10-5)。

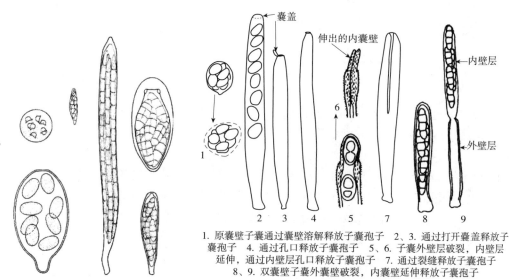

1. 原囊壁子囊通过囊壁溶解释放子囊孢子 2、3. 通过打开囊盖释放子囊孢子 4. 通过孔口释放子囊孢子 5、6. 子囊外壁层破裂，内壁层延伸，通过内壁层孔口释放子囊孢子 7. 通过裂缝释放子囊孢子 8、9. 双囊壁子囊外囊壁破裂，内囊壁延伸释放子囊孢子

图 10-4　不同类型的子囊
(Carol Gubbins Hahn 绘)

图 10-5　不同类型子囊释放子囊孢子方式
(引自 Webster et al., 2007)

子囊孢子的形态多种多样，有圆形、椭圆形、梭形、新月形和线形等。单细胞、双细胞或多细胞(图 10-6)。大小从数微米到 $100\mu m$ 不等。无色或有色。表面光滑或者有网纹、瘤和刺等，有些种类的子囊孢子壁上还有各种纹饰。子囊孢子呈单行排列、双行排列或者多行排列于子囊内。

④子囊果的形成与类型：大多数子囊菌的子囊都被包裹在一个由菌丝组成的包被内，形成具有一定形状的子实体，称为子囊果(ascocarp)。酵母菌和少数的丝状子囊菌例外，它们不形成子实体。子囊果是由外层包被、子囊和侧丝等组成的一种产孢结构。子囊果的组织由两个系统的菌丝形成，产囊丝及子囊是由产囊体发育而来，周围的包被和侧丝则来自营养菌丝。子囊果单生或丛生于基物表面或里面，或先埋生在基物内，后突破基物表层外露。还有的子囊果生于子座上或子座内。根据产生子囊方式，一般可将子囊果分成 5 种类型(图 10-7)：

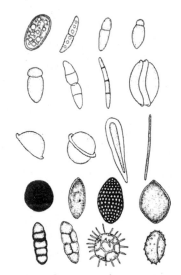

图 10-6　不同类型的子囊孢子

（改绘自 Alexopoulos et al., 1996）

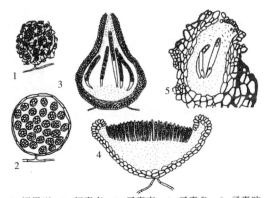

1. 裸果型　2. 闭囊壳　3. 子囊壳　4. 子囊盘　5. 子囊腔

图 10-7　子囊果的类型

（引自 Webster et al., 2007）

a. 裸果型：子囊裸生而没有任何包被。

b. 闭囊壳（cleistothecium，复数 cleistothecia）：子囊产生于球形的完全封闭的子囊果内。

c. 子囊壳（perithecium，复数 perithecia）：子囊着生于球形或瓶形的子囊果内，子囊果或多或少是封闭的，但在成熟时出现一个孔口，子囊孢子通过孔口被释放出来。

d. 子囊盘（apothecium，复数 apothecia）：子囊着生在一个开放的盘状或杯状的子囊果内，与侧丝平行排列形成子实层。

e. 子囊腔（locule）：子囊单独、成排或成束地着生于子座的腔内，子囊周围形成子囊果壁并非真正意义上的壁，而是由紧密交织的营养菌丝构成的座垫状结构，这种含有子囊的子座称为子囊座（ascostroma）。一个子囊座内可以有一到几个子囊腔；如果只有一个子囊腔，外表很像子囊壳，又称为假囊壳（pseudothecium，复数 pseudothecia）。这些构造有时会有许多变态，形成一些很难区分的中间类型。

⑤不育性丝状体：许多子囊菌的子囊果内还有一些不孕丝状体。这些丝状体有的在子囊形成后消解，有的仍然保存。根据来源和特征，这些丝状体主要有以下几种类型：

a. 侧丝（paraphysis）：长形、圆柱状或棒状菌丝，从子囊果底部长出，通常不分枝，有隔或无隔，顶端保持游离，可吸水膨胀，有助于子囊孢子释放。

b. 顶侧丝（apical paraphysis）：自子囊壳中心的顶部向下生长、在子囊间穿插形成栅栏状，其顶端保持游离的丝状体。

c. 拟侧丝（pseudoparaphysis）：形成在子囊座性质的子囊果中。自子囊座中心的顶部向下生长于子囊之间，与基部细胞相融合，顶端不游离，成为子囊之间的幕状物。

d. 类似拟侧丝的残留物：指子囊在子囊座中发育形成子囊腔时，子座组织在子囊间残留下的幕状残留物。

e. 缘丝(periphysis)：子囊壳孔口或子囊腔溶口内侧周围的毛发状丝状体。它们在子囊孢子释放前似乎能引导子囊顶端朝向孔口。

f. 拟缘丝(pseudoperiphysis)：沿着子囊果内壁生长的侧生缘丝，向上弯曲，朝向子囊果的孔口。

（4）生活史

子囊孢子通过一个或多个芽管萌发而形成菌丝体。菌丝生长开始后，很快产生隔膜形成单细胞核的腔室，并且菌丝也开始分枝。迅速生长的菌丝可能立刻产生分生孢子，分生孢子在提供持续而丰富的接种源以使菌体能在数月内就地传播上可能起着重要作用。由于形成这些结构的过程很迅速，一个生长季就可产生很多批的分生孢子，其数量庞大，这在植物病害流行上很重要。分生孢子在适宜的条件下可萌发，产生芽管形成菌丝体。这种菌丝体与子囊孢子萌发产生的菌丝体在各方面都很相似。

有时在适宜条件下，菌丝会停止形成分生孢子，进行一系列复杂的生理变化，为有性生殖的启动做准备。异宗配合的类型需要有另一交配型的存在。由于子囊菌内有太多的变异，所以无法描述一种"典型"的生活史。在具有产囊体的种类中，依种类不同，营养体菌丝分化形成单核或多核的产囊体。具有亲和性的核以前面叙述过的一种或多种方式被带至产囊体。精子器与产囊体接触，精核进入受精丝，最后到达产囊体底部。细胞质融合后，产囊体上产生一些乳头状突起，最后突起伸长变成产囊丝。其前端可见有产囊丝内的核与留在产囊体内的核随之同时进行分裂。这些双核中可能一个来自产囊体，而另一个来自雄器。这是生活史中的双核期。多数子囊菌其产囊丝中的一个双核细胞伸长形成弯钩或产囊丝钩(crozier)。钩状细胞内的双核分裂。同时弯钩分隔成3个细胞。端部与基部细胞是单核的，分别含有雄器和产囊体的细胞核；而弯曲部分的细胞则是双核的，即为幼小的子囊。幼子囊内双核细胞即进行核配，由此结束双核阶段。带有双倍体合子核的幼子囊开始伸长，而合子核进行减数分裂。减数分裂形成的4个单倍体核再进行一次有丝分裂，这样共形成8个核。这些核在子囊孢子形成过程中被并入子囊孢子内。

以苹果黑星菌(*Venturia inaequalis*)为例，春天该菌通过苹果病落叶组织中的子囊果释放子囊孢子，开始了生活史（图10-8）。气流将子囊孢子从地上传到苹果新叶上，湿度适宜时子囊孢子萌发，穿透叶片表皮，菌丝体开始生长，形成近表生的子座，并产生大量

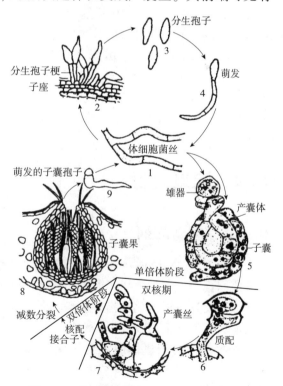

图10-8 苹果黑星菌(*Venturia inaequalis*)的生活史

（引自 C. W. Mims, 1996）

短的分生孢子梗和分生孢子。该菌在春天和夏天进行无性繁殖，产生几代分生孢子。在生长季后期，病组织进而形成子囊果。该菌是异宗配合，在发生质配前，必须由不同交配型的个体分化出产囊体和雄器。二者配对后形成产囊丝钩，进而形成子囊。子囊孢子在4~5月成熟并释放，视不同地区而异。

10.3 分类

子囊菌的种类繁多，且各类群在形态、生境和生活史之间差异较大，因此子囊菌的分类工作一直都比较困难。目前在子囊菌的亲缘关系等方面学者们有着不同的意见，其焦点是子囊菌形态特征及其发育过程在高阶分类单元中的重要性。由于该类真菌具有多元性，至今还没有一个完善的被公认的分类系统。

用于子囊菌分类的依据主要包括：子囊果在基质上的位置、子囊果的结构、子囊的类型、子囊在子囊果中的位置、子囊孢子的释放方式、侧丝或其他不育丝状体的有无以及基质的性质等。Eriksson(1983)在子囊菌系统学(*System Ascomycetum*)中将子囊菌分为44目226科；1973年，《菌物词典》第6版将子囊菌分为6纲；1983年，《菌物词典》第7版直接将子囊菌分为37目；1995年，《菌物词典》第8版将子囊菌分为46目，取消了纲一级的分类单元；2001年，《菌物词典》第9版在子囊菌门的分类中又恢复设纲，分为6纲56目；2008年，《菌物词典》第10版基于最新的DNA序列分析将子囊菌分为3亚门15纲68目327科6355属64163种。此分类中的3个亚门为：盘菌亚门(Pezizomycotina)[相当于子囊菌亚门(Ascomycotina)]、酵母菌亚门(Saccharomycotina)和外囊菌亚门(Taphrinomytina)。表10-1是近年来子囊菌主要分类系统的比较。

随着现代分子生物学的发展和运用，对子囊菌的认识将会更加深入。本书将主要按《菌物词典》第10版的分类系统并结合一些新的研究进展对树木病原子囊菌进行介绍。

10.4 代表类群

10.4.1 座囊菌纲

座囊菌纲(Dothideomycetes)子囊果具多种类型，通常在子座组织内形成溶生子囊腔。座囊菌纲真菌通常为植物病原菌、内生菌或表生菌，也可为腐生菌降解植物残体、粪肥中的纤维素及其他碳水化合物。但是其营养方式不只限于植物。一些菌为地衣真菌，另一些为其他真菌的寄生菌或寄生于动物。

座囊菌纲的产囊体通常在子座内形成，质配后随着子囊的发育，子座组织进行生长和分化，中心组织消解成腔，不像其他子囊菌再形成包被组织。这种腔内直接着生子囊的子座，称为子囊座(ascostroma)。子囊座为垫状、块状、盘状或壳状，内含单腔或多腔。如果是单腔则难以与真正的子囊壳区别，除非研究它的发育过程。单腔的子囊座常称为假囊壳(Pseudothecium)。每个子囊腔含单子囊或含多个子囊成束或成排

表 10-1 子囊菌分类系统比较

Ainsworth et al. (1973) 子囊菌亚门	Kirk et al. (2001) 子囊菌门	Webster & Weber (2007) 子囊菌门	Kirk et al. (2008) 子囊菌门
半子囊菌纲(Hemiascomycetes)	子囊菌纲(Ascomycetes)	古子囊菌纲(Archiascomyeetes)	盘菌亚门(Pezizomycotina)
不整囊菌纲(Plectomycetes)	新床菌纲(Neolectomycetes)	半子囊菌纲(Hemiascomycetes)	星裂菌纲(Arthoniomycetes)
核菌纲(Pyrenomycetes)	肺炎菌纲(Pneumocystidomycetes)	不整囊菌纲(Plectomycetes)	座囊菌纲(Dothideomycetes)
盘菌纲(Discomycetes)	酵母菌纲(Saccharomycetes)	层囊菌(Hymenoascomycetes)	散囊菌纲(Eurotiomycetes)
腔菌纲(Loculoascomycetes)	裂殖酵母菌纲(Schizosaccharomycetes)	腔菌纲(Loculoascomycetes)	虫囊菌纲(Laboulbeniomycetes)
虫囊菌纲(Laboulbeniomycetes)	外囊菌纲(Taphrinomycetes)		茶渍纲(Lecanoromycetes)
			锤舌菌纲(Leotiomycetes)
			异极菌纲(Lichinomycetes)
			圆盘菌纲(Orbiliomyeetes)
			盘菌纲(Pezizomycetes)
			粪壳菌纲(Sordariomycetes)
			酵母菌亚门(Saccharomycotina)
			酵母菌纲(Saccharomycetes)
			外囊菌亚门(Taphrinomycotina)
			新盘菌纲(Neolectomycetes)
			肺孢子菌纲(Pneumocystidomycetes)
			裂殖酵母菌纲(Schizosaccharomycetes)
			外囊菌纲(Taphrinomycetes)

生于子囊腔中。子囊座顶部溶生孔口或裂生孔口，或无孔口。大多数座囊菌的子囊孢子有隔，双胞、多胞或砖隔胞，很少单胞。座囊菌纲中具有发达子座和双囊壁子囊的种类在以前的分类中归于腔菌纲（Loculoascomycetes）。在《菌物词典》第10版（2008）中，本纲包括11目90科1302属19010种。11目为：葡萄座腔菌目（Botryosphaeriales）、煤炱菌目（Capnodiales）、座囊菌目（Dothideales）、缝裂菌目（Hysteriales）、梭单隔孢菌目（Jahnulales）、小盾壳目（Microthyriales）、多腔菌目（Myriangiales）、贝壳菌目（Mytilinidiales）、格孢腔菌目（Pleosporales）、胶皿菌目（Patellariales）和乳嘴衣目（Trypetheliales）。但最新的全纲范围的DNA序列比较仍未能支持其中的葡萄座腔菌目与座囊菌纲的明确关系。

10.4.1.1 葡萄座腔菌目

葡萄座腔菌目（Botryosphaeriales）真菌子囊座单腔到多腔，具有多层暗褐色壁，单生或成束，通常包理在子座组织中。子囊双囊壁，具有一个加厚的内壁，具柄或无柄，具一个发育良好的顶室，与无色、具隔膜拟侧丝交织在一起，拟侧丝分枝或不分枝。子囊孢子无色到有色，具隔膜或无隔膜，椭圆形到卵圆形，具有或没有黏性附属丝或鞘。根据《菌物词典》第10版（2008），本目只有1科28属1628种，目前约包括2000个种。

大多数种类对自然界的生态平衡起着一定的作用，其中包括一些具有重要经济影响的类群。该目种类常为内生菌，而当植物遭受逆境时能成为病原菌。有些成员是木本植物病原菌，引起叶斑、溃疡、腐烂和萎蔫等多种重要植物病害。

葡萄座腔菌科（Botryosphaeriaceae）

子囊座中等至大型，表生或内生。子囊座内含单个子囊腔。子囊孢子单胞，卵形至椭圆形，无色，偶有褐色。包括26属1517种，较重要的是葡萄座腔菌属。

（1）葡萄座腔菌属（*Botryosphaeria* Ces. & De Not.）

子囊座垫状，黑色，孔口不显著，稍有突起。子囊棒状，有短柄，双囊壁，有永久拟侧丝。子囊孢子卵圆形至椭圆形，单胞，无色（图10-9）。无性型为壳色单隔孢属（*Diplodia*）、壳梭孢属（*Fusicoccum*）和球壳孢属（*Sphaeropsis*）等。本属分布广泛，据统计目前本属有13种。大多数危害木本植物枝干，引起溃疡。

葡萄座腔菌[*B. dothidea*（Moug.）Ces. & De Not.]：子囊座生于寄主皮层下，扁球形或洋梨形，黑褐色，大小为（227～254）μm×（209～247）μm。子囊长棍棒形，（50～80）μm×（10～14）μm，拟侧丝永存性。子囊孢子单胞，无色，椭圆形，双列，大小为（16.8～26.4）μm×大小为（7.0～10.0）μm。子囊座可在枝干病组织内越冬。引起苹果、梨、桃、梅、杏、板栗、香椿、漆树和柑橘等几十种木本植物主枝和侧枝干腐病、轮纹病和溃疡病等。在嫁接伤口处容易发病。病斑暗褐色，不规则形，表面湿润，后期呈干腐状，产

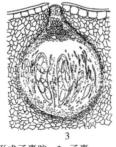

1. 子座组织溶解形成子囊腔　2. 子囊
3. 成熟的子囊腔内子囊及拟侧丝

图10-9　葡萄座腔菌属（*Botryosphaeria*）
（引自陆家云，2001）

生大量黑色小点,即病菌的子座,内藏多个分生孢子器,有时混生子囊腔。近年来,有研究认为中国的杨树溃疡病病原存在多样性,除了葡萄座腔菌外,还存在小葡萄座腔菌(*Botryosphaeria parva* Pennycook & Samuels)、树花地衣葡萄座腔菌[*B. obtusa*(Schwein.)Shoemaker]和红葡萄座腔菌[*B. rhodina*(Berk. & M. A. Curtis)Arx]等葡萄座腔菌科真菌。

落叶松枯梢病菌[*B. laricina*(Sawada)Shang]:异名为 *Guignardia laricina*(Sawada)Yamamato et K. Ito(目前该异名已成为正式名称)。子囊座壳状,瓶形或梨形,黑褐色,大小为(170~525)μm×(130~310)μm,子囊腔中含多个子囊和假侧丝。子囊无色,双壁,棒状,大小为(119~149)μm×(20~45)μm,顶部圆,基部有柄,成排生于子囊腔基部。子囊孢子单胞,无色,椭圆形至宽纺锤形,大小为(22~40)μm×(6~16)μm,子囊孢子8个,双行排列。假侧丝多,永存。

此外还有茶藨子葡萄座腔菌[*B. ribis*(Tode)Grossenb.]引起漆树溃疡病;杉木葡萄座腔菌(*B. cunninghamiae* Huang)引起杉木溃疡病,枝枯病等。

(2)球座菌属(*Guignardia* Viala & Ravaz)

子囊座球形或亚球形,暗色,埋生于寄主表皮下,后期常突破表皮外露。子囊座顶端有孔口,无喙。子囊圆筒形或棍棒形,束生,子囊间无拟侧丝,内含子囊孢子8个。子囊孢子单胞,无色,椭圆形或梭形(图10-10)。无性繁殖大多产生分生孢子器。

葡萄球座菌[*G. bidwellii*(Ell.)Viala et Ravaz]:子囊座球形,生于表皮下,后表皮开裂而外露。子囊棍棒形,大小为(62~80)μm×(9~129)μm,含孢子8个。子囊孢子椭圆形或近卵圆形,单胞,无色,大小为(12~17)μm×(5~7)μm。主要为害葡萄果实、叶、叶柄或枝梢。果实上初为紫色斑点,后扩大凹陷,中央灰白色,果实很快软腐干缩,变成黑色浆果,不易脱落。叶片受害产生圆形病斑,中心灰白色,边缘黑色,病斑上轮生黑色小点,即病菌的分生孢子器(图10-11)。

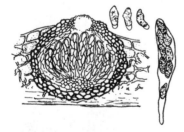

图10-10 球座菌属(*Guignardia*)
子囊座、子囊及子囊孢子
(引自陆家云,2001)

1. 分生孢子器 2. 分生孢子 3. 子囊座
4. 子囊及子囊孢子

图10-11 葡萄球座菌
(*Guignardia bidwellii*)
(引自 Alexopoulos et al., 1995)

浆果球座菌(*G. baccae*):子囊座球形或近球形,孔口不突出。子囊圆筒形,大小为(62~91)μm×(15~25)μm。子囊孢子椭圆形或长圆形,大小为(14~20)μm×(5.7~9.3)μm。为害葡萄的果梗、穗轴及果实,引起葡萄房枯病。

山茶球座菌[*G. camelliae*(Cooke)Butl.]:子囊圆筒形或棍棒形,顶端圆,基部较细,大小为(42~65)μm×(8~12)μm。子囊孢子椭圆形或纺锤形,无色,大小为(14~19)μm×(3~5)μm。为害茶属植物叶片,引起叶枯病。病斑发生在叶尖或叶缘,近圆形或不规则形，淡绿色至褐色，后变灰白色，边缘暗褐色，有不明显的轮纹，上生黑色小点，即病菌的分生孢子盘，轮纹状排列。子囊座埋生，球形、扁球形，直径 60~130μm，褐色。病菌主要以菌丝体潜伏于病叶及落叶内越冬。

柑橘球座菌(*Guignardia citricarpa*)：子囊座球形或扁球形，黑色，孔口突出或不突出，大小为 139.4μm×128.1μm。子囊圆柱形或棍棒形，束生，大小为 117.4μm×14.9μm，拟侧丝早期消解。子囊孢子单行或双行排列，纺锤形，无色，初为单胞，成熟后成为大小不等的双细胞，15.3μm×6.7μm。为害柑橘果实，引起黑斑病。病菌以子囊座和分生孢子器在落叶上越冬，也能以菌丝体和分生孢子器在病果、病叶及病枝上越冬。

此外，球座菌属亦可为害咖啡、月季、槟榔、落叶松、丁香、油茶、麻栎、柿、杧果、板栗和李等植物。

10.4.1.2　煤炱菌目

煤炱菌目(Capnodiales)真菌菌丝体表生，发达，暗色、形状变化大，有时由不规则的近柱状或近念珠状菌丝组成，有时具垂直分枝，有时具黏质外壳。子囊果小，球形或长条形，壁薄，有时覆盖一层黏质层，有时具刚毛或具菌丝状附属物，以界限清晰的孔口或界限模糊的溶解而成的孔口作为开口。囊间组织缺失或由不明显的缘丝组成。子囊小，囊状，具裂缝，遇碘不变蓝。子囊孢子无色至褐色，有隔，有时为线形，很少具纹饰，无外壳。无性态变化大，煤污状，常表生。该目的最初概念是依据各种菌物都表现出黑烟霉(sooty mold)而提议的。本目有 10 科 198 属 7244 种。10 科分别为：小角炱科(Anttennulariellaceae)、煤炱菌科(Capnodiaceae)、枝孢霉科(Cladosporiaceae)、球疗座霉科(Cocodiniaceae)、小戴卫霉科(Davidiellaceae)、真角炱菌科(Euantennariaceae)、假煤炱菌科(Metacapnodiaceae)、球腔菌科(Mycosphaerellaceae)、毛孢菌科(Piedraiaceae)和畸球腔菌科(Teratosphaeriaceae)。

1) 煤炱菌科(Capnodiaceae)

菌丝体表生，发达，暗色，细胞圆形，通常产生刚毛，偶尔也形成附着枝。子囊座表生，圆形或长烧瓶形，有柄或无柄。子囊座的壁由圆形细胞平行排列的菌丝组成，肉质至革质，有毛或光滑，有孔口或无。子囊果小，有时纵向加长，薄壁，外覆一层黏液层。子囊具裂缝。子囊孢子褐色分隔有时砖格状。无性型为腔胞菌，无性繁殖产生各种形状的分生孢子，有的分生孢子器为长颈烧瓶状。本科有 26 属 117 种。

煤炱科真菌主要分布在热带和亚热带地区，在植物的叶、果实和绿色茎的表面形成暗色菌丝层，依靠蚜虫和介壳虫分泌的"蜜露"生活，与植物之间不存在寄生关系，菌丝层容易从植物表面剥落。主要影响植物的光合作用及观赏价值。

（1）煤炱属(*Capnodium* Mont)

菌丝体绒毛状，由褐色圆形细胞组成。子囊座无刚毛，表面光滑，偶有菌丝状附属丝。子囊孢子具纵横隔膜，砖格形，多胞，褐色（图 10-12）。引起煤污病。无性型为 *Fumagospora* 和 *Polychaetella* 等。本属目前约 83 种，分布广泛。

柑橘煤炱菌(*C. citri* Berk. et Desm.)：子囊座球形或扁球形，表面生刚毛，有孔口，直径 110~150μm。子囊长卵形或棍棒形，大小为 (60~80)μm×(12~20)μm，内含 8 个子囊孢子，排成双列。子囊孢子长椭圆形，无色，有 3 个横隔，大小为 (20~25)μm×(6~8)μm，分生孢子由菌丝缢缩成念珠状再分割而成，或产生在圆筒形或棍棒形的分生孢子器内。为害柑橘叶、果实和枝梢。受害部位产生褐色小斑，覆盖易剥落的黑色霉层，后期霉层上形成小黑点或刺毛状凸起物(子囊座)。

富特煤炱(*Capnodium footii* Berk et Desm)：为害茶及山茶、栀子的叶片和枝梢，产生黑色烟煤状物。菌丝体绒毛状，由念珠状菌丝组成。子囊座纵长，无刚毛，无柄或有柄。子囊含8个子囊孢子。子囊孢子砖格状。病菌以菌丝或子囊座在病部越冬。

柳煤炱(*C. salicinum* Mont)：菌丝体表生。子囊座高达350μm，宽达200μm。子囊倒卵形，大小为(40~70)μm×(20~27)μm。子囊孢子在子囊内成球团，圆筒形、棍棒形至倒卵形，砖格状，大小为(20~26)μm×(8~14)μm。为害杨、柳、榆、悬铃木和木麻黄等多种植物。叶片表面覆盖一层黑色烟煤状物。病菌以菌丝或子囊座在病组织内越冬(图10-12)。

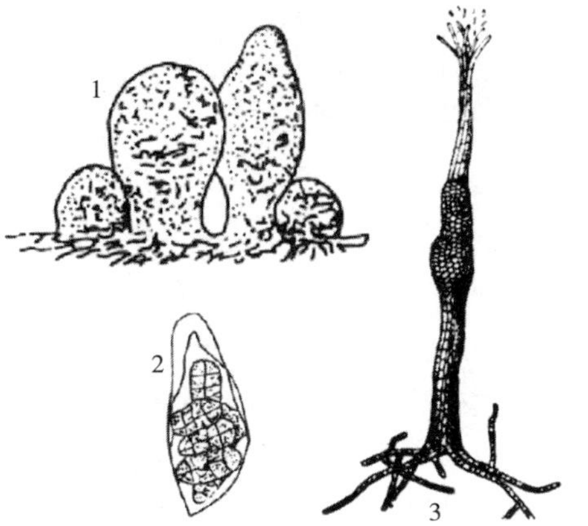

我国还有臭椿煤炱(*C. elongatum*)、芒果煤炱(*C. mangiferae*)、松煤炱(*C. pini*)和表皮煤炱(*C. pelliculosum*)等为害多种木本植物。

1. 子囊座　2. 子囊、子囊孢子　3. 柄生分生孢子器

图10-12　柳煤炱(*Capnodium salicinum*)
(1、2引自Dennis, 1968；3引自Lohwag, 1941)

（2）刺壳炱属(*Capnophaeum* Speg.)

本属与煤炱属的主要区别是子囊座上具有圆锥状的刺状刚毛。本属仅2种，均发生在亚洲。我国报道了两个种，主要发生在台湾。烟色刺壳炱[*C. fuliginodes*(Rehm) Yamam.]和刺竹刺壳炱(*C. ischurochloae* Saw. et Yamam.)，前者发生在柑橘属植物上，后者发生在狭穗箣竹上。

（3）胶壳炱属(*Scorias* Fr.)

子囊座球形至椭圆形，表面光滑或有菌丝状附属丝，无刚毛和瘤状突起，无柄或有柄，或着生在菌丝索上。子囊孢子具横隔膜，无色。本属目前约11种。

头状胶壳炱(*S. capitata* Saw.)：子囊座黑色，近卵形，柄短且粗，子囊棍棒形。子囊孢子梭形，无色，有3个横隔膜。寄生在茶、油茶、慈竹和油桐上，引起煤污病。

普通胶壳炱(*S. communis*)：为害长枝竹、日本栗、鸡纳树、柚、蕉柑、大粒咖啡、榕树、栀子、野梧桐、番石榴、无患子、鹅掌柴、麻竹、山黄麻等引起煤污病。

柱状胶壳炱(*S. cylindrica*)：为害红仙丹花，杨梅，引起煤污病。

2) 球腔菌科(Mycosphaerellaceae)

该科含有煤炱目中的大多数植物致病性种类。

球腔菌属(*Mycosphaerella* Johanson)

子囊座球形或扁圆形，散生在寄主叶片表皮下，后期常突破表皮外露。子囊座有孔口，无喙。子囊圆筒形或棍棒形，束生，子囊间无拟侧丝，子囊含8个子囊孢子。子囊孢子中间具一横隔，无色，椭圆形(图10-13)。包括许多植物病原菌。目前本属少数种类归

入 Delphinella 和 Davidiella 等属。

油桐球腔菌[*Mycosphaerella aleuritidis*(Miyake) Ou]：子囊腔黑色球形，60~100mm，成熟时有乳头状突起；子囊棍棒状，子囊孢子双行排列，椭圆形，双胞，无色，大小为(2.5~3.2)μm×(9~15)μm，引起油桐黑斑病。

吉布逊小球腔菌(*M. gibsonii*)：无性型赤松尾孢菌(*Cercospora pini-densiflorae* Hori. et Nambu)，引起松苗叶枯病。分生孢子梗淡褐色，有1~2个分隔，大小为(15~18)μm×(3.5~5)μm。分生孢子单生，长棍棒状或鞭状，直或稍弯曲，有2~5个分隔，大小为(30~50)μm×(2.5~3.5)μm，初无色后变淡黄色。

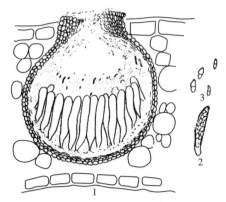

1. 子囊腔（子囊及拟侧丝） 2. 子囊 3. 子囊孢子

图 10-13 球腔菌属(*Mycosphaerella*)

（引自陆家云，2001）

狄氏小球腔菌(*M. dearnesii* Barr)：无性型为松针座盘孢(*Lecanosticta acicola* Sydow)（该名称已成为该菌的正式名称），可引起松针褐斑病。

日本落叶松球腔菌(*M. larici-leptolepis*)：引起落叶松早期落叶病。

杨球腔菌(*M. populi*)：引起杨树斑枯病。

松球腔菌(*M. pini* Rostr. Ex Munk)：无性型为 *Dothistroma septosporum* (Dorogin) M. Morelet。据报道该菌分布于世界各地，引起松针红斑病。

丁香球腔菌(*M. syringae*)：引起丁香褐肿斑病。

茶球腔菌(*M. theae* Hara.)：引起黄栀子褐纹斑病，茶叶褐斑病。

10.4.1.3 座囊菌目

座囊菌目(Dothideales)真菌子囊束生，子囊间无拟侧丝。子囊座小型，垫状、球形、扁球形、透镜状、盘状和块状等。子座含单个或多个子囊腔。子囊腔有孔口，孔口有或无缘丝。子囊卵圆形至倒棍棒形、短圆形至长圆筒形，成束和平行排列。子囊孢子各式各样。大都生长在热带，也有一些广泛分布在温带。多为寄生菌，也有腐生菌。本目包括4科57属350种，4科分别为：球座囊科(Coccoideaceae)、座囊菌科(Dothideaceae)、隐囊菌科(Dothioraceae)和Planistromellaceae。

黄杨盘球壳菌[*Discosphaerina mirbelii*(Aa)Sivan]：为盘球壳菌属(*Discosphaerina*)真菌，该菌无性世代为黄杨大茎点菌[*Macrophoma mirbelii*(Fr.)Berl. & Vogl.]。*Discosphaerina*属以前没有汉译名称，暂译为盘球壳菌属，并将*D. mirbelii*译为黄杨盘球壳菌。分生孢子器群生于寄生叶片两面，埋在寄主表皮下使表皮凸起，近球形，黑色，直径250~350μm，孔口穿过表皮外露。分生孢子椭圆形或长方形，大小为(18~40)μm×(8~11)μm，有颗粒状内含物。分生孢子梗短，圆柱形，大小为(6~12)μm×(2.5~3.5)μm。生于大叶黄杨枯叶上。

此外，聚集座囊菌(*Dothidea collecta*)可引起黄檗溃疡病；柑橘生座囊菌(*D. tetraspora*)生在枯枝上，引起枳溃疡病。桦亚座囊菌(*Dothidella betulina*)引起坚桦枝枯病，叶斑病和肿斑病；茶藨子亚座囊菌(*Dothidella ribesia*)引起漆树枝枯病。

10.4.1.4 多腔菌目

多腔菌目(Myriangiales)菌丝体大多表生，少数内生或表皮下生。子囊座具坚硬外壳，大型或小型，垫状、近球形或盘状。子囊孢子通常多胞或砖格胞。子囊单独地分布在子囊座的疏丝组织内，每个子囊腔只有一个子囊，球形，散生，有些属的子囊在子座内排列成一层。子囊腔无孔口。本目包括3科18属157种，3科分别为：毛杯菌科（Cookellaceae）、痂囊腔菌科（Elsinoaceae）和多腔菌科（Myriangiaceae）。

1）痂囊腔菌科（Elsinoaceae）

子囊果埋生后期突破寄主表皮而外露，圆形或长形，常为壳状，由灰白色胶质的薄壁菌丝或拟薄壁组织细胞组成。在表层以不定次序崩溃形成开口。无特殊分化的子囊间组织。子囊在单个腔室中以单层方式或不规则方式排列，囊状至球形，具裂缝。子囊孢子无色至褐色，无隔，有时砖格状。已知的无性型具分生孢子盘。在植物上以活体营养或死体营养方式存活，主要分布在热带。本科包括11属126种。

痂囊腔菌属（*Elsinoë* Racib.）

是一类重要的植物病原菌，在寄主的叶片和果实上引起与炭疽病类似的病斑。子囊座初期埋生在寄主表皮组织下，后期突破表皮外露，有些菌的子囊座不发达观察其切片就好像子囊直接着生在寄主组织内。有些菌的子囊座外表有一层由褐色多角形细胞组成的较为坚实的外壳，过去曾把这些具有坚硬外壳的菌单独分为一个属，即散囊腔菌属（*Plectodiscella*），现合并在痂囊腔菌属里。子囊腔不规则散生在子囊座内，子囊腔数目个体之间存在差异，每个子囊腔内只含1个子囊。子囊球形至洋梨形。子囊孢子多数长圆筒形，无色，有3个横隔，极少数具纵横隔膜。本属的无性阶段发达，在子囊座上形成分生孢子盘或分生孢子座，分生孢子梗很短，不分枝。分生孢子圆形、卵圆形至长梭形，光滑或粗糙，无色透明或有色，单胞或双胞（图10-14）。无性型属于痂圆孢属（*Sphaceloma* de Bary）。目前本属有40种。菌落在培养基上生长很慢，由一团具皱纹粗糙的子座状组织构成，菌落及其附近培养基常带红色。主要危害植物叶、果和幼茎，引起炭疽、疮痂、溃疡和黑痘病等症状。

1. 寄主组织内的子囊座　2. 成熟的子囊　3. 子囊孢子

图10-14　痂囊腔菌属（*Elsinoë*）

（引自陆家云，2001）

柑橘痂囊腔菌（*E. fawcettii* Bitancourt et Jenkins）：子座圆形或椭圆形，鲜褐色或棕红色，后变为灰褐色，生于寄主表皮内。分生孢子梗圆筒形，有1~2隔膜，无色或暗色。分生孢子单胞，无色，椭圆形或卵圆形，大小为（6~8.5）μm×（2.5~3.5）μm。子囊座生于寄主表皮下，球形或椭圆形，鲜褐色或棕红色，大小为（38~106）μm×（36~80）μm。子囊球形至卵形，直径12~16μm。子囊孢子无色，长椭圆形，有1~3个隔膜，中央分隔处缢缩，大小为（10~12）μm×（5~6）μm，上半部粗而短，下半部细而长。无性态为柑橘疮痂菌（*Sphaceloma fawcettii*）。寄生于酸橙、红橘、柠檬、柚、桠柑和蕉柑等，引起疮痂病，产生叶斑和果斑，鲜褐色或棕红色，后变为灰褐色。

梨痂囊腔菌（*E. piri* Jenkins）：子座多生在叶面的表皮内，后破表皮而出，直径75~500μm，高35~145μm，橄榄绿色。分生孢子卵形至圆筒形，无色，大小为（4~6）μm×（2.5~4）μm。子囊散生，广椭圆形，有短柄，顶壁特厚，大小为（21~23）μm×（15~19）μm。

子囊孢子8个，纺锤形，有3个隔膜，大小为(12~14)μm×4.5μm，两端略尖，无色。寄生于苹果和梨，引起叶斑和果斑，斑点中心灰白色，上生小黑点，边缘红褐色。

此外，樟痂囊腔菌(*Elsinoë cinnamomi*)引起樟树黑斑病；蔷薇痂囊腔菌(*E. rosarum*)引起月季溃疡病、干癌病、叶斑病和疮痂病等。

2) 多腔菌科(Myriangiaceae)

子囊座壳状或垫状，由近无色或褐色的拟薄壁组织组成，具多个埋生的子囊腔，每个腔内含一个子囊，成熟时为胶质，在表层以不定的顺序分解开口。无特化的囊间组织，子囊为单层或不规则排列，近球形，无柄，具裂缝。子囊孢子淡褐色，具横隔，线形。无性型未知。生长在介壳虫或树脂分泌物上。分布广泛。本科包括13属17种。

多腔菌属(*Myriangium* Mont. et Berk)

子囊座表生，黑色，炭质，多年生。子囊腔不规则地散布在子囊座上部可育部分。子囊座基部不育。每个子囊腔只含1个子囊。子囊球形，内含8个子囊孢子。子囊孢子具纵横隔膜，为砖格形，无色或淡色。本属目前约10种。大多寄生在蚧壳虫或高等植物茎上，极少寄生在叶片上。在寄主植物上引起枝梢坏死。

竹鞘多腔菌(*M. haraeanum* F. L. Tai)：子囊近球形至长圆形，内含8个子囊孢子，子囊孢子短梭形，微弯，具纵横隔膜，在横隔处略缢缩。寄生在观音竹、淡竹和刚竹的叶鞘基部，形成黑色，半圆形的子囊座，常聚生(图10-15)。

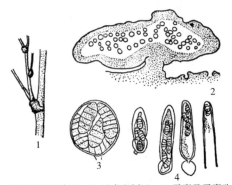

1. 竹鞘上的子囊座 2. 子囊座剖面 3. 子囊及子囊孢子
4. 子囊孢子释放

图10-15　竹鞘多腔菌
(*Myriangium haraeanum*)
(引自邵力平等，1984)

10.4.1.5　格孢腔菌目

格孢腔菌目(Pleosporales)包括大量常见的座囊菌纲真菌。在高等植物上寄生，或枝叶、树皮和木材上腐生。子囊座中等至大型，一般单生，也可聚生、埋生、突出或表生。子囊双层壁，圆筒形，有永存的拟侧丝。子囊孢子通常多胞或砖格胞，少数单胞或双胞。本目包括23科332属4764种。与林木病害有关的科主要是竹黄菌科(Shiraiaceae)和黑星菌科(Venturiaceae)等。

1) 竹黄菌科(Shiraiaceae)

竹黄菌原归于肉座菌目(Hypocreales)，肉座菌科(Hypocreace)。Amano后来观察发现竹黄的子囊是双囊壁结构，将其归于腔菌纲(Loculoascomycetes)，格孢腔菌目(Pleosporales)，隔孢腔菌科(Pleosporaceae)。2001年，Krik等将竹黄菌归于腔菌纲座囊菌目(Dothideales)。2013年，刘永翔等基于28S rDNA序列分析重新描述了竹黄的全型标本，并设定附加模式标本(Epitype)，在格孢腔菌目下建立新科，竹黄菌科，明确了竹黄菌的分类地位。本科1属1种。

竹黄属(*Shiraia* P. Henn)

子座大型，粉红色，块茎状。子囊壳球形，埋生于子座内，喙不突出。每个子囊含6个子囊孢子。孢子长纺锤形，具纵横隔膜，无色，成熟时呈褐色。本属只有1种，仅在中国和日本发现(图 10-16)。

竹黄(*S. bambusicola* P. Henn)：子座肉质，后变为软木质，粉红色至黄色，块茎状或不规则状，大小为(1.5~3)cm×(1~2)cm。子囊壳亚球形，埋生于子座的边缘内，直径 480~580μm。子囊圆筒形，大小为(280~340)μm×(22~25)μm，侧丝线状。子囊孢子常为 6 个，无色，梭形，壁砖状分隔，大小为(48~60)μm×(13~16)μm。寄生于竹的幼茎上，引起赤团子病，又称竹黄，是一种药材，广泛分布。

2) 黑星菌科(Venturiaceae)

本科真菌主要寄生在植物叶上。菌丝体内生。在植物表皮细胞下或角质层下形成子囊座。子囊座小型，大多数有毛或刚毛，特别是孔口周围，子囊座单腔。子囊孢子双胞，由两个大小不等的细胞组成，卵圆形或椭圆形，初无色或淡绿色，成熟时变成橄榄褐色或灰绿色，常见偶尔暗褐色。本科有 36 属 306 种。

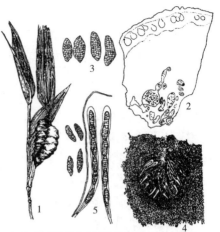

1. 生在竹枝上的子实体 2. 子座的剖面
3. 成熟的分生孢子 4. 子囊壳的剖面
5. 子囊、侧丝及子囊孢子

图 10-16 竹黄属(*Shiraia*)

(引自陆家云，2001)

黑星菌属(*Venturia* Sacc.)

子囊座初埋生于寄主表皮(主要为叶、茎)下，后突破外露，或近表生，上部有少数刚毛，孔口附近较多。子囊几乎无柄，长卵形，含孢子 8 个，其间有拟侧丝，拟侧丝易消解。子囊孢子圆筒形至椭圆形，常在中部有一隔膜，无色或淡橄榄绿色。子囊座在枯落病叶和病枝上着生(图 10-17)。本属目前有 60 种，我国已报道 18 种。广泛分布于温带和部分热带地区，主要寄生或腐生在 24 个科植物的枝条、叶片、花及果实上，部分种类可引起植物病害。无性阶段为黑星孢属(*Fusicladium* Bonord.)、拟枝孢霉属(*Pseudocladosporium*)和环黑星属(*Spilocaea*)。

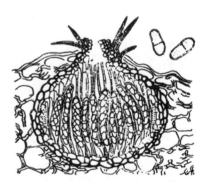

图 10-17 黑星菌(*Venturia*)**属子囊腔**(示刚毛)及子囊孢子

(引自陆家云，2001)

樱桃黑星病菌(*V. cerasi* Adh.)：侵害樱桃，引起黑星病。果实、叶和幼枝都能受害，形成深橄榄绿色的疮痂。子囊孢子大小为(10~14)μm×(4.5~5.5)μm。无性态为樱桃黑星孢(*Fusicladium cerasi*)。

山楂黑星病菌(*V. crataegi* Adh.)：寄生于山楂的果实，引起疮痂病。子囊圆筒形，大小为(60~70)μm×(9~11)μm。子囊孢子圆筒形，壁褐色，偏向一端处有一隔膜，分隔处有缢缩，大小为(13~15)μm×(4~5.6)μm。无性态为山楂黑星孢(*Fusicladium crataegi*)。

苹果黑星病菌[*V. inaequalis* (Cke.) Wint]：为害苹果、花红、沙果、海棠、槟子等，引起黑星病。叶、叶柄、嫩梢、果梗及果实均可受害。以叶片和果实受害最重。子囊座埋生于落叶的叶肉组织中，烧瓶形，孔口外露，周围有刚毛，直径 90~170μm。子囊长棍棒形，大小为(60~70)μm×(6~11)μm，含孢子 8 个。子囊孢子长卵形或椭圆形，淡绿褐色，双胞，上部细胞较小，大小为(11~15)μm×(4~8)μm(图 10-18)。无性态为苹果环黑星孢(*Spilocaea pomi*)。

梨黑星菌(*Venturia pyrina* Aelerh.)：寄生梨，产生叶斑、果斑、枝梢坏死症状，引起黑星病。叶片、叶柄、嫩梢、果梗及果实均能受害。子囊座在枯落病叶上形成，近球形，深褐色，孔口周围有刚毛，直径 100~150μm。子囊棍棒形，大小为(60~75)μm×(10~12)μm。子囊孢子长卵形或椭圆形，黄褐色，大小为(14~15)μm×(5~6)μm，双细胞，大小不等，上部细胞较大，与苹果黑星病菌相反。无性态为梨黑星孢[*Fusicladium pirinum*(Lib.)Fuckel]。此菌分布广泛，且为害严重(图 10-19)。

1. 子囊座剖面 2. 叶表的分生孢子梗和分生孢子

图 10-18 苹果黑星病菌(*Venturia inaequalis*)
(引自邢来君等，2010)

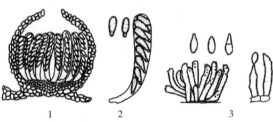

1. 子囊座 2. 子囊及子囊孢子
3. 分生孢子梗及分生孢子

图 10-19 梨黑星菌(*Venturia pyrina*)
(引自 Alexopoulos et al.，1995)

山杨黑星菌[*V. tremulae*(Frank)Aderh]：无性型为(*Fusicladium tremulae* Fr.)，引起杨树黑星病。

10.4.1.6 缝裂菌目

缝裂菌目(Hysteriales)真菌大多为木材及残茬上的腐生菌，少数与藻类形成地衣。子囊座自始或在成熟时是外生的，平展，长而扁，似船形或成一裂缝，或突出呈贝壳状。子囊座有一狭长的裂缝(fissitunicate)，黑色，炭质。子囊平行排列于子座的基部。子囊球形至柱形，有拟侧丝。子囊孢子多为双胞，但有些则是多胞的。此目现分 1 科 14 属 69 种。多腐生在树皮、枯枝或木材上，少数是木材、地衣上的寄生菌，或为地衣真菌，世界分布。

纵裂菌科(Hysteriaceae)

子囊座表生，或成熟时变成表生，长椭圆形、船形至线形，偶尔直立、蚌壳状或斧头状；黑色，碳质，沿子囊座的顶端开裂成一长缝。子囊圆筒形至棍棒形，具短柄，具裂缝。子囊间有拟侧丝，内含 8 个子囊孢子。子囊孢子椭圆形至纺锤形，无色或有色，隔膜数变化大，有时具有黏质鞘。大多生于树皮和木材上。无性型为线隔孢霉属(*Septonema*)、茞孢属(*Sporidesmium*)或丝茞霉孢(*Papulospora*)。

(1) 船壳属(*Glonium* Muhl. et Fr.)

子囊座细长，着生在基物表面，罕有着生在一个毡状的菌丝层上。船形，炭质，黑色。子囊孢子具一隔膜，卵形至梭形，无色，腐生。本属目前约 13 种。

棒壳船孢(*G. clavisporium* Seav.)：发生在阔叶树的树皮和腐木上，引起溃疡病。

(2) 缝裂壳属(*Hysterium* Tode ex Fr.)

子囊座长椭圆形，船形至线形，炭质，黑色，上面有一纵裂缝。子囊孢子具 2 至多个隔膜，褐色，具二或更多的横分隔，腐生。子囊座长椭圆形。本属目前约 14 种。

小孢缝裂壳(*Hysterium pulicare* Pers. ex Fr.)：发生在桦木树皮上（图10-20）。

中国缝裂壳(*H. sinenses* Teng)：发生在阔叶树的树皮上。

侧柏缝裂壳(*H. thujarum* Cooke. et Peck)：发生在侧柏的树皮上。

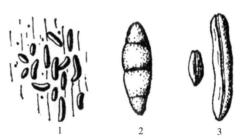

1. 子囊座散生在基物上 2. 子囊孢子
3. 放大的子囊座，长椭圆形，有纵裂缝

图10-20 小孢缝裂壳(*Hysterium pulicare*)
（引自邵力平等，1984）

10.4.2 散囊菌纲

散囊菌纲（Eurotiomycetes）子座缺乏；子囊果通常较小，为闭囊壳，常具鲜色，结构变化较大；囊间组织缺乏；子囊壁薄，消解，有时串生成链状；子囊孢子形态多样，较小，无隔膜，常具纹饰，赤道处加厚，无胶质鞘；无性型发达。本纲共有10目27科281属3401种。

10.4.2.1 球囊菌目

球囊菌目（Ascosphaerales）真菌闭囊壳为一褐色中空的球形结构，无附属物；子囊壁薄，早期消解，囊间组织缺乏；子囊孢子无色，壁光滑，压缩聚集成孢子球。包括1科（球囊菌科）3属19种。

球囊菌属（*Ascosphaera* L. S. Olive & Spiltoir）

菌丝无色，很少分枝或偶二叉状分枝；孢子囊（spore cyst），即闭囊壳外生或直接着生在菌丝上，丰富，球形，暗褐色或红色；壳壁双层，外壁光滑，内壁具疣；子囊内含多个孢子球（spore ball），每个孢子球由大量子囊孢子聚集而成，椭圆形，黄绿色；子囊孢子椭圆形或梭形，常弯曲，两端钝圆。目前本属约27种。

10.4.2.2 刺盾炱目

刺盾炱目（Chaetothyriales）真菌菌丝体变化大，若外生具有细的柱形的褐色菌丝，有时具刚毛状附属物。子囊果突出或表生，有时在菌丝层下面形成，球形或扁球形，有时具刚毛，干燥时常破裂，顶端具乳突状，孔口具发达的缘丝，包被薄壁，由紧压在一起的拟薄壁组织细胞组成，颜色变化大。子实层遇碘变蓝；囊间组织有短的顶生缘丝。子囊囊状至棒形，具裂缝，内层在顶部常显著加厚，有时多孢；子囊孢子无色或淡灰色，具横隔或线形。无性型为丝孢菌。有时为酵母状，在叶片上的附生菌或活体营养生物或在植物及其他真菌上腐生，世界分布。本目有3科分别为：刺盾炱科（Chaetothyriaceae）、小疱毛壳科（Herpotrichiellaceae）及Coccodiniaceae，37属213种。

刺盾炱科（Chaetothyriaceae）

本科真菌习居在叶片和绿色幼茎的表面，形成无色至褐色、薄的、外生菌丝膜。子囊座扁球形，散生在叶表面的菌丝膜下面。子囊座顶端与菌丝膜融合呈盾状。多数菌种的菌丝体和子囊座上具刚毛，但也有少数无刚毛。本科13属98种。

刺盾炱属（*Chaetothyrium* Sreg.）

菌丝体在寄主表面形成一薄层，有刚毛。子囊座发生在盾状盖下，也有刚毛。子囊孢子具3至多个横隔膜，椭圆形至圆筒形，无色。本属目前约51种。为害重阳木、茶梅、柚、蕉柑、柿、榕树、桂花和番石榴等多种木本植物，引起黑霉病。

刺盾炱(*Chaetothyrium sinense* Teng)：发生在苦槠树叶片上。

10.4.2.3 棒囊菌目

棒囊菌目(Coryneliales)真菌从子座基部产生多个相对大型有时伸长的子囊座，囊层组织缺乏，具长柄的子囊渐渐消解。本目有1科8属46种。通常是裸子植物罗汉松属的病原菌，但也发生在其他植物上，包括南半球的水青冈属、南青冈属及辛漆属。棒囊菌属(*Corynelia*)、三孢囊菌属(*Tripospora*)、小菲兹属(*Fizpatrickella*)在叶片上形成大的黑色炭质子座，但是不对寄主组织造成明显伤害。拟瓶囊属(*Lagenulopsis*)和拟杯囊菌属(*Caliciopsis*)中的一些种能为害叶片，并引起茎部溃疡和瘿瘤。

棒囊菌科(Coryneliaceae)

子囊果腊肠形，顶端开裂或具小孔道。子囊棍棒形，大多有柄，不规则地分布在子囊果的中心腔内。子囊壁单层，易消解。子囊孢子单胞，无色至褐色，光滑至有刺，形状多种多样。棒囊菌科大多为热带真菌，寄生在罗汉松科植物或其他针叶树上(图10-21)。

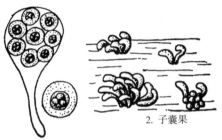

1. 子囊和子囊孢子　2. 子囊果

图 10-21　棒囊菌(*Corywlia clavata*)

(仿绘自 Clements et Shear, 1931)

10.4.2.4 散囊菌目

散囊菌目(Eurotiales)子座缺乏；子囊果为闭囊壳，通常较小，常单生，大多无柄；子囊果壁薄，膜质，鲜色；囊间组织缺乏；子囊棍棒状或囊状，壁薄，消解，有时串生成链状；子囊孢子形态多样，较小，单胞，无色透明或呈淡色至暗色，常具纹饰，赤道处加厚，无胶质鞘；无性型发达，无性繁殖产生大量的分生孢子。孢子串生或单生。有些种类有性态很少见，通常只有无性态，如青霉属(*Penicillium*)和曲霉属(*Aspergillus*)。包括3科49属928种，3科分别为：大团囊菌科(Elaphomycetaceae)、嗜热囊菌科(Thermoascaceae)及发菌科(Trichocomaceae)。散囊菌目真菌在世界广泛分布。

本目真菌除少数寄生在动植物和人体上，引起果腐、根腐以及人、畜皮肤病外，大多为腐生菌。腐生于土壤、粪便及动植物残体上。散囊菌目的有些种能引起食物及纺织品腐败，有些种用作发酵和制药工业。

（1）**裸孢壳属**(*Emericella* Berk.)

属于发菌科，菌丝分枝发达，无色，具隔膜；闭囊壳大量，散生，球形或近球形，颜色不一，成熟时被厚壁壳细胞包围；子囊球形或近球形，散生，含8个子囊孢子，子囊壁易消解(evanescent)；子囊孢子无色透明或具不同颜色，大多两瓣结构(bivalve)，呈双凸透镜形(lenticular)，凸面光滑或具不同的纹饰，在"赤道"部分大多具明显或不明显的沟(furrow)、脊(ridge)或各样的鸡冠状突起(crest，或称凸缘 flange)，是鉴定种的主要依据。本属目前约55种。无性型为曲霉属(*Aspergillus* P. Micheli ex Link)。其中构巢曲霉群[*A. nidulans*(Eidam) G. Winter]是医学上重要的致病菌群，分离率达29%~59%，仅次于烟曲霉(*A. fumigatus* Fresen.)(图10-22)。目前多数学者认同采用 *Aspergillus* 作为其正式属名。

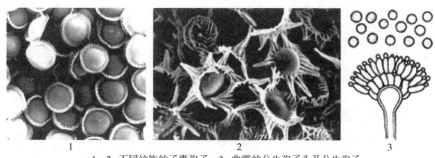

1、2. 不同纹饰的子囊孢子 3. 曲霉的分生孢子头及分生孢子

图 10-22　裸孢壳菌(*Emericella* sp.)

(引自 Horie, 1998)

(2) 散囊菌属(*Eurotium* Link)

属于发菌科,闭囊壳球形或近球形,黄色,壳壁由一层拟薄壁组织细胞构成,光滑;子囊球形或近球形,含 8 个子囊孢子,囊壁早期消解;子囊孢子双凸透镜形,光滑或具不同纹饰。无性型为曲霉属(*Aspergillus*),分生孢子头辐射状或疏松柱状,多呈灰绿色;分生孢子球形、卵形至洋梨形,淡绿色,较大,具小刺。本属中多数种嗜高渗透压,在一般的培养基上生长不良或不能生长,在低水活度培养基上生长正常。本属有 25 种。目前多数学者认同采用无性型属名 *Aspergillus* 作为其正式属名。

(3) 篮状菌属(*Talaromyces* C. R. Benj.)

属于发菌科,子囊果是闭囊壳,球形、近球形或近椭圆形,散生或聚生;包被由纤细菌丝交织而成,疏松至较紧密;子囊单生或短链生,球形、近球形或近椭圆形,单囊壁,成熟时消解,含 8 个子囊孢子;子囊孢子球形、近球形或卵圆形,单细胞,壁厚,平滑或具各种纹饰,有赤道脊者少,透明至黄色。本属目前约 149 种。无性型为青霉属(*Penicillium* Link)、拟青霉属(*Paecilomyces* Bainier)和乔斯霉属(*Geosmithia* Pitt)。

(4) 嗜热囊菌属(*Thermoascus* Miehe)

属于嗜热囊菌科,闭囊壳不规则形,在营养丰富的培养基上丛生;包被为拟薄壁组织,红色至红褐色;子囊簇生,壁薄、光滑、易消解,卵圆形、梨形至球形;子囊孢子卵圆形至椭圆形,表面光滑,或具刺,或具疣。本属目前有 5 种。无性型为拟青霉属(*Paecilomyces* Bainier),产生串生的瓶梗孢子(phialospores)(图 10-23)。

 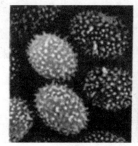 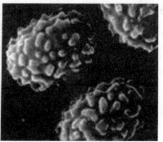

1. 簇生子囊及子囊孢子　　2. 具刺的子囊孢子　　3. 具疣的子囊孢子

图 10-23　嗜热真菌(*Thermoascus* sp.)

(引自 Chen & Chen, 1996)

该属真菌具嗜热性，又称嗜热真菌(thermophilic fungi)。嗜热真菌是一类最低生长温度为20℃或以上，最高生长温度为50℃及以上的特殊真菌类群；而最低生长温度在20℃以下，最高生长温度为约50℃的真菌则称为耐热真菌(thermotolerant fungi)。嗜热真菌是生物多样性中重要的组成成分，因其在高温条件下的热稳定性和高活力，可广泛应用于酿造、发酵、食品、日用化工、纺织、制革、医药和废物处理等领域。近年来对其特有的基因序列和功能及在揭示高温生命形式的奥秘和利用其特殊机制与特殊产物等方面的研究已成为国际研究的热门领域。常见种为黄嗜热囊菌(*Thermoascus aurantiacus* Miehe)。

10.4.2.5 爪甲团囊菌目

爪甲团囊菌目(Onygenales)子座缺乏；子囊果为闭囊壳，常从卷曲的基座上形成，偶聚生，有时具柄，淡色；子囊果壁常由疏松的厚壁菌丝构成，有时具复杂的附属物；囊间组织缺乏；子囊球形，较小，消解，含8个子囊孢子；子囊孢子小，多为鲜色，扁圆形，常具纹饰，赤道处具脊；无性型为丝孢纲真菌。

爪甲团囊菌属(*Onygena* Pers.)

属于爪甲团囊菌科(Onygenaceae)。子囊果具柄，成熟后不规则地破裂；子囊散生，球形，内生8个子囊孢子；子囊孢子卵圆形或椭圆形，单胞或双胞。本属目前约10种。生在动物的蹄、角、毛或羽毛上。该属真菌能分泌降解角蛋白(keratin)的角蛋白酶(keratinase)，马爪甲团囊菌[*O. eguine* (Willd.) Pers.]能分解角蛋白。近年来，角蛋白酶在饲料行业中的作用日益突出，可以有效提高饲料中蛋白质的含量。

10.4.2.6 散囊菌纲中目未确定的科

红曲霉科(Monascaceae)

红曲霉属(*Monascus* Tiegh.)

菌丝无色，渐变为红色，多分枝，含橙紫红色颗粒；闭囊壳橙红色，壁薄，由1~2层扁平的菌丝交织而成，球形，有长短不一的柄；子囊散生，球形，含8个子囊孢子，壁易消解；子囊孢子单胞，卵形或椭圆形，壁厚，光滑，无色或漆红色。本属目前约38种。无性型为向基孢属(*Basipetospora* G. T. Cole & W. B. Kendr.)，分生孢子梗与菌丝无区别，分生孢子梗的顶端产生单生或成串的球形或椭圆形分生孢子。紫红曲霉(*M. purpureus*)广泛用于烹调、制红豆腐乳、酿红酒、制玫瑰醋、生产糖化酶和食品及饮料的着色剂等方面，还可作为降脂药物。

据Houbraken et al. (2011)的研究显示红曲霉科中原有的4个属中的3个属(含红曲霉属)处于曲霉科中一个支系中，另一个属的系统发育关系仍未解决。

10.4.3 锤舌菌纲

锤舌菌纲(Leotiomycetes)是新近建立的一个纲级分类单元，除包括白粉菌外，传统的无囊盖类盘菌都划归在此。该纲目前暂分5目19科641属，近6000种。5目分别为：瘿果盘菌目(Cyttariales)、白粉菌目(Erysiphales)、柔膜菌目(Helotiales)、锤舌菌目(Leotiales)和斑痣盘菌目(Rhytismatales)。子实体以中型为主，多数腐生于富含有机质的土壤和植物残体上，少数寄生于种子植物或与藻类共生形成地衣。无性阶段较为发达，如链核盘菌属(*Monilinia* Honey)的无性阶段为丛梗孢属(*Monilia* Bonord.),座盘菌属(*Botryotinia* Whetzel)的无性阶段为葡萄孢属(*Botrytis* P. Micheli ex Pers.)。

10.4.3.1 白粉菌目

白粉菌(Erysiphales)为高等植物专性寄生菌,常在寄主表面产生毡状粉霉层,即为菌丝体、分生孢子梗和分生孢子,后期产生黑色小粒点,即病菌的闭囊壳。

白粉菌的分生孢子落到合适的寄主上,一般 2h 内即开始萌发,6h 后形成附着胞,15h 内可见吸器和次生菌丝,然后菌丝不断地伸长,再产生附着胞和吸器。分生孢子梗在第3天形成,第一个分生孢子在第5天形成。分生孢子落到免疫寄主上时,前 15h 和上述过程一样,但以后菌丝停止生长,20~24h 内,被侵染的寄主细胞出现坏死现象,表现出过敏反应。

白粉菌通常在被害植物的叶、茎、芽、果实和花上表生无色菌丝体。绝大多数白粉菌的菌丝体是外生的,通过附着胞将菌丝体固着在寄主植物表面,从附着胞产生侵入丝,伸入表皮细胞,形成吸器(图 10-24)。吸器多数球形至梨形,少数裂片状或佛手状。有少数白粉菌的部分菌丝体是内生的,从寄主的气孔侵入叶肉细胞内,并形成吸器,或大部分菌丝体在叶肉细胞间扩展,繁殖时菌丝从气孔伸出,在寄主表面进行无性和有性繁殖。

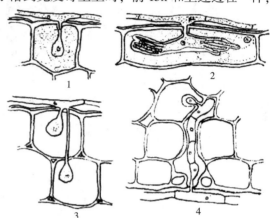

1. 蓼白粉菌(*Erysiphe polygoni*) 2. 禾本科布氏白粉菌(*Blumeria graminis*) 3. 钩状钩丝壳(*Uncinula adunca*) 4. 榛球针壳(*Phyllactinia corylea*)

图 10-24 吸器的类型

白粉菌的无性世代有 4 种产孢类型(图 10-25):①粉孢属(*Oidium*),分生孢子梗不分枝,直立,简单,形成向基性成熟、串生的分生孢子。吸器为球形。它的有性阶段很多,如白粉菌属(*Erysiphe*)。②拟小卵孢属(*Ovulariopsis*),分生孢子梗长,有分隔,顶端单生一个椭圆形、纺锤形的分生孢子。它的有性阶段是球针壳属(*Phyllactinia*)。③旋梗菌属(*Streptopodium*),类似拟小卵孢属,但分生孢子梗基部螺旋状扭曲。它的有性阶段是半内生钩丝壳属(*Pleochaeta*)。④拟粉孢属(*Oidiopsis*),菌丝内生,分生孢子梗自气孔伸出,单枝或有分枝,有隔膜。分生孢子单生于分生孢子梗上。有性阶段为内丝白粉菌属(*Leveillula*)。Braun 和 Cook(2012)重新定义了白粉菌的无性型,将有性型属与无性型属对应起来。分生孢子着生方式与菌丝体的生长习性有密切联系。凡菌丝体内生或部分内生的,其分生孢子多为单生;菌丝体完全外生的,其分生孢子多为串生,只有少数单生。

白粉菌有性生殖产生球形、暗色的闭囊壳(图 10-26),在闭囊壳的外壁产生一种厚壁菌丝,称为附属丝(appendage),它由壳壁上一些表面细胞发育而成。一般产生于闭囊壳的"赤道线"上,也有生在顶部或基部的。附属丝不分枝或分枝(图 10-27),主要有 4 种类型:菌丝型、二叉分枝型、钩丝型和球针型。有些闭囊壳除了一般附属丝外,在顶部着生一丛毛刷状或帚状细胞,遇水肿胀,并胶化。有些闭囊壳无附属丝,只具毛刷状细胞。闭囊壳含 1 至多个子囊。子囊卵圆形至棍棒形,通常内含 2~8 个子囊孢子。子囊孢子成熟时,被强烈地放射出去。子囊孢子多数椭圆形,单胞,无色。

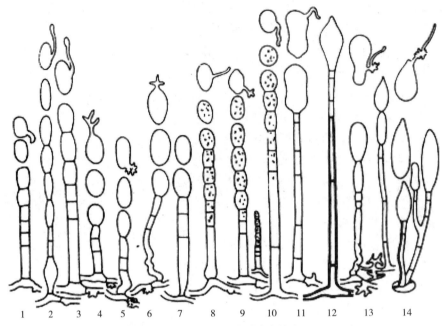

1~10. 粉孢属（*Oidium*）　11~12. 拟小卵孢属（*Ovulariopsis*）
13. 旋梗菌属（*Streptopodium*）　14. 拟粉孢属（*Oidiopsis*）

图 10-25　分生孢子梗和分生孢子的类型

（引自陆家云，2001）

**图 10-26　白粉菌（*Erysiphales*）的闭囊壳
和正在释放的子囊及子囊孢子**

（引自李玉等，2015）

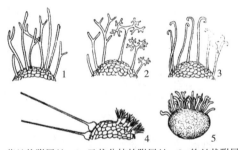

1. 菌丝状附属丝　2. 叉状分枝的附属丝　3. 钩丝状附属丝
4. 球针状附属丝和毛刷状细胞　5. 毛刷状细胞

图 10-27　附属丝类型和毛刷状细胞

（引自邵力平等，1984）

　　白粉菌目中属的划分传统上主要是依据有性世代闭囊壳内子囊的个数、子囊孢子的数目、闭囊壳外附属丝的特点来进行的，如郑儒永和余永年（1987）在其白粉菌专著《中国真菌志》第 1 卷白粉菌目中记述了 22 属，其中有性型 18 属，无性型 4 属。Braun（1987）接受了郑儒永等提出的大部分属，记述了 21 属，其中有性型 18 属，无性型 3 属，这一系统也被 Hawksworth et al.（1995）所接受而收入《菌物词典》第 8 版。但近年来随着分子系统学及扫描电镜技术等在白粉菌研究中的应用，白粉菌科下属级分类系统发生了很大变化。Braun et al.（2012）在综合形态学、分子生物学和超微结构特点等多方面研究结果的基础上提出了一个新的白粉菌分类系统。该系统在白粉菌目下分1科即白粉菌科,5族,15个有性型的属和1个无性型的属,约650种。未定名族(Tribe Unnamed)与无性型的小粉孢属(*Microidium*)相对应。本书分类在白粉菌科下以"族"进行归类,对一些常见属主要以《菌物词典》第10版(2008)分类进行介绍。

1)白粉菌族(Tribe *Erysipheae*)

含1属:白粉菌属(*Erysiphe*)。该属自1999年以来变化最多,Braun et al.(1987,1995,1999,2000,2002,2011,2012)先后发表多篇文章对白粉菌属进行调整。Braun et al.(2012)在白粉菌属下分5个组,即白粉菌组、叉丝壳组、钩丝壳组、棒丝壳组(sect. *Typhulochaeta*)和加利福尼亚组(sect. *Californiomyces*)。现今球钩丝壳属(*Bullbouncinula*)、球叉丝壳属(*Bulbomicrosphaera*)、顶叉钩丝壳属(*Furcouncinula*)、叉丝壳属(*Microsphaera*)、波丝壳属(*Medusosphaera*)、*Setoerysiphe*、棒丝壳属(*Typhulochaeta*)、钩丝壳属(*Uncinula*)和小钩丝壳属(*Uncinuliella*)均已归入白粉菌属。

(1)白粉菌属(*Erysiphe* R. Hedw. ex DC.)

本属的主要特征是菌丝体生于寄主表面,分生孢子单生,闭囊壳内含有多个子囊,每个子囊内含有2~8个子囊孢子;附属丝菌丝状(图10-28)。分生孢子梗直立,单生。目前约478种。我国有20多种,为害紫荆、马桑、梧桐、胡枝子、枸杞、金丝桃、栾树、紫薇、接骨木和栎属等多种木本植物。目前该属属于白粉菌属白粉菌组。

(2)叉丝壳属(*Microsphaera* Lév.)

菌丝体外生,以吸器伸入寄主表皮细胞。闭囊壳球形、扁球形。附属丝刚直,顶部叉状分枝,小分枝顶端常卷曲。子囊多个,成束。子囊孢子单胞,无色(图10-29)。无性态为粉孢属。我国报道有46种(含变种)。目前该属属于白粉菌属叉丝壳组。

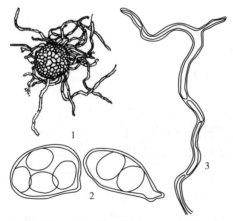

1. 闭囊壳 2. 子囊及子囊孢子 3. 附属丝

图10-28 白粉菌属(*Erysiphe*)

(引自陆家云,2001)

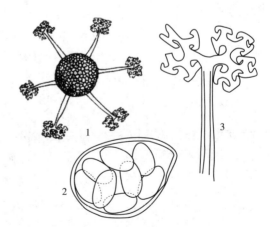

1. 闭囊壳 2. 子囊及子囊孢子 3. 附属丝

图10-29 叉丝壳属(*Microsphaera*)

(引自陆家云,2001)

桤叉丝白粉菌[*M. alni*(Wallr.)Salm.]:外生菌丝不发达,闭囊壳直径78~130μm。附属丝5~16根,顶端叉状分枝4~6次。子囊3~8个,卵形至卵圆形,大小为(44~76)μm×

(34~53)μm。分生孢子单生,椭圆形。寄生于板栗、榛树和胡桃等阔叶树上。

粉状叉丝壳(*Microsphaera alphitoides* Griff. et Maubl.):菌丝体在叶的两面生。闭囊壳聚生或散生,暗褐色,扁球形,直径 70~150μm。附属丝 4~27 根,长 72~150μm,无隔或具 1 隔膜,顶端叉状分枝 3~7 次,末枝大多不反卷。子囊 2~14 个,有短柄,大小为(44~74)μm×(29~54)μm。子囊孢子 4~8 个,大小为(13.8~22.5)μm×(8.8~14.4)μm。寄生栎属植物。

刺槐叉丝壳(*M. robiniae* Lai):菌丝体在叶的两面生。闭囊壳聚生,扁球形或半球形,直径 71~146μm。附属丝 5~25 根,长 216~278μm,无隔或具 1~5 个隔膜,双叉状分枝 3~7 次,末枝不反卷。子囊 4~21 个,卵形或长卵形,有短柄,大小为(40~67)μm×(26~41)μm。子囊孢子 4~8 个,卵形或椭圆形,大小为(14.5~23.3)μm×(9.1~14.6)μm。寄生木蓝属、胡枝子和刺槐,仅中国有此种。

中国叉丝壳(*M. sinensis* Yu):菌丝体在叶的两面生,正面较多。闭囊壳聚生或由散生至聚生,扁球形,暗褐色,直径 70~115μm。附属丝 4~13 根,长 65~145μm,无隔,偶尔具 1 隔膜,顶部 3~7 次双分叉,末枝多反卷。子囊 2~6 个,卵形、椭圆形或亚球形,具短柄或无柄,大小为(43~63)μm×(34~54)μm。子囊孢子 7~8 个,椭圆形或长卵形,大小为(12.5~23.8)μm×(8.4~15.0)μm。寄生板栗、高山栲,仅中国有此种。

茅栗叉丝壳(*M. sequinii* Yu & Lai):菌丝体在叶的两面生,多生叶背。闭囊壳聚生至散生,扁球形,暗褐色,直径 114~167μm。附属丝 8~21 根,长 95~177μm,无隔或具 1~5 个隔膜,分枝短而紧密,末枝多反卷。子囊 7~16 个,长卵形、长椭圆形或不规则形,具柄,大小为(54~84)μm×(34~64)μm。子囊孢子 6~8 个,椭圆形或卵形,大小为(16.3~25.0)μm×(10.0~16.3)μm。寄生茅栗,仅中国有此种。

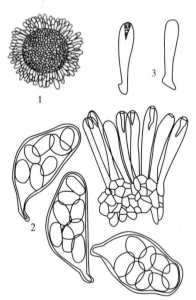

1. 闭囊壳 2. 子囊及子囊孢子 3. 附属丝

图 10-30 八角枫棒丝壳

(*Typhulochaeta alangii*)

(引自郑儒永,1987)

(3) **棒丝壳属**(*Typhulochaeta* Ito et Hara)

菌丝体多生于寄主植物叶片表面,以亚球形的吸器伸入寄主表皮细胞内。闭囊壳半球形或扁球形,内含子囊多个。附属丝无隔膜,透明,棍棒形,呈 2~4 行环状排列于闭囊壳的上部,并能在水中胶化。目前棒丝壳属属于白粉菌属棒丝壳组。约 4 种。

八角枫棒丝壳(*T. alangii* Yu & Lai):菌丝体叶背生,易消失。闭囊壳散生或由近聚生至散生,深色,半球形,直径 156~177μm。附属丝 100~130 根,生于闭囊壳"赤道"上部,2~4 排,密集形成一环状冠带,棍棒形,简单,长 59~79μm。子囊 8~17 个,长卵形或不规则形,有柄,大小为(83~108)μm×(34~49)μm。子囊孢子 6~8 个,椭圆形或拟卵形,大小为(20.0~28.8)μm×(12.5~17.5)μm(图 10-30)。寄生八角枫属。

棒丝壳(*T. japonica* Ito et Hara):菌丝体叶背生,存留。闭囊壳散生,暗色,半球形,直径 124~198μm。附属丝 100~150 根,在"赤道"线上形成环状,棍棒形,简单,大小为(49~69)μm×(9~15)μm。子囊 7~16 个,宽卵形至柱形，有短柄，大小为(73~103)μm×(34~157)μm。子囊孢子7~8个，矩圆形或椭圆形，大小为(17.5~30.0)μm×(10.0~17.5)μm。寄生多种栎属植物。

（4）钩丝壳属（*Uncinula* Lév.）

菌丝体表生，在寄主表皮细胞内形成吸器。闭囊壳扁球形，无孔口。附属丝一般不分枝，个别分枝1~3次，顶端螺旋状或钩状卷曲(图10-31)。子囊多个。子囊孢子单胞，无色至淡黄色。分生孢子梗基部大多直。分生孢子串生，少数单生，无色，单胞，常含有纤维体。我国报道有50余种(含变种)。寄生在桑科、槭树科、榆科等多种植物上。目前该属属于白粉菌属钩丝壳组。

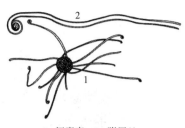

1. 闭囊壳　2. 附属丝

图 10-31　钩丝壳属（*Uncinula*）
（引自陆家云，2001）

葡萄钩丝壳[*U. necator* (Schw) Burr.]：闭囊壳扁球形，直径75~110μm，附属丝9~21根，顶端卷曲；子囊4~6个，卵形，近卵形到近球形，短柄或无柄，大小为(55.9~68.6)μm×(35.6~45.7)μm，子囊孢子不易成熟，4~6个，椭圆形，大小为(20.3~25.9)μm×(10.4~12.6)μm。引起葡萄白粉病。

桑钩丝壳（*U. mori* Miyake）：闭囊壳散生，黑褐色，扁球形，直径75~112μm。附属丝8~22根，大多弯曲，少数直。子囊3~4个，大多4个，卵形，无柄或有极短柄，大小为(43.8~66.0)μm×(35.0~50.8)μm。子囊孢子3~5个，近卵形，黄色，大小为(20.3~38.1)μm×(12.7~19.1)μm。为害桑叶片，引起桑白粉病。

中国钩丝壳（*U. sinensis* Tai &Wei）：闭囊壳散生至聚生，暗褐色，扁球形，直径80~140μm。附属丝10~25根，直或弯。子囊4~8个，不规则卵形，有短柄或无柄，大小为(48.3~63.5)μm×(33.0~43.2)μm。子囊孢子4~6个，大小为(17.8~25.4)μm×(10.2~15.2)μm。为害槐树叶片。

漆树钩丝壳（*U. verniciferae* P. Henn.）：为害黄栌、黄连木、盐肤木、和漆树等的叶片。无患子钩丝壳（*U. sapindi*）、卫矛钩丝壳（*U. sengokui*）、多变钩丝壳（*U. variabilis*）等可寄生无患子、南蛇藤和枫香叶片，引起白粉病。

（5）球钩丝壳属（*Bulbouncinula* Zheng & Chen）

球钩丝壳属是从原钩丝壳属中分出来的一个小属。闭囊壳扁球形。附属丝有长短两型，前者的顶部卷曲，基部球形，后者有头部及柄部，呈蘑菇状。子囊多个，成束。子囊孢子单胞，无色(图10-32)。目前该属已属于白粉菌属钩丝壳组。

球钩丝壳[*B. bulbosa* (Tai & Wei) Zheng & Chen]：菌丝体叶背生。闭囊壳近聚生至散生，暗褐色，扁球形，直径88~125μm。长型附属丝6~13根，自闭囊壳的"赤道"线上发生，基部球形，顶端简单钩状或卷曲1~1.5圈；短型附属丝遍布于闭囊壳上半部的表面。子囊7~9个，卵形、近球形，有短柄至近无柄，大小为(43.2~60.9)μm×(30.5~45.7)μm。子囊孢子6~8个，大小为(16.4~22.9)μm×(9.6~13.2)μm。为害栾树叶片。

（6）小钩丝壳属（*Uncinuliella* R. Y. Zheng & G. Q. Chen）

本属是从钩丝壳属中分出来的一个小属。闭囊壳除了和钩丝壳属一样具有顶端卷曲的长型附属丝外，还同时有自闭囊壳上半部发生的一些镰形短型附属丝。子囊多个，成束。子囊孢子单胞，无色至淡黄色(图10-33)。目前小钩丝壳属属于白粉菌属钩丝壳组。

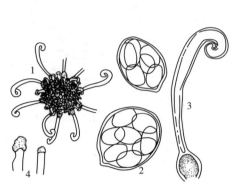

1. 闭囊壳　2. 子囊及子囊孢子　3. 长型附属丝
4. 短型附属丝

图 10-32　球钩丝壳属（*Bulbouncinula*）
（引自陆家云，2001）

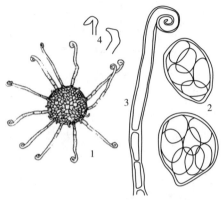

1. 闭囊壳　2. 子囊及子囊孢子　3. 长型附属丝
4. 短型附属丝

图 10-33　小钩丝壳属（*Uncinuliella*）
（引自陆家云，2001）

南方小钩丝壳 [*Uncinuliella australiana*（McAlp.）Zheng & Chen]：菌丝体在叶的两面生。闭囊壳聚生至散生，暗褐色，球形至扁球形，直径 70~142μm。附属丝有长、短两种类型：长型附属丝 6~28 根，大多不分枝，长 60~203μm，大多有 1~4 个隔膜，顶端钩状或卷曲 1~2.5 圈；短型附属丝 10~28 根，镰形或其他形状，长 8.3~22.9μm。子囊 3~5 个，卵形、近球形，有或无短柄，大小为（48.3~58.4）μm×（30.5~40.6）μm。子囊孢子 5~7 个，卵形、矩圆至卵形，大小为（17.8~25.4）μm×（10.2~15.2）μm。寄生紫薇、南紫薇等。

枫香小钩丝壳 [*U. liquidambaris*（Zheng & Chen）Zhen，Chen & Z. X. Chen]：菌丝体在叶的两面生。闭囊壳聚生至散生，暗褐色，扁球形，直径 90~169μm。附属丝有长、短两类：长型附属丝 12~35 根，长 88~250μm，无隔，顶部简单钩状或卷曲 1 圈；短型附属丝 11~35 根，镰形或其他形状，长 10.2~58.4μm。子囊 6~13 个，近卵形或不规则形，有柄，大小为（46.3~81.3）μm×（30.5~51.3）μm。子囊孢子 4~8 个，卵形、椭圆形，大小为（15.0~25.4）μm×（10.7~16.3）μm。寄生枫香属植物。

2）戈洛文菌族 [Tribe *Golovinomyceteae*（U. Braun）U. Braun & T. Takam.]

（1）**新白粉菌亚族** [Subtribe *Neoerysiphinae*（U. Braun）U. Braun & S. Takam.]

含 1 属，新白粉菌属（*Neoerysiphe* U. Braun）。

（2）**戈洛文菌亚族**（Subtribe *Golovinomycetinae*）

含 1 属，戈洛文菌属 [*Golovinomyces*（U. Braun）V. P. Heluta]。

（3）**节丝壳亚族** [Subtribe *Arthrocladiellinae*（R. T. A. Cook et al.）U. Braun & S. Takam.]

含 1 属，节丝壳属（*Arthrocladiella* Vassilkov）。

3）离壁壳族 [Tribe *Cystotheceae*（Katumoto）U. Braun]

（1）**离壁壳亚族**（Subtribe *Cystothecinae*）

含 2 属，离壁壳属（*Cystotheca* Berk. & M. A. Curtis）、叉丝单囊壳属（*Podosphaera* Kunze：Fr.）[单丝壳属（*Sphaerotheca*）现已归入叉丝单囊壳属]。

叉丝单囊壳属（*Podosphaera* Kunze：Fr.）

现归于白粉菌目 5 个亚族中的离壁壳亚族。该属现还包括原来的单丝壳属（*Sphaerotheca*）。

二者除附属丝形态不同外，在子囊个数、分生孢子特征方面基本相同，且分子系统学研究把两者划在一个分支中，因此，Braun et al.（2000）将单丝壳属和叉丝单囊壳属合并，并将前者作为后者的异名。该属的主要特征是闭囊壳内仅有一个子囊；分生孢子串生，内含纤维体。菌丝体表生，以吸器伸入表皮细胞。闭囊壳球形或扁球形，暗褐色。附属丝生于闭囊壳中央或顶端，刚直，顶端叉状分枝 2~6 次。子囊单个。子囊孢子 8 个，单胞，无色。无性态为粉孢属。本属目前约 124 种。我国报道为害木本植物的有 8 种。

白叉丝单囊壳 [*Podosphaera leucotricha* (Ell. et Ev.) Salm.]：闭囊壳多聚生，近球形或梨形，直径 72~90μm。附属丝生于闭囊壳的顶部和基部，顶部附属丝 3~10 根，顶端常不分枝，或叉状分枝 1~2 次，基部附属丝短，菌丝状。子囊单个，近球形至卵形，大小为 (60~70)μm×(45~55)μm。子囊孢子 8 个，大小为 (22~25)μm×(12~15)μm，单胞，无色。无性态为苹果粉孢霉（*Oidium farinosum*），分生孢子串生。寄生于苹果、海棠、木楸子等。侵染幼梢、花芽，受害部分卷缩，为害较大。病菌以休眠菌丝体潜伏于腋芽鳞片内越冬。

三指叉丝单囊壳 [*P. tridactyla* (Wallr.) de Bary]：闭囊壳散生，近球形，褐色，直径 72~90μm。附属丝顶生，2~8 根，顶部叉状分枝 2~4 次。子囊 1 个，短椭圆形至拟球形，大小为 (50~90)μm×(37.5~80)μm。子囊孢子 8 个，椭圆形，大小为 (16~22)μm×(8~12)μm。无性态是核果巴氏粉孢霉（*Oidium passerinii*）（图 10-34）。为害桃、李、樱桃和梅叶片。被害叶片初生白色粉霉层，以后散生黑色小粒点。病菌以闭囊壳在落叶上越冬。

（2）叉钩丝壳亚族 [Subtribe *Sawadaeinae* (U. Braun) U. Braun & S. Takam.]

含 1 属，叉钩丝壳属（*Sawadaea* Miyabe）。

叉钩丝壳属（*Sawadaia* Miyabe）

菌丝体表生。闭囊壳扁球形。附属丝在同一个闭囊壳上至少有一部分至大部分或全部规则地双叉状分枝一至多次，少数三叉分枝，顶端简单钩状或卷曲。子囊多个，成束。子囊孢子单胞，无色（图 10-35）。大多寄生在槭树科植物上。无性态为粉孢属。

二角叉钩丝壳 [*S. bicornia* (Wallr.) Homma]：菌丝体在叶的两面生，以正面为主。闭囊壳散生至聚生，暗褐色，扁球形，直径 122~250μm。附属丝 22~130 根，大多双叉状分枝

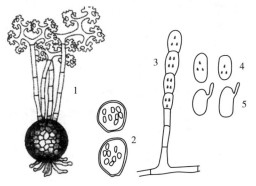

1. 闭囊壳 2. 子囊和子囊孢子 3. 分生孢子梗
4. 分生孢子 5. 芽管

图 10-34　三指叉丝单囊壳

（*Podosphaera tridactyla*）

（引自李玉等，2015）

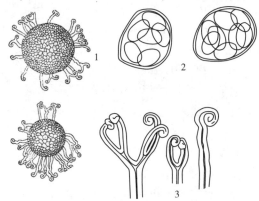

1. 闭囊壳 2. 子囊及子囊孢子 3. 附属丝

图 10-35　叉钩丝壳属

（*Sawadaia*）

（引自郑儒永，1987）

1~2次，少数不分枝，长50~180μm，无隔，顶端简单钩状或卷曲。子囊5~12个，近卵形、球形或不规则状，大小为(53.8~91.4)μm×(35.6~58.4)μm。子囊孢子6~8个，卵形、矩圆形，淡黄色，大小为(12.6~26.9)μm×(10.5~20.3)μm。寄生多种槭属植物。

波密叉钩丝壳(*S. bomiensis* Zheng & Chen)：菌丝体在叶的两面生，以正面为主。闭囊壳近聚生至散生，扁球形，黑褐色，直径140~205μm。附属丝28~72根，有的闭囊壳上附属丝简单，仅个别分枝，有的闭囊壳上较多附属丝有分枝，可双叉状分枝1~2次，个别三叉分枝，附属丝无隔，顶端简单钩状或卷曲一圈。子囊8~21个，卵至椭圆形或不规则形，有短柄至近无柄，大小为(76.2~106.7)μm×(33.0~48.3)μm。子囊孢子7~8个，长卵至矩圆形，淡黄色，大小为(20.3~25.4)μm×(12.7~15.7)μm。寄生长尾槭。

4) 球针壳族[Tribe *Phyllactinieae*(Palla) R. T. A. Cook et al.]

含4属：内丝白粉菌属(*Leveillula* G. Arnaud)、球针壳属(*Phyllactinia* Lév.)、半内生钩丝壳属(*Pleochaeta* Sacc. & Speg., Queirozia)等。

(1) 球针壳属(*Phyllactinia* Lév.)

菌丝体分内外生两型：内生菌丝侵入寄主的叶内，并产生球形吸器伸入叶肉细胞；外生菌丝生于寄主的表面。分生孢子梗不分枝，分生孢子单生，棍棒形、纺锤形或卵形。闭囊壳扁球形或双凸透镜形。具两种附属丝：一种为丛生在子囊果顶部可以胶化的毛刷状细胞；另一种为生于"赤道"部位，顶端尖、基部膨大呈球形的针状附属丝。子囊多个，形状多样；子囊孢子1~4个，多为2个，无色或淡色，单胞，椭圆形或卵形。本属目前约117种。据报道我国在木本植物上有39种。无性阶段属于拟小卵孢属(*Ovulariopsis* Pat. & Har.)，寄生在胡桃科、桑科、玄参科等寄主植物上。病菌以闭囊壳在病组织上越冬。子囊孢子引起初次侵染，分生孢子可以不断引起再侵染。

榛球针壳[*P. guttata*(Wallr.)Lév.，异名 *P. corylea*(Pers.)Karst.]：闭囊壳直径144~288μm。附属丝5~21根，长度比闭囊壳的直径大1~3倍。子囊12~30个，大小为(57~99)μm×(23~49)μm，含子囊孢子2个，偶尔1~3个。子囊孢子大小为(17~48)μm×(12~29)μm。寄生梨、山楂、柿、胡桃、板栗、番木瓜、臭椿和八角枫等。

柿生球针壳(*P. kakicola* Saw.)：为害柿叶片。闭囊壳散生或聚生，直径135~281μm，壳壁细胞大小为(18~28)μm×(17~20)μm，附属丝6~14根，子囊5~10个，有柄，(76~108)μm×(28~50)μm。子囊孢子2个，卵形或矩圆形，大小为(35~56)μm×(22~30)μm。分生孢子单生。病菌以闭囊壳在落叶上越冬。

梨球针壳[*P. pyri*(Cast.)Homma]：菌丝体外生，闭囊壳直径224~273μm，附属丝5~18根。子囊15~21个，有柄，大小为(54~98)μm×(24~44)μm。子囊孢子2个，椭圆形、卵形或矩圆形，大小为(29.5~42.5)μm×(14.8~24.6)μm。病菌寄生于梨属植物上，以闭囊壳在落叶或黏附在枝梢上越冬。

桑生球针壳[*P. moricola*(P. Henn.)Homma]：闭囊壳扁球形，暗褐色，直径138~277μm。附属丝4~25根。子囊5~45个，长卵形至近柱形，有柄，大小为(50~94)μm×(15~49)μm。子囊孢子多为2个，偶见3个，椭圆形，大小为(19.7~44.5)μm×(14.8~29.5)μm。病菌寄生于桑属、构属植物上。受害叶片正面产生不明显的淡黄褐色病斑，背面产生白色粉霉状斑，后期病斑上散生褐色至黑色小点。

栎球针壳[*Phyllactinia roboris*(Gachet) Blum., 异名为 *P. corylea*(Pers.) Karst]：在《中国真菌志》第一卷(1987)中，将此种细分为 32 个种。菌丝体生叶背面，部分生于寄主组织内，易消失；分生孢子单生于分生孢子顶端，倒卵圆形，(5~12)μm×(8~15)μm；闭囊壳黑褐色，扁球形至球形，直径 175~313μm；附属丝球针状，5~18 根；子囊 9~37 个，近圆筒形至长卵形，具略弯曲的柄，大小为(60~105)μm×(25~40)μm；子囊孢子 2 个，罕 3 个，无色，单胞，椭圆形，大小为(25~45)μm×(15~25)μm。

杨球针壳[*P. populi*(Jacz.) Y. N. Yu]：寄生在加拿大杨、辽杨、小叶杨等杨属植物上(图 10-36)。

(2) 半内生钩丝壳属(*Pleochaeta* Sacc. & Speg., Queirozia)

菌丝体半内生。闭囊壳较大，侧面观陀螺状。附属丝顶端钩状或卷曲。子囊多个，近成层排列。子囊孢子单胞，无色。本属有 6 种。无性态为旋梗菌属(*Streptopodium*)。分生孢子梗自外生菌丝上形成，基部扭曲数周。分生孢子单生，无色，单胞(图 10-37)。本属的有性态与钩丝壳属相近。主要区别在于前者的菌丝体是半内生的，分生孢子单生；而后者的菌丝体完全外生，分生孢子串生。

三孢半内生钩丝壳[*P. shiraiana*(P. Henn.) Kimbr. & Korf]：菌丝体在叶背生。闭囊壳聚生至散生，直径 170~315μm。附属丝多，80~450 根左右，无隔，顶端简单钩状或卷曲 1~1.5 圈。子囊 19~66 个，有柄。子囊孢子多为 3 个，少数 2 个或 4 个。分生孢子梗细长，具 2~4 个隔膜，基部扭曲。分生孢子单生，表面粗糙。为害朴树、青檀等植物叶片。

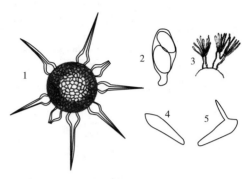

1. 闭囊壳　2. 子囊和子囊孢子　3. 刷状附属丝
4. 分生孢子　5. 芽管

图 10-36 杨球针壳(*Phyllactinia populi*)
(引自李玉等，2015)

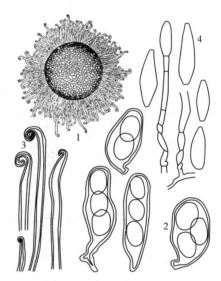

1. 闭囊壳　2. 子囊及子囊孢子　3. 附属丝
4. 分生孢子梗及分生孢子

图 10-37 半内生钩丝壳属(*Pleochaeta*)
(引自郑儒永，1987)

此外，我国还发现杨生半内生钩丝壳(*P. populicola* Zhang)和柳生半内生钩丝壳(*P. salicicola* Zheng et Chen)分别为害山杨和黄花柳等。

5) 布氏白粉菌族(Tribe *Blumerieae* R. T. A. Cook et al.)

布氏白粉菌族含 1 属：布氏白粉菌属(*Blumeria* Golovin ex Speer)。

10.4.3.2　柔膜菌目

柔膜菌目(Helotiales)是无囊盖类盘菌中最大的一个目，产生杯状或盘状的子囊盘，通常无子座或出现菌核。子囊小、薄壁，顶部不特别厚或稍厚。子囊孢子形态各异，球形、椭圆形、线形等。该目很多成员营腐生生活于土壤、死木、粪或其他有机质上,也有些种寄生于植物上引起病害。本目有 10 科 501 属 3881 种。10 科分别为:展盘菌科(Ascocorticiaceae)、皮盘菌科(Dermateaceae)、柔膜菌科(Helotiaceae)、贫盘菌科(Hemiphacidiaceae)、晶杯菌科(Hyaloscyphaceae)、长毛球壳科(Loramycetaceae)、星裂盘菌科(Phacidiaceae)、蜡盘菌科(Rutstroemiaceae)、核盘菌科(Sclerotiniaceae)和水盘菌科(Vibrisseaceae)

1) 展盘菌科(Ascocorticiaceae)

无子座,子囊果散布,不定形的栅栏状排列,白色或粉红色,近乎无包被。子实层基部有由菌丝组成的囊层基,但无囊层被,子囊之间通常无侧丝,外表上很像外囊菌。子囊孢子小,无色,无隔,无性型未知。腐生,尤其在针叶树树皮上,主要分布于温带。本科有 1 属 2 种,展盘菌属(*Ascocorticium*)。异形展盘菌[*A. anomalum*(Ell. et Harkn.)Earle]:生在松树皮上。

2) 皮盘菌科(Dermateaceae)

子囊盘内生或半埋生在基物内,少数完全表生,通常褐色至黑色,有时黄至红色,肉质,很少有软骨质至革质的,不由菌核或假菌核产生。囊盘被由薄壁至厚壁的、球形至多角形的细胞构成。本科有 33 属 315 种。包括木生腐生菌、内生菌和植物病原菌。

皮盘菌属(*Dermea* Fr.)

子囊盘从子座生出,革质,黑色或褐色。子囊壁厚,内含 4 个或 8 个子囊孢子。子囊孢子 3~5 个隔膜,无色或带褐色。侧丝有分隔,褐色。本属目前约 24 种。我国已报道 2 种。

樱桃梢枯皮盘菌[*D. cerasi*(Pers.)de Not.]:子囊盘从黄褐色或红褐色子座生出,直径 2~4mm。子囊大小为(90~100)μm×10μm。子囊孢子大小为(12~25)μm×(3~7.5)μm。无性态为樱桃梢枯集壳线孢(*Micropera cerasi*)。寄生樱桃枝梢。

李属梢枯皮盘菌[*D. prunastri*(Pers.)Fr.]:子囊盘从表皮下的褐色或墨绿色的子座生出,直径 1~2mm,盘状。子囊大小为(70~80)μm×12μm,子囊孢子大小为(12~15)μm×(4~4.5)μm。无性态为李属梢枯丝球壳霉(*Sphaeronema spurium*)。寄生李、稠李,导致枝梢枯萎。

桑皮盘菌(*D. mori* Peck):寄生桑枝。

桦树皮盘菌[*D. molliuscula*(Sehw.)Cash]:寄生桦树。

3) 柔膜菌科(Helotiaceae)

子座常缺失。子囊果小至中等大小,常为鲜色;囊盘被通常由平行或交错的分隔较小的菌丝组成,有时内层胶质化,多为光滑无毛或具短茸毛。囊间组织由简单的侧丝组成。子囊柱形,顶部无明显加厚。子囊孢子常无色,椭圆形或圆形,有隔或无隔。无性型种类多。通常在草本或木本上腐生。本科有 117 属 826 种。

(1) 黑皮柔膜菌属(*Atropellis* Zeller & Goodd.)

黑皮柔膜菌属共有 4 个种。

嗜松枝干溃疡病菌[*Atropellis piniphila*(Weir)Lohman & Cash]:子囊盘突出,黑褐色,不规则圆盘形,具短中轴,直径 2~5mm。子囊大小为(85~90)μm×160μm。子囊孢子透明,椭圆形至拟纺锤形,无隔或具单隔膜(极少数具 3 个隔膜),大小为(14~32)μm×(4~8)μm。分生孢子壁极薄,透明,无隔膜,圆柱形,端部圆形,具黏性外壳,大小为(3.5~8.3)μm×(0.7~1.7)μm。广泛分布于加拿大的艾伯特塔省、不列颠哥伦比亚省、萨斯喀彻温省,美国西部各州零星发生,亚拉巴马州和田纳西州也有报道。可以寄生在扭叶松,美国白皮松,北美短叶松,黑材松,加洲山松,西黄松,火炬松和矮松,引起松枝干溃疡病。

松生枝干溃疡病菌(*Atropellis pinicola* Zeller & Goodding):子囊盘突出,无柄或具一短轴,直径2~4mm。子囊棍棒形,间生发状侧丝,大小为(74~178)μm×(8~13)μm。子囊孢子长而窄,丝状、针状至棒状,1~6个细胞,透明,大小为(32~63)μm×(1.5~3.5)μm(平均40×2μm)。分生孢子狭窄,椭圆形至杆形,单胞,透明,大小为(8~11)μm×(1.7~3)μm。分布于加拿大不列颠哥伦比亚省及美国西部各州。可寄生在扭叶松,糖松,加州山松,北美乔松,欧洲黑松和欧洲赤松。引起松枝干溃疡病,主要是通过侵染未受损伤的茎皮或叶痕发生。

(2) 薄盘菌属(*Cenangium* Fr.)

子囊盘肉质,暗色,光滑,无柄,先内生,后突破寄主表皮而伸出,发生在针叶树上,通常腐生。侧丝丝状,子囊孢子宽椭圆形,单胞,无色。子囊顶端的小孔道在碘液内变为蓝色。本属原属于锤舌菌科(Leotiaceae)。目前有47种,分布广泛。我国已报道4种。

铁锈薄盘菌(*C. ferruginosum* Fr.):子囊盘无柄,直径2~3mm,成熟后可达5mm。子囊棍棒状,无色,内生8个子囊孢子,多呈单行排列,有时双行。子囊孢子无色至淡色,单胞,椭圆形,大小为(8~12.5)μm×(6~8)μm。侧丝无色,顶端膨大。在我国可引起云杉、冷杉、落叶松及多种松树烂皮病或枝枯病。

松生薄盘菌[*C. acicola*(Fuckel)Rehm]、日本薄盘菌[*C. japonicum*(P. Henn.)Miura]、落叶松薄盘菌[*C. laricimum*(Pass.)Sacc.]:可寄生在松和落叶松枝干上,引起烂皮或枝枯病。

(3) 似绿杯菌属(*Chloroscypha* Seaver)

似绿杯菌属共有14个种。

侧柏绿胶杯菌(*C. platycladus* Dai sp. Nov.):子囊盘有短柄或无柄,黑色漏斗状,吸水膨大呈盘状或杯状,橄榄色,直径0.21~0.46mm。子实层由黏胶质组成。子囊圆筒形至棍棒形,大小为(80~129)μm×(10~15)μm,内含8个子囊孢子。侧丝丝状,透明,顶端略膨大,有时有分枝,长78~120μm。子囊孢子单胞,多为单列,透明或略带淡橄榄色,椭圆形或球形,大小为(13~18)μm×(8~15)μm。引起侧柏叶枯病,连续数年受害引起全株枯死。

(4) 芽孢盘菌属(*Tympanis* Tode)

子囊盘小,蜡质,无柄。子囊孢子可以芽殖。本属目前约64种。我国已报道10种。

混杂芽孢盘(*T. confusa*):子囊盘外露于基物表面,小,杯形至盘形,无柄或近无柄,无子座;子囊圆柱形或棒形,初期8个子囊孢子,后期形成无数小孢子,子囊孢子无色。引起红松流脂溃疡。

4) 贫盘菌科(Hemiphacidiaceae)

子座无。子囊果埋生,后期以周裂或条裂的方式突破寄主组织;包被(囊盘被)发育不良。囊间组织由简单的侧丝组成,有时顶端膨大。子囊孢子常具隔膜,无色或褐色,有时具有外鞘。子囊孢子卵圆形至丝状,无色至暗色,单胞至多胞。每个子囊内通常有8个子囊孢子,少数为2~4个。本科有9属26种。

双孢贫盘菌属(*Didymascella* Maire et Sacc.)

子囊内只含有2~4个子囊孢子,子囊孢子由2个大小不等的细胞组成,褐色。本属目前约5种。发生在柏科植物上。侧柏双孢贫盘菌[*D. thujina*(Durand.)Maire]可寄生侧柏引起叶凋病或叶枯病。

5) 晶杯菌科(Hyaloscyphaceae)

无子座。子囊果通常较小，扁平或凹形，囊盘被柔软，肉质，由棱形或等径的细胞组成，常由明显且有时具纹饰的毛状物围绕子囊盘。囊间组织由简单的侧丝组成，有时无隔。无性型很少提及，已知的均为丝孢菌。在木本和草本植物上多腐生，世界分布。本科有74属933种。

小毛盘菌属(*Lachnellula* Karst.)

子囊盘革质，能长期保存，干燥后，仍能恢复生机。囊盘被由具长形细胞的菌丝组成。本属所有的种都发生在松柏科植物上，子囊盘直径可达2mm，或更大一些。子囊盘上有白色毛，毛上有颗粒状突起。子实层黄色、橘红色或红色。本属有40种。无性型为盘肾孢属(*Naemospora*)。着生在针叶树上，分布广泛，主要分布在温带。

韦氏小毛盘菌[*L. willkommii*(Hartig)Dennis]：寄生于落叶松上，在我国寄生在兴安落叶松枝干上引起癌肿病，该菌异名有：*Trichoscyphella willkommii*(Hartig)Nannfeldt 和 *Dacyscypha willkommii*(Hartig)Rehm。

6) 星裂盘菌科(Phacidiaceae)

子座既非肉质也非胶质，颜色黑，子囊孢子四周无胶质鞘。本科有7属148种。

星裂盘菌属(*Phacidium* Fr.)

子座圆形，黑色，大多在松柏科针叶表皮下，内含一子囊盘。子实层通过子座顶部组织的不规则开裂而外露，裂口上留有齿状裂痕。子囊圆筒形，内含8个子囊孢子，侧丝线形，顶端不膨大，也不形成囊层被。子囊孢子单胞（极少数为三胞），卵圆形、椭圆形或梭形，无色。本属目前约40种。无性型为 *Apostrasseria* 和 *Ceuthospora*。

杂色星裂盘菌(*P. discolor* Mont. et Sacc.)：子囊盘黑褐色，直径0.67~1mm，边缘破裂。子囊大小为(120~140)μm×(15~18)μm。子囊孢子无色，卵形，大小为(17~22)μm×(8~10)μm。寄生苹果枝干，引起干癌病。

冷杉星裂盘菌(*P. abietinum* Kze. ex Sehm.)：寄生冷杉和杉木叶片。

松星裂盘菌(*P. infestans* Karst.)：寄生落叶松，引起落叶松苗雪疫病。

7) 核盘菌科(Sclerotiniaceae)

子座存在，具分化良好的菌核或僵化的植物组织。子囊果为子囊盘，常具长柄，多为褐色，杯状，无毛状物，柄常为暗色。囊间组织由简单的侧丝组成。子囊具J+顶环。子囊孢子大或小，椭圆形，常无隔，无色或淡褐色，通常纵向近对称。无性型常明显，为丝孢菌。为植物不同部位上的病原菌或腐生物，尤其在种子和果实上，世界分布。本科有47属284种。

（1）**杯盘菌属**(*Ciboria* Fuckel)

子囊果盘状至杯状，通常发生在由菌丝和木材、果实或柔荑花等组织形成的假菌核上，假菌丝表面没有壳状的表皮层。囊盘被外层由薄壁的球形细胞构成，无色或暗色。子囊孢子的长度通常在10μm以上。在生活史中没有分生孢子阶段。本属目前有21种。我国已报道9种。无性型为 *Myrioconium*。分布广泛，主要在温带。

苹果僵果杯盘菌[*Ciboria aestivalis*(Pollock)Whetzel]：子囊盘丛生，红褐色，盘形或杯形，直径1~7mm。子囊棍棒形，大小为(50~85)μm×(6~8)μm。子囊孢子长纺锤形，大小为(6~12)μm×(2~3.5)μm。寄生苹果和其他同属植物的果实上，引起僵果。

柔荑花杯盘菌[C. amenti (Bstsch) S. E. Carp.]：子囊盘直径达1mm，白色。子囊大小为(60~70)μm×(6~7)μm。子囊孢子大小为(7~10)μm×(3~4)μm。寄生在杨、柳的荑花序上。

块状杯盘菌[C. batschiana (Zopf) N. F. Buchw]：寄生于栎的果实(图10-38)，引起坚果僵化病。

白井杯盘菌[C. shiraiana (P. Henn) Whetzel]：菌核大小不一，黑色，表面有瘤状突起，髓部灰色。子囊盘碗形或漏斗形，蜜色或淡褐色，直径3~15mm。子囊圆筒形至棍棒形，大小为(120~180)μm×(8~11)μm。子囊孢子卵形或椭圆形，无色，大小为(11~15.4)μm×(4.5~6.6)μm。寄生于桑，侵害桑葚，使小果互相融合僵化而成僵果，形成假菌核。

（2）链核盘菌属（Monilinia Honey）

子囊盘从假菌核生出，子囊盘漏斗形或杯形，淡紫褐色。子囊内含8个子囊孢子，有时4个。子囊孢子无色，单胞，椭圆形。无性态为丛梗孢属（Monilia）。目前本属有30种。我国已报道6种。

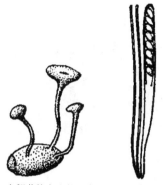

1. 由假菌核产生的子囊盘 2. 子囊和侧丝

图10-38　块状杯盘菌
(Ciboria aestivalis)
（引自邵力平等，1984）

美澳型核果链核盘菌[M. fructicola (Wint.) Honey]：此种与核果链核盘菌相似，但子囊盘极易形成，直径1~1.5cm，柄暗褐色，长20~30mm。子囊圆筒形，(102~215)μm×613μm，子囊间有侧丝。侧丝丝状，无色，有隔膜。子囊孢子椭圆形或卵圆形，无色，单胞，大小为(6~15)μm×(4~8.2)μm。为害桃、李、杏、樱桃等核果及苹果、梨、葡萄等。引起褐腐病。

果生链核盘菌[M. fructigena (Aderh. et Ruhl.) Honey]：有性态不常发生，子囊盘自僵果内菌核生出，漏斗状，外部平滑，灰褐色，直径3~5mm，柄高1~1.5mm。子囊无色，长圆筒形，大小为(120~180)μm×(9~12)μm，内生8个子囊孢子。子囊孢子无色，单胞，卵圆形，大小为(10~15)μm×(5~8)μm。无性态为仁果丛梗孢（Monilia fructigena）。为害多种仁果和核果，主要是梨和苹果，引起褐腐病。有时也为害榛子。

山楂链核盘菌[M. johnsonii (Ell et Ev.) Honey]：山楂链核盘菌寄生于山楂。引起叶和果实的褐腐。

樱桃链核盘菌[M. kusanoi (P. Henn.)]：寄生于樱桃。为害花、幼枝、叶片和幼嫩的果实。引起褐腐。

核果链核盘菌[M. laxa (Aderh. et Ruhl.) Honey]：子囊盘由僵果内的假菌核生出，但不常形成，漏斗状或盘状，高0.5~3mm，柄褐色，盘色较淡，直径5~15mm。子囊圆筒形，大小为(121~188)μm×(7.5~11.8)μm。子囊孢子无色，椭圆形，两端钝圆，大小为(7~19)μm×(4.5~8.5)μm。侧丝直径2.5μm。有性态在我国尚未发现，其无性态为桃褐腐丛梗孢（Monilia cinerea）。主要寄生核果，有时寄生仁果。为害成熟的果实，亦侵害花和幼嫩枝叶，引起褐腐病。

苹果链核盘菌[*Monilinia mali*(Takahashi)Whetzel]：假菌核黑褐色，鼠粪状，生于病组织内，产生子囊盘1~8个。子囊盘漏斗形，深褐色，中心凹陷，直径2~8mm，柄长1~10mm。子囊圆筒形，无色，基部稍细，顶端钝圆，大小为(130~187)μm×(7.5~10.6)μm，内含孢子4~8个。子囊孢子单胞，无色，短椭圆形或卵形，大小为(7.5~14.5)μm×(4.5~7.5)μm。寄生于苹果，引起花、幼果、幼枝、叶片和果枝的褐腐病。

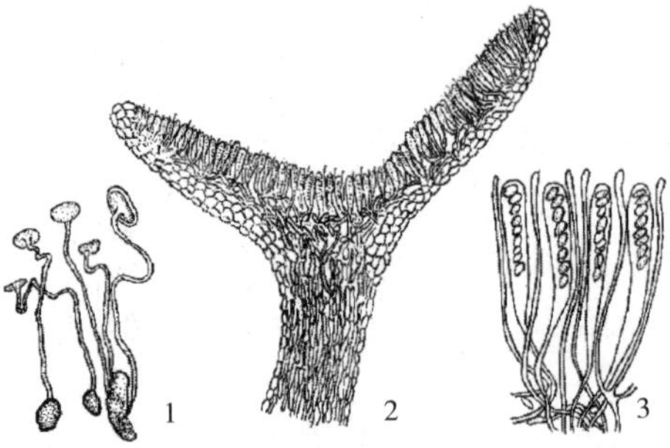

（3）**核盘菌属**(*Sclerotinia* Fuckel)

菌丝体可产生菌核。子囊盘漏斗形或盘形，具长柄，褐色，生于菌核上。子囊圆筒形或棍棒形。子囊孢子单细胞，无色，椭圆形或纺锤形（图10-39）。本属目前约15种。我国已报道8种。核盘菌[*S. sclerotiorum*(Lib.)de Bary]寄主范围十分广泛，可侵害100多种植物，包括多种云杉、杨树、枫杨、泡桐、桑树和桃等。

1. 菌核萌发形成子囊盘　2. 子囊盘　3. 子囊和侧丝

图10-39　核盘菌属(*Sclerotinia*)

（引自陆家云，2001）

10.4.3.3　锤舌菌目(Leotiales)

全是腐生菌，生在低湿地树木或阴坡地上。子囊盘棍棒状或头状，子实层在膨大的部分上，有鲜明的颜色。囊盘被由平行的长细胞的菌丝组成。本目有2科11属41种，2科为锤舌菌科(Leotiacea)和地锤菌科(Cudoniaceae)。

1) **锤舌菌科**(Leotiaceae)

子座无。子囊果中等大小至较大，通常有柄，常为鲜色，光滑无毛；囊盘被由一个平行或交织的胶质化且分隔较少的菌丝外层和一个非胶质化菌丝组织内层组成。囊间组织由简单的侧丝组成。子囊柱形，具有一个加厚的顶部和一个常弥散的(diffuse)的J+顶环。子囊孢子无色，椭圆形或长形，有隔或无隔。无性型种类多，只知道少数几个类群。在草本和木本植物上腐生。本科与晶杯菌科的主要区别是子囊盘上无毛和囊盘被是由长形的菌丝细胞组成。本科有7属34种。

锤舌菌属(*Leotia* Pers. ex Fr.)

子囊果头状，胶质，有柄，可育的头部为球形或不规则形，淡黄色至绿色。子囊狭棒形，孢子8个，无色，长方梭形，最初无隔，后有1~5横隔。主要生长在温带的林地上。常见种有黄柄锤舌菌[*L. aurantipes*(Imai)Tai]和胶锤舌菌(*L. gelatinosa* Hill)（图10-40）。本属目前约23种。我国已报道7种。

2) **地锤菌科**(Cudoniaceae)

（1）**地锤菌属**(*Cudonia* Fr.)

子囊果头状，半肉质至近革质，颜色鲜艳。子囊棒形，孢子8个，无色，线形，多行排列。本属目前约20种。我国已报道5种。

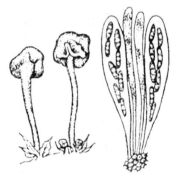

1. 子囊果　2. 子囊和侧丝

图10-40　胶锤舌菌

(*Leotia gelatinosa*)

（引自邵力平等，1984）

红地锤菌(*Cudonia confusa* Bres.)：生于针叶林中潮湿地上的草丛间。

（2）地匙菌属(*Spathularia* Pers.)

具勺状子囊果，长柄，发生在森林中，腐生在土壤、枯死树或枝条及潮湿的有机质基物上。子囊果表面均为子实层所覆盖，子囊孢子单胞至多胞，无色至深褐色。本属有12种。我国已报道1种。曾经认为地匙菌属是地舌菌科(Geoglossaceae)的常见类群，现在将它划归在地锤菌科(Cudoniaceae)。

10.4.3.4 斑痣盘菌目(Rhytismatales)

子座上产生子囊果，通常埋生于寄主植物或基物下，有时也出现在基物表面。单个子座可发育形成一至数个子实层。子座开裂可能只是一条缝，也可能形成数条放射状排列的裂缝。子囊果外表黑色，球形、盘状或伸长形，其中伸长形的子囊果表面上看类似于裂缝囊壳。子囊形态各异，通常缺乏明确的顶部结构。子囊孢子从卵圆形到线形，无色或褐色，单胞或具有一个分隔，一般有胶质壳。该目分3科：囊盘菌科(Ascodichaenaceae)、Cudoniaceae及斑痣盘菌科(Rhytismataceae)，共83属795种，包括腐生菌、地衣型真菌、内生菌及植物病原菌。

斑痣盘菌科(Rhytismataceae)

子囊盘着生寄主组织内的子座中。子座顶部组织由厚壁细胞组成，与寄主组织愈合呈暗褐色至黑色，发亮或不发亮。子囊棍棒形至圆筒形，顶壁厚，中间有孔道。子囊孢子卵形、椭圆形或线形，无色或暗色，孢子四周有一层胶质鞘。本科包括很多重要的植物病原菌。本科有55属728种。

（1）齿裂盘菌属(*Coccomyces* de Not.)

子座圆形至多角形，暗色，子座顶部组织由暗褐色厚壁细胞组成。一个子座内只有一个子囊盘。子实层借子座组织放射状或不规则的开裂而暴露。子囊圆筒形，顶端孔道遇碘不变蓝。子囊孢子丝状，单胞或多胞。本属目前约119种。我国已报道26种。主要发生在木本植物落叶上，也可引起叶斑病，包括青冈、乌榄、杜鹃、石红楠、华山松和多种栎树等。

异囊齿裂菌(*C. dimorphus* S. W. Liang, X. Y. Tang et Y. R. Lin)：可寄生于波罗栎和蒙古栎活叶上，引起褐色斑点病。

圆星齿裂盘菌[*C. coronatus* (Schum. ex Fr.) de Not.]：生于栗树落叶上。

（2）鲜色盘菌属(*Cryptomyces* Grev.)

子座寄生寄主枝条内，扩展型，壳状。子座上部的覆盖物由3层组织构成，容易脱离。本属目前有3种。

鲜色盘菌[*C. mazimus* (Fr.) Rehm.]：为害柳树。

（3）皮下盘菌属(*Hypoderma* DC.)

子座长圆形或椭圆形，顶部组织暗褐色，由厚壁细胞组成。每个子座内只埋一个子囊盘，借一条纵裂缝而外露。子囊狭棍棒形至圆筒形，内含8个子囊孢子。子囊孢子杆状。本属目前约56种。我国已报道13种。本属真菌是植物弱寄生菌。

杉皮下盘菌[*H. cunninghamiae* (Keissl.) Teng]：子囊有短柄，大小为(90~125) μm×(17~19) μm。子囊孢子长圆形，大小为(18~25) μm×(4.5~5.5) μm。寄生于杉木果鳞片上。

德斯马泽皮下盘菌[*Hypoderma desmazierii* Duby = *Meloderma desmazierii*(Duby)Darker]：可引起松赤落叶病。在我国主要为害马尾松、华山松、油松和黑松等。

（4）散斑壳属(*Lophodermium* Chev)

子座椭圆形，黑色，膜质，内含1个子囊盘，借纵裂缝开口。子座顶部组织由暗褐色厚壁细胞组成。子囊狭棍棒形至圆筒形，内含8个子囊孢子。子囊孢子丝状，单胞（图10-41）。Index Fungorum（2015）记录了该属344种、亚种、变种及型，其中172个种已被 Species Fungorum（2015）接受。目前该属约185种，在中国发现55个种。本属广泛分布于世界各地，是众多裸子、被子和少数蕨类植物上的寄生物或腐生物，其中部分种是植物病原菌，该属真菌均可引起针叶树落针病、叶枯病和叶斑病。

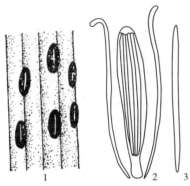

1. 椭圆形子座　2. 子囊、子囊孢子和侧丝　3. 单个子囊孢子

图 10-41　散斑壳属

(*Lophodermium*)

（仿绘自 Clements et Shear）

云杉落叶散斑壳[*L. macrosporum*(Hartig)Rehm.]：子囊大小为 $100\mu m \times (15\sim21)\mu m$。子囊孢子 $75\mu m \times 1.5\mu m$。寄生云杉。此外，散斑壳属其他种还可为害冷杉、桧柏等植物。

松针散斑壳[*L. pinastri*(Schrad)Chev.]：子囊盘散生于寄主表皮下，椭圆形，大小为 $(800\sim950)\mu m \times (320\sim420)\mu m$。子囊棍棒形，有短柄，大小为 $(100\sim140)\mu m \times (10\sim14)\mu m$。子囊孢子 $(80\sim140)\mu m \times (1.5\sim2)\mu m$。寄生松属和云杉属植物，引起落针病。

扰乱散斑壳(*L. seditiosum* Minte, Staley et Millar)：子囊盘长椭圆形，表面灰色，子囊盘为全表皮细胞下生，基壁线黑色，子囊盘开口处有唇状细胞结构，多无色，有时灰色。子囊圆筒形，大小为 $(120\sim170)\mu m \times (9\sim13)\mu m$；子囊孢子线形，单胞，无色，大小为 $(83\sim120)\mu m \times (2\sim3)\mu m$。可引起松落针病。其无性型为 *Leptostroma rostrupii* Minter，分生孢子短杆状，无色，单胞。

杉叶散斑壳(*L. uncinatum* Dark.)：子囊盘散生寄主角质层下，叶面较多，大小为 $(0.5\sim1.5)mm \times (0.25\sim0.45)mm$。子囊棍棒形，有短柄，大小为 $(100\sim120)\mu m \times (13\sim15)\mu m$。子囊孢子 $(45\sim62)\mu m \times 1.6\mu m$。寄生杉叶。引起杉木叶枯病。

还有大散斑壳(*L. maximum* He et Yang)，针叶散斑壳[*L. conigenum*(Brunaud)Hilitz]，寄生散斑壳(*L. parasiticum* He et Yang)也可以引起松落针病。

（5）舟皮盘菌属(*Ploioderma* Daker)

子囊盘生于表皮下，褐色、暗灰色至黑色，椭圆形，纵裂状开口，无唇细胞；子囊圆柱状；子囊孢子纺锤形，侧丝线形。无性型为 *Cryocaligula*。Darker 于1967年创建该属，当时包括3个种；1976年，Czabator 发表了新种 *P. lowei*。以上4个种均寄生于松树针叶上，分布于北美。1986年，Singh 等在雪松针叶上发现一新种，命名为 *P. cedri* S. Singh, S. N. Khan & B. Misra。1993年，侯成林等在我国发现一新种，命名为华山松舟皮盘菌（*P. pini-armandi* C. L. Hou et S. Q. Liu sp. nov.）。我国现已报道4种。目前该属约8种。

华山松舟皮盘菌(*P. pini-armandi* C. L. Hou et S. Q. Liu)：子囊果椭圆形，纵向排列，成熟时纵裂；子囊圆柱形，有短柄，顶端稍加厚，内含8个子囊孢子，大小为 $(170\sim220)\mu m \times (23\sim27)\mu m$；子囊孢子双行排列，长纺锤形或杆状，无色大小为 $(38\sim42)\mu m \times (5\sim6)\mu m$，

外被胶质鞘；侧丝线形，顶端扭曲。分生孢子器表皮下生，圆形或椭圆形，大小为(280~310)μm×(200~230)μm；分生孢子杆状大小为(8~11)μm×(1~2)μm。寄生于华山松次生针叶上，在先端枯死后端为鲜绿色的针叶上产生子囊果及分生孢子器(图10-42)。

（6）**斑痣盘菌属**(*Rhytisma* Fr.)

斑痣盘菌属是该类群的典型代表。寄生于阔叶木本植物的叶面角质层下，形成光亮、斑块状的黑色子座。每个子座内含多个子囊盘，次年春季成熟。子囊盘通过子座顶部组织的裂缝而外露。子座顶部组织由暗色厚壁细胞所组成。子囊棍棒形，顶端孔道在碘液内不变蓝，内含8个子囊孢子。子囊孢子丝状至棍棒状，单胞，无色。本属目前30种。我国已报道10种，主要寄生冬青、构骨、忍冬和多种槭树，引起漆斑病、黑痣病和叶痣病。

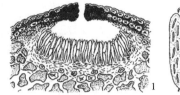

1. 子囊果 2. 子囊及侧丝 3. 子囊孢子

图10-42 华山松舟皮盘菌

(*Ploioderma pini-armandi*)

(引自侯成林等, 1993)

槭斑痣盘菌[*R. acerinum* (Pers.) Fr.]：子座扁平，线圈状排列，黑色，子座内有多个子囊盘，子囊盘很小，茶碟状结构，直径1~2mm；子囊大小为(120~130)μm×(9~10)μm。当子座开裂时，大量带有胶质壳的长针形子囊孢子从子囊中喷射出来，孢子由气流携带并得以传播，当遇到合适寄主落在叶子的背面，依靠胶质壳附着在寄主上，萌发形成芽管。子囊孢子大小为(60~80)μm×(1.5~3)μm。寄生于槭属植物叶片，形成大斑(图10-43)。

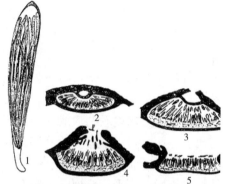

1. 子囊和子囊孢子 2~4. 成熟子座中的子囊盘
5. 性孢子器

图10-43 槭斑痣盘菌

(*Rhytisma acerinum*)

(仿绘自 Alexopoulos et al., 1996)

斑痣盘菌(*R. punctatum* Fr.)：子座内只有一个子囊盘，子囊盘直径0.5~1.5μm，子囊大小为(70~80)μm×(9~10)μm，子囊孢子大小为(30~36)μm×(1.5~2)μm。寄生于槭属植物叶片，形成小斑。

皮裂盘菌(*R. pseudotsugae*)：可导致黄杉的针叶枯萎。

威尔皮裂盘菌(*R. wierii*)：可导致黄杉的针叶枯萎。

柳斑痣盘菌(*R. salicinum* Fr.)：寄生柳属植物。

10.4.4 盘菌纲

以往人们将子囊果为盘状或杯状的子囊菌作为子囊菌门下一个独立的纲，俗称为盘菌(discomycetes)。子囊的结构和开裂方式通常是盘菌分类的重要依据。除地衣化的盘菌外，其余盘菌的子囊全为单层壁，顶部具不同的结构和染色反应。按照子囊孢子释放时子囊的开裂方式，将盘菌分为有囊盖盘菌和无囊盖盘菌两类。近年随着真菌系统学研究的深入，越来越多的证据表明，传统的盘菌不是一个单系群，作为分类单元也不被现代分类系统所接受。本书所采用的盘菌纲(Pezizomycetes)概念主要指有囊盖类盘菌代表属种。有囊盖类盘菌是指子囊顶部具有一盖状结构或开裂，有时囊盖并不位于子囊的正顶部，而是位于略低于顶部的侧壁上，称为亚囊盖。这类盘菌的子囊果称为子囊盘(图10-44)。该纲分1目16科200属，近1700种。

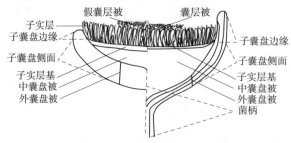

图10-44 子囊盘的剖面示意图

(仿绘自 Korf，1973)

子囊果地上生或地下生。在地上生谱系中，孢子一般借助有囊盖子囊的破裂而强力释放。地下生成员发生于大多数有菌根成员的科中。多数腐生于基物上，部分为内生菌、地衣、菌根菌等，仅知几类为植物寄生菌。子囊盘的形状差异很大，除盘状、杯状和垫状外，有些较简单的子囊盘缺乏外囊盘被，子实层外凸。有些产生变态的子囊盘，即菌柄顶端的可孕部分呈脑髓状、马鞍状、吊钟状或棍棒状等，子实层是与菌柄连接在一起的。有些子实层部分向内卷曲形成封闭的子囊果，如块菌，它们的子囊孢子不能由子囊强烈地弹射出去，而是通过子囊壁的消解，并依靠动物的取食来传播。

典型的子囊盘包括：①子实层(hymenium)，由子囊和侧丝相间排列而成的。子囊圆筒形或棍棒形，平行排列，一般有侧丝夹在中间。子囊以盖或孔或缝开裂，成熟时顶端开裂强力弹射孢子。侧丝有线形、分枝状、网状、顶端弯曲、棒状等，常具色素而使子实层呈现红、橙、黄、灰、褐等色泽。有些盘菌的侧丝长度超出子囊，顶端分枝或膨大，在子囊的上方融合形成一层紧密的表层，称为囊层被(epithecium)。②囊层基(hypothecium)，又称子实下层(subhymenium)，由子实层基部的菌丝组成。③囊盘被(excipulum)，即子囊盘的包被，是子囊果的肉质部分，分为外囊盘被(ectal excipulum)和中囊盘被(medullary excipulum)，支持囊层基和子实层。④菌柄(stipe)，并非所有的盘菌都产生典型的子囊盘，有些菌的子囊盘有柄，而有的无柄或柄不明显。

子囊盘或可形成子囊盘的子座或菌核的组织可分为球胞组织、角胞组织、矩胞组织、交错丝组织、表层组织、厚壁组织和薄壁组织等不同类型，这些组织类型是盘菌分类中应予考虑的重要特征。此外，子囊盘内还可能有凝胶存在(图10-45)。

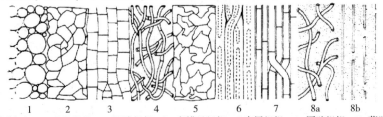

1. 球胞组织　2. 角胞组织　3. 矩胞组织　4. 交错丝组织　5. 表层组织　6. 厚壁组织　7. 薄壁组织
8a. 松散埋生于胶质中的交错丝组织　8b. 胶化-松散平行的薄壁组织

图10-45 子囊盘及可产生子囊盘的子座和菌核的组织类型(横切面观)

(引自 Alexopoulos et al.，1996)

盘菌目(Pezizales)包括所有有囊盖类盘菌以及与它们共同演化发生的地下生盘菌。子囊果发育分为裸果型、半被果型和被果型。子囊盘肉眼可见,有柄或无柄,通常具有亮丽的色彩,但也有些种类子囊盘极小而不易发现,有些种甚至不产生囊盘。子囊孢子单胞至多胞,球形至线形,无色至有色,表面光滑至粗糙等。子囊孢子通常对称。以孢子的纵轴为对称轴的称为辐射对称,以横轴为对称轴的称为两极对称。盘菌目作为一个大目,根据其形态学和生态学特性等认为是单起源的。

1) 肉杯菌科(Sarcoscyphaceae)

子囊盘通常很大,具柄,并有艳丽的色彩,黑色素如果存在也仅限于子囊盘表面的附毛上。子囊顶部具有一环状加厚结构,囊盖的开口方向通常倾斜,因而被称为亚囊盖系统。子囊细长,具弯曲扭折的基部。子囊孢子单胞,无色,通常两侧对称,外表具各种纹饰。子囊孢子和侧丝多核。本科有13属102种。肉杯菌科成员中大多数为热带种,毛杯菌属(*Cookeina* Kuntze)和歪盘菌属(*Phillipsia* Berk.)的种类具红色或黄色的子囊盘,装点着全球各处的热带森林。美洲丛耳(*Wynnea americana* Thaxt.)是该科个体最大的种,其匙状子囊盘高达13cm,成熟后呈暗褐色至黑色,丛生于巨大的菌核上。

2) 侧盘菌科(Otideaceae)

子囊壁很薄,子囊孢子无色。有些营腐生生活,有些则是菌根真菌,还有些是植物寄生菌。本科有80属662种。盾盘菌属(*Scutellinia*)在森林的整个生长季节都很常见,肉眼就可以识别,具有特定的红色或橘黄色的子囊盘,周边轮生暗色刚毛。道盾盘菌(*S. scutellata*)广泛分布于温带地区,子囊盘血红色,直径可达1cm,整个外面覆盖着暗褐色的毛,该类真菌存在于各种基物上面,但最常见的还是发生在长满苔藓的腐木或树皮上。

3) 块菌科(Tuberaceae)

本科真菌主要在土壤内或近地面处,尤以树林下的土壤内为多。大多腐生,少数寄生,有少数能与树木共生,形成菌根。在地下不同深度形成块状或近球状的子囊果。子囊果大,有一由拟薄壁组织形成的包被。包被具有多种色泽,表面光滑或有瘤状突起,少数有毛,顶部或基部有一孔口,或者四周有许多孔口,或者无孔口,完全封闭。子囊果内部构造差异很大。有的子囊果内部中空,子实层平铺在内壁上,无孔口或有一孔口与外界相通;有的子囊果内部由于内壁的折叠而形成一系列的坑道,子实层平铺在坑道的壁上,子实层基部的暗色组织称为内脉(venae internae),子实层的上部可以通往孔口,称为外脉(venae externae)。外脉可以是空的,也可以被子实层的侧丝所充满而呈现白色,也可以被囊层被所填满;还有些子囊果内部被不孕的菌丝分割成许多小腔,子囊分散在小腔内。子囊球形、圆筒形或棍棒形,通常含8个、4个、2个或1个子囊孢子,同一子囊果内子囊含子囊孢子数常不一样。子囊孢子单胞,无色或褐色,表面光滑或有各种纹饰,呈两极性对称或辐射状对称。子囊孢子不能从子囊内释放,而依靠动物传播。大多数块菌的子囊果具有浓烈气味,能吸引松鼠、家兔、狗和猪等动物取食,破坏子囊果,使子囊孢子得以传播。本科有7属111种。

块菌属(*Tuber* Mich. et Fr.)

子囊果近球形,直径约3cm,埋生在土壤内。子囊球形至棍棒形,在坑道的内壁上排列不整齐。坑道的空腔内充满白色不孕菌丝。内脉和外脉平行排列。子囊孢子单胞,球形，表面有纹饰。本属目前约120种，我国发现约52种。块菌属的生活史可简单概括为孢子萌发形成菌丝、菌丝生长并与宿主植物形成外生菌根、子实体的形成和发育3个阶段，而子囊果的形成是块菌属生活史中很特殊的一个阶段。关于这一复杂的形态发生过程的机制尚不清楚。块菌生活史中有很多谜团尚未解开，主要原因是缺乏孢子萌发的系统实验，目前在实验室条件下尚无法完成其整个生活史。

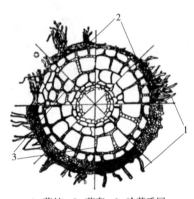

1. 菌丝　2. 菌套　3. 哈蒂氏网
图10-46　外生菌根真菌

块菌属的真菌可以与松科（Pinaceae）、壳斗科（Fagaceae）及桦木科（Betulaceae）等高等树木形成典型共生关系的外生菌根（ectomycorrhizal fungi，ECM）。菌丝能够伸入到多种特定树种幼根根尖的皮层组织中形成哈蒂氏网，并在根表面形成一层套状的菌套，从而形成共生菌根（图10-46）。这种共生菌根由尚未木栓化的营养根形成，既是进行物质交换和贮藏的器官，也是块菌越冬和得以传播的重要器官，同时多数情况下还可提高寄主植物的抗逆性。还有一些种类是著名的食药用真菌。块菌属也称"松露"，很多种类属于稀缺生物资源，尤其是法国的黑孢块菌（*Tuber melanosporum* Vittad.）和意大利白块菌（*T. magnatum* Picco），因其香味独特，享有"上帝的食物"和"地下黄金"之美誉。

块菌属与宿主植物间的菌根共生机制尚不清楚。但黑孢块菌（*T. melanosporum*）基因组、转录组及蛋白质组数据的发表对理解这一复杂生物过程提供了帮助。块菌属拥有一整套独特的共生基因。与担子菌外生菌根真菌相比，黑孢块菌含有相对少的细胞壁降解酶系。在块菌菌根形成过程中，分泌型疏水蛋白、细胞壁蛋白磷酸酯酶（PLA2）及糖苷水解酶家族（GH72）参与生物学过程，即细胞壁形成和细胞壁重构，这些基因在黑孢块菌菌根形成过程中显著增强。此外，黑色素合成代谢途径中的两个关键酶漆酶及酪氨酸酶，在块菌菌根合成过程中也是显著增强的。

印度块菌（*T. indicum* Cooke et Massee）：子囊果呈不规则块状，黑色，直径2~10cm。子囊果硬实，表面有不规则疣状突起，剖面产孢体组织和包被相连，产孢体色泽黑褐色，有白色细密的纹理。子囊球形，大小为(60~100)μm×(55~80)μm，每个子囊含2~4个子囊孢子，子囊孢子黑褐色，卵圆形或长椭圆形，孢子壁上有纹刺，纹刺短而粗，并有多边形的网纹，大小为(20~35)μm×(15~30)μm。印度块菌的共生树种专化性不强，宿主范围较广。可以与云南松、华山松、思茅松、马尾松、青冈栎、麻栎、榛子、板栗、圆叶杨和化香树等形成外生菌根。

巨孢块菌（*T. gigantosporum* Y. Wang）：子囊孢子特殊大，一般为(105~115)μm×75μm，最大可达120μm×80μm，小者亦可达80μm×55μm。而块菌属其他已知种的子囊孢子的大小一般在(21~52)μm×(15~38)μm范围内，最大也不超过90μm×60μm。仅此一点已使其明显区别于该属任何已知种。此外，该种孢子壁异常厚，可达14μm，有三层，也是别于其他块菌已知种的重要特征。该块菌生于地下，与云南松有共生关系。

中国块菌（*T. sinense* K. Tao et Liu.）：子囊果近球形或不规块状，一般直径在1.5~10cm之间，成熟时呈褐色至深褐色，外表布有小疣。孢体灰白色，子囊球形或近球形，具柄状基部，内含 1～4 个子囊孢子，这与印度块菌显著不同。同云南松、华山松、栎树、桤木、水红木等有共生关系。

太原块菌（*Tuber rufum* Pico）：该菌子囊果较小，直径为 0.7～1.5cm，这与中国块菌不同（后者 1.5～10.0cm）。子囊内有子囊孢子 2～4 个，但大多数为 4 个。与松树（*Pinus* spp.）有共生关系。

红块菌（*T. taiyuanense* Liu）：子囊果红色至黑色，子囊囊状或球状，子囊内有 1～5 个子囊孢子，子囊孢子椭圆形或近球形，表面有疣状突起（图 10-47）。红块菌非常普通，风味不佳，因此没有商业价值。

此外，黑孢块菌（*T. melanosporum* Vittad.）、夏块菌（*T. aestivum* Vittad.）、大块菌（*T. magnorum* Pico）、冬块菌（*T. brumale* Vittad.）等都是美味的块菌。

此外，该目的波状根盘菌（*Rhizina undulata*）是一种严重的针叶树根部寄生菌，柏小艳盘菌属（*Pithya*）种类可引起针叶树枯梢病；变色盘菌（*Caloscypha fulgens*）是针叶树种子病原菌；浅脚瓶盘菌（*Urnula craterium*）是橡树瘤状溃疡病的病原菌。

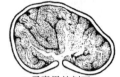

1. 子囊果的剖面

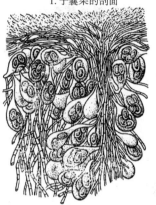

2. 子囊果内部构造

图 10-47　红块菌
（*Tuber rufum*）
（仿绘自 Tulasne）

10.4.5　酵母菌纲（Saccharomycetes）

酵母菌纲（Saccharomycetes）真菌营养体为单细胞、假菌丝或为菌丝但发育不全，若有菌丝则常具隔膜，隔膜上具有很多小孔，而不同于仅具一个隔膜孔的其他子囊菌；营养细胞通过芽殖或菌丝断裂（节孢子）进行无性繁殖；除芽痕处外，细胞壁通常缺乏几丁质，有时具有胶质体；缺乏子囊果和产囊丝；子囊由合子或单细胞形成，单生或串生，有时很难与营养细胞区分开，囊壁薄，最终逐渐消解；子囊孢子形态多样，有时在中间成不对称地增厚。酵母菌广泛分布于土壤、海洋、动物粪便、植物体表及含糖量较高的基质（如水果表面、蜂蜜、酒曲和牛奶等）上。多数为腐生菌，少数为寄生菌，可引起植物病害及人类疾病；且与人类关系密切，在工业、食品酿造、医药和科学研究中占有重要的地位。

酵母菌种类较多，应用广泛：发酵型酵母菌可将糖类发酵为乙醇、甘油或甘露糖等有机物质和二氧化碳，主要用于制作面包、馒头及酿酒工业；氧化型酵母菌是指氧化能力强而发酵能力弱或无发酵能力的酵母菌，主要用于石油加工业和废水处理过程；酵母菌富含维生素 B、蛋白质和多种酶，菌体可制成干酵母，治疗消化不良；从酵母菌中可提取生产核酸类衍生物、辅酶 A、细胞色素 C、谷胱甘肽和多种氨基酸等的原料；酵母菌能利用无机氮源或尿素合成蛋白质，目前已成为最重要的单细胞蛋白来源；酵母菌还能够代谢重金属离子和降解某些难降解物质，且耐高渗透压和酸性条件，因而对生态系统稳定性的维持及污染环境的治理有重要作用；海洋中的酵母菌可以产生蛋白酶、脂酶、植酸酶、菊糖酶、纤维素酶、β-1,3-葡聚酶、嗜杀因子、核黄素、铁载体等活性产物，因而具有广泛的实际用途。

酵母这个术语以往通常是指那些通过芽殖或裂殖进行繁殖、有性阶段不产生子实体的真菌。但随着分子系统学的研究，人们发现芽殖酵母与裂殖酵母菌在基因的组成、结构以及表达调控、细胞周期、rRNA 的生物合成和无性繁殖方式等方面存在差异，因而将裂殖酵母放入裂殖酵母菌纲（Schizosaccharomycetes）。酵母菌纲现包括 1 目 13 科 88 属 906 种。酵母菌目（Saccharomycetales）的特征同纲的特征。以下简要介绍几属。

（1）假丝酵母属（*Candida* Berkhout）

假丝酵母菌属又称念珠菌属。细胞圆形、卵形或长形；无性繁殖为多边芽殖，可形成假菌丝，有的种具真菌丝；在玉米粉琼脂培养基（CMA）上，除白色假丝酵母产生厚壁分生孢子外，其他多数种则不产生分生孢子；在病变组织中可见正出芽的酵母样细胞和假菌丝；未发现有性生殖。该属中多数种生长在湿润的人类上皮组织中，引起口腔黏膜疾病（如口角炎、鹅口疮）、念珠菌性甲沟炎、念珠菌性肠炎和念珠菌尿道炎等人类疾病。本属目前约 316 种。

（2）假囊酵母属（*Eremothecium* Borzi）

假囊酵母菌属缺乏芽生细胞，菌丝为真菌丝，二叉状分枝，隔膜较少；子囊椭圆形、梭形或柠檬形，每个子囊含 16~32 个子囊孢子；子囊孢子无色，梭形，顶端圆，基部尖，呈"V"字形或舟形，表面有纹饰；由椿象（stink bug）传播，且在椿象体内越冬。异名属为阿舒囊霉属（*Ashya* Guillierm.）和蚀精霉属（*Spermophthora* S. F. Ashby & W. Nowell）。本属目前有 5 种。

阿舒假囊酵母菌（*E. ashiyi* Guillierm.）和榛假囊酵母菌[*E. coryli*（Peglion）Kurtzman]可在大豆种子上引起酵母斑病（yeast spot disease），使种子形成褐色凹陷的病斑，并在未成熟前严重皱缩（shriveled），从而导致产量降低。

（3）毕赤酵母属（*Pichia* E. C. Hansen）

营养细胞圆形、椭圆形、腊肠形，单倍体，雌雄异株，多数形成假菌丝；无性繁殖为多边芽殖；有性生殖为同型或异型营养细胞接合或不接合形成子囊；子囊易破裂，含 1~4 个子囊孢子；子囊孢子球形、帽形或土星形，中间常见一油滴，表面光滑或具痣点。本属目前有 27 种。

（4）酵母菌属（*Saccharomyces* Meyen ex E. C. Hansen）

菌落圆形、大而厚，多呈乳白色，少数红色，油脂状或皱皮状；在液体培养基中均匀混浊，有的形成沉淀，有的浮于表面形成菌膜；细胞卵圆形、球形或香肠形，少数种具假菌丝，但不发达；无性繁殖为芽殖，母细胞可一端、两端和多边进行芽殖；有性生殖为同型或异型配子囊（子囊孢子或营养细胞）配合后产生子囊，内含 4 个或 8 个子囊孢子；子囊孢子圆形、帽形、针形或肾形等，其表面的光滑度及是否有痣斑可作为分属的重要依据。本属目前有 10 种。

酿酒酵母（*S. cerevisiae* Meyen ex E. C. Hansen）：单细胞，卵圆形或球形，营养体可以单倍体（n）或以二倍体（$2n$）的形式存在；无性繁殖为芽殖，常有许多芽细胞联成一串，称为假菌丝；有性生殖为二倍体营养细胞转变为子囊母细胞，然后形成子囊，内含 1~4 个子囊孢子，子囊破裂后，散出子囊孢子。

酿酒酵母的生活史为：①子囊孢子在合适的条件下发芽，产生单倍体营养细胞；②单倍体营养细胞不断进行出芽繁殖；③两个性别不同的营养细胞彼此接合，在质配后立即发生核配，形成二倍体营养细胞；④二倍体营养细胞并不立即进行核分裂，而是不断进行出芽繁殖，大量形成二倍体的营养细胞；⑤在特定条件下（如在含醋酸钠的 McClary 培养基、石膏块、胡萝卜条、Gorodkowa 培养基或 Kleyn 培养基上），二倍体营养细胞转变成子囊，细胞核进行减数分裂，并形成4个子囊孢子；⑥子囊经自然破壁或人工破壁（如加蜗牛消化酶溶壁，或加硅藻土和石蜡油研磨等）后，释放出单倍体子囊孢子。

酿酒酵母是酿造酒、乙醇、饮料和制作面包及馒头的最重要的菌种；其菌体内富含维生素和蛋白质，可食用、药用和做饲料酵母；可从菌体内提取核酸、麦角醇、谷胱甘肽、细胞色素 c、辅酶 A、腺苷三磷酸等；可用于微生物中生物素、泛酸、硫胺素、吡哆醇、肌醇等维生素含量的测定，并可在某些甾体化合物的转化中代替一部分化学反应。酿酒酵母是第一个被全基因组测序的真核生物，为人类全基因组测序的完成奠定了基础。

10.4.6 粪壳菌纲（Sordariomycetes）

子囊菌门中最大的一纲。本纲分布广泛，基物复杂，习性多样。可广泛地在木材、树皮、枯枝、落叶和粪便等基物上腐生，也可寄生于植物，引起许多重要病害，如甘薯黑斑病、麦类赤霉病、板栗干枯病和榆枯萎病等。有的寄生于昆虫，如冬虫夏草。

营养体为发达的菌丝体，大多数内生，少数外生，有的还形成子座和菌核。无性繁殖非常发达，产生各种类型的分生孢子。本纲包括15目64科1119属10564种。本书简要介绍11目：冠囊菌目（Coronophorales）、间座壳目（Diaporthales）、肉座菌目（Hypocreales）、路霉目（Lulworthiales）、小囊菌目（Microascales）、蛇口壳目（Ophiostomatales）、黑痣菌目（Phyllachorales）、粪壳菌目（Sordariales）、假毛球壳目（Trichosphaeriales）、炭角菌目（Xylariales）及小煤炱目（Meliolales）。

10.4.6.1 冠囊菌目（Coronophorales）

菌丝体在寄主组织内生，很稀少，不易看见。子囊果中等大小，具暗色、炭质的包被，球形或陀螺形，单生、散生或集生，而且着生在子座上，有时子囊果被暗色菌丝包围着生在菌丝层上。没有真正的孔口，子囊果顶部有一块可胶化的膨大体，子囊果成熟时吸水胶化膨大而开口。子囊果内子囊很多，一般具明显的柄，棍棒形，单囊壁，顶部未分化，排列不规则。子囊含8个或以上子囊孢子。子囊孢子小型至大型，一至多胞，无色至亮褐色，常呈圆筒形，弯曲，成熟时子囊壁胶化，子囊孢子充满在子实体内，像一个粉团。本目真菌大多数是木材腐生菌，偶有少数寄生本纲其他真菌子实体或树木的枝干上。本目有4科[甚座科（Bertiaceae）、刺小球壳菌科（Chaetosphaerellaceae）、凹球壳科（Nitschkiaceae）及瓷皮壳菌科（Scortechiniaceae）]26属87种。

凹球壳科（Nitschkiaceae）

共16属。

凹球壳属（*Nitschkia* Otth.）

子囊果陀螺状，成熟时顶端下陷成杯状，通常聚生在其他粪壳菌纲的子实体上，或群生在基部的一个共同子座上。子囊棍棒形，具长柄，壁单层、薄、易消解。子囊内含8个子囊孢子。子囊孢子无色，单胞，近腊肠形，有时形成假隔膜。目前本属约66种。

柳杉瘿瘤病菌（*N. tuberculifera* Kusano）：寄生在柳杉的树干和枝条上，形成瘿瘤。

10.4.6.2 间座壳目（Diaporthales）

子囊果为子囊壳，常在子座内聚生，具长颈。囊间组织缺失或具薄壁未分化的细胞。早期消解。子囊常为厚壁但不具裂缝,具一明显的J形顶环,具折光性。子囊孢子变化大。腐生物或植物寄生物,主要存在于树皮和木头上。本目有10科144属1196种。10科为:隐丛赤壳科(Cryphonectriaceae)、间座壳科(Diaporthaceae)、日规壳科(Gnomoniaceae)、黑盘孢菌科(Melanconidaceae)、假腐皮壳科(Pseudovalsaceae)、假双孢间座壳科(Pseudoplagiostomataceae)、小瑟氏壳菌科(Sydowiellaceae)、裂圆盾菌科(Schizoparmaceae)、带形壳菌科(Togniniaceae)和黑腐皮壳科(Valsaceae)。

1) 隐丛赤壳科(Cryphonectriaceae)

隐丛赤壳科共12属26种。

(1) 隐丛赤壳属[*Cryphonectria*(Sacc.)Sacc. & D. Sacc]

本属与内座壳属(*Endothia*)形态相似(过去归并在内座壳属)。主要区别是前者子囊壳聚生在子座内,由斜伸的长颈穿过子座达到寄主体外,子囊孢子双胞,椭圆形至梭形(图10-48);后者子囊壳在子座内排成一层至数层,由直立的长颈穿过子座达到寄主体外,子囊孢子单胞,腊肠形至圆柱形。其无性态与内座壳属一致,为*Endothiella*。本属目前约10余种。

寄生隐丛赤壳[*C. parasitica*(Murr.)Barr,异名*Endothia parasitica*]:子座生于皮层内,成熟后突破表皮外露,直径1500~2500μm。子囊壳球形或扁球形,直径150~350μm,孔颈长200~600μm。每个子座底部生有数个至数十个子囊壳,分别在子座顶端开口。子囊棍棒形或披针形,大小为(33~40)μm×(6~7)μm。子囊孢子8个,无色,双胞,椭圆形或卵形,大小为(5.5~6.0)μm×(3.0~3.5)μm。无性态为*Endothiella parasitica*。其分生孢子弯曲极

1. 子座及子囊壳 2. 子囊 3. 成熟的子囊孢子
图10-48 隐丛赤壳属(*Cryphonectria*)
(引自陆家云,1997)

小,自分生孢子器溢出,形成分生孢子角。为害栗树枝干,引起栗疫病,致树皮溃疡、腐烂,少数引起枝枯。此病广泛分布于亚洲、欧洲、美洲,曾使美洲栗遭受毁灭性的打击,濒临于灭绝。病菌以子囊壳、分生孢子器及菌丝体在病枝干组织中越冬,靠风传播,从伤口侵入。

(2) 内座壳属(*Endothia* Fr.)

子座发达,在寄主皮层内发育,成熟后突出外露,黄色、锈色至橘红色,呈瘤状。子囊壳近球形,在子座内排成一层至数层,由直立的长颈穿过子座达到寄主体外。子囊圆筒形或棍棒形,具有非淀粉质的顶环,子囊基部常溶解,成熟时游离在子囊壳内。子囊孢子8个,无色,单胞,腊肠形至圆柱形(图10-49)。无性态为*Endothiella*。目前本属约2种。寄生五加、锥栗和多种栎属阔叶树树皮,引起

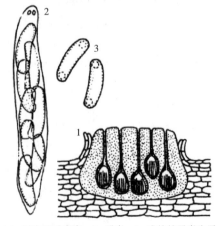

1. 子座及子囊壳 2. 子囊 3. 成熟的子囊孢子
图10-49 内座壳属(*Endothia*)
(引自陆家云,1997)

干枯病和溃疡病。

屈曲内座壳[*E. gyrosa*(Schw.)Fuck.]：为害栎属植物枝干。

2) 间座壳科(Diaporthaceae)

子囊壳球形或近球形，通常暗色，具长颈、短颈或乳头状孔口，孔口内壁有缘丝。子囊壳通常埋生于子座内，少数直接埋生在基物内。子座内生或通过寄主表皮而外露。有些菌的菌丝体与寄主组织纠结在一起形成假子座。子囊壳成群地深埋在子座或假子座基部，通过长颈向外开口。有些菌的长颈在子座的顶端密集在一点上，向外露出，这种聚颈的方式称为黑腐皮壳属型(Valsoid type)；有些菌的长颈则多少平行排列，各自向外开口，子囊壳颈的这种排列方式称为蕉孢壳属型(Diatrypoid type)(图10-50)。子囊棍棒形或圆筒形，单囊壁，两侧薄，顶壁厚，中间有一狭窄的小孔道。本科主要特征是子囊顶壁孔道周围有一顶环，具折光性，几丁质的，可用棉蓝着色，在显微镜下两个折光体明显可见。子囊具长短不齐的柄，多数种的子囊柄在子囊成熟后消解，以致成熟的子囊游离在子囊壳中心腔内的黏液中，部分种的子囊始终着生在子囊壳内壁上，形成明显的子实层。子囊孢子单胞至多胞，小至大型，椭圆形、纺锤形或长圆筒形，大多无色，偶有褐色。本科包括许多植物病原菌。本科5属，335种。

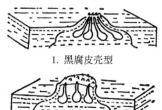

图10-50 子囊壳的排列方式
(仿绘自 Walt，1957)

1. 黑腐皮壳型
2. 蕉孢壳型

间座壳属(*Diaporthe* Nitschke)

假子座发达，黑色，铺展形，生于基物内，部分突出。子囊壳近球形，埋生于子座基部，有长颈伸出子座外。子囊短圆柱形，顶壁厚，基部有柄。子囊壁或柄早期胶化，使子囊或子囊孢子游离于子囊壳内。子囊孢子椭圆形或纺锤形，无色，双胞(图10-51)。目前本属约173种。无性态为拟茎点霉属(*Phomopsis*)。

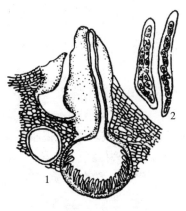

1. 子囊壳生于子座内 2. 子囊

图10-51 间座壳属
(*Diaporthe*)
(引自陆家云，1997)

含糊间座壳[*D. ambigua*(Sacc.)Nits.]：子囊壳瓶形，褐色至黑褐色，直径320~550μm。子囊圆筒形或棍棒形，大小为(60~96)μm×(7~14)μm。子囊孢子圆筒形、椭圆形或纺锤形，双胞，分隔处有缢缩，大小为(14~21)μm×(3.5~8)μm。为害洋梨和秋子梨枝干，引起干枯病。

柑橘间座壳[*D. citri*(Faw.)Wolf]：为害柑橘枝干、叶及果实，引起树脂病。此外，病菌还可寄生柚、甜橙等植物。

苹果间座壳[*D. pomigena*(Schw.)Miura，异名 *D. pomi*，*D. mali*]：子囊壳生于子座内，球形，直径300~450μm。子囊圆筒形，内含子囊孢子8个。子囊孢子纺锤形，无色，双胞，大小为(11~13)μm×(3.5~4.5)μm。寄生于苹果、海棠。为害果实和枝干，引起黑点病。

此外，我国还有球果间座壳(*D. conorum*)等6种可为害多种木本植物。

3) 日规壳科(Gnomoniaceae)

(1) 梨孢日规壳属(*Apiognomonia* Höhn.)

与日规壳属相似。唯一区别是子囊孢子由大小不等的两个细胞组成(图10-52)。无性型为*Discula*、*Gloeosporidina*。本属目前有28种。

樱桃梨孢日规壳[*A. erythrostoma* (Pers.) Höhnel]：引起樱桃叶灼病。

栎梨孢日规壳(*A. quercina*)：子囊孢子长13~15μm，双胞，大的为(10~12)μm×(3~4)μm，小的为(2~2.5)μm×2μm。寄生于槲栎，引起叶斑和枝枯。

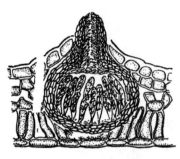

图10-52 梨孢日规壳属(*Apiognomonia*)
子囊壳及子囊
(引自陆家云，1997)

椴梨孢日规壳(*A. tiliae*)：子囊壳直径48~51μm。子囊孢子双胞，大的(10~12)μm×(4.5~5.2)μm，小的(2~3)μm×(2~2.5)μm。寄生于椴。

榆梨孢日规壳(*A. ulmea*)：子囊壳近球形，大小为(250~300)μm×(150~200)μm，孔口颈部100×75μm。子囊长椭圆形，大小为(45~55)μm×(9~11)μm。子囊孢子双胞，上大下小，大小为(8~10)μm×(3~3.5)μm。为害榆树，引起叶斑病。

悬铃木梨孢日规壳[*A. veneta* (Sacc. & Speg.) Hohn]：子囊壳直径130~400μm。子囊(40~55)μm×(9~13)μm。子囊孢子无色，双胞，上部细胞较大，大小为(12~16)μm×(4~6)μm。寄生于悬铃木，引起叶和枝条枯死和脱落。

(2) 日规壳属(*Gnomonia* Ces. & De Not.)

子囊壳理生在寄主组织内或突破基物外露，子囊壳球形或近球形，有顶生的喙或乳头状的孔口，膜质至革质；子囊棍棒形至圆筒形，子囊柄早期胶化，成熟的子囊散生在子囊壳的中心腔内，子囊孢子双胞，隔膜在孢子的中间，或由4个细胞组成，无色。本属目前有70种。

窄柄日规壳[*G. leptostyla* (Fr.) Ces. et de Not.]：子囊壳直径300μm，子囊大小为(65~70)μm×10μm。子囊孢子大小为(17~35)μm×(2.5~3.5)μm。无性态为胡桃盘二孢(*Marssonina juglandis*)。为害胡桃的叶片及果实，引起炭疽病。

榆大原氏日规壳(*G. oharna* Nishikado et Matsomote)：引起榆树炭疽病。

榆日规壳[*G. ulmi* (Fr.) Thum]：可引起榆树炭疽病。

悬铃木日规壳(*G. platani* Kleb.)：可寄生悬铃木，引起悬铃木炭疽病。

4) 黑盘孢科(Melanconidaceae)

子囊果常较大，单个突破表皮或聚合在一起突破表皮上的盘状子座或埋生在子座中。子囊持久，厚壁，常保持与子实层连接在一起(不游离)。子囊孢子宽且为褐色，无隔或有隔，有时隔膜在邻近子囊孢子的末端。末端细胞常无色。无性型变化大。常在木质组织上腐生或弱寄生。本科有13属104种。

黑盘壳属(*Melanconis* Tul.)

子囊壳埋生在一个黑色、内生、炭质的假子座内。子囊孢子双胞，隔膜在孢子的中间，无色或淡色。本属有28种。无性态属于黑盘孢属(*Melanconium*)。

胡桃黑盘壳[*M. juglandis* (Ellis. & Everh.) Groves]：为害核桃楸、胡桃和枫杨，引起枝

枯病。

栗黑盘壳(*Melanconis monodia* Tul.)：寄生于板栗。

5) 黑腐皮壳科(Valsaceae)

子囊果直立，单个或聚合在一起突破盘状的子座。子囊多，基部易消解，在子囊果内部呈游离状态，子囊孢子单胞或有分隔，无色至黄色。在叶柄、茎和树皮上腐生或弱寄生，世界分布。本科有 16 属 217 种。

黑腐皮壳属(*Valsa* Fr.)

假子座圆锥形，埋生在树皮内，顶端突出树皮；子囊壳球形或近球形，具长颈，成群地深埋在假子座内，通常轮状排列，而子囊壳的颈聚集在一起，向外露出孔口。假子座与寄主组织间无明显界限。子囊棍棒形或圆筒形，内含子囊孢子 8 个；子囊孢子单细胞，无色，弯曲呈腊肠形(图 10-53)。主要发生在木本植物的树皮上，包括落叶松、云杉、侧柏、梨树、桑和柳杉等，引起干腐和烂皮病，是弱寄生菌。本属约 70 种。无性阶段属于壳囊孢属(*Cytospora* Ehrenb.)。*Cytospora chrysosperma* (Pers.)Fr. 可引起杨树烂皮病，发病于杨树主干和主枝的南及西南向。

目前该属种类范围缩小，多数种类归入其他属中，其中有些种以 *Cytospora* 为正式名称。

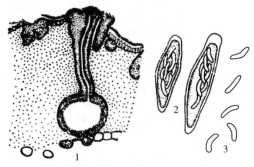

1. 子囊壳着生子座组织内 2. 子囊 3. 子囊孢子

图 10-53 黑腐皮壳属(*Valsa*)

(引自陆家云，1997)

梨黑腐皮壳[*V. ambiens*(Pers.)Fr.]：假子座直径 0.25~3mm，内生 4~20 个子囊壳。子囊壳直径约 400μm。子囊大小为(40~88)μm×(8~16)μm，内含 4 个或 8 个子囊孢子。无性态为梨壳囊孢(*Cytospora carphosperma*)。为害梨的枝、干，引起腐烂病，其症状与苹果腐烂病相似。

日本黑腐皮壳(*V. japornica* Miyabe et Hemmi)：子座直径 3~5mm。子囊壳球形，具长颈，埋生于子座内。子囊圆筒形或棍棒形，大小为(60~90)μm×(8~16)μm，内含子囊孢子 8 个。子囊孢子圆筒形，稍弯曲，大小为(18~22)μm×(4~4.8)μm。为害桃、李、杏、梅、樱桃、李等植物，引起树皮腐烂病。

核果黑腐皮壳[*V. leucostoma*(Pers.)Fr.]：子囊壳球形、扁球形或不规则形，具长颈，埋生于假子座内。子囊棍棒形，近无柄，大小为(35~45)μm×(7~8)μm。子囊孢子 8 个，双行排列，无色，单胞，腊肠形，微弯，大小为(9~12)μm×(2~2.5)μm。有性态不经常产生，通常以无性态核果壳囊孢(*Cytospora leucostoma*)为害桃的枝干，引起腐烂病。

苹果黑腐皮壳(*V. mali* Miyabe et Yamada)：子囊壳生于假子座基部，3~14 个成群，通常 4~9 个，子囊壳球形或烧瓶形，直径 320~540μm，颈长 450~860μm，顶端有孔口露出。子囊长椭圆形或纺锤形，顶壁稍厚，大小为(28~35)μm×(7~10.5)μm，含子囊孢子 8 个。子囊孢子单胞无色，腊肠形，大小为(7.5~10)μm×1.5~1.8)μm。无性态为苹果壳囊孢(*Cytospora mali*)。为害苹果、花红、海棠的枝干，引起腐烂病。病菌以菌丝体、分生孢子器或子囊壳越冬(图 10-54)。

1. 子囊壳、子囊及子囊孢子　　2. 分生孢子器、分生孢子梗和分生孢子

图 10-54　苹果黑腐皮壳(*Valsa mali*)

(引自许志刚, 2009)

桑生黑腐皮壳(*Valsa moricola* Yendo)：子囊壳 2~4 个集生于子座内，球形或扁球形，直径 357~408μm，颈长 400~600μm。子囊棍棒形，大小为(57~76)μm×(10~14)μm。子囊孢子长椭圆形，略弯曲，单胞，大小为(9~19)μm×(2.5~5)μm。为害桑，引起幼苗干枯病。此外，为害桑树枝干的还有 *V. ceratophora* 和 *V. pusio*。

污黑腐皮壳菌(*V. sordida* Nitschke)：子囊壳多个埋生于子座内，呈长颈烧瓶状，子囊壳直径 350~680μm，高 580~896μm，未成熟时为黄色，成熟后为黑色。子囊棍棒状，中部略膨大，子囊孢子 4~8 枚，2 行排列，单胞，腊肠形，大小为(2.5~3.5)μm×(10.1~19.5)μm。引起杨树烂皮病。

10.4.6.3　肉座菌目(Hypocreales)

子座淡色至鲜色，肉质；多数种的子囊果为子囊壳；子囊卵形至圆筒形，顶端加厚并具一顶生孔；子囊孢子球形至针形，一至多个细胞，某些种断裂成"分孢子"；子囊孢子通常强力放射。无性阶段分生孢子为内生芽殖型，自瓶梗式分生孢子梗生出。本目有 7 科 237 属 2647 种。7 科分别为：生赤壳科(Bionectriacaea)、麦角菌科(Clavicepitaceae)、虫草菌科(Cordycipitaceae)、肉座菌科(Hypocreacaea)、丛赤壳科(Nectriacaea)、尼撒壳科(Niessliaceae)及线孢虫草菌科(Ophiocordycipitaceae)。

1) 生赤壳科(Bionectriacaea)

小丛赤壳属(*Nectriella* Nits.)

子实体在寄主表皮下形成，后暴露。子囊壳丛生。每个子囊内含 8 个子囊孢子。子囊孢子无色，双胞。目前本属种类范围缩小，有些种归入 *Pronectria*、*Hyponectria*、*Pseudonectria* 等属。

石榴小丛赤壳(*N. versoniana* Sacc. et Penz.)：子囊壳表生，密集，褐色，直径 166~277μm，喙长 44~65μm，内壁上满生周丝。子囊梭形或棍棒形，顶壁特厚，(42~53)μm×(8~11)μm，子囊间无侧丝。子囊孢子梭形，无色，单胞，大小为(11~14)μm×(4~6)μm。寄生于石榴，引起干腐病。

2) 麦角菌科(Clavicepitaceae)

本科成员在形态上明显与肉座菌目的其他成员菌物不同。其特征为具有浅色或深色，常为橘黄色的肉质子座或菌丝层，窄长圆筒状的子囊顶端加厚呈拱顶盖状，并具一长圆筒状孔,侧丝自子囊果侧壁生出但不在基部丛生的子囊之间出现。子囊孢子线状,与子囊等长。在一些种内,具隔子囊孢子在隔膜处断裂成片段,称为分孢子。释放后,这些断裂孢子各自像一独立的孢子,通常萌发形成芽管,有些种的子囊孢子萌发后直接形成分生孢子而不是芽管。本科有43属321种。

(1) **瘤座菌属**(*Balansia* Speg)

寄生在禾本科植物上,通常在寄主的嫩梢顶端或穗部先形成假菌核,然后在菌核上产生垫状或碟状子座。子座无柄或有柄,初为淡色,上面形成分生孢子,后期变为暗色,表层内埋生许多子囊壳。子囊壳群集,近卵形,有孔口及孔颈。子囊细长,具短颈,内含8个子囊孢子。子囊孢子无色,丝状(图10-55)。本属目前有49种。

瘤座菌[*B. take*(Miyake)Hara., 异名 *Aciculosporium take* Miyake]:菌核产生在植物幼枝上。子座从菌核产生,垫状,浅褐色,大小为(3~6)mm×(2~2.5)mm。子囊壳烧瓶状,埋生在子座内,大小为(380~480)μm×(120~160)μm。子囊细长,大小为(240~280)μm×6μm。子囊孢子无色,丝状,大小为(220~240)μm×1.5μm。为害淡竹、毛竹、刚竹、苦竹等植物,引起丛枝病。

近些年,通过形态学和分子系统学研究,认为该菌应属于针孢座囊菌属(*Aciculosporium*),无性世代为*Albomyces*。故引起竹瘤座菌型丛枝病的病原为竹针孢座囊菌(*A. take*)。该菌目前的名称为*Albomyces take*。

(2) **麦角菌属**(*Claviceps* Tul.)

在禾本科植物的子房内寄生,后期形成圆柱形至香蕉形黑色或白色菌核。菌核休眠后产生子座,子座直立有柄,近球形的头部可育,子囊壳埋在头部的表层内,子囊细长,内含孢子8个;子囊孢子无隔膜,无色,丝状(图10-56)。本属有41种。无性型为蜜孢属(*Sphaecelia*),主要在禾本科植物上,及少在莎草科植物上,分布广泛。

(3) **香柱菌属**[*Epichloë*(Fr.)Tul. & C. Tul.]

子座浅色,平铺形,缠在禾本科植物的茎或叶鞘上,形成一个鞘;子囊壳埋生在子座内;子囊细长,单层壁,顶端加厚,具折光性的顶帽;子囊孢子有隔膜,丝状,无色(图10-57)。目前本属约75种。无性型为*Neotyphodium*。

箬竹丛枝病菌(*E. sasae* Hara):子座包围叶鞘成圆管形,暗黑色,新鲜时肉质,干后革质,大小为(15~40)μm×(3~5)μm。子囊壳埋于子座中,椭圆形或卵形,直径110~

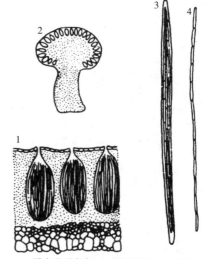

1. 子座及子囊壳 2. 子座剖面 3. 子囊 4. 成熟的子囊孢子

图10-55 瘤座菌属(*Balansia*)

(引自陆家云,1997)

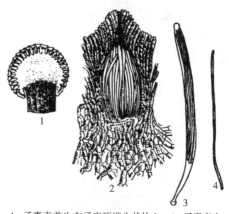

1. 子囊壳着生在子座顶端头状体上 2. 子囊壳内子囊着生状 3. 子囊 4. 子囊孢子

图10-56 麦角菌属(*Claviceps*)

(引自陆家云,1997)

1. 子座的横切面　2. 部分分生孢子座
3. 单个子囊壳　4. 子囊和子囊孢子

图 10-57　香柱菌属(*Epichloë*)

(仿自 Webster, 1980)

200μm，高 250~350μm。子囊长圆筒形，有细柄，大小为 (200~250)μm×(6~7)μm。子囊孢子丝状，大小为 (190~240)μm×(1~1.5)μm，成熟后分裂成多个孢子。寄生于箬竹，引起幼芽丛枝病，病枝叶鞘膨大，病叶僵白。

3) 肉座菌科(Hypocreacaea)

子座肉质或革质，子囊壳肉质，鲜色，全部或部分埋生于基物或子座内。子囊单囊壁，两侧壁薄，顶壁加厚，中间有小孔道，子囊间常有自顶端向下生长的顶侧丝。子囊孢子无色至暗色，单胞至多胞，椭圆形或纺锤形，无发芽孔或发芽缝。本科有 22 属 454 种。

肉座菌属(*Hypocrea* Fr.)

子座肉质、鲜色，壳状、垫状或半圆形；子囊壳埋生于子座内；子囊含 8 个子囊孢子；子囊孢子双细胞，许多种在成熟时子囊孢子分开成两个细胞，无色、绿色或褐色，大都是树皮、枯枝、落叶、木材、箭竹桩以及其他老子实体上的腐生物。其无性型为 *Trichoderma*。目前本属少数种类归入 *Aleurodiscus*、*Broomella* 等属，另有不少种类以 *Trichoderma* 为正式属名。

红棕肉座菌[*H. rufa*(Pers.)Fr.]：子座散生或丛生，球形至盘形，直径 1.5~7mm，表面红褐色，内部白色，子囊壳亚球形或长圆形，直径 150~190μm。子囊大小为 (60~80)μm×(4~6)μm。子囊孢子无色，亚球形，直径 3~5μm(图 10-58)。寄生于木材或竹茎上。我国较为常见。

4) 丛赤壳科(Nectriacaea)

子座无或有垫状的小子座，子囊壳表生，常有坚硬的乳突，孔口具缘丝。包被膜质，橙红色至紫色，极少淡色，有时具纹饰或被刚毛。子囊间组织由顶侧丝构成，有时缺或易潮解。子囊柱形，壁薄，不具裂缝，常具一微小的J+型顶环。子囊孢子形状变化大，常具横隔膜，不断裂，无色至黄色或淡褐色，有时具纹饰，无胶质鞘或附属物。无性型为丝孢菌。层出合轴式分枝。常在死的植物材料上发现或为真菌的重寄生菌，多为致病菌，世界分布。本科有 57 属 646 种。

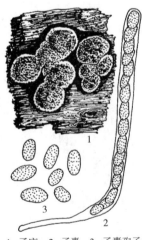

1. 子座　2. 子囊　3. 子囊孢子

图 10-58　红棕肉座菌

(*Hypocrea rufa*)

(引自 http://baike.baidu.com/view/786417.htm)

(1) 丽赤壳属(*Calonectria* De Not.)

子囊壳球形至卵形，丛生在基部的菌丝层上，红色、黄色或白色。子囊孢子椭圆形或纺锤形，多数由 4 个细胞组成，常在子囊内芽殖。本属目前约 400 种。在中国已发现鉴定了 22 种，包括在桉树人工林叶片、林下土壤或者桉树苗上发现鉴定的 15 种。其中 8 种是在桉树组织上分离到的(具有致病性的物种有 5 种：*C. crousiana*、*C. eucalypti*、*C. ilicicola*、

Calonectria pauciramosa 和 *C. pseudoreteaudii*)。其无性型为 *Cylindrocladium*，已确定的种有 52 种，但其中有些种还未发现其有性型。

Lombard et al.（2010）对丽赤壳属进行分子、形态和生物学的系统研究，选择 1867 年建立的有性属名 *Calonectria* 代替 1872 年建立的无性属名 *Cylindrocladium*，来表述该属真菌。丽赤壳属可寄生 100 多科，335 种植物，引起多种林木和观赏树木病害。主要为害豆科、桃金娘科（桉树）、松科（松树）、棕榈科、菊科、杜鹃花科和蔷薇科树种，引起猝倒、枝枯、叶斑、茎干溃疡和根腐等病害。缺无性孢丽赤壳（*C. aconidialis* L. Lombard，Crous & S. F. Chen）、叶生丽赤壳（*C. foliicola* L. Lombard，Crous & S. F. Chen）、*C. pteridis*（Crous，M. J. Wingf. & Alfenas）（图 10-59）和 *C. quinqueseptata* Figueiredo & Namek. 引起桉树叶焦枯病；桉树丽赤壳（*C. cerciana* L. Lombard，M. J. Wingf. & Crous）引起桉树苗茎腐病和叶腐病。蓟竹丽赤壳 [*C. bambusae*（Hara）Hohn.] 寄生于竹叶上。

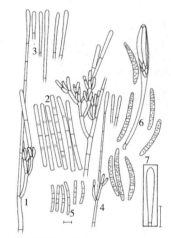

1. 大分生孢子梗组合体　2. 大分生孢子　3. 囊泡
4. 小分生孢子梗组合体和囊泡　5. 小分生孢子
6. 子囊和子囊孢子　7. 囊泡

图 10-59 *Calonectria pteridis* 及其无性型 *Cylindrocladium pteridis*

（引自 Crous，2002）

（2）赤霉菌属（*Gibberella* Sacc.）

子囊壳聚生或散生，壁蓝色，有时紫色；子囊孢子有隔膜 2~3 个，无色，梭形（图 10-60）。无性阶段大多为镰孢属（*Fusarium* Link），寄生在桑、桃、槭和柳杉等多种植物的茎、花器或种子上，引起赤霉、芽腐和芽枯。目前本属种类范围缩小，有些种归入 *Botryosphaeria* 等属，有些种以 *Fusarium* 为正式属名。

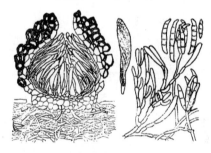

图 10-60 赤霉菌属（*Gibberella*）子囊壳、子囊及镰刀形的分生孢子

（仿绘自 Owens）

玉蜀黍赤霉菌 [*G. zeae*（Schw.）Petch]：无性阶段为禾谷镰孢菌（*F. graminearum* Schwabe）（该名称目前为该菌的正式名称），危害多种禾本科植物，引致赤霉病。藤仓赤霉 [*G. fujikuroi*（Saw.）Wollenw.] 寄生于多种禾本科植物上，引起水稻恶苗病。

桑生赤霉 [*G. moricola*（Ces. et de Not.）Sacc.，异名 *G. baccata*（Wallr.）var. *moricola*（de Not.）Wr.]：子囊壳球形，淡蓝色，有的黄色或灰褐色，大小为（200~300）×（150~300）μm，表面平滑，子囊圆筒形或棍棒形，大小为（55~85）μm×（8~12）μm，含 8 个或 4 个子囊孢子。子囊孢子椭圆形，无色或略带黄色，多数有 3 个隔膜，大小为（12~20）μm×（4~6）μm。无性态为砖红镰孢菌桑变种（*Fusarium lateritium* var. *mori*）。为害桑树枝条，引起芽枯病。病菌以菌丝体越冬。

浆果赤霉 [*G. baccata*（Wallr.）Sacc.]：子囊壳深蓝色，褐灰色或黄色，大小为（200~300）μm×（150~300）μm。子囊含 8 个子囊孢子，也有含 4 个的。子囊孢子卵形或梭形，有 1~5 个隔膜，一般为 3 个，大小为（12~30）μm×（4~10）μm。无性态为砖红镰孢菌

(*Fusarium lateritium*)。寄主范围很广,包括桑、胡桃、柑橘、梨、紫藤、槭、楼属、柳属、杨、槐、榆、洋槐、圆柏等多种植物,引起芽腐病。

(3) 丛赤壳属[*Nectria*(Fr.)Fr.]

子囊壳圆形散生或生于不发达的子座上,鲜红色或黄色,子囊棍棒形,内含子囊孢子8个,有顶生侧丝,但子囊壳成熟时常消失;子囊孢子双胞,无色(图10-61)。无性阶段常发生,主要在油桐、槭属、梨属、杏、白桦和红松等多种植物的树枝和树干上腐生或弱寄生,引起溃疡、枝枯。本属有82种。

1. 子囊壳丛生子座内 2. 子囊及子囊孢子

图10-61 丛赤壳属(*Nectria*)

(引自陆家云,1997)

朱红丛赤壳[*Nectria cinnalarina*(Tode)Fr.]:子座瘤状。子囊壳丛生,深红色,扁圆形,表面粗糙,直径300~500μm。子囊棍棒形,大小为(70~85)μm×(8~11)μm,侧丝粗,有分枝。子囊孢子长卵形,无色,双胞,直或微弯,大小为(12~20)μm×(4~6)μm(图10-62)。为害桑、梨、李、栗、胡桃、枫、槭、榆等多种阔叶树木的主干、分支及树梢,引起溃疡、癌肿及枝条顶枯。后期在病斑树皮表面产生瘤座孢属无性型鲜亮、橘粉色的分生孢子座,其无性态为普通瘤座孢(*Tubercularia vulgariso*)。

松枝枯丛赤壳菌(*N. cucurbitula* Sacc.):寄生油松、红松、华山松和落叶松,引起疣枝病。

1. 子囊壳丛生在子座上 2. 分生孢子座
3. 子囊 4. 分生孢子梗,瓶梗和分生孢子

图10-62 朱红丛赤壳

(*Nectria cinnalarina*)

(引自邵立平等,1984)

仁果干癌丛赤壳菌(*N. galligena* Bres.):子座肉质,白色。子囊壳鲜红色,球形或卵形,直径100~150μm。子囊圆筒形或棍棒形,大小为(90~125)μm×(8~15)μm。子囊孢子椭圆形,无色,双胞,大小为(14~21)μm×(5~7)μm。无性态为苹果柱孢(*Cylindrocarpon mali*)。为害苹果、梨、茶、柳等,引起干癌病,也可引起幼枝和果枝枯萎。病菌以菌丝体在病组织内越冬。

10.4.6.4 路霉目(Lulworthiales)

子座无,子囊果为子囊壳,球形至柱形,埋生或表生,褐色或黑色,无毛的或具菌丝层。包被革质或碳质。无囊间组织,子囊腔内充满易消解的薄壁组织细胞。子囊柱形至纺锤形,薄壁易消解,无顶端结构,内含8个子囊孢子。子囊孢子线形,常多隔,无色,有时顶部具有一个分泌黏液的小室(chamber)。无性型为丝孢菌,具未分化的非层生的分生孢子梗和无色线状或暗色卷曲的分生孢子,有时产生休眠孢子。本目有3科11属40种。海洋生,常在浸入海水中的木头上或海藻上。主要分布在温带或热带。

10.4.6.5 小囊菌目(Microascales)

子座无,子囊果大多数为子囊壳,单生,有些为闭囊壳,常为黑色,壁薄,有时具多根发育良好光滑的刚毛,子囊间组织缺失或罕见未分化的菌丝。中心体无,子囊成链状,近球形,不具柄,壁极薄,易消解,含8个子囊孢子。子囊孢子无色、灰色或红褐色,无隔,常弯曲,有时具一极不明显的发芽孔,具或不具鞘。本目有4科92属397种,4科为:长喙壳科(Ceratocystidaceae)、查氏壳科(Chadefaudiellaceae)、海球腔菌科(Halosphaeriaceae)及小囊菌科(Microascaceae)。无性型发达,为丝孢菌。多腐生土壤或腐烂的蔬菜上,少数为人体的条件致病菌或动植物病原菌;除许多陆生种类外,还有一些主要是水生的种类,它们以淡水、咸水和海水为栖息地。

长喙壳科(Ceratocystidaceae)

子囊壳表生或略埋于基物内,球形,具长喙或短喙,或乳头状孔口,或无孔口。壳壁暗色,膜质,炭质,或鲜色,肉质。子囊圆筒形,不规则地散生在子囊壳的核心组织内。子囊壁早期消解,子囊孢子随黏液被排出子囊壳外。子囊孢子大多单胞,无色,较小。本科有12属341种。

长喙壳属(*Ceratocystis* Ellis & Halst.)

子囊壳基部膨大成球形,有细和长的颈,顶端常裂成须状,壳壁暗色。子囊壁在子囊孢子发育时,早期消解,所以很难看到完整的子囊。子囊孢子单胞,无色,形状各式各样,有椭圆形、蚕豆形、帽形、四角形或针形(图10-63)。成熟时子囊壳吸水产生压力,使由于子囊壁早期消解而混在子囊壳黏液内的子囊孢子沿长颈被

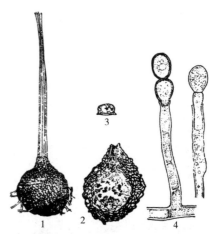

1. 子囊壳 2. 子囊壳剖面 3. 子囊孢子
4. 分生孢子

图 10-63 长喙壳属(*Ceratocystis*)
(引自陆家云,1997)

挤出,并在孔口毛之间形成孢子团以便昆虫传播。有些种类为植物致病菌,还有些种类可引起木材变(暗)色,称为蓝变(sapstain 或 blue stain),如 *C. coerulescens*、*C. virescens* 和 *C. piliferum*。一些种是异宗配合,另一些种是同宗配合。本属目前有105种。无性阶段属于 *Chalara*(Corda) Rabenh. 和 *Thielaviopsis* Went 等。

水青冈长喙壳[*C. fagacearum*(Bretz) Hunt.]:子囊壳单生或丛生,黑色,瓶状,具长柄,基部直径240~380μm,埋于基物内。子囊壳颈长250~450μm,顶端有一丛毛须状物,在孔口排列成漏斗状。子囊内有8个无色、单胞、椭圆形稍弯曲的子囊孢子,大小为(5~10)μm×(2~3)μm。子囊孢子成熟后从孔口成团逸出,聚集在毛须状物内,呈一团白色黏液,肉眼可见。其无性型为 *Thielaviopsis quercina*(B. W. Henry) A. E. Paulin, T. C. Harr. & McNew。该菌是栎枯萎病病原菌,北美土生种,广泛分布于美国东部和中部气候较凉爽的地区,但也不断在得克萨斯州发现。栎树枯萎病最初症状表现为树冠叶片褪绿、卷曲,然后死亡。整个树冠的叶片死亡并脱落后树枝相继死去。

甘薯长喙壳(*C. fimbriata* Ellis et Halst):子囊壳烧瓶形,有长颈,直径105~140μm,颈长350~800μm。子囊梨形或卵圆形,壁薄,内含8个子囊孢子。子囊孢子钢盔形,单胞,无色,壁薄,大小为(4.5~8.7)μm×(3.5~4.7)μm。无性阶段产生分生孢子和厚垣孢子。分布广泛,为害多种植物,除为害甘薯外,还为害可可、咖啡、橡胶、桉树、杨树、刺桐、山核桃、悬铃木、石榴、刺槐等。甘薯长喙壳存在寄主专化性,通常将这些具寄主

专化性的菌系定为专化型,如甘薯长喙壳悬铃木专化型(*C. fimbriata* f. *platani* Walter),该菌在美国和欧洲引起悬铃木溃疡病。

奇异长喙壳[*Ceratocystis paradoxa*(Dade)Mor.]:子囊壳瓶形,有长颈,(1000~1500)μm×(200~350)μm。子囊棍棒形。子囊孢子椭圆形,无色,大小为(7~10)μm×(2.5~4)μm。无性态为奇异根串珠霉(*Thielaviopsis paradoxa*),能产生分生孢子和厚垣孢子。为害甘蔗、凤梨和芭蕉等。病菌以菌丝体或厚垣孢子在病组织或土壤内越冬。

10.4.6.6 蛇口壳目(Ophiostomatales)

子座无,子囊果为子囊壳,很少为闭囊壳,无色或黑色,壁薄,膜质,常为长颈,孔口具刚毛,无囊间组织。子囊小,易消解,呈链状。子囊孢子通常小,无色,大多数无隔。常有不均匀的厚壁或鞘。本目有1科12属341种,1科为蛇口菌科(Ophiostomataceae)。无性型为丝孢菌类。有许多种可引起树木或木材的蓝变,还有些种是针阔叶树的病原菌,其寄主范围较广(其中许多为重要的经济植物)。蛇口壳菌主要靠小蠹虫传播,有时藏于小蠹虫储菌器内,有时寄生在螨体表及昆虫消化道表面或内部。

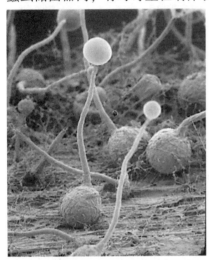

图 10-64 榆蛇口壳广义种
(*Ophiostoma ulmi sensu lato*)
的子囊壳
(引自 Sinclair & Campana, 1978)

蛇口壳科(Ophiostomataceae)

蛇口壳属(*Ophiostoma* Syd. & P. Syd.)

该属真菌的无性阶段已知多达16个属,主要有枝顶孢霉属(*Acremium*)、*Endoconidiophora*、黏束孢属(*Graphium*)、细黏束属(*Leptographium*)、帚头孢霉属(*Phialocephala*)和分枝菌属(*Sporothrix*)等。分布在木材和树皮上,常与甲虫有联系。曾经认为该属与小囊菌目的长喙壳属(*Ceratocystis*)是同物异名,它们的长颈、具黏性子囊孢子的肉质子囊壳以及与媒介昆虫有关的子囊孢子,都代表了两属间形态上的趋同性。本属约有134种。

榆蛇口壳[*O. ulmi*(Buisman)Nannf.]:子囊壳具长颈,颈长280~420μm,基部球形,直径100~150μm,颈端孔口具无色缘丝。子囊易胶化消失,子囊孢子单胞,无色,月牙形,大小为(4.5~6.0)μm×1.5μm,涌出子囊后呈黏液滴状(图10-64)。无性型为榆黏束孢(*Graphium ulmi* M. B. Schwarz)。在榆树上引起榆枯萎病。

新榆蛇口壳(*O. novo-ulmi* Brasier):与榆蛇口壳(*O. ulmi*)形态上相似,但对寄主榆树的致病性更强,在一些病害发生区逐渐取代榆蛇口壳成为优势种群。其种内又分为两个小种,即欧亚小种[*O. novo-ulmi* Brasier(EAN)]和北美小种[*O. novo-ulmi* Brasier(NAN)]。

此外,*O. coerulencens* 可引起槭树条斑病,*O. narcissi* 可引起水仙花根球腐烂病。

10.4.6.7 黑痣菌目(Phyllachorales)

子座无或埋生在植物组织内,常为盾状,黑色。子囊壳的壁,孔口具缘丝,包被常由薄壁的无色或褐色组织压缩而成,有时形状不规则。侧丝薄壁,较宽,不分枝,囊间组织由侧丝构成,有时易消解。子囊近柱形,薄壁,不具裂缝,持久,常具一个不明显的"J"

型顶环。子囊孢子大多无色，无隔，偶尔具纹饰。无性型为腔孢菌。附着孢常形成附着和侵入结构。大多为活体营养生物，寄生在维管束植物上，可产生轮廓清晰的暗色附着胞；少数为死体营养型腐生物。在叶、茎或根上着生，分布广泛，尤其在热带。包括2科（Phaeochoracrae 和黑痣菌科 Phyllachoraceae）63 属 1226 种。

（1）黑痣菌属(*Phyllachora* Nitschke ex Fuckle)

假子座在寄主组织内发育，子座顶部与寄主的表皮层愈合而成黑色光亮的盾状盖。子囊埋生与假子座内，瓶形，黑色，孔口外露。子囊圆柱形，平行排列于子囊壳基部，具侧丝。子囊孢子单胞，椭圆形，无色（图10-65）。无性型为 *Linochora*。分布广泛，本属目前约1513种，寄生在冬青、黄檀和竹等的叶片上，引起黑痣病。

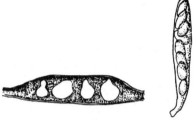

1. 生于子座内的子囊壳　2. 单个子囊

图 10-65 黑痣菌属（*Phyllachora*）
（引自陆家云，1997）

竹圆黑痣菌（*P. orbicula* Rehm）：子座直径 0.5~1mm，子囊壳直径达 300μm，高 150μm。子囊大小为（55~70）μm×（10~13）μm。子囊孢子大小为（12~15）μm×（5~6.5）μm。为害竹叶，形成黄红色病斑，后在病斑中央产生黑色光亮的小点，即子座。此外，黑痣菌还可寄生在榕树和黄檀叶片上。

（2）疔座霉属(*Polystigma* DC.)

子囊壳瓶形，深埋于假子座内，仅孔口突出寄主组织外，薄壁、膜质。假子座生于叶片过度生长的组织内，肉质，平铺型，黄色或红褐色，上面无黑色盾状盖。子囊棒棒形，内含8个子囊孢子。子囊孢子椭圆形，单胞，无色（图10-66）。无性型为 *Rhodosticta*。本属有 24 种。着生在蔷薇科植物叶片上，分布广泛，尤其常见于温带。

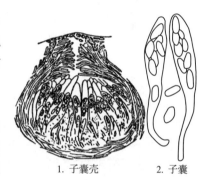

1. 子囊壳　2. 子囊

图 10-66 疔座霉属（*Polystigma*）
（引自陆家云，1997）

杏疔菌（*P. deformans* Syd.）：假子座生于叶内，橙黄色，上生黑色圆点状性孢子器。子囊壳一般在秋季形成，近球形，直径 196~327μm。子囊棒棒形，大小为（60~135.2）μm×（14.9~16.5）μm。子囊孢子无色，椭圆形，大小为（12.8~16.5）μm×（0.1~6.2）μm。为害杏的新叶，引起杏疔。受害叶片上产生密集的圆形病斑，橙色或粉红色，有光泽，病组织肥厚，变黄褐色。病菌以子囊壳在病叶内越冬。

稠李疔菌[*P. ochraceum*(Wahl.)Sacc.]：假子座不达1cm，黄色，后变红褐色。子囊（95~105）μm×14μm。子囊孢子大小为 14μm×（5~5.5）μm。寄生于巴旦杏和稠李。

李疔菌[*P. rubrum*(Pers.)DC.]：假子座生于叶内，橘红色。子囊壳埋生于子座内，亚球形。子囊棒棒形，大小为（78~87）μm×（10~12）μm。子囊孢子无色，椭圆形或卵形，大小为（10~13）μm×（4.5~6）μm。为害李的叶片，引起红点病，病叶提前脱落。

10.4.6.8 粪壳菌目（Sordariales）

子座无或极少数以菌丝层组织出现。子囊果为子囊壳或闭囊壳，壁薄或厚壁，常多毛，膜质或炭质，橄榄色至黑色。子囊间具宽的薄壁菌丝，易消解，或无侧丝。子囊柱形或棒形，持久或易消解，不具裂缝。子囊为持久的常具一小的 J+顶环。子囊孢子单胞，暗色，具发芽孔，常具一胶质鞘或附属物。本目有5科，包括头囊菌科（Cephalothecaceae）、毛壳菌科（Chaetomiaceae）、毛球壳科（Lasiosphaeriaceae）及粪壳科（Sordariaceae）等，97属854种。无性型常无或为精子器。在腐烂的木头和土壤中腐生，一些为真菌重寄生物，多数具纤维水解活性。

粪壳科（Sordariaceae）

子座无，子囊果暗色，常具厚壁，常具孔口，若有孔口存在，则具有缘丝。子囊间组织常具宽的薄壁的侧丝，但不明显且常易消解。子囊柱形，壁相当薄，且不具裂缝，极少数易消解，常具一小的J+顶环。子囊孢子褐色，单胞或极少数具隔，有时有色，常具一胶质鞘但无尾状物。无性型为丝孢菌类，异宗配合明显。根据《菌物词典》第10版（2008），本科有8属94种。

（1）**毛壳菌属**（*Chaetomium* Kunze）

子座无，子囊果淡色或深色，壁薄，膜质，常具有复杂的修饰毛状物，具孔口或无。囊间组织明显缺失。子囊棒状至囊状，壁很薄，缺少顶端结构，成熟时易消解。子囊孢子褐色，常成孢子角释放，多为单胞，无隔，光滑，有胶质鞘且无附属物。本属目前有359种。无性型常缺失，若存在则为丝孢菌，有时具度过不利环境的功能。主要着生在纤维素丰富的基质上。

（2）**脉孢菌属**（*Neurospora* Shear & B. O. Dodge）

子囊壳无毛或有毛，壁近革质或炭质，顶部突起处形成孔口。子囊圆筒形，含4~8个孢子。子囊孢子椭圆形，成熟时深褐色至黑色，单细胞，有纵纹。本属目前有60种。粗糙脉孢菌（*N. crassa* Shear & B. O. Dodge）常被用于真菌有性生殖机制和遗传研究的材料。

10.4.6.9 假毛球壳目（Trichosphaeriales）

子座无，或退化成为菌丝层。子囊壳表生，聚生，近球形，黑色，为厚壁，多数被刚毛，孔口乳状突，常具缘丝。囊间组织具窄的持久的薄壁的侧丝。子囊柱形，持久，薄壁，不具裂缝。常具一小的J-顶环。子囊孢子形状变化大，无色至各种颜色，常具隔膜，且很少为砖格形，有时具极孔，有时在分隔处断裂，没有芽孔，常具孔出产孢（tretic conidiogenesis）结构，且常具复杂的分生孢子。在木头和树皮上腐生，偶尔着生在其他真菌上，世界分布。本目包括1科14属73种。1科为假毛球壳科（Trichosphaeriaceae）。

10.4.6.10 炭角菌目（Xylariales）

子座发达，大多数仅以真菌组织构成。子囊果为子囊壳，极少数为闭囊壳，近球形，表生或埋生在子座内，常为黑色且厚壁。孔口常具乳突，有缘丝。子囊柱形，膜质，壁相当厚，单层，常具一复杂的J+顶环，常含8个子囊孢子。子囊孢子常具颜色，有时具横隔，具发芽孔或缝，有时具黏质鞘。无性型变化大，常为丝孢菌类，腐生或植物寄生菌，主要在树皮或木头上，世界分布。本目包括9科209属2487种。9科为：圆孔壳科（Amphisphaeriaceae），新菌科（Cainiaceae），盾球壳科（Clypeosphaeriaceae），蕉孢壳科（Diatrypaceae），图子座科（Graphostromataceae），次丛壳科（Hyponectriaceae），髓孢菌科（Myelospermataceae），绣球炭壳菌科（Iodosphaeriaceae）和炭角菌科（Xylariaceae）。

1）**圆孔壳科**（Amphisphaeriaceae）

子囊壳最初埋生于基物内，成熟时上部突破基物外露，顶部呈乳头状突起，中间有一圆孔。子囊较大，顶壁除有一个淀粉质的顶环外，通常还有一个甲壳质的顶垫，能被棉蓝着色，内含 8 个子囊孢子，子囊间有侧丝。子囊孢子单胞至多胞，无色至有色，大型，单胞有色的子囊孢子通常具发芽孔，很少有发芽缝，据此可与炭角菌科相区别。本科有 32 属 499 种。

圆孔壳属(Amphisphaeria Ces. et de Not.)

子囊壳球形，内生，后期可突破基物外露，壳壁炭质。子囊内含 8 个子囊孢子。子囊孢子双胞，有色，椭圆形至梭形。本属目前有 66 种。主要腐生在竹竿、腐木和阔叶树树皮脱落的枝条上。

星形圆孔壳菌(A. stellata Pat.)：子囊壳丛生或分散，表生，平滑，黑褐色，直径 0.5~0.8μm。子囊有短柄，大小为(120~150)μm×(9~11)μm。子囊孢子长梭形，黄色，分隔处缢缩，大小为(38~48)μm×(4~6)μm。寄生竹竿上，分布广泛。

2) 蕉孢壳科(Diatrypaceae)

某些种的子座为双层，另一些种的子座则由菌物组织与基物合成。以腐生为主，栖居于死树皮或木材上。子囊具长柄，棍棒状至圆筒状，常具一小的 J+顶环。子囊壳内形成明确的子实层。子囊有时含有多个子囊孢子，有侧丝，但在子囊壳成熟时会胶化。子囊孢子淡色至褐色，单胞，腊肠形（图 10-67）。本科有 13 属 229 种。

(1) 平座壳属(Endoxylina Rom.)

子囊果成群地埋生在一个平展的或盾状的内生或半内生的子座内，具长颈。子囊孢子双胞，褐色。本属目前有 16 种。可寄生柑橘和花椒，引起枯枝病。

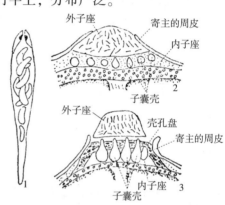

1. 子囊和子囊孢子　2. 子座剖面（子囊壳在内子座中形成）　3. 子座剖面（外子座与内子座脱离）

图 10-67　蕉孢壳科(Diatrypaceae)

（引自陆家云，2001）

柑橘生平座壳(E. citricola Ou)：子座平展不明显，子囊壳聚生，近球形，黑色，直径 300~400μm，有圆柱状长约 200μm 的颈，孔口几乎不突出；子囊圆柱形，大小为(200~250)μm×(25~28)μm，有长柄，易消解，内含 8 个子囊孢子，侧丝极多，无色。子囊孢子双行排列或在子囊下部平行排列，椭圆形，两端钝圆，有一隔膜，分隔处缢缩，大小为 (27~34)×(12~14)μm。寄生于构橼和柑橘属植物上。

(2) 聚颈座腔菌属(Valsaria Ces. et de Not.)

子座圆形，疱状，埋生或半埋生在基物内。子囊壳具长颈，成群地深埋在子座的基部。子囊孢子双胞，褐色。本属与平座壳属的主要区别是子座形态不同。目前本属有 140 种。

聚颈座腔菌(V. insitiva Ces. et de Not.)：子座黑褐色，散生至群生，埋于寄主皮层中，直径 1~4μm，周围的木质部和树皮均变成黑色。子囊壳多个，深埋于子座中，卵形或瓶形，黑色，直径 280~320μm，颈细长，聚集在一起成束突出。子囊圆筒形，大小为 (10.5~16.0)μm×(8.5~11.5)μm；子囊孢子暗褐色，长方椭圆形，两端圆，横隔处缢缩，大小为(12~19)μm×(7~9)μm。寄生于柏树及其他阔叶树的树皮上。可引起杨树烂皮病。

木生聚颈座腔菌(V. lignicola Teng et Ou)：子座小，圆形，聚生，埋于寄主组织内，直径 1.5~2μm。子囊壳近炭质，亚球形，2~5 个埋生于子座内，直径 450~700μm，颈聚集在一起，孔口联合外露。子囊圆筒形，有柄，大小为(105～115)μm×7μm，内含8个子囊孢子，有拟侧丝。子囊孢子暗褐色，单行排列，矩圆至椭圆形，中间有一隔膜，隔膜处不缢缩，大小为(9.5～12.5)μm×(4.5～5)μm。腐生于木材上。

3) 次丛壳科 (Hyponectriaceae)

囊孢壳属 (*Physalospora* Niessl.)

子囊壳黑色，球形，光滑或有刚毛，具短颈或乳头状孔口，埋生在寄主组织内，成熟后突破寄主表皮而外露。子囊棍棒形或圆柱形，平行排列，内含8个子囊孢子。子囊孢子单胞，无色或淡黄色，卵形、椭圆形或纺锤形，长度超过20μm。孢子内含有颗粒体(图10-68)。目前本属有37种。无性态是球壳孢属(*Sphaeropsis*)、大茎点菌属(*Macrophoma*)、壳色单隔孢属(*Diplodia*)及球二孢属(*Botryodiplodia*)。可寄生葡萄、杨桐、冬青、杨和竹等，引起叶斑病、干腐病和枝枯病等。

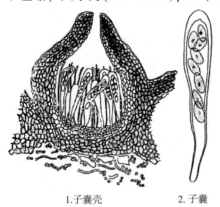

图10-68 囊孢壳属(*Physalospora*)
(引自陆家云，1997)
1.子囊壳　　2.子囊

仁果囊孢壳[*P. obtusa* (Schw.) Cooke]：子囊壳黑色，球形，有一短的孔口，(200～400)μm×(180～324)μm。子囊棍棒形，大小为(130～180)μm×(21～32)μm。子囊孢子椭圆形或不对称，单胞，无色或淡黄绿色，大小为(23～38)μm×(7～13)μm。目前该种名称修订为*Peyronellaea obtusa*。为害苹果、梨、山楂及木瓜的叶、枝梢和果实，引起黑腐病。

胡桃囊孢壳(*P. juglandis* Syd. et Hara)：为害阔叶树的树枝。

柑橘囊孢壳[*P. rhodina* (Berk. et Curt.) Cooke，异名 *P. gossypina*]：子囊壳丛生，黑色，直径250～300μm。子囊长90～120μm，内含8个子囊孢子。子囊孢子单胞，无色，大小为(24～42)μm×(7～17)μm。目前该种名称修订为 *Lasiodiplodia theobromae*。主要为害柑橘，引起黑色蒂腐病。也为害木波罗，引起木波罗果腐病。

4) 炭角菌科 (Xylariaceae)

子囊果为子囊壳。子囊果埋生于子座内，具侧丝和缘丝。大多数种的子囊顶端具有一个J形环，子囊孢子常具颜色，有时具横隔，具发芽孔或缝，有时具黏质鞘，有些种具有细胞式侧丝。本科许多种引起被子植物活树或死立木的木材腐朽。有些是严重的寄生性病原菌，如乳突炭团菌(*Hypoxylon mammatum*)在北美引起颤杨毁灭性的溃疡病；缘生双座盘壳(*Biscogniauxia marginata*)是钉头状溃疡病的病原。本科有85属1343种。

(1) 双座盘壳属 (*Biscogniauxia* Kuntze)

子座褐色、杯状或扁平；子囊孢子暗色，椭圆形，具发芽孔，有些种的子囊孢子具一无色的细胞式小附属丝。本属目前有76种。

缘生双座盘壳[*B. marginata* (Fr.) Pouzar]：是苹果的严重寄生菌，引起钉头溃疡，其子座看上去像钉子一样钉入树皮中。

(2) 槌壳属 (*Camillea* Fr.)

子座双层，外层有时开裂附着于寄主组织。子囊孢子淡色，无发芽缝，表面具网状、刺状缠截棱纹状和交织的脊状纹饰。大多数为腐生的木材腐朽菌。也可寄生阔叶树树皮。

本属有 50 种。在美国斑点槌壳菌(*Camillea punctulata*)和着色槌壳菌(*C. tinctor*)分别引起橡胶和无花果的枝干溃疡。

(3) 轮层炭壳菌属(*Daldinia* Ces. et de Not.)

子座球形或近球形,木质至炭质,生在基物表面,子座剖面呈同心轮纹状。子囊壳埋生在子座的表层内。子囊孢子单胞,暗色。本属目前有 67 种。

黑轮层炭壳菌 [*D. concentrica* (Boltan) Ces. et de Not.]:寄生于白蜡树的树干和枝条上,形成大型的子实体。亦可在烧焦了的桦树和荆兰树的木头上生长。

(4) 座坚壳属(*Rosellinia* de Not.)

子囊壳球形,黑色,硬而脆,顶端有乳头状孔口,生在基物的表面,常被菌丝层包围。子囊圆筒形,内含 8 个子囊孢子,顶端有淀粉质结构。子囊孢子单胞,黑色或深褐色,椭圆形或纺锤形,具发芽缝(图 10-69)。大多为腐生,也可寄生忍冬、榆树、竹和栎等,引起枝枯病、溃疡病和白纹羽病。本属目前有 359 种。无性态大多为黏束孢属(*Graphium*)。

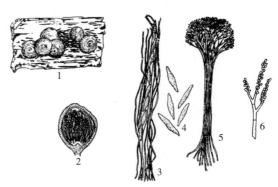

1. 子囊壳　2. 子囊壳剖面　3. 子囊及侧丝　4. 子囊孢子
5. 孢梗束　6. 分生孢子梗及分生孢子

图 10-69　座坚壳属(*Rosellinia*)

(引自陆家云,1997)

附孢座坚壳 [*R. aquila* (Fr.) de Not.]:子囊壳球形,深褐色,直径 1~1.5mm,初埋于褐色菌丝层中,以后暴露。子囊大小为(145~160)μm×(8~10)μm。子囊孢子椭圆形至长圆形,深褐色,大小为(18~28)μm×(5~10)μm。寄生于桑树根部,引起根腐病。

褐座坚壳 [*R. necatrix* (Hart.) Berl]:菌丝层铺展型,生于树皮上,暗红褐色。子囊壳半埋于菌丝层中,黑色,球形,直径 1~1.5μm。子囊无色,圆筒形,有长柄,大小为(220~300)μm×(5~9)μm,内生 8 个子囊孢子。子囊孢子单胞,深褐色,纺锤形,大小为(35~55)μm×(4~7)μm。菌核在腐朽木质部组织上形成,近球形,黑色。无性态为白纹羽束丝菌(*Dematophora necatrix*)(该名称目前为正式名称)。为害桑、茶、苹果、梨、桃、李、杏等,引起白纹羽病。

拟蔓毛座坚壳菌 [*R. herpotrichoides* Hepting & R. W. Davidson]:在我国主要为害冷杉、云杉,对幼树、容器苗为害严重,引起云杉毡枯病。

茶根腐座坚壳(*R. arcuata* Petch)和锥孢座坚壳 [*R. bunodes* (Berk. et Br.) Sacc.]:寄生于茶树的根部,引起根腐及根瘤。

此外,座坚壳属有的种还可为害可可、栎树和竹等植物。

(5) 炭角菌属(*Xylaria* Hill ex Schrank)

子座直立,大型,分枝或不分枝,黑色,基部不育。子囊壳球形,埋生在子座内。子囊圆筒形,含子囊孢子 8 个,有侧丝。子囊孢子单胞,黑色,椭圆形;分生孢子在初期发生,单细胞,无色。本属是一个大属,主要发生在腐木和木材上。少数寄生于植物上。本属有 300 种。果生炭角菌 [*X. carpophila* (Pers.) Fr.] 寄生于枫香的落果上。

10.4.6.11　小煤炱目(Meliolales)

高等植物的专性寄生菌。多生于温暖潮湿地区的树木和灌木上,通常在寄主表面形成黑色菌落，常称为"黑霉"或"烟霉"。小煤炱菌对寄主的影响一般较轻，很少引起寄主死亡而造成严重的经济损失。但它普遍寄生在寄主植物的叶片、嫩枝或果实上，感染各种经济植物、濒危保护植物及园林观赏植物，引起烟霉病，使树势衰弱，新梢萎缩，导致早期落叶或降低果实品质，严重时顶芽枯死，造成损失。本目仅1科[小煤炱科（Meliolaceae）]，22属1980多种。

菌丝暗色，壁厚，多分支，有附着枝固定在寄主的表面。附着枝一般由两个细胞组成，紧贴在寄主上，其顶端膨大，起附着胞的作用，并从膨大细胞上伸出吸器。未发现分生孢子阶段。子囊果多无孔口，表生，子囊具有薄而易消解的膜。子囊孢子成熟时一般多为2~4个，很少3个。孢子暗褐色，壁厚，平滑，常为5个细胞，少有1~3个或4个。有侧丝。

目前对小煤炱目的分类意见分歧较大。有人主张以菌的形态特征进行分类，不考虑寄主的专化性。而有人十分强调寄主的专化性。我国学者认为应该从菌的形态特征（菌丝刚毛的形态、瓶梗的形态和着生方式、子囊壳上附属丝的形态和数目以及子囊孢子的分隔和大小）和生理特征（包括寄主专化性）等多方面考虑。

（1）**附丝壳属**（*Appendiculella* von Hoehnel）

寄主表面菌落黑色，蛛丝网状至薄壳片。菌丝有分枝，褐色，有头状附着枝和瓶状附着枝，无菌丝刚毛。子囊壳外生于菌丝层上，球形，黑色，表面粗糙，有蠕虫状附属物。子囊孢子棕色，纺锤形、椭圆形至矩圆形，有3~4隔膜，隔膜处缢缩。本属目前有70种。可寄生杉木、黄杞、八角、石栎属、蔷薇属和悬钩子属等植物，引起黑霉病。

美座附丝壳[*A. calostroma*（Desm.）Hoehnel]：本属的模式种。菌丝体相互交结在一起，形成疏至密的网状菌丝层。菌丝平直至波浪状弯曲，锐角或直角对生分枝，很少互生。头状附着枝互生或单侧生。瓶状附着枝与头状附着枝混生，互生，单生或少量对生，锥状或瓶状，无菌丝刚毛。子囊壳散生，黑色，球形，表面粗糙，具瘤状突起，直径220μm。蠕虫状附属物2~6条，近圆柱形至圆锥状。子囊孢子圆柱形，有3个隔膜，隔膜处缢缩，棕色，大小为(38~50)μm×(12~17)μm（图10-70）。寄生枇杷属、石斑木属、蔷薇属和悬钩子属等植物。

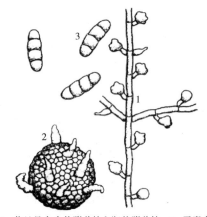

1. 菌丝具有头状附着枝和瓶状附着枝 2. 子囊壳及其蠕虫状附属物 3. 子囊孢子

图10-70　美座附丝壳

（*Appendiculella calostroma*）

（引自胡炎兴，1996）

杉木附丝壳（*A. cunninghamiae* Y. X. Hu et B. Song）：菌丝体相互交织在一起，形成密网状的菌丝层。无菌丝刚毛。子囊壳散生，黑色，表面粗糙，具瘤状突起，直径190μm。蠕虫状附属物4~8条，圆锥状或近圆柱状。子囊孢子纺锤形或近椭圆形，两端渐细，有3个隔膜，隔膜处缢缩，棕色，大小为(49~58)μm×(19~25)μm。寄生于杉木针叶上。

此外，还有黄杞树生附丝壳（*A. engelharditiicola* H. Hu）、忍冬附丝壳（*A. lonicerae* B. Song）和含笑附丝壳（*A. micheliicola* J. C. Yang）等20多种寄生于木本植物的叶上。

(2) 小光壳炱属 (*Asteridiella* McAlpine)

菌丝体褐色，外生寄主表面，有头状附着枝和瓶状附着枝，无菌丝刚毛。子囊壳黑色，球形，表面粗糙，有瘤状突起，无刚毛和蠕虫状附属物。子囊孢子棕色，有 3~4 个隔膜，隔膜处缢缩。本属目前有 2 种。可寄生茉莉、山油柑、黄瑞木、菜豆树、黄樟、栲、石栎属和榕属等，引起黑霉病。

臀形小光壳炱 (*A. pygei* Hansf.)：菌丝体紧密地交织在一起，形成散射的网状菌丝层。菌丝平直或稍波浪状弯曲，锐角对生分枝，褐色。头状附着枝互生或单侧生，较密集。瓶状附着枝与头状附着枝混生，单生、互生或极少对生，瓶状至锥状。子囊壳较疏散，黑色，球形，表面粗糙，直径 180~290μm。子囊孢子椭圆形或近纺锤形，有 3 个隔膜，隔膜处缢缩，大小为 (42.8~59) μm×(16.0~25.4) μm (图 10-71)。寄生腺叶稠李、刺叶稠李等李属植物。

不全小光壳炱 [*A. manca* (Ell. et Mart.) Hansf.]：菌丝体相互交织，形成密的网状菌丝层。菌丝平直或稍波浪状弯曲，锐角或直角对生分枝。头状附着枝互生单侧生；瓶状附着枝散生在头状附着枝之间，多数互生，很少对生。子囊壳疏散至密集，黑色，球形，表面粗糙，直径达 290μm。子囊孢子矩圆形至近圆柱形，有 3 个隔膜，隔膜处缢缩，(38.4~53) μm×(12.0~19) μm。寄生青杨梅、杨梅等植物。据报道，我国有近 60 种可寄生木本植物。

(3) 小煤炱属 (*Meliola* Fr.)

菌丝黑色，在寄主植物表面形成薄至稠密的菌斑。菌丝体褐色，有隔膜，外生在寄主表面，规则或不规则分枝，有头状附着枝和瓶状附着枝，有菌丝刚毛。子囊壳黑色，球形，表面粗糙，着生在菌丝体。子囊孢子棕色，有 3~4 个隔膜，在隔膜处缢缩，纺锤形、矩圆形至椭圆形等形状 (图 10-72)。该属是小煤炱科中建立最早的一个属，也是最大的类群，目前约有 1700 种，分别寄生在 31 科植物的叶上，如蔷薇科、壳斗科、石栎属、栲属、木荷属、蝶形花科和竹亚科等，分布广泛，尤其在热带。

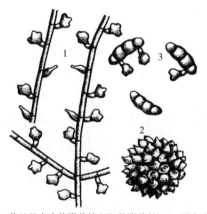

1. 菌丝具有头状附着枝和瓶状附着枝 2. 子囊壳
3. 子囊孢子

图 10-71　臀形小光壳炱 (*Asteridiella pygei*)
(引自胡炎兴，1996)

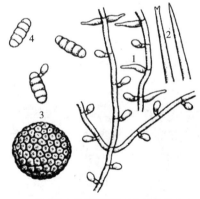

1. 菌丝具有头状附着枝和瓶状附着枝
2. 菌丝刚毛 3. 子囊壳 4. 子囊孢子

图 10-72　小煤炱属 (*Meliola*)
(引自胡炎兴，1996)

巴特勒小煤炱 (*M. butleri* Syd.，异名 *M. citricola* Syd.)：头状附着枝多，互生，有时对生，长圆形、卵形或洋梨形。刺状附着枝多，对生。菌丝刚毛多，基部有膝状屈曲，顶端有 2~4 个齿状突起或有短分枝。子囊壳球形,直径 130~160μm。子囊椭圆形或卵形,壁易消解,大小为(50~66)μm×(30~55)μm。子囊孢子 2~3 个,长圆形至圆筒形,有 4 个隔膜,大小为(35~42)μm×(14~18)μm。寄生柑橘属和台湾桃榄,引起烟霉病。

山茶小煤炱(*Meliola camelliicola* Yam.):菌丝体形成疏松的网状菌丝层。菌丝分枝对生,很少不规则分枝,褐色。头状附着枝互生或单侧生,很少对生。瓶状附属枝散生在头状附着枝之间,互生或对生。菌丝刚毛围绕在子囊壳基部周围的菌丝上,数量较少,黑色,直或稍弯。子囊壳散生或近聚生,黑色,球形,表面粗糙,具乳头状突起,直径达 170μm。子囊孢子矩圆形,两端钝圆,有 4 个隔膜,隔膜处缢缩,棕色,大小为(35~45)μm×(13~18)μm。为害糙果茶、茶、台湾石笔木叶片。

栲弯枝小煤炱(*M. castanopsis* Hansf.)和短孢小煤炱(*M. taityuensis* Yam.):可引起板栗煤污病。

台湾小煤炱(*M. formosensis* Yamam.):可引起悬钩子烟霉病。

相思树小煤炱(*Meliola koae* Stev.):为害台湾相思树。

刚竹小煤炱(*M. phyllostachydis* Yam.):主要为害毛竹和台湾桂竹等。

赛南小煤炱(*M. sempeiensis* Yam.)和萨卡多小煤炱(*M. saccardoi* Syd.):可引起樟树煤污病。

(4)针壳炱属(*Irenopsis* Stev.)

菌丝体黑色,外生寄主表面,有头状附着枝和瓶状附着枝,无菌丝刚毛。子囊壳黑色,球形,着生在菌丝体上,表面粗糙,有瘤状突起,无刚毛和蠕虫状附属物。子囊孢子棕色,有 3~4 个隔膜,隔膜处缢缩。本属目前有 150 种,在热带分布广泛。可寄生榕属、血桐属、猴欢喜等,引起黑霉病。

乌饭树针壳炱(*I. sinsuiensis* Yamam.):可引起乌饭树等黑霉病。

10.4.6.12 粪壳菌纲未确定目的科——小丛壳科

小丛壳科(Glomerellaceaea)

子座无,子囊果为子囊壳,黑色,厚壁且常形状类似菌核,孔口具缘丝。囊间组织很多,具有薄壁且尖细的真正的侧丝。子囊棒形,短柄,薄壁且不具裂缝,具一小的 J-型顶环。子囊孢子无色,无隔,光滑,常弯曲。本科有 2 属 71 种。无性型发达。本科曾属于疔座霉科小丛壳属(*Glomerella*)。

小丛壳属(*Glomerella* Schrenk et Spauld.)

子囊壳埋生在寄主组织内,小,球形至烧瓶形,散生或群集,深褐色,有喙。子囊壳壁膜质,由拟薄壁组织构成。子囊棍棒形,内含 8 个子囊孢子。子囊孢子单胞,无色,椭圆形(图 10-73)。无性态为刺盘孢属(*Colletotrichum*),引起多种植物炭疽病。目前该属种类范围缩小,其中有些种归入 *Guignardia* 等属,有些种以 *Colletotrichum* 为正式属名。

围小丛壳[*G. cingulata* (Stonem.) Spaulding et Schrenk]:子囊壳聚生,在病斑上排列呈轮纹状,瓶形,深褐色,直

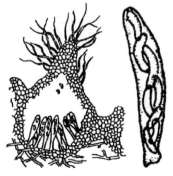

1. 子囊壳　　2. 子囊

图 10-73　小丛壳属(*Glomerella*)
（引自陆家云,1997）

径 125~320μm，子囊棍棒形，无柄，大小为(55~70)μm×(9~16)μm，壁可消解；子囊孢子椭圆形，略弯，无色，单胞，大小为(12~28)μm×(3.5~7)μm；无性态为胶孢炭疽菌(*C. gloeosporioides*)(该名称目前为正式名称)。寄生于苹果、梨、山楂、桃、柑橘、枣、柿、板栗、无花果、番木瓜、罂粟、冬青和胡桃等多种植物。主要为害果实和叶，产生略凹陷的褐斑，还可引起银杏叶枯病等。

10.4.6.13 粪壳菌纲未确定目的属——喙球菌属(*Ceratosphaeria*)

目前该属约有 24 种。

竹喙球菌(*C. phyllostachydis* S. Zhang)：子囊壳暗色，聚生，偶单生，球形到扁球形，直径 225~385μm；子囊壳顶生圆筒形暗色长喙，喙长 300~570μm，宽 70~100μm；子囊圆筒形，长 85~95μm，宽 2~16μm，基部具短柄，子囊单壁，两侧薄，顶部增厚；子囊内含 8 个子囊孢子，双行排列，偶单行或排列不整齐；子囊孢子椭圆形，无色到淡黄色，大小为(19~34)μm×(6~11)μm，具 3 个隔膜，少数具 4~5 个横隔，隔膜无明显缢缩(图 10-74)。可引起毛竹枯梢病。

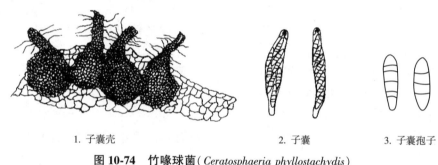

1. 子囊壳　　　　　2. 子囊　　　　　3. 子囊孢子

图 10-74　竹喙球菌(*Ceratosphaeria phyllostachydis*)
(引自袁嗣令，1997)

10.4.7　外囊菌纲(Taphrinomycetes)

外囊菌纲(Taphrinomycetes)真菌菌丝均为双核，这在子囊菌中是特殊的。菌丝生寄主表皮下，有时可形成厚壁光滑的或有纹饰的休眠孢子；子囊可由产囊细胞直接产生，或由一个单独具柄的细胞产生，也可由产囊细胞萌发形成；子囊圆柱状或球状；子囊孢子无色，单胞，球形或椭圆形。无性世代由子囊孢子芽殖形成酵母状细胞。均为双子叶植物的寄生菌，能侵染叶片、花序和枝条，引起多种类型的畸形症状。在受侵染植物体内具有酵母态和菌丝态两种营养体。本纲包括 1 目 2 科，外囊菌科(Taphrinaceae)和原囊菌科(Protomycetaceae)，8 属 140 种。外囊菌目(Taphrinales)的特征同纲的特征。

1) 原囊菌科(Protomycetaceae)

早期对于原囊菌科分类学地位的推测，是基于异常的产囊细胞结构以及细胞壁内含纤维素的不准确报道。这一推测曾使一些真菌学家把原囊菌科放在紧靠卵菌的位置上，然而细胞组分更精确的分析、产囊细胞作为减数分裂场所的发现以及 rDNA 分析等新证据明确了该科目前的分类地位。原囊菌科通常只寄生在两个科的维管植物上，有 6 属 22 种。

原囊菌属(*Protomyces* Unger)

菌丝侵入寄主组织后,集中在维管束(vascular bundles)组织周围,顶端或中间细胞开始膨大且原生质浓缩、细胞壁变厚,形成3层胞壁的厚垣孢子(又称产囊细胞,ascogenous cell)。产囊细胞萌发时外壁裂开,内壁向外突出形成泡囊(vesicle)(又称集子囊 synascus),在泡囊内形成大量的孢子。孢子形成时,泡囊内的原生质集中在囊的边缘,裂成许多单核小块,每个小块的细胞核分裂两次形成4个椭圆形的小孢子。本属有10个种。

该属真菌为专性寄生菌,寄生在伞形花科和菊科植物的茎、叶及果实上,引起斑点、肿胀及瘿瘤。菌丝体在寄主细胞间扩展,菌丝中间的个别细胞膨大,成为厚壁的厚垣孢子。厚垣孢子萌发形成4个椭圆形的小孢子,通过泡囊的破裂而释放出来,并成对结合后,萌发形成菌丝体,侵入寄主。

2) **外囊菌科**(Taphrinaceae)

菌丝双核,寄生于寄主表皮细胞下的细胞间或表皮的角质层下,最后形成一层厚壁,双核的产囊细胞,从而发育成一层子囊,呈栅栏状排列于寄主表面。子囊一般呈圆筒状,常内含8个子囊孢子;有时由于雌雄核融合后只进行减数分裂而不再进行有丝分裂,从而一个子囊只含有4个子囊孢子;还有些外囊菌,子囊内的单倍核还会进行多次有丝分裂,因而形成多个子囊孢子。子囊孢子单核、单倍体,有时可在子囊内进行芽殖,产生芽孢子。子囊孢子和芽孢子成熟后释放,随风传播。外囊菌除芽孢子外无典型的分生孢子,无性世代不发达。本科有2属118种。

外囊菌属(*Taphrina* Fr.)

菌丝体在寄主表皮下生长,含有双核的产囊细胞,有时可形成厚壁光滑的或有纹饰的休眠孢子,无子囊果及囊间组织;子囊可由产囊细胞直接产生,或由一个单独具柄的细胞产生,内生或呈栅栏状排列在寄主组织表面;子囊圆柱形,末端常平,含8个子囊孢子;子囊孢子单胞,球形或椭圆形,无色。无性世代为酵母状(yeast-like)芽孢子,单核体(monokaryotic),由子囊孢子芽殖形成。目前本属有95种。

该属全部是寄生菌,寄生性很强,接近于专性寄生菌,常使被害组织畸形,如叶片皱缩、枝条丛生、果实膨大呈袋状等。该属中的种多数寄生在水青冈科和蔷薇科植物上,引起三类主要的病害:缩叶或叶疱病、丛枝病和果实病害。

畸形外囊菌[*T. deformans*(Berk)Tul.]:子囊在寄主叶片的角质层下排列成栅栏状,有足细胞,大小为(17~56)μm×(7~15)μm,常含孢子8个。孢子亚球形,直径3~7μm,有时在子囊内产生芽孢子。在培养基上形成酵母状菌落。

主要寄生于桃树,此外还有杏、李和梅,引起缩叶病。使叶的全部或一部分皱褶肥肿,幼枝短缩肿大。肥肿部分淡绿色或胭红色,表面生一层白粉状的子囊层。

此菌在我国分布普遍。子囊孢子刚形成时,常在子囊内产生芽孢子(图10-75,1),子囊孢子释放后也可产生芽孢子(图10-75,2)或萌发产生芽管侵染寄主并产生菌丝(图10-75,3、4)。菌丝体进行有性生殖时,在寄主角质层下或表皮细胞下形成一层厚壁的产囊细胞,核配发生在产囊细胞内(图10-75,5),此时细胞开始伸长,核配后紧接着进行一次有丝分裂,形成两个双倍体的子核(图10-75,6)。在两个核中间形成隔膜将细胞一分为二,基部是足细胞,上部是子囊母细胞(图10-75,7)。足细胞内的核最后解体,留下一个空细胞。

上部的子核进行减数分裂,形成4个单倍体的核(图10-75,8),再进行一次有丝分裂,产生8个核,即为8个子囊孢子的核(图10-75,9)。最后子囊内形成双层膜分割出8个子囊孢子(图10-75,10)。

梨叶泡外囊菌[*Taphrina bullata*(Berk.)Tul.]:子囊破寄主的表皮而出,棍棒形,大小为(26~40)μm×(8~12)μm,足细胞大小为(8~15)μm×(8~12)μm,每个子囊有8个孢子。孢子无色,球形,直径3~5μm,可在子囊中产生芽孢子。为害沙梨叶,病部肥肿隆起如泡疹状,初绿色,后呈苍白色。子囊在病叶的下表面形成,呈白粉状。

樱外囊菌[*T. cerasi*(Fuckel)Sadeb.]:子囊大小为(17~53)μm×(5~15)μm,子囊孢子大小为(3.5~9)μm×(3~6)μm。为害樱桃的叶片和新梢,引起丛枝病。被害植株呈现卷叶、丛枝、枝梢直立、基部肿大、簇生等症状。

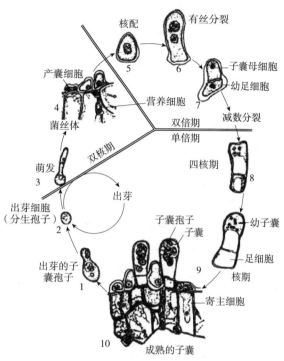

图 10-75　畸形外囊菌(*Taphrina deformans*)生活史
(引自 Mims,1996)

梅外囊菌(*T. mume* Nish.):子囊大小为(25~52)μm×(8~15)μm,子囊孢子直径4~6μm。为害杏、梅的叶片和枝梢,引起膨叶病。受害叶片肥厚多肉,绛红色或绛黄色,受害枝梢肥大、短缩,叶片丛生,畸形。

李外囊菌[*T. pruni*(Fuckel)Tul.]:引起李囊果病(袋果病),菌丝多年生。子囊在叶角质层下形成,细长、圆筒形或棍棒形,大小为(24~80)μm×(10~15)μm;足细胞基部宽阔大小为(10~20)μm×8μm,寄生于李、山樱桃、短柄樱桃、豆樱、黑刺李等植物。为害果实,使其膨大而呈畸形,向一方弯曲,病果大小为(1~5)μm×(0.5~2)cm;青白色或带红色,病害末期表面生白色粉末状的子囊层。叶和幼梢也能受害,使之肥肿伸长和歪曲。

本章小结

子囊菌门真菌的共同特征是有性生殖产生子囊和子囊孢子。子囊菌的营养体为有隔菌丝,少数为单细胞,常形成子座和菌核等结构。大多数子囊菌的无性繁殖很发达,产生各种类型的分生孢子。有部分高等子囊菌缺少无性繁殖阶段。子囊菌有性生殖过程中质配的方式有多种,典型的是由产囊丝上的子囊母细胞发育形成。子囊通常产生在有一定包被的子囊果中,子囊果有闭囊壳、子囊壳、子囊座和子囊盘,少数子囊菌不形成子囊果,子囊裸露。子囊菌分类十分复杂,目前还没有一个完善的被大家公认的分类系统,《菌物词典》第10版将子囊菌门分为3亚门15纲68目327科6355属和一些不确定的分类单元。

座囊菌纲的子囊果具多种类型，通常在子座组织内形成溶生子囊腔。该纲真菌通常为植物病原菌、内生菌或表生菌，也可为腐生菌降解植物残体等。一些菌为地衣真菌或为其他真菌或动物的寄生菌。

锤舌菌纲的白粉菌目是植物专性寄生菌，为害高等植物，常在寄主表面产生毡状粉霉层，即为菌丝体、分生孢子梗和分生孢子，后期产生黑色小粒点，即病菌的闭囊壳。

粪壳菌纲是子囊菌门中最大的一纲，分布广泛，基物复杂，习性多样。营养体是发达的菌丝体，大多数内生，少数外生，有的还形成子座和菌核。无性繁殖发达，产生各种类型的分生孢子。可在木材、树皮、枯枝、落叶和粪便等基物上腐生，也可寄生于植物，引起许多重要病害。盘菌纲的块菌属真菌可以与松科、壳斗科、桦木科等高等树木形成典型共生关系的外生菌根。

外囊菌纲的外囊菌目真菌都是维管束植物上的寄生菌，染病植物组织常发生畸形病变，如叶片皱缩、果实局部膨大等。在人工培养基上生长时不形成菌丝而为酵母状菌体，在寄主植物组织中形成具隔膜和分枝的菌丝，菌丝蔓延于寄主细胞间。

思考题

1. 举例说明子囊果的类型及发育方式。
2. 举例说明子囊菌有性生殖时亲和细胞的交配方式。
3. 试述子囊及子囊孢子的形成过程。
4. 子囊释放子囊孢子有几种类型？
5. 子囊菌无性繁殖的方式及产生的无性孢子类型有哪些？
6. 传统概念上的盘菌与现在的盘菌纲有何异同？
7. 子囊菌门所属各纲的主要特征及分类依据有哪些？
8. 简述子囊菌与植物病害有关的主要目和代表属的形态特征。
9. 试举例几种引起重要树木病害的子囊菌的分类特点及其病害类型。
10. 随着菌物分子系统学的发展，子囊菌的系统分类有哪些变化？

第 11 章

担子菌门

11.1 概述

担子菌(Basidiomycota)是菌物中最高等的类群，主要特征是有性生殖产生担子和担孢子。担子菌在世界范围均有分布，据 2018 年报道约有 5 万种。

一般认为担子菌起源于子囊菌，可从以下两点来证明：①担子菌的双核菌丝(次生菌丝)与子囊菌的产囊丝来源相同，都是经过有性结合后产生的双核菌丝体；②担子菌锁状联合的形成和子囊菌产囊丝钩的形成相似，说明担子与子囊的早期发育过程相似。担子菌经锁状联合之后的顶端细胞形成担子与担孢子(外生孢子)，而子囊菌产囊丝钩形成之后，顶端细胞形成子囊与子囊孢子(内生孢子)。因此，子囊菌门与担子菌门在系统发育上有着密切关系。

担子菌一般为陆生，多数担子菌营腐生生活，少数营寄生生活。从其生境来看可分为 3 种类型：①生活在潮湿荫蔽、阳光少、腐殖质丰富的森林、草原、农田、果园、公园土壤上，包括大部分的伞菌和相当数量的鬼笔、腹菌、马勃和鸟巢菌等；②生活在树木的木质部中或枯枝死干及木材、木器表面，包括银耳、木耳、多孔菌和部分伞菌；③生活在植物的活组织和器官中，其中许多种是重要的植物病原菌，如锈菌、黑粉菌和外担子菌等；还有一些种为可与植物共生的菌根真菌。担子菌在自然界森林生态系统和物质循环中发挥着重要作用。许多担子菌是营养丰富和味美的食用菌，如双孢蘑菇、平菇、香菇、竹荪、猴头菌、木耳和银耳等；还有一些如茯苓、猪苓和灵芝等则具有药用价值；从许多担子菌中提取的多糖类物质，还能提高人体免疫能力，抑制肿瘤细胞繁殖。因此担子菌是直接或间接地与人类生活密切相关的重要菌物类群。

11.2 生物学特性

(1) 营养体

担子菌的营养体为发达、有隔菌丝体，菌丝隔膜多数为桶孔隔膜(dolipore septum)。每个隔膜中央有一小孔，小孔周围隔膜壁呈桶状或琵琶状膨大，两侧各覆以一个穿孔的膜，称作隔孔帽（pore cap）或桶孔覆垫（parenthesome），由内质网延伸而成。但并非所有的担子菌菌丝都有桶状隔膜，迄今在锈菌和黑粉菌中均未发现桶孔隔膜，而是类似子囊菌的隔膜。有些担子菌的菌丝体可形成菌核，或多根菌丝平行排列成索状，外包一层鞘，称为菌索（rhizomorph）。在多数担子菌的生活史中其菌丝体可区分3种类型，即初生菌丝、次生菌丝和三生菌丝。

初生菌丝（primary mycelium）：由担孢子萌发产生，菌丝初期无隔多核，后迅速形成多隔单核的菌体。大多数担子菌的初生菌丝生活力不强，初生菌丝阶段较短。

次生菌丝（secondary mycelium）：由初生菌丝通过受精作用或体细胞融合，形成双核的次生菌丝。在锈菌中性孢子同具有亲和力的受精丝融合，发生双核化；黑粉菌则由小孢子或担孢子融合，形成双核细胞；多数担子菌由体细胞菌丝的结合发生双核化，形成次生菌丝。次生菌丝在担子菌生活史中占相当长的时期，主要起营养作用。

双核菌丝的每个细胞内含有两个遗传型不同的细胞核，两个细胞核同时进行分裂，多数情况下，双核的次生菌丝体的每个隔膜处会产生一个特征性的侧生突起，称为锁状联合（clamp connection）（图11-1）。

锁状联合形成的过程是：①双核细胞分裂前，在两核之间产生一个短小弯曲的分枝；②细胞中的一个核移入分枝中，另一核留在菌丝中；③两核同时进行有丝分裂，形成四个核；④分枝两核中的一核继续留在分枝中，另一核移至分裂的细胞内；⑤弯曲的分枝先端与原来的菌丝细胞壁接触并融合，分枝内的子核进入细胞的一端，与菌丝中的另一子核汇合，同时在钩的基部及其与菌丝相垂直的方向产生两个膈膜，由此分成两个各具双核的细胞，并在分隔处留下桥形结构，即为锁状联合（图11-2）。锁状联合有时在相对方向成对发生，有时在一个分隔处多个呈轮生状发生。锁状联合有助于将双核细胞中来源不同的两个核均匀地分配到子细胞中，同时细胞中的原生质也可通过锁状联合隔膜上的小孔流通运送。但不是所有的担子菌双核次生菌丝都具有锁状联合，伞菌和蜜环菌菌丝上未发现锁状联合。此外，锁状联合只发生在菌丝比较狭窄的部分，较宽部分则不发生。

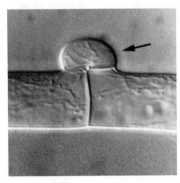

图11-1 锁状联合

（引自 http://www.cella.cn/bbs）

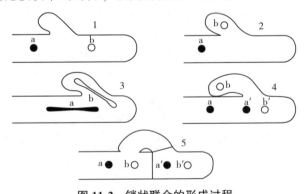

图11-2 锁状联合的形成过程

（引自 Alexopoulos et al., 1996）

三生菌丝（tertiary mycelium）：也是双核的菌丝体，由次生菌丝特化形成，以构成各种子实体（担子果）。在一些高等担子菌中，根据在形成担子果中所起的作用，三生菌丝可分为生殖菌丝（generative hyphae）、骨架菌丝（skeletal hyphae）和联络菌丝（binding hyphae）。

生殖菌丝是基本的类型，其他两种菌丝类型、担子及大多数不育菌丝均由生殖菌丝产生。生殖菌丝的壁通常较薄，分枝多，有隔膜，多具锁状联合，具有生殖功能，由它形成担子和担孢子等结构；骨架菌丝较宽、壁较厚，不分枝或少分枝，无隔膜，无锁状联合，构成子实体的骨架，起加强子实体的作用；联络菌丝壁大多较厚，但比骨架菌丝细，无锁状联合，主要起联络作用，可将骨架菌丝与生殖菌丝等联络起来(图 11-3)。

1. 生殖菌丝　　2. 联络菌丝　　3. 骨架菌丝

图 11-3　子实体内的菌丝类型

(引自 Alexopoulos et al.，1996)

担子果内只存在生殖菌丝的称为单系菌丝系统(monomitic system)；生殖菌丝同骨架菌丝或联络菌丝两种菌丝类型结合一起的，称为双系菌丝系统(dimitic system)；生殖、骨架和联络 3 种菌丝类型结合一起的，称为三系菌丝系统(trimitic system)。由于有中间类型或变形菌丝型的存在，判断担子果中存在何种菌丝类型及菌丝系统有一定困难。

（2）无性繁殖

大多数担子菌无性繁殖不发达，或在自然条件下不进行无性繁殖。担子菌无性繁殖主要是通过芽殖、菌丝断裂等方式产生分生孢子、厚垣孢子、节孢子或粉孢子。黑粉菌的担孢子和菌丝都能以芽殖产生分生孢子或芽孢子；锈菌的夏孢子在起源和功能上类似于分生孢子；有些担子菌能产生真正的分生孢子，如异担子菌(*Heterobasidion annosum*)能产生珠头霉属(*Oedocephalum*)的分生孢子。一些担子菌的菌丝可断裂成许多单细胞小段，称为节孢子。这些节孢子由于母体菌丝状态的不同可能是单核的，也可能是双核或多核的。粉孢子在特化的菌丝短枝(粉孢子梗)顶端逐个细胞割裂产生，既可萌发产生单核的初生菌丝，也可以起性孢子的作用，与营养菌丝结合，如白绒鬼伞(*Coprinus lagopus*)。

（3）有性生殖

担子菌除锈菌产生特殊性孢子器的生殖结构外，一般无明显的性器官分化。

①性结合方式：担子菌主要有 3 种性结合方式。

a. 菌丝融合：由 2 个可亲和的初生菌丝结合，发生典型的体细胞配合(somatogamy)，形成次生菌丝，再由次生菌丝直接形成担子。大多数高等担子菌都以这种方式进行有性生殖。

b. 孢子结合：由 2 个单核的孢子结合，或由孢子形成的菌丝结合，形成双核菌丝，再由双核菌丝形成冬孢子，成熟后萌发产生担子。如黑粉菌。

c. 性孢子与受精丝结合：发生在锈菌中，锈菌产生特殊的生殖器官——性子器，性子器产生性孢子与受精丝(起雌性器官作用的营养菌丝)结合形成双核菌丝，双核菌丝产生冬孢子，冬孢子萌发形成担子。

担子初期细胞为双核，之后发生核配，立即进行减数分裂，形成 4 个单倍体的子核。担子上外生 4 个担孢子，4 个子核分别进入 4 个担孢子中(图 11-4)。

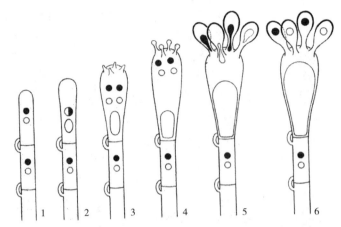

1. 双核菌丝的顶端　2. 核配后的单核二倍体担子　3. 具有4个单倍体核的减数分裂后的担子，小梗开始形成　4. 担孢子在小梗上开始形成，核即将迁移到初始担孢子内　5. 细胞核迁移到初始担孢子内　6. 高度空泡化的成熟的担子结出4个单核的幼担孢子

图 11-4　典型担子及担孢子的形成过程
（引自 Alexopoulos et al., 1996）

②性亲和性。

a. 同宗配合：同一个担子上所产生的担孢子萌发的菌丝，配合后便可形成子实体。同宗配合的类型仅占所有研究过物种的 10%。

b. 异宗配合：指质配作用只能发生在来源不同的、带有对立而亲和性的担孢子产生的菌丝中。在所有研究过的物种中，约占 90%。异宗配合中约有 37% 的种是两极性（bipolar）的：同一个担子产生的四个担孢子，有两个属于同一性系（A），两个属于另一性系（a），性亲和性由 1 对等位基因（Aa）所控制，即孢子（A）产生的菌丝可以和孢子（a）产生的菌丝体结合，形成双核菌丝，产生担子和担孢子。如锈菌和大多数黑粉菌具有这种交配型。另一些担子菌的异宗配合是四极性（tetrapolar）的（约占 63%）：同一担子上产生的四个担孢子，每个都属于不同的性系，性的结合由 2 对等位基因（AaBb）所控制，即孢子（AB）和（Ab）产生的菌丝分别同孢子（ab）和（aB）产生的菌丝结合，形成双核菌丝，并产生担子和担孢子。如灰盖鬼伞菌（*Coprinopsis cinerea*）（图 11-5）。

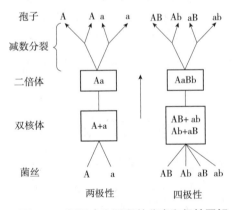

图 11-5　担子亲和因子的分离和极性图解
（引自裘维蕃，1998）

（4）担子果

担子果（basidiocarp）是高等担子菌产生子实层（担子及担孢子等）的一种高度组织化的结构，也可称子实体（sporophore）。担子果是由双核菌丝发育而成的。担子果的形状多种多样，如贝壳状、珊瑚状、漏斗状、马蹄状、伞状和鸟巢状等。大小差异很大，大的直径可达 1m 左右，小的则仅有几毫米。质地上也有差异，有胶质、革质、肉质、炭质、木栓质和木质等，这些特征都是分类的依据之一。大多数担子菌的担子都着生在担子果内，但

锈菌和黑粉菌通常不形成担子果。在担子果中，担子整齐地排列成层状，称为子实层。子实层由担子和一些不孕组织形成，不孕组织有囊状体(cystidium)、刚毛(seta)和侧丝等(图11-6)。担子果有以下3种发育类型。

①裸果型(gymnocarpic)：子实层整个发育阶段始终裸露在外。如多孔菌目(Polyporales)。

②半被果型及假被果型(hemi-angiocarpis or pseudoangiocarpic)：半被果型是担子果发育早期子实层被菌幕所覆盖，当菌盖扩展时内菌幕被撕裂，露出子实层。假被果型子实层最初外露，以后菌盖向内弯曲与菌柄接触，包裹着子实层，成熟时菌盖扩展，子实层再次暴露。如部分伞菌目(Agaricales)。

③被果型(angiocarpic)：子实层始终包被在担子果内，只有在担子果分解或被外力作用而破裂时担子才释放出来。如马勃属(*Lycoperdon*)。

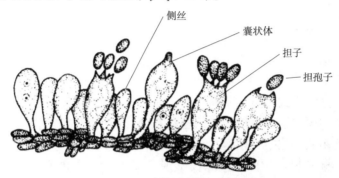

图11-6 担子菌子实层结构示意图
(引自 Alexopoulos et al., 1996)

（5）担子

担子(basidium)是由双核菌丝产生的一种产孢结构，在担子上形成一定数量的担孢子，一般是4个。担子类型多种多样，根据担子隔膜的有无，分为无隔担子(holobasidium)和有隔担子(phragmobasidium)(图11-7)。无隔担子是单细胞的，呈筒状或棒状，如伞菌；或呈二叉状，如花耳。有隔担子又分为横隔担子和纵隔担子，横隔担子一般有3个横隔将担子分为4个细胞，如木耳和锈菌等。银耳是典型的纵隔担子。

不仅担子类型的多样性，担子的形成过程也不一致。典型的担子是由次生菌丝顶端的一个细胞形成的，这种担子一般无隔、单胞、棍棒状。其形成过程是：双核菌丝的顶端细胞产生一个隔膜与其他部分隔开，隔膜处常有锁状联合。顶端的一个细胞逐渐膨大，两个核结合(核配)，经减数分裂产生4个单倍的核，这时担子顶端伸出4个小梗，小梗顶端膨大形成担孢子原，4个核通过小梗进入担孢子原，最后形成单细胞、单核、单倍体的担孢子。担孢子经常含有色素，并强力从小梗上射出。银耳目(Tremellales)的担子是由次生菌丝顶上的一个细胞形成，担子有隔，典型的为纵向分隔成4个细胞，每个细胞具有1个小梗，梗上产生1个担孢子。锈菌和黑粉菌的担子是由次生菌丝形成的厚壁孢子，又称冬孢子，经休眠后萌发产生担子，担子有隔或无隔，减数分裂后在担子的侧面或顶部产生1个或多个担孢子。

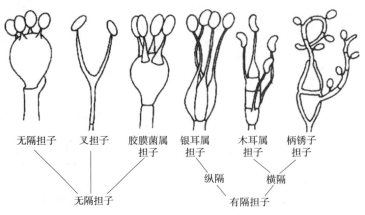

图 11-7　不同类型担子示意图
（引自邢来君等，1999）

（6）担孢子

担孢子（basidiospore）外生在担子上，通常 4 个，少的只有 2 个，多的可达 9 个。典型的担孢子是单胞，单核，单倍体，通常从担子中接受一个核，萌发产生芽管，进而发展成单核的初生菌丝，这种方式称直接萌发。有时一个担孢子内移入 2 个核，萌发后形成双核菌丝。有的担子菌的担孢子不直接产生菌丝体，而是形成次生担孢子或以芽殖方式产生大量芽孢子，再由此萌发形成初生菌丝，这种方式称间接萌发。

担孢子圆形、椭圆形、长圆形、腊肠形或多角形等，无色或有色。孢子的色素有绿色、黄色、粉红色、褐色、紫褐色或黑色等。较深的色素在单个孢子上就可观察到，但要识别较淡的色素，则需要大量的孢子沉积，即做成孢子印才能看出来，多数的担孢子色素极淡。担孢子的形状、颜色及表面的纹饰都是伞菌等担子菌的重要分类特征。孢子的数目往往大得惊人，如森林中的木腐菌，据统计每天可释放出约几百亿个担孢子。

11.3　分类

大型担子菌的分类，最初多用宏观性状，即外部形态，如子实体的形状、大小和颜色；表面是否平滑、粗糙或有毛；菌肉的质地和气味；菌盖与菌褶或菌管分离的难易程度以及孢子印的色泽等。进而从担子果发育的方式（裸果型、被果型、半被果型）进行研究，作为分类的重要性状。继而，又有人试图用细胞学的性状作为分类的依据，认为担子中双倍体核减数分裂时其纺锤体位置与担子菌类群间有相关性。如木耳目和花耳目的纺锤体与担子的纵轴平行，银耳目和胶膜菌目（Tulasnellales）同鸡油菌目（Cantharellales）的纺锤体则是垂直的，但是这种性状后来证明也并不理想。

传统上将担子菌类群划分为 2~4（亚）纲。Patouillard（1887；1900）根据担子的形态和担孢子的萌发方式，将担子菌分为异担子菌纲（Heterobasidiomycetes）和同担子菌纲（Homobasidiomycetes）两类，该分类体系提出后得到了许多菌物学家的承认，直到 20 世纪中叶一直被广泛应用。Bessey（1950）认为有隔担子菌起源于子囊菌，应属较低等的担子菌，无隔担子菌则是进化的高等担子菌，因此主张担子菌分三个亚纲，即冬孢菌亚纲（Teliosporae）、异担子菌亚纲(Heterobasidiae)和真担子菌亚纲(Eubasidiae)。Alexopoulos 在其主编的《菌物学概论》第 3 版(1979)中，主张将担子菌分为 3 个亚纲，即无隔担子菌亚纲(Holobasidiomycetidae)、有隔担子菌亚纲(Phragmobasidiomycetidae)和冬孢菌亚纲(Teliomycetidae)。Talbot(1968；1971)强调担子的隔膜在分类上的意义，主张将担子菌分成 4 纲，即冬孢菌纲(Teliomycetes)、有隔担子菌纲(Phragmobasidiomycetes)、无隔担子菌纲(Holobasidiomycetes)及腹菌纲(Gasteromycetes)。Ainsworth(1973)强调担子的来源和担子果发育方式在分类上的重要性，并根据担子果有无及开裂方式、担子果类型以及冬孢子有无，将担子菌分为 3 纲，即冬孢菌纲：无担子果形成，有冬孢子，担子从冬孢子产生，冬孢子成堆或散生在寄主植物组织内；层菌纲(Hymenomycetes)：有担子果形成，无冬孢子，担子果开裂，典型的为裸果型或半被果型；腹菌纲：有担子果形成，无冬孢子，担子果不开裂，典型的被果型。Ainsworth 的三纲分类体系自创立以来，长期为国内外大多数菌物学家所广泛接受和采用。

Hawksworth et al. 1983 年在《菌物词典》第 7 版中，在 Ainsworth 分类基础上将锈菌和黑粉菌从冬孢菌纲中分别独立出来，成立锈菌纲(Urediniomycetes)和黑粉菌纲(Ustilaginomycetes)，与层菌纲和腹菌纲一起组成担子菌亚门(Basidiomycotina)。在 1995 年出版的《菌物词典》第 8 版中，则将担子菌上升为担子菌门(Basidiomycota)，下设黑粉菌纲、冬孢菌纲和担子菌纲(Basidiomycetes)。而 Alexopoulos 等在其主编的第 4 版《菌物学概论》(1996 年)中，根据担子菌的形态学特征和 rDNA 序列分析，将担子菌分为层菌纲、黑粉菌纲和锈菌纲。在 2001 年出版的《菌物词典》第 9 版中，将担子菌分为黑粉菌纲、锈菌纲和担子菌纲 3 纲。从《菌物词典》第 8 版开始，对纲、目的划分开始重视分子生物学的研究证据，特别是在 2008 年出版的《菌物词典》第 10 版中，收录了从第 9 版(2001 年)出版以后所有的信息，是基于菌物界近年来多基因进化关系研究的一个较完整的新的分类体系。

在《菌物词典》第 10 版中，对担子菌门分类地位和基本类群进行了重要订正和调整，不仅将第 9 版中的担子菌纲、锈菌纲和黑粉菌纲分别提升到亚门的水平，并在名称上进行了相应的修改与调整，废弃了第 9 版中的 Basidiomycetes(担子菌纲)和 Urediniomycetes(锈菌纲)这两个名称，而相应地采用 Agaricomycetes(伞菌纲)和 Pucciniomycetes(柄锈菌纲)这两个名称加以表示。《菌物词典》第 10 版中担子菌门下设柄锈菌亚门(Pucciniomycotina)、黑粉菌亚门(Ustilaginomycotina)和伞菌亚门(Agaricomycotina) 3 个亚门，包括 16 纲 52 目 177 科 1589 属 31515 种。据 2018 年报道，担子菌门的种类已达约 5 万种。本书中担子菌门的类群划分主要采用《菌物词典》第 10 版(2008 年)的分类体系。同时根据 Wijayawardene N. N. 等(2020)发表的 *Outline of Fungi and Fungus-like Taxa* 对所介绍菌物的部分信息进行更新。

11.4　代表类群：柄锈菌亚门

柄锈菌亚门真菌具有盘状的纺锤体极体和简单的隔膜孔，缺乏桶孔(桶孔隔膜)和桶孔盖。大多数已发现的柄锈菌种类与植物有关，主要为植物病原菌，但也包括叶面无症状的一些成员以及与兰花形成菌根的种类；其他的是昆虫和菌物病原菌；一些可能也是腐生性种类。已发现于土壤、淡水和海洋等生境及北极和热带环境中。关于锈菌的植物病理学和系统学研究有着悠久的历史，主要是由于其在农林业及经济上的重要意义，以及锈菌导致的病害有明显的病症。

在《菌物词典》第 10 版的分类体系中，柄锈菌亚门(Pucciniomycotina)包括 8 纲 18 目 36 科。8 纲分别为：伞形束梗孢菌纲(Agaricostilbomycetes)，包括 2 目 3 科 10 属 47 种；小纺锤菌纲(Atractiellomycetes)，包括 1 目 3 科 10 属 34 种；经典菌纲(Classiculomycetes)，包括 1 目 1 科 2 属 2 种；隐菌寄生菌纲(Cryptomycocolacomycetes)，包括 1 目 1 科 2 属 2 种；囊担子菌纲(Cystobasidiomycetes)，包括 3 目 3 科 7 属 14 种；微球黑粉菌纲(Microbotryomycetes)，包括 4 目 4 科 25 属 208 种；混合菌纲(Mixiomycetes)，包括 1 目 1 科 1 属 1 种；柄锈菌纲(Pucciniomycetes)，包括 5 目 21 科 190 属 8016 种。

近年来，分子生物学研究和鉴定工具有效地促进了柄锈菌亚门真菌的研究。自 2000 年以来，在锈菌 375 个(或约总数的 5%)新物种中，超过 1/2(即 234 种)的种类为锈病真菌。柄锈菌亚门新物种的 70% 以上属于该亚门中物种最丰富的柄锈菌纲。目前已描述约 8416 种柄锈菌亚门种类。基因组测序对研究柄锈菌亚门内的亲缘关系，及它们的同源物种开辟了新的机遇。2014 年，Aime 等在柄锈菌亚门中又增加麦轴梗霉纲(Tritirachiomycetes)。目前，柄锈菌亚门的测序基因组数目相对较小，已发表的基因组目前只有 12 种，其中已发布全基因组数据的树木病原锈菌有栎柱锈菌(*Cronartium quercuum*)和松杨栅锈菌(*Melampsora larici-populina*)。该亚门作为"1000 种菌物全基因组测序计划"的一部分，一些种类的基因组应在未来几年内可获得。

11.4.1 柄锈菌纲(Pucciniomycetes)

该纲菌物占柄锈菌亚门菌物总数的 97.3%，是柄锈菌亚门中最大也是最为重要的类群，包括卷担子菌目(Helicobasidiales)、霜杯耳目(Pachnocybaceae)、泛胶耳菌目(Platygloeales)、柄锈菌目(Pucciniales)和隔担耳菌目(Septobasidiales)5 个目。

11.4.1.1 柄锈菌目(Pucciniales)

1) 概述

柄锈菌目(Pucciniales)的真菌通常称为锈菌，是柄锈菌纲中最具代表性和重要经济意义的菌物。锈菌的形态和生活史复杂，专性寄生于蕨类植物、裸子植物和被子植物。通常只引起局部侵染，在植株受害部位形成黄色、黄褐色和褐色小疱斑，或使受害枝条形成肿瘤、粗皮和丛枝等畸形症状。病菌在受害植物的地上部器官产生大量孢子堆，常使寄主表皮破裂，增加植株水分蒸发而致病株枯死。锈菌广泛分布世界各地，常引起禾本科、豆科和蔷薇科植物严重发病，造成重大损失，是一类重要的植物病原真菌。

锈菌是专性寄生物，在自然条件下只能从活的寄主植物上获取养料，不能营腐生生活。自 20 世纪 50 年代初首次对桧柏胶锈菌(*Gymnosporangium juniperi-virginianae*)进行人工培养获得成功以来，陆续有实验室人工培养锈菌获得成功的事例，但这些锈菌只占锈菌种类的极少数。因此目前仍认为锈菌是专性寄生菌。锈菌对寄主植物有高度的寄生专化性。以禾柄锈菌(*Puccinia graminis*)为例，因侵害寄主植物属的不同而划分为 7 个专化型，侵染小麦的是小麦专化型(*P. graminis* f. sp. *tritici*)，侵染黑麦的是黑麦专化型(*P. graminis* f. sp. *secalis*)，侵染燕麦的是燕麦专化型(*P. graminis* f. sp. *avanae*)等。在同一专化型内，因对同一种植物的不同品种的高度寄生专化性的差别，又可划分为许多生理小种，如禾柄锈菌小麦专化型目前可划分为约 250 个生理小种。

2) 生物学特性

锈菌的形态复杂，其菌丝体和各种孢子都有着不同于其他各类真菌的特点。

(1) 营养体

锈菌的菌丝有初生菌丝和次生菌丝，有隔膜，但非桶孔隔膜，而是简单的中央有孔的隔膜，菌丝上很少形成锁状联合。锈菌的初生菌丝较发达，且在生活史中占有相当重要的位置，它与次生菌丝一样具有侵染和吸取营养的功能，并能产生性器官——性孢子器和性孢子。初生菌丝是由担孢子萌发产生，单核，常发生在发育初期。次生菌丝由初生菌丝联合或由初生菌丝上产生的性孢子与受精丝配合产生，双核，在生活史中占据较长时间。锈菌的菌丝体大多存在于寄主植物的细胞间，以吸器伸入寄主细胞内吸取养料。一般每个寄主细胞中仅有一个吸器，偶尔出现多个，吸器的形状有疣状、囊状、螺旋状、圆筒状及葡萄状等。有的锈菌的菌丝体生在寄主细胞内。某些锈菌的菌丝体可在寄主体内生存多年。如果是系统性侵染，菌丝体则可在寄主植物根部或其他部位越冬。

(2) 无性生殖和有性生殖

锈菌的生活史复杂，许多锈菌具有明显的多型现象，即在它们的生活史中能出现多种类型的孢子，也称多态性。典型的锈菌在生活史中可依次产生性孢子(spermatium, 复数 spermatia)、锈孢子(也称春孢子)(aeciospore)、夏孢子(urediniospore)、冬孢子(teliospore)和担孢子(basidiospore)5 种不同类型的孢子，构成锈菌特有的生活史过程。产生这 5 种孢子的结构分别称为性孢子器(或称性子器)(spermogonium, 复数 spermogonia)、锈孢子器(或称锈子器、春孢子器)(aecium, 复数 aecia)、夏孢子堆(uredinium, 复数 uredinia)、冬孢子堆(telium, 复数 telia)和担子(basidium, 复数 basidia)。这 5 个孢子阶段通常用罗马数字 0、Ⅰ、Ⅱ、Ⅲ、Ⅳ来对应表示。

0 阶段：形成性子器，在性孢子器内产生性孢子和受精丝；

Ⅰ阶段：形成锈孢子器和锈孢子(或称春孢子器和春孢子)；

Ⅱ阶段：形成夏孢子堆和夏孢子；

Ⅲ阶段：形成冬孢子堆和冬孢子；

Ⅳ阶段：形成担子，在担子上产生担孢子。

①性孢子器和性孢子：担孢子萌发侵入寄主后，由单核的初生菌丝集结形成性孢子器，是锈菌的性器官。典型的性子器为瓶形，有的扁球形和平展状，着生在寄主表层组织下。性子器顶部有孔口，中央为一空腔，从腔内壁上长出许多排列整齐、细长、单核的性孢子梗，其顶端通过断裂的方式，可连续产生多个单细胞、单核、无色、椭圆形或纺锤形的性孢子，成熟后随性孢子器分泌的具有甜味的黏液被挤出孔口。这种性孢子除有交配的性功能外，一般不能萌发侵染。性子器顶端孔口边缘有孔丝和受精丝。受精丝是雌性器官，通过孔口伸入到含有性孢子的蜜类物质中，这种物质有特殊的气味，可引诱昆虫作为传播性孢子的媒介。同一性孢子器内产生的性孢子和受精丝彼此是不亲和的，必须与不同性子器内的受精丝配合形成双核的次生菌丝。这一过程常常是通过昆虫或雨水的作用而得以实现。孔丝有时也能起受精丝的作用。性子器形态特征，包括性子器在寄主组织中的位置、子实层的形状、周围有无结构、生长有无限制等是锈菌分类的重要依据。

②锈子器和锈孢子：单核的性孢子与受精丝结合或单核菌丝之间直接结合产生双核次生菌丝，发育形成锈子器。锈子器大多有包被，常呈杯状，也有柱状、管状、角状和囊状等类型。少数无包被，由次生菌丝直接在寄主组织中形成锈孢子堆。锈子器按形态学特征可分为 5 种类型，即杯型锈子器（aecidioid aecium）、角状型锈子器（roestelioid aecium）、包被型锈子器（peridermioid aecium）、裸锈孢子器（caeomoid aecium）和夏型锈子器（uredinoid aecium）（图 11-8）。锈子器或锈孢子堆内产生锈孢子。锈孢子双核、单胞，黄色或橙黄色，球形或卵形，典型的呈串珠状，表面有刺状或疣状的突起。多数锈菌的锈孢子只在春季产生一次，一般认为锈孢子是不重复产生的无性孢子，但个别种可连续产生，也有个别种不产生锈孢子。

③夏孢子堆和夏孢子：夏孢子堆生于寄主表皮下，由锈孢子或夏孢子萌发产生的双核菌丝体形成，黄色或黄褐色（图 11-9）。除少数低等种类锈菌的夏孢子堆形成拟包被外，大

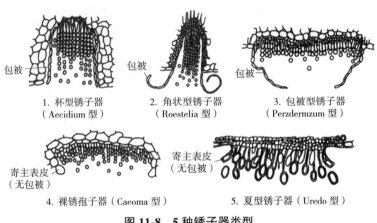

图 11-8 5 种锈子器类型

（引自李玉等，2015）

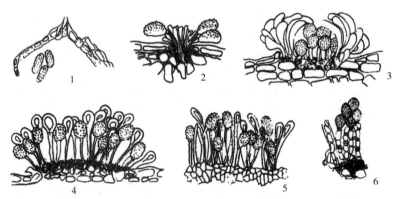

1. 桦长栅锈菌（*Melampsoridium betulinum*）的夏孢子堆包被和夏孢子 2. *Uredo gardeniae-floridae* 的夏孢子堆 3. *Phragmidium rosae-pimpinellifolliae* 的夏孢子堆侧丝和夏孢子 4. 马格栅锈菌（*Melampsora magnusiana*）的夏孢子堆侧丝和夏孢子 5. 紫斑柄锈病（*Puccinia purpurea*）的夏孢子堆侧丝和夏孢子 6. *Chrysomyxa pirolata* 的夏孢子堆

图 11-9 锈菌的夏孢子堆

（引自王云章等，1998）

多数锈菌的夏孢子堆没有包被，但有一些种类的夏孢子堆有周生侧丝。夏孢子堆初期出现一层菌丝顶端细胞，这些顶端细胞膨大后产生隔膜分为两个细胞，上部细胞膨大成为夏孢子，下部细胞发育成夏孢子柄。夏孢子形成时，顶破寄主表皮外露。夏孢子单胞、双核，多为圆形、椭圆形或卵形，外表有小刺或小瘤，多数单生，少数串生，易脱落，黄色至黄褐色。锈菌名称就是根据植物体表面大量发生夏孢子堆产生铁锈状的病斑而来的。夏孢子上的芽孔明显，通常多个，散生或列成一排，少数的只有一个芽孔。夏孢子的形状、大小，壁的厚度、颜色、表面纹饰以及芽孔的数目和位置都是重要的分类特征。夏孢子为锈菌的分生孢子，是锈菌唯一能不断重复发生的阶段，不须经过休眠就能萌发，在落到新寄主24h内即萌发生芽管变为双核菌丝，这些菌丝在几天后又能形成新的夏孢子堆。所以夏孢子对锈菌的传播是有利的，对病害的扩展蔓延具有重要意义。也有的种类没有夏孢子。

④冬孢子堆和冬孢子：冬孢子堆通常是在生长季节的后期，由夏孢子或锈孢子萌发形成的双核菌丝体产生。许多锈菌夏孢子堆后期转化成冬孢子堆，有的冬孢子堆的形态和上述的夏孢子堆没有根本区别，只能通过孢子萌发试验来确定。冬孢子堆初期一般在寄主的角质层或表皮下生成，最后暴露在外面呈粉状、垫状、壳状或柱状，有些永久埋生于寄主组织中。冬孢子由冬孢子堆的双核菌丝的顶端细胞形成。它是锈菌的有性阶段，单胞、双胞或多胞、厚壁，有柄或无柄，不脱落，无色或淡色，但大多为暗红棕色，多数表面光滑，少数具有疣、刺或不同的花纹表面有刺或瘤，初为双核，经过核配形成单核二倍体细胞。冬孢子是产生担孢子的细胞，是典型的休眠孢子，一般要经过越冬休眠后才能萌发，但也有不少锈菌，如鞘锈菌属（*Coleosporium*）、柱锈菌属（*Cronartium*）、金锈菌属（*Chrysomyxa*）、无眠多胞锈菌属（*Kuehenola*）及共基锈菌属（*Chaconia*）等，冬孢子不经过休眠即可萌发。冬孢子的形状、构造及排列方式是锈菌分类的重要依据(图 11-10)。

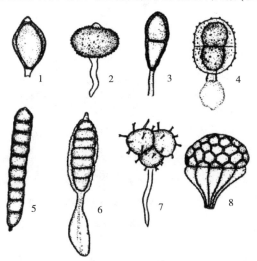

1. 单胞锈属（*Uromyces*）　2. 帽胞锈属（*Pileolaria*）　3. 柄锈菌属（*Puccinia*）
4. 肥柄锈属（*Urpryxis*）　5. 拟多胞锈菌（*Xenodochus*）　6. 多胞锈菌（*Phragmidium*）
7. 花胞锈属（*Nyssopsora*）　8. 伞锈菌属（*Ravenelia*）

图 11-10　不同类型的锈菌冬孢子

（引自 Alexopoulos et al.，1996）

⑤担子和担孢子：冬孢子萌发时产生担子（先菌丝），双倍体核移入担子中，经减数分裂后，在担子中形成4个单倍体细胞核，然后担子由3个隔膜分成4个细胞，每个细胞中有一个单倍体细胞核，后每个细胞上产生一小梗，其顶端各生一个担孢子，4个单倍体的核分别移入担孢子内，担孢子成熟后强力弹射。冬孢子进行核配，担子中进行减数分裂，这种方式产生的担子为外生担子（external basidium）（图11-11）。大多数锈菌产生的担子是外生担子，即担子在冬孢子外面形成和成熟（图11-11, 1），如柄锈菌属（*Puccinia*）和栅锈菌属（*Melampsora*）等。有的冬孢子在萌发时核配和减数分裂都在冬孢子内进行，冬孢子本身产生3个隔分裂为4个细胞，每个细胞生一小梗，其上再生担子，这种方式产生的担子是内生担子（internal basidium）（图11-11, 2, 图11-11, 3），如鞘锈菌属等。还有的锈菌冬孢子萌发时，冬孢子成为担子的一部分，担子的另一部分由冬孢子顶端延伸而成，或担子一部分仍留在冬孢子内，另一部分伸出冬孢子外，这种担子称为半内生担子（semiinternal basidium）（图11-11, 4），如基孔单胞锈菌属（*Zaghouania*）（图11-11, 5）和囊孢锈菌属（*Blastospora*）（图11-11, 6）等。

担孢子单胞，单倍体，无色或淡黄色，壁薄，光滑，一般呈梨形、肾形、圆形和卵圆形。少数种类单核的担孢子进行有丝分裂，形成双核的担孢子。担孢子从小梗上掷出散布。担孢子萌发产生单核的初生菌丝或双核的次生菌丝。

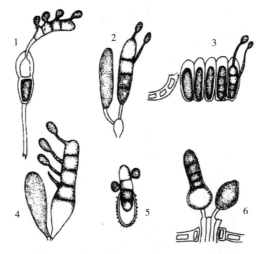

1. 柄锈菌属（*Puccinia*）的外生担子　2. *Achrotelium ichnocarpi* 的内生担子
3. 鞘锈菌属（*Coleosporium*）的内生担子　4. 小内格尔锈菌属（*Mikronegeria*）的半内生担子
5. 基孔单胞锈菌属（*Zoghouania*）的半内生担子　6. 囊孢锈菌属（*Blastospora*）的半内生担子

图11-11　锈菌各种类型的担子形态

（引自王云章等，1998）

（3）转主寄生现象

锈菌较其他真菌具有极其复杂而多变的生活史，在其生活史过程中，不仅可产生多达5种不同类型的孢子，还具有转主寄生（heteroecism）现象，这通常是锈菌所特有的。转主寄生是指许多锈菌要分别在彼此无亲缘关系的两种寄主植物上，才能完成其生活史过程。它们在一种寄主上产生0和Ⅰ阶段，在另一寄主上产生Ⅱ和Ⅲ阶段。由于Ⅳ阶段，即担子阶段不是寄生的，因而并不产生在某一特定寄主植物上。通常把产生冬孢子阶段的寄主称为主要寄主或原始寄主(primary host)，而把另一种寄主称为转主寄主(alternate host)。但植物病理学工作者通常以经济重要性较大的寄主作为主要寄主，而将经济重要性较次的作为转主寄主。还有一些锈菌是单主寄生(autoecism)，即该类锈菌在一种植物上就能完成它的整个生活史过程。

（4）生活史

不同种类的锈菌完成其生活史所经历的孢子阶段存在着差异。锈菌生活史中最多的可产生5种孢子类型，而最简单的只有冬孢子阶段。通常可将锈菌的生活史归纳为3个基本类型。

①长(循环)生活史型(macrocyclic forms)：该类型有规律地相继产生0、Ⅰ、Ⅱ、Ⅲ、Ⅳ 5种孢子阶段，是锈菌的典型生活史(图11-12)。其中属于转主寄生的称为转主寄生长生活史型(heteromacrocyclic)(0、Ⅰ、Ⅱ、Ⅲ、Ⅳ)。属于单主寄生的称为单主寄生长生活史型(automacrocylic)(0、Ⅰ、Ⅱ、Ⅲ、Ⅳ)。

②缺夏孢子(循环)生活史型(demicyclic forms)：缺少夏孢子阶段。其中属于转主寄生的称为转主寄生缺夏孢生活史型(heterodemicyclic)(0、Ⅰ、Ⅲ、Ⅳ)。属于单主寄生的称为单主寄生缺夏孢生活史型(autodemlcyclic)(0、Ⅰ、Ⅲ、Ⅳ)。

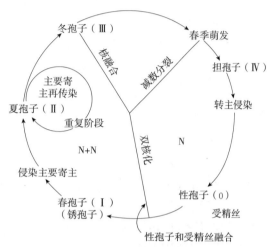

图 11-12　锈菌典型的生活史
(引自王云章等，1998)

③短(循环)生活史型(microcyclic forms)：缺少锈孢子和夏孢子阶段，只有性孢子、冬孢子及担孢子阶段(0、Ⅲ、Ⅳ)。冬孢子是唯一的双核孢子。这类锈菌全是单主寄生类型。

以上3种生活史类型中，一般都会出现性孢子阶段，但偶尔也可能不产生。锈菌的生活史之所以这样复杂，是它们在系统发育过程中各自向不同方向演化的结果。一般认为转主寄生的、具有长生活史的锈菌代表了较原始的状态，其他各种类型的生活史均由它演化而来。

在锈菌中，还有一些锈菌未发现或没有冬孢子阶段，只知性孢子器或锈孢子器或夏孢子阶段，它们被称为不完全锈菌类或半知锈菌类(Uredinales Imperfecti)，如只产生锈孢子阶段的锈孢锈菌属(*Aecidium*)、被孢锈菌属(*Peridermium*)、角锈孢锈菌属(*Roestelia*)、裸孢锈菌属(*Caeoma*)及只产生夏孢子阶段的夏孢锈菌属(*Uredo*)等。

3) 分类

锈菌是最早被人类所认识的真菌之一。早在1729年，意大利人 Micheli 就在《植物新属》(*Nova Plantarum Genera*)中记载了一个被命名为 *Puccinia* 的新属，这是锈菌属名称第一次出现于文字记载中。后来发现 Micheli 所描述的 *Puccinia* 是寄生于刺柏属(*Juniperus*)植物上的珊瑚胶锈菌(*Gyrmnosporangium clavariiforme*)的冬孢子阶段。最早对锈菌进行较为系统分类学研究的是荷兰人 Persoon，1801 年他在《菌物纲要》(Synopisis Methodica Fungorum) 中建立了 Puccinia、Aecidium 和 Uredo 3 个锈菌属。1824 年法国人 A. T. Brongniart 首次将锈菌提升到目级 (Order) 分类地位。其后几经变动，直到 1900 年由 P. Dietel 正式建立锈菌目 (Uredinales)。此后，锈菌目被广泛接受。

1983 年，Hawksworth 等在《菌物词典》第 7 版中建立了锈菌纲 (Urediniomycetes)，这是首次将锈菌上升为纲的地位。1995 年《菌物词典》第 8 版则恢复了锈菌目，置于冬孢菌纲中。2001 年的《菌物词典》第 9 版又重新建立了锈菌纲 (Urediniomycetes)，下设包括锈菌目在内的 5 个目。2008 年《菌物词典》第 10 版中将锈菌目更名为 Pucciniales，并设立了柄锈菌亚门 (Pucciniomycotina)，柄锈菌纲 (Pucciniomycetes)，置于担子菌门 (Basidiomycota) 下。虽然不同学者对锈菌的目以上的分类系统提出了种种不同的观点，但是锈菌自身作为目的地位始终没有改变。

对于锈菌目下的分科，由于不同学者所采用的分类依据不同，目前还无统一意见。一直以来，菌物学家常将锈菌分为少则 2 科或 3 科，多至 14 科，也有的学者则完全放弃对锈菌的科级划分而采用直接分属的方式。传统的锈菌分类主要以冬孢子的形态特征和性状作为分科根据。最早 Dietel(1900) 根据冬孢子有柄、无柄及集生情况将锈菌目分为 4 科：柄锈菌科 (Pucciniaceae)、栅锈菌科 (Melampsoraceae)、鞘锈菌科 (Coleosporiaceae) 和柱锈菌科 (Cronartiaceae)。随后，Dietel(1928) 简化了上述的 4 科分类系统，将锈菌目调整为柄锈菌科 (冬孢子有柄) 和栅锈菌科 (冬孢子无柄) 2 科。Dietel 的 2 科系统简单易行，影响较大，长期以来为国内外众多学者所采用。Sydow(1904~1924；1951) 根据冬孢子萌发方式、冬孢子离生或集中情况及是否有柄等性状将锈菌分为 3 科：柄锈菌科、栅锈菌科和鞘锈菌科。Gaumann(1949；1964) 根据冬孢子埋生和外露，有柄和无柄，单生和集生，以及锈子器和夏孢子堆等特性将锈菌分为 6 个科：即膨痂锈菌科 (Pucciniastraceae)、柱锈菌科 (Cronartiaceae)、金锈菌科 (Chrysomyxaceae)、鞘锈菌科 (Coleosporiaceae)、栅锈菌科 (Melampsoraceae) 及柄锈菌科 (Pucciniaceae)。Laundon(1973) 在 Ainsworth 主编的《真菌》一书中提出的锈菌分类方式，直接将锈菌分为 126 个属。在分属检索表中对冬孢子不明而仅发现其性孢子器，锈子器或夏孢子堆的锈菌也进行了分类。Savile(1978) 根据锈菌的生态学和进化的可能途径，将锈菌分为 5 个科：即膨痂锈菌科 (Pucciniastraceae)、栅锈菌科 (Melampsoraceae)、多胞锈菌科 (Phragmidiaceae)、伞锈菌科 (Raveneliaceae) 和柄锈菌科 (Pucciniaceae)。Alexopoulos 和 Mims(1979) 根据冬孢子特征和性状将锈菌分为 3 个传统的科：柄锈菌科、栅锈菌科和鞘锈菌科。Ainsworth(1966) 也曾将锈菌分为上述的 3 科。

Hiratsuka et al.(1963) 对以往过分强调冬孢子特征作为分科依据提出了疑问，认为性孢子器在锈菌各类群中性状非常稳定，可以作为锈菌分类的一个可靠指标。到 20 世纪 80 年代，Hiratsuka et al.(1980) 正式将锈菌性孢子器按解剖特征划分为 6 大类群 (groups)、12 个类型 (types)；1983 年，他们又根据性孢子器类型并结合其他性状，将锈菌分为 14 科，即查科锈菌科 (Chaconlaceae)、鞘锈菌科 (Coleosporiaceae)、柱锈菌科 (Cronartiaceae)、栅锈菌科 (Melampsoraceae)、小内格尔锈菌科 (Mikronegeriaceae)、层锈菌科 (Phakopsoraceae)、多胞锈菌科 (Phragmidiaceae)、帽孢锈菌科 (Pileolariaceae)、柄锈菌科 (Pucciniaceae)、膨痂锈菌科 (Pucciniastraceae)、链孢锈菌科 (Pucciniosiraceae)、伞锈菌科 (Raveneliaceae)、球锈菌科(Sphaerophragmiaceae)和肥柄锈菌科(Uropyxidaceae)。较以往的分类系统相比，Cummins 和 Hiratsuka 的分类方法总体上较好地反映了锈菌的自然系统关系，特别是将性孢子器作为重要性状引入锈菌分类当中，得到了大多数锈菌分类学家的支持。该锈菌分类系统被《菌物词典》第 8 版、第 9 版和第 10 版所正式采用。在《菌物词典》第 10 版中将球锈菌科(Sphaerophragmiaceae)合并至伞锈菌科(Raveneliaceae)，增加 Uncolaceae 科，共 14 科，成为锈菌分类的最新系统。在我国最新的锈菌分类学专著《中国真菌志·锈菌目》(一、二、三)中也基本采用了这一分类系统。但对于产生链状冬孢子和外生担子的金锈菌属(*Chrysomyxa*)，并没有将其置于鞘锈菌科(Coleosporiaceae)中，而是保留了金锈菌科(Chrysomyxaceae)。

4) 重要的锈菌类群

锈菌常危害多种经济植物，给农林业生产造成巨大损失，因此被认为是担子菌门所有菌物中经济意义最重要的类群之一。根据《菌物词典》第 10 版(2008)统计，锈菌目包含 166 属 7798 种。锈菌有些属包括千种以上，有些属则为仅包含一个锈菌种的单种属。常见的与树木病害相关的锈菌如下：

(1) 锈孢锈菌属(*Aecidium* Pers.)

性子器生于寄主表皮下，大多有侧丝，少数种未见性子器。锈子器生于寄主表皮下，杯形或短圆柱形，橙黄色，有包被，从顶部开裂；锈孢子单胞，初期无色，多角形，成熟后橙黄色近圆形至椭圆形，串生小梗上，表面有瘤或刺。可为害猕猴桃、臭椿、木通、鼠李属和樟树等，引起叶锈病。本属目前约 800 种。常见种有：

桑锈孢锈菌(*A. mori* Barcl.)：为害桑树嫩芽、叶片、叶柄、新梢和桑椹。锈子器杯状，橙黄色，裸露后呈粉状，有包被；锈孢子初期无色，多角形，以后变成橙黄色，近圆形至椭圆形，表面有细刺，串生在并列的无色小梗上，大小为(13~22)μm×(10~17)μm。此外还有桑生夏孢锈菌(*Uredo moricola*)也为害桑树(图 11-13)。

花椒锈孢锈菌(*A. zanthoxyli-schinifolii* Diet.)：为害花椒、竹叶椒叶片。性子器生于寄主叶面。锈子器生于寄主叶背面，有包被；锈孢子圆形至矩形，表面密生小瘤，大小为(22~27)μm×(19~22)μm。

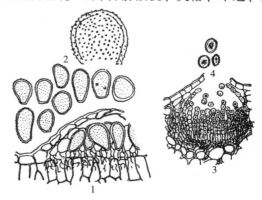

1、2. 桑生夏孢锈菌(*Uredo moricola*)：1. 夏孢子堆　2. 夏孢子；
3、4. 桑锈孢锈菌(*Aecidium mori*)：3. 锈子器　4. 锈孢子

**图 11-13　锈孢锈菌属(*Aecidium*)
和夏孢锈菌属(*Uredo*)**
(引自魏景超等，1979)

女贞锈孢锈菌(*A. klugkistianum* Diet.)：为害女贞叶片。性子器生于寄主叶片正面。锈子器生于寄主叶背面或叶柄上，杯形至短圆柱形，有包被；锈孢子近球形、有棱角，淡色，表面密生细瘤，大小为(18~25)μm×(17~20)μm。

此外，还有为害芍药的芍药锈孢锈菌(*A. paeoniae* Kom.)，为害锈球的锈球锈孢锈菌(*A. hydrangeae* Pat.)和为害女贞的女贞生锈孢锈菌(*A. ligustricola* Cumm.)。

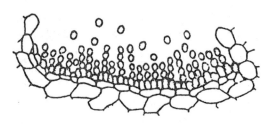

图 11-14 裸孢锈菌属（*Caeoma*）锈孢子器及锈孢子

（引自陆家云等，1997）

（2）裸孢锈菌属（*Caeoma* Link）

性子器圆锥形；性孢子圆形，无色。锈子器散生或群集于寄主表皮下，扁球形或圆形，橙黄色，裸露后呈粉状，无包被；锈孢子单胞，卵圆形或椭圆形，串生，孢壁透明，内含物淡黄色至黄色，表面有小瘤，大小为（20~42）μm×（15~25）μm（图 11-14）。可为害悬钩子属、落叶松属和蔷薇科等植物。本属目前约 50 种。常见种是牧野裸孢锈菌（*C. makinoi* Kus.），为害梅和杏叶片、芽、花和枝梢。

（3）茎痂锈菌属（*Calyptospora* J. G. Kuhn）

锈孢子堆橙黄色，呈疱状，生在云杉属等植物叶上。无夏孢子。冬孢子多细胞，一般 4 个细胞，由纵隔膜分开，生在越橘茎的表皮细胞中，导致茎肿大呈暗褐红色。只有一种为越橘茎痂锈菌（*C. goeppertiana* Kuhn）（图 11-15）。

1. 越橘肿茎

2. 冬孢子及其萌发

图 11-15 越橘茎痂锈菌

（*Calyptospora goeppertiana*）

（1 引自邵力平等，1984；

2 引自魏景超等，1979）

（4）金锈菌属（*Chrysomyxa* Unger）

性子器平展，生于寄主表皮下。锈子器扁形，初期生于寄主表皮下，后突破表皮，有包被；锈孢子椭圆形至球形，串生，表面有疣。夏孢子堆生于寄主表皮下，后突破表皮，无包被或有不明显的包被；夏孢子近球形，串生，表面有疣，与同一种的锈孢子很相似。冬孢子堆生于寄主表皮下，圆形或扁圆形，突破表皮，蜡质；冬孢子单胞，矩形或立方形，串生，表面光滑，结合成垫状，不需休眠即可萌发。大多为转主寄生，0、Ⅰ在云杉球果上，Ⅱ、Ⅲ在双子叶植物（杜鹃花科、岩高兰科和冬青科）上。但冷杉金锈菌［*C. abietis*（Wallr.）Ung.］只有冬孢子（Ⅲ），生在云杉上。本属目前 38 种。常见种有：

杜鹃金锈菌（*C. rhododendri* De Bary）：为害杜鹃及云杉叶片和球果。转主寄生。转主寄主是云杉（*Picea asperata*）。锈子器不规则形，沿叶脉方向生于云杉上，先埋藏后暴露，包被呈不规则开裂；锈孢子椭圆形，黄色，表面密生细瘤，有一纵列的平滑带，大小为（17~45）μm×（12~22）μm。夏孢子堆垫状，生于杜鹃叶片背面，包被薄；夏孢子不规则形或卵形，橙黄色，串生，有间胞，表面有瘤状突起，大小为（17~28）μm×（15~22）μm。冬孢子堆扁平密集，红褐色，初埋生后突破表皮；冬孢子三棱形，单生或 4~6 个串生，壁薄无色，顶端孢子的顶壁稍厚，大小为（20~30）μm×（10~14）μm（图 11-16）。

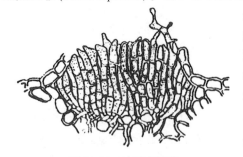

图 11-16 杜鹃金锈菌

（*Chrysomyxa rhododendri*）

（引自魏景超等，1979）

竹金锈菌（*C. bambusae* Teng）：为害刺竹属

(*Bambusa*)植物。冬孢子堆长椭圆形，密集生于寄主表皮下，蜡质，铺展成壳状，初橙黄色，突破表皮后呈深褐色；冬孢子长圆形，2~6个成串，黄色或褐色，表面平滑，大小为(20~50)μm×(11~25)μm。

此外，还有为害杜鹃叶片的疏展金锈菌(*Chrysomyxa expansa* Diet.)及鹿蹄草金锈菌[*C. piror-lata*(Koern.)Wint.]，为害云杉苗木和幼树的沃罗宁金锈菌(*C. woroninii* Tranz.)，为害青海云杉的祁连金锈菌(*C. qilianensis*)等。

（5）鞘锈菌属(*Coleosporium* Pat.)

大多数为转主寄生，0、Ⅰ在松属植物针叶上，Ⅲ在多种单子叶及双子叶植物上，有几种单主寄生在菊科植物或松属植物上。性子器生于寄主角质层下。锈子器初生寄主表皮下，后外露，具发达的舌状包被；锈孢子球形或椭圆形，串生，表面具疣或瘤。夏孢子堆垫状，无包被，初生于寄主表皮下，后外露；夏孢子圆形或长椭圆形，串生，有瘤状突起。冬孢子堆扁平或稍隆起，生于寄主表皮下，萌发时呈胶质；冬孢子单胞，圆柱形、棍棒形或棱形，无柄，壁光滑，顶壁厚，呈胶质，侧面互相连接而不分离，萌发时分成4个细胞，转变成担子(图11-17)。该属目前已报道125种，分布全世界，我国约发现50多种。主要为害松属植物及其转主寄主。常见种有：

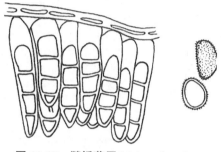

图11-17 鞘锈菌属(*Coleosporium*)的冬孢子和夏孢子

（引自魏景超等，1979）

花椒鞘锈菌(*C. zanthoxyli* Diet. et Syd.)：为害花椒叶片。夏孢子堆橘黄色，初生于寄主叶背，后外露，呈粉状，干后褪色；夏孢子椭圆形或卵形，壁无色，有粗瘤，大小为(21~43)μm×(16~26)μm。冬孢子堆橙黄色至暗黄色，生于寄主叶背，近胶质；冬孢子棍棒形，淡黄色，顶端圆，向下渐狭，大小为(55~90)×(20~29)μm。

一枝黄花鞘锈菌[*C. solidaginis*(Schw.)Thum.]：为害松树针叶及一枝黄花叶片。转主寄生。性子器生于松树针叶皮层下。锈子器生于寄主叶片两面，两侧扁，包被坚实；锈孢子椭圆形，壁无色，有粗瘤，大小为(28~40)μm×(20~25)μm。夏孢子堆橙黄色，初生于一枝黄花叶背，后外露，呈粉状，渐变成淡黄色；夏孢子卵形至椭圆形，黄色，表面密生小瘤，大小为(20~38)μm×(16~23)μm。冬孢子堆与夏孢子堆相似，橙褐色；冬孢子圆筒形至棍棒形，顶端较厚，大小为(65~100)μm×(16~26)μm。

黄檗鞘锈菌(*C. phellodendri* Kom.)：为害油松(*Pinus tabulaeformis*)针叶及黄檗叶片。转主寄生，0、Ⅰ在油松针叶上，Ⅱ、Ⅲ在黄檗叶上。性子器黄白色至橘红色，疱状，生于松针上。锈孢子圆形、椭圆形或有棱角，橙黄色至黄褐色表面有小瘤，大小为(28~39)μm×(20~27)μm。夏孢子堆圆形，橘黄色，散生在黄檗叶片背面，有时群集；夏孢子卵形或短椭圆形，橙黄色，表面有小瘤，大小为(20~33)μm×(16~24)μm。冬孢子堆圆形或略带角形，亦生于黄檗叶背；冬孢子圆筒形或三棱形，黄褐色，顶端稍平，大小为(55~85)μm×(17~25)μm。

此外，还有为害红松的升麻鞘锈菌(*C. cimicifugatum* Thum.)和风毛菊鞘锈菌(*C. saussureae*)，为害铁线莲和樟子松的铁线莲鞘锈菌(*C. clematidis* Barel.)，为害白头翁及松属植物的白头翁鞘锈菌[*C. pulsatillae*(Str.)Lev.]，为害紫菀及赤松、马尾松和华山松的紫菀鞘锈菌[*Coleosporium asterum*(Diet.)Syd.]等。

（6）鞘柄锈菌属（*Coleopuccinia* Pat.）

冬孢子堆近圆形，蜡质至胶质，突破表皮；冬孢子双细胞，串生，无色，表面光滑，无柄。生活史不详。本属目前有1种。常见种有：

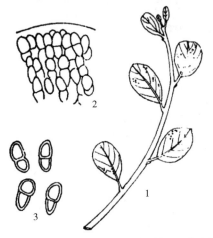

1. 叶上冬孢子堆斑点 2. 冬孢子堆 3. 冬孢子

图 11-18 中国鞘柄锈菌

（*Coleopuccinia sinensis*）

（引自谌谟美，1982）

中国鞘柄锈菌（*C. sinensis* Pat.）：冬孢子堆群聚或分散。生于叶背，圆形，直径0.3~0.4mm；冬孢子2室椭圆形，顶端圆，下端略尖或圆，横隔膜处不缢缩，大小为(23~38)μm×(12~17)μm，壁厚1μm，可寄生于灰栒子（*Cotoneaster acutifolius* Turcz.）叶上（图11-18）。此外还有昆明鞘柄锈菌（*C. kunmingensis* Tai）和生于枇杷叶上的简单鞘柄锈菌（*C. simplex* Diet.）。

（7）柱锈菌属（*Cronartium* Fr.）

性子器圆形，平展，生于寄主植物的树皮下。锈子器生于寄主皮层中，后突破表皮，带有发达的包被；锈孢子椭圆形，串生，表面有粗疣。夏孢子堆初生寄主表皮下，有极薄的包被，有时具混生的侧丝；夏孢子单生，椭圆形，表面有刺。冬孢子堆初生寄主表皮下，常从夏孢子堆中长出；由冬孢子上下左右紧结而呈毛柱状外露；单个冬孢子矩形，单细胞，串生，无色，具1~3个模糊芽孔，无需休眠即可萌发。全部转主寄生，0、Ⅰ在松属树干上，Ⅱ、Ⅲ在多种双子叶植物上。本属目前34种。常见种有：

栎柱锈菌[*C. quercuum*(Berk.)Miyabe]：为害栎属植物和板栗的叶片。转主寄主为松属植物，常引致松瘤锈病。性子器生在寄主松树枝干肿瘤的皮层下，淡色至无色，有蜜黄色黏液外溢。锈子器亦生于肿瘤的皮层下，近圆形，疱状，橙黄色，散生或群集，有浅色或灰色包被；锈孢子卵形或略呈圆筒形，淡橙黄色，壁无色而有粗瘤，基部往往平滑，大小为(20~35)μm×(18~32)μm。夏孢子堆生于另一寄主叶片背面，黄色或锈色，粉状；夏孢子倒卵形、近圆形或椭圆形，淡黄色，表面有小刺，大小为(18~28)μm×(14~20)μm。冬孢子堆亦生于叶背，毛柱状，直或弯曲，红褐色至暗褐色；冬孢子长椭圆形或纺锤形，淡黄色至黄褐色，表面平滑，大小为(28~70)μm×(14~22)μm。

松芍柱锈菌[*C. flaccidium*(Alb. Et Schw.)Wint.]：为害多种松属植物，在我国引致樟子松、油松、赤松、马尾松、黄山松、云南松、思茅松等疱锈病。转主寄主植物有很多种，分属于芍药科、玄参科、毛茛科和马鞭草科等10多科。性子器黄色，不规则形。锈子器生在松树枝干肿瘤的皮层下，后胀破皮层外露，赤黄色，有包被；锈孢子圆形、椭圆形或多角形，壁无色而具瘤，大小为(22~32)μm×(16~24)μm。夏孢子堆黄褐色，散生或群集于转主寄主叶片背面；夏孢子椭圆形或倒卵形，无色至淡黄色，表面有小刺，大小为(18~30)μm×(14~20)μm。冬孢子堆丛生于寄主叶背，毛柱状，红褐色至暗褐色；冬孢子椭圆形或矩形，黄色至淡黄褐色，表面平滑，大小为(20~60)μm×(10~17)μm（图11-19）。

茶藨生柱锈菌（*C. ribicola* J. C Fischer）：为害红松、华山松等五针松属植物，引致疱锈病。转主寄主为茶藨子和马先蒿等。性子器生于松树寄主皮层下，扁平，有蜜汁外溢。锈子器多群集于寄主皮层组织较深处，疱状，橘黄色；锈孢子圆形至卵形，有棱角，鲜黄色，表面有瘤，大小为(23~34)μm×(14~29)μm。夏孢子堆生于转主寄主叶片背面，橘红色至红褐色，呈粉状；夏孢子圆形至椭圆形，表面有小刺，大小为(16~30)μm×(13~21)μm。冬孢子堆与夏孢子堆混生，毛柱状，赤褐色；冬孢子稍呈梭形，褐色，表面平滑，大小为(36~59)μm×(13~14)μm。

(8) 胶锈菌属(*Gymnosporangium* Hedw. f.)

性子器埋生在寄主叶面表皮内，瓶形或近圆形，孔口外露，有侧丝。锈子器丛生于寄主叶背表皮下，后突破表皮外露，呈毛状，包被膜状；锈孢子圆形至椭圆形，黄色至栗褐色，

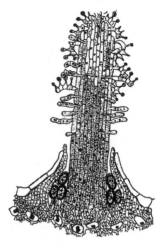

图 11-19　松芍柱锈菌(*Cronartium quercuum*) 从夏孢子堆生出的冬孢子柱及冬孢子的萌发

(引自 Sappin-Trouffy)

串生，表面有细瘤。大多数种缺少夏孢子堆。冬孢子堆生在寄主表皮下，后外露呈舌状、角状或鸡冠状，称为冬孢子角，黄色至栗褐色，胶质，遇水膨胀，通常在寄主上多年生；冬孢子双胞，椭圆形，淡黄色，表面光滑，单生于可胶化的长柄上，一般不需休眠即可萌发。萌发产生 4 个细胞的担子，每细胞有一小梗，上面着生单细胞肾形或卵形的担孢子。大多数为转主寄生。冬孢子阶段生在刺柏科(Juniperaceae)的圆柏属植物上，性子器及锈子器生在蔷薇科(Rosaceae)上。该属目前有 64 种。常见种有：

梨胶锈菌(*G. haraeanum* Syd.)：为害梨属、苹果属、榲桲属和木瓜属等植物的叶片、新梢和幼果。转主寄主是圆柏和龙柏等。性子器群集在寄主叶面病斑上。性孢子单胞，椭圆或仿锤形，无色，大小为(5~12)μm×(2.5~3.5)μm。锈子器生于寄主叶背、叶柄、果实或果梗上，细圆筒形，灰黄色，包被顶部不规则开裂；锈孢子近圆形，橙黄色，表面有细瘤，(19~24)μm×(18~20)μm。冬孢子角生在寄主叶、嫩枝上，圆锥形或鸡冠状，遇水膨胀为橙黄色花瓣状胶化物；冬孢子生在冬孢子角的表层，双胞，纺锤形或长椭圆形，有无色的细长丝状柄，大小为(33~62)μm×(14~28)μm。隔膜附近每细胞有发芽孔 2 个。担孢子卵形，淡黄色，大小为(10~16)μm×(7~10)μm(图11-20)。

山田胶锈菌(*G. yamadai* Miyabe)：为害苹果属植物的叶片，也可侵染嫩梢和幼果。转主寄主是圆柏。性子器群集于寄主叶面病斑上；性孢子单胞，无色，大小为(3~8)μm×(1.8~3.2)μm。锈子器丛生于寄主叶背，淡黄色，有包被；锈孢子近圆形或多角形，栗

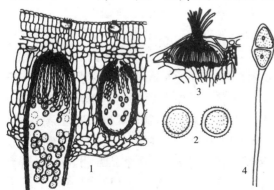

1. 锈孢子器　2. 锈孢子　3. 性孢子器　4. 冬孢子

图 11-20　胶锈菌属(*Gymnosporangium*)

(引自陆家云等，1997)

褐色，表面有小瘤，直径15~25μm。冬孢子角生于寄主小枝上，呈瓣状或舌状，深褐色，遇水膨胀为鲜黄花瓣状胶质物；冬孢子长圆形或纺锤形，黄褐色，柄细长，大小为(32~53)μm×(16~22)μm，隔膜附近每细胞有发芽孔1~2个。担孢子近圆形或卵形，大小为(12~16)μm×(7~11)μm。

珊瑚形胶锈菌[*Gymnosporangium clavariiforme*(Jacq.)DC.]：为害山楂和花楸叶片和果实。转主寄主为圆柏属植物。性子器生于寄主叶面，亦可生于叶背、叶柄、果实和茎上，群生，蜡黄色至暗褐色。锈子器群生于寄主叶背、果实和茎上，圆筒形，包被早期碎裂；锈孢子圆形至近圆形，淡肉桂色，表面有小瘤，大小为(24~30)μm×(20~27)μm。冬孢子长椭圆形、纺锤形或菱形，淡黄色至栗褐色，双细胞，每细胞有发芽孔2个，柄细长，大小为(50~90)μm×(12~20)μm。

日本胶锈菌(*G. japonicum* Syd.)：为害石楠叶片。转主寄主是大果圆柏。性子器生于寄主叶面，黑色。锈子器丛生于寄主叶背，圆筒形，有包被；锈孢子近圆形，淡黄褐色，表面有小瘤，直径20~23μm。冬孢子角生在枝条上，外露后呈楔形，肉桂色；冬孢子椭圆形、长圆形至长梭形，灰褐色，顶端圆或尖，柄细长，大小为(55~72)μm×(15~23)μm，近隔膜处每细胞有发芽孔2个。

（9）不休白双胞锈菌属(*Leucotelium* Tronz.)

锈子器杯形，有包被。夏孢子堆初始埋生，后外露，肉桂色，有侧丝；夏孢子单胞，近圆形至椭圆形，淡褐色，表面有刺。冬孢子堆初始埋生于寄主表皮下，后外露，略胶黏，白色；冬孢子双胞，单生，椭圆形至棍棒形，壁薄平滑，无色，每细胞有发芽孔1个，无需休眠即可萌发。转主寄生。Ⅰ在毛茛科(Ranunculaceae)植物上，Ⅱ、Ⅲ在李属(*Prunus*)植物上。该属目前有3种。常见种有：

桃不休白双胞锈菌[*L. pruni-persicae*(Hori)Tranz.]，为害桃树叶片。转主寄主为白头翁。夏孢子堆生于寄主叶背，疱状，淡褐色，裸露后粉状；夏孢子近圆形至广椭圆形，淡褐色，表面有细刺，大小为(19~29)μm×(14~20)μm。冬孢子堆生于寄主叶片背面，疱状，白色，裸露后稍胶黏；冬孢子双胞，长椭圆形、纺锤形或棍棒形，壁无色，平滑，顶端锥形，不肥厚，柄无色，不脱落，无明显发芽孔，大小为(27~45)μm×(12~15)μm（图11-21）。

（10）戟孢锈菌属(*Hamaspora* Korn)

性子器生于寄主角质层下。锈子器初期生于寄主表皮下，后外露；锈孢子单生，表面有刺。夏孢子堆生于寄主表皮下，周围有棍棒状或圆筒形弯曲的侧丝；夏孢子近圆形或椭圆形，黄色，单生，表面有刺，有发芽孔5~6个，不明显。冬孢子堆亦生于寄主表皮下，浅色，周围有长而相互纠结的冬孢子柄，呈毛毡状，稍带胶质；冬孢子2~6个细胞，黄色，单生

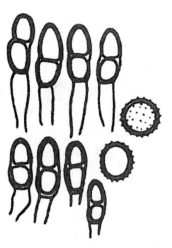

图11-21 桃不休白双胞锈菌
(*Leucotelium pruni-persicae*)
（引自陆家云等，1997）

于牢固的柄上，表面有刺，有5~6个发芽孔，无需休眠即可萌发。单主寄生。多寄生于蔷薇科悬钩子属(*Rubus*)植物。该属目前有15种。常见种是尖戟孢锈菌(*H. acutissima*

Syd.)(图 11-22),为害悬钩子属多种植物叶片。此外,还有中国戟孢锈菌(*H. sinica* Tai et Cheo),寄生于三花莓、乌泡子及多腺悬钩子等叶片,以及桥冈戟孢锈菌(*Hamaspora hashiokae* Hirats. f.)。

(11)驼孢锈菌属(*Hemileia* Berk. et Br.)

性子器和锈子器阶段不祥,仅发现夏孢子堆及冬孢子堆阶段。夏孢子堆生于寄主气孔上,有的通过寄主表皮细胞而外露,散生或群生,环状排列;夏孢子单胞,卵形或肾形,单生于短柄上,一面扁平或凹陷,光滑,另一面凸起而有刺,柄成丛从气孔伸出。冬孢子堆与同种的夏孢子堆相似;冬孢子单胞,单生于短柄上,短椭圆形或芜菁根状,浅色,表面平滑,先端常有突起,壁无色,芽孔不明显,无需休眠即可萌发。该属目前有 55 种。常见种是:

咖啡驼孢锈菌(*H. vastatrix* Berk. et Br.):为害咖啡叶片。夏孢子堆生于寄主叶片背面,环状排列;夏孢子卵形或肾形,橙黄色,腹面平滑,背面密生小瘤,大小为(25~46)μm×(20~39)μm。冬孢子常呈陀螺形或芜菁根状,无色至米黄色,表面平滑,上部有乳状突起,柄丛生,不脱落,大小为(20~27)μm×(16~20)μm。冬孢子遇水即萌发形成粗棒状担子,担子4个细胞,上面着生4个梨形或卵形担孢子(图 11-23)。

图 11-22 尖戟孢锈菌
(*Hamaspora acutissima*)
(引自陆家云等,1997)

(12)栅锈菌属(*Melampsora* Cast.)

大部分转主寄生,少数单主寄生。转主寄生的,0、Ⅰ常生在落叶松上,Ⅱ、Ⅲ生在被子植物上,主要是杨属(*Populus*)和柳属(*Salix*),有的生在葱属(*Allium*)、虎耳草属(*Saxifraga*)及茶藨子属(*Ribes*)植物上。单主寄生的发生于双子叶植物上。性子器圆锥形或半球形,无侧丝。锈子器圆形、椭圆形或不规则形,橙黄色,无包被或包被不发达;锈孢子圆形或多角形,串生,无色,表面有瘤。夏孢子堆小,垫状,新鲜时亮黄色或橙色,成熟后近无色,有大量头状侧丝;夏孢子圆形或椭圆形,单胞,表面有瘤或刺。冬孢子圆柱形或长椭圆形,单胞,无柄,在寄主表皮下冬孢子横向联合成栅栏状,形成冬孢子堆(图 11-24)。该属目前约 100 种。常见的种有:

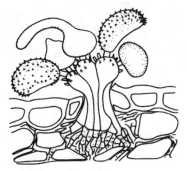

图 11-23 驼孢锈菌属(*Hemileia*)
芜菁根状的冬孢子及肾状夏孢子
(引自陆家云等,1997)

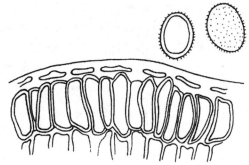

图 11-24 栅锈菌属(*Melampsora*)
的冬孢子堆及夏孢子
(引自陆家云等,1997)

亚麻栅锈菌 [*Melampsora lini* (Ehrenb.) Lev]：为害亚麻叶片、茎和蒴果。单主寄生。性子器生于叶片两面，淡黄色，不明显。锈子器生于叶背和茎上。橘黄色。夏孢子堆生于叶片两面、茎或蒴果上，散生或环生，橘黄色，有侧丝，突破表皮后呈粉状。冬孢子堆大多生在茎上，有时在叶两面或蒴果上，红褐色至黑色，不突破表皮；冬孢子圆筒形，褐色，顶端略厚，大小为 (40~80)×(8~19)μm，排成一层。

松杨栅锈菌 (*M. larici-populina* Kleb.)：为害青杨派、黑杨派及胡杨的叶片。转主寄生。转主寄主是落叶松 (*Larix gmelinii*) 等落叶松属植物。性子器多发生在针叶正面的黄斑上，直径 85μm。锈子器生于针叶背面，略扁平，橙黄色，直径 1~1.5mm；锈孢子圆形至广椭圆形，橙黄色或铁锈色，大小为 (22~37)μm×(18~27)μm。夏孢子堆多生于杨树叶背面，橙黄色，粉状，具棍棒状或头状侧丝；夏孢子卵形至长椭圆形，淡橙黄色，表面有细刺，顶端平滑，腰部胞壁明显增厚，大小为 (22~44)μm×(16~23)μm。冬孢子堆生于杨树叶正面，痂疤状，红褐色至深栗褐色；冬孢子圆筒形或三棱形，淡褐色至褐色，大小为 (40~58)μm×(9~12)μm。

马格栅锈菌 (*M. magnusiana* Wagn.)：为害山杨、毛白杨等叶片。转主寄生。转主寄主为白屈菜属 (*Chelidonium*) 和紫堇属 (*Corydalis*) 植物。性子器叶两面生，黄色。锈子器生于叶背，橙黄色；锈孢子圆形或椭圆形，表面密生细瘤，大小为 (14~23)μm×(12~20)μm。夏孢子堆生于杨树叶背面，橙黄色，有头状侧丝；夏孢子卵形至长椭圆形，表面有刺瘤，腰部壁增厚，大小为 (17~26)μm×(12~19)μm。冬孢子堆亦生于杨树叶背面，暗褐色；冬孢子长椭圆形，淡黄色，大小为 (40~55)μm×(7~13)μm。

杨栅锈菌 (*M. rostrupii* Wagn.)：为害白杨派树种叶片。转主寄生。转主寄主是山靛属 (*Mercurialis*) 植物。性子器多生于叶片正面，蜜黄色。锈子器生于叶片背面，也可生在叶柄和茎上，常环绕性子器着生，鲜黄色；锈孢子圆形至卵形，表面密生小瘤，大小为 (13~18)μm×(12~16)μm。夏孢子堆生于杨树叶背面，黄色，有头状或棍棒状侧丝；夏孢子圆形或卵形，表面刺瘤大而稀疏，大小为 (18~26)μm×(14~21)μm。冬孢子堆亦生于杨树叶背面，深褐色；冬孢子三棱形，淡褐色，顶端稍平而圆，大小为 (40~55)μm×(8~10)μm。

Tian et al. (2004，2005) 基于 *M. magnusiana* 和 *M. rostrupii* 在形态和分子系统学上较相似，认为它们是一个种，并提出中国毛白杨锈病的病原应统一采用前者。

粉被栅锈菌 (*M. pruinosae* Tranz.)：为害胡杨、小叶胡杨和灰杨叶片、芽和嫩梢。尚未发现其转主寄主。夏孢子堆散生于寄主叶片两面；夏孢子圆形、卵圆形，橙黄色，表面密生刺瘤，大小为 (18~26)μm×(14~21)μm。冬孢子堆亦生于寄生叶片两面，红褐色至深褐色，多角形，蜡质；冬孢子圆筒形或三棱形，(35~60)μm×(9~15)μm。

松柳栅锈菌 (*M. larici-epitea* Kleb.)：为害旱柳、垂柳等叶片。转主寄生。转主寄主是落叶松。性子器生于叶上。锈子器生于叶背，圆形至椭圆形，淡橙黄色；锈孢子圆形，表面有细瘤，大小为 (15~25)μm×(10~21)μm。夏孢子堆散生在柳树叶片两面，小型，橙黄色，具头状侧丝；夏孢子卵形、广椭圆形至椭圆形，橙黄色，表面有刺瘤，大小为 (19~23)μm×(14~17)μm。冬孢子堆生于柳树叶背面，深褐色，略隆起；冬孢子多为三棱形，淡褐色，大小为 (20~50)μm×(7~14)μm。

此外，还有为害油桐叶片的油桐栅锈菌 (*M. aleuritidis* Cumm.)，为害山杨叶片的山杨栅锈菌 (*M. larici-tremulae*)（转主寄主为落叶松属植物），为害黄花儿柳等叶片的角落叶松栅锈菌(*Melampsora larici-capraearum* Kleb.)(转主寄主为落叶松),为害旱柳和蒙古柳等叶片的鞘锈状栅锈菌(*M. coleosporioides* Diet.),为害河柳和爆竹柳等叶片的柳叶栅锈菌(*M. arctica* Rostr.)(转主寄主为虎耳草属植物),为害龙江柳和灰毛柳等叶片的叶生栅锈菌(*M. epiphylla* Diet.)及为害黑杨和加拿大杨的葱杨栅锈菌(*M. allii-populina* Kleb.)。

(13) 小栅锈菌属(*Melampsorella* Schrot)

性子器生于寄主角质层下。锈子器短柱状,初生表皮下,后外露,有包被;锈孢子串生,表面有疣。夏孢子堆生在寄主叶背,有包被及孔口细胞;夏孢子无色,单生,有刺,芽孔模糊。冬孢子堆外观不易识别;冬孢子横向松散地连接在寄主表皮细胞中,壁薄,无色,芽孔模糊,不经休眠即可萌发。担子外生。

该属目前约2种。常见的有石竹状小栅锈菌(*M. caryophyllacearum* Schroet.),寄生在冷杉上,引起丛枝锈病。夏孢子和冬孢子阶段生在卷耳属和繁缕属植物上(图11-25)。

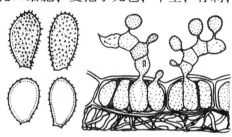

图11-25 石竹状小栅锈菌(*Melampsorella caryophyllacearum*)的夏孢子和冬孢子
(引自 Cummins)

(14) 长栅锈菌属(*Melampsoridium* Kleb.)

性子器平展,生于角质层下。锈孢子堆呈小疱状。夏孢子堆有包被,开口周围生有尖突细胞。冬孢子单胞,圆筒形,集生在寄主植物表皮下。转主寄生,0、Ⅰ在落叶松上,Ⅱ、Ⅲ在主要寄生在桦木科(Betulaceae)植物上。该属目前约11种。重要种有桦木上的桦长栅锈菌[*M. betulinum* (Desm.)Kleb.](图11-26)、桤木上的桤长栅锈菌[*M. alni*(Thum.)Diet.]和鹅耳枥上的鹅耳枥长栅锈菌[*M. carpini*(Fuck.)Diet.]。主要分布北温带。

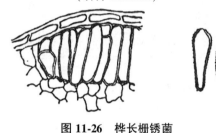

图11-26 桦长栅锈菌
(*Melampsorella betulinum*)
(引自 http://www.arbofux.de/index.html)

(15) 花孢锈菌属(*Nyssopsora* Arth.)

性子器和锈子器阶段不详。夏孢子堆初生寄主表皮下,后外露,呈橙黄色粉状;夏孢子近圆形,黄色,单生柄上,表面有小刺。冬孢子堆亦初生寄主表皮下,后外露,黑色粉状;冬孢子由3个倒品字形细胞组成,外观近圆形或圆三角形,单生柄上,孢壁深褐色,具明显的刺,刺顶部常分叉,每个细胞有2个发芽孔。生于五加科、无患子科、海桐花科、楝科及伞形花科植物上。单主寄生。该属目前约11种。

香椿花孢锈菌[*N. cedrelae*(Hori)Tranz. J]:为害香椿属、臭椿、南酸枣、猪李以及洋椿属(*Cedrela*)植物。夏孢子堆散生或群集于寄主叶片两面,裸露后呈黄色粉状;夏孢子近圆形或卵形,黄色,表面有细瘤,发芽孔不明显,大小为(14~18)μm×(10~14)μm。冬孢子堆散生或群集于寄主叶片两面,裸露后呈黑色粉状;冬孢子由3个细胞排列成倒品字形,暗褐色,长径30~40μm,隔膜处稍缢缩,壁上有20~30个褐色刺状物,刺顶分枝1~2次,柄无色,不脱落,表面粗糙,每个细胞有2~3个发芽孔(图11-27)。

此外,还有栾花胞锈菌[*N. koelreuteriae*(Syd.)Tranz]和楤木花孢锈菌(*N. asiatica* Lutjeharms)。

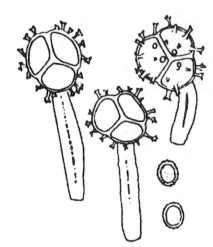

图 11-27 香椿花孢锈菌
(*Nyssopsora cedrelae*)
(引自魏景超等,1979)

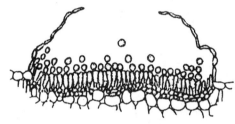

图 11-28 被孢锈菌属(*Peridermium*)
的锈子器及锈孢子
(引自陆家云等,1997)

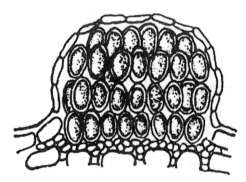

图 11-29 层锈菌属(*Phakopsora*)
(引自魏景超等,1979)

(16)**被孢锈菌属**(*Peridermium* Link)

性子器平展,不很明显。锈子器生于寄主表皮下,通常扁平,淡黄色,不规则开裂,包被大而明显;锈孢子单胞,卵形、椭圆形、矩形等,淡黄色,串生,表面有小瘤(图 11-28)。该属目前约 50 种。常见种有:

中国被孢锈菌(*P. sinensis*):为害云杉叶片。锈子器生于寄主针叶上,长形、隆起,往往群集,有包被;锈孢子椭圆形至近圆形,橘黄色,表面有小瘤,大小为(33~53)μm×(28~40)μm。

此外,还有为害长叶松的长叶松被孢锈菌(*P. complanatum*),为害马尾松、樟子松和油松等松属的松针被孢锈菌(*P. pini*),为害云南油杉的油杉被孢锈菌(*P. keteleeriae-evvlynianae*),为害乔松的乔松被孢锈菌(*P. brevius*)及为害云杉的云杉被孢锈菌(*P. yunshae*)等。

(17)**层锈菌属**(*Phakopsora* Diet.)

性子器及锈子器阶段不详,通常只发现夏孢子堆和冬孢子堆阶段。夏孢子堆初期生于寄主表皮下,后突破表皮,有棍棒状或头状侧丝,侧丝基部联合成假包被,有的无侧丝;夏孢子单胞,单生有刺。冬孢子堆生于寄主叶表皮下,不突破表皮,扁平或半球形,黑褐色,由二层或多层孢子不整齐排列成壳状;冬孢子单胞,无色至褐色,椭圆形或长椭圆形,无柄,表面光滑,具一顶生芽孔。担子外生(图 11-29)。该属目前约 116 种。常见种有:

枣层锈菌[*P. zizyphivulgaris*(P. Henn.)Diet.]:为害枣树叶片。夏孢子堆生于寄主叶片背面,以后不规则开裂,黄褐色,侧丝少;夏孢子椭圆形或卵形,黄色,表面密生短刺,大小为(17~25)μm×(12~17)μm。冬孢子堆散生于寄主叶片背面,黑色;冬孢子 2~4 层,长椭圆形或多角形,黄褐色,表面平滑,壁薄顶稍厚,大小为(10~21)μm×(6~10)μm。

葡萄层锈菌(*P. ampelopsidis* Diet & Syd.):为害葡萄叶片。夏孢子堆橙黄色,散生或群生于寄主叶片背面,大多扩展至全叶,有侧丝;夏孢子卵形至长椭圆形,表面密生细刺,大小为(18~29)μm×(12~18)μm。冬孢子堆亦生于叶背面,常蔓延至全叶,黄褐色至暗褐色;冬孢子 3~6 层,褐色,卵形、长椭圆形或方形,顶部较厚而色深,大小为(16~30)μm×

(11~15)μm。

此外，还有为害香椿叶片的香椿层锈菌(*Phakopsora cheoana* Cumm.)，为害构树、无花果、天仙果、榕属、桑属的天仙果础孢层锈菌(*P. fici-erectaes*)等。

(18) 多胞锈菌属(*Phragmidium* Link)

性子器生于寄主角质层下或表皮中，圆锥形或扁球形。锈子器初期生于寄主表皮下，后外露，圆形或圆筒形，无包被，有侧丝；锈孢子圆形至椭圆形，串生或单生，表面有瘤。夏孢子堆初期生于寄主表皮下，后外露，橙黄色，有周生侧丝；夏孢子圆形或椭圆形，单生柄上，多数表面有小刺或小瘤，发芽孔散生，不很显著。冬孢子堆生于寄主叶片背面，栗褐色至黑色，常有侧丝；冬孢子大，有柄，3至多个细胞，柄上部有色，下部无色，有吸水性，壁厚，光滑或有小瘤，每个细胞有2~3个侧生发芽孔。单主寄生。大多具长生活史型，均生于蔷薇科的蔷薇属、悬钩子属和萎陵菜属等植物上。该属目前约100种。常见种有：

蔷薇多胞锈菌(*P. rosae-multiflorae* Diet.)：为害蔷薇及月季叶片、叶柄，有时为害花蕾或幼枝。锈子器生于寄主叶片、叶柄上，有时生果实及幼枝上，橙黄色，粉状；锈孢子卵形至椭圆形，橙黄色，表面有细瘤，大小为(20~30)μm×(15~22)μm。夏孢子堆散生或群生于寄主叶片背面，小圆形或不规则形，橙黄色，早期裸露，呈粉状，有圆柱形至棍棒形侧丝；夏孢子圆形至宽椭圆形，黄色，表面有小瘤，有6~8个发芽孔，大小为(18~25)μm×21μm。冬孢子堆散生或群生于寄主叶背面，早期裸露，黑色，粉状；冬孢子5~10个细胞，通常7~8个细胞，圆柱形，深褐色，表面密生细瘤，生于柄上，柄长60~129μm，大多膨大呈棍棒状，上部褐色，下部无色，不脱落，冬孢子大小为(69~117)μm×(20~30)μm(图11-30)。

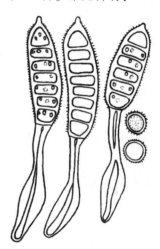

图11-30 蔷薇多胞锈菌
(*Phragmidium rosae-multiflorae*)
(引自魏景超等，1979)

短尖多胞锈菌[*P. mucronatum* (Pers.) Schlecht.]：为害蔷薇、月季等多种蔷薇属(*Rosa*)植物。单主寄生。性子器丛生于寄主叶面。锈子器生于寄主叶片背面或茎上，橙黄色，具周生侧丝；锈孢子广椭圆形或近球形，淡黄色，表面有瘤状刺，大小为(25~35)μm×(16~24)μm。夏孢子堆生于叶片背面及茎上，橙黄色，可遍及全叶，早期裸露，有大量周生侧丝；夏孢子广椭圆形至近球形，表面密生细刺，大小为(18~28)μm×(15~21)μm。冬孢子堆亦生于叶背或茎上，与夏孢子堆相似，黑色；冬孢子4~8个细胞，圆筒形，栗褐色，顶端有锥形突起，表面密生瘤，柄永存，明显膨大，大小为(53~110)μm×(25~27)μm。

玫瑰多胞锈菌(*P. rosae-rugose* Kasai)：为害玫瑰(*Rosa rugosa*)。性子器不详。锈子器生于寄主茎、叶柄及果实上，有时亦生于叶片背面，棍棒形，鲜橙黄色，有很多侧丝；锈孢子广椭圆形或近球形，几近无色，表面有细瘤，大小为(20~28)μm×(16~22)μm。夏孢子堆生于寄主叶片背面，橙黄色，早期裸露，侧丝多；夏孢子球形至广椭圆形，无色，表面有细刺，大小为(20~25)μm×(15~24)μm。冬孢子堆亦生于叶片背面或叶柄上，褐色至栗褐色；冬孢子5~8个细胞，圆筒形，淡黄褐色，顶端突起小或无突起，柄长60~168μm，常膨大，几近无色或仅上端呈淡黄色，每个细胞有 3 个发芽孔，大小为 $(63\sim128)\mu m\times(24\sim39)\mu m$。

此外，还有为害悬钩子叶片的灰色多胞锈菌（*Phragmidium griseum* Diet.）和为害波密悬钩子叶片的札木多胞锈菌（*P. zamonense*）等。我国已报道该属有 30 多种可为害蔷薇和悬钩子属的植物。

（19）帽孢锈菌属（*Pileolaria* Castagne）

性子器生于寄主角质层下。锈子器初期生于寄主表皮下，后突破表皮；锈孢子单生柄上，表面有排列成纵向或螺旋条纹状的疣或刺。夏孢子堆初期生于寄主表皮下，后突破表皮；夏孢子与锈孢子相似。冬孢子堆初期生于寄主表皮下，后突破表皮；冬孢子单孢有柄，初为球形，以后上下扁缩，孢壁厚而有色，具小疣或其他纹饰。均为单主寄生。

该属目前约 16 种。较常见的有漆树帽孢锈菌（*P. klugkistiana* Diet.）（图 11-31）为害黄连木、盐肤木、麸杨和漆树属植物；白井帽孢锈菌 [*P. shiriana* (Dietel & R Sydow) S. Ito] 为害色木槭、盐肤木、木蜡树和漆树属植物；以及楷果帽孢锈菌（*P. extensa* Arth.）、楷粗柄帽孢锈菌（*P. pistaciae* Tai et Wei）、黄栌帽孢锈菌（*P. cotini-coggygriae* F. L. Tai et C. C. Cheo）、黄连木帽孢锈菌（*P. pistaciae* F. L. Tai et C. T. Wei）和笃耨香帽孢锈菌 [*P. terebinthi* (de Candolle) Castagne] 等。

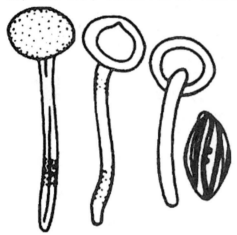

图 11-31　漆树帽孢锈菌（*Pileolaria klugkistiana*）的冬孢子及夏孢子

（引自魏景超等，1979）

（20）膨痂锈菌属（*Pucciniastrum* G. H. Otth）

性子器小，圆锥形，无侧丝，常埋生在寄主植物角质层下。锈子器圆筒形，包被薄，初生寄主表皮下，后外露；锈孢子椭圆形，串生，有小瘤，少数壁表光滑。夏孢子堆有多角形薄的包被，孔口细胞明显；夏孢子橙黄色，形状变化较大，有刺，芽孔散生、模糊。冬孢子堆生于寄主表皮细胞下或细胞内，排列成单层。冬孢子壁褐色，无柄，有纵横隔膜，2~4 细胞，每个细胞上有一个芽孔。担子外生。生活史已知的都是转主寄生。0、I 在冷杉属（*Abies*）、云杉属（*Picea*）及铁杉属（*Tsuga*）上，Ⅱ、Ⅲ在椴属（*Tilia*）、Dicots 及兰科植物上。多数分布在北温带。该属目前约 50 种。重要种有：

栗膨痂锈菌（*P. castaneae* Diet.）：为害栗属、樟属叶片。冬孢子堆黄色至黄褐色，多生于叶背；冬孢子淡黄色，卵形至长椭圆形，2~6 细胞，大小为 $(20\sim37)\mu m\times(14\sim30)\mu m$。夏孢子堆黄褐色，有包被生于叶背；夏孢子橙黄色，卵形至长椭圆形，大小为 $(14\sim24)\mu m\times(8\sim15)\mu m$，表面有刺。

榛膨痂锈菌（*P. coryli* Kom.）：为害榛叶片。冬孢子堆散生或单层连生，小型垫状，生于寄主叶背表皮下，黄色；冬孢子淡黄褐色至淡褐色，短圆形至长椭圆形，光滑，有时有棱角，大小为 $(16.5\sim28.6)\mu m\times(11.5\sim14.5)\mu m$。夏孢子堆淡黄色至橙黄色，小圆形，生于寄主叶背，有包被；夏孢子淡橙黄色，卵形至椭圆形，大小为 $(16.5\sim26)\mu m\times(9\sim14)\mu m$，有刺状瘤。

椴膨痂锈菌（*P. tiliae* Miyabe et Hirats.）：为害椴树叶片。冬孢子堆橙黄色至红褐色，生于寄主叶背表皮下；冬孢子圆筒形或长椭圆形，表面光滑，2~6个细胞，大小为(20~45)μm×(15~30)μm。夏孢子堆黄色，生于叶背；夏孢子橙黄色，近圆形至长椭圆形，大小为(18~29)μm×(12~29)μm(图 11-32)。转主寄主是冷杉属植物。性子器生于叶上，圆锥形，锈子器生于叶背，圆筒形，有包被；锈孢子橙黄色，圆形至椭圆形，大小为(19~33)μm×(12~22)μm，表面有细瘤。

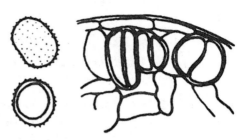

图 11-32 椴膨痂锈菌(*Pucciniastrum tiliae*)的冬孢子及夏孢子
(引自魏景超等，1979)

另有槭膨痂锈菌(*Pucciniastrum aceris* Syd.)为害元宝槭，猕猴桃膨痂锈菌(*P. actinidiae* Hirats. f.)为害台湾猕猴桃等。

(21) 伞锈菌属(*Ravenelia* Berkeley)

性子器多生于寄主角质层下，无侧丝。锈子器生于寄主表皮下或角质层下；锈孢子单生柄上，偶有串生，黄色或褐色，表面有刺或细瘤。夏孢子堆通常生于寄主表皮下，常具侧丝；夏孢子圆形、卵圆形至椭圆形，单生柄上，表面有刺或瘤。冬孢子堆杯状，散生或群生，深褐色至黑色，先埋生后裸露；冬孢子大多单细胞，少数双细胞，丛生于总柄上，相互连联结褐色圆盘状头状体，每个孢子下方有一无色吸湿性囊状体，孢子深色，表面有或无纹饰，每细胞有1个芽孔。主要寄生在豆科植物。单主寄生。该属目前约250种。常见种有：

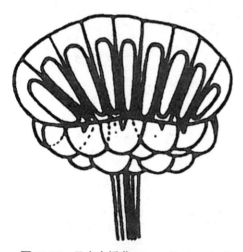

图 11-33 日本伞锈菌(*Ravenelia japonica*)
(引自魏景超等，1979)

日本伞锈菌(*R. japonica* Diet. et Syd.)：为害合欢叶片。夏孢子堆生于寄主叶片两面，淡肉桂色，无侧丝；夏孢子椭圆形或卵形，淡褐色，表面有短刺，有4个发芽孔，大小为(17~23)μm×(12~18)μm。冬孢子堆生于寄主叶两面或茎上，散生或排列成杯状，深褐色至黑色；冬孢子球凸镜形，深褐色，平滑，每一球体沿直径上有5~10个冬孢子，侧面相互连接。冬孢子栗褐色，大小为(35~41)μm×(10~22)μm，有4~8个发芽孔，下方有卵圆形囊状物，柄无色，常脱落(图 11-33)。

无柄伞锈菌(*R. sessilis* Berk.)：为害白格及楹树等叶片。夏孢子堆无侧丝；夏孢子单细胞，椭圆形至倒卵形，黄色，表面有小刺，有4个发芽孔，大小为(18~30)μm×(16~20)μm。冬孢子堆生于寄主叶片两面，散生或排列成环状，深褐色；冬孢子单细胞，褐色，大小为(20~23)μm×(16~24)μm，侧向结合成栗褐色头状体，沿直径上有冬孢子4~7个。每个冬孢子下方有一个无色囊状物，无柄，易破。

(22) 球锈菌属(*Sphaerophragmium* Magnus)

夏孢子堆先埋生于寄主表皮下，后外露，周围有棍棒状侧丝；夏孢子单胞，倒卵形，黄褐色，单生柄上，表面有细刺，有2~4个发芽孔。冬孢子堆初生于寄主表皮下，裸露后呈暗褐色，粉状；冬孢子4~10个细胞，球形或椭圆形，外观呈桑椹状，单生柄上，表面有刺，有简单或顶部分叉的附属物。多寄生于豆科植物上。该属目前约24种。常见种有：

金合欢球锈菌[*Sphaerophragmium acaciae*(Cooke)Magn.]：为害大叶合欢叶片。夏孢子堆散生或群生于寄主叶片背面，锈褐色，呈粉红状；夏孢子倒卵形，略弯曲，黄褐色，表面有稀疏小疣，有发芽孔4个，大小为(20~29)μm×(14~20)μm。冬孢子堆生于寄主叶片背面，外露，暗褐色；冬孢子由4~10个细胞组成，外观近圆形或广椭圆形，大小为(28~44)μm×(21~42)μm，表面有刺，顶端分枝，具近于无色的柄(图11-34)。

（23）硬层锈菌属(*Stereostratum* Magnus)

性子器及锈子器阶段不详。夏孢子堆初生寄生角质层下，后外露呈褐色粉状；夏孢子单细胞，单生柄上，表面有小刺，腰部有发芽孔。冬孢子堆亦生于寄主角质层下，铺展成壳状；冬孢子双细胞，单生细长柄上，表面平滑，吸水不膨胀，每个细胞有3个不明显的芽孔。仅一种。

皮下硬层锈菌[*S. corticioides*(Berk. et Br.)，异名 *Puccinia corticioides* Berk. et Br. Magn.]：为害竹亚科植物茎部。夏孢子堆生于寄主角质层下，椭圆形；夏孢子单细胞，近圆形或卵形，无色至淡黄色，表面有小刺，无柄，发芽孔不明显，大小为(19~27)μm×(15~20)μm。冬孢子堆亦生于寄主角质层下，大，群生如绒毡状，结构紧密，黄褐色；冬孢子双细胞，近球形至广椭圆形，淡黄色，两端圆，着生细长柄上，不脱落，表面平滑，每细胞有发芽孔约3个，不明显，大小为(25~45)μm×(19~32)μm(图11-35)。

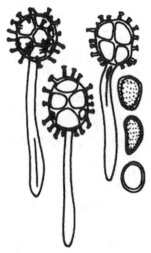

图11-34 金合欢球锈菌
(*Sphaerophragmium acaciae*)
(仿绘自村山)

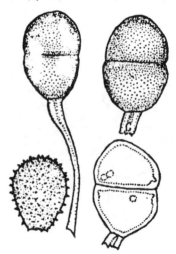

图11-35 皮下硬层锈菌(*Stereostratum corticioides*)的夏孢子和冬孢子
(引自陆家云，2001)

（24）疣双胞锈菌属(*Tranzschelia* Arth.)

性子器生于寄主角质层下，扁平或半球形，褐色至黑色，无侧丝。锈子器初生寄主表皮下，后外露，杯形，有包被；锈孢子圆形，串生，黄褐色，表面密生疣。夏孢子堆垫状，初埋生寄主表皮下，后外露，有侧丝；夏孢子单生柄上，椭圆形或倒卵形，淡褐色，表面有刺，先端平滑，腰部有发芽孔。冬孢子堆垫状，初埋生寄主表皮下，后外露；冬孢子双细胞深褐色，表面有刺或疣，单生于短柄上，两细胞易分离，每细胞有一个发芽孔，柄基部相互结合。多数转主寄生，锈孢子阶段在毛茛科植物上，冬孢子阶段在蔷薇科植物上；有的单主寄生。该属目前约19种。常见种是：

刺李疣双胞锈菌[*Tranzschelia pruni-spinosae* (Pers.) Diet.]：为害李、杏、桃叶片。转主寄生。转主寄主是白头翁(*Pulsatilla chinensis*)。性子器生于寄主叶两面，暗褐色。锈子器生于寄主叶背，杯形至短圆筒形，蜜黄色至暗褐色，有包被；锈孢子圆形至长圆形，黄色，表面密生细瘤，大小为(18～27)μm×(15～20)μm。夏孢子堆散生或群集于寄主叶片背面，小圆形，早期裸露，呈肉桂色粉状，头状侧丝多；夏孢子长椭圆形、棍棒形或纺锤形，表面有刺，顶端黄褐色、平滑、下部色较淡，腰部有3～4个发芽孔，大小为(20～35)μm×(10～18)μm。冬孢子堆与夏孢子堆相似，呈栗褐色，粉状；冬孢子双细胞，长椭圆形或倒卵形，栗褐色，生于无色短柄上，易脱落，双胞缢缩明显，有时分离，表面密生粗瘤，大小为(25～39)μm×(18～28)μm(图11-36)。

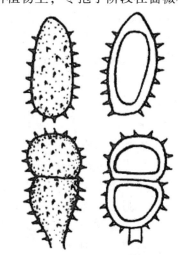

图 11-36　刺李疣双胞锈菌(*Tranzschelia pruni-spinosae*)的夏孢子和冬孢子
（引自陆家云等，1997）

（25）盖痂锈菌属(*Thekopsora* Magn.)

转主寄生。性子器生于寄主角质层下。锈子器有包被，生于寄主表皮下；锈孢子串生，表面多疣。夏孢子堆有包被，初生寄主表皮下，后外露；夏孢子单生，壁有稀疏的刺。冬孢子生于寄主表皮细胞内，有纵隔膜，2～5细胞，集成壳状(图11-37)。担子外生。有人主张不另立属，而归属于膨痂锈菌属内。该属目前约7种。重要种有：

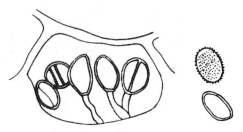

图 11-37　酸樱桃盖痂锈菌(*Thekopsora pseudocerasi*)的冬孢子和夏孢子
（引自魏景超等，1979）

杉李盖痂锈菌[*T. areolata* (Fr.) Magnus]：为害稠李叶片。0、Ⅰ在云杉球果上，Ⅱ、Ⅲ在稠李叶上。性子器群集，白色小疱状，扁平。锈子器半圆形至圆形，密生于寄主鳞片内侧，包被厚，裂口不规则；锈孢子卵形或椭圆形，大小为(24～32)μm×(19～24)μm。夏孢子堆斑点状，黄褐色，群生于寄主叶片；夏孢子卵形、近圆形或不规则形，表面有刺，大小为(15～21)μm×(10～14)μm。冬孢子堆深褐色，痂壳状，有光泽，群集在寄主叶片两面；冬孢子近圆形、卵形或棱形，2～5细胞，大小为(20～30)μm×(8～24)μm。此外，还有越橘盖痂锈菌(*T. vacciniorum* Karst.)和酸樱桃盖痂锈菌(*T. pseudocerasi* Hiratsuka)。

（26）拟三胞锈菌属(*Triphragmiopsis* Naumor)

性子器不详。锈子器初期生于寄主表皮下，后裸露，有包被；锈孢子串生，表面有刺。夏孢子堆生于寄主叶片背面，红色，无包被；夏孢子倒卵形至圆形，表面有瘤。冬孢子堆初埋生，后破皮而出，褐色，粉状；冬孢子3个细胞排成倒品字形，单生柄上，褐色，表面有疣，每细胞有2个发芽孔。该属目前约3种。常见种：

落叶松拟三胞锈菌[*T. laricinum*(Chou)Tai，异名 *Triphragmium laricinum* Chou]：为害落叶松。单主寄生。夏孢子堆椭圆形，奶油色至赭黄色，破裂后呈铁锈色至血红色，有棍棒状侧丝；夏孢子椭圆形，鲜黄色，形成冬孢子前的一代夏孢子常为圆形，淡棕褐色，表面有刺状小疣，大小为(27.6~53.8)μm×(13.8~14)μm。冬孢子堆初埋生寄主表皮下，后裸露呈暗褐色，粉状；冬孢子3个细胞构成倒品字形，暗褐色，表面有刺状小疣，孢柄无色，易脱落，每细胞有2个发芽孔，大小为(36~43)μm×(30~34)μm。

此外，还有寄生在小檗科植物上的鲜黄连拟三胞锈菌(*Triphragmiopsis jeffersoniae* Naum.)(图11-38)。

（27）三胞锈菌属(*Triphragmium* Link)

性子器生于寄主角质层下，扁球形，无侧丝。锈子器似夏孢子堆状，初期生于寄主表皮下，后外露；锈孢子单生柄上，表面有刺。夏孢子堆初生寄主表皮下，后外露，周围有侧丝；夏孢子圆形或椭圆形，单生柄上，淡黄色，表面有刺，发芽孔不明显。冬孢子堆生于寄主叶片背面或茎上，裸生，褐色，粉状；冬孢子单生柄上，3个细胞排成倒品字形，褐色，表面有瘤，每细胞有1个发芽孔(图11-39)。

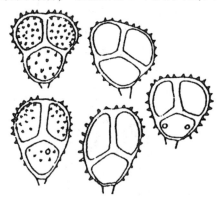

图11-38　鲜黄连(*Triphragmiopsis jeffersoniae*)拟三胞锈菌

（引自魏景超等，1979）

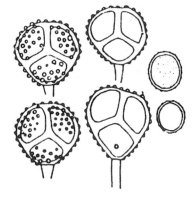

图11-39　榆三胞锈菌的冬孢子和夏孢子

(*Triphragmium ulmariae*)

（引自魏景超等，1979）

该属目前约7种。常见种有榆三胞锈菌[*T. ulmariae*(Schw.)Link]和异形三胞锈菌(*T. anomalum* Tranz.)。

（28）夏孢锈菌属(*Uredo* Pers.)

夏孢子堆生于寄主表皮下，黄褐色，有或无侧丝；夏孢子单细胞，单生柄上，淡黄褐色，表面有刺或瘤，有2至多个发芽孔。该属目前约600种。常见种有：

桑生夏孢锈菌(*U. moricola* P. Henn.)：为害桑树叶片。夏孢子堆生于寄主叶片背面，小圆形至椭圆形，黄褐色，裸露后呈粉状；夏孢子近圆形至椭圆形，淡色至淡黄色，表面密生细瘤，有发芽孔2个，大小为(14~29)μm×(14~21)μm。

泽田夏孢锈菌(*U. sawadae* Ito)：为害无花果叶片。夏孢子堆生于寄主叶背面，圆形至椭圆形，褐色；夏孢子黄色至黄褐色，表面有瘤状刺，大小为(20~44)μm×(13~28)μm。

圆痂夏孢锈菌(*U. tholopsora* Cumm.)：为害毛白杨叶片。夏孢子堆生于寄主叶片背面，黄褐色，有包被和头状侧丝；夏孢子椭圆形，黄色，表面有短刺，大小为(18~23)μm×

(10~15)μm。

竹夏孢锈菌(*Uredo ignava* Arth.)：为害竹叶。夏孢子堆生于寄主叶背面，圆形或椭圆形，散生或排成条状，裸露后呈黄褐色，粉状，有侧丝；夏孢子卵圆形或近圆形，淡色至淡褐色，表面有细刺，大小为(23~35)μm×(19~23)μm。

藤金合欢夏孢锈菌(*U. acacia-concinnae*)：为害藤金合欢[*Acacia sinuate*(Lour)Merr.]。夏孢子堆生于叶两面，散生或聚生，有时形成同心圆群，裸露，直径约0.1~0.2mm，淡肉桂褐色，稍粉状，干后较坚实；侧丝头状，易萎缩，头部淡黄褐色，向下渐变无色；夏孢子倒卵形、长倒卵形或近椭圆形，大小为(22~30)μm×(8~18)μm，淡肉桂褐色，顶壁色深，向下渐淡，表面密生细刺，下部刺较粗，芽孔4~6个，多数4个，腰生，不明显(图11-40)。

此外，还有为害台湾小檗、黄荆、小叶荆和稀叶牡荆的小檗夏孢锈菌[*U. clemensiae*(Arthur et Cummins)Hiras. f.]；为害麻竹的麻竹夏孢锈菌(*U. dendrocalami* Petch)和为害凤尾竹、白藤属、牡竹属、梭梭和刚竹等的梭梭夏孢锈菌(*U. haloxyli* Karvtzev)等。

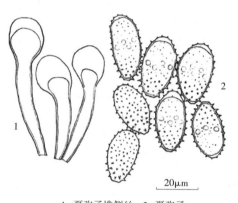

1. 夏孢子堆侧丝　2. 夏孢子

图11-40　藤金合欢夏孢锈菌

(*Uredo acacia-concinnae*)

(引自庄剑云等，2016)

(29)单胞锈菌属(*Uromyces* Link)

性子器埋生寄主组织内，孔口有缘丝突出。锈子器杯形或短圆筒形，有包被；锈孢子圆形至椭圆形，浅色，表面平滑或有小瘤，串生。夏孢子堆在寄主表面呈红褐色粉状；夏孢子单胞，近圆形或椭圆形，黄褐色，表面有刺或瘤，单生在柄上，芽孔明显。冬孢子堆呈暗褐色至黑色粉状，或被表皮细胞所覆盖而不外露；冬孢子单胞有柄，黄褐至栗色，表面平滑，顶壁较厚，顶端有一个发芽孔(图11-41)。单主寄生或转主寄生。单胞锈菌属是锈菌中第二大属，寄主遍布世界各地，包括禾本科、百合科、菊科、大戟科和豆科等植物。该属目前约1500种。常见的林木病原菌有：

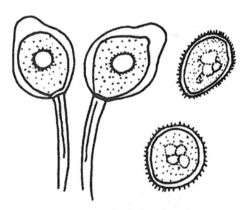

**图11-41　单胞锈菌属(*Uromyces*)
冬孢子及夏孢子**

(引自陆家云等，1997)

茎生单孢瘤锈菌(*U. truncicola* P. Henn. et Shirai)：为害槐树枝干。0、Ⅰ、Ⅱ未知。冬孢子堆皮下生，成熟后沿树皮裂缝而出，周围残存周皮，冬孢子堆不规则，黑褐色；冬孢子椭圆形至梭形，极少为卵圆形；冬孢子上有凹陷，栗褐色；表面粗糙但无疣；冬孢子大小为(42.3~50.0)μm×(21.6~28.4)μm，壁厚9.0~3.6μm，发芽孔单一，顶生；柄无色，可长达125.0μm，但变化很大，最短为6.9μm，不脱落(存留)。

梭梭单孢锈(*U. sydowii* Z. K. Lin et Guo)：为害梭梭的幼茎和枝条，引起梭梭瘤锈病；金丝桃单胞锈菌(*Uromyces hyperici* M. A. Curtis)为害金丝桃属多种；木兰单胞锈菌(*U. indigoferae* Dietel. et Holw.)为害木兰属和皱纹单胞锈菌(*U. rugulosus* Pat.)为害杭子梢属和胡枝子属植物等。

（30）拟多胞锈菌属(*Xenodochus* Schlecht.)

性子器生于寄主表皮中，无侧丝。锈子器初期生于寄主表皮下，后外露，无包被和侧丝；锈孢子单胞，无色，串生，壁上有乳头状疣。夏孢子堆和夏孢子与锈子器及锈孢子相似，但不伴生性子器，亦有人认为缺夏孢子。冬孢子堆裸露，呈黑色粉质；冬孢子3至多细胞，圆筒形，稍弯曲，表面平滑，柄短小，有时下部细胞呈柄状，顶细胞有一个芽孔，其余每个细胞有2个芽孔。该属目前约2种。常见种有：

煤色拟多胞锈菌(*X. carbonarius* Schlecht.)：为害多种地榆属植物的叶片。锈子器生于寄主叶片背面，也常发生于叶脉及叶柄上，橙黄色；锈孢子圆形至椭圆形，黄色，表面密生细瘤，大小为(17~26)μm×(16~22)μm。冬孢子堆生于寄主叶两面，裸露，黑色；冬孢子3~28个细胞，长圆筒形，稍弯曲，隔膜处明显缢缩，顶部圆形，有短突起，顶细胞与基细胞稍长于其余细胞，短柄，无色，冬孢子全长可达450μm，直径23~28μm，顶细胞一个发芽孔，其余每个细胞有2个发芽孔（图11-42）。

图11-42 煤色拟多胞锈菌
(*Xenodochus carbonarius*)
（引自魏景超等，1979）

11.4.1.2 卷担子菌目(Helicobasidiales)

该目的真菌曾被归类于木耳目(Auriculariales)，卷担子菌科(Helicobasidiaceae)。Bauer等(2006)将该类真菌归于柄锈菌亚门。该目仅有1科3属17种。

卷担子菌目真菌的菌丝体疏松地生于植物地下部或基部，结成网络状菌索，菌核扁球形。担子果平伏，松软，呈毛绒状。子实层平滑。担子圆筒形，常卷曲，有横隔，小梗单面侧生，呈钳形。担孢子卵形，无色，表面光滑。

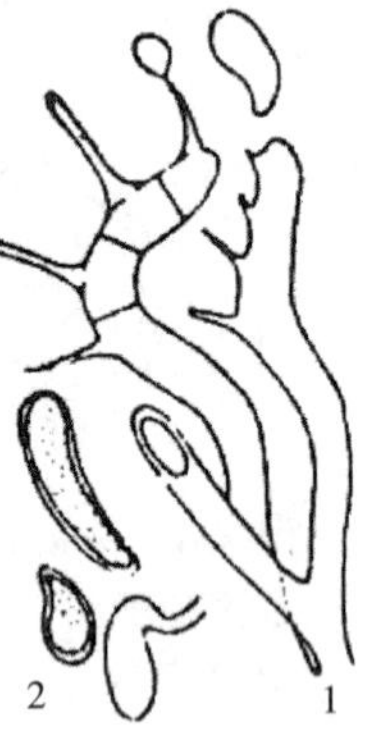

卷担菌属(*Helicobasidium* Pat.)：目前约6种。

紫卷担菌[*H. purpureum* (Tul.) Pat.]：营养菌丝生于寄主体内，壁薄；生育菌丝外生，紫红色，粗大厚壁的深色菌丝结成菌索。菌核扁球形，紫红色，边缘拟薄壁组织状，内部白色，疏丝组织状。子实体扁平，深褐色，厚6~10mm，绒毛状。子实层淡紫红色，担子无色，圆筒形或棍棒形，向一方卷曲，有隔膜3个，大小为(25~40)μm×(6~7)μm，生小梗3~4个，小梗大小为(12~15)μm×(2.5~3.5)μm；担孢子卵形或肾脏形，顶端圆基部细小，大小为(10~25)μm×(5~8)μm

1. 担子 2. 担孢子

图11-43 紫卷担菌
(*Helicobasidium purpureum*)
（引自魏景超等，1979）

（图11-43）。该菌的寄主范围很广，达51科90属100多种植物，常为害桑、茶、仁果、核果和杨、柳、栎、槐、樟、银杏、橡胶、泡桐、枫杨、漆树和榆属等树木根部，引起紫纹羽病。

白卷担菌(*H. albicans* Saw.)：子实体先呈白色，后略呈黄褐色或淡红白色。菌丝无色，壁厚。上担子圆筒形，卷曲，有隔膜3个，大小为$(20\sim28)\mu m\times(6\sim8)\mu m$；孢子无色，单细胞，顶端圆基部细小，大小为$(17\sim33)\mu m\times(4\sim7)\mu m$。寄生柑橘，引起根腐病。

11.4.1.3 隔担菌目(Septobasidiales)

该目真菌的担子果与高等植物上的介壳虫共生，属于裸果型，扁平、平滑，有小瘤或裂缝，极少有刺，壳质、蜡质或海绵质。菌丝层基部常有直立的菌丝组织，上部与子实层相连。菌丝有桶孔隔膜，无锁状联合。子实层单侧生，有担子和营养菌丝。担子分原担子和异担子。原担子卵形、球形、梨形或近圆筒形，通常厚壁，有些类似锈菌的冬孢子结构，有的薄壁。异担子圆筒形，直或弯曲，1~3横隔，小梗长形或细尖。担孢子无色，薄壁，表面光滑，成熟时常形成横隔膜，非淀粉质，极少重复发生，萌发时产生分生孢子和芽孢子。隔担菌目只有1科7属179种。与树木病害有关的有：

隔担耳属(*Septobasidium* Pat.)

菌丝初无色，后变灰褐色或黑褐色，覆盖在基物表面。担子果平伏，蜡质至壳质。靠近子实层的菌丝产生原担子。原担子卵形、梨形或圆筒形，厚壁，基部有柄。柄直或弯曲，由横隔膜分成4个细胞，每个细胞生一小梗，小梗顶端着生担孢子；担孢子圆形，无色，表面光滑(图11-44)。担子果生在介壳虫体上，间接为害活树，平伏在树皮上很像膏药，称所致病害为膏药病。很多种寄生在经济作物的介壳虫上，这些植物并不直接受菌的侵害，但由于菌的保护而使介壳虫大为猖獗。多分布在热带和亚热带。该属目前约200种。我国报道约有10种。常见的种有：

茂物隔担耳(*S. bogoriense* Pat.)：为害桑、茶、油桐、胡桃、女贞、板栗、甜橙、杜仲和栎等木本植物，引起灰色膏药病。担子果浅灰色，平伏，革质，边缘质地疏松，呈白色海绵状，直径3~12cm。原担子球形或近球形，直径$8.4\sim10\mu m$，有时卵形，大小为$13\mu m\times(5.3\sim6)\mu m$，有3个横隔膜。担孢子椭圆形，无色，表面光滑，$18\mu m\times4\mu m$。

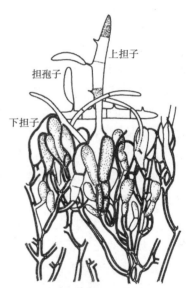

图11-44 隔担耳属(*Septobasidium*)的担子及担孢子

(引自魏景超等，1979)

田中隔担耳[*S. tanakae* (Miyabe) Beed. et Steinm.]：为害李属多种果树，以及梨、茶、桑、泡桐、板栗等植物枝干，引起褐色膏药病。子实体褐色。原担子单胞，无色。上担子纺锤形，有2~4个隔膜，大小为$(49\sim65)\mu m\times(8\sim9)\mu m$。小梗大小为$(35\sim63)\mu m\times(3.5\sim4)\mu m$。担孢子镰刀形，略弯，表面光滑，大小为$(27\sim40)\mu m\times(4\sim6)\mu m$。

金合欢隔担耳(*S. acasial* Saw.)：为害茶、柑橘、金合欢、柳等植物枝干，引起烟色膏药病。担子果海绵状，深褐色，边缘白色，子实层褐色。原担子圆形，直径$9\sim12\mu m$，基部有不明显的柄。担子从原担子上生出，圆筒形，顶端尖，基部平，直或稍弯，无色，有1~5个横隔膜，一般3个，大小为$(52\sim81)\mu m\times(4\sim6)\mu m$。每细胞生一小梗，小梗顶端着生担孢子。担孢子圆筒形或倒卵形，单胞，无色，大小为$(18\sim22)\mu m\times(3\sim6)\mu m$。

柄隔担菌[*S. pedicellatum* (Schw.) Pat.]：能引致桑的膏药病。白隔担耳(*S. albidum* Pat.)引起毛桂、樟树和柑橘属等植物膏药病。

11.5 代表类群：黑粉菌亚门

黑粉菌通常是指一类寄生在植物上，引起寄主发病部位形成大量黑粉状孢子的担子菌。黑粉菌引起的植物病害，称为黑粉病。黑粉菌菌丝分隔较为简单，通常具不典型的桶孔隔膜。黑粉菌产生的黑色粉状的冬孢子，常称之为厚垣孢子。目前已报道的种类有1700多种，绝大多数为高等植物寄生菌，主要寄生在禾本科、莎草科、蓼科和菊科植物上，占全部黑粉菌种类的84%。可从植物幼嫩的部位，如茎、叶、花器、根部、胚芽鞘、气生根等侵入，引起全株性侵染和局部性侵染，大多数只有一次侵染，少数可发生再次侵染。

黑粉菌寄生性强，但可人工培养，因此不是专性寄生菌。黑粉菌在培养基上生长时呈丝状或酵母状，但多数种类在培养基上不能完成生活史。有些种类如小麦矮腥黑粉菌(*Tilletia controversa*)和甘蔗黑粉菌(*Ustilago scitaminea*)在培养中可诱发形成冬孢子。

（1）营养体

黑粉菌菌丝无色，有隔，具分枝。担孢子和分生孢子萌发产生单核的初生菌丝，在生活史中占据时间很短，它们联合后形成双核次生菌丝，占生活史的很长时间。黑粉菌的典型菌丝隔膜具有一微小中心孔，不具有桶状隔膜和桶孔盖。有时在次生菌丝上有锁状联合。主要以双核菌丝在寄主细胞间生长，常以形状各异的吸器伸入寄主细胞内吸取营养。有时菌丝寄生于寄主细胞内，靠菌丝的渗透压差获取营养。系统侵染的黑粉菌的菌丝体布满寄主植物全株，而局部侵染的黑粉菌其菌丝体只限于侵染点附近。

（2）无性繁殖

黑粉菌的无性繁殖不发达，通常由菌丝体上长出小孢子梗，上面生出分生孢子。分生孢子能以芽殖方式产生次生分生孢子，担孢子也可以芽殖方式产生大量的芽孢子，在人工培养基上的菌丝体能产生酵母状的芽孢子，这些都是黑粉菌的无性孢子。这些孢子都是单核、单倍体细胞。芽殖是黑粉菌的一种常见的无性繁殖方式，其过程基本上与酵母的芽殖相似。单倍体的担孢子和分生孢子是不能致病的，而亲和性孢子结合后形成的次生菌丝具有致病性。

（3）有性生殖

黑粉菌没有性器官的分化，任何两个具有亲和性的担孢子间、小孢子间、芽殖细胞间、菌丝间或孢子与菌丝间都可以结合，通过质配形成双核的次生菌丝。次生菌丝生长后期，菌丝中部分细胞的原生质浓缩，细胞体积增大，每团原生质周围形成一个厚壁，形成冬孢子，又称为厚垣孢子或黑粉孢子。而有的黑粉菌如香草黑粉菌(*Ustilago striiformis*)是由大量菌丝分枝，形成卷曲的造孢菌丝，在寄主细胞内发育成冬孢子。另一些种类的冬孢子是由次生菌丝顶端细胞产生，形成具有柄的冬孢子。冬孢子是黑粉菌的特有结构，冬孢子及由它构成的孢子球(spore ball)的形态和组成是黑粉菌的重要分类依据。

黑粉菌的冬孢子多为球形、近球形，偶有多角形，淡黄色至暗褐色，有的腰部及顶部颜色较淡，有的腰部颜色较深、壁较厚，而顶部颜色较淡，壁较薄。冬孢子外壁平滑或具网纹、细刺、疣突或瘤突，或呈脑纹状。冬孢子的大小、形状、颜色及外部纹饰是重要的分类特征。冬孢子常呈堆状，外围有外膜。

冬孢子单生或组成各种类型的孢子球。孢子球可单独由可育孢子组成或由可育孢子与不育细胞，有时还有拟薄壁组织所构成。不育细胞在孢子球上的排列方式是重要的分类特征（图11-45），有4种排列方式：①孢子球全由可育孢子组成，不包含不育成分，如团黑粉菌属（*Sorosporium*）。②孢子球由可育孢子及包围孢子的囊状不育细胞所组成，如条黑粉菌属（*Urocystis*）。③孢子球由外及内依次由不育细胞、可育孢子及拟薄壁组成所构成，如尊德黑粉菌属（*Zundelula*）。④孢子球的中心是可育孢子团，外围是不育的外皮，如实球黑粉菌属（*Doassansia*）。孢子球的大小、颜色、可育孢子数、永久埋生或成熟后外露以及久存性的程度，在分类上均有其重要意义。

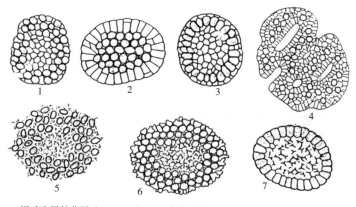

1. 裸球孢黑粉菌属（*Burrillia*） 2. 实球黑粉菌属（*Doassansia*） 3. 虚球黑粉菌属（*Doassansiopsis*） 4. 网孢黑粉菌属（*Narasinhania*） 5. *Nannfeldtiomyces*
6. 假实球黑粉菌属（*Pseudodoassasia*） 7. 栅孢黑粉菌属（*Tracya*）

图 11-45 黑粉菌孢子球的结构

（引自 Vánky et al., 1987）

冬孢子初期双核，成熟后核配，多在萌发时才进行减数分裂，产生担子和担孢子。萌发方式主要有两大类：一类是担子无隔，担孢子顶生，如小麦腥黑穗病菌（*Tilletia caries*）（图11-46，1）；另一类是担子有隔，担孢子侧生（图11-46，2），如玉米瘤黑粉菌（*Ustilago maydis*）。

（4）生活史

黑粉菌的生活史是单倍体的担孢子萌发产生单核的初生菌丝，迅速结合形成双核的次生菌丝，经过长时期的生长发育形成初期冬孢子，具双核，核配后成为双倍体冬孢子，萌发后先在菌丝内减数分裂，尔后产生单倍体的担孢子。生活史循环如图11-47所示。

1. 腥黑粉菌属（*Tilletia*）冬孢子萌发（王平军摄）
2. 实黑粉菌属（*Ustilago*）冬孢子萌发

图 11-46 黑粉菌冬孢子萌发图

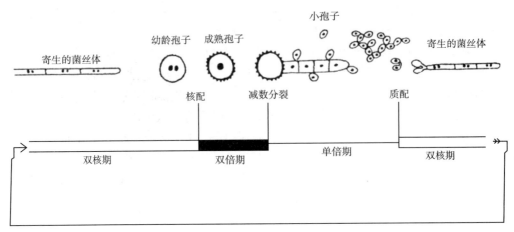

图 11-47　黑粉菌核相的一般图解
(引自 Vánky et al.，1987)

黑粉菌的生活史类型可概括为 3 种。

①单核的菌丝体在寄主体内彼此结合，产生双核的冬孢子，后期经核配成为双倍体的冬孢子。冬孢子萌发产生初生菌丝，经过减数分裂，产生单核小孢子。小孢子萌发形成单核菌丝侵染寄主，如玉蜀黍黑粉菌（*Ustilago maydis*）（图 11-48）。

②由双核菌丝体产生双核冬孢子，后期经核配成为双倍体的冬孢子。冬孢子萌发前减数分裂形成初生菌丝，产生单核的小孢子。小孢子萌发产生单核芽殖菌丝体，彼此结合后形成双核芽殖菌丝体，最后形成双核菌丝体，再形成双核的冬孢子，如小麦网腥黑粉菌（*Tilletia caries*）（图 11-49）。

③单核菌丝体产生单核的分生孢子。分生孢子萌发，彼此结合而形成双核菌丝体。双核菌丝体产生双核的冬孢子，后期经核配成为双倍体的冬孢子。冬孢子萌发形成初生菌丝。经过减数分裂产生单核的小孢子。再由小孢子产生单核的菌丝体。

自 Tulasne（1847）以来，黑粉菌传统上被分为 2 科，即有隔担子的黑粉菌科（Ustilaginaceae）和无隔担子的腥黑粉菌科（Tilletiaceae）。黑粉菌科的特征是冬孢子萌发产生有横膈膜的担子，担子的每个细胞顶端或侧面生出多个担孢子，担孢子能芽殖，形成芽孢。腥黑粉菌科的特点是冬孢子萌发产生无隔担子，其顶端簇生线形担孢子，担孢子成对结合或不结合，能产生次生担孢子或侵入丝。

刘慎谔（1949）根据阎玫玉（1935）对菰黑粉菌（*Yenia esculenta*）冬孢子萌发所产生的担子具有上述两科的特点。即在萌发时先生出短而无隔的担子，然后在其上生出有横隔的担子，再侧生或顶生担孢子。因而建立一个新科菰黑粉菌科（Yeniaceae），成为黑粉菌的第 3 个科。Ernst et al. (1950) 将黑粉菌分为 3 科，即黑粉菌科、腥黑粉菌科、粉座菌科（Graphiolaceae）。因缺乏拉丁文描述而未把菰黑粉菌科列入在内。

黑粉菌目分科的依据是冬孢子萌发的特点（图 11-50），由于许多黑粉菌冬孢子萌发特点尚不清楚，而萌发类型又受温度、湿度、pH 值等环境因素的影响。Cunningham（1924）、Fisher（1953）、Lindeberg（1959）、戴芳澜（1961）和 Vánky（1985）主张黑粉菌目只设黑粉菌

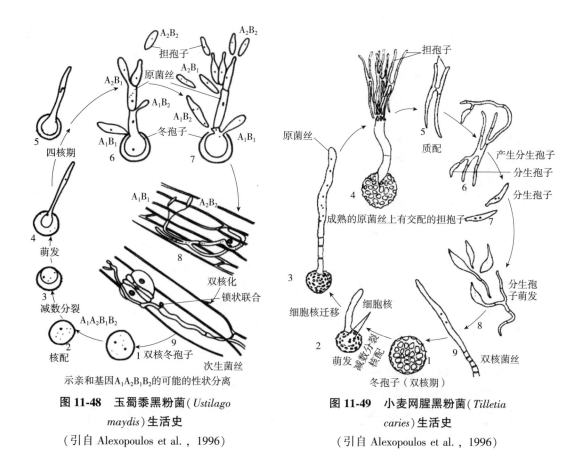

图 11-48 玉蜀黍黑粉菌(*Ustilago maydis*)生活史

(引自 Alexopoulos et al., 1996)

图 11-49 小麦网腥黑粉菌(*Tilletia caries*)生活史

(引自 Alexopoulos et al., 1996)

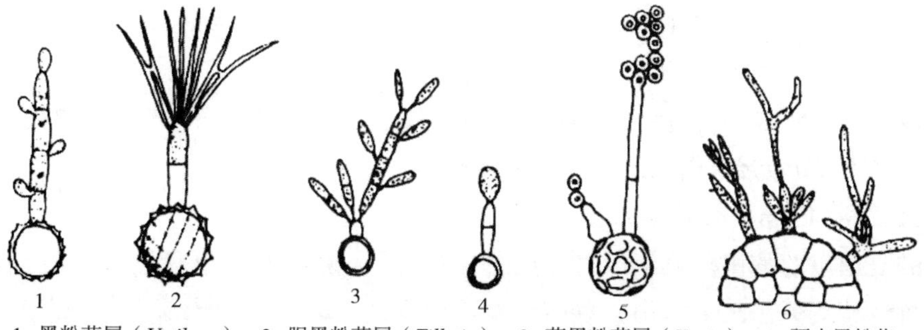

1. 黑粉菌属(*Ustilago*) 2. 腥黑粉菌属(*Tilletia*) 3. 菰黑粉菌属(*Yenia*) 4. 硬皮黑粉菌属(*Pericladium*) 5. *Schroeteria* 6. 球孢黑粉菌属(*Glomosporium*)

图 11-50 冬孢子萌发类型

(引自 Vánky et al., 1987)

科一科。Cifferri(1964)将黑粉菌分为 4 科：黑粉菌科、腥黑粉菌科、叶黑粉菌科(Entylomellaceae)和球黑粉菌科(Glomosporaceae)。Duran(1973)则主张黑粉菌不分科，目下直接分为 34 属。Oberwinkler(1987)把黑粉菌分成黑粉菌目(Ustilaginales)和腥黑粉菌目(Tilletiales)，分别包括黑粉菌科和腥黑粉菌科中的属种。Alexopoulos et al.(1996)的《菌物学概论》第 4 版中仍将黑粉菌分为黑粉菌科和腥黑粉菌科。

《菌物词典》第9版(2001)将黑粉菌纲分为根肿黑粉菌亚纲(Entorrhizomycetidae)、外担菌亚纲(Exobasidiomycetidae)和黑粉菌亚纲(Ustilaginomycetidae)3亚纲。3亚纲包括腥黑粉菌目(Tilletiales)、黑粉菌目(Ustilaginales)、实球黑粉菌目(Doassansiales)、叶黑粉菌目(Entylomatales)、条黑粉菌目(Urocystales)、根肿黑粉菌目(Entorrhizales)、担孢酵母目(Sporidiales)和外担菌目(Exobasidiales)等10目。

《菌物词典》第10版(2008年)将黑粉菌提升为黑粉菌亚门(Ustlaginomycotina),下分为黑粉菌纲(Ustilaginomycetes)、外担菌纲(Exobasidiomycetes)和根肿黑粉菌纲(Entorrhizomycetes)3纲、11目、约80属。同时将微球黑粉菌(Microbotryum)放在了锈菌亚门中,这在习惯上不易被植物病理学研究者所接受。《现代菌物分类系统》(2015)将根肿黑粉菌纲和节担菌纲(Wallemiomycetes)并入担子菌门中未确定的纲。

11.5.1 外担菌纲(Exobasidiomycetes)

外担菌纲真菌均为无隔担子。《菌物词典》第10版将外担菌纲分为6目16科53属597种。6个目分别是实球黑粉菌目(Doassansiales)、叶黑粉菌目(Entylomatales)、外担菌目(Exobasidiales)、丛枝黑粉菌目(Georgefischeriales)、微座孢菌目(Microstromatales)、腥黑粉菌目(Tilletiales)。其中与树木病害关系较密切的是外担菌目的真菌。该目包括座担菌科(Brachybasidiaceae)、密担菌科(Cryptobasidiaceae)、外担菌科(Exobasidiaceae)和粉座菌科(Graphiolaceae)4科17属83种。

1) 座担菌科(Brachybasidiaceae)

该科的真菌寄生在显花植物叶片上,引起叶斑病。担子果疱状或盘状。担子产生在子座上,细长,成簇地从叶片下面的气孔伸出,棍棒形或近梨形,壁薄或厚,由上担子和下担子组成,二者之间有明显缢缩。上担子顶端有2个小梗,每一小梗上产生一个担孢子。担孢子单胞,无隔或隔膜,薄壁,表面光滑,不重复产生,萌发时产生分生孢子或芽管。共4属10种。

本科重要的属为座担菌属(*Brachybasidium* Gaum.):单种属。槟榔座担菌(*B. pinangae*)寄生于山槟榔属(*Pinangia*)植物上,引起叶斑病。

2) 外担菌科(Exobasidiaceae)

该科的真菌以双核菌丝在寄主植物细胞间扩展,菌丝上长出吸器伸入细胞内吸取养分。担子直接从双核菌丝上生出,单胞,单个或成丛地突破寄主表皮外露或从气孔伸出寄主体表,形成白色粉状子实层,不形成担子果。担子圆柱形至近棍棒形,单生,上生2~8个小梗,担孢子生于小梗顶端,单胞,或有隔膜,薄壁,表面光滑,非淀粉质,不重复产生,萌发时可以产生芽孢子,或直接产生芽管。外担菌科与外囊菌属(*Taphrina*)在许多方面有相似之处,其间可能有亲缘关系。外担菌科的真菌全部是高等植物的寄生菌。大多数寄生在杜鹃花科(Ericaceae),也有的寄生在山茶科(Theaceae)、鸭跖草科(Commelinaceae)、樟科(Lauraceae)、岩高兰科(Empetraceae)、山矾科(Symploceceae)和虎耳草科(Saxifragaceae)等植物上。病菌寄生性强,侵害叶、茎和果实,引起寄主组织肿胀、卷曲、瘿瘤等症状。共有5属56种。我国报道约有20多种。

常见与树木病害相关的属种包括:

外担菌属(*Exobasidium* Woronin)

菌丝生于寄主植物细胞间,伸出吸器伸入寄主细胞内吸取养料。担子单个或成丛从菌丝上生出,穿过寄主表皮细胞间,突破角质层露出灰白色粉状子实层,不形成担子果。担子圆柱形或近棍棒形,单胞,无色,有2~4个无色圆锥形小梗,无侧丝。担孢子生于小梗上,单胞,倒卵形、椭圆形或肾形,无色,表面光滑,成熟时形成一个横隔膜,可形成次生担子。

坏损外担菌(*E. vexans* Mass.):担子棍棒形或圆柱形,无色,大小为(30~50)μm×(3~5)μm,顶生2~4个小梗。担孢子长卵形或肾形,长椭圆形,也有的为纺锤形,无色,单胞,大小为(8~12)μm×(3~4)μm,萌发前产生一个隔膜。担子及担孢子构成灰白色至白色子实层。为害茶树芽头、嫩叶和嫩梢,引起茶饼病。

细丽外担菌[*E. gracile*(Shirai)Syd.]:为害油茶和茶梅的花芽、叶芽和嫩叶,使其肥肿变形,引起茶包病。子实层白绒状。担子棍棒形,无色,大小为(115~173)μm×(5~10)μm,有2~4个小梗,每一小梗顶生一个担孢子。担孢子倒卵形,通常单胞,间或有1~4个隔膜,无色,表面平滑,大小为(12~24)μm×(5~8)μm。

网状外担菌(*E. reticulatum* Ito et Saw.):子实层生于叶背,在寄主组织上连成网状,白色。担子长棍棒形或圆柱形,顶端略膨大,上生4个小梗,大小为(65~135)μm×(3~4)μm。担孢子倒卵形或短椭圆形,略弯,单胞,无色,表面平滑,大小为(8~12)μm×(3~4)μm,萌发时产生一个隔膜(图11-51)。为害茶树新叶,引起网饼病。

杜鹃外担菌(*E. thododendri* Cramer):在菌瘿表面形成白色绒状子实层。担子棍棒形或圆柱形,顶生2~4个小梗。担孢子生于小梗上,长纺锤形,稍弯曲,单胞,无色,大小为(10~20)μm×(2.5~5.0)μm。为害杜鹃叶片,引起饼病。

泽田外担菌(*E. sawada* Yamada):异名 *Glomerularia cznnamomi* Sawadae。为害樟、肉桂和阴香果实,引起粉实病。子实层形成于肿大病果表面,为白色粉状,有栗色外壳。担子棍棒状,顶端稍圆,大小为(14~16)μm×(6~7)μm。担孢子4~8个,长椭圆形至倒卵形,单胞,无色或淡绿色,表面光滑,大小为(8.3~16.6)μm×(5.5~10)μm。

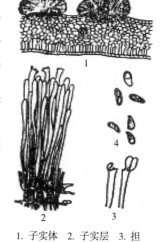

1. 子实体 2. 子实层 3. 担子及担孢子 4. 担孢子

图 11-51 网状外担菌
(*Exobasidium reticulatum*)
(引自魏景超等,1979)

11.5.2 黑粉菌纲(Ustilaginomycetes)

大多数黑粉菌为高等植物寄生菌。该纲真菌包括条黑粉菌目(Urocystidiales)、黑粉菌目(Ustilaginales)2目,共12科115属,至少1700种。该纲成员在形态上和生态上都极具多样性,只是超微结构和LSU序列分析将他们整合在一起。与树木病害相关的黑粉菌较少,常见属种如下:

(1) 黑粉菌属[*Ustilago*(Pers.)Roussel]

冬孢子堆多呈黑褐色至黑色,少数淡色,生于寄主各个部位,主要为害花器,成熟后呈粉末状，有时黏结。冬孢子散生，单细胞，中等大小，表面光滑或有饰纹。冬孢子萌发形成有隔担子，担子由 2~4 个细胞组成，担孢子侧生，有些种类不产生担孢子而仅产生侵入丝。该属目前约 170 种。

白井黑粉菌(竹黑粉菌)(*U stilago shiraiana* P. Henn.)：为害竹嫩梢，引起竹黑粉病。冬孢子堆生于寄主表皮下，以后暴露。冬孢子圆形，椭圆形或长圆形，暗褐色，直径 6~10μm，表面光滑。

（2）楔孢黑粉菌属(*Thecaphora* Fingerh.)

冬孢子堆生在寄主的各个部位，孢子团粉状或颗粒状。孢子球几个至几十个，由紧密结合的黑色的冬孢子组成。冬孢子楔形，椭圆形或半球形，黄色至褐色，孢子结合面

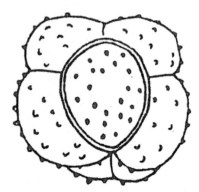

图 11-52 楔孢黑粉菌属
(*Thecaphora*)的冬孢子
(引自陆家云等，1997)

光滑，非接合面有时有瘤。本属约有 35 种，主要寄生在豆科、旋花科、菊科、蓼科等植物的子房中(图 11-52)。该属目前约 61 种。

11.6　代表类群：伞菌亚门

伞菌亚门的真菌一般形成比较发达的担子果，因其个体多像小伞，故常称为伞菌。大多数腐生，许多可以引起木材腐朽，少数引起植物病害。有些与植物共生形成外生菌根。

伞菌分布很广，从北极到热带均有发现。自早春至初冬均有不同的伞菌出现，而在大多数地区，深秋是伞菌生长的最佳季节。有的腐生于土壤、木材、朽叶或粪上，有的寄生于植物根部引起根腐，也有的与植物共生形成菌根，少数寄生于大型真菌上。伞菌包括许多色彩美丽、肉嫩鲜美、营养价值很高的食用菌和药用菌。如蘑菇、香菇、平菇和木耳等是重要的食用菌。灵芝、茯苓等可供药用。也有不少种类既可食用，又有药用价值。此外，很多伞菌具有抗癌物质；菌根菌可用于造林；也包括一些对人、畜有致死作用的毒蘑菇。

伞菌菌丝体的初生菌丝阶段十分短暂，往往迅速形成次生菌丝，在各种木材或土壤腐殖质中生长，多年生，在一定条件下可形成担子果裸露在地面上。菌丝体通常是由一个中心向四周呈放射状延伸，外围的菌丝体生活力最强，而中心区的菌丝体相继老化死去，于是形成了天然的菌丝环，当产生担子果时，在地面上呈现环状排列的蘑菇圈，称为仙人环(fairy ring)。伞菌的多数次生菌丝形成锁状联合，这是次生菌丝区别于初生菌丝的重要特征。有些种类次生菌丝形成菌索或菌核，也有许多种类的菌丝与植物根共生形成菌根。这些菌丝均具有桶状隔膜，有桶孔盖。伞菌亚门无性繁殖不发达，多数不产生无性孢子，少数产生粉孢子或厚垣孢子，有时从担孢子上通过芽殖方式产生芽孢子。有性繁殖阶段形成担子果，担子果较发达。按担子果的发育过程，通常将其分为裸果型、半被果型和被果型。担子果有胶质、膜质、壳质、肉质、脆骨质、海绵质、木栓质和木质等。形状有平伏、伞状、棒状、珊瑚状、球状、杯状和漏斗状等。

伞菌典型的担子果结构包括菌盖(pilleus)、菌褶(菌管)(lamella)、菌柄(stipe)、菌

环、菌托和鳞片。其中，菌盖、菌褶和菌柄是伞菌具有的最基本结构(图11-53)。菌盖是担子果最明显的部分，常见有斗笠形、钟盖形、半球形、平展形和漏斗形等；有白、黄、灰、红、绿、紫等颜色，且又有深、浅、淡、浓的差异，更常见混合色泽。多数菌盖中央与边缘色泽不一致，幼嫩子实体与成熟子实体色泽存在差异。菌盖表面有各种色泽和形态的鳞毛、鳞片等附属物；菌盖边缘上翘、反卷、内卷和表皮延伸等。长在菌肉下面的子实层部分，多数是褶生状，称为菌褶，少数呈管状，称为菌管(tube)。

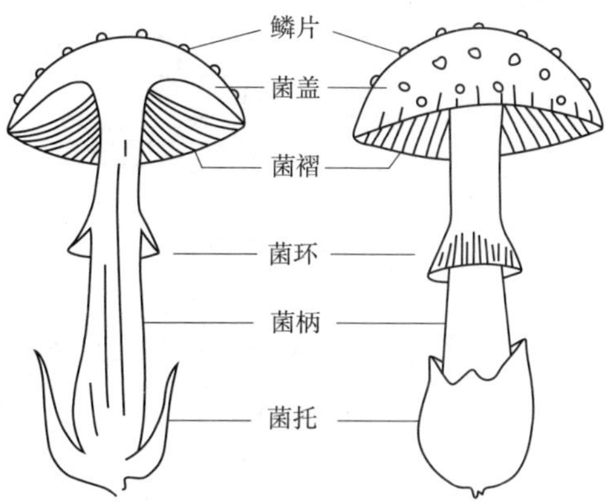

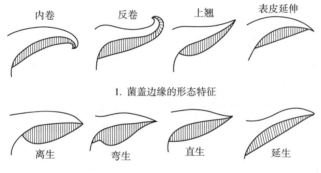

图11-53 典型的伞菌子实体结构
(引自邢来君等，1999)

菌褶通常呈放射状，从中央连接到菌柄的顶部，向外到达菌盖的边缘。与菌柄的着生关系有离生、弯生、直生、延生等(图11-54)。菌褶的内部组织，称为菌髓(trama)，通常是由长形丝状菌丝组成。菌褶的两侧和菌管中，

1. 菌盖边缘的形态特征

2. 菌褶与菌柄的关系

图11-54 伞菌菌盖和菌褶的形态特征
(引自邢来君等，1999)

布满子实层。担子通常棍棒状，无隔，少数有隔，常平行成层排列，形成子实层，但担子之间有不孕的囊状体和侧丝等(图11-55)。囊状体通常无色，形状多种，如棒状、纺锤状、瓶状和洋梨状等。囊状体顶端有尾状、圆头状和角状等，有的顶端还有结晶体等物。着生在菌褶两侧的囊状体为侧生囊状体(pleurocystidium)，着生在菌褶边缘的，称为褶缘囊状体(cheilocystidium)。担子上生4个小梗，其上各生一个担孢子。在裸果型和半被果型的担子果上，担孢子成熟后可强力弹射。但在被果型的马勃、地星、鬼笔等大型真菌中，只有担子果成熟后自然破裂或在外力作用下破裂，担孢子才能够得以释放。典型的担孢子通常是单胞、单核，但有时是双核体或多核体。形态各异，包括圆形、椭圆形、腊肠形、狭长形等，无色或有色。表面光滑或粗糙，有小疣、小刺、网纹或棱纹等。伞菌子实体上担孢子释放形成的"孢子印"常作为分类的依据之一。子实体的形状、大小、色泽和纹饰等是分种的重要依据。

菌柄着生在菌盖下面，有中生、偏生或侧生之分。质地有肉质、蜡质、纤维质等。菌柄和菌盖不易分离或极易分离。颜色多种，形状有圆柱状、棒状、纺锤状或杆状等。菌柄

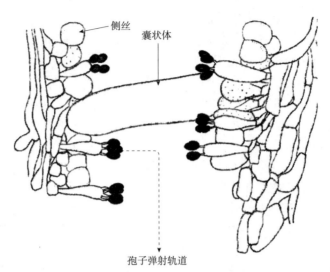

图 11-55 墨汁鬼伞（*Coprinnus atramemtarium*）担子果子实层的结构
（引自 Webster et al.，2007）

基部有齐头、圆头、尖头、根状或膨大成球等。表面有纵纹、沟纹、网纹、陷窝或腺点等，光滑或具鳞片、茸毛、颗粒等附属物。菌托有杯状、苞状、环带状，或由数圈颗粒组成。菌环通常生在柄的上部，单层或双层，有的菌环后期与菌柄分离，能上下移动。菌柄有实心、空心和塞满之分。

在《菌物词典》第 10 版（2008）中，伞菌亚门（Agaricomycotina）是担子菌门的 3 个亚门分类单元之一，包括伞菌纲（Agaricomycetes）、花耳纲（Dacrymycetes）和银耳纲（Tremellomycetes）（《菌物词典》第 10 版将第 9 版中花耳目和银耳亚纲提升到了纲的水平），共 21 目，约 20000 多种，绝大多数大型经济真菌都包含在此亚门中。伞菌亚门中约 98% 属于伞菌纲。由于《菌物词典》第 10 版中伞菌亚门的分类体系与第 9 版之前的分类体系差别较大，与传统形态学分类结果也不一致，因而存在争议。

11.6.1 伞菌纲（Agaricomycetes）

伞菌纲在《菌物词典》第 10 版中，包括伞菌亚纲（Agaricomycetidae）、鬼笔亚纲（Phallomycetidae）和不确定的亚纲（Incertae sedis）。包括 17 目 100 科 1147 属 20951 种，占当时已知真菌总数的 1/5。其中，伞菌亚纲包括伞菌目（Agaricales）、艾塞里亚菌目（Atheliales）及牛肝菌目（Boletales）3 个目；鬼笔亚纲包括地星目（Geastrales）、钉菇目（Gomphales）、辅片孢菌目（Hysterangiales）、鬼笔目（Phallales）4 目；不确定的亚纲中有木耳目（Auriculariales）、鸡油菌目（Cantharellales）、伏革菌目（Corticiales）、黏褶菌目（Gloeophyllales）、多孔菌目（Polyporales）、红菇目（Russulales）、蜡壳菌目（Sebacinales）、革菌目（Thelephorales）、糙孢伏革菌目（Trechisporales）等。

11.6.1.1 伞菌目（Agaricales）

伞菌目子实体呈伞状，肉质，易腐烂，较少为膜纸或革质。典型的子实体包括菌盖、菌柄、位于菌盖下面的菌褶、位于菌柄中部或上部的菌环和基部的菌托。子实层在生长初期往往被易脱落的内菌膜覆盖，成熟时完全外露。担子无隔，担孢子单胞，无色或有色，子实体的形状、大小、色泽和纹饰等是分种的重要依据。

早期，Killermann（1928）依据担孢子颜色分类，只承认1个伞菌科Agaricaceae。Martin（1950）根据菌褶结构、菌髓组织、结合担孢子颜色等，将伞菌分为5科。邓叔群（1963）根据子实体形状、菌褶的排列及性质、菌柄特征、担子和担孢子的形状和颜色等，将伞菌分为9科。R. Singer（1963，1975）应用形态特征和化学方法将伞菌先后分为16科，197属和18科，210属。A. H. Smith（1973）在Singer分类基础上做适当调整，将伞菌目分为16科，220属。Singer（1986）又将伞菌分为17科。伞菌目现代分类学的发展经历了不同阶段和时期，采用的分类技术和方法更广泛，包括电镜、生物化学和分子生物学技术，明确了某些伞菌类群之间的亲缘关系。至《菌物词典》第9版（2001）伞菌目分为22科。其中主要变动为：将原伞菌目中牛肝菌科（Boletaceae）、红菇科（Russulaceae）等从伞菌目中分离出来，上升为牛肝菌目（Boletales）和红菇目（Russulales）；又将原腹菌纲中马勃科（Lycoperdaceae）和鸟巢菌科（Nidulariaceae）等归入伞菌目中，而不再设腹菌纲。同时也将原非褶菌目（Aphyllophorales）中裂褶菌科（Schizophyllaceae）、珊瑚菌科（Clavariaceae）归入伞菌目；鹅膏科（Amanitaceae）不再设科，鹅膏属（*Amanita*）归入伞菌科中。

在《菌物词典》第10版（2008）中，伞菌目下分37科，分别为伞菌科（Agaricaceae）、鹅膏菌科（Amanitaceae）、粉伏革菌科（Arnylocortieiaceae）、粪伞科（球柄菌科）（Bolbitiaceae）、雀麦伞科（Broomeiaceae）、肤色杯覃科（Chromocyphellaceae）、珊瑚菌科（Clavariaceae）、丝膜菌科（Cortinariaceae）、鬼伞科（Coprinaceae）、挂钟菌科（Cyphellaceae）、囊韧革菌科（Cytostereaceae）、乳头菌科（Epitheliaceae）、粉褶覃科（Entolomataceae）、牛排菌科（Fistulinaceae）、巨伞科（Gigaspermaceae）、半腹菌科（Hemigasteraceae）、轴腹菌科（Hydnangiaceae）、蜡伞科（Hygrophoraceae）、丝盖伞科（Inocybaceae）、离褶伞科（Lyophyllaceae）、小皮伞科（Marasmiaceae）、小菇科（Mycenaceae）、尼阿菌科（Niaceae）、鸟巢菌科（Nidulariaceae）、光茸菌科（Omphalotaceae）、歧裂灰包菌科（Phelloriniaceae）、膨瑚菌科（Physalacriaceae）、侧耳科（Pleurotaceae）、乳突孔菌科（Porotheleaceae）、羽瑚菌科（Pterulaceae）、光柄菇科（Pluteaceae）、小脆柄菇科（Psathyrellaceae）、裂褶菌科（Schizophyllaceae）、冠孢伞科（Stephanosporaceae）、球盖菇科（Strophariaceae）、核瑚菌科（Typhulaceae）及口蘑科（Tricholomataceae）；共计413属13233种。

1）侧耳科（Pleurotaceae）

菌柄侧生或无菌柄，担子果掌状或扇状。孢子无色。Singer（1986）将侧耳属（*Pleurotus*）划出，独立成为一科，共6属94种。

侧耳属［*Pleurotus*（Fr）Kumn.］

子实体掌状或扇状，菌盖肉质，菌柄偏生，极短或无柄，菌褶弯生、直生或延生。孢子无色，罕带粉红色，平滑，球形或长椭圆形，无囊状体。目前本属约25种。

糙皮侧耳［*P. ostreatus*（Jacg.）P. Kumm］：亦称平菇。子实体覆瓦状丛生。菌盖直径5~21cm，白色至灰白色，菌肉白色，厚，菌褶白色，延生。菌柄侧生，短或无，白色，基部常有绒毛。孢子光滑，无色，近圆柱形，大小为$(7~10)\mu m \times (2.5~3.5)\mu m$。生于阔叶树（桦属、杨属、榆属、椴属和槭属等）活立木或腐木上，引起白色腐朽。也是重要的栽培食用菌之一(图 11-56)。

2) 光柄菇科(Pluteaceae)

菌柄与菌盖容易分离,菌褶离生或部分离生,有菌托或有菌环,或两者均无。子实层体菌髓同型逆向型,孢子成堆时粉红色、葡萄酒色或红肉桂色,孢子光滑、无色、近球形至椭圆形。世界分布。生于林内外地上。该科包括 4 属,约 364 种。

光柄菇属(*Pluteus* Fr.)

菌柄与菌盖易分离,菌褶离生,不等长,白色至粉红色。菌柄圆柱形或近圆柱形,无菌托,无菌环,白色。孢子无色,光滑,卵圆形至椭圆形。目前本属约 500 种。

灰光柄菇(*P. cerinus* var. *cervinus* P. Kumm) 子实体中等大。菌盖 5~11cm。初期近球形。后平展,灰褐色至暗褐色,近光滑或具纤毛状鳞片,菌肉白色,薄。菌褶白色至粉红色,离生,不等长。菌柄近圆柱形,长 7~9cm,粗 0.4~1cm,上部白色,具毛,内实至松软。孢子无色,光滑,近卵圆形至椭圆形,大小为 (6.2~8.3)μm×(4.5~6.21)μm。分布广泛,可食用,是倒木上常见的木腐菌(图 11-57)。

1. 子实体 2. 孢子

图 11-56 糙皮侧耳(*Pleurotus ostreatus*)

(引自卯晓岚等,1998)

1. 子实体 2. 孢子

图 11-57 灰光柄菇(*Pluteus cerinus*)

(引自卯晓岚等,1998)

3) 裂褶菌科(Schizophyllaceae)

担子果最初杯状,以后变成盘状,由一狭窄的基部相连。子实层体为假菌褶,从基部辐射而出,有时有裂褶。单系菌丝,罕有不明显的双系菌丝的子座。担孢子无色,表面光滑,非淀粉质。有 2 属 7 种。

裂褶菌属(*Schizophyllum* Fr.)

担子果一年生,韧革质,无柄或有侧生短柄。子实层体具纵裂缝的假菌褶,从基部辐射而出,边缘纵向分裂而反卷。担孢子圆柱形,无色,表面光滑。目前约 6 种。常见种:

裂褶菌(*S. commune* Fr.):担子果常呈覆瓦状,菌盖质韧,白色至灰白色,上生粗毛或绒毛,扇形或肾形,直径 6~42mm,边缘内卷,具多数裂瓣,菌褶窄,边缘纵裂而反卷。担孢子圆柱形,无色,表面光滑,大小为 (5~5.5)μm×2μm(图 11-58、图 11-59)。该菌分布极广,常于春秋季生于各种针阔叶树立木,可造成韧皮部腐烂和边材腐朽,也常见于

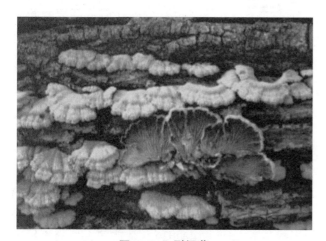

图 11-58 裂褶菌
(*Schizophyllum commune*)
(引自戴玉成，2005)

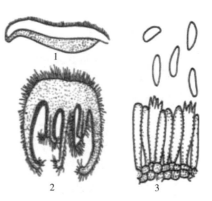

1. 子实体纵切面 2. 子实体横切面 3. 担子和担孢子

图 11-59 裂褶菌
(*Schizophyllum commune*)
(引自刘正南，1982)

枯枝及腐木上。该菌又称白参、树花等，可食用，子实体所含的裂褶菌多糖具有抗肿瘤的作用。裂褶菌是大型真菌遗传与分子生物学研究的模式生物之一。

4) 口蘑科(Tricholomataceae)

菌盖肉质，有时近膜质，韧，湿时恢复原状，易腐烂；菌柄偏中生至侧生，或菌盖无柄，柄与菌盖组织连生。菌褶凹生、直生或延生。孢子成堆时白色，带黄、浅黄色或葡萄酒红褐色，但在显微镜下无色或近无色。孢子薄壁，有各种纹饰或光滑，无芽孔，淀粉质、拟淀粉质或非淀粉质。世界性分布。该科包括约78属1020种。

（1）口蘑属[*Tricholoma* (Fr.) Staude]

菌盖黏或不黏，无毛或有贴生的绒毛状纤维，幼小时边缘向内卷曲。无菌环和菌托。柄中生，肉质至纤维质，与菌盖组织相连，菌褶凹生。孢子印白色，少数淡奶油色。孢子无色，壁薄而光滑，椭圆或近球形。担子上4个孢子，很少2个孢子，一般无囊状体。生于松林或落叶层上（图11-60）。该属目前约210种。如松口蘑(*T. matsutake*)又称松茸，是珍贵食用菌，与松属、云杉属、冷杉属等树木形成外生菌根，才能产生子实体。

1. 子实体 2. 担孢子

图 11-60 口蘑
(*Tricholoma mongolicum*)
(引自卯晓岚等，1998)

（2）蜜环菌属[*Armillaria* (Fr.: Fr.) Staude]

子实体伞状，菌盖肉质，圆形，中央突起，直径5~15cm，黄色至黄褐色，上表面有褐色毛状鳞片。菌柄实心，位于菌盖中央，黄褐色，上半部具有膜状菌环。菌褶初为白色，后呈红褐色，直生或呈延生，担孢子圆形，无色，光滑。近来研究表明，蜜环菌是一些生物种组成的复合种。世界上目前已报道的蜜环菌生物种有39种，我国有14种。它们在致病性、寄生性、生物学特性和地理分布上都存在一定的差异。

狭义蜜环菌(*A. mellea sensu stricto*)：寄主范围较宽，主要为害阔叶树根部引起根腐朽。

奥氏蜜环菌[*Armillaria. ostoyae* (Herink) Romagnesi]：主要为害针叶树，如兴安落叶松、红松和沙冷杉等，偶尔为害阔叶树造成树根白色腐朽（图11-61）。

假蜜环菌[*A. tabescens* (Scop. ex Fr.) Sing.]：主要为害阔叶树，可引起衰弱树木根朽。

5) 核瑚菌科(Typhulaceae)

核瑚菌科共6属229种。

核瑚菌属[*Typhula* (Pers.) Fr.]

担子果由菌核产生，柄粗长，顶端膨大呈纺锤形。担子棍棒形，顶端生4个小梗。担孢子肾脏形，顶端圆，基部尖，无色，表面平滑。目前约100种。

伊藤核瑚菌（*T. itoana* Imai）：担子果纺锤形，由菌核产生，桃红色，略带蜡质，表面平滑。担子棍棒状，浅肉红色，顶端生4个小梗。担孢子肾脏形，单胞，顶端圆，基部大，略弯曲，表面平滑，大小为(5~14)μm×(2~6)μm（图11-62）。常在寄主植物上形成黑色菌核。为害小麦及其他禾本科植物的根、根颈和叶鞘，引致雪腐病，也可引起草坪上的严重病害。

图 11-61　奥氏蜜环菌
(*Armillaria ostoyae*)
(引自戴玉成, 2005)

1. 担子果　　　2. 担子和担孢子

图 11-62　核瑚菌属
(*Typhula*)
(引自陆家云等, 1997)

11.6.1.2　牛肝菌目(Boletales)

牛肝菌因一些褐色的平展菌盖犹如牛肝而得名。牛肝菌目能够容易地与伞菌亚纲的其他目相区别。大多数牛肝菌目真菌并没有在菌盖的下面着生菌褶，取而代之的是具有垂直排列的菌管。在菌盖下表面见到的菌孔口实际上是这些菌管的开放末端，菌管的大小和深度可随种的不同而不同。在每个菌管的内侧有担子和各种不孕细胞组成了子实层。但牛肝菌目中也包含一些腹菌和假腹菌，如菌褶或菌管并不伸展而是被包卷着；在这些类型中，担孢子不会被有力地释放出来，在炎热干旱的环境中为子实层提供更多的保护，如原腹菌科（Protogastraceae）等；或菌管构造是不规则的，常常不是垂直排列的，而且在成熟时经常被担子果的组织所封闭，如腹牛肝菌属（*Gastroboletus*）。

牛肝菌目是肉质伞菌中较大的目，其种类广泛分布于全球的各种森林生态系统中，一般生长在森林内或森林边缘地带。本目真菌主要营养模式包括褐腐型腐生营养、外生菌根共生和菌物寄生。属于外生菌根的大型真菌，其菌根的寄主包括枞树、橡树、桦树及白杨等。许多种类可食用，如空柄乳牛肝菌(*Suillus cavipes*)、奇牛肝菌(*Bloletus mirabilis*)和美味牛肝菌(*Boletus edulis*)；有的种类具有药用功能，如黄粉末牛肝菌(*Pulveroboletus ravenelii*)；但也有不少有毒的种类，如细网牛肝菌(*Bofetus satanas*)、桩菇科中部分品种；也有一些品种虽然没有毒，但味苦，无法食用。

牛肝菌早期被列入多孔菌目(Polyporales)，因其子实层多形成管孔层。但菌管层易与担子果分离，且担子果柔软，易腐烂的特性，可把牛肝菌与多孔菌区别开来。其后因发生过程类似伞菌，管孔向辐射方向伸长，近似菌褶，子实体肉质也接近伞菌，后又归入伞菌目，是伞菌目中牛肝菌亚目(Boletieae)或其中一科牛肝菌科(Boletaceae)。目前，不同学者对牛肝菌分类地位意见仍不统一。Binder et al. (2006)将该目下分6亚目17个科，Kirk et al. (2008)只列了15个科。《菌物词典》第9版(2001)和第10版(2008)中的牛肝菌独立成一目，李玉等(2015)综合当时的研究，列举了该目16个科，即牛肝菌科(Boletaceae)、条孢牛肝菌科(Boletinellaceae)、丽口包科(Calostomatidiaceae)、粉盖牛肝菌科(Coniophoraceae)、圆孢牛肝菌科(Diplocystidiaceae)、小腹菌科(Gasterellaceae)、腹孢菌科(Gastrosporiaceae)、铆钉菇科(Gomphidiaceae)、圆孢牛肝菌科(Gyroporaceae)、拟蜡伞科(Hygrophoropsidaceae)、桩菇科(Paxillaceae)、原腹菌科(Protogastraceae)、须腹菌科(Rhizopogonaceae)、硬皮马勃科(Sclerodermataceae)、干朽菌科(Serpulaceae)及乳牛肝菌科(Suillaceae)等，另外还有6属未划分所属科，共96属1316种。

1) 牛肝菌科(Boletaceae)

常产生大且颜色鲜艳的担子果。担子果肉质，易腐烂，菌盖厚。菌盖颜色黑褐色、褐色、黄色至红色。菌盖表面光滑，或黏稠，或覆盖有长的毡状、灰黑色的毛，菌柄中生。菌管口可白色、灰色、红色、黄色、褐色或者甚至是粉红色；一些种类的菌管以及担子果的其他部位破裂或受伤时会发生颜色的变化，这在许多牛肝菌的鉴定中是很重要的特性。大部分有毒的种类受伤后会变成蓝色，或者有红色的菌管口，或者两者兼有。该科的真菌全部生于林地上，能与树木形成菌根。除少数外，大多数可食用。该科共35属，787种。

(1) 牛肝菌属(*Boletus* L.)

子实体肉质，有菌盖和菌柄。菌盖凸出型，后平展，有时下凹，平滑或有绒毛至小鳞片。菌柄多中生，偶有偏生。菌柄粗壮，基部膨大，常有网纹。一般具菌管，白色至黄色或血红色；子实层体的囊状体非刚毛状，锁状联合缺少或极为稀少；孢子长梭形，通常平均长度大于$8.5\mu m$，光滑，近无色或淡黄色至黄褐色；孢子印及孢子颜色相对较明亮或浅色。生于林地上，有些种类属林木外生菌根真菌。多数营腐生。本属模式种为美味牛肝菌。目前约350种。

美味牛肝菌(*B. edulis* Bull Fr.)：又称为白牛肝、大脚菇。子实体中等至较大。菌盖4~16cm，扁半球形，后扁平，中部凸起，表面光滑，黄褐色至赤褐色。菌肉白色，厚。菌管初期白色，后呈淡黄色，管口小，圆形。菌柄近圆柱形或基部稍膨大，淡褐色至黄褐色，有网纹，中生。孢子椭圆形至近纺锤形，淡黄色，大小为$(10\sim15.0)\mu m\times(4.5\sim5.8)\mu m$。囊状体棒状，无色。我国各地均有分布，夏秋季节生于松栎混交林地中，与松属、冷杉属、落叶松属、云杉属、栎属、杨属等针、阔叶树木形成外生菌根。子实体营养丰富，是一种著名的美味食用菌，也可药用（图11-63）。

（2）疣柄牛肝菌属（*Leccinum* Gray）

担子果大型，肉质，菌盖凸出型至圆垫状，后平展。有时黏滑，平滑或有小鳞片，常龟裂。菌髓两侧型至近规则型。子实层在柄周围凹陷或稍延生。柄中生，表面粗糙，有绒毛或小鳞片和纵沟。偶有菌幕但不形成菌环。菌肉白色至黄色，伤后不变色，有锁状联合。孢子长度多在 $10\mu m$ 以上，椭圆形至近梭形，平滑，无色或淡黄色，有囊状体。为外生菌根真菌。该属目前约130种。

图 11-63　美味牛肝菌
(*Boletus edulis*)
1. 子实体　　2. 担孢子
（引自戴芳澜，1987）

褐疣柄牛肝菌［*L. scabrum*（Bull）Gray］：子实体较大，菌盖 $3\sim13cm$。淡灰褐色、红褐色至淡栗褐色，湿时稍黏，光滑或有短绒毛。菌肉白色至淡褐色。菌管在菌柄周围凹陷或始终离生，白色至淡褐色。菌柄长 $5\sim11cm$，粗 $1\sim3cm$，有纵棱纹并有红褐色小疣，基部膨大，白色或灰白色。孢子长椭圆形或近纺锤形，大小为 $(12\sim18)\mu m\times(5\sim6)\mu m$，无色或淡黄色，平滑。生于阔叶林中地上，单生或群生，分布广泛，是多种阔叶树的外生菌根真菌，也是重要野生食用菌之一。

2) 乳牛肝菌科（Suillaceae）

担子果肉质，菌盖表面通常黏。菌柄中生，菌柄上部有菌环，子实层体管状，孔小，菌肉白色至黄色，受伤后不变色，生于林地上。能与树木形成外生菌根真菌。该科共3属约54种。

乳牛肝菌属（*Suillus* Gray）

菌盖肉质，平滑或纤维状。子实层体管状，直生，菌髓两侧型至规则型。菌柄中生，上部有腺点，如无腺点则有菌环，有绒毛或纵条纹、网纹。菌肉白色至黄色，多无锁状联合。孢子椭圆形至长椭圆形，无色至淡黄色，长度不超过 $13\mu m$。有囊状体，为外生菌根菌。该属目前约60种。

厚环黏盖牛肝菌［*S. grevillei*（Klozsch）Singer］：菌盖肉质，直径 $4\sim10cm$，扁半球形，后中央凸起或下凹，表面光滑，有光泽，黏，赤褐色至栗褐色，有时边缘有菌幕残片。菌内鲜黄色，肥厚。菌管直生或延生，多角形，菌柄圆柱形，与菌盖同色，具菌环。孢子椭圆形或近纺锤形，大小为 $(8.5\sim11.0)\mu m\times(3.5\sim4.2)\mu m$，橄榄黄色，平滑。生于松林地上，单生、群生或丛生。是优良食用菌，也可药用。

3) 须腹菌科（Rhizopogonaceae）

担子果近球形、块状至不规则，时常以细弱的菌丝索与基物相连。包被发育良好，不开裂。孢体由小腔组成，局部胶质化；小腔排列不规则，空虚至半充塞。菌丝系统为单系型。子实层托髓狭窄，规则，局部胶质化或不胶质化。担子葫芦形至圆柱棒状，时常崩解或自溶，大多为4孢子、6孢子或8孢子类型。担孢子为静态孢子，对称，腊肠状、圆柱状至宽卵圆形，无色、麦秆黄至淡褐色，无淀粉质反应，无拟糊精反应，孢壁平滑，不具容易分离的或明显的黏孢鞘；脐附肢甚短。缺少囊状体。拟侧丝有时存在。

地下生或半地上生，可在树木根上形成外生菌根。广泛分布于世界各地。该科共 3 属约 152 种。

须腹菌属(*Rhizopogon* Fr.)：为模式属。该属目前约 157 种。

黑根须腹菌(*R. piceus* Berk. & Curt.)：为须腹菌属的模式种，又称松络丸、黑络丸、松菰。子实体较小，呈不规则球状，新鲜时表面白色、污白色，干时浅烟色或变至黑色。子实体上部菌丝索紧贴而不明显，而子实体下部菌丝索似根状。包被厚 220~250μm，单层，紧密。内部深肉桂色，孢体腔圆形迷路状，中空。腔壁白色，厚为 65~120μm。担子棒形。孢子成堆时黄色，无色，长椭圆形，常含有两个油滴，光滑。春秋季生于混交林中地上。分布于福建、山西等地。该菌有止血作用，治疗外伤出血。与马尾松等松树形成外生菌根。

4) 干朽菌科(Serpulaceae)

干朽菌科共 4 属 20 种。

干朽菌属[*Serpula*(Pers.) Gray]

为模式属。担子果平伏或平展而反卷。子实层体皱孔状、蜂窝状或脑状褶叠；子实层中无囊状体；单系菌丝。担孢子锈褐色，有双层壁，内壁呈喜兰反应。常见种有：干朽菌[*S. lacrimans* (Wulf. ex Fr.)Schroter，异名 *Merulius lacrimans* Fr.]、*Gyrophana lacrymans* (Wulf. Ex Fr.)Pat. ，可引起建材腐朽，被害木材表面常出现水珠状液滴，因此又称为泪菌(图 11-64)。相似干朽菌[*S. similis*(Berk. Et Broome)Ginns]引起竹褐色腐朽。该属目前约 11 种。

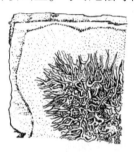

1. 子实体　　2. 子实层的一部分　　3. 担孢子

图 11-64　干朽菌
(*Serpula lacrimans*)
(引自魏景超等，1979)

11.6.1.3　鬼笔目(Phallales)

又称臭角菌。腐生于土中或植物残体上，子实体最初在地下发育，到成熟时包被破裂，产孢组织由柄状组织的伸长而带出地面，成为有臭气的胶状物(自溶的担子和孢子的混合物)。幼小子实体白色，呈球形或卵形，包被 1~2 层，包围产孢组织和子实层托，成熟时包被常裂开，子实层托被柄托出地面，包被下部残留成菌托。产孢组织肉质，迷路型，味甜，有很强的恶臭，浅绿色或褐色。担孢子光滑，卵形，透明或半透明，非常小，由昆虫或风传播(图 11-65)。本目包含 2 科，鬼笔科(Phallaceae)和笼头菌科(Claustulaceae)(又称小偏脚菇科)，共 26 属 88 种。

鬼笔科(Phallaceae)

担子果由近球形菌蛋发育而成。幼时担子果为白色卵形结构，其基部有白色菌索与基物相连，成熟时包被常裂开，产孢组织变为黏液状有恶臭，包被残留在孢子托基部形成菌托。该科有 21 属 77 种。

(1) 鬼笔属(*Phallus* Junius ex L.)

子实体具有分化明显的顶部，胶黏，恶臭。菌盖钟形，产孢组织生于帽状具网的表面。菌托存留。菌柄圆筒形或纺锤形，中空，海绵状。担子棍棒形，具 6~8 个无柄孢子。孢子椭圆形，淡色，平滑。生于地上、朽木或腐殖质上。目前约 34 种。其中白鬼笔(*P. impudicus*)

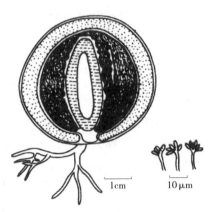

1. 菌蛋纵切面　　2. 担子

图 11-65　鬼笔菌（*Phallales impudtcus*）

（仿绘自 Webster，1980）

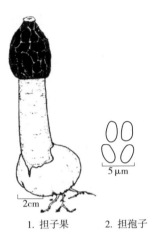

1. 担子果　　2. 担孢子

图 11-66　白鬼笔（*Phallus impudicus*）

（引自刘波，1998）

是著名的食用菌（图 11-66）。

（2）竹荪属（*Dictyophora* Desv.）

子实体顶端有钟形菌盖，柄圆筒形，产孢体生于菌盖表面，具有菌幕，菌幕生于菌盖下，与柄顶相连，为穿孔花边状的网，下垂如裙（图 11-67）。目前该属已并入鬼笔属（*Phallus*）。

短裙竹荪[*D. duplicata*（Bosc.）E. Fisch.]：子实体较大，高 12~18cm。菌托粉灰色。菌盖钟形，具显著网格，内含青褐色黏臭的孢子液。菌幕白色，从菌盖下垂直达 3~5cm，较短，网眼圆形，直径 1~4mm。担孢子椭圆形，大小为（3.8~4.5）μm×（1.5~2）μm，光滑，无色。生于阔叶林或竹林地上，为著名的食用菌（图 11-68）。

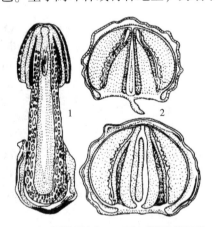

1. 正在开展的子实体　2. 两个菌蛋的纵切面

图 11-67　竹荪（*Dictyophora indusiata*）

（仿绘自 Fischer）

1. 子实体　　2. 孢子

图 11-68　短裙竹荪（*Dictyophora duplicata*）

（引自卯晓岚等，1998）

朱红竹荪（*D. cinnabaarina* Lee）：可引起麻竹根腐病。

（3）柄笼头菌属（*Simblum* Klotzch）

担子果生于地上，卵形，成熟时包被开裂，包被遗留于孢托下部，形成菌托，产孢组织成熟时化成黏性、恶臭的孢体。孢托呈球网状或称笼头状，有长而粗的柄。孢体产生在孢托内侧。孢子光滑，卵形。目前该属已并入散尾鬼笔属(*Lysurus* Fr.)。

黄柄笼头菌(*Simblum gracile* Berk.)：担子果小或中等大。卵形，孢托球网状或称笼头状，橘黄色，直径2~4cm，具12~18格孔，格孔直径3~10mm。柄黄色，海绵状，长6~10cm，中空，下部有明显的白色菌托。孢体暗褐色，有恶臭味，产生于孢托内侧。孢子无色，光滑，大小为(4.5~5.1)μm×(1.9~2)μm。褶侧和褶缘囊体顶部具3~5角。棱形。生于林中、田地上。分布较广泛，具药用价值(图11-69)。

(4) 笼头菌属(*Clathrus* Mieh. ex Pers.)

笼头菌属的典型特征为笼头无柄。该属目前约20种。

红笼头菌(*C. ruber* Mieh. ex Pers.)：是笼头菌属的模式种。子实体外形像由格子一样的分支围成的中空球体，常称为红笼子。该菌腐生，常单个或成群生长在花园土壤的落叶里，草地上，或覆盖园地的木片上。产孢组织有恶臭味，能吸引苍蝇和其他昆虫帮助传播孢子。原产于欧洲大陆中部和南部，以及马克罗尼西亚(亚速尔群岛和加那利群岛)，土耳其西部，北非(阿尔及利亚)和亚洲西部(伊朗)。我国在广东、四川、贵州和西藏可采集到。

1. 子实体　2. 孢子

图11-69　黄柄笼头菌

(*Simblum gracile*)

(引自卯晓岚等，1998)

11.6.1.4　伏革菌目(Corticiales)

该目是2007年由瑞典真菌学家Karl-Henrik Larsson基于分子系统学研究结果建立的担子菌的一个小目。多数为木材腐朽菌。仅1科，伏革菌科(Corticiaceae)。

伏革菌科(Corticiaceae)

担子果平展或盘状至碟形，白色至金黄色。子实层体光滑，放射状皱褶或网孔状。一系菌丝，有时为二系菌丝具骨架菌丝，有或无锁状联合。子实层内无刚毛，有或无囊状体、胶囊体和菌丝状体。担孢子一般无色或淡色，表面光滑或有纹饰。分为80属约500种。常见的与树木病害有关的属有：

(1) 阿太菌属(*Athelia* Pers.)

菌丝白色，较纤细，分枝不成直角。菌核初为乳白色，渐变黄色，最后成茶褐色或棕褐色。担子果棉絮状。子实层体平滑，新鲜时可呈皱孔状。担子倒卵形或短棍棒形，顶生4个小梗。担孢子近圆形或梨形，无色，表面光滑(图11-70)。无性阶段是小核菌属(*Sclerotium*)。阿太菌属目前约32种。

罗耳阿太菌[*A. rolffsii*(Curzi.) Tu et Kimbrough，异名 *Corticium rolfsii*(Sacc.) Curzi.]：其无性阶段是齐整小核菌

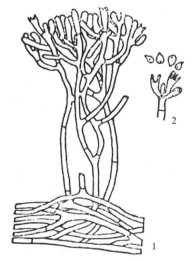

1. 子实层剖面　2. 菌丝上的担子及担孢子

图11-70　叶状阿太菌

(*Athelia epiphylla*)

(仿绘自Ainsworth，1973)

(*Sclerotium rolffsii* Sacc.)。菌丝体初为白色，老熟后略带褐色，分枝角度较大。菌核圆形或椭圆形，淡褐色至褐色，表面平滑，有光泽，易脱落，内部致密，灰白色。子实层体平滑，白色，初较疏松，后略密集成层。担子大小为 $(7\sim9)\mu m\times(4\sim5)\mu m$，担孢子大小为 $(6\sim7)\mu m\times(3.5\sim5)\mu m$。为害茄科、瓜类、豆科蔬菜，以及棉、麻、向日葵、苹果和茶树等多种植物的根及茎基部，导致根腐和基腐，引起白绢病。

（2）软韧革菌属（*Chondrostereum* Pouzar）

担子果扁圆形，平伏而反卷，软革质，有密集茸毛，常层叠排列。子实层体平滑，紫色，菌肉中有胶囊体。担子圆筒形或棍棒形。担孢子无色，表面光滑。该属目前约4种。常见种：

紫软韧革菌[*C. purpureum* (Pers. ex Fr.) Pouzar]：担子果多生于树干的外部，圆形，褐色或紫褐色，软革质，扁平，常层叠排列，上表面生有密集的茸毛。菌肉白色有胶囊体；子实层体平滑，丁香色或紫色。担子圆筒形。担孢子卵形或近椭圆形，无色，一侧扁平，一端稍尖，下端有小突起，大小为 $(6\sim8)\mu m\times(3\sim4)\mu m$（图11-71）。为害苹果和李属等果树枝干，引起银叶病。

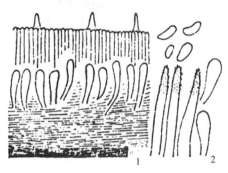

1. 担子果的剖面　2. 囊状体、泡状体和担孢子

图 11-71　紫软韧革菌

(*Chondrostereum Purpureum*)

(引自魏景超等，1979)

（3）伏革菌属（*Corticium* Pers. ex Gray）

担子果平伏，松软，蜡质、膜质或革质，边缘上翻或不整齐，一年生，松软，易碎至坚硬。子实层无囊状体和胶囊体。担子宽圆筒形。担孢子卵圆形或椭圆形，无色或浅色，光滑，单胞，无萌发孔，非淀粉质。孢子印白色、暗红色、浅橙色。单系菌丝系统，有锁状联合。大部分生于枯枝、腐木上，属白腐真菌，少数为植物病原菌，该属目前约25种。我国报道约有10多种。

鲑色伏革菌（*C. salmonicolor* Berk. et Br.）：菌丝体白色网状，边缘羽毛状。担子果扁平，薄膜状，典型的为鲑红色，边缘白色。担子圆筒形或棍棒形，大小为 $(23\sim135)\mu m\times(6.5\sim10)\mu m$，顶生2~4个小梗。担孢子卵圆形或广椭圆形，单胞，无色，顶端圆，基部有小突起，无萌发孔，非淀粉质，大小为 $(9\sim12)\mu m\times(6\sim17)\mu m$。多腐生在木材、垃圾及苔藓上。可为害苹果、柑橘、茶树、樟树、假连翘属、橡胶树、栾树属和油茶属等树的枝干，引起赤衣病。苹果赤衣病的无性阶段子实体埋于树皮内，后突破树皮，露出橙红色圆形或不规则的杯状孢子座。孢子单胞，无色透明，椭圆形、近球形或三角形，大小为 $(10.5\sim38.5)\mu m\times(7.7\sim14)\mu m$。孢子聚集在一起呈橙红色（图11-72）。

碎纹伏革菌（*C. scutellare* Berk. & Curt.）：主要

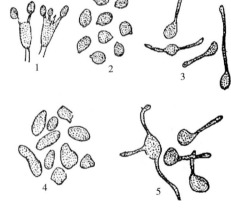

1. 担子和担孢子　2. 担孢子　3. 担孢子萌发
4. 无性孢子　5. 无性孢子萌发

图 11-72　鲑色伏革菌

(*Corticium Salmonicdor*)

为害油茶主干,并常延及枝条,引起油茶白朽病。

悬铃木伏革菌(*Corticium platani* Ces.):主要为害悬铃木。

11.6.1.5 黏褶菌目(Gloeophyllales)

本目的主要特点是能引起木材褐腐。仅1科,即黏褶菌科(Gloeophyllaceae),8属33种。我国已报道约有7种。

黏褶菌属(*Gloeophyllum* P. Karst.)

子实体革质至木质,褐色,边缘蓬松,多年生,无柄,片状,有孔。具有二型菌丝系统,褐腐菌。该属目前约13种。常见种有:冷杉褐褶菌[*G. abietinum*(Bull. ex Fr.)P. Karst.];薄褐褶菌[*G. striatum*(Sw.)Murrill]和桧柏褐褶菌[*G. juniperinum*(Teng et Ling)Teng]等。

11.6.1.6 刺革菌目(Hymenochaetales)

本目最早建于1977年,其主要特点是具有褐色或浅褐色的担子果,遇碱变黑,菌丝无锁状联合,囊状体刚毛状。其桶孔隔膜具无穿孔的桶孔覆垫,而多数伞菌的桶孔覆垫是有孔的。分子系统学研究发现,该目所包含的类群非单系类群,目前本目包含2科,即刺革菌科(Hymenochaetaceae)和裂孔菌科(Schizoporaceae),共48属约610种。

(1)刺革菌属(*Hymenochaete* Lév.)

担子果革质,硬,平伏或反卷呈檐状,或半圆形,无柄。菌肉淡黄褐色至褐色,子实层体平滑,具褐色刚毛;菌丝体系单型或两型,生殖菌丝不具锁状联合;孢子无色,光滑;目前已报道的有149种,木生,引起木材白腐。

(2)暗孔菌属(*Phaeolus* Pat.)

担子果大型。一年生,覆瓦状,具短柄。菌内褐色,肉质,干时易碎,单系菌丝型。子实层内无刚毛,有暗色小囊状体。担孢子无色。目前有3种,常见种有:

栗褐暗孔菌[*P. schweinitzii*(Fr.)Pat.,异名 *Polyporus schweinitzii* Fr.、*Coltricia schweititrii*(Fr.)Cunn. 等]:担子果木生或地生,通常有中生或侧生的菌柄,覆瓦状叠生或莲花状叠生,有时单生;新鲜时肉质,干后干酪质,重量明显变轻。菌盖半圆形、圆形、扇形或者漏斗形,直径可达25cm。菌盖幼时黄色,后期黄褐色,干后变为暗红褐色,有微密绒毛。担孢子卵形至椭圆形,无色,表面光滑(图11-73)。为害松、冷杉和落叶松等针叶树的干基和干部,引起活立木的褐色块状腐朽。

图11-73 松杉暗孔菌(*Phaeolus schweinitzii*)老熟的担子果

(引自戴玉成,2005)

(3)纤孔菌属(*Inonotus* Karst.)

担子果生于树木上,一年生,无柄;菌肉薄,纤毛质,褐色;管孔圆形,小;子实层内有刚毛;单系菌丝。担孢子大,无色至褐色,表面光滑。该属目前约120种。

粗毛纤孔菌[*I. hispidus*(Bull. ex Fr.)Karst.,异名 *Polyporus hispidus*(Bull.)Fr.]:子实体马蹄形,常单个着生,宽20~40cm,厚2~7cm,上表面锈黄色,成熟时变暗。有粗的纤维状毛。子实层内无刚毛和囊状体。菌肉黄色至暗褐色,具放射状绒毛;菌管初黄色,后变

图 11-74 粗毛纤孔菌(*Inonotus hispidus*)
(引自戴玉成, 2005)

褐色; 管孔圆形至多角形, 每毫米 2~4 个(图 11-74)。为害水曲柳、柴椴、冷杉属、槭属、栎属、合欢属、白蜡树属、胡桃属、杨属、蔷薇属和柳属等树种, 引起树梢心材腐朽。

厚盖纤孔菌[*Inonotus dryadeus* (Pers. ex Fr.) Murrill]: 为害冷杉属、云杉属和栎属等植物, 我国已报道约有 17 种。

(4) 木层孔菌属(*Phellinus* Quél.)

子实体多年生, 中等至大型, 硬木质, 平伏至马蹄形, 鲜褐色, 无柄; 菌肉褐色, 单层, 无黏结层, 由二系菌丝组成; 子实层体管孔状, 菌管多层, 子实层内常有刚毛。担孢子无色或有色, 表面光滑。白腐多孔菌, 常生于活树上。目前约 202 种。我国已报道 40 多种。常见种有:

稀硬木层孔菌[*P. robustus*(Karst) Bourd. et Galz.]: 担子果蹄形至半圆形, 有时平伏或不规则地贴于树干。菌盖表面有深色宽环带, 边缘钝圆, 较厚, 龟裂, 有假皮壳。菌管多层, 近圆形至多角形, 管壁厚, 全缘, 管口平或凸起, 常呈阶梯状。子实层内有稀疏刚毛。担孢子球形, 无色, 光滑。为害栎、桉、胡桃、核桃楸、沙棘等阔叶树种, 引起边材腐朽。

火木层孔菌[*P. igniarius*(L. ex Fr.) Quel.]: 担子果形状因受害树种差异而变化较大。通常蹄形, 质地坚硬, 不易剥落。菌盖表面暗褐色, 边缘褐色, 有绒毛。菌髓棕褐色, 木质。层次不明显。菌管口圆而小, 每毫米约有孔 5 个, 管内有白色填充物。子实层中有刚毛(图 11-75)。为害杨、柳、桦、栎等阔叶树种, 导致心材白腐。

松木层孔菌[*P. pini*(Thore ex Fr.) Ames]: 别名松针层孔菌、松白腐菌。担子果马蹄形, 少数扁平或贝壳状, 大小为(3~14)cm×(4~23)cm, 厚

1. 子实体　　2. 子实层

图 11-75　火木层孔菌
(*Phellinus igniarius*)
(引自邵力平等, 1984)

1~6cm, 有同心环棱, 深咖啡色, 有绒毛, 表面粗糙或开裂, 边缘略钝。菌髓淡黄褐色至深黄褐色, 厚 1~6mm; 菌管淡至深黄褐色, 多层, 管口多角形至迷路状, 每毫米 1~3 个, 或圆形, 每毫米 3~5 个; 子实层内有许多锥形褐色刚毛。担孢子近球形, 初无色, 后变为淡褐色, 大小为(4~6)μm×(4~5)μm。为害落叶松、冷杉、云杉和松属植物等, 导致白色蜂窝状腐朽。

松木层孔菌薄平变种[*P. pini*(Thore ex Fr) Ames var. *abietis* Karst., 异名 *Trametes abietis* Sacc.、*Trametes pini* var. *abietis* Karst]: 菌盖马蹄形, 厚 3~5cm, 表面褐色或黑褐色, 边缘色稍淡, 初有短绒毛, 后出现纵横裂缝; 菌髓厚 1~2mm; 管孔表面黄褐色, 孔口小, 不规则圆形, 每毫米 4~5 个; 子实层内有许多褐色锥形刚毛。担孢子近球形, 初无色, 后变成淡褐色, 表面光滑, 大小为(4~6)μm×(4~5)μm。为害云杉, 引起心材白腐。

哈蒂木层孔菌[*P. hartigii*(All. et Schn.) Imaz.]: 菌盖灰褐至锈褐色, 表面有宽的同心环棱, 边缘钝, 茶色, 有细绒毛, 后期龟裂, 大小为(4~13)cm×(6~21)cm, 厚 3~11cm,

有光泽和同心环；菌管与菌肉颜色相同，管口圆形，土黄色、深肉桂色至酱色，每毫米 5~7 个；子实层内刚毛稀少或无。担孢子球形，无色，直径 5~7μm。为害冷杉、云杉、铁杉、柏木等针叶树种，引起边材黄色海绵状腐朽。

苹果木层孔菌[*Phellinus pomaceus*(Per. ex Gary)Quel，异名 *Fomes fulvus*(Soop.)Gill.]：担子果贝壳形、马蹄形或圆头状。大小为(0.5~3)cm×(3~8)cm，厚 1~4cm。偶尔开裂；菌髓红褐色，厚达 1cm；菌管孔口小，圆形或多角形，灰褐色至红褐色，老熟时充满白色菌丝；子实层内无刚毛，有少量囊状体。担孢子卵形或近球形，无色，大小为(4.4~5.8)μm×4.4μm。为害桃、李、杏、樱桃、梨、山楂、板栗、刺槐等，引至心材褐色腐朽。

有害层孔菌[*P. noxius*(Corner)C. H. Cunn.]：引起阔叶树褐根病。缝裂木层孔菌[*P. rimosus*(Berk.)Pilat]为害栗属、栎属、冷杉、沙棘、槐树等。窄盖木层孔菌[*P. tremulae*(Bondartsev)Bondartsev et Borisov]为害杨、桦等阔叶树，引起心材白色腐朽。

11.6.1.7 多孔菌目(Polyporales)

多孔菌目以往称非褶菌目(Aphyllophorales)，能产生显著担子果。分布广泛，种类多，是担子菌门中一类重要类群。绝大部分腐生。除少数种类危害植物根部使其发生腐烂外，大多数的种类能引起木材腐朽，有的种类是食用菌和药用真菌。

多孔菌目的菌丝体发达，有的种类还能形成菌索和菌核组织，多数种类菌丝有锁状联合。多孔菌子实体里的菌丝体系类型是分类的主要依据。少数种类形成无性孢子，大多数种类没有无性孢子。有性阶段形成担子和担孢子，整齐排列成子实层，外露。子实层中含担子，还有刚毛、囊状体、胶囊体、侧丝等不育细胞，因种而异。本目真菌的子实体多种多样，有马蹄状及贝壳状等，大者重达几十千克；小者为一薄层。颜色有白色、黄色、红色、紫色、褐色、黑色等，其中白色者最多。子实层大多着生于菌管内。

多孔菌目是一个大且多类型的目，该目分类体系变化较大。早期真菌学者根据担子果是裸果型或闭果型，将无隔担子菌分为层菌类和腹菌类两大类。Fries(1874)将层菌类分成 5 科，即伞菌科、多孔菌科、齿菌科、革菌科和珊瑚菌科。Patouillard(1900)将上述 5 科的真菌根据担子果发育方式分成非褶菌组 Aphylloracees 和伞菌组 Agaricacees。Rea(1922)首先设立非褶菌目(Aphyllophorales)[旧称多孔菌目(Polyporales)]和伞菌目(Agaricales)，非褶菌目下分革菌科、齿菌科、多孔菌科和珊瑚菌科。Martin(1950)加上鸡油菌科共 5 科，伊藤(1955)分为 9 科。邓叔群(1963)分为 8 科，另加挂钟菌科、干朽菌科和牛舌菌科 3 科。Donk(1964；1971)除根据子实层体和子实体的形态特征外，还强调了担子果的菌丝系统、锁状联合的有无、染色反应和担孢子的特征等在分类上的重要意义，将非褶菌分成 6 型 23 科。Talbot(1973)在此基础上做了适当调整，将此目分成 6 型 24 科。20 世纪 90 年代后，分子生物学技术应用于真菌分类系统，对非褶菌目的分类作出了更符合其亲缘关系的修订。《菌物词典》第 9 版(2001)中采用原名多孔菌目(Polyporales)，包括 23 科，将原来鸡油菌科和齿菌科划出，独立设鸡油菌目；猴头菌科归入新设立的红菇目中；裂褶菌科和珊瑚菌科等归入伞菌目。《菌物词典》第 10 版中，多孔菌目下设 13 科，分别为囊韧革菌科(Cystostereaceae)、拟层孔菌科(Fomitopsidaceae)、灵芝科(Ganodermataceae)、线乳头孔菌科(Grammotheleaceae)、沼生灰包菌科(Limnoperdaceae)、节毛菌科(Meripilaceae)、干朽菌科(Meruliaceae)、显毛菌科(Phanerochaetaceae)、多孔菌科(Polyporaceae)、绣球菌科

(sparassidaceae)、Steccherinaceae(Meruliaceae)、Tubulicrinaceae 及赞氏菌科(Xenasmataceae)，共计216属1801种。《现代菌物分类系统》中将多孔菌目分至14科，分别为革盖菌科(Coriolaceae)、囊韧革菌科、拟层孔菌科、灵芝科、线齿菌科(Grammotheleaceae)、彩孔菌科(Hapalopilaceae)、沼泽马勃科(Limnoperdaceae)、节毛菌科、干朽/皱孔菌科(Meruliaceae)、原毛平革/显毛菌科(Phanerochaetaceae)、多孔菌科、绣球菌科、齿耳菌科(Steccherinaceae)、赞氏菌科。本书主要采用《菌物词典》第10版的分类系统。

1) 灵芝科(Ganodermataceae)

灵芝科5属，分别为乌芝属(*Amauroderma*)、扁芝属(*Elfvigia*)、灵芝属(*Ganoderma*)、鸡冠孢芝属(*Haddowia*)及地伞属(*Humphreya*)。灵芝属真菌的菌盖表面通常有一漆色层，担孢子卵圆形，通常一端平截，金黄褐色。孢子的双层壁由微小的柱状体分隔，在柱状体之间的外壁呈凹陷状，故整个孢子表面显示出很多凹陷刻点。三系菌丝系统，生殖菌丝有锁状联合，产生白色腐朽，通常选择性降解木质素。

灵芝属(*Ganoderma* P. Karst.)

子实体一年生或多年生，木质或木栓质，有柄侧生、偏生或中生；菌盖表面常有硬质皮壳，有漆样光泽。菌肉一层、单色，或2~3层、不同色。菌管单层至多层；孢子卵形、顶端平截，内孢壁褐色，有小刺突或较粗糙。是重要的心材和根的腐朽菌，目前已有180多个灵芝属的种类被描述。

灵芝[*G. lucidum*(Curt. : Fr.)Karst]：为灵芝属的模式种。又称赤芝、红芝、丹芝、瑞草和仙草（图11-76）。我国各地均有分布，尤其是热带、亚热带地区较多，主要于夏秋季节生长于栎、枫、米楮、栲树、梅等阔叶树树桩或埋木上。

树舌[*G. lipsiense*(Batsch) G. F. Ark.]：可为害冷杉属、槭属、桦木属、栗属、胡桃属、杨属、柳属、榆属、李属、栎属等多种植物。

橡胶树灵芝[*G. philippii*(Bres. & Henn ex Sacc.)

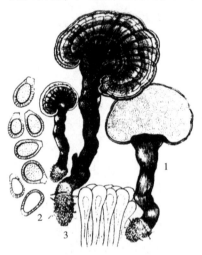

1. 子实体 2. 孢子 3. 盖皮壳细胞组织

图 11-76 灵芝
(*Ganoderma lucidum*)
(引自卯晓岚等，1993)

Bres.]：可引起我国南方橡胶树、鹅掌楸、厚皮树、苦楝、无患子、枫香等多种树木根腐病。

热带灵芝[*G. tropicum*(Jungh.)Bres.]：可引起青皮象耳豆根腐病。

2) 多孔菌科(Polyporaceae)

多孔菌科是多孔菌目中种类最多的孔状菌。依据子实体的外部特征如子实体的形状、柄的有无、菌肉的颜色与质地、菌管与管口形状等，同时结合其内部结构，该科分为105属700多种。本科真菌子实体平伏、带菌盖，有柄或无柄，一年生或多年生，肉质、革质、木栓质或木质。菌肉通常无色或褐色。菌丝结构有单系、二系和三系。子实层一般生于菌管内。菌管通常位于子实体下面，一般是管状、齿状或迷路状，紧密地联结在一起，有共同的管壁，有囊状体、刚毛、菌丝柱等不孕器官。担子棒状，有2~4个孢子。孢子有多种形状，无色到褐色，平滑，通常无纹饰。绝大多数种类木生，少数地生。世界范围内广泛分布。某些真菌如茯苓、猪苓、云芝等是常用的中草药；有些种类可引起木材的白色腐朽和褐色腐朽。

（1）层孔菌属[*Fomes*(Fr.)Kickx]

担子果生于树木上，多年生，木栓质至木质。通常很大，无柄，半圆形，具壳皮；由三系菌丝组成。菌肉浅栗褐色，生殖菌丝有锁状联合；子实层体管状，菌管多层。担孢子椭圆形。本属原约100种，现多数种类已划入其他属。目前约3种。可为害忍冬属、柳属、冷杉属、槭属、桦木属、李属、梨属、铁杉属栎属等多种植物。常见种有：

木蹄层孔菌[*F. fomentarzus*(L. ex Fr.)Kickx.]：担子果贝壳形至马蹄形，灰色、浅褐色至黑色，菌盖表面有硬壳和带纹，大小为(2~27)cm×(3~40)cm，厚2~18cm；菌肉褐色，疏松至软木质；菌管褐色，管孔圆形，灰色至褐色，管口每毫米3~4个。担孢子椭圆形，无色，大小为(14~17)μm×5μm（图11-77）。广泛分布于寒温带阔叶林，生于桦、栎、李、杨等阔叶树种的树干、伐桩和原木上，引起白色杂斑腐朽。

粉肉层孔菌(*F. cajanderi* Kar F. fst.)：担子果半圆形至平伏反卷，扁平，常呈覆瓦状或左右相连，初淡赭色，以后变为黑色；管孔每毫米4~6个。生于松、云杉、冷杉和落叶松等针叶树的倒木上。

（2）炯孔菌属(*Laetiporus* Murr.)

担子果一年生，扁平，无柄，呈覆瓦状。菌肉白色或近白色，新鲜时软而多汁，干后为干酪质，由二系菌丝组成，有联络菌丝，无锁状联合；菌管硫黄色或珊瑚红色。担孢子卵形至近球形，无色，表面光滑。目前约15种。

硫色炯孔菌[*L. sulphureus*(Bull.)Murrill]：在我国已发现。担子果呈覆瓦状叠生，基部有时为柄状。菌盖半圆形或扇形，柠檬黄色至鲜橙色，大小为(20~50)cm×(4~12)cm。厚0.5~2.5cm，表面光滑或有细软毛，无环纹或有浅色环纹，边缘薄，硫黄色，有孔，呈波状或浅裂；菌髓白色或淡黄白色，肉质或以后变脆；菌管口硫黄色，多角形或不规则，口面鲜黄色，每毫米2~4个。担子棒状，大小为(15~38)μm×(5~7)μm。担孢子卵形至近球形，无色，平滑，大小为(3.5~7)μm×4.5μm（图11-78）。生于冷杉、云杉、赤杨、杨及柳等针、阔叶树种上，引起干基褐腐。

图11-77 木蹄层孔菌
(*Fomes fomentarzus*)的担子果
(引自戴玉成，2005)

图11-78 硫色炯孔菌
(*Laetiporus sulphureus*)
(引自戴玉成，2005)

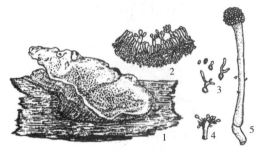

1. 担子果 2. 子实层的一部分 3、4. 担孢子及萌发 5. 分生孢子梗及分生孢子

图 11-79　多年异担孔菌

(*Heterobasidion annosum*)

(引自魏景超等，1979)

（3）异担孔菌属（*Heterobasidion* Bref.）

担子果生于树木上，多年生，无柄，平伏至壳状。有壳皮，边缘钝。菌肉近白色，由二系菌丝组成，无锁状联合。担孢子近球形，无色，表面粗糙。目前约15种。重要种：

多年异担孔菌[*H. annosum*(Fr.) Bref.]：异名 *Fomes annosus*(Fr.) Cooke.。担子果贝壳状，覆瓦状，有时平伏而反卷。菌盖表面黄褐色、褐色或灰褐色，有同心环纹；菌肉初为白色，后变成黄色；菌管白色或淡黄色，一般只有一层，管孔小，圆形，白色。担孢子卵形，无色，大小为$(5\sim6)\mu m \times (4\sim5)\mu m$（图11-79）。在人工培养基上能产生大量的珠头霉菌(*Oedocephalum*)型的分生孢子。为害松属、云杉属和冷杉属等针叶树种，引起树根白腐，并能发生于槭、椴木、栎、榆、桦等阔叶树种上。近年研究发现，该菌是一个遗传上异质的混合群体，除多年异担孔菌外，还有2个近缘种，即小孔异担孔菌(*H. parviporum* Niemel & Korhonen)和冷杉异担孔菌(*H. abietinum*)。交配型试验表明，中国东北和西南的异担孔菌是小孔异担子菌，寄主较广泛，但致病性较弱。

此外，还有岛生异担孔菌[*H. insulare*(Murrill) Ryvarden]与多年异担孔菌有密切关系，据记载前者主要分布于亚洲，但孢子较大，菌盖光滑。

（4）落叶松层孔菌属（*Lariciformes* Kotlaba et Pouzar）

担子果生于树木上，多年生，马蹄形，很大，无柄。菌肉近白色，充满晶体，由三系菌丝组成，有锁状联合；子实层内无囊状体。担孢子卵形，表面光滑。本属只有一种：

落叶松层孔菌[*L. officinalis*(Vill. ex Fr.) Kotlaba ex Pouzar，异名 *Fomes officinalis*(Vill. ex Fr.) Ames]：菌盖马蹄形或钟形，垩质，白色至淡灰黄色，大小为$(2\sim15)cm \times (3.5\sim18.5)cm$，厚$2\sim50cm$，初平滑，后龟裂，有同心环纹，边缘圆钝；菌肉白垩状；管口圆形，老熟时破裂，白色至淡黄色。担孢子圆形至椭圆形，表面平滑，大小为$(4\sim5)\mu m \times (3.5\sim4)\mu m$。为害落叶松等多种针叶树种，引起心材褐腐。该菌的担子果又称药用引火菌、奎宁菌等，味苦，有清肺化痰、健胃等功能，具药用价值。

（5）绵皮孔菌属（*Spongipellis* Pat.）

担子果生于树木上，一年生，无柄。菌肉白色或近白色，双层，上层海绵质，松软，下层紧密，由一系菌丝组成，有锁状联合；菌管孔状或耙齿状。担孢子椭圆形，无色，壁厚而光滑。目前约有8种。常见种有：

毛盖绵皮孔菌(*S. litschaueri* Lohw.，异名 *Polyporus dryophilus* Berk.)：担子果蹄形，初肉质而柔软，后变成木质，大小为$(5\sim10)cm \times (3\sim8)cm$；菌盖表面黄褐色，具绒毛，后期变成锈黑色，有薄而粗糙的皮壳；菌髓深褐色，与树干接触处呈沙质结构，夹杂黄白色菌丝体条纹；菌管孔口圆形，初期被菌丝薄膜覆盖，有时分泌黄色液滴；子实层内无刚毛。担孢子多数为宽椭圆形，少数为卵圆形，棕褐色至锈黑色，表面光滑，内有大油滴，6~8μm（图11-80）。为害栎树，引起心材白腐。

（6）滴孔菌属（*Piptoporus* Karst.）

担子果生于树木上，一年生，无柄而中央凸起，或略倒垂，表面光滑而有薄皮。菌肉白色，韧肉质，由二系菌丝或三系菌丝组成，菌管与菌肉易剥离；子实层内无囊状体。担孢子无色，表面光滑。有6种，常见种有：

桦滴孔菌[*P. betulinus*（Bull. ex Fr.）Karst.，异名 *Polyporus betulinus* Fr.]：担子果侧生于树干上，半圆形、蹄形或肾形，初肉质，干后变坚硬。菌盖表面初为白色，后变成灰色，有薄壳，平滑无毛，老熟时有细龟裂，边缘钝而向内卷曲，大小为(3~13)cm×(6~22)cm，厚2.5~7cm；菌髓白色；管口圆形至多角形，新鲜时白色，老熟时呈淡黄褐色；子实层内常有突出的刚毛。担孢子圆筒形，弯曲，无色，表面光滑，大小为(4~5)μm×(1.5~2)μm（图11-81）。为害桦树，引起心材褐腐。

图11-80 毛盖绵皮孔菌
（*Spongipellis litschaueri*）
（引自邵力平等，1984）

图11-81 桦滴孔菌
（*Piptoporus betulinus*）
（引自魏景超等，1979）

（7）栓菌属（*Trametes* Fr.）

担子果生于树木上，一年生，无柄，或平伏而反卷，木栓质，常呈棚架状。菌肉白色或浅色，由三系菌丝组成；菌管孔口大多圆形，有的为迷路状或褶状。担孢子无色，表面光滑。目前约70种。常见种：

香栓菌[*T. suaveolens*（L.）Fr.]：担子果多为半圆形。菌盖较大，无表皮层；菌肉白色或近白色；菌管孔口多为圆形，管壁厚而完整（图11-82）。生于杨、柳、桦、冷杉、云杉等树干上，引致白色心材腐朽。乳白栓菌（大白栓菌）（*T. lactinea* Berk.）引起桦木腐朽。

（8）粗毛盖菌属（*Funalia* Pat.）

形态特征与栓菌属基本相同。但菌管后期裂成近耙齿状，菌盖密生硬毛，菌肉薄。目前有10种。常见种有：

硬毛栓孔菌[*F. trogii*（Berk.）Bond. et Sing.]：菌盖木质，马蹄形，平伏而反卷，表面褐色或黑褐色，边缘颜色

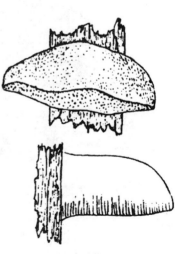

图11-82 香栓菌（*Trametes suaveolens*）子实体及其剖面
（引自魏景超等，1979）

稍浅，初期有短绒毛，后出现纵横裂纹，大小为(1.5~3)cm×(2~3.5)cm，厚3~5cm；管孔面黄褐色，孔口不规则圆形，每毫米4~5个；子实层内有许多褐色锥形刚毛。担孢子近球形，初无色，后呈淡褐色，表面光滑，大小为(4~6)μm×(4~5)μm。为害杨、柳、栎、水曲柳、洋槐、槭和榆等树种，引起立木心材白色腐朽，也能腐生在杨和柳的伐桩上。

（9）卧孔菌属（*Poria* Browne）

又称茯苓菌属，子实体平伏，皮膜状，能向四周扩展，菌肉白色；子实层管状。生于针叶或阔叶树干或倒木上，引起木材腐朽。代表种为茯苓，为贵重药材，现多人工栽培。目前该属多数种类已划入其他属中。

茯苓[*P. cocos*，别名松腴、松茯苓、云苓、川苓、安苓、茯灵等，异名为 *Wolfiporia ccocus*(Schw.)Ryv. et Gilbn.]：常腐生或弱寄生于松木或松根上形成地下菌核。菌核球形、扁球形或块状，外形似山药（图11-83）。表面棕褐色或紫褐色，内部白色，鲜时表面较软，干后坚硬，皮壳多皱褶。在环境条件适宜时，菌核表面形成子实体。人工培养基中也可以在菌落中形成子实体。子实体无柄，平铺于松树枯老的树干或菌核表面，大小不一。子实体初白色，后变淡黄色，表面孔管密集，呈蜂窝状，管孔多角形或不规则形，孔壁薄，边缘渐成齿孔。担子呈棒状，着生4个小梗；担孢子近圆柱形，无色，半透明，光滑，顶端有一歪尖。茯苓自然分布于我国黄河以南的广大地区，主要寄生于松类根际上。茯苓菌核是我国中医常用的几大中药之一。

（10）多孔菌属（*Polyporus* P. Micheli）

多孔菌属为多孔菌科的模式属，目前仅包括具有如下特征的种类：担子果具柄，具二系菌丝系统，产生白色腐朽。该属目前约35种。

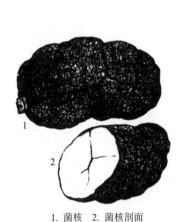

1. 菌核 2. 菌核剖面

图11-83 茯苓

(*Poria cocos*)

(引自卯晓岚等，1993)

1. 子实体 2. 孢子 3. 菌核

图11-84 猪苓

(*Polyporus umbellatus*)

(引自卯晓岚等，1993)

猪苓[*Polyporus umbellatus*(Pers.)Fr.，又名猪粪菌、猪灵芝、猪苓花，曾用名 *Grifola umberrella*(Pers.)Pilat]：子实体肉质，丛生，有柄，多分枝图(11-84)。分枝末端着生圆形菌盖，菌盖白色或浅蓝色，中部凹陷，近漏斗形，边缘内卷，有细鳞片。菌肉白色，菌盖背面有孔，孔面白色，干后草黄色，孔口圆形或不规则齿状，在菌柄上延生。担孢子圆筒形，光滑，一端有歪尖。菌核黑色，似姜，形状多样，一般生长于地下。主要分布在黄河流域或长江以北地区。幼嫩子实体味美可食。菌核是著名的中药材。

11.6.1.8 红菇目（Russulales）

红菇目种类较多，具多变的子实体形态和多样性的生活策略。多年来红菇科（Russulaceae）是伞菌目的一个科，包括红菇属（*Russula*）和乳菇属（*Lactarius*）。担子果肉质，柄中生，菌盖与菌柄相连，孢子堆白色或黄色，孢子纹饰有淀粉质反应。与其他伞菌主要区别是子实体菌髓有大量髓球胞。Thiers（1984）等将此类菌作一个目处理，包括一些腹菌中的属和非褶菌中的属，认为它们比其他伞菌有更近亲缘关系。《菌物词典》第9版（2001）中，红菇目包括11科，猴头菌科等也归入其中。《菌物词典》第10版（2008）中，红菇目包括Albatrellaceae、Amylostereaceae、耳匙菌科（Auriscalpiaceae）、刺孢多孔菌科（Bondarzewiaceae）、木齿菌科（Echinodontiaceae）、猴头菌科（Hericiaceae）、Hybogasteraceae、茸瑚菌科（Lachnocladiaceae）、Peniophoraceae、红菇科（Russulaceae）、Stephanosporaceae、韧革菌科（Stereaceae），共12科80属1767种。

1）猴头菌科（Hericiaceae）

担子果珊瑚状，多分枝，子实层体光滑或齿状，多数具单系菌丝，生殖菌丝有锁状联合，担孢子有糊精反应，且具有胶化菌丝。孢子无色，光滑或微粗。包括3属约12种。该科中最著名的是猴头菌（*Hericium erinaceus*）。

猴头菌属（*Hericium* Pers. ex Gray）

担子果块状、瘤状或树枝状，无明显菌盖，肉质座生或基部具短柄。子实体纯白色或浅黄色，干燥时表面褐色。菌刺（子实层体）很发达，针形，垂生，通常长。子实层有囊状体。孢子从广椭圆形到近圆形，无色，透明，平滑，具油滴。本属模式种 *Hericium coralloides*（Scop. ex Fr.）Pers. 生于树干和倒木上。本属菌均为美味食用菌，兼可药用，也是阔叶树的木腐菌。该属目前约23种。

猴头菌[*H. erinaceus*（Bull.：Fr.）Pers.]：又称为刺猬菌、花菜菌、山伏菌、猴头蘑等。子实体团块状，基部狭窄或略有短柄，外形似刺猬或猴头，肉质，鲜时纯白色，干燥后呈乳白色或淡黄色，无柄，表面密布下垂的长刺；子实层生于针刺的表面；担孢子球形或近球形，无色，半透明，表面光滑，含一油滴，大小为$(5.5\sim7.5)\mu m\times(5\sim7)\mu m$。猴头菌在我国东北、西北、西南等地均有自然分布，适宜在18~20℃温度下生长。常于春季和夏季着生于栎类、栗类及胡桃类阔叶树立木或腐木上，少生于倒木（图11-85）。

2）红菇科（Russulaceae）

担子果伞状，小至大型，肉质，脆，易腐烂，色泽鲜艳。柄中生，菌盖与菌柄相连，子实体菌髓有大量髓球胞，菌丝无锁状联合。菌褶离生或延生。子实层着生于菌褶表面。孢子椭圆形至球形，孢子纹饰具淀粉质反应，孢子成堆

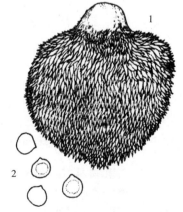

1. 子实体 2. 担孢子

图11-85 猴头菌

（*Hericium erinaceus*）

（引自卯晓岚等，1993）

时白色或黄色。多数种类是外生菌根菌。红菇科包含5属约1243种。

(1) 红菇属 [*Russula* (Pers. ex Fr.) Gray]

担子果质脆，易腐烂，无乳汁。菌盖凸出型，平展，后中凹，色鲜艳或白色，平滑至有绒毛或硬毛。菌褶直生，有时近延生，等长或不等长。柄中生，短且粗。担孢子球形或椭圆形，无色至黄色，有纹饰。目前约3000余种。

大红菇 [*R. alutacea* (Fr.) Fr.]：子实体一般大型，菌盖6~16cm，扁球形，后平展而中部下凹，湿时黏，鲜紫红色。菌肉白色。菌褶等长，直生或近延生，乳白色后淡黄色。菌柄近圆柱形，粉红色。孢子淡黄色，近球形，表生小瘤或微刺，大小为(8~10.5)μm×(7~9.7)μm。生于林地上，散生，可食用，也可药用，是树木的外生菌根真菌(图11-86)。

毒红菇 [*R. emetica* (Sehaeff.) Pets.]：又称呕吐红菇、小红脸菌。子实体一般较小。菌盖珊瑚红色，有时褪为粉红色，5~9cm，扁半球形至平展，后中部下凹，光滑，黏，表皮易脱落。菌肉薄，白色，近表皮处红色。菌褶白色，凹生至离生，长短不一，褶间有横脉。菌柄圆柱形，白色或粉红色。老熟时菌盖边缘上卷，菌褶外露。担孢子无色，卵形或近球形，表面有小刺和网纹，大小为(8~10.2)μm×(7~9)μm，囊状体披针形近梭形。孢子印白色。毒红菇在我国或各地均有分布。有毒，常于春夏季节散生或群生于阔叶树或针叶树林地上，可与栎属、柳属、松属、落叶松属、冷杉属、云杉属等树木根系形成外生菌根(图11-87)。

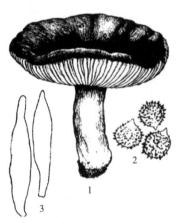

1. 子实体 2. 孢子 3. 囊状体

图11-86 大红菇
(*Russula alutacea*)
(引自卯晓岚等，1998)

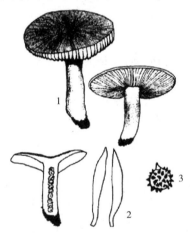

1. 子实体 2. 侧囊状体 3. 担孢子

图11-87 毒红菇
(*Russula emetica*)
(引自卯晓岚等，1993)

(2) 乳菇属 (*Lactarius* Pers.)

担子果多为肉质，菌盖凸出型，后下凹，干或黏，颜色多样，平滑或有绒毛，有乳汁。菌褶直立或延生，不等长。菌柄中生。孢子球形至广椭圆形，无色至淡黄色，有小刺、小瘤或网纹，多有大型囊状体。新鲜子实体被切开或碰伤，会渗出水或乳状的液体。乳汁可以无色或有色(乳白色、黄色、蓝色或红色)，这是乳菇属的一个重要的分类学特征。在一些种中，乳汁露于空气后还会变色，对其鉴定应在采集后马上进行。其中具有代表性的如靛蓝乳菇(*L. indigo*)，其担子果为蓝色至蓝靛色，而且受伤或破损时流出的乳汁开始时为深蓝靛色,但长时间暴露于空气时就变成暗绿色。该属目前约450种。

松乳菇[*Lactarius deliciosus* (L.) Gray]:子实体中等至较大,菌盖4~11cm,扁半球形,中部黏状,伸展后下凹,后呈近漏斗状,胡萝卜黄色或深橙色。菌肉厚,质脆,初带白色,后变胡萝卜黄色,乳汁量少。菌褶与菌盖同色,近菌柄处交叉,直生或延生。菌柄近圆柱状向基部渐细,色同菌褶,伤变绿色,内部松软,后近中空。孢子广椭圆形,无色,有瘤和网纹,大小为(8~10.5)μm×(6.5~8)μm,囊状体少。生于针阔林中地上,单生或群生。在我国分布广泛,是著名的野生食用菌(图11-88)。

1. 子实体 2. 担孢子 3. 囊状体

图11-88 松乳菇

(*Lactarius deliciosus*)

(引自卯晓岚等,1993)

辣乳菇[*L. piperatus* (L.) Pers]:菌盖5~9cm,半球形,后中部下凹,呈近漏斗状,表面干燥,白色,乳汁白色,不变色,味辣。菌褶延生,不等长,分叉,白色,后呈淡红色。菌柄短粗,白色,中实或松软。孢子近球形,表生小瘤,大小为(6~7)μm×(5.5~61)μm,囊状体梭形。生于针阔叶林地上,具毒,是树木外生菌根真菌。

11.6.2 花耳纲

花耳纲是伞菌亚门中一个定义明确的纲。该纲仅包含1目,花耳目(Dacrymycetales);1科,即花耳科(Dacrymycetaceae);9属约101种。

花耳目(Dacrymycetales)

此目真菌多为针叶树和阔叶树木材褐腐菌。担子果小,胶质或蜡质,黄色到橘黄色,形态变化较大。有些种类无柄呈垫状,有些种类呈杯状或盘状,或者呈直立齿状或勺状。本目的共同特征是产生单细胞但深裂呈叉状的担子。该目的另外一些特征还包括双球状纺锤体、具连续隔膜孔帽的隔膜孔。担子单胞,顶端分叉,每枝上生一个短的小梗,担孢子生于小梗顶端,椭圆形,常弯曲,初为单胞,后产生隔膜成两个或多个细胞,壁光滑,每个细胞可形成芽管或直接萌发或产生小分生孢子。

(1)**花耳属**(*Dacrymyces* Nees)

子实体垫状,胶质,表面光滑或有皱褶。担子音叉状,孢子印白色。担孢子光滑,壁薄或厚,具有0~8个或更多的隔膜,很少具有砖格,可以在成熟孢子上形成无性孢子。囊状体缺失。单型菌丝系统,锁状联合缺失或存在。大多数种的生活史还不清楚,伞状花耳(*Dacrymyces deliquescenes*)是生活史相对比较明确的种(图11-89)。腐生。在针叶树和阔叶树上,产生褐色腐朽并且可能引起房屋木材的毁坏。该属目前约50种。

(2)**桂花耳属**(*Dacryopinax* Martin)

担子果直立,有柄和菌盖,早期杯状或匙状,后变为片状或瓣状,子实层生下位,单侧生,孢子成堆时橙色或黄色,早期无隔,后生1~3隔。该属目前约24种。

桂花耳[*D. spathularia* (Schwein.) G W. Martin]:担子果群生至丛生,黄色至橙黄色,胶质,有柄,上部呈匙状或不规则叉状,高0.6~1.5cm,从腐木裂缝中伸出。担子2分

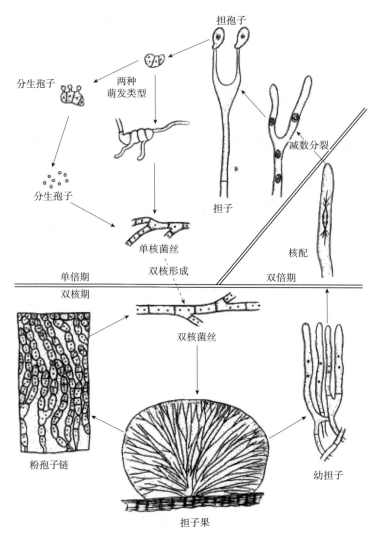

图 11-89 伞状花耳(*Dacrymyces deliquescenes*)生活史
(引自 Alexepoulos et al., 1996)

叉。孢子无色，光滑，椭圆形近肾形，初期无隔，后期具一隔，大小为(7.8~10)×(3.5~5.0)μm。生于针叶树和阔叶树腐木上，分布广泛，可食用。

本章小结

担子菌是菌物中最高等的类群，除锈菌和黑粉菌外，绝大多数担子菌可形成肉眼可见的大型子实体。担子菌的共同特征是菌丝顶端细胞部分可孕，发育成为担子，在担子上产生担孢子。担子无隔或有隔，顶端或侧面长出小梗，担孢子着生在小梗上。担子散生，或成层排列形成担子层。在伞菌亚门中，多数种类的担子成层排列于菌褶上，但有的种类担子层可着生在菌管内侧，或各种形态的担子果表面，甚至在被果型的担子果内部。

大型担子菌传统分类依据包括子实体形态、颜色和大小，表面是否平滑、粗糙或有纤毛，是否有环纹，质地是肉质、革质、胶质或木质，菌盖与菌褶或菌管分离的难易程度，菌柄中生、偏生、侧生或无，孢子印颜色等。近年各种分子生物学技术包括 rDNA 序列分析、PCR 扩增技术和分子杂交技术等被日益广泛地应用于分类学研究中，反映亲缘关系和进化关系的分子系统学得到迅速发展，改变了传统的形态分类系统。

在《菌物词典》第 10 版中，担子菌门下设锈菌亚门（Pucciniomycotina）、黑粉菌亚门（Ustilaginomvcotina）和伞菌亚门（Agaricomycotina）3 亚门，包括 16 纲 52 目 177 科 1589 属 31515 种。大型担子菌都归属于伞菌亚门之中，包括伞菌纲（Agaricomycetes）、花耳纲（Dacrymycetes）和银耳纲（Tremellomycetes）3 纲，共 21 目。据 2018 年报道，担子菌门的种类已达约 5 万种。

柄锈菌目的真菌通常称为锈菌，在锈菌生活史中，通常在越冬的冬孢子上形成担子和担孢子，有些锈菌生活史中还产生性孢子、锈孢子或夏孢子等其他类型的孢子，并且有转主寄生现象。锈菌是重要的树木病原，通常只引起局部侵染，在植株受害部位形成黄色、黄褐色和褐色小疱斑，或使受害枝条形成肿瘤、粗皮、丛枝等畸形症状。病菌在受害植物的地上部器官产生大量孢子堆，常使寄主表皮破裂，增加植株水分蒸发而致病株枯死。锈菌是专性寄生物，在自然条件下只能从活的寄主植物上获取养料，不能营腐生生活。

黑粉菌通常指在植物发病部位形成大量黑粉状孢子（厚垣孢子）的一类担子菌。黑粉菌引起的病害称为黑粉病。黑粉菌菌丝分隔较为简单，通常具不典型的桶孔隔膜。黑粉菌寄生性强，但可人工培养，因此不是专性寄生菌。主要寄生在禾本科、莎草科、蓼科和菊科植物上，引起全株性侵染和局部性侵染。

伞菌亚门的真菌一般形成比较发达的担子果，大多数腐生，许多可以引起木材腐朽，少数引起植物病害。有些可与植物共生形成菌根，如牛肝菌、马勃等。有些是重要的食用菌，如蘑菇、木耳等。有些可供药用如灵芝、茯苓等。也有不少种类既可食用，又有药用价值。

思考题

1. 简述担子菌门 3 个亚门及其所属各纲的主要特征及分类依据。
2. 担子菌生活史中有哪几种菌丝体类型？其结构和功能各有何不同？
3. 简述锈菌的主要特征，其生活史包含哪几种类型？各有何特点？
4. 黑粉菌与锈菌的生活史有哪些异同点？
5. 简述黑粉菌亚门代表属的主要特征。
6. 简述锈菌目菌物重要代表属的主要特征。
7. 试列举伞菌纲中引起树木病害的主要属的形态特征。

第 12 章

无性型真菌

12.1 概述

菌物典型的生活史包括无性阶段和有性阶段。自然界中还有许多菌物，其有性阶段在自然条件下很少发生或尚未发现，通常以无性孢子进行繁殖。这类菌物或许因为缺乏性亲和的相对交配型，或许有的可能已丧失了有性生殖能力，或其有性生殖行为已被准性生殖（Parasexuality）所代替；也许是由于菌物发育的无性阶段和有性阶段往往是在不同的时间和空间下发生的，人们发现它的无性阶段时，暂时还未发现其有性阶段。对于这样一类菌物，由于只了解其生活史的一半，过去通常称作半知菌（Fungi imperfecti，Deuteromycetes，Asexual fungi，Conidial fungi）。这类菌物的特征为以有丝分裂的方式产生繁殖结构，其中绝大多数种类产生分生孢子。1989 年，Kendrick 提出使用有丝分裂孢子真菌（Mitosporic fungi）替代过去采用的半知菌名称。Hawksworth et al.（1995）主编的《菌物词典》第 8 版接受了 Kendrick 的观点，取消了半知菌这一名称，采用有丝分裂孢子真菌代之。《菌物词典》第 9 版（2001）将以有丝分裂方式产生繁殖结构的菌物称之为无性型真菌（Anamorphic fungi）。

目前，已发现存在有性阶段的无性型真菌大多属于子囊菌，少数属于担子菌，也有个别属接合菌。然而，自然界中还有大量无性型真菌的有性阶段尚未被发现。在菌物系统分类中，通常依据菌物的有性繁殖器官和有性孢子的特征进行划分。对于无性型真菌，在大多数情况下未见其有性阶段。以往根据《国际植物命名法规》，凡有性阶段已明确的真菌，应以其有性时期的名称作为代表真菌全型的合法名称。同时，对于多型菌物（pleomorphic fungi）的不同阶段可以采用不同的命名形式，但无性型名称只能代表无性阶段，不能代表全型（holomorph）（一种真菌的所有阶段）的名字。2011 年，"一种真菌，一个名称"（one name for one fungus），即一个合法名称代表一个多型真菌的全型，已经写入《国际藻类、真菌和植物命名法规》。今后可能有更多的有性态和无性态阶段之间的相应关系被确认，一旦确认，通常将根据优先权决定其属名而归入相应的类群中。

无性型真菌在自然界中分布广泛，种类繁多。《菌物词典》第 7 版（1983）记载菌物 64200 种，半知菌种数为 17000 个；《菌物词典》第 8 版（1995）记载的有丝分裂孢子真菌有 2600 属（异名属 1500 个），15000 种；《菌物词典》第 9 版（2001）记载无性型真菌 2887 属，

15945 种。在 1980~2010 年期间已出版的 38 卷《中国真菌志》中，无性型真菌占 16 卷，共描述无性型真菌 80 属 2412 种。据《菌物词典》第 10 版（2008）统计，菌物共计有 118405 种，其中无性型真菌 2800 属，约 20000 种。

无性型真菌多数陆生，少数生活于海洋或淡水中。营腐生或寄生生活，其中许多种类是重要的植物病原菌，引起植物种实霉烂和苗木枯死，叶斑、炭疽和疮痂，枝条枯死和丛生，植物主干溃疡和根部腐烂以及植物整株萎蔫等病害；有些还可侵染动物和人类引起许多严重疾病；一些腐生的无性型真菌可引起食物腐败，或产生毒素有害于人的健康；有些种能使农、畜产品和原料变质，造成一定的经济损失。但有些无性型真菌具有重要的经济价值，被广泛应用于农业、工业、医药、食品和化工等领域。

12.2 无性型真菌生物学特性

（1）营养体

如同大多数有性型的子囊菌和担子菌一样，大多数无性型真菌的营养体为发达、具隔膜、多分枝的菌丝体，少数种类为单细胞或在某些条件下产生假菌丝（酵母类）。菌丝体可以形成子座和菌核等结构，也可以形成分化程度不同的分生孢子梗。

（2）无性繁殖

无性型真菌通常不发生有性生殖，而是以单倍体或多核体形态进行无性繁殖。其在无性繁殖过程中可产生多种类型的由菌丝特化而用于承载分生孢子的结构，即载孢体（Conidioma），如分生孢子梗、孢梗束、分生孢子座、分生孢子盘和分生孢子器。

①分生孢子梗（conidiophore）：由菌丝特化而在其上着生分生孢子的一种丝状结构。分生孢子梗形态多样，直立或弯曲，分枝或不分枝，无色或有色，在基物上形成各种颜色的霉层。有些种类在分生孢子梗基部形成由少数或多数厚壁细胞形成的子座。

②孢梗束（synnema，复数 synnemata）：多根分生孢子梗基部紧密联结（几乎不能看见单个孢子梗）而顶部分散的一种束状结构，顶端或侧面产生分生孢子。

③分生孢子座（sporodochium，复数 sporodochia）：由许多聚集成垫状的、很短的分生孢子梗组成，顶端产生分生孢子。

④分生孢子盘（acervulus，复数 acervuli）：垫状或浅盘状的产孢结构，上面有成排的短分生孢子梗，顶端产生分生孢子。分生孢子盘的四周或中央有时具深褐色的刚毛。

⑤分生孢子器（pycnidium，复数 pycnidia）：球状、拟球状、瓶状或形状不规则的产孢结构，生于基质表面或埋生于基质或子座内。顶端无或有乳头状突起，或有长喙，孔口有或无；黑色、褐色，少数具有鲜明的颜色；膜质、肉质、蜡质、革质、软骨质或碳质。内壁形成分生孢子梗，顶端着生分生孢子，或直接从内壁细胞上产生分生孢子（图 12-1）。

无性型真菌在上述载孢体上产生各式各样的分生孢子。分生孢子成熟后脱落，随风或雨水飞散，或由昆虫等传播，在适宜的条件下萌发再发育成菌丝体。有些无性型真菌以二分裂方式产生裂殖孢子，或以发芽方式产生芽孢子，或以菌丝断裂方式产生节孢子等分生孢子。也有些无性型真菌不产生任何孢子，而以厚垣孢子或菌核的方式存活和繁殖。大多无性型真菌在一个生长季节可繁殖若干代。

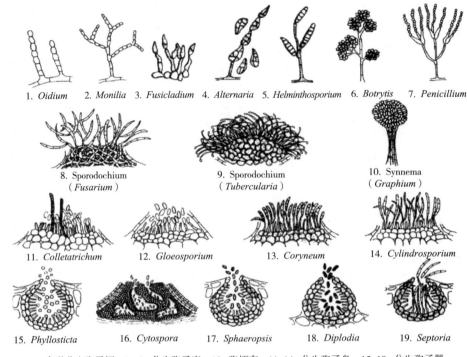

1~7. 各种分生孢子梗　8、9. 分生孢子座　10. 孢梗束　11~14. 分生孢子盘　15~19. 分生孢子器

图 12-1　载孢体的类型

（引自 Agrios，1988）

分生孢子的形状、颜色、分隔等差异很大。有圆形、椭圆形或长筒形，也有丝状、蠕虫状、螺旋状或星形，有色或无色。根据分生孢子的隔膜和形状通常可将分生孢子分为单胞、双胞、多胞、砖格状、线状、螺旋状和星状孢子等多种类型（图 12-2）。

（3）分生孢子的个体发育和形成方式

分生孢子的个体发育(ontogenesis)是指无性型真菌形成分生孢子的发育过程。按照分生孢子个体发育的基本形式，无性型真菌分生孢子的形成方式分为体生式(thallic)和芽生式(blastic)两大类型。

①体生式(thallic)：指菌丝细胞以直接断裂的方式形成分生孢子。根据产孢菌丝细胞各层壁是否参与孢子形成分为内壁式和全壁式两种类型（图 12-3）。

a. 内壁体生式(enterothalic)：产孢菌丝细胞的外壁不参与新生孢子壁的形成，孢子是内生的，称内壁节孢子(enteroarthric conidia)。如 *Bahusakala* 属的产孢方式。

b. 全壁体生式(holothallic)：孢子由产孢的菌丝细胞包括细胞壁整个转化而成。主要包括全壁节孢子和分生节孢子两种类型的孢子。全壁节孢子(holoarthric conidia)当分枝或不分枝的产孢菌丝顶端停止生长后，产生许多隔膜，从隔膜处断裂而形成孢子，产孢菌丝的外壁构成孢子的外壁，参与节孢子的形成。如地霉属(*Geotrichum*)的产孢方式。分生节孢子(merism arthric conidia)产孢菌丝顶端部分通过生长，先在菌丝顶端形成分生孢子，随着分生孢子的成熟，产孢菌丝细胞不断生长，并不断产生隔膜，最后形成一串向基性成熟的分生孢子链，如粉孢属(*Oidium*)的产孢方式。

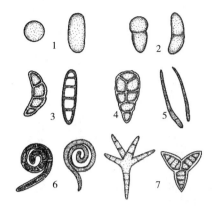

1. 单胞孢子 2. 双胞孢子 3. 多胞孢子 4. 砖格孢子 5. 线形孢子 6. 螺旋孢子 7. 星状孢子

图 12-2 分生孢子形态类型

（引自许志刚等，2003）

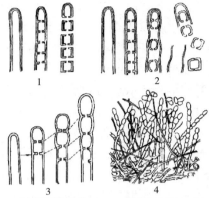

1. 全壁节孢子（ha） 2. 内壁节孢子（ea）
3. 分生节孢子（ma） 4. *Oidium*

图 12-3 体生式产孢方式

（1，2，4 仿自 Kendrick，2000；3 仿自张天宇，1986）

②芽生式（blastic）：指由特殊分化的产孢结构通过芽殖的方式产生分生孢子。绝大多数无性型真菌的产孢方式为芽生式。一般由菌丝分化产生分生孢子梗，梗上形成产孢细胞（conidiogenous cell），由产孢细胞产生分生孢子。根据分生孢子形成和产孢细胞的延伸方式，可分为全壁芽生式（holoblastic）和内壁芽生式（enteroblastic）两种类型。

a. 全壁芽生式（holoblastic）：由产孢细胞的产孢点经生长、膨大，然后产生隔膜而成。产孢细胞进行芽殖时，其细胞内壁和外壁同时延伸，构成新生孢子的内外壁。在孢子形成过程中，产孢细胞在长度上可发生以下 3 种变化(图 12-4)。

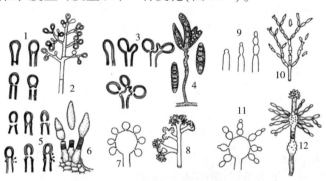

1、2. 全壁芽生单生式（hb-sol） 2. *Staphylotrichum coccosporum* 3、4. 全壁芽生——合轴式（hb-sy） 4. *Drechslera bicolor* 5. 全壁芽生环痕式（hb-ann） 6. *Spilocaea pomi* 7. 全壁芽生——葡萄式（hb-botr） 8. *Botrytis* sp. 9、10. 全壁芽生——链生式（hb-cat） 10. *Cladosporium* sp. 11. 全壁芽生——葡萄式链生式（hb-botr-cat） 12. *Gonatobotryum apiculatum*

图 12-4 丝孢类真菌全壁芽生式产孢方式

（1、3、5、7、9 引自 Hawksworth，1983；其余引自 Carmichael et al：，1980）

其一，产孢细胞不断增长或膨大。主要有两种方式：全壁芽生环痕式（holoblastic-annellidic）和全壁芽生合轴式（holoblastic-sympodial）。全壁芽生环痕式是指产孢细胞以层出的方式不断产生分生孢子，即产孢细胞顶端形成孢子，其成熟脱离后留下一个环状的产孢环痕，产孢细胞继续通过顶端生长形成新孢子，第二个孢子脱离时又留下一个产孢环痕。

由于产孢细胞具层出再育特性，且每脱落一个孢子留下一个孢子痕，则产生了一系列孢子后，产孢细胞顶部留下许多环痕，产孢细胞本身也比原来显著地增长。如环黑星霉属（*Spilocaea*）。全壁芽生合轴式是指产孢梗或产孢细胞顶端形成第一个孢子后，产孢细胞在顶生孢子一侧继续向上生长，发育形成第二个孢子后，又在孢子的一侧向上继续生长，孢子连续不断产生，产孢细胞也连续不断作合轴式延伸呈屈膝状。随着分生孢子的成熟后脱落留下合轴式孢痕。如白僵菌属（*Beauveria*）。

其二，产孢细胞长度固定不变。产孢细胞或产孢梗在形成一系列孢子后，其本身长度不增加也不缩短。依产孢特点和孢子着生方式不同，可分为3种类型：全壁芽生葡萄孢式（holoblastic-botryose）、全壁芽生链生式（holoblasitc-catennate）和全壁芽生单生式（holoblastic-solitary）。全壁芽生葡萄孢式是指产孢梗顶端膨大成头状或囊状，上面具多个产孢点，产生单生的芽孢子或向顶性的孢子链，外观似葡萄穗状。如曲霉属（*Aspergillus*）和葡萄孢属（*Botrytis*）。全壁芽生链生式是指产孢细胞不膨大，孢子串生呈链状。产孢细胞上的产孢点形成第一个孢子后，向前移到新形成的孢子上，产生第二个孢子后，产孢点又向前移，依次连续不断地产生新孢子，最后形成一串向顶生的孢子链。如丛梗孢属（*Monilia*）和枝孢属（*Cladosporium*）等。全壁芽生单生式指产孢细胞不膨大，孢子单生于产孢细胞的顶端。如拟粉孢属（*Oidiopsis*）和黑孢霉属（*Nigrospora*）。

其三，产孢细胞不断缩短。产孢梗或产孢细胞随着分生孢子的不断产生而逐渐缩短，以倒退式（retrogressive）向基序列产生分生孢子，即每产生一个孢子就消耗一段产孢细胞，使产孢细胞或产孢梗不断缩短。如单端孢属（*Trichothecium*）的产孢方式为全壁芽生倒退式（holoblastic-retrogressive）。

b. 内壁芽生式（enteroblastic）：分生孢子从产孢细胞的管孔或孔道内长出，其外壁由产孢细胞的内壁延伸生长而成，不包含有产孢细胞的外壁成分，孢子的内壁是发育过程中新形成的（图12-5）。

内壁芽生瓶梗式（enteroblastic-phialidic）：产孢细胞呈瓶状，称为瓶梗。分生孢子从瓶梗内产孢点上一个接一个产生和排出，形成不包含产孢细胞外壁的瓶梗孢子（phialospores）。多数瓶梗在瓶口处形成明显的杯状物称为囊领（colarette），也有不明显的。产孢细胞长度基本不变。瓶梗孢子可散生、串生或聚生。如瓶霉属（*Phialophora*）。

内壁芽生孔生式（enteroblastic-tretic）：孢子通过产孢细胞小孔道中生出，其外壁由产孢细胞的内壁延伸而成，不包含产孢细胞的外壁，这类孢子称为孔出孢子（tretoconidia）。孔出孢子可单生，也可形成向顶性的孢子链。产孢细胞上有一个孔道称为单孔的（monotretic），有多孔道的称为多孔的（polytreric）。产孢细胞或孢子梗的长度可固定不变，也可呈合轴式延伸。如长蠕孢属（*Helminthosporium*）和离蠕孢属（*Bipolaris*）等。

此外，在产孢细胞不断缩短的产孢方式中还包括内壁芽生倒退式（enteroblastic-meristematic）。在产孢细胞不断增长的产孢方式中还包括梗基分生式（basauxic），即生长点位于分生孢子梗基部，当分生孢子梗顶端形成第一个孢子后，孢子梗基部向上生长，其侧面形成孢子后，孢子梗基部继续向上生长，最后沿着增长的孢子梗侧面形成一系列向基性成熟的分生孢子。该产孢方式也可分为两类：全壁芽生梗基分生式（holoblastic-basauxic），如节孢霉属（*Arthrinium*）；内壁芽生梗基分生式（enteroblastic-basauxic），如栗色霉属（*Spadicoides*）。

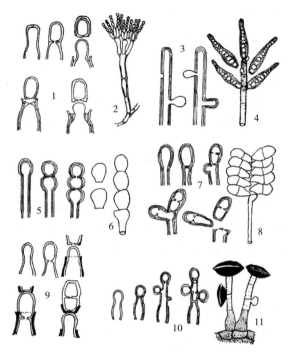

1~4. 内壁芽生 1、2. 内壁芽生——瓶梗式（eb-ph） 2. *Penicillium* sp. 3、4. 内壁芽生——孔生式（eb-tret） 4. *Helminthosporium velutinum* 5~9. 倒缩式产孢（retrogressive） 5~8. 全壁芽生——倒缩式（hb-retr） 6. *Basipetospora rubra* 8. *Trichothecium roseum* 9. 内壁芽生倒缩式（eb-retr） 10. 梗基分生式产孢（bm） 11. *Cordella conisoporioides*

图 12-5　丝孢类真菌内芽生式产孢方式

(1、3、9引自张天宇，1986；2、4、6、8、11引自
Carmichael，1980；5、7、10引自Hawksworth et al.，1983)

无性型真菌种类繁多，分生孢子个体发育类型多样，以上介绍的是常见类型。《菌物词典》第10版（2008）根据分生孢子成熟脱落时的隔膜种类以及分生孢子在产孢细胞或产孢梗上的产生顺序，将无性型真菌的产孢方式细分为43种，但基本属于上述类型。另外，不同菌物学家对产孢方式的理解还存在分歧，如环痕式产孢是属于内壁芽生式还是全壁芽生式？有人认为是内壁芽生式，有人认为是全壁芽生式，若相对于间接的产孢细胞来说，则属于内壁芽生式，但相对于直接产孢细胞来说，则属于全壁芽生式。通常将环痕式产孢归为全壁芽生式。另外，由产孢瓶梗产生的第一个孢子属于全壁芽生式，而后产生的则属于内壁芽生式，但通常将瓶梗孢子称为内壁芽生式产孢。

上述介绍的无性型真菌的分生孢子个体发育形式基本上是根据丝孢类真菌研究发现的。对腔孢类分生孢子个体发育和产孢方式的研究表明，多数腔孢类菌物分生孢子的形成方式与丝孢类相似，多属于瓶梗式、合轴式或环痕式，少数产生分生芽孢子、分生节孢子，孔出孢子和芽生节孢子尚未在腔孢类中发现。

12.3　无性型真菌的分类

从19世纪初开始，早期的菌物学家就对无性型真菌进行了初步分类研究，如Tode

(1791~1793)、Persoon(1801)、Link(1809)、Fries(1821~1838)、Corda(1837~1845)和 Leveille(1846)等,他们的工作成为许多菌物属和种分类命名的起点。其中 Persoon(1801)根据子实体是否闭合这一特点,将菌物分为被果型(Angiocarpi)和裸果型(Gymnocarpi)两大类,前者包括一些所谓黑盘孢目(Melanconiales)的真菌。Fries(1821)在其出版的 *Systema Mycologicum* 一书中将菌物分为分生孢子菌纲(Coniomycetes)、丝孢纲(Hyphomycetes)、腹菌纲(Gasteromycetes)和层菌纲(Hymenomycetes)4 个纲,在腹菌纲中首次记载了球壳孢目(Sphaeropsidales)真菌。

19 世纪中叶以后,菌物研究有了快速的发展,大量的新种被发现、描述和记载,发表了许多有关菌物分类的著作。de Bary(1854)发现 *Aspergillus glaucus* 的有性型为 *Eurotium* 属。Tulasne 兄弟(1861~1865)在其发表的 *Selecta Fungorum Carpologia* 中记载了许多菌物的多型现象。Fuckel(1869)首次将菌物区分为完全菌物(Fungi perfecti)和不完全菌物(Fungi imperfecti,也称半知菌)两大类。Saccardo(1882~1931)接受并发展了 Fuckel 的观点,将已知菌物的种和属用拉丁文整理成 *Sylloge Fungorum*,共 25 卷,其中第 4 卷记载了许多半知菌,并以 Deuteromycetes 命名。他以子实体(fructification)的形态特征、构造及颜色、质地、开裂方式等作为分目、分科的依据,再按分生孢子形态、颜色和隔膜多少等特征分属,首次建立了第一个真正实用的半知菌分类系统。该体系具有人为组合的特点,包括半知菌绝大多数的属,曾为全世界菌物学家们所考虑和应用。

Clements et al.(1931)采用了 Saccardo 体系,并把 *Sylloge Fungorum* 中所记载的菌类编制成检索表,收入到他们的著作 *The Genera of Fungi* 中。Grove(1919)将子实体为分生子盘或分生孢子器的半知菌称为腔孢菌,于 1935 年将半知菌分为丝孢纲(Hyphomycetes)和腔孢纲(Coelomycetes)。

由于 Saccardo 体系只考虑了子实体或分生孢子的形态特征,而未考虑分生孢子的发育过程和产生方式,且作为分类基础的某些形态特征表现不稳定,往往随着寄生部位、发育阶段和环境条件的不同而发生变化。因此,多年来菌物学家一直在探索半知菌分类的稳定特征。

早在 1888 年,Costantin 曾试图用分生孢子在分生孢子梗上着生的方式对丝孢菌进行分类。法国菌物学家 Vuillemin(1910~1912)提出一个以分生孢子形成方式为基础的分类,将半知菌的分生孢子分为菌丝孢子(thallospore)和分生孢子(conidiospore)两大类;又根据菌丝孢子的形成方式分为节孢子(arthrospore)、芽孢子(blastospore)、砖格孢子(dictyospore)、厚垣孢子(chlamydospore)和粉孢子(aleuriospore)5 种类型。Höhnel(1923)发现丝孢菌分生孢子的形成方式存在明显不同,将其分为内生孢子(endosporae)和外生孢子(exosporae)两大类。英国菌物学家 Mason(1933)澄清了 Vuillemin 所用的许多术语,并根据分生孢子在自然界的传播方式,将其分为干孢子类(drypores)和黏孢子类(slime spores)。前者借风传播,后者靠水传播。Wakefield et al.(1941)将英国的丝孢纲真菌划分为干孢菌类(xerosporae)和黏孢菌类(gloiosporae)。Ingold(1942)认为干孢子和黏孢子都是生物学上的孢子类型,在研究了英国水生丝孢菌后提出第三种生物学的孢子类型水生孢子(aquaticspore)。魏景超(1950)是我国较早重视半知菌分生孢子形成方式的菌物分类学家,通过对 *Helminthosporium cassiicola* Berk. et Curt 产孢方式的详细观察,他发现该菌以内壁芽生孔出式产孢，与 *Cornespora* 属产孢方式相同，将该菌重组为 *Corynespora cassiicola*（Berk et Curt.）Wei。

在 Vuillemin 和 Mason 等分类观点的影响下，Hughes 对大量的半知菌标本进行了研究，于 1953 年发表著名论文 *Conidiophores, Conidia and Classification*（分生孢子梗、分生孢子及分类），首次提出丝孢菌新的分类系统，揭开了半知菌分类的新篇章。他以分生孢子的不同发育类型为基础将丝孢菌分为 8 个组，而分生孢子梗特点及孢子形态特征降到了次要地位。Hughes 体系获得了世界各国菌物学家的赞赏，掀起了对丝孢菌分生孢子个体发育方式进行系统研究的热潮，并由此产生了许多新的分类方案和专业术语。印度的 Subramanian（1962）、日本的 Tubaki（1962）、加拿大的 Barron（1968）和英国的 Ellis（1971）等研究了 Hughes 的体系之后，又分别提出了各自的分类方案，但他们所采用的分类基础是一致的。

为了统一对分生孢子个体发育方式的认识和明确新出现的专业术语，1969 年，在加拿大 Kananaski 召开了第一次国际半知菌类会议，详细讨论了各种孢子类型的发育方式，确认分生孢子个体发育的基本形式有两种类型，即体生型（thallic）和芽生型（blastic）。会议充分讨论了分生孢子、产孢细胞与分生孢子梗发育的关系，研究了近年来大量使用的术语，拟定了一些新的术语，建议停止使用少数含糊的术语，肯定了分生孢子个体发育方式是半知菌分类的主要依据。该标准经过几年的应用后，人们发现依然存在不足。1977 年召开第二次国际半知菌会议，强调了半知菌类的多型性（pleomorphism）及菌物的全型性（holomorph），后者为有性型（telemorph）和无性型（anamorph）的总称。指出应更注重研究有性阶段和无性阶段间的关系，尽可能从有性和无性阶段的整体上去认识和描述菌物，而分生孢子形成方式仍不失为无性型真菌分类的重要依据之一。这两次会议均由 Bryce Kendrick 组织，第二次会议出版了 *The Whole Fungi*，共 2 卷。

12.3.1　几种无性型真菌分类系统

菌物的自然分类系统主要以有性生殖器官和有性孢子为依据。由于无性型真菌不具备有性生殖的特点，它的分类主要是根据无性态（分生孢子阶段）的形态特征，因而不能完全反映它们之间的亲缘关系和系统演化关系。但由于无性型真菌在自然界存在的数量巨大，在无性型真菌分类发展历程中，仍有不少学者为此建立了相应的分类体系。因此，无性型真菌的分类单元、性质与其他菌物不同，完全是为应用方便而划分的形式分类单元。影响比较大的有以下几种分类系统。

（1）Saccardo 分类体系

该系统根据载孢体类型及分生孢子在自然条件下的特点，将形态相似的半知菌归为一类，而不考虑它们的系统发育关系。

Saccardo 分类体系按载孢体结构类型将无性型真菌分为以下 4 个目。

无孢目（Agonomycetals）：未发现繁殖器官，只产生菌丝体、菌核或菌索。

球壳孢目（Sphaeropsidales）：分生孢子在分生孢子器内形成。

黑盘孢目（Melanconiales）：分生孢子生于分生孢子盘内。

丛梗孢目（Moniliales）：分生孢子不生于分生孢子器或分生孢子盘中，而生于外生的分生孢子梗上。

又根据分生孢子梗是否聚合及菌丝和孢子的颜色等特征将丛梗孢目分为以下4个科。

束梗孢科(Stilbellaceae)：分生孢子梗束生。

瘤座菌科(Tuberculariaceae)：分生孢子梗散生，分生孢子梗生于分生孢子座上。

淡色孢科(Mucedinaceae = Moniliaceae)：分生孢子梗散生，不生于分生孢子座上，分生孢子无色或淡色。

暗色孢科(Dematiaceae)：分生孢子梗散生，不生于分生孢子座上，分生孢子暗褐色至黑色。

每个科再依据分生孢子的隔膜数和形状分为7个族：无隔孢族(Amerosporae)、单隔孢族(Didymosporae)、多隔孢族(Phragmosporae)、砖格孢族(Dictyosporae)、线孢族(Scolecosporae)、旋卷孢族(Helicosporae)和星孢族(Staurosporae)。

每族孢子依其无色(Hyalo-)或暗色(Phaeo-)分为两个亚族，各亚族又根据分生孢子梗的分化程度分为菌丝细小组(micronemae)和菌丝粗大组(macronemae)。前者分生孢子梗短或缺、无或与菌丝区别很小；后者分生孢子梗与菌丝有明显的区别。各组再根据分生孢子在孢子梗上着生的方式是单生、串生、簇生及其他特点分为不同的属。

Saccardo分类体系完全是从实用的观点出发而建立的人为分类系统，不能反映菌物之间的亲缘关系。由于这些形态分类特征有时是不稳定的，因此，该体系在实际应用中存在较多问题。

(2) Hughes分类体系

该分类体系根据分生孢子个体发育方式和产孢细胞特征，将丝孢纲分为8个组和2个亚组，而将子实体结构(分生孢子梗、孢梗束和分生孢子座)、分生孢子的形态特征等降至次要地位。分生孢子个体发育方式比较稳定又联系生殖机制，因此依据产孢类型作为划分属级单元的分属界限。这一分类系统得到多数菌物学家赞同。

第一组 IA(Section IA)：形成串生的芽孢子(Blastospores)。

第一组 IB(Section IB)：在分生孢子梗顶端膨大的头部成簇地形成单生或串生芽孢子(Solitary or botryose blastospores)。

第二组(Section II)：形成顶生孢子(Terminousspores)。

第三组(Section III)：形成厚垣孢子(Chlamydospores)。

第四组(Section IV)：形成瓶梗孢子(Phialospores)。

第五组(Section V)：形成分生节孢子(Meristem arthrospores)。

第六组(Section VI)：形成孔出孢子(Porospores)。

第七组(Section VII)：形成节孢子(Arthrospores)。

第八组(Section VIII)：生长于分生孢子梗基部(Basauxic conidiphores)。

在Hughes的启发下，相继有许多菌物学家对半知菌分类提出了新的看法。如Subramanian(1962)、椿启介(Tubaki, 1963)、Barron(1968)、Ellis(1971；1976)、Kendrick(1973)对丝孢菌，Luttrell(1979)对半知菌，Sutton(1980)和Nag Raj(1981)对腔孢菌，分别提出新的分类方案，虽然各人所提出的方案有些差别，但均以分生孢子个体发育的不同类型作为分类的基础。

(3) Ainsworth(1971;1973)分类体系

在该系统中，无性型真菌归属菌物界真菌门下的半知菌亚门，下分3个纲：

①芽孢纲(Blastomycetes)：营养体是单细胞或发育程度不同的菌丝体或假菌丝，以芽孢子进行繁殖。下分2个目。

隐球酵母目(Cryptococcales)：以芽孢子繁殖，无掷孢子。

掷孢酵母目(Sporobolomycetales)：除产生芽孢子外，还能形成一种有弹射能力的掷孢子。

②丝孢纲(Hyphomycetes)：营养体是发达的菌丝体，分生孢子不产生在分生孢盘或分生孢子器内。下分4个目。

无孢目(Agonomycetales)：不产生分生孢子，有时形成某些菌丝结构。

丝孢目(Hyphomycetales)：产生分生孢子，分生孢子梗散生或簇生，不集结为孢梗束或分生孢子座。

束梗孢目(Stilbellales)：产生分生孢子，分生孢子梗集结为孢梗束。

瘤座孢目(Tuberculariales)：产生分生孢子，分生孢子梗下部集结为分生孢子座，或集生于分生孢子座上。

③腔孢纲(Coelomycetes)：分生孢子产生在分生孢子盘或分生孢子器内。下分2个目。

黑盘孢目(Melanconiales)：分生孢子产生在分生孢子盘内。

球壳孢目(Sphaeropsidales)：分生孢子产生在分生孢子器内。

(4) Ainsworth-Hawksworth 等(1983)《真菌词典》第7版分类体系

这一分类系统既继承了传统分类系统的优点，也吸收了半知菌分类研究的新进展，明确提出在半知菌分类时应考虑其有性型，凡已明确其有性型的，应将其归入相应的有性型中；对于大量还未发现有性型的半知菌，根据《国际植物命名法规》，使用无性阶段的名称尚可。在传统的分类基础上增加分生孢子产生方式作为分类依据，根据载孢体类型、孢子形态及形成方式，将半知菌亚门分为2纲7目，目以下不分科，直接分为不同属。

①腔孢纲(Coelomycetes)：黑盘孢目(Melanconiales)、球壳孢目(Sphaeropsidales)、盾座孢目(Pycnothyriales)。

②丝孢纲(Hyphomycetes)：无孢目(Agonomycetales = Mycelia Sterilia)、丝孢目(Hyphomycetales)、束梗孢目(Stilbellales)、瘤座孢目(Tuberculariales)。

(5) Hawksworth 等(1995)《真菌词典》第8版分类体系

该系统取消半知菌亚门(Deuteromycotina)，将已知有性阶段的半知菌分别归入相应的有性型中，有性阶段尚不清楚的归为有丝分裂孢子真菌(Mitosporic fungi)，按照传统的分类将有丝分裂孢子真菌分为3个纲：

无孢纲(Agonomycetes)：不产生分生孢子，只产生厚垣孢子、菌核和(或)相关的营养结构。

丝孢纲(Hyphomycetes)：分生孢子产生于菌丝或生孢子梗上，分生孢子梗散生或丛生，不在特定形态的分生孢子体上。

腔孢纲(Coelomycetes)：分生孢子产生在分生孢子座、分生孢子器、分生孢子盘内。

根据这一分类系统，提出采用编码方式描述有丝分裂孢子真菌。首先建立了九种载孢体

(conidiomata)类型，根据类似 Saccardo 的孢子类型将孢子分为 7 种形式，然后把分生孢子体、孢子类型和产孢方式用阿拉伯数字编码，依次对各属的特征以编码的方式给以描述。

在 2001 年出版的《菌物词典》第 9 版中，无性型真菌作为一类，在其下未设立纲、目、科等分类等级，而是直接依学名字母顺序排列对各属进行描述。

无性型真菌种类繁多，如何对其进行更为实用和科学的分类仍是个复杂的问题。

12.3.2 无性型真菌分类与命名的交叉问题

由于无性型真菌中包括许多子囊菌和部分担子菌及接合菌的无性阶段，以往这些菌物的有性阶段分在子囊菌或担子菌或接合菌中，而无性阶段则分在半知菌或称无性型菌物中，导致同一个种被划分在不同的分类单元而拥有两个学名。这与国际命名法规中"每一个生物的种只能有一个正式学名"的规定相矛盾。就许多子囊菌和少数担子菌来说，曾认为它们有性阶段的学名是正式学名，但因其无性阶段的学名在应用上很方便，在国际上也认为是合法的。主要原因是这些菌物的无性阶段发达，与人类关系较密切。人们在发现它的无性阶段后先给予一个无性阶段的学名，后来又发现它的有性阶段，于是又有了有性阶段的学名。有些种类由于它的有性阶段较少见或不甚重要，则难以根据有性阶段的特征进行分类和鉴定，同时人们已习惯使用它的无性阶段的学名，并很容易根据无性阶段的特征进行分类和鉴定，因此无性阶段的学名仍然被广泛使用，而有性阶段的学名反而很少使用。例如，苗木白绢病长期以来已习惯使用它的无性阶段学名齐整小核菌（*Sclerotium rolfsii*），而其有性阶段的正式学名 *Athelia rolfsii* 却较少使用。卵菌、接合菌、锈菌和黑粉菌等的无性阶段，因其特点明显，不放在无性型真菌中研究。近年来，随着"一种菌物一个名称"的实施，大量植物病原菌物的名称发生了改变。命名法则规定双命名中的取舍取决于优先权。应采用先发表的名称（当然也有少数名称例外）。有性型不再有优先的地位。目前在 Index Fungorum 和 Mycobank 数据库中，许多菌物的无性型属名已成为被承认的正式属名。为便于学习和研究，本章仍对菌物的一些无性型属进行介绍，同时会指出各属目前归属的有性态的分类地位。

12.3.3 无性型真菌分类研究的发展趋势

菌物分类系统是以有性态为主线的，无性型真菌只是全型菌物的一部分。但由于无性型是许多菌物属、种繁衍和存在的主要形式，菌物无性型的描述和分类还会在相当长时期内存在。

以形态与表观性状为主要根据的传统分类方法是无性型真菌分类的基础。到目前为止，大多数的菌物属、种仍然是建立在形态与表观性状分类基础上的，即使到将来，菌物分类研究手段非常发达之时，许多表观特征仍然是识别菌物物种的最直接、最简单和最方便的根据。但传统形态分类的明显不足之处在于：其一，有时形态特征相对贫乏或趋同，难以准确判断其归属；其二，某些菌物易受生存条件和/或培养条件的影响，分生孢子的形态变异幅度较大，产孢表型常存在一些中间类型，较难掌握，难免在一定程度上受人为判断力差异的干扰；其三，形态特征是表观性状，不能满足随着生命科学的发展，要求对生物自然谱系有更深入了解的迫切需求。要克服传统形态分类的不足，建立更符合客观实际的自然分类系统，必须从更高层次上分析和研究。

从理论上讲，分子生物学分类方法是从遗传本质上揭示生物间亲缘关系的最好方法。rDNA-ITS 基因区段的序列分析已被普遍用于许多菌物属、种的鉴定，但该序列存在一定的局限性。核糖体大亚基（LSU-rDNA）、核糖体小亚基（SSU-rDNA）、β 微管蛋白、$Brn-1$ 基因、RPB1/RPB2 等基因的序列分析，已被应用于多种菌物的分子系统学研究。多基因位点分析已成为菌物分子系统学研究的发展趋势。随着更多菌物属、种特异性探针的发现，并与有关分子生物学技术结合起来，必将易于使无性型真菌与其有性型联系起来，而提高菌种鉴定的准确性和效率。

值得一提的是，在分子系统发育及基因组研究盛行的今天，形态特征、亚细胞超微结构、生理生化特性、次级代谢产物、分子系统发育和种系基因组数据对于符合自然谱系的菌物分类及系统发育研究具有同等重要的作用。到目前为止，几乎全部的菌物种的概念都还是建立在传统形态分类研究的基础上的，因此，用于进行菌物分子生物学研究的试材必须经过传统形态分类鉴定核实，所取得的分子信息和参数才有可能是可靠的。同时，也只有积极采用现代分子生物学技术，在基因水平上加深对菌物物种及系统发育的理解，菌物分类和物种多样性研究才可能深入和有长足的发展。

12.4 无性型真菌主要类群

传统上将无性型真菌归入半知菌亚门，由于该类群菌物不具备有性生殖的特点，其分类的主要根据是无性态的形态特征。实际上无性型真菌中包含了未发现有性阶段的子囊菌和担子菌。因此，传统上对其所设的纲、目和科并不具有分类等级的含义。目前国际上普遍主张将无性型真菌归入到相应的子囊菌或担子菌等的有性型中。为了便于介绍和学习，本书将无性型真菌分为丝孢类和腔孢类 2 个主要类群（这两类群的名称无分类等级含义），依据《菌物词典》第 10 版（2008）对各无性型属进行介绍。同时根据 Wijayawardene et al. (2020) 发表的 Outline of Fungi and Fungus-like Taxa，指出所述主要属目前所属于的有性态及其物种数。

无性型真菌主要类群特征

1. 菌丝体发达，分生孢子不产生在分生孢盘或分生孢子器内 ·················· 丝孢类
1. 菌丝体发达，分生孢子产生在分生孢子盘或分生孢子器内 ·················· 腔孢类

12.4.1 丝孢类

丝孢类无性型真菌菌丝体发达，分枝繁茂，具隔膜，无色或有色，可形成各种颜色的霉层。分生孢子直接着生于菌丝上或形成于分生孢子梗、孢梗束或分生孢子座上，不产生于分生孢子盘或分生孢子器内。有的种类不产生分生孢子，有时形成厚垣孢子、菌核和（或）相关的营养结构。腐生或寄生于各种基质上，与人类的经济关系极为密切。

丝孢类无性型真菌已报道约 1800 属 11000 余种，广泛分布于世界各地。传统上将该类群菌物归入半知菌亚门、丝孢纲，根据分生孢子形成和着生情况分为 4 个目：无孢目（Agonomycetales）、丝孢目（Hyphomycetales）、束梗孢目（Stilbellales）和瘤座孢目（Tuberculariales)。根据分生孢子及分生孢子梗的颜色，丝孢目下设 2 个科：淡色孢科（Moniliaceae）和暗色孢科（Dematiaceae）。本书根据现代分类学观点，不设立高等级的分类单元。但为便于介绍，将该类群菌物分为无孢菌、丝孢菌、束梗孢菌及瘤座孢菌 4 亚类，其下再分别在属和种级分类单元上加以介绍。

丝孢类菌物主要属检索表

1. 不产生分生孢子，有时形成某些菌丝结构 ··· 2
1. 产生分生孢子 ·· 3
2. 菌核扁形，常生在寄主表面，有菌丝联系着 ············· 丝核菌属(*Rhizoctonia*)
2. 菌核圆形、椭圆形或长形，无菌丝联系着 ················· 小核菌属(*Sclerotium*)
3. 分生孢子梗散生或簇生，不集结为孢梗束或分生孢子座 ························· 4
3. 分生孢子梗集结为孢梗束 ·· 40
3. 分生孢子梗下部集结为分生孢子座，或集生于分生孢子座上 ··············· 41
4. 分生孢子与分生孢子梗均无色或鲜色 ··· 5
4. 分生孢子与分生孢子梗暗色，或其中之一为暗色 ································· 20
5. 分生孢子单胞 ·· 6
5. 分生孢子多数双胞 ·· 18
5. 分生孢子多胞 ·· 19
6. 产孢方式为体生式，分生孢子向基序列产生串生孢子，专性寄生 ······ 粉孢属(*Oidium*)
6. 产孢方式为芽生式 ·· 7
7. 产孢细胞全壁芽生式产孢 ·· 8
7. 产孢细胞内壁芽生瓶梗式产孢 ·· 13
8. 分生孢子串生，以向顶序列芽生方式产孢 ··············· 丛梗孢属(*Monilia*)
8. 分生孢子单生 ·· 9
9. 分生孢子梗不分枝 ·· 10
9. 分生孢子梗分枝 ·· 12
10. 分生孢子梗合轴式延伸，呈麦穗轴状屈曲；生于昆虫体上 ········· 白僵菌属(*Beauveria*)
10. 分生孢子梗非合轴式延伸 ·· 11
11. 分生孢子梗直立，顶生孢子 ···································· 拟小卵孢属(*Ovulariopsis*)
11. 分生孢子梗基部扭曲，顶生孢子 ····························· 旋梗菌属(*Streptopodium*)
12. 分生孢子生于分生孢子梗分枝末端的膨大体表面，外观呈
    葡萄串状 ··· 葡萄孢属(*Botrytis*)
12. 分生孢子梗上着生小梗呈羽毛状，小梗顶端呈放射状分枝，分枝末端膨大，
    上生孢子 ··· 葡孢霉属(*Botryosporium*)
13. 分生孢子梗与菌丝无区别，从每个细胞上侧生小梗，聚生分生孢子 ······ 侧枝霉属(*Meria*)
13. 分生孢子梗不分枝或分枝 ·· 14
14. 分生孢子梗不分枝，粗大，顶端形成膨大顶囊，其表面生单层或双层小梗，
    串生孢子 ··· 曲霉属(*Aspergillus*)
14. 分生孢子梗分枝 ·· 15

| 15. 分生孢子梗上轮生细长的瓶梗，常在其顶端生孢子球 ········· 轮枝孢属(*Verticillium*)
| 15. 分生孢子梗不作轮状分枝··· 16
| 16. 分生孢子梗顶端呈叉状分枝，产孢瓶梗常对生 ············· 木霉属(*Trichoderma*)
| 16. 分生孢子梗呈帚状分枝·· 17
| 17. 产孢瓶梗不膨大，披针形 ··································· 青霉属(*Penicillium*)
| 17. 产孢瓶梗膨大，顶端变尖细的长颈 ··························· 拟青霉属(*Paecilomyces*)
| 18. 分生孢子梗细长，不分枝，分生孢子以基部交错连接方式着生，
聚成链状 ··· 单端孢属(*Trichothecium*)
| 18. 分生孢子梗短，分生孢子串生，多数双胞，少数单胞或多胞 ··· 柱隔孢属(*Ramularia*)
| 19. 产孢细胞全壁芽生合轴式产孢，分生孢子长线形、圆柱形或
长圆形 ··· 小尾孢属(*Cercosporella*)
| 19. 产孢细胞内壁瓶梗式产孢，分生孢子圆柱形，生厚垣孢子 ··· 柱孢属(*Cylindrocarpon*)
| 20. 分生孢子单胞··· 21
| 20. 分生孢子双胞··· 25
| 20. 分生孢子多胞··· 28
| 20. 分生孢子具纵、横隔膜·· 36
| 21. 分生孢子为全壁体生节孢子、串生，形成两种孢子 ········· 根串珠霉属(*Thielaviopsis*)
| 21. 分生孢子为全壁芽生式·· 22
| 22. 分生孢子梗顶端常有一膨大体，其上形成产孢细胞；分生孢子
串生 ··· 黑团孢霉属(*Periconia*)
| 22. 分生孢子单生··· 23
| 23. 产孢细胞内壁芽生瓶梗式产孢；分生孢子梗分化不明显 ····· 短梗霉属(*Aureobasidium*)
| 23. 产孢细胞全壁芽生式·· 24
| 24. 分生孢子梗短，与孢子连接处具无色的泡囊；全壁芽生单
生式产孢 ··· 黑孢霉属(*Nigrospora*)
| 24. 分生孢子梗短粗，全壁芽生合轴式产孢；分生孢子单胞，有时
双胞或3胞 ··· 黑星孢属(*Fusicladium*)
| 25. 产孢细胞为全壁芽生合轴-链生式产孢，形成向顶序列的分枝孢子链 ······ 26
| 25. 产孢细胞为全壁芽生合轴式产孢··· 27
| 26. 分生孢子梗不分枝，或顶端不规则分枝，上生产孢细胞 ······ 芽枝霉属(*Cladosporium*)
| 26. 分生孢子梗一般不分枝，具多数隔膜，每一细胞顶端向同一侧突起
成为产孢细胞 ··· 褐孢霉属(*Fulvia*)
| 27. 分生孢子梗从子座生出；分生孢子楔形，孢痕分布于孢梗
侧面 ··· 浪梗霉属(*Polythrincium*)
| 27. 分生孢子梗从气孔伸出，无子座；分生孢子长圆形或倒棍
棒形 ··· 丛竿霉属(*Passalora*)
| 28. 产孢细胞为内壁芽生孔生式产孢··· 29
| 28. 产孢细胞为全壁芽生式产孢·· 31

29. 具发育良好的子座；分生孢子梗从子座上生出，粗壮，暗色；分生孢子多为倒棍棒形，基部具一明显的深色脐点 ·············· 外孢霉属（*Exosporium*）
29. 无明显子座 ··· 30
30. 分生孢子顶生或侧生，纺锤形，孢痕位于分生孢子的基细胞内，分生孢子从两端细胞萌发 ··· 离蠕孢属（*Bipolaris*）
30. 分生孢子在孢梗上作轮状排列，倒棒形，分生孢子从基细胞萌发 ··· 长蠕孢属（*Helminthosporium*）
31. 产孢细胞环痕式层出 ·· 32
31. 产孢细胞合轴式延伸 ·· 33
32. 菌丝产生附着枝固着于基物表面；分生孢子梗短，不分枝 ··· 刀孢属（*Clasterosporium*）
32. 菌丝无附着枝；分生孢子梗长，极少分枝；产孢细胞环痕处常膨大，环痕间距长 ·· 棒孢属（*Corynespora*）
33. 分生孢子单生，基部胞痕不加厚 ························· 假尾孢属（*Pseudocercospora*）
33. 分生孢子单生，基部胞痕加厚 ··· 34
34. 分生孢子基细胞具附属刺 ································ 菌刺孢属（*Mycocentrospora*）
34. 分生孢子基细胞无附属刺 ··· 35
35. 分生孢子针形、倒棍棒形 ································· 尾孢属（*Cercospora*）
35. 分生孢子棍棒形、圆柱形 ································ 短胖孢属（*Corcosporidium*）
36. 分生孢子具2-3个放射臂，呈星状 ······················· 射棒孢属（*Actinocladium*）
36. 分生孢子不呈星状 ·· 37
37. 产孢细胞为内壁芽生孔生式产孢，合轴式延伸；分生孢子具喙，许多种孢子向顶序列串生 ·· 链格孢属（*Alternaria*）
37. 产孢细胞为全壁芽生式产孢 ·· 38
38. 产孢细胞全壁芽生单生式产孢；分生孢子常作十字形分隔，呈八联球状或四联球状 ·· 束格孢属（*Sarcinella*）
38. 产孢细胞全壁芽生合轴式产孢 ··· 39
39. 从菌丝上分化成短小的分生孢子梗；分生孢子多具斜隔膜 ········ 三浦菌属（*Miuraea*）
39. 分生孢子正直、弯曲或卷曲 ······························ 旋孢霉属（*Sirosporium*）
40. 孢梗束淡色，全身表面布满孢子梗，上生分生孢子 ··············· 棒束孢属（*Isaria*）
40. 孢梗束暗色，顶端为产孢区，分生孢子在孢梗束顶端聚集呈球形，有胶黏液包围 ···································· 粘束孢属（*Graphium*）
41. 分生孢子单细胞 ··· 42
41. 分生孢子多细胞 ··· 43
42. 分生孢子暗色，分生孢子座瘤状或垫状，常呈红色；分生孢子梗分枝 ·· 瘤座孢属（*Tubercularia*）
42. 分生孢子无色，寄生于锈菌上；分生孢子座小菌核状，分生孢子梗不分枝 ·· 锈生座孢属（*Tuberculina*）
43. 分生孢子只具横隔膜，大型分生孢子多胞，镰刀形；小型分生孢子多为单胞，卵形或

球形 ··· 镰孢属(*Fusarium*)
43. 分生孢子具少数纵或斜向隔膜,串生,圆筒形、棍棒形、
椭圆形 ·· 粉粒座孢霉属(*Triatostroma*)

12.4.1.1 无孢菌

菌丝体发达,不产生分生孢子,但有的属形成菌核,有的形成厚垣孢子。它们或是子囊菌或是担子菌的无性阶段。

无孢菌包括28属(+30异名属),约200种。寄生或腐生,有的是重要的植物病原菌,可引起多种植物的纹枯病、菌核病、立枯病、根腐病或果腐病。

(1)丝核菌属(*Rhizoctonia* DC. ex Fr.)

不产生无性孢子。菌丝褐色,在分枝处缢缩,离此不远处形成隔膜;菌核由菌丝体交结而成,球形,不规则形,以菌丝与基质相连,褐色或棕红色,表面粗糙,内外颜色一致,表层细胞小,但与内部细胞无明显不同,切面呈薄壁组织状(图12-6)。有性态属于担子菌的角担菌科(Ceratobasidiaceae G. W. Martin)。本属种分布广泛,目前约50种。侵染植物的根、茎、叶,引起根腐病、立枯病、纹枯病等多种病害。如为害落叶松、杉木、云杉、松属、侧柏、圆柏等针叶树以及杜鹃、樟、杜仲、银杏、杨等阔叶树,引起苗木立枯病的立枯丝核菌(*R. solani* Kühn)。

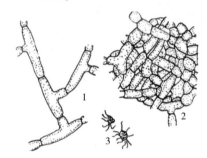

1. 直角状分枝的菌丝 2. 菌丝纠结的菌组织 3. 菌核

图12-6 立枯丝核菌
(*Rhizoctonia solani*)
(引自李玉等,2015)

(2)小核菌属(*Sclerotium* Tode)

菌核褐色至黑色,长形、球形至不规则形,隆起或扁平,组织致密,干时极硬。表面细胞小而色深,内部细胞大而色浅或无色,软骨质至肉质。有性态属于子囊菌的核盘菌科(Sclerotiniaceae Whetzel ex Whetzel)。本属目前包括100种,分布广泛。侵染银杏、沙梨、咖啡、板栗、桉树、水杉、楠木等多种植物的叶、茎和根部,引起猝倒、茎腐、根腐和果腐等病害(图12-7)。如引起针阔叶树苗木白绢病的齐整小核菌(*S. rolfsii* Sacc)。

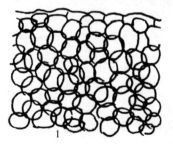 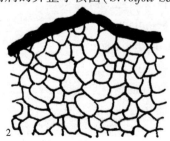

1. 稻腐小核菌(*Sclerotium oryzae-sativae*) 2. 稻小核菌(*S. oryzae*)

图12-7 小核菌的菌核组织切面图
(引自戚佩坤等,1966)

12.4.1.2 丝孢菌

菌丝体发达，有色或无色。分生孢子梗散生或簇生，单根不分枝或顶端分枝，产孢方式多样。腐生或寄生，其中有些是重要的工业菌物；有些是农林有害生物防治的重要生防菌；还有许多是重要的植物病原菌，为害寄主后常在病部表面形成各种颜色霉层。

丝孢菌是丝孢类无性型菌物中最大的一个类群。下面根据分生孢子及分生孢子梗的颜色分为淡色丝孢菌和暗色丝孢菌进行介绍。

1) 淡色丝孢菌

分生孢子梗菌丝状或分化明显，散生不成束状，分生孢子梗与分生孢子同为无色或鲜色。腐生或寄生。

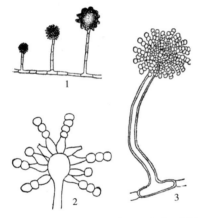

1. 分生孢子梗和孢子的着生状　2. 泡囊、小梗及串生的分生孢子　3. 分生孢子梗自足细胞垂直生出状

图 12-8　曲霉属

(*Aspergillus*)

(引自 Barnett et al., 1972)

(1) 曲霉属(*Aspergillus* P. Micheli ex Link)

分生孢子梗从菌丝上的壁厚而膨大的足细胞垂直生出，多数无隔膜，粗大，无色，顶端膨大形成球形或椭圆形的顶囊。从顶囊的全部表面或仅顶端放射状形成单层产胞细胞的称为瓶梗；形成双层的，下层细胞称为梗基。瓶梗以内壁芽生瓶梗式产生串珠状的分生孢子链，最后形成球形、辐射形或柱形分生孢子头。分生孢子球形、卵形、椭圆形，无色或带色，单胞，形态大小和颜色变化很大，表面光滑或具纹饰(图 12-8)。某些菌株常生菌核，球形或近球形。以往报道常见的有性态属于子囊菌的裸胞壳属(*Emericella*)、散囊菌属(*Eurotium*)和新萨托菌属(*Neosartorya*)，但目前大多学者已接受 *Aspergillus* 作为其正式属名，归属于子囊菌散囊菌目曲霉科(Aspergillaceae Link)。目前本属约 420 余种，分布广泛。主要腐生于土壤及动植物残体基物上，少数生于植物的果实、鳞茎等部位引起霉变或腐烂。如赭曲霉(*A. ochraceus*)侵染苹果、梨等，杂色曲霉(*A. versicolor*)侵染桃等，引起果实腐烂病。有的种是人和动物的致病菌，如烟曲霉(*A. fumigatus*)能引起人、畜和禽类的肺曲霉病及其他疾病；或产生毒素引起中毒症或致癌，如黄曲霉(*A. flavus*)菌株产生的黄曲霉毒素(aflatoxins)。许多种则具有重要的工业用途，如黑曲霉(*A. niger*)。

(2) 白僵菌属(*Beauveria* Vuill.)

分生孢子梗单生或分枝，柱形或长瓶状，无色，无隔膜，顶生或侧生产孢细胞。产孢细胞球形、圆柱形、瓶形，直或微弯，上部变细，全壁芽生合轴式产孢，随着产孢作合轴式延伸，呈麦穗轴状屈曲。分生孢子球形至卵形，无色，单胞(图 12-9)。有性态属于子囊菌的 Cordycipitaceae。目前本属约 50 余种，多寄生于昆虫体上，引起白僵病，生产上用其进行害虫的生物防治。分布广泛。如球孢白僵菌[*B. bassiana*(Bals.)Vuill = *Spicaria bassiana*(Bals.)Vuill.]和卵胞白僵菌[*B. tenella*(Delacr.)Siem. = *B. bromgniartii*(Sacc.)Petch]寄生于鳞翅目、鞘翅目及膜翅目等多种昆虫体上，引起白僵病。

(3) 葡孢霉属 (*Botryosporium* Corda)

分生孢子梗直立，无色，具隔膜，主轴不分枝，高达数毫米，沿主轴向顶序列着生可育的小梗，呈羽毛状。每个小梗顶端呈放射状分枝，分枝顶端膨大呈安瓿瓶状，其上着生同步发育的分生孢子（图12-10）。产孢细胞全壁芽生葡萄孢式产孢。分生孢子椭圆形、卵圆形，无色，单胞。有性态属于子囊菌的Sordariomycetes。目前本属11种，分布广泛。侵染植物，引起腐败病。如绚丽葡孢霉（*B. pulchrum* Corda）引起番茄果实灰霉病。

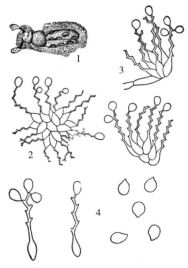

1. 病死的甲虫 2. 孢梗和孢子俯视
3. 孢梗和孢子侧视 4. 单生的孢梗和孢子

图 12-9 白僵菌属

(*Beauveria*)

（引自 Barnett et al., 1972）

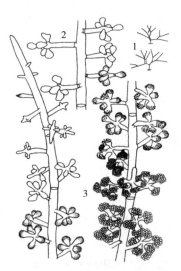

1. 整体的分生孢子梗 2. 孢子脱落后的产孢梗 3. 分生孢子梗着生分生孢子状

图 12-10 绚丽葡孢霉

(*Botryosporium pulchrum*)

（引自 Hughes, 1953）

(4) 葡萄孢属 (*Botrytis* Micheli ex Pers.)

菌落初为白色至淡灰色，后变暗褐色。菌丝无色至褐色，任意分枝，具隔膜。分生孢子梗细长，无色，具隔膜，顶端分枝，分枝末端膨大成球形，上生小梗，分生孢子着生于小梗上聚集成葡萄穗状。全壁芽生葡萄孢式产孢。分生孢子椭圆形、球形、卵形，无色或淡色，单胞，表面光滑（图12-11）。还常形成球形、无色的小分生孢子。菌核黑色，椭圆形或不规则形，表面粗糙。有性态属于子囊菌的核盘菌科（Sclerotiniaceae）。目前本属约3种，分布广泛。寄生针阔叶树花、叶、茎、梢和果实，引起灰霉病、软腐病、枯梢病。如灰葡萄孢（*B. cinerea* Pers.）可侵染多种植物如柿、山茶、蜡梅、枇杷、桉树、落叶松等的叶、花、茎、枝、果实及果柄等引起灰霉病，还可引起油桐芽枯病。蝶形葡萄孢（*B. latebricola* Jaap）可引起雪松嫩梢枯死。

(5) 小尾孢属 (*Cercosporella* Sacc.)

分生孢子梗数根簇生，直立，从气孔或表皮下的内生菌丝或子座上抽出，或单生于表生菌丝上，薄壁，无色，无隔至有隔膜，顶端常有齿突。产孢细胞全壁芽生合轴式产孢，膝状屈曲，具有明显加厚的孢痕但无色。分生孢子单生，长圆形、圆筒形至丝状，直或

1. 分生孢子梗和分生孢子　2. 分生孢子梗上端膨大的顶部　3. 分生孢子

图 12-11　葡萄孢属(*Botrytis*)

(引自 Barnett et al., 1972)

弯曲，顶端渐尖，基部钝圆至平截，多细胞(图12-12)。有性态属于子囊菌的球腔菌科(Mycosphaerellaceae)。本属约100余种，分布广泛。侵染花槐蓝、油茶、卫矛属等植物叶片，引起叶斑病。如引起桃及樱桃叶白霉病的桃小尾孢(*Cercosporella persicae* Sacc.)，引起油茶紫斑病的茶叶斑小尾孢菌(*C. theae* Peteh.)。该属菌物与尾孢属(*Cercospora*)的区别是分生孢子梗和分生孢子均无色。

（6）侧枝霉属(*Meria* Vuill.)

分生孢子梗自气孔或虫体表面生出，无色，具隔膜，不分枝，从每个细胞上隔膜附近伸出一小短梗，即产孢细胞。产孢细胞内壁芽生瓶梗式产孢。分生孢子无色，单胞，梨形、短倒棒形，单生、向基序列链生、簇生或聚集于黏孢子团中(图12-13)。有性态属于子囊菌的贫盘菌科(Hemiphacidiaceae Korf)。本属约2种，分布于欧洲和北美。侵染落叶松针叶，或寄生于线虫体上。如落叶松侧枝霉(*M. laricis* Vuillemin)侵染落叶松后可引起早期落叶病。

（7）丛梗孢属(*Monilia* Bonord.)

分生孢子梗直立，无色，分枝，具隔膜。产孢细胞全壁芽生链生式产孢。分生孢子无色或淡色，单胞，球形或卵形，形成向顶序列的长链，常分枝，孢子链外观呈念珠状(图12-14)。有性型是子囊菌的核盘菌科(Sclerotiniaceae Whetzel ex Whetzel)。本属约30种，分布广泛。侵染仁果类植物的花、果实，引起褐腐病。如灰丛梗孢(*M. cinerea* Bon.)和仁果丛梗孢(*M. fructigena* Pers.)侵染苹果、梨、李、杏、桃、葡萄等果实，引起褐腐病。后者比 *M. cinerea* Bon. 发生普遍。

（8）粉孢属(*Oidium* Link)

高等植物的外寄生菌。菌丝体表生，产生指状吸器进入寄主表皮细胞中。分生孢子梗直立，不分枝，无色，顶端以全壁体生式产孢，形成向基性成熟的分生节孢子链。分生

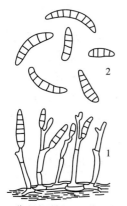

1. 分生孢子梗　2. 分生孢子

图 12-12　小尾孢属
(*Cercosporella*)
(引自 Barnett et al., 1972)

图 12-13　侧枝霉属(*Meria*)分生孢子梗及分生孢子着生状
(引自 Ainsworth et al., 1973)

1. 载孢体　2. 分生孢子

图 12-14　灰丛梗孢
(*Monilia cinerea*)
(引自戚佩坤等, 1996)

孢子圆柱形、椭圆形，无色，单胞，两端钝圆(图 12-15)。有性态属于子囊菌的白粉菌科(Erysiphaceae Tul. & C. Tul.)。目前本属 300 种，分布广泛。可为害樟树、番木瓜、花叶黄杨、橡胶、樱花、杧果等植物，引起白粉病。如橡胶树粉孢(*Oidium heveae* Steinmann)为害三叶胶的叶和穗，引起白粉病；白尘粉孢(*O. leucoconium* Desm.)引起月季白粉病；印度月季粉孢霉(*O. rosae-indicae* Saw.)为害台湾月季花。

（9）拟小卵孢属(*Ovulariopsis* Pat. & Har.)

菌丝体半内生。分生孢子梗直立，不分枝，无色，具隔膜，梗基平直。产孢细胞全壁芽生单生式产孢。分生孢子单生于孢梗顶端，棍棒形、草履虫形，无色，单胞，光滑或具疣突(图 12-16)。有性态属于子囊菌的白粉菌科(Erysiphaceae Tul. & C. Tul.)。目前本属约 13 种，分布广泛。侵染赤杨、构树、桑等多种植物，引起白粉病。如桑生拟小卵孢(*O. moricola* Delacr.)侵染桑树叶片，引起白粉病；榛拟小卵孢(*Ovulariopsis* sp.)侵染榛属植物叶片，引起白粉病。

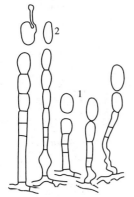
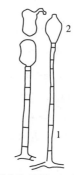

1. 分生孢子梗及串生分生孢子　2. 分生孢子及孢子萌发

图 12-15　粉孢属(*Oidium*)
(引自郑儒永等, 1987)

1. 分生孢子梗　2. 分生孢子

图 12-16　拟小卵孢属(*Ovulariopsis*)
(引自郑儒永等, 1987)

(10) 拟青霉属（*Paecilomyces* Bainier）

该属与青霉属形态极为相似。菌落多呈褐色、紫色等。它与青霉属主要区别是产孢瓶梗基部膨大，顶端尖而细长。内壁芽生瓶梗式产孢。分生孢子梗顶端多次轮生，产孢瓶梗呈细的烧瓶状，顶生分生孢子。分生孢子椭圆形，无色，单胞，串生。厚垣孢子球形，褐色，间生或顶生（图 12-17）。有性态属于子囊菌的嗜热子囊菌科（Thermoascaceae Apinis）。本属目前约 10 种，分布广泛。寄生或腐生于有机基质或昆虫蛹上。如淡紫拟青霉 [*P. lilacinus*（Thom）Samson] 可寄生于昆虫体上；中国拟青霉（*P. sinensis* Chen，Xiao et Shi）寄生于虫草蝙蝠蛾幼虫体上，形成菌核和子座子实体（冬虫夏草），是名贵的中药材。宛氏拟青霉 [*P. varioti* Bainier] 引起棕榈腐烂病、干霉病和枯萎病。

(11) 青霉属（*Penicillium* Link）

菌落绿色、黄绿色、淡灰黄色、黄色、灰绿色、蓝绿色、紫红色或无色。分生孢子梗由菌丝垂直生出，无足细胞，分散或聚成一定的形式，甚至聚集成孢梗束状，无色，有隔膜，表面光滑或粗糙，不分枝或于孢梗顶端或近顶端处分枝，多次分枝后在孢梗顶端形成典型的帚状特征结构为帚状枝。在孢梗顶端或分枝的顶端产生多数安瓿瓶形或披针形产孢细胞，称为瓶梗，产生瓶梗的细胞称为梗基。以内壁芽生瓶梗式产孢，于产孢细胞顶端形成向基序列的长孢子链。分生孢子球形、卵形、椭圆形或圆柱形，无色、绿色或其他色泽，单胞，表面光滑或粗糙（图 12-18）。有些种产生菌核。有性态属于子囊菌的曲霉科（Aspergillaceae Link）。目前本属约 467 种，分布广泛。多数为腐生菌，少数种可侵染柑橘、梨、苹果、橙、柚等果实引起褐腐病或青霉病。有的种在工业和医药上具有重要的经济价值，如产黄青霉菌（*P. chrysogenum* Thom）产生青霉素。柑橘青霉（*P. citrinum* Thom）和意大利青霉（*P. italicum* Wehmer）引起柑橘类果实软腐。

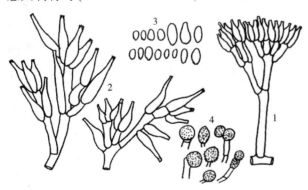

1. 分生孢子梗 2. 产孢瓶梗 3. 分生孢子 4. 厚垣孢子

图 12-17 宛氏拟青霉

（*Paecilomyces varioti*）

（引自 Domsch et al.，1980）

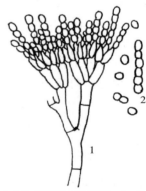

1. 分生孢子梗及产孢瓶梗 2. 分生孢子

图 12-18 意大利青霉

（*Penicillium italicum*）

（戚佩坤等，1994）

(12) 柱隔孢属（*Ramularia* Unger）

菌丝生于寄主叶内。分生孢子梗常成簇从寄主气孔抽出，多数不分枝，少数有分枝，偶见有子座，淡褐色，无或有隔膜，直立或微弯，具孢痕。产孢细胞全壁芽生合轴式产孢，合轴式延伸。分生孢子无色，卵形、圆柱形或棒形，形态变化大，无色，单胞或具

1~2个隔膜，薄壁，光滑（图12-19）。有性态属于子囊菌的球腔菌科（Mycosphaerellaceae Lindau）。目前本属约100种，分布广泛，尤其在温带。侵染山核桃、紫穗槐、峨眉蔷薇、柳、夹竹桃和鹅掌楸等植物叶，引起白霉病或白斑病。如咖啡枝叶枯斑病菌（*Ramularia goeldiana* Sacc.）和山核桃叶斑病菌（*R. abomaculate* Perk.）引起枝、叶斑枯病。

（13）旋梗菌属（*Streptopodium* R. Y. Zheng et G. Q. Chen）

分生孢子梗自外生菌丝上形成，梗基部扭曲数周，直立，不分枝，无色，具隔膜，分生孢子单生于孢梗顶端。产孢细胞全壁芽生单生式产孢。分生孢子单生，长椭圆形，两端钝圆，表面粗糙，无色，单胞（图12-20）。有性态属于子囊菌的白粉菌科（Erysiphaceae Tul. & C. Tul.）。目前本属约5种，分布广泛。侵染植物，引起白粉病。朴属旋梗菌（*Streptopodium* sp.）侵染朴属植物，引起白粉病。

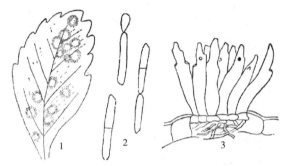

1. 叶上病斑 2. 分生孢子 3. 分生孢子梗

图12-19 结合柱隔孢
（*Ramularia concomttans*）
（引自张中义，2003）

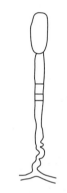

图12-20 旋梗菌属（*Streptopodium*）
分生孢子梗及分生孢子
（引自郑儒永等，1987）

（14）木霉属（*Trichoderma* Pers.）

产孢层菌丝及分生孢子梗茂密，白色，青绿色或黄色。分生孢子梗侧向分枝，分枝上轮生或对生长瓶形产孢细胞，无色，具隔膜。产孢细胞与孢子梗呈直角状分枝，内壁芽生瓶梗式产孢。分生孢子球形，浅色或无色，单胞，光滑或具疣突，常于产孢口处聚集成孢子团（图12-21）。有性态属于子囊菌的肉座菌科（Hypocreaceae De Not.）。目前本属约400种，分布广泛。多腐生于土壤、植物残体和动物粪便等有机物质上。部分种能产生抗菌素，对土壤病原菌起抑制作用。如绿色木霉（*T. viride* Pers.）能产生抗菌素，对多种病原物，尤其对丝核菌（*Rhizoctonia*）有颉颃作用，可用于土传病害的生物防治。此外，哈氏木霉（*T. harzianum* Rifai）也广泛用于土传病害的生物防治，此菌有产品，在北美应用广泛。康宁木霉（*T. koningii* Oud）则可使木材变绿。

（15）单端孢属（*Trichothecium* Link）

分生孢子梗无色，直立，细长，无隔膜或有少数隔膜，于顶端以倒合轴式序列产生孢子。产孢细胞全壁芽生单生式产孢。分生孢子无色，聚集呈粉红色，双细胞，长圆形或洋梨形，顶端钝圆，基部渐细，常以基部交错相连的方式聚集成孢子链（图12-22）。有性态属于子囊菌的Myrotheciomycetaceae Crous。目前本属约9种，分布广泛。如粉红单端孢［*T. roseum*（Bull.）Link.］引起棉铃红腐病和桃、梨、苹果褐色小圆斑或扩大型的腐烂。

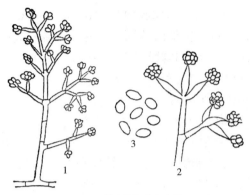

1. 分生孢子梗及其分枝与分生孢子　2. 小梗及其产生的分生孢子　3. 分生孢子形态

图 12-21　木霉属(*Trichoderma*)

（引自 Barnett et al.，1972）

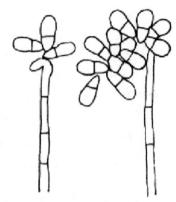

1. 粉红单端孢的分生孢子梗　2. 连续发育的分生孢子

图 12-22　单端孢属(*Trichothecium*)

（引自 Barnett et al.，1972）

（16）轮枝孢属(*Verticillium* Nees)

分生孢子梗直立，无色，具隔膜，分枝，初次分枝呈对生、互生或轮生，二次分枝呈轮生。分枝末端及主梗顶端生产孢细胞。产孢细胞瓶状，瓶体下部膨大，上部渐细，较长，内壁芽生瓶梗式产孢。分生孢子单胞，球形、卵形、椭圆形、棱形，无色或略带淡褐色。分生孢子连续产生，常于产孢细胞顶端聚集成孢子球（图 12-23）。有性态属于子囊菌的 Plectosphaerellaceae W. Gams, Summerb. & Zare。目前本属约 81 种，分布广泛。可侵染桉、槭、黄栌、白蜡树、香椿等多种植物的根部引起黄萎病，也可生于其他菌物、木材、枯枝落叶等基质上，或存活于土壤中。大丽轮枝孢(*V. dahliae* Kleb.)侵染樱桃、杏、榆、槭、棉花、丁香、桉树和黄栌等引起枯萎病。

2) 暗色丝孢菌

分生孢子梗菌丝状或分化明显，疏松，直立，散生，不成束。分生孢子梗和分生孢子

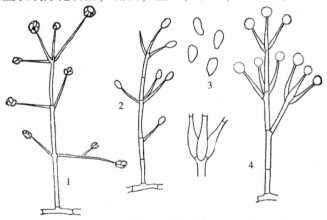

1. 潮湿空气中生长的分生孢子梗　2. 水滴中生长的分生孢子梗　3. 分生孢子　4. 粉红黏帚霉的轮枝状态

图 12-23　轮枝孢属(*Verticillium*)

（引自 Barnett et al.，1972）

均为暗色或两者之一为暗色。腐生或寄生,许多种类是重要的是植物病原菌,少数是人类和动物的寄生菌。

(1)射棒孢属(*Actinocladium* Ehrenb.)

菌丝体埋生或部分表生,淡色至淡褐色。分生孢子梗粗壮,单生,褐色,具隔膜。产孢细胞顶生,单芽生,有时层出延伸。分生孢子顶生,褐色,柄细胞2~3个横隔膜,具2~3个放射臂,与柄细胞连接处具斜隔膜,光滑,直立,4~7个横隔膜,臂间角度30°~90°。侵染多种树木,引起叶斑病(图12-24)。有性态属子囊菌,地位未定。目前本属约6种,分布广泛。如黑孢射棒孢(*A. atrosporum* Zhao et N. Li)侵染山木患,引起霉斑病。

(2)链格孢属(*Alternaria* Nees)

菌丝淡色至褐色,具隔膜。分生孢子梗通常比菌丝粗,色深,简单或有时分枝,直或弯曲,单生或数根丛生。产孢细胞以内壁芽生孔生式产孢,随着多次产孢作合轴式延伸,分生孢子梗呈膝状曲折,孢子脱落后留下清晰的孢痕。分生孢子倒棒形、卵形、倒梨形、椭圆形或近圆柱形,褐色、青褐色或黄褐色,具横、纵或斜隔膜,光滑或具疣、刺,分隔处无缢缩或缢缩,顶端无喙或延伸成喙。喙呈单细胞柱状,锥状或多细胞柱状或纤细的长丝状,较孢身色淡或近无色,简单或分枝。孢子可连续产生次生分生孢子,形成长的或短的、分枝或不分枝的孢子链(图12-25)。有性态属于子囊菌的格孢腔菌科(Pleosporaceae Nitschke)。本属已描述350余种,分布广泛。90%以上的种兼性寄生于不同科植物上,引起多种叶斑病,常称为黑斑病。如链格孢[*A. alternata* (Fr.) Keissller,异名 *A. tenuis* Nees.]可引起松苗猝倒、杨树和银杏叶枯、美国山核桃叶斑及柑橘、苹果等的果实腐烂;梓链格孢[*A. catalpae* (Ell. et Mart.) Joly]为害梓、楸等叶片引起大斑病;柑橘黑腐链格孢(*A. citri* Ell. et Pierce)引起柑橘果实黑腐病;黄杨链格孢(*A. fici* Farneti)引起小叶黄杨灰斑病。

(3)短梗霉属(*Aureobasidium* Viala et Boyer)

菌丝初无色,后变为褐色,分隔处缢缩,褐色菌丝断裂成菌丝段。分生孢子梗分化不明显。产孢细胞位置不定,内壁芽生瓶梗式产孢。分生孢子长椭圆形,长筒形,无色,单

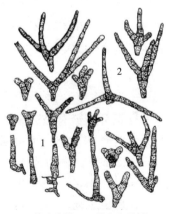

1. 分生孢子　2. 分生孢子梗

图12-24　黑孢射棒孢

(*Actinocladium atrosporum*)

(引自赵光材等,1997)

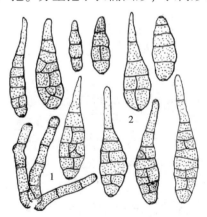

1. 分生孢子梗　2. 分生孢子

图12-25　链格孢

(*Alternaria alternata*)

(引自张天宇等,1997)

胞，直，可芽殖产生次生分生孢子。厚垣孢子深褐色，壁厚，椭圆形、圆筒形，两端钝圆。0~1个隔膜，表面光滑（图12-26）。有性态属于子囊菌的 Saccotheciaceae Bonord。目前本属约23种，分布广泛。寄生或腐生于植物的各部位引起煤污病。如出芽短梗霉[A. pullulans (de Bary) Arn.]，寄生或腐生于山桃、杏、梨、李、柳等多种植物上引起煤污病，寄主范围广。个别菌株是人体病原菌。

(4) 离蠕孢属（Bipolaris Shoemaker）

分生孢子梗褐色，具隔膜，基细胞膨大呈半球形，直或弯曲，不分枝，常簇生。分生孢子从顶端产孢细胞的小孔产出，为内壁芽生孔生式产孢，合轴式延伸呈膝状屈曲。分生孢子纺锤形，褐色，具假隔膜，脐点位于基细胞内。从两端细胞萌发伸出芽管（图12-27）。有性态属于子囊菌的格孢腔菌科（Pleosporaceae Nitschke）。目前本属大约70种，分布广泛。如侵染橡胶树引起麻点病的橡胶树平脐蠕孢[B. hereae (Petch) Arx]，侵染水稻引起胡麻斑病和杉木苗木顶梢枯死的稻平脐蠕孢[B. oryzae (Breda de Haan) Shoemaker = Helminthosporium oryzae Breda de Haan]和玉米小斑离蠕孢[B. maydis (Nishikado et Miyake) Shoemaker = Helminthosporium maydis Nishikado et Miyake.]等。

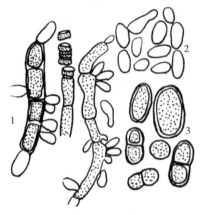

1. 菌丝及产孢细胞 2. 分生孢子 3. 厚垣孢子

图12-26 出芽短梗霉（Aureobasidium pullulans）
（引自李荣禧，1984）

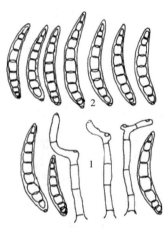

1. 分生孢子梗 2. 分生孢子

图12-27 玉米小斑离蠕孢（Bipolaris maydis）
（引自白金铠，1975）

(5) 尾孢属（Cercospora Fresen.）

菌丝体表生，子座无或有，球形，褐色。分生孢子梗不分枝或分枝，常成束自气孔伸出，青黄色至褐色，具隔膜。产孢细胞圆柱形，全壁芽生合轴式产孢，孢痕明显加厚。分生孢子线形、倒棒形、鞭形，单生，无色或淡色，具数个隔膜，表面光滑，基部脐点黑色，加厚明显（图12-28）。有性态属于子囊菌门的球腔菌科（Mycosphaerellaceae Lindau）。目前本属约1125种，分布广泛。侵染多种植物叶片，引起角斑病、灰斑病或褐斑病。如引起松苗叶枯病的赤松尾孢（C. pini-densiflorae Hori et Nambu.），引起柳杉赤枯病的红杉尾孢（C. sequoiae Ell. et Ev.），引起楝叶斑病的楝尾孢（C. meliae Ell. et Ev.），引起悬铃木霉斑病的悬铃木尾孢（C. platanifolia Ell. et Ev.），引起花椒褐斑病的花椒尾孢（C. zanthoxyli Cooke.），引起桂花叶斑病的木犀生尾孢（C. osmanthicola P. K. Chi et Pai），引起柿和紫荆角斑病的柿尾孢(*Cercospora. kaki* Ell. et Ev.)及紫荆尾孢(*C. chionea* Ell. et Ev.)以及丁香褐斑病菌(*C. macromaculans* Heald et Wolf)等。

(6)芽枝霉属(*Cladosporium* Link)

菌丝体埋生或表生,子座有或无。分生孢子梗分化明显,直立或弯曲,多不分枝或仅顶端分枝,褐色或橄榄褐色,表面光滑或具细疣。产孢细胞圆柱形,全壁芽生合轴式产孢,作合轴式延伸。分生孢子常芽殖,形成分枝或不分枝的孢子链,有时单生,分生孢子圆柱形、椭圆形、梭形或其他形状,淡褐色、深橄褐色,0~3个隔膜,表面光滑或具疣突,孢痕和脐点明显(图12-29)。目前该属约237种,有性态属于子囊菌的枝孢霉科(Cladosporiaceae Chalm. & R. G. Archibald),分布广泛。侵染华南苏铁、楤木、常春藤、白杨、桃、梨、樟树、桑、侧柏和壳斗科等植物叶片引起叶斑病或叶霉病等,或腐生于植物残体上。如引起牡丹和芍药红斑病的牡丹枝孢霉(*C. paeoniae* Pass.)。

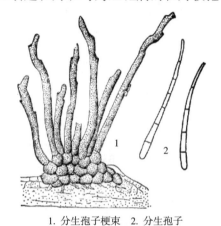

1. 分生孢子梗束 2. 分生孢子

图 12-28 尾孢属(*Cercospora*)

(引自 Barnett et al., 1972)

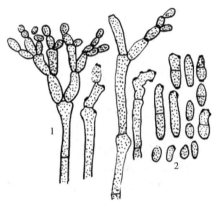

1. 分生孢子梗 2. 分生孢子

图 12-29 牡丹枝孢(*Cladosporium paeoniae*)

(引自张中义, 2003)

(7)刀孢属(*Clasterosporium* Schwein.)

菌落黑褐色至黑色,茸毛状。菌丝在寄主表面产生附着枝。分生孢子梗单生,直立或略弯,不分枝,褐色至深褐色。产孢细胞圆柱形,全壁芽生环痕式产孢。分生孢子单生,圆柱形、倒棒形,有时具长喙,直立或略弯,有多个横隔膜,褐色至深褐色,表面光滑或具细刺或小疣(图12-30)。有性态属于子囊菌的巨座壳科(Magnaporthaceae P. F. Cannon)。本属约41种,分布广泛。侵染植物叶片,引起叶斑病或污叶病,如引起桃、杏、李、樱桃叶片褐色穿孔的嗜果刀孢霉[*C. carpophilium* (Lév.) Aderh.],引起桑污叶病的桑刀孢(*C. mori* Syd.)及引起枇杷污叶病的枇杷刀孢(*C. eriobotryae* Hara)等。

(8)棒孢属(*Corynespora* Güssow)

菌落灰色、橄褐色或黑色,毛发状或绒状。分生孢子梗单生或簇生,不分枝,基部有时膨大,顶端膨大或不膨大,褐色,具隔膜。产孢细胞内壁芽生孔生式产孢,第一个孢子脱落后留下的孢痕处再伸出新的产孢细胞,使整体孢子梗形成结节状。分生孢子多单生,偶成短链,孢子与孢子梗相连处或两个孢子之间有时有无色的连接体。分生孢子倒棍棒形,偶呈圆柱形,直或微弯,尖端渐细,初淡褐色,随菌龄增加变深褐色,具多数假隔膜，脐点明显（图12-31）。有性态属于子囊菌的 Corynesporascaceae Sivan。目前本属约130余种，分布广泛。侵染多种植物，引起叶斑病。如引起女贞、小蜡褐斑病的女贞棒孢（*Corynespora ligustri* Guo）及引起番木瓜、橡胶树叶斑病的山扁豆生棒孢［*C. cassiicola*（Berk. et Curt.）Wei = *C. mazei* Güssow］。

1. 菌丝及附着枝　2. 分生孢子

图 12-30　鞭状刀孢霉

（*Clasterosporium flagellatum*）

（引自 Ellis et al.，1971）

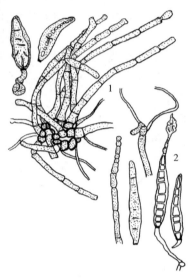

1. 分生孢子梗　2. 分生孢子

图 12-31　女贞棒孢

（*Corynespora ligustri*）

（引自郭英兰等，1984）

（9）外孢霉属（*Exosporium* Link）

子座黑褐色。分生孢子梗分化明显，簇生，直立或弯曲，不分枝，偶见分枝，褐色、黑褐色或榄褐色，具隔膜，表面光滑或具疣突。产孢细胞圆柱形或棒形，多芽生，内壁芽生孔生式产孢，作合轴式延伸，常作"之"字形曲折，孢痕明显，暗褐色。分生孢子常单生，个别种呈短链状串生，短棒形，淡褐色或榄褐色，表面光滑或具细刺或小疣，具多数假隔膜，基部有一加厚的黑色脐点（图12-32）。有性态属子囊菌的球腔菌科（Mycosphaerellaceae Lindau）。目前本属约123种，分布广泛。侵染植物的叶、小枝或残体，引起叶斑病、枝枯病。如引起棕榈属、海枣属植物褐斑病的掌状外孢霉（*E. palmivorum* Sacc.）和侵染椴属枝条，引起黑点病的椴外孢霉（*E. tiliae* Link ex Schlecht）。

（10）黑星孢属（*Fusicladium* Bonord.）

菌丝体生于寄主的角质层下或表皮层中，作放射状生长，常有子座。分生孢子梗多根簇生，直立或微弯，多数不分枝，棕褐色。产孢细胞全壁芽生合轴式产孢，作合轴式延伸，孢痕明显。分生孢子单生，偶成短链状，宽梭形，孢基平截，淡榄褐色，单胞或1~3个隔膜，表面具小疣突（图12-33）。有性型是子囊菌门黑星菌目的 Sympoventuriaceae Y. Zhang ter, C. L. Schoch & K. D. Hyde。目前本属约75种，分布广泛。侵染山楂、樱桃、栀子、柿、梨、垂柳等植物的叶、果实和枝条，引起黑星病。如放射黑星孢菌［*F. radiosum*（Lib.）Lind.］和梨黑星病菌［*F. pyrinum*（Lib.）Fuck.］分别引起杨和梨黑星病。

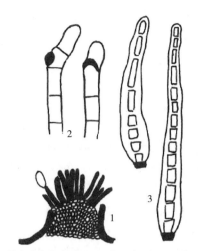
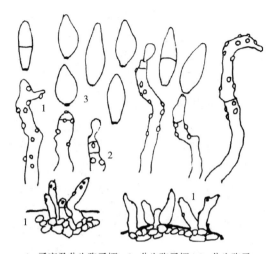

1. 子座及分生孢子梗　2. 分生孢子梗　3. 分生孢子

图 12-32　椴外孢霉(*Exosporium tiliae*)
(引自 Ellis，1971)

1. 子座及分生孢子梗　2. 分生孢子梗　3. 分生孢子

图 12-33　梨黑星孢(*Fusicladium pyrinum*)
(引自 Ellis，1971)

（11）长蠕孢属(*Helminthosporium* Link)

菌丝常生寄主组织内。分生孢子梗近圆柱形，长而直立，不分枝，多根簇生，褐色，具隔膜，表面光滑，顶端和侧面具多数产孢孔，分生孢子顶生、侧生或轮状着生。产孢细胞内壁芽生孔生式产孢，有限生长，顶孢产生后一般不再延伸其长度。分生孢子倒棒形，深褐色，具多数隔膜，表面光滑，基细胞处有大的黑褐色脐点，孢子萌发时从基细胞的脐点附近伸出 1 根芽管(图 12-34)。有性态属于子囊菌的 Massarinaceae Munk。目前本属约 416 种，分布广泛。有些种类寄生于橡胶、柿、乌桕、慈竹、毛竹等植物，引起叶斑病。也有些种类腐生于木材上。如绒毛长蠕孢(*H. velutinum* Link ex Ficinus et Schubert)腐生于草本植物枯茎或多种林木的枝干上。

早在 1809 年，Link 根据腐生于木材上的 *H. velutinum* 创立属名 *Helminsporium*，1822 年，Persoon 改属名为 *Helminthosporium*。Saccado(1886)将所有的长蠕孢菌，不论寄生的或腐生的统归 *Helminthosporium*。然而，寄生于禾本科植物上的长蠕孢菌与腐生于木材上的长蠕孢菌在分生孢子的形成方式、分生孢子梗的形态及分生孢子萌发方式上均存在差异。

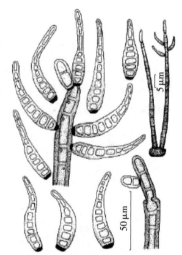

图 12-34　四川长蠕孢
(*Helminthosporium sichuanense*)
(引自张猛等，2004)

近年来，关于长蠕孢菌的分类人们倾向于划分为 4 个属：离蠕孢属(*Bipolaris*)、德氏霉属(*Drechslera*)、突脐孢属(*Exserohilum*)和长蠕孢属(*Helminthosporium*)。长蠕孢属腐生于木材上；其他寄生性的蠕孢菌(主要寄生禾本科植物，少数寄生双子叶植物)，主要根据分生孢子形态、脐点的特征、萌发方式和有性态划分为 3 个属，其有性态均属于不同的子囊菌。离蠕孢属(*Bipolaris*)孢子呈纺锤形，从两端细胞萌发，其有性阶段是旋孢腔菌属

(*Cochliobolus*);德氏霉属(*Drechslera*)的分生孢子呈圆筒形,从每个细胞萌发伸出芽管,其有性态属于核腔菌属(*Pyrenophora*);突脐孢属(*Exserohilum*)的分生孢子近圆筒形、倒棍棒形,脐点明显凸出于基细胞外面,从两端细胞萌发,其有性态属于刺球腔菌属(*Setosphaeria*)。

(12)三浦菌属(*Miuraea* Hara)

初生菌丝体内生,分枝,无色或淡色,具隔膜,次生菌丝体外生,自气孔伸出,表生,匍匐状,分枝,老菌丝壁变厚。分生孢子梗稍分化,常从菌丝体上形成短小的分生孢子梗。产孢细胞全壁芽生合轴式产孢,单芽生,偶有多芽生,合轴式延伸。分生孢子单生,椭圆形、近圆筒形、蠕虫形、棍棒形,基部平截,顶端钝尖,无色至淡色,多隔膜(具横、斜或纵隔膜),薄壁,老分生孢子胞壁常变厚,脐点平截形,不加厚,无色(图12-35)。有性态属于子囊菌的球腔菌科(Mycosphaerellaceae Lindau)。本属约3种,分布于亚洲。侵染植物叶,引起褪色斑或坏死斑。如黄斑三浦菌[*M. degenerans* (H. et P. Syd.)Hara = *Clasterosporium degenerans* H. et P. Syd.]侵染梅、李、杏,引起白霉病;桃三浦菌[*M. persicae*(Sacc.)Hara = *Cercospora persicae* Sacc.]侵染桃叶,引起白霉病。

(13)菌刺孢属(*Mycocentrospora* Deighton)

菌丝无色或淡褐色,有隔膜。无子座。分生孢子梗自气孔或表皮伸出,无色或淡褐色,简单或分枝,有隔膜,膝状弯曲。产孢细胞圆筒形,全壁芽生合轴式产孢,合轴式延伸。分生孢子倒棍棒形、针形,顶端常具细长的喙,无色或淡色,具多个隔膜,基部平截,具脐点,部分孢子在基细胞侧生刺状附属丝(图12-36)。有性态属子囊菌的Dothidotthiaceae Crous & A. J. L. Phillips。本属包括4种,分布广泛。如槭菌刺孢[*M. acerina*(Hartig)Deighton]引起槭树叶斑病,还可侵染细辛引起叶枯病,侵染三七叶引起圆斑病。

(14)钉孢属(*Passalora* Fr.)

分生孢子梗从气孔伸出,直立或略弯,不分枝或偶有分枝,褐色至榄褐色。产孢细胞圆柱形,全壁芽生合轴式产孢,孢痕明显。分生孢子单生,倒棒形、圆柱形、长椭圆形,

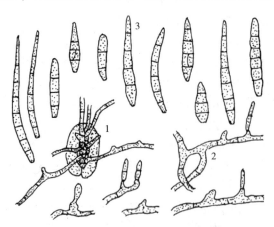

1. 从气孔抽出的分生孢子梗 2. 从菌丝上形成的分生孢子梗 3. 分生孢子

图12-35 桃三浦菌(*Miuraea persicae*)
(引自Braun,1995)

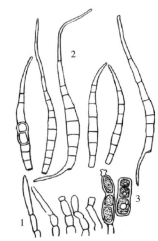

1. 分生孢子梗 2. 分生孢子 3. 厚垣孢子

图12-36 槭菌刺孢(*Mycocentrospora acerina*)
(引自傅俊范,1995)

淡榄褐色，多数 1 个隔膜，少数 2~3 个隔膜，表面光滑，基细胞膨大，呈椭圆形，顶细胞窄细（图 12-37）。有性态属于子囊菌的球腔菌科（Mycosphaerellaceae Lindau）。目前本属约 250 余种，分布于亚洲（我国有分布）、欧洲和北美。侵染植物叶，引起角斑病。如引起女贞叶斑病的女贞生钉孢（*Passalora ligustricola* Y. L. Guo）；引起欧洲桤木角斑病的棒丛竿霉[*P. bacilligera*（Mont. et. Fr.）Mont. et. Fr.]。

（15）**黑团孢霉属**（*Periconia* Tode）

菌丝体大部分埋生，有时部分表生，常生子座。分生孢子梗与菌丝区别明显，顶端形成一圆形膨大体，其上生出分枝，淡褐色，常为黑色，表面光滑，在光亮下有闪光，偶见有疣突。有时顶端分枝不产生分生孢子，而呈刚毛状。产孢细胞全壁芽生葡孢式链生产孢，单芽生或多芽生。分生孢子串生，孢子链常分枝，从产孢细胞的一点或多点上生出。分生孢子单胞球形、近球形，偶有椭圆形、圆柱形，淡褐色，深褐色，表面具小疣或小刺（图 12-38）。有性态属子囊菌的 Periconiaceae Nann。

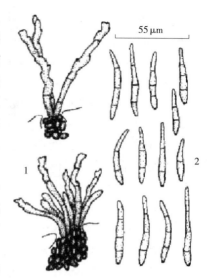

1. 分生孢子梗 2. 分生孢子
图 12-37 女贞生钉孢
（*Passalora ligustricola*）
（引自郭英兰，2003）

目前本属包括 46 种，分布广泛。侵染植物的叶和茎部，引起叶斑病和茎基腐烂病。如黑团孢霉（*P. byssoides* Pers. ex Corda）侵染番木瓜、桑叶，橡胶树黑团孢（*P. heveae* Stevenson et Imle）为害橡胶树，引起叶斑病。

（16）**束格孢属**（*Sarcinella* Sacc）

菌丝体表生，由致密分枝相互联结的菌丝网组成，菌丝上生半球形附着枝。分生孢子梗短或无，与菌丝差别不大，不分枝或分枝，褐色，光滑。产孢细胞圆柱形，全壁芽生单生式产孢。分生孢子单生，近球形，暗褐色或红褐色，具纵、横隔膜，常作十字形分隔，分隔处缢缩明显，呈八联球状或四联球状，表面光滑（图 12-39）。有性态属于子囊菌的

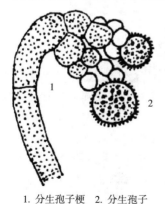

1. 分生孢子梗 2. 分生孢子
图 12-38 弯卷黑团孢霉
（*Periconia circinata*）
（引自 Ellis，1971）

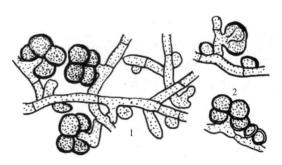

1. 分生孢子梗 2. 分生孢子
图 12-39 异孢束隔孢
（*Sarcinella heterospora*）
（引自 Ellis，1971）

Englerulaceae P. Henn. 。目前本属包括约 70 种，分布广泛。侵染植物叶，引起叶斑病。如异孢束格孢(*Sarcinella heterospora* Sacc.)可侵染榉属植物和多种木本植物叶，引起叶斑病。

（17）旋孢霉属(*Sirosporium* Bubák et Serebr. = *Helcoceras* Linder)

分生孢子梗分化明显或不十分明显，分枝或不分枝，直立或弯曲，褐色、榄褐色，具隔膜，表面光滑或具小瘤，少数种产生子座。产孢细胞圆柱形或棒形，全壁芽生合轴式产孢。合轴式延伸，呈"之"字形弯曲。分生孢子单生，顶侧生，直、略弯或卷曲状，圆柱形、椭圆形或倒棒形，两端钝圆，淡褐色、榄褐色或金黄色，表面光滑或具皱褶或小瘤，生多个横隔膜，有时具纵、斜隔膜，脐部有时突出(图 12-40)。有性态属于子囊菌门的球腔菌科(Mycosphaerellaceae Lindau)。本属包括约 25 种，分布广泛。如侵染朴树引起褐斑病的朴旋孢霉[*S. celtidis*(Biv. et Bernh. ex Sprengel) Ellis = *Helcoceras celtidis*(Biv. et Bernh. ex Sprengel)Linder]。

（18）根串珠霉属(*Thielaviopsis* Went)

分生孢子梗简单或不规则分枝，浅色至暗色，具隔膜。产孢细胞长瓶形，全壁体生节孢子，形成两种孢子：一是外生厚垣孢子，串生于分生孢子梗的顶端或侧面，后断裂成节孢子，圆柱形，褐色，壁厚，单胞，顶端孢子顶部钝圆形，断裂孢子两端平截；二是内生分生孢子，圆柱形，两端平截，无色，由产孢瓶梗内生，成熟后依次排出(图 12-41)。有性态属于子囊菌的长喙壳科(Ceratocystidaceae Locq. ex Réblová, W. Gams & Seifert)。目前本属约 7 种，分布广泛。侵染多种植物。如基生根串珠霉[*T. basicola*(Berk. et Br.)Ferr.]引起烟草和多种观赏植物根腐病。奇异根串珠霉[*T. parodoxa*(de Seyn.)Höhn.]为害凤梨、椰子、油棕和芭蕉等属植物。

12.4.1.3 束梗孢菌

多腐生，只有少数寄生性种类引起植物病害。主要特征是分生孢子梗集结成孢梗束。有的孢梗束上半部或大半部均为向外展开的分生孢子梗所布满；有的分生孢子梗只在顶部

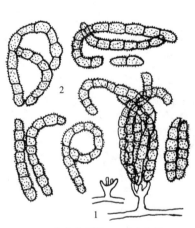

1. 分生孢子梗 2. 分生孢子

图 12-40 稻旋孢霉(*Sirosporium oryzae*)

(引自戚佩坤等，1966)

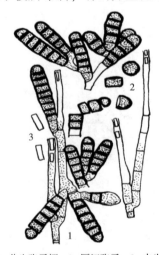

1. 分生孢子梗 2. 厚垣孢子 3. 内生孢子

图 12-41 基生根串珠霉(*Thielaviopsis basicola*)

(引自 Ellis，1971)

形成分生孢子；还有的分生孢子生在孢梗束的侧面。具有多种类型的产孢方式，但无梗基式产孢。分生孢子圆形、棍棒形、单胞、淡色、鲜色或暗色。约170属，500余种。

（1）黏束孢属（*Graphium* Corda）

孢梗束挺直，柄部暗褐色，黑色，上部分散呈青霉菌状分枝。产孢细胞瓶形，全壁芽生环痕式产孢。分生孢子无色或几乎无色，卵形或椭圆形，单胞，群集于梗端的胶质物中，呈头状黏孢子团。还常产生单枝、无色的分生孢子梗和长圆形的分生孢子（图12-42）。有性态属于子囊菌门的黏束孢科（Graphiaceae De Beer）。本属目前约20种，广泛分布。侵染植物，引起萎蔫病和腐败病。有的种类生于木材上引起变色，如拟青霉黏束孢（*G. penicillioides* Corda）生于黑杨、榆树、鹅耳枥和蔷薇等植物的树皮和木材上。原该属中引起榆树枯萎病的榆黏束孢（*G. ulmi* Schwarz）已转入 *Pesotum* 属中，其有性型为 *Ophiostoma ulmi*。故也可参看蛇口壳属（*Ophiostoma*）和 *Pesotum*。

（2）棒束孢属（*Isaria* Pers.）

孢梗束淡色，圆筒形或棍棒形，分生孢子梗满布于孢梗束的表面。分生孢子单生于梗的顶端，圆形或椭圆形，无胶质，无色，单胞（图12-43）。有性态属于子囊菌门的 Cordycipitaceae。该属分类地位有待进一步研究。广泛分布。寄生于昆虫上，如虫花棒束孢[*I. farinosa* (Dicks.) Fr.]和日本棒束孢（*I. japonica* Yasuda）均能寄生于鳞翅目昆虫蛹上，使其发病死亡。

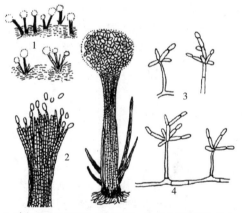

1. 束梗和分生孢子头的着生状 2. 放大的束梗和分生孢子头 3. 用水滴浮载的孢梗束和分生孢子 4. 短而无色的分生孢子梗和分生孢子

图12-42　黏束孢属（*Graphium*）

（引自 Barnett et al., 1972）

1. 培养中束梗的向光性 2. 部分束梗 3. 分生孢子梗和分生孢子

图12-43　棒束孢属（*Isaria*）

（引自 Barnett et al., 1972）

12.4.1.4　瘤座孢菌

主要特征为分生孢子梗集生于分生孢子座上。分生孢子座由菌丝体纠结而成，其颜色、质地各异，具有多种产孢方式。大多数营腐生生活，少数为寄生菌。

（1）镰孢属（*Fusarium* Link）

在自然条件下分生孢子梗无色，具隔膜或无隔膜，常基部结合形成分生孢子座，有时直接从菌丝生出，单生或分枝。在培养条件下，分生孢子梗由菌丝直接分枝产生，极少形成分生孢子座。分生孢子梗不分枝至多次分枝，顶端为产孢细胞。内壁芽生瓶梗式产孢。

一般产生两种类型的分生孢子：大型分生孢子多细胞，镰刀形，无色；小型孢子多数单细胞，卵形或长圆形，单生或成串，间有2~3细胞的，长圆形，直或微弯。两种分生孢子常在梗端聚集成黏孢子团，或于分生孢子座上聚为黏孢子堆。有的种还可在菌丝或大型分生孢子上形成厚垣孢子。厚垣孢子单生或串生，顶生或间生，单胞或双胞。在培养基上产生大量气生菌丝呈棉絮状，并常在培养基中产生红、紫、黄、褐等色素（图12-44）。有性态属于子囊菌门的丛赤壳科（Nectriaceae Tul. & C. Tul）。本属目前约120种，广泛分布。尖孢镰孢（*Fusarium oxysporum* Schlecht.）和腐皮镰孢［*F. solani*（Martius）Scaa.］可引起多种树木枯萎病和苗木立枯病。有些种可引起植物根腐、茎腐或果腐，有些种可引起植株徒长或瘿瘤。如尖孢镰刀菌油桐专化型（*F. oxysporum* f. sp. *aleuritidis*）和尖孢镰刀菌合欢专化型［*F. oxysporum* f. sp. *perniciosum*（Hepting）Toole］分别引起油桐和合欢枯萎病。

（2）粉粒座孢霉属（*Trimmatostroma* Corda）

分生孢子座垫状，暗黑褐色至黑色。孢子座内部拟薄壁组织状，上生一层分生孢子梗。分生孢子梗短，直或弯曲，不分枝或稀疏分枝，淡褐色至褐色，光滑，全壁芽生产孢，随着孢子的产生，顶端生长延长，并产生隔膜，节裂形成新的孢子。分生孢子向基序列串生，易断裂，分枝，孢子椭圆形、棍棒形、梨形或近球形等，淡褐色或榄褐色，光滑或具瘤疣，具横隔膜，常有纵或斜向分隔（图12-45）。有性态属于子囊菌门的柔膜菌目软盘菌科（Mollisiaceae Rehm）。目前本属约30种，分布广泛。侵染树木的枝干，引起枝枯病。如冷杉粉粒座孢霉（*T. abietina* Doh.）可引起冷杉（*Abies* sp.）枝枯病；桦粉粒座孢霉［*T. betulinum*（Corda）Hughes］侵染桦树的枝条或偶生于叶上，引起枝枯病；柳粉粒座孢霉（*T. salicis* Tode）侵染柳树的小枝和枝干，引起枝枯病。

（3）瘤座孢属（*Tubercularia* Tode）

分生孢子座较大，鲜色，从树皮裂出。分生孢子梗无色，长条状，具隔膜，重复分枝，

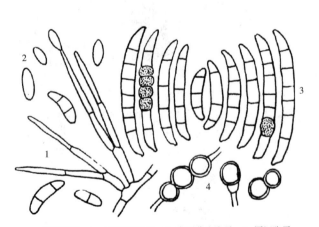

1. 产孢细胞 2. 小型分生孢子 3. 大型分生孢子 4. 厚垣孢子

图12-44 茄腐镰孢
（*Fusarium solani*）
（引自陈鸿逵等，1992）

1. 分生孢子梗 2. 分生孢子

图12-45 柳粉粒座孢霉
（*Trimmatostroma salicis*）
（引自Ellis，1971）

不呈轮枝状。产孢细胞长圆筒形，内壁芽生瓶梗式产孢。分生孢子顶生，无色，单胞，卵形至长圆形，在分生孢子座表面呈干粉状（图12-46）。有性态属于子囊菌门的丛赤壳科（Nectriaceae Tul. & C. Tul.）。本属包括近30种，广泛分布。侵染多种植物枝干，引起烂皮、枯枝和溃疡等病害。如普通瘤座孢（*Tubercularia vulgaris* Tode）可引起桑、梨、李、栎、榆、槭、桦、云杉、冷杉和落叶松等的枝干烂皮、枯枝和溃疡，无花果瘤座孢（*T. fici* Edg.）引起无花果枝枯病。

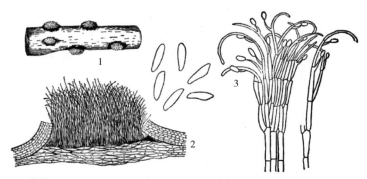

1. 枝枯瘤座孢的分生孢子座　2. 分生孢子座的断面　3. 分生孢子梗和分生孢子

图12-46　瘤座孢属（*Tubercularia*）

（引自 Barnett et al., 1972）

（4）锈生座孢属（*Tuberculina* Sacc.）

分生孢子座小，在锈菌的锈孢子器中或其附近突破而出，多呈紫罗兰色。分生孢子梗不分枝或偶见分枝，无色。产孢细胞位于分生孢子梗顶端，以内壁芽生瓶梗式产孢。分生孢子顶生，无色，单胞、球形、卵圆形或不规则形（图12-47）。有性态属于担子菌门的卷担菌科（Helicobasidiaceae P. M. Kirk）。约10种，寄生于锈菌目（Uredinales）真菌上。如野村锈生座孢（*T. nomuraina* Sacc.）寄生于紫云英的锈菌上，柄锈生座孢（*T. persicina* Sacc.）寄生于柄锈菌上。

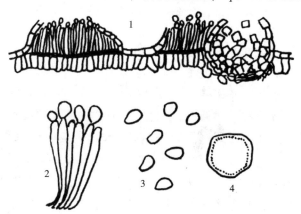

1. 分生孢子座的断面，右为被寄生的锈菌
2、3. 分生孢子梗和孢子　4. 锈菌的锈孢子

图12-47　锈生座孢属

（*Tuberculina*）

（引自 Barnett et al., 1972）

12.4.2 腔孢类

腔孢类菌物具有较发达的菌丝体，菌丝分枝繁茂，且有分隔。分生孢子大都形成于由菌丝体或菌丝体与寄主组织构成的载孢体内。这种腔室的结构繁简不一，有的由菌丝体特化形成半球形或球形分生孢子器，器壁细胞形成分生孢子梗或直接形成产孢细胞，再产生分生孢子；有的由菌丝体构成真子座，从中分化为腔室，形成产孢细胞，上生分生孢子；有的由菌丝体和寄主组织共同组成假子座，或形成盘状的分生孢子盘，其中形成分生孢子梗和产孢细胞，上生分生孢子。产孢方式主要有单生式、瓶梗式、合轴式和环痕式，未发现孔生式和梗基式。腔孢菌多为子囊菌的无性阶段，腐生或寄生于高等植物、菌物、地衣和脊椎动物体上。其中许多种类可引起植物病害。

传统上根据载孢体类型，将腔孢菌分为黑盘孢目（Melanconiales）和球壳孢目（Sphaeropsidales）2 个目，有 1000 余属，已报道约 9000 种。本书根据现代分类体系，不设立高等级的分类单元，而只在属和种级分类单元上加以介绍。为便于介绍，将该类群分为产生分生孢子盘的腔孢菌和产生分生孢子器的腔孢菌。

腔孢类菌物主要属检索表

1. 分生孢子产生在分生孢子盘内 ⋯⋯⋯⋯⋯⋯⋯⋯⋯⋯⋯⋯⋯⋯⋯⋯⋯⋯⋯⋯⋯⋯⋯⋯⋯ 2
1. 分生孢子产生在分生孢子器内 ⋯⋯⋯⋯⋯⋯⋯⋯⋯⋯⋯⋯⋯⋯⋯⋯⋯⋯⋯⋯⋯⋯⋯⋯ 26
2. 分生孢子单胞 ⋯⋯⋯⋯⋯⋯⋯⋯⋯⋯⋯⋯⋯⋯⋯⋯⋯⋯⋯⋯⋯⋯⋯⋯⋯⋯⋯⋯⋯⋯⋯ 3
2. 分生孢子双胞 ⋯⋯⋯⋯⋯⋯⋯⋯⋯⋯⋯⋯⋯⋯⋯⋯⋯⋯⋯⋯⋯⋯⋯⋯⋯⋯⋯⋯⋯⋯ 13
2. 分生孢子多胞 ⋯⋯⋯⋯⋯⋯⋯⋯⋯⋯⋯⋯⋯⋯⋯⋯⋯⋯⋯⋯⋯⋯⋯⋯⋯⋯⋯⋯⋯⋯ 14
2. 分生孢子具纵横隔 ⋯⋯⋯⋯⋯⋯⋯⋯⋯⋯⋯⋯⋯⋯⋯⋯⋯⋯⋯⋯⋯⋯⋯⋯⋯⋯⋯⋯ 24
3. 分生孢子无色或淡色 ⋯⋯⋯⋯⋯⋯⋯⋯⋯⋯⋯⋯⋯⋯⋯⋯⋯⋯⋯⋯⋯⋯⋯⋯⋯⋯⋯⋯ 4
3. 分生孢子暗色 ⋯⋯⋯⋯⋯⋯⋯⋯⋯⋯⋯⋯⋯⋯⋯⋯⋯⋯⋯⋯⋯⋯⋯⋯⋯⋯⋯⋯⋯⋯ 11
4. 产孢细胞为全壁芽生合轴式产孢；分生孢子丝状，单细胞 ⋯⋯⋯⋯ 盘针孢属（*Libertella*）
4. 产孢细胞为内壁芽生瓶梗式产孢 ⋯⋯⋯⋯⋯⋯⋯⋯⋯⋯⋯⋯⋯⋯⋯⋯⋯⋯⋯⋯⋯⋯⋯ 5
5. 分生孢子梗缺，产孢细胞圆柱形 ⋯⋯⋯⋯⋯⋯⋯⋯⋯⋯⋯⋯⋯⋯⋯⋯⋯⋯⋯⋯⋯⋯⋯ 6
5. 产孢细胞着生于分隔的分生孢子梗上 ⋯⋯⋯⋯⋯⋯⋯⋯⋯⋯⋯⋯⋯⋯⋯⋯⋯⋯⋯⋯⋯ 7
6. 生于寄主角质层下；分生孢子圆柱形、纺锤形 ⋯⋯⋯⋯⋯⋯⋯⋯⋯ 星壳孢属（*Asteroma*）
6. 生于寄主表皮层下；分生孢子椭圆形，大型 ⋯⋯⋯⋯⋯⋯⋯ 拟隐壳孢属（*Cryptosporiopsis*）
7. 载孢体上常具刚毛，分生孢子圆柱形、镰刀形，无附属丝 ⋯ 刺盘孢属（*Colletotrichum*）
7. 载孢体上无刚毛 ⋯⋯⋯⋯⋯⋯⋯⋯⋯⋯⋯⋯⋯⋯⋯⋯⋯⋯⋯⋯⋯⋯⋯⋯⋯⋯⋯⋯⋯⋯ 8
8. 载孢体生于寄主角质层下，分生孢子较大，椭圆形 ⋯⋯⋯⋯⋯⋯ 小单排孢属（*Monostichella*）
8. 载孢体生于寄主表皮层内或周皮下 ⋯⋯⋯⋯⋯⋯⋯⋯⋯⋯⋯⋯⋯⋯⋯⋯⋯⋯⋯⋯⋯⋯ 9
9. 载孢体白色；分生孢子长圆柱形 ⋯⋯⋯⋯⋯⋯⋯⋯⋯⋯⋯⋯⋯ 柱盘孢属（*Cylindrosporium*）
9. 载孢体褐色 ⋯⋯⋯⋯⋯⋯⋯⋯⋯⋯⋯⋯⋯⋯⋯⋯⋯⋯⋯⋯⋯⋯⋯⋯⋯⋯⋯⋯⋯⋯⋯ 10
10. 分生孢子小型，椭圆形；引起疮痂病或黑痘病 ⋯⋯⋯⋯⋯⋯⋯⋯ 痂圆孢属（*Sphaceloma*）
10. 分生孢子椭圆形、梨形；引起叶斑病 ⋯⋯⋯⋯⋯⋯⋯⋯⋯⋯⋯⋯⋯ 座盘孢属（*Discula*）
10. 分生孢子梨形、倒卵形、芜菁形；引起枝枯或叶斑病 ⋯⋯⋯⋯⋯ 盘梨孢属（*Discosporium*）

11. 产孢细胞为内壁芽生瓶梗式产孢,载孢体具刚毛,分生孢子褐色,顶生1~3根不分枝,基部生1根不分枝或分枝的附属丝 ········· **多毛孢属**(*Polynema*)
11. 产孢细胞为全壁芽生环痕式产孢·· 12
12. 分生孢子球形、椭圆形,表面光滑 ··········· **黑盘孢属**(*Melanconium*)
12. 分生孢子舟形、棒形,表面具疣突 ······· **细长黑盘孢属**(*Leptomelanconium*)
13. 分生孢子暗色,长方形至梭形,单个地生于不分枝的孢梗顶端 ·· **双孢霉属**(*Didymosporium*)
13. 分生孢子无色,椭圆或卵形,细胞大小不等,基细胞向一方弯曲 ·· **盘二孢属**(*Marssonina*)
14. 产孢细胞为内壁芽生瓶梗式产孢 ·· 15
14. 产孢细胞为全壁芽生式产孢 ··· 16
15. 分生孢子圆柱形、倒棍棒形,无色 ············· **粘隔孢属**(*Septogloeum*)
15. 分生孢子4个细胞排成十字形,两侧细胞小,除基细胞外,顶部和两侧细胞上各具1根附属丝 ······································ **虫形孢属**(*Entomosporium*)
16. 产孢细胞为全壁芽生合轴式产孢,分生孢子长线形 ······ **小壳丰孢属**(*Phloeosporella*)
16. 产孢细胞为全壁芽生环痕式产孢 ·· 17
17. 分生孢子为假隔膜,圆柱形,淡褐色 ············· **棒盘孢属**(*Corymeum*)
17. 分生孢子为真隔膜,形态多样 ·· 18
18. 分生孢子不具附属丝,分生孢子梗缺 ············· **壳丰孢属**(*Phloeospora*)
18. 分生孢子具附属丝 ·· 19
19. 分生孢子每个细胞均呈褐色,两端无附属丝或于端部生简单或分枝的附属丝 ·· **盘双端毛孢属**(*Seimatosporium*)
19. 分生孢子各细胞色泽不一致 ··· 20
20. 分生孢子具5个隔膜,中间3个为假隔膜,色深,两端细胞无色,顶生数根叉状分枝的附属丝 ·································· **盘多毛孢属**(*Pestalotia*)
20. 分生孢子隔膜全是真隔膜 ··· 21
21. 分生孢子具单根顶生附属丝,偶有分枝 ······································ 22
21. 分生孢子具数根顶生附属丝 ··· 23
22. 分生孢子具3~4个隔膜 ······················· **盘单毛孢属**(*Monochaetia*)
22. 分生孢子具5个隔膜,厚壁 ······················· **盘色梭孢属**(*Seiridium*)
23. 分生孢子具3个隔膜 ··························· **截盘多毛孢属**(*Truncatella*)
23. 分生孢子具4个隔膜 ··························· **拟盘多毛孢属**(*Pestalotiopsis*)
24. 产孢细胞为全壁体生式产孢,可能具有分生能力;分生孢子串生 ··· **多隔腔孢属**(*Phragmotrichum*)
24. 产孢细胞为全壁芽生式产孢 ··· 25
25. 产孢细胞为全壁芽生环痕式产孢;分生孢子具纵、横隔膜呈砖格状,串生 ······································ **盘砖格孢属**(*Stegonsporium*)
25. 产孢细胞为全壁芽生单生式产孢;分生孢子具3个短突起,

	呈三角星状 …………………………………………………	盘星孢属(Asteroconium)
26.	分生孢子单胞 ………………………………………………………………………	27
26.	分生孢子双胞 ………………………………………………………………………	46
26.	分生孢子多胞 ………………………………………………………………………	49
26.	分生孢子具纵、横隔膜 ……………………………………………………………	52
27.	分生孢子无色 ………………………………………………………………………	28
27.	分生孢子暗色 ………………………………………………………………………	42
28.	产孢细胞全壁芽生式产孢 …………………………………………………………	29
28.	产孢细胞内壁芽生式产孢 …………………………………………………………	33
29.	产孢细胞顶生式产孢 ………………………………………………………………	30
29.	产孢细胞合轴式产孢 ………………………………………………………………	32
30.	生于叶上,分生孢子球形 …………………………………………	叶点霉属(Phyllosticta)
30.	生于茎或果实上 ……………………………………………………………………	31
31.	分生孢子梭形 ………………………………………………………	壳梭孢属(Fusicoccum)
31.	分生孢子圆筒形,较大 …………………………………………	大茎点菌属(Macrophoma)
32.	分生孢子线形,弯曲或钩状 ……………………………………	多点霉属(Polystigmina)
32.	分生孢子棒形,基部细尖 ………………………………………	拟细盾霉属(Leptothyrina)
33.	载孢体为分生孢子器 ………………………………………………………………	34
33.	载孢体为子座状,或生于发达的子座中 ………………………………………	37
34.	载孢体表生 …………………………………………………………………………	35
34.	载孢体埋生 …………………………………………………………………………	36
35.	载孢体寄生于白粉菌上 …………………………………………	白粉寄生孢属(Ampelomyces)
35.	载孢体通过与其相连的下子座而生于基质上;分生孢子较大, 具油球 …………………………………………………………	根球孢属(Rhizosphaera)
36.	载孢体壁薄,分生孢子近球形,较小 …………………………	茎点霉属(Phoma)
36.	载孢体壁厚;分生孢子圆柱形或纺锤形,较大;在基物上 形成菌核 …………………………………………………………	壳球孢属(Macrophomina)
37.	分生孢子梗缺;产孢细胞安瓿状,瓮形至葫芦形 ……………………………	38
37.	产孢细胞着生于具隔膜的分生孢子梗上 ………………………………………	39
38.	子座生于皮层内,常具多腔室;分生孢子梨形 …………	核茎点霉属(Sclerophoma)
38.	子座表生,上半部盾壳状,底层只有厚壁细胞;分生孢子镰刀 形至卵形 …………………………………………………………	细盾霉属(Leptothyrium)
39.	子座表生,色泽鲜艳;寄生于介壳虫上;分生孢子纺锤形, 具侧丝 ……………………………………………………………	座壳孢属(Aschersonia)
39.	子座非表生 …………………………………………………………………………	40
40.	载孢体生于漆斑状的子座中;分生孢子圆柱形,基部渐尖 ………	叶痣菌属(Melasmia)
40.	载孢体埋生于寄主组织(或基质)中 ……………………………………………	41
41.	分生孢子纺锤形,有时产生钩状的线形分生孢子 …………	拟茎点霉属(Phomopsis)

41. 分生孢子腊肠形；载孢体多腔室，呈迷宫状 ················· 壳囊孢属（*Cytospora*）
42. 分生孢子梗基部分枝，孢梗间有线形侧丝 ············· 暗色座腔孢属（*Phaeocytostroma*）
42. 分生孢子梗缺，孢梗间无侧丝 ·· 43
43. 载孢体无孔口，不规则开裂；分生孢子初无色，后变淡褐色 ··· 壳月孢属（*Selenophoma*）
43. 载孢体有孔口 ··· 44
44. 产孢细胞内壁芽生瓶梗式产孢；载孢体内基部有一枕状菌丝垫 ··· 垫壳孢属（*Coniella*）
44. 产孢细胞全壁芽生环痕式产孢 ··· 45
45. 分生孢子大，壁厚，内壁上具饰纹 ··· 球壳孢属（*Sphaeropsis*）
45. 分生孢子小 ·· 盾壳霉属（*Coniothyrium*）
46. 分生孢子淡色 ··· 47
46. 分生孢子暗色 ··· 48
47. 载孢体生于子座中，多腔室或螺旋状腔室；分生孢子梗分枝 ··· 壳明单隔孢属（*Diplodina*）
47. 载孢体为分生孢子器，分生孢子梗缺 ··· 壳二胞属（*Ascochyta*）
48. 载孢体为分生孢子器，分生孢子梗分枝 ··· 壳色单隔孢属（*Diplodia*）
48. 载孢体为子座状；分生孢子梗基部分枝；产孢细胞内壁芽生瓶梗式产孢 ··· 锈菌寄生孢属（*Sphaerellopsis*）
49. 载孢体为分生孢子器；分生孢子淡褐色 ··· 狭壳柱孢属（*Stenocarpella*）
49. 载孢体为分生孢子器；分生孢子无色 ·· 50
50. 产孢细胞内壁芽生瓶梗式产孢；分生孢子顶生两根简单的附属丝 ··· 小纤毛孢壳属（*Ciliochorella*）
50. 产孢细胞全壁芽生式产孢 ·· 51
51. 产孢细胞全壁芽生单生式产孢；分生孢子两端各具1根小刺毛 ··· 双毛壳孢属（*Discosia*）
51. 产孢细胞全壁芽生合轴式产孢；分生孢子线形 ··· 壳针孢属（*Septoria*）
52. 产孢细胞全壁芽生环痕式产孢；分生孢子无色，两端无附属丝 ··· 壳多胞属（*Stagonospora*）
52. 产孢细胞全壁芽生环痕式产孢；分生孢子两端着生附属丝 ········· 53
53. 分生孢子中间细胞无色或淡色 ··· 顶毛多胞壳属（*Bartalina*）
53. 分生孢子中间细胞暗褐色 ··· 菊壳孢属（*Doliomyces*）

12.4.2.1 产生分生孢子盘的腔孢菌

载孢体为分生孢子盘，生于寄主植物的角质层或表皮下，成熟后突破表皮，黑色或浅色，蜡质，盘形，顶端包被开裂，释放出干性或黏性的分生孢子团。在培养基上这类菌物有些不产生载孢体，难与丝孢类菌物相区分。分生孢子梗紧密排列在孢子盘上，不分枝，无隔膜，无色，少数深色。有些种在分生孢子梗间形成黑色、有隔膜的刚毛。分生孢子形态、色泽多样，群集时孢子团呈白色、乳白色、粉红色、橙色或黑色。侵害植物都能引起局部性病害。如果实上的炭疽和疮痂、枝条上的溃疡及叶片上的斑点等。

（1）**盘星孢属**（*Asteroconium* Syd. et P. Syd.）

载孢体盘状，表皮下生，散生或合生，顶端不规则开裂。分生孢子梗缺。产孢细胞圆柱形，无色，光滑，厚壁，弯曲，离生，无限生长，全壁芽生单生式或合轴式产孢，有时有1~2个合轴式延伸或同步形成的产孢点。分生孢子呈三角星状，上部膨大，在同一平面上有3个钝圆、圆的或尖顶的短突起，无色，厚壁，光滑，基部平截，向下部明显变细（图12-48）。有性态属于子囊菌门，地位未定。目前本属包括2种，分布于美国、印度和中国。如萨卡多盘星孢（*A. saccardoi* Syd. et P. Syd.）可侵染云南樟、木姜子属植物叶、叶柄和小枝，引起白脉病。

（2）**星壳孢属**（*Asteroma* DC.）

载孢体盘状，生于寄主的角质层下，散生或合生，分生孢子梗缺。产孢细胞安瓿状或葫芦形，无色，光滑，离生，有限生长，内壁芽生瓶梗式产孢。分生孢子圆柱形、纺锤形、针形，无色，单胞，薄壁，光滑，直或弯曲，无油球（图12-49）。有性态属于子囊菌门的日规壳科（Gnomoniaceae G. Winter）。目前本属包括54种，广泛分布，尤其在北温带。如稠李星壳孢（*A. padi* DC. ex Fr）引起稠李叶斑病。榆星壳孢[*A. ulmi*（Klotz.）Cke.]引起榔榆炭疽病。

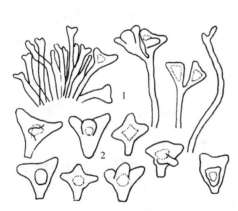

1. 产孢细胞 2. 分生孢子

图12-48 萨卡多盘星孢

（*Asteroconium saccardoi*）

（引自郭英兰等，1992）

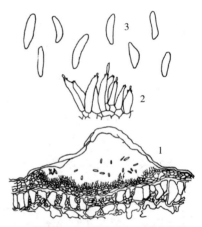

1. 载孢体 2. 产孢细胞 3. 分生孢子

图12-49 稠李星壳孢

（*Asteroma padi*）

（引自Sutton，1980）

（3）**刺盘孢属**（*Colletotrichum* Corda）

载孢体为分生孢子盘，生于寄主植物角质层下、表皮或表皮下，散生或聚生，顶端不规则开裂。在培养基上有时产生暗褐色至黑色菌核。菌核上和分生孢子盘中有时有刚毛。刚毛褐色至暗褐色，表面光滑，具隔膜，顶端渐尖。分生孢子梗无色至褐色，光滑，具隔膜，基部分枝。产孢细胞圆柱形，无色，光滑，聚生或离生，有限生长，内壁芽生瓶梗式产孢，产孢口小。分生孢子单胞，无色，长椭圆形或弯月形，顶端钝圆，表面光滑，有时含油球；个别种的孢子顶端延伸形成一根附属丝。萌发后常产生附着胞（图12-50、图12-51）。

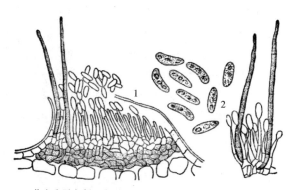

1. 分生孢子盘断面有刚毛 2. 刚毛、分生孢子梗和分生孢子

图 12-50　刺盘孢属(*Colletotrichum*)

(引自 Barnett et al., 1972)

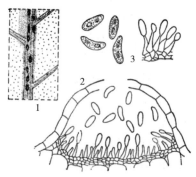

1. 叶片上的分生孢子盘 2. 分生孢子盘断面无刚毛 3. 分生孢子梗和分生孢子

图 12-51　刺盘孢属(*Colletotrichum*)

(引自 Barnett et al., 1972)

有性态属于子囊菌门的小丛壳科(Glomerellaceae Locq. ex Seifert & W. Gams)。目前大多学者已接受 *Colletotrichum* 作为其正式属名。

本属在文献中已描述的种曾超过 1000 个，其中包括许多重要的植物病原菌。Von Arx(1957)以形态学特征为种划分的主要依据，对当时已发表的近 900 个炭疽菌种进行了校订，只承认 23 个分类单位；Sutton(1980)主张加入纯培养学特征，只承认 22 种；Mordue(1967，1971)强调以形态学、培养学、生理学、病理学及地理分布等综合指标划分种。1979 年 Von Arx、Kendrick 和 Luttrell 强调全型(holomorph)菌物概念，认为种的划分应建立在有性态和无性态的联系上。种级鉴定标准是以分生孢子和附着胞形态为主，培养特征为辅，寄主范围作参考的综合特征来确定。在《菌物词典》第 10 版中，本属包括约 60 种。目前报道约 895 种。广泛分布。常见种如胶胞炭疽菌(*C. gloeosporioides* Penz.)，可侵染杉木、鹅掌楸、柳、泡桐、胡桃、油茶、苹果、梨、柑橘、橡胶树、油桐、板栗、油橄榄、杧果等多种植物的叶、果实、枝干，引起炭疽病，其有性阶段为 *Glomerella cingulata* (Stonem.) Spauld. et Schrenk。此外，短尖炭疽菌(*C. acutatum* Simmonds)侵染枇杷叶和果实，果生炭疽菌(*C. fructicola*)侵染胡桃、油茶的果实和叶，暹罗刺盘孢(*C. siamense*)为害胡桃等果实和叶，槟榔炭疽菌(*C. arecae* Syd.)侵染槟榔的叶、花序、果实和幼苗，山茶炭疽菌(*C. camelkiae* Mass)侵染山茶花，均引起炭疽病。

（4）**棒盘孢属**(*Coryneum* Nees)

载孢体为分生孢子盘，暗色，散生或聚生，多生于树皮上，罕见生于叶上，顶端不规则开裂。分生孢子梗圆柱形，无色至淡褐色，具隔膜，基部分枝。产孢细胞全壁芽生环痕式产孢。分生孢子棍棒形或短梭形，直，弯曲或呈"S"形，煤褐色，具 2 至多个假隔膜，光滑，基部平截(图 12-52)。有性态属于子囊菌门的棒盘孢科(Coryneaceae Corda)。目前本属包括 30 种，广泛分布。如引起山楂叶斑病的山楂棒盘孢(*C. crataegicola* Miura)和杨树灰斑病的杨棒盘孢(*C. populinum* Bres.)，栗生棒盘孢(*C. castaneicola* Berk. et Curt)侵染美洲栗树皮，引起枝枯病。叶生棒盘孢(*C. foliicolum* Fuck.)、蔷薇棒盘孢(*C. rosaecola* Miura)引起李和蔷薇叶斑病，桃棒盘孢(*C. beijerinckii* Oudem.)侵染李属植物叶和果实，引起紫轮病、果实或枝干流胶病。

(5) 拟隐孢壳属 (*Cryptosporiopsis* Bubák et Kabát)

载孢体盘状至子座状，生于寄主皮层内或皮层下，散生或聚生，有些种类形成聚生的多腔室子座，顶端不规则开裂。分生孢子梗缺。产孢细胞圆柱形，无色，光滑，离生，无限生长，内壁芽生瓶梗式产胞，有一至数次及顶或不及顶的层出过程。分生孢子较大，椭圆形，顶部钝圆，基部平截，无色，光滑，直，薄壁，有或无油球(图 12-53)。有性态属于子囊菌门的皮盘菌科(Dermateaceae Fr.)。广泛分布。如冷杉拟隐孢壳(*C. abietina* Petrak)侵染冷杉属、云杉属、松属等的针叶、小枝和树皮，引起枝枯病；树皮生拟隐孢壳[*C. corticola* (Edgerton) Nannfeldt]侵染苹果、梨等的枝干，引起溃疡病；榛拟隐孢壳[*C. coryli* (Pk.) Sutton]引起榛属植物枝干溃疡病；以及侵染苹果、梨树等，引起枝干溃疡和果腐病的腐皮拟隐孢壳[*C. malicorticis* (Cordl.) Nannfeldt]和引起柳属、杨属等多种植物溃疡病的盾拟隐孢壳[*C. scutellata* (Otth) Petrak]。

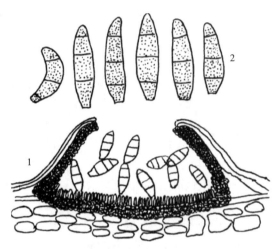

1. 载孢体 2. 分生孢子

图 12-52 山楂生棒盘孢

(*Coryneum crtaegicola*)

(引自戚佩坤等，1966)

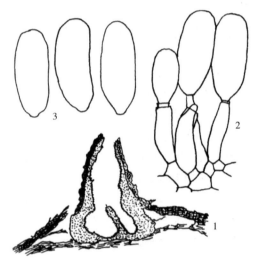

1. 载孢体 2. 产孢细胞 3. 分生孢子

图 12-53 白粉拟隐孢壳

(*Cryptosporiopsis pruinosa*)

(引自 Sutton，1980)

(6) 柱盘孢属 (*Cylindrosporium* Grev.)

载孢体为分生孢子盘，生于表皮下，白至灰色，盘状或平铺状，顶端不规则开裂，周围常可见被顶破翘起的植物组织。分生孢子梗无色，栅状排列，基部分枝，1~2 个隔膜，光滑。产孢细胞圆柱形，无色，光滑，内壁芽生瓶梗式产孢。分生孢子无色，线形，直或弯曲，单细胞或有分隔，不含油球(图 12-54)。有性态属于子囊菌门的 Ploettnerulaceae Kirschst.。本属目前包括 168 种，广泛分布。常见的有李叶柱盘孢(*C. prunophorae* Higgins)引起李叶穿孔病；生于芸薹属植物的同心柱孢菌(*C. concentricum* Grev.)；寄生板栗、栓皮栎上的栗生柱孢菌(*C. castanicola* Berl.)。

(7) 双孢霉属 (*Didymosporium* Ness ex Fr.)

载孢体为分生孢子盘，暗色，埋生于寄主体内或外露，盘形至垫状。分生孢子梗不分

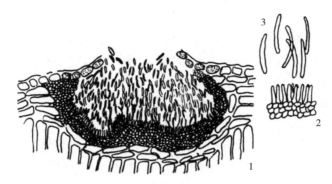

1. 载孢体　2. 产孢细胞　3. 分生孢子

图 12-54　同心柱孢菌（*Cylindrosporium concentricum*）

（引自赵光材等，1993）

枝。分生孢子暗色，长方形至梭形，暗色，有一横隔。多半生于树木枝上（图 12-55）。如枫香双孢霉（*Didymosporium liquidambaris* Teng）。在《菌物词典》第 10 版中，该属为有疑问的学名。有性型归属子囊菌门。

（8）盘梨孢属（*Discosporium* Höhn.）

载孢体为子座，埋生于寄主表皮中，散生或聚生，盘状，褐色，单腔或多腔室，厚壁，顶端不规则开裂。分生孢子梗，无色，主要于基部分枝，具隔膜，光滑，向顶端渐细。产孢细胞圆柱形，无色，内壁芽生瓶梗式产孢，无限生长，产孢口宽，围领小。分生孢子倒卵形，单胞，厚壁，光滑，基部平截，单个孢子无色，聚团时呈灰褐色（图 12-56）。有性态属于子囊菌门的 Pezizomycotina。本属广泛分布。如杨盘梨孢［*D. populeum*（Sacc.）B. Stton］侵染杨、柳的枝条，引起枝枯病；颤杨盘梨孢［*D. tremuloides*（Ell. et. Ev.）Sutton］侵染颤杨叶片，引起叶斑病。

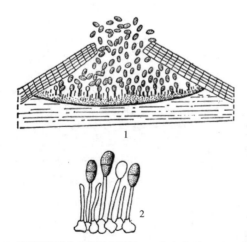

1. 枫香双孢霉分生孢子盘断面　2. 分生孢子梗和分生孢子

图 12-55　双孢霉属

（*Didymosporium*）

（引自 Barnett et al.，1972）

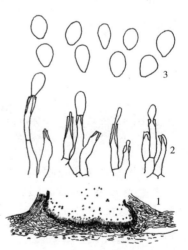

1. 载孢体　2. 产孢细胞　3. 分生孢子

图 12-56　杨盘梨孢

（*Discosporium populeum*）

（引自赵光材等，1980）

(9) 座盘孢属 (*Discula* Sacc.)

载孢体为分生孢子盘，生于寄主表皮中或表皮下，散生或聚生，顶端不规则开裂。分生孢子梗无色，具隔膜，基部分枝，直或弯曲至不规则形，顶端渐尖。产孢细胞圆柱形，无色，光滑，有限生长，内壁芽生瓶梗式产孢，聚生或离生，产孢口和围领小，周壁加厚明显。分生孢子椭圆形、棒形，无色，单胞，光滑，薄壁，直或微弯，顶端钝圆，基部近平截，内含油球（图12-57）。有性态属于子囊菌门的日规壳科（Gnomoniaceae G. Winter）。目前本属包括28种，分布于欧洲和北美等。如侵染悬铃木属和栎属多种树木引起叶斑病的悬铃木座盘孢 [*D. umbrinella* (Berk. et. Br.) Sutton = *D. platani* (Peck) Sacc.]；侵染柳属引起叶斑病的小孢座盘孢 [*D. microsperma* (Berk. et Br.)]。

(10) 虫形孢属 (*Entomosporium* Lév)

载孢体为分生孢子盘，近表皮生，散生或聚生，顶端不规则开裂。分生孢子梗无色，圆柱形，具隔膜，基部分枝，光滑，直或弯曲。产孢细胞圆柱形，无色，有限生长，内壁芽生瓶梗式产孢。分生孢子无色，光滑，薄壁，无油球，由较大的基细胞和顶细胞及更多较小型的侧生细胞构成，顶细胞近球形，顶端钝圆，基细胞短圆柱状，基部平截，侧生细胞近球形，顶胞和侧胞的顶端各具一根不分枝的附属丝（图12-58）。有性态属于子囊菌门的镰盘菌科（Drepanopezizaceae Bat. & H. Maia）。广泛分布（温带）。欧楂虫形孢 [*E. mespili* (DC. ex Duby) Sacc. = *E. maculatum* Lev.] 侵染山楂、枇杷、苹果、梨、花楸属等多种蔷薇科（仁果类）植物叶片及果实，引起斑点病。

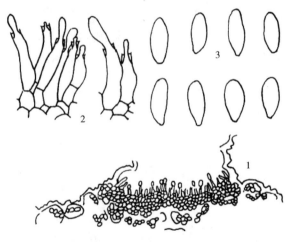

1. 载孢体 2. 产孢细胞 3. 分生孢子

图 12-57 悬铃木座盘孢

(*Discula umbrinella*)

(引自 Sutton，1980)

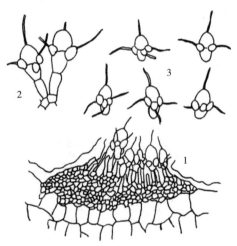

1. 载孢体 2. 产孢细胞 3. 分生孢子

图 12-58 欧楂虫形孢

(*Entomosporium mespili*)

(引自 Sutton，1980)

(11) 线黑盘孢属 (*Leptomelanconium* Petr.)

载孢体为分生孢子盘，生于寄主表皮层下，散生或聚生，顶端不规则开裂。分生孢子梗无色，基部分枝，有隔膜，光滑。产孢细胞圆柱形，淡褐色，聚生或离生，无限生长，全壁芽生环痕式产孢，环痕多达4个，具小疣突。分生孢子舟形、棒形，褐色，0~1个隔膜，厚壁，表面具疣突，基部平截（图12-59）。有性态属子囊菌门 Pezizomycotina 的 Teratosphaeriaceae Crous & U. Braun。本属目前包括7种，分布广泛。如松线黑盘孢［*L. allescheri* (Schnabl) Petrak］侵染松属树木针叶，引起叶枯病；云杉线黑盘孢（*L. piceae* Sutton et Chao）引起黑云杉叶枯病；云南线黑盘孢（*L. yunnanensis* Zhao et Sheng）引起云南松叶枯病。

（12）盘针孢属（*Libertella* Desm.）

载孢体为分生孢子盘，生于寄主表皮下，散生或聚生，外形简单或不规则形，顶端不规则开裂。分生孢子从开口处溢出，呈卷须状、球形或舌状的孢子堆，色泽鲜艳。分生孢子梗常成束，在基部和上部多次分枝，分枝处有隔膜，无色，基部淡褐色，向顶端渐尖。产孢细胞全壁芽生合轴式产孢，无限生长，无色，顶端有2个至数个小的、不明显的、略突起的产孢点。分生孢子线形，弯曲，无色，单胞，薄壁，光滑，无油球（图12-60）。有性态属子囊菌门的炭角菌目（Xylariales）Diatrypaceae Nitschke。目前本属包括72种，分布广泛。如水青冈盘针孢（*L. faginea* Desm.），桦盘针孢（*L. betulina* Desm.）以及油杉枝瘤病菌王氏盘针孢（*L. wangii* Ren et Zhou）。

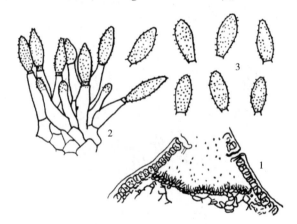

1. 载孢体 2. 产孢细胞 3. 分生孢子

图 12-59 松线黑盘孢

（*Leptomelanconium allescheri*）

（引自 Sutton, 1980）

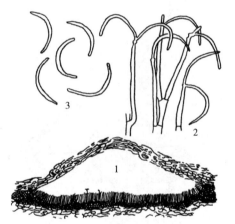

1. 载孢体 2. 产孢细胞 3. 分生孢子

图 12-60 水青冈盘针孢

（*Libertella faginea*）

（引自 Sutton, 1980）

（13）盘二孢属（*Marssonina* Magn.）

载孢体为分生孢子盘，生于寄主角皮层下，暗褐色至黑色，叶两面生，多散生，偶见聚生。分生孢子梗无色，不规则分枝，多为侧生，具隔膜。产孢细胞全壁芽生环痕式或合轴式产孢，桶形或圆柱形，无色，光滑，有限生长，或单芽生，无限生长，聚生或离生。分生孢子倒葫芦形，无色，1个隔膜，形成2个大小不等的细胞，顶端钝圆或微尖，基部平截，内含油球（图12-61）。有性态属于子囊菌门的皮盘菌科（Dermateaceae Fr.）。本属分布广泛，尤其在温带。如杨树黑斑病菌杨生盘二孢（*M. populicola* Miura）和杨盘二孢［*M. populi*(Lib.) Magn.］，苹果褐斑病菌苹果盘二孢［*M. mali*(P. Henn.) Ito］，蔷薇黑斑病菌蔷薇盘二孢［*M. rosae*(Lib.) Lind，异名 *Actinonema rosae*(Leb.) Fr.］，曾称蔷薇放线孢。此外，褐色盘二孢［*M. brunnea*(Ell. et Ev.) Sacc.］侵染杨属植物的叶和叶柄，引起黑斑病；胡桃盘二孢[*Marssonina juglandis*(Lib.)Magn]引起胡桃褐斑病，还可侵染核桃楸，引起叶白星病。

（14）黑盘孢属（*Melanconium* Link.）

载孢体为分生孢子盘，生于寄主角质层或表皮下，离生，偶聚生，顶端不规则开裂，盘口处常有黑色分生孢子堆。分生孢子梗线形，无色，光滑，有隔膜，仅在基部分枝。产孢细胞全壁芽生环痕式产孢，顶端环痕可多达5个，无限生长，离生，偶有聚生，无色，光滑。分生孢子暗色，单胞，卵圆至椭圆形或长圆形，光滑，顶端钝圆，基部平截，有或无油球（图12-62）。有性态属于子囊菌门的黑盘壳科（Melanconidaceae G. Winter）。分布广泛。侵染树木的枝干，引起枝枯病。如胡桃枝枯病菌胡桃黑盘孢（*M. juglandinum* Kunze）和椭圆黑盘孢（*M. oblongum* Berk.）；侵染板栗引起墨迹梢枯病的葫芦形黑盘孢（*M. gourdaegorme* Kunze）；侵染楝属引起枝枯病的楝黑盘孢（*M. meliae* Teng）。

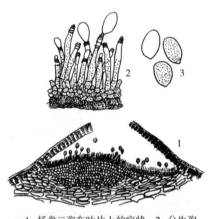

1. 杨盘二孢在叶片上的症状　2. 分生孢子盘断面　3. 分生孢子梗和分生孢子

图 12-61　盘二孢属

(*Marssonina*)

（引自 Barnett et al.，1972）

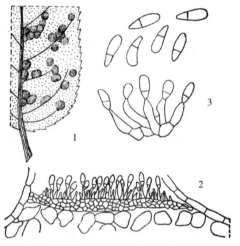

1. 载孢体　2. 产孢细胞　3. 分生孢子

图 12-62　胡桃黑盘孢

(*Melanconium juglandinum*)

（引自赵光材等，1992）

（15）盘单毛孢属[*Monochaetia*(Sacc.)Allesch.]

载孢体盘状，生在寄主角质层下，散生或聚生，常排列成圆形或点线状，顶端不规则开裂。分生孢子梗圆柱形，无色，直或弯曲，基部有隔膜，偶有分枝。产孢细胞圆柱形，无色，无限生长，多离生，极少聚生，全壁芽生环痕式产孢，顶端有数个环痕。分生孢子纺锤形，具4个真隔膜，中部4个细胞暗色，两端细胞无色，壁厚，光滑，分隔处无或有缢缩，基部和顶端各有1条附属丝（图12-63）。有性态属于子囊菌门的 Sporocadaceae Corda。本属目前包括30种，分布广泛。如苹果叶斑病菌苹果盘单毛孢[*M. mali*(Fll. ex Ev.)Sacc.]、板栗叶斑病菌厚盘单毛孢（*M. pachyspora* Bub.）以及引起栎属植物叶斑病的萨氏盘单毛孢[*M. saccardiana*(Volg)Sacc.]。此外，还有木麻黄盘单毛孢（*M. casuarinae*）侵染木麻黄叶，苏铁盘单毛孢[*M. cycadis* Y. X. Chen & G. Wei sp. nov.]使苏铁叶部产生黄白色病斑，杜英盘单毛孢[*M. elaeocarpi* Y. X. Chen & G. Wei sp. nov.]危害锡兰杜英使叶片干枯

Monochaetia 属曾记载有 120 余种，根据分生孢子的隔膜数不同，多数种已划入 *Truncatella*、*Seimatosporium* 或 *Seiridium* 等属中。

（16）小单排孢属（*Monostichella* Höhn.）

载孢体盘状，生于角质层下或表皮层内，使角质层变色，散生或聚生，通常圆形，顶端不规则开裂。分生孢子梗缺，偶在基部有一隔膜。产孢细胞圆桶形、圆柱形，无色，光滑，有限生长，离生，极少聚生，内壁芽生瓶梗式产孢，孔道窄或宽，领围小，平周壁增厚明显或很少。分生孢子椭圆形、梨形，无色，单胞，薄壁，光滑，顶端钝圆，基部平截，有时略弯，内含油球或无（图 12-64）。有性态属于子囊菌门的柔膜菌目。本属目前包括 15 种，分布广泛。如引起欧洲鹅耳枥叶斑病的鹅耳枥小单排孢 [*M. robergi*（Desm.）Höhn.]，以及侵染多种柳属植物叶，引起叶斑病的柳小单排孢 [*M. salicis*（Westd）Arx]。

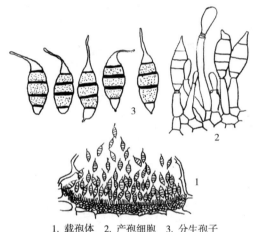
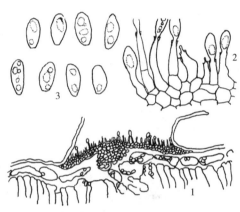

1. 载孢体　2. 产孢细胞　3. 分生孢子

图 12-63　盘单毛孢属

（*Monochaetia*）

（引自 Sutton，1980）

1. 载孢体　2. 产孢细胞　3. 分生孢子

图 12-64　印度小单排孢

（*Monostichella indica*）

（引自 Sutton，1980）

（17）盘多毛孢属（*Pestalotia* de Not.）

载孢体为子座，杯状，散生或聚生，黑色至暗褐色，初埋生，后突出寄主表皮，顶端不规则开裂。分生孢子梗无色，不规则分枝，具隔膜，光滑。产孢细胞圆柱形，无色，光滑，无限生长，全壁芽生环痕式产孢，常具 1~3 个环痕。分生孢子纺锤形，直或微弯，5 个隔膜，两端细胞无色，中间 4 个细胞褐色。基细胞平截，具简单或双叉状分枝的附属丝；顶细胞圆锥形，顶端具 3~9 根简单或双叉状分枝的附属丝（图 12-65）。有性态属于子囊菌门的 Amphisphaeriaceae G. Winter。侵染多种植物，引起叶斑病。如盘状盘多毛孢（*P. pezizoides* de Not.）可引起葡萄枝枯病。罗汉松盘多毛孢（*P. podocarpi* Laughton）可引起罗汉松叶枯病。

Pestalotia 曾记载有 200 余种，但目前多数种已划到 *Pestalotiopsis* 和 *Truncatella* 中。*Pestalotia* 中的盘状盘多毛孢（*P. pezizoides* de Not.）分布于意大利。目前该属约 60 余种。

（18）拟盘多毛孢属（*Pestalotiopsis* Steyaert）

载孢体盘状，初埋生在寄主组织中，后外露，散生或聚生。分生孢子梗圆柱形或葫芦形，无色，在基部和上部分枝，具隔膜。产孢细胞圆柱形，无色，无限生长，有多次层出及顶层出过程，全壁芽生环痕式产孢。分生孢子纺锤形，直或微弯，具4个隔膜，中间3个细胞褐色，厚壁，光滑或具疣突；基细胞无色，平截，具1条简单或偶有分枝的附属丝；顶细胞圆锥形，无色，具2-多根顶生、有时分枝的附属丝（图12-66）。有性态属于子囊菌门的 Sporocadaceae Corda。本属目前包括100种，分布广泛。侵染多种植物的叶片和枝干，引起叶斑病和枝枯病。如枯斑拟盘多毛孢[*P. funerea*(Desm.)Stey.]侵染松树针叶，引起赤枯病；顶枯拟盘多毛孢[*P. apiculatus*(Huang)Huang]生于杉梢引起顶枯病；罗汉松拟盘多毛孢[*P. podocaepi*(Dennis)Sun et Ge]侵染罗汉松、竹柏叶，引起叶斑病；近似状拟盘多毛孢(*P. affinis* Y. X. Chen & G. Wei)侵染红豆杉属和龙血树属植物的叶尖或叶缘，产生红褐色病斑等。此外，烟色拟盘多毛孢(*P. adusta* Ell et Ev.)侵染茶属等多种植物叶，引起轮斑病。短毛拟盘多毛孢[*P. breviseta*(Sacc.)Stey.]侵染冬青卫矛和栎树叶，引起灰斑病。栎生拟盘多毛孢[*P. quercicola*(Kuhnholtz-Lordat et Barry)Sun et Ge]侵染栎属植物叶，引起轮斑病。华榛拟盘多毛孢[*P. coryli*(Roster)]危害榛属植物叶缘，造成黄褐色焦枯。白斑拟盘多毛孢[*P. albomaculans*(Henn.)Y. X. Chen]引起刺槐黑斑病等。

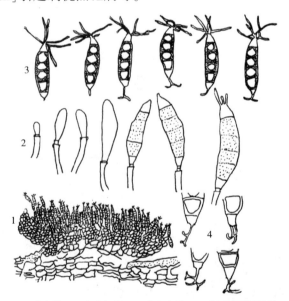

1. 载孢体 2. 产孢细胞 3. 分生孢子 4. 孢子基部附属丝

图 12-65 盘状盘多毛孢

(*Pestalotia pezizoides*)

（引自 Sutton，1980）

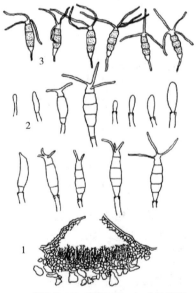

1. 载孢体 2. 产孢细胞 3. 分生孢子

图 12-66 茶褐斑拟盘多毛孢

(*Pestalotiopsis guepinii*)

（引自 Sutton，1980）

（19）**壳丰孢属**(*Phloeospora* Wallr.)

载孢体盘状，散生或聚生，初埋生于表皮层下，后突破表皮外露，顶端不规则开裂。分生孢子梗缺。产孢细胞圆柱形，无色，光滑，离生，无限生长，全壁芽生环痕式产孢（偶有合轴式延伸），顶端具数个不明显的环痕。分生孢子线形，细长，无色，弯曲，成熟时有隔膜，光滑，向顶端渐细，钝圆，基部平截，无油球（图12-67）。有性态属于子囊菌门的球腔菌科(Mycosphaerellaceae Lindau)。本属目前包括141种,分布广泛。侵染植物叶片,引起叶斑病。如桑褐斑壳丰孢[*Phloeospora maculans*(Bereng.)Allesch.]侵染桑属植物引起叶斑病,榆壳丰孢[*P. ulmi*(Fr. ex Kze.)Wallr.]侵染榆属植物引起叶斑病。

(20)小壳丰孢属(*Phloeosporella* Höhn.)

载孢体盘状,散生,初埋生于表皮下,后突破表皮外露,顶端不规则开裂。分生孢子梗缺。产孢细胞葫芦形、圆柱形,无色,光滑,离生,无限生长,全壁芽生合轴式产孢,有1~2个宽而平展的不加厚的顶脐点。分生孢子圆柱形,无色,直或弯曲,具1~4个真隔膜,光滑,顶端渐狭钝圆,基部平截,有油球(图12-68)。有性态属于子囊菌门的Drepanopezizaceae Baral。本属分布广泛。如绣线菊小壳丰孢[*P. ariaefoliae*(Ell. et EV.)Sutton]侵染绣线菊属植物叶,引起褐斑病;稠李小壳丰孢[*P. padi*(Lib.)von Arx]侵染李属植物叶,引起褐斑病。

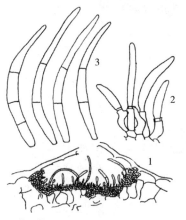

1. 载孢体 2. 产孢细胞 3. 分生孢子

图12-67 厚壳树壳丰孢

(*Phloeospora ehretiae*)

(引自Sutton,1980)

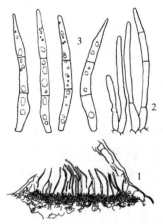

1. 载孢体 2. 产孢细胞 3. 分生孢子

图12-68 美洲茶小壳丰孢

(*Phloeosporella ceanothi*)

(引自Sutton,1980)

(21)多隔腔孢属(*Phragmotrichum* Kunze)

载孢体为子座,埋生或半埋生,散生,有时聚生,暗褐色至黑色,初闭合,后张开呈盘状至杯状,顶端不规则开裂。分生孢子梗圆柱形,无色,仅在基部分枝,有隔膜,光滑。产孢细胞全壁体生式产孢,顶端成串地产生分生孢子。分生孢子船形、纺锤形、椭圆形,有时呈砖格状,中部隆起,褐色,各细胞同色或不同色,具1至多个纵、横隔膜,有些种无纵隔膜,除第一孢子外,孢子两端平截,表面光滑,直或略弯(图12-69)。有性态属于子囊菌门Pezizomycotina的黑球腔菌科(Melanommataceae G. Winter)。本属目前包括4种,主要分布于欧洲。如云杉多隔腔孢(*P. chailletii* Kunze)侵染云杉属植物的球果鳞片,引起斑点病,我国新疆有发现;松多隔腔孢[*P. pini*(Cooke)Sutton et Sandhu]侵染加州山松的枝条,引起枝枯病;宽多隔腔孢(*P. platanoidea* Otth.)侵染挪威槭、欧洲鹅耳枥、接骨木属等植物的枝条,引起枝枯病;多主多隔腔孢[*P. rivoclarinum*(Peyrone)Sutton et Pirozynski]引起挪威槭、欧洲桤木和黄花儿柳枝枯病。

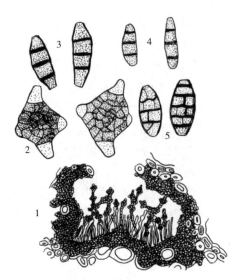

1. 载孢体 2. 分生孢子 3. 多主多隔腔孢 [*P. rivoclarinum*（Peyrone）Sutton et Pirozynski] 分生孢子 4. 松多隔腔孢 [*P. pini*（Cooke）Sutton et Sandhu] 分生孢子 5. 宽多隔腔孢（*P. platanoidea* Otth.）分生孢子

图 12-69　云杉多隔腔孢（*Phragmotrichum chailletii*）

（引自 Sutton，1980）

（22）盘双端毛孢属（*Seimatosporium* Corda）

载孢体盘状，散生，埋生，褐色，顶端不规则开裂。分生孢子梗圆柱形，无色，有隔膜，分枝。产孢细胞全壁芽生环痕式产孢，合生或聚生，顶端具 0 至多个环痕，无色，无限生长。分生孢子圆柱形、纺锤形或棍棒形，具 2~5 个隔膜，均呈褐色，有的两端细胞或仅基细胞无色，全无附属丝，或有时顶生 1 根不分枝或分枝的附属丝，基细胞平截，断痕（脐）明显，如有基生附属丝则是外生的，细胞性的，简单或分枝，有的分生孢子仅具有 1 根顶生附属丝或 1 根基生附属丝（图 12-70）。有性态属于子囊菌门的 Sporocadaceae Corda。本属目前包括 100 种，分布广泛。侵染多种植物的叶和枝条。如槭盘双端毛孢 [*S. acerinum*（Bauml）Sutton] 侵染栓皮槭引起叶枯病；栎盘双端毛孢 [*S. caninum*（Brun.）Sutton] 侵染栎属植物引起叶枯病；尾状盘双端毛孢 [*S. caudatum*（Preuss）Shoemaker] 侵染蔷薇属、柳属、崖柏属等植物的叶和茎，引起叶枯病；柳兰盘双端毛孢 [*S. kriegerianum*（Bres.）Morgen-Jines et Sutton] 侵染红千层属等植物引起叶斑病；地衣生盘双端毛孢 [*S. lixhenicola*（Cda.）Shoemaker et Muller] 侵染柳属、欧洲刺柏等多种植物引起叶斑病；盘多毛孢状盘双端毛孢 [*S. pestalozzioides*（Sacc.）Sutton] 侵染山楂属、榆属、柳属植物叶，引起叶斑病；越橘盘双端毛孢 [*S. vaccinii*（Fckl）Eriksson] 引起越橘属、杜鹃属、山楂属等植物茎，引起枝枯病。

（23）盘色梭孢属（*Seiridium* Nees）

载孢体盘状，散生或聚生，圆形或条形，顶端不规则开裂。分生孢子梗圆柱形，无色，直或弯曲，基部偶有隔膜和分枝，形成于内壁的上层细胞上。产孢细胞全壁芽生环痕式产孢，顶端具有数个环痕，无限生长，离生或合生，圆柱形，无色。分生孢子纺锤形，具 5 个隔膜，中间 4 个细胞厚壁，光滑，或有小疣、条纹或点纹，褐色，两端细胞无色，顶生 1 根

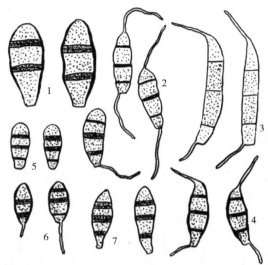

1. 槭盘双端毛孢 [*S. acerinum*（Bauml）Sutton] 2. 尾状盘双端毛孢 [*S. caudatum*（Preuss）Shoemaker] 3. 柳蓝盘双端毛孢 [*S. kriegerianum*（Bres.）Morgen-Jones et Sutton] 4. 忍冬盘双端毛孢 5. 盘多毛孢状盘双端毛孢 [*S. pestalozzioides*（Sacc.）Sutton] 6. 蔷薇盘双端毛孢 [*S. rosarum*（Deam.et House）Shoemaker] 7. 越橘盘双端毛孢 [*S. vaccinii*（Fckl）Eriksson]

图 12-70 盘双端毛孢属（*Seimatosporium*）的各种分生孢子

（引自 Sutton，1980）

简单或分枝的附属丝；基细胞有或无附属丝（图 12-71）。有性态属于子囊菌门的 Sporoca-daceae Corda。本属目前包括 20 种，广泛分布。侵染植物叶片和枝条，引起叶斑病和枝枯病。如单角盘色梭孢 [*Seiridium unicorne*（Cke. et Ell.）Sutton] 引起柏木属、扁柏属和刺柏属等植物枝条溃疡病，枇杷五隔盘单毛孢（*S. eriobotryae* Y. X. Chen & G. Wei）侵染枇杷使叶产生黑褐色或灰白色圆形病斑。

（24）黏隔孢属（*Septogloeum* Sacc.）

载孢体盘状，散生或聚生，表皮下埋生，后突破表皮外露，由淡褐色薄壁的拟薄壁组织构成，顶端不规则开裂。分生孢子梗短小粗壮，无色，具 1~2 个隔膜，光滑，基部分枝，形成于内壁的拟薄壁组织上。产孢细胞内壁芽生瓶梗式产孢，圆柱形，桶形、倒梨形，离生或合生，无限生长，无色，光滑，孔道宽，围领小，平周壁加厚。分生孢子倒卵形，无色，1~3 个隔膜，顶端钝圆，基部平截，直或弯曲，无油球（图 12-

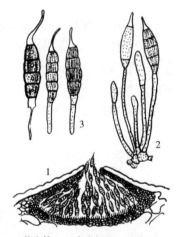

1. 载孢体 2. 产孢细胞 3. 分生孢子

图 12-71 棱壁盘色梭孢

（*Seiridium marginatum*）

（引自张中义等，1988）

72）。有性态属于子囊菌门的 Pezizomycotina。本属广泛分布。如卫矛黏隔孢 [*S. carthsianum*（Sacc.）Sacc.] 侵染欧洲卫矛和冬青卫矛，引起叶斑病；柿黏隔孢 [*S. kaki*（Syd）Hara] 侵染黑枣叶，引起斑点病；桑黏隔孢（*S. mori* Briosi et Cavara）侵染桑、构树叶，引起褐斑病。

（25）痂圆孢属（*Sphaceloma* de Bary）

载孢体盘状，初散生，常聚生，埋生，顶端不规则开裂。有时形成分生孢子梗，圆柱形，淡褐色或无色，具 1~2 个隔膜，不分枝。产孢细胞内壁芽生瓶梗式产孢，安瓿状或桶状，具1~3个产孢点，淡褐色至无色，无限生长。分生孢子卵形或椭圆形，单胞，无色，光滑(图12-73)。在培养基中生长极缓。与炭疽菌(无刚毛型)相似，但子座较发达。有性态属于子囊菌门的痂囊腔菌科(Elsinoaceae Höhn. ex Sacc. & Trotter)。本属广泛分布。侵染多种植物，引起炭疽病和疮痂病。如引起月季叶斑病的蔷薇痂圆孢[*Sphaceloma rosarum*(Pass)Jenk.]，引起柑橘疮痂病的柑橘疮痂圆孢(*S. fawcettii* Jenk)，引起葡萄黑痘病的葡萄痂圆孢(*S. ampelinum* de Bary)，引起泡桐黑痘病的泡桐痂圆孢(*S. paulowniae* Hara)和引起杧果疮痂病的芒果痂圆孢(*S. mangiferae* Bitanc. et Jenkins)等。

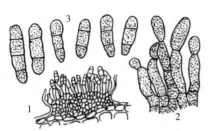

1. 载孢体 2. 产孢细胞 3. 分生孢子

图 12-72 卫矛黏隔孢

(*Septogloeum carthsianum*)

(引自张中义等，1988)

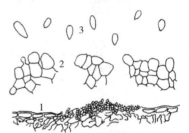

1. 载孢体 2. 产孢细胞 3. 分生孢子

图 12-73 葡萄痂圆孢

(*Sphaceloma ampelinum*)

(引自 Sutton，1980)

(26) 盘砖格孢属(*Stegonsporium* Corda)

载孢体盘状，散生或合生，埋生，暗褐色至黑色，树皮上生。分生孢子梗圆柱形，无色，具隔膜，从基部分枝，光滑，形成于产孢体内壁的上层细胞上。产孢细胞全壁芽生环痕式产孢，及顶层出3次，合生或聚生，无色。分生孢子倒卵形、棒形，褐色，有数个离壁的横和纵隔膜，顶端钝圆，基部平截，光滑；侧丝有隔膜，无色，曲折(图12-74)。有性态属于子囊菌门的 Stilbosporaceae Link。本属目前包括8种，广泛分布。如梨形盘砖格孢[*S. pyriformae*(Hoffm. et Fr.)Cda.]侵染槭属枝干，引起枝枯病。

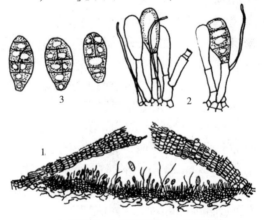

1. 载孢体 2. 产孢细胞 3. 分生孢子

图 12-74 卵盘砖格孢(*Stegonsporium ovatum*)

(引自 Sutton，1980)

（27）截盘多毛孢属（*Truncatella* Steyaert）

载孢体盘状，散生或聚生，初埋生于表皮下，后突破表皮外露，顶端不规则开裂。分生孢子梗圆柱形，无色，在基部和上部有隔膜和分枝。产孢细胞全壁芽生环痕式产孢，圆柱形，无色，光滑，无限生长，具多次及顶层出的环痕。分生孢子纺锤形，直，3 个真隔膜，中间 2 个细胞褐色，光滑，厚壁，两端细胞无色，圆锥形，具 1 根至多根不分枝或分枝的附属丝，基细胞无色，顶端平截，有时内生 1 条不分枝或极少分枝的附属丝（图 12-75）。有性态属于子囊菌门的 Sporocadaceae Corda。本属目前包括 13 种，广泛分布。如引起水青冈属、苹果属、李属、杜鹃属、悬钩子属、蔷薇属和酸模属等多种植物叶斑病的狭截盘多毛孢[*T. angustata* (Pers. ex. Fr.) Hughes]。

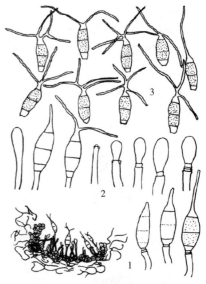

1. 载孢体 2. 产孢细胞 3. 分生孢子

图 12-75 狭截盘多毛孢
（*Truncatella angustata*）
（引自 Sutton，1980）

12.4.2.2 产生分生孢子器的腔孢菌

菌丝发达，有分枝、具隔膜。载孢体为分生孢子器。分生孢子器表生、半埋生或埋生，或生于子座上，单生或聚生、球形、盂形、烧瓶形、盾形或半球形，顶端有或无乳突，或具长喙，具孔口或无孔口。器壁为拟薄壁组织状，黑色、褐色，少数具鲜色，膜质、肉质、革质、软骨质或炭质。有的属在器外壁或孔口处生有暗褐色刚毛，器内壁产生分枝或不分枝的分生孢子梗，或仅形成单细胞的产孢细胞，其上生分生孢子。分生孢子形态多样，可分为干孢子或黏孢子。该类群腔孢菌约有 750 属 7000 余种。分布广泛，寄生或腐生，常引起植物叶斑、枝枯、溃疡、烂皮、果腐等病害。

（1）白粉寄生孢属（*Ampelomyces* Ces. ex Schltdl = *Cicinobolus* Ehrenb. = *Byssocystis* Riess）

载孢体为分生孢子器，散生于白粉菌的菌丝内、菌丝上或周围，圆形、棒形或梭形，浅褐色，单腔室，一层细胞壁；无明显孔口，顶端有时呈乳头状，顶部开裂释放分生孢子。分生孢子梗缺。产孢细胞为内壁芽生瓶梗式产孢，有限生长，离生，桶形至安瓿形，无色，光滑，平周和围领小，周壁向顶端加厚，由分生孢子器壁细胞直接形成。分生孢子卵圆形至长椭圆形，无色或近无色至暗色，单胞，内含油球，直或微弯（图 12-76）。有性态属于子囊菌门的 Phaeosphaeriaceae M. E. Barr。本属目前包括约 5 种，寄生于白粉菌科菌物上，广泛分布，如白粉寄生孢（*A. quisqualis* Ces. ex Schltdl）。

（2）座壳孢属（*Aschersonia* Mont.）

菌丝体表生，白粉状，纤毛状，膜质，无色，分枝，具隔膜。载孢体为子座，生于腔轮虫科（Lecaniidae）和粉虱科（Aleyrodidae）介壳虫上，散生或聚生，近球形、半球形或枕状，由厚壁、无色、分枝、具隔膜的交错菌丝组成，子座周围色深，其余部分色浅，多腔室或单腔室。产孢腔室管状、烧瓶状、卵形或球形，简单或旋卷状。孔口缺，子座上部不规则开裂。分生孢子梗圆柱形，或向顶端渐尖，无色，有隔膜，不规则分枝，光滑，由腔壁内层细胞形成。产孢细胞圆柱形，无色，内壁芽生瓶梗式产孢，聚生，有限生长，围领和产孢口小，周壁加厚。孢梗间常具侧丝，线形，无色，无隔膜，薄壁。分生孢子纺锤形、狭卵形，内含多个油球（图12-77）。有性态属于子囊菌门的麦角菌科 [Clavicipitaceae (Lindau) Earle ex Rogerson]。广泛分布。如白粉虱座壳孢（*A. aleyrodis* Webber）生于酸橙、葡萄柚等柑橘属植物上的介壳虫上和番石榴属植物上的小粉虱等白粉虱属及其他昆虫上。

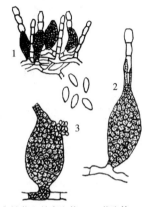

1. 在白粉菌上的寄生状 2. 载孢体 3. 分生孢子

图 12-76 白粉寄生孢

(*Ampelomyces quisqualis*)

(引自 Barnett 等，1972)

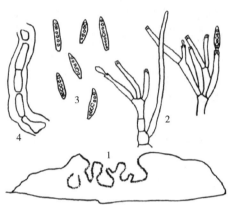

1. 载孢体 2. 产孢细胞 3. 分生孢子 4. 交错组织的菌丝

图 12-77 白粉虱座壳孢

(*Aschersonia aleyrodis*)

(引自 Sutton，1980)

（3）壳二孢属（*Ascochyta* Lib.）

载孢体为分生孢子器，球形，褐色，散生，埋于病叶组织内，单腔室，壁膜质。孔口中央生，圆形，略呈乳头形。分生孢子梗缺。产孢细胞桶形至葫芦形，无色，光滑，离生，有限生长，内壁芽生瓶梗式产孢。分生孢子双细胞，椭圆形或圆柱形，无色或略带浅色，无缢缩或稍缢缩，薄壁，光滑，有或无油球（图12-78）。有性态属于子囊菌门的亚隔孢壳科（Didymellaceae Gruyter, Aveskamp & Verkley）。本属目前约400种，广泛分布。侵染多种植物叶，引起斑点病。如引起枇杷灰星病的枇杷壳二孢（*A. eriobotryae* Vogl.），桑叶枯病的桑生壳二孢（*A. moricola* Berl.），李、梨叶轮纹病的李生壳二胞（*A. prunicola* Chi）及柽柳叶枯病的柽柳壳二孢（*A. tamaricis* Golov.）。

（4）顶毛多胞壳属（*Bartalinia* Tassi）

载孢体为分生孢子器，散生，表皮下生，球形，暗褐色，单腔室，厚壁，孔口周围细胞厚壁，黑褐色。孔口圆形，单生，略呈乳突状。分生孢子梗缺。产孢细胞圆柱形、葫芦形，离生，无限生长，无色，光滑，全壁芽生环痕式产孢，顶端具1~2个环痕。分生孢子圆柱形或纺锤形，直或微弯，顶端圆锥形，基部平截，无色至淡褐色，4个隔膜，顶生2~3根不分枝的附属丝，基部单生1根不分枝的附属丝，不含油球（图12-79）。有性态属于子囊菌门的Sporocadaceae Corda。本属目前约19种，广泛分布。如引起柠果叶黄斑病的数丝顶毛多胞壳（*B. robillardoides* Tassi）和寄生于香龙血树叶片的龙血树顶多毛孢（*B. draeaenae*）。

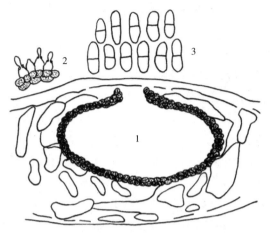

1. 分生孢子器 2. 产孢细胞 3. 分生孢子

图 12-78 榛壳二孢

(*Ascochyta coryli*)

(引自白金铠等，2003)

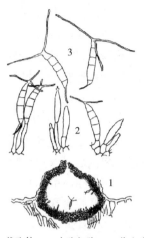

1. 载孢体 2. 产孢细胞 3. 分生孢子

图 12-79 数丝顶毛多胞壳

(*Bartalinia robillardoides*)

(引自 Sutton，1980)

(5) 壳格孢属(*Camarosporium* Schulzer)

载孢体为分生孢子器，散生，埋生或表皮下生，球形，暗褐色至黑色，单腔室，偶有乳突，器壁厚，黑褐色。孔口单个，圆形，位于中央，有时呈乳突状。分生孢子梗缺。产孢细胞桶形、葫芦形或圆柱形，无色，光滑，离生，无限生长，全壁芽生环痕式产孢。分生孢子椭圆形、纺锤形或形态多样，褐色，砖格状，具纵、横和斜隔膜，光滑或具疣突，基部平截，顶端钝圆，分隔处无或有缢缩（图 12-80）。有性态属于子囊菌门的壳格孢科(Camarosporiaceae Wanas.，Wijayaw.，K. D. Hyde & Crous)。本属包括约 100 种，广泛分布，尤其在温带。如侵染桃的枝条引起癌肿病的桃壳格孢 (*C. persicae* Maubl.)，侵染枸杞属植物枝条引起癌肿病的四胞壳格孢 [*C. quaternatum* (Hazsl.) Schulz]。

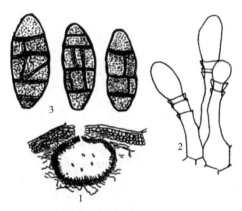

1. 载孢体 2. 产孢细胞 3. 分生孢子

图 12-80 近壳格孢

(*Camarosporium propinguum*)

(引自 Sutton，1980)

(6) 小纤毛孢壳属(*Ciliochorella* Syd.)

载孢体为子座，散生或聚生，角质层下至表皮下生，透镜状、卵圆形、球形或不规则形，暗褐色至黑色，单腔室，厚壁，顶端和下部的器壁呈暗红褐色。孔口位于中央，圆形，偶有乳突。分生孢子梗缺。产孢细胞安瓿形，无色，光滑，离生，内壁芽生瓶梗式产孢，具较细长的颈部，孔道和领围小。分生孢子圆柱形，具 3 个隔膜，中间 2 个细胞淡褐色，基细胞无色，薄壁，直或微弯，顶端具 1 根直的和 1 根侧生、不分枝的附属丝，基部偏生 1 根短的附属丝（图 12-81）。有性态属子囊菌门的 Sporocadaceae Corda。本属目前包括4种，广泛分布于热带地区。如引起杧果叶褐斑病的杧果小纤毛孢壳（*Ciliochorella mangiferae* Syd. et Mitter）。

（7）垫壳孢属（*Coniella* Höhn.）

载孢体为分生孢子器，散生，球形，浅褐色，埋生至半埋生，单腔室，薄壁，器内只有基部着生由小型细胞、无色拟薄壁组织构成的垫状凸起的产孢区域，孔口中生，不突出。分生孢子梗常缺。产孢细胞圆柱形，无色，光滑，离生，少数聚生，有限生长，内壁芽生瓶梗式产孢。分生孢子橄榄色至褐色，单胞，顶端钝圆至近于尖削，基部平截，光滑，薄壁或厚壁，无油球，有时具1纵脊线（图12-82）。有性态属于子囊菌门的裂圆盾菌科（Schizoparmaceae Rossman）。本属目前包括34种，广泛分布。侵染多种植物的叶和果实，引起叶斑病和干腐病。如栗生垫壳孢［*C. castaneicola*（Ell. et Ev.）Sutton］侵染欧洲栗、栗属、欧洲白桦、椴树属、多枝桉、巨桉、柠檬桉、细叶桉、桦木属、蒲桃属和杧果等植物，引起叶斑病；草莓垫壳孢［*C. fragariae*（Oud.）Sutton］侵染蔷薇属、展叶松、柏木属等植物，引起叶点病。侵染葡萄的果实和枝蔓引起白腐病的白腐垫壳孢（*C. diplodiella* Petrak et Sydow）。

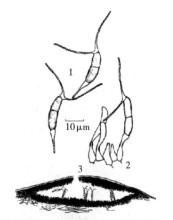

1. 载孢体 2. 产孢细胞 3. 分生孢子

图12-81　杧果小纤毛孢壳

（*Ciliochorella mangiferae*）

（引自Sutton，1980）

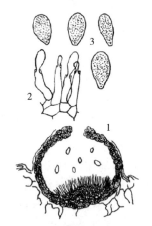

1. 载孢体 2. 产孢细胞 3. 分生孢子

图12-82　白腐垫壳孢

（*Coniella diplodiella*）

（引自Person et Gohee，1988）

（8）盾壳霉属（*Coniothyrium* Corda）

载孢体为分生孢子器，散生，球形，黑色，埋生，单腔室，壁薄。孔口圆形，中央生，有时呈乳突状。分生孢子梗缺。产孢细胞桶形至圆柱形或瓶状，全壁芽生环痕式产孢，无限生长，离生，无色或浅褐色，具1~4个间距不等的环痕。分生孢子卵圆形到椭圆形，褐色，厚壁，0~1个隔膜，具小疣，顶端钝圆，基部平截（有时具边褶）（图12-83）。有性态属于子囊菌门的盾壳霉科（Coniothyriaceae W. B. Cooke）。腐生于土壤或寄生于植物叶或其他真菌上。如油桐枝枯病菌油桐盾壳霉（*C. aleuritis* Teng）、葡萄白腐病菌白腐盾壳霉［*C. diplodiella*（Speg.）Sacc.］、葡萄盾壳霉（*C. vitivora* Miura）、枣叶斑病菌橄榄色盾壳霉（*C. olivaceum* Bon.）、桉褐斑病菌桉盾壳霉（*C. kallangurense* Sutton）、棕榈叶枯病菌棕桐盾壳霉(*Coniothyrium palmarum* Corda)和梨白星病菌梨生盾壳霉(*C. piricola* Poteb.)。

文献记载的 *Coniothyrium* 种类已超过 800 种。Sutton(1971)讨论了模式种棕榈盾壳霉(*C. palmarum* Corda)的分类地位,指出过去描述的 *Coniothyrium* 真菌多数不同于模式标本,认为具有瓶梗式产孢的应属于小球壳属(*Microsphaeropsis* Höhn.),而具有环痕产孢的则属于盾壳霉属(*Coniothyrium*)。在《菌物词典》第 10 版中,本属包括 44 种,目前约 50 种,广泛分布。

载孢体为子座,散生,瘤形或球状,位于寄主韧皮内,后突破树皮外露,暗褐色,不规则地分为多腔室,但具一共同的中心孔口。分生孢子梗无色,排列紧密,呈栅栏状,多数顶生分生孢子,但有时顶侧生。产孢细胞内壁芽生瓶梗式产孢,有限生长,聚生,直,无色,光滑,偶在横隔下形成小的侧生分枝,围领和产孢口小。分生孢子单胞,无色,腊肠形,薄壁,无油球,光滑,孢子角明显,常有各种颜色(图 12-84)。有性态属于子囊菌门的壳囊孢科(Cytosporaceae Fr.)。本属目前约 120 多种,广泛分布。多寄生在树皮上,引起烂皮病。如梨树腐烂病菌梨壳囊孢(*C. carphosperma* Fr.)、杨树烂皮病菌金黄壳囊孢[*C. chrysosperma*(Pers.)Fr.]、苹果腐烂病菌苹果壳囊孢(*C. mandshurica* Miura)、杉松叶枯病菌松壳囊孢(*C. pinastri* FR.)、华山松、油松等烂皮病菌孔策壳囊孢(*C. kunzei* Sacc.)、侧柏枝枯病菌云杉壳囊孢(*C. abietis* Sacc.)和柳杉枯枝病菌柳杉壳囊孢(*C. fortunea* Zao et al.),以及引起胡桃枝干腐烂的胡桃壳囊孢[*C. juglandis*(DC.)Sacc.],侵染桃、李、杏、樱桃引起树干腐烂的桃壳囊孢(*C. leucostoma* Sacc.)等。

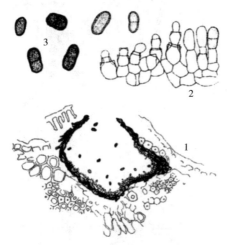

1. 载孢体 2. 产孢细胞 3. 分生孢子

图 12-83 棕榈盾壳霉

(*Coniothyrium palmarum*)

(引自 Sutton,1980)

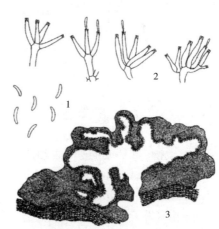

1. 分生孢子 2. 分生孢子梗 3. 载孢体

图 12-84 金黄壳囊孢

(*Cytospra chrysosperma*)

(引自 Sutton,1980)

(9)壳囊孢属(*Cytospora* Ehrenb.)

(10)刺杯毛孢属(*Dinemasporium* Lév. = *Dendrophorma* Sacc.)

载孢体初呈球形,后开裂呈杯状,表生,散生或聚生,黑色,具长而细的刚毛。分生孢子梗圆柱形,无色,具隔膜,顶端渐尖,简单或上部不规则分枝。产孢细胞圆柱形或略尖，内壁芽生瓶梗式产孢，无色，产孢口及围领小，平周加厚明显。分生孢子纺锤形、腊肠形，无色或淡褐色，单胞，光滑，两端各生1根不分枝的附属丝，有或无油球（图12-85）。有性态属于子囊菌的刺球菌科（Chaetosphaeriaceae Réblová, M. E. Barr & Samuels）。本属目前包括约35种，广泛分布。生于禾本科植物的死茎和叶鞘上或阔叶树的枝干。如槭刺杯毛孢（*Dinemasporium acerinum* Peck）和竹刺杯毛孢（*D. graminium* Lev. var. *strigosulum* Karst.）。

（11）壳色单隔孢属（*Diplodia* Fr.）

载孢体为分生孢子器，散生或聚生，球形，暗褐色至黑色，埋于寄主组织内或外露，单腔室，厚壁。孔口圆形，中央生，乳头状。分生孢子梗圆柱形，无色，分枝，具隔膜，光滑。产孢细胞圆柱形，无色，光滑，聚生或离生，有限生长，全壁芽生单生式产孢，顶生单个分生孢子。分生孢子长椭圆形，初单胞，无色，后变暗褐色，中央生1个隔膜，顶端钝圆，基部平截（图12-86）。有性态属于子囊菌门的葡萄座腔菌科（Botryosphaeriaceae Theiss. & Syd.）。本属目前包括1000多种，广泛分布。可寄生在多种植物茎、叶、枝条和果实上。如桑枝枯病菌桑生色单隔孢（*D. moricola* Cke et Ell.），松梢枯病菌松色单隔孢[*D. pinea*（Desm.）Kickx.]，柑橘蒂腐病菌果腐色单隔孢（*D. natalensis* Pole-Evans）。

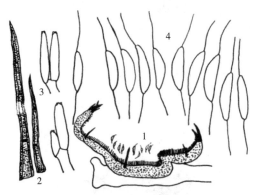

1. 载孢体 2. 刚毛 3. 产孢细胞 4. 分生孢子

图12-85 糙毛刺杯毛孢

（*Dinemasporium strigosum*）

（引自吴文平，1993）

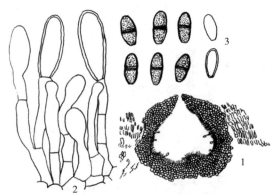

1. 载孢体 2. 产孢细胞 3. 分生孢子

图12-86 砍断壳色单隔孢

（*Diplodia mutila*）

（引自Sutton，1980）

（12）壳明单隔孢属（*Diplodina* Westend.）

载孢体为子座，埋生，近表皮生，散生，偶连生，扁平，暗褐色，多腔室或螺旋形腔室。子座顶端不规则开裂，顶破寄主表皮而外露。分生孢子梗桶形或圆柱形，顶端渐尖，无色，光滑，多个隔膜，分枝。产孢细胞无色，光滑，聚生，有限生长，内壁芽生瓶梗式产孢，在分生孢子梗主枝或侧枝顶端具明显孔口，围领和孔道小，平周加厚。分生孢子纺锤形，无色，光滑，薄壁，0~2个隔膜，多数为1个隔膜，无油球，直或微弯（图12-87）。有性态属于子囊菌门的日规壳科（Gnomoniaceae G. Winter）。本属包括约45种，广泛分布。寄生或腐生在植物的茎干或枝条上。如侵染欧亚槭、栲叶槭、茶条槭等引起枝枯病的槭壳明单隔孢[*Diplodina acerina*(Pass.)Sutton.],引起欧洲七叶树等植物枝枯病的七叶树壳明单隔孢[*D. aesculi*(Sacc.)Sutton],引起垂柳、黄花儿柳等枝枯的柳壳明单隔孢[*D. microsperma*(Johnston)Sutton]。

(13) 双毛壳孢属(*Discosia* Lib.)

载孢体为子座,散生或聚生,表生,扁平,黑色,单腔室或多腔室。基部壁厚,浅褐色,顶端壁薄,暗褐色。孔口圆形,乳头状,1至多个孔口。分生孢子梗缺。产孢细胞圆锥形,无色至浅褐色,离生,光滑,有限生长,全壁芽生单生式产孢。分生孢子圆柱形,直或微弯,无色至浅褐色,光滑,具背腹面,3~4个隔膜,顶端钝圆,基部平截,孢子近顶端和基部细胞的凹面上各具1根不分枝、线形刺毛(图12-88)。有性态属于子囊菌门的 Sporocadaceae Corda。目前本属包括约17种,腐生或寄生在植物体上,分布广泛,尤其在温带。如引起金钱松赤枯病及苹果、五角枫叶褐星病的双毛壳孢[*D. artocreas*(Tode)Fr.],引起苹果、楸子和稠李褐星病的斑生双毛壳孢(*D. maculaecola* Gerad.)。

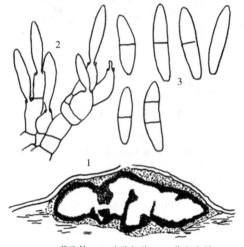

1. 载孢体 2. 产孢细胞 3. 分生孢子

图 12-87 柳壳明单隔孢

(*Diplodina microsperma*)

(引自 Sutton,1980)

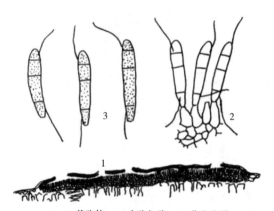

1. 载孢体 2. 产孢细胞 3. 分生孢子

图 12-88 球果双毛壳孢

(*Discosia strobilina*)

(引自 Sutton,1980)

(14) 菊壳孢属(*Doliomyces* Nag Raj)

载孢体为分生孢子器,散生,初埋生,后突破表皮,球形,单腔室。无孔口,不规则开裂。分生孢子梗无色,光滑,基部有隔膜和分枝。产孢细胞圆柱形,无色,光滑,全壁芽生环痕式产孢。分生孢子圆柱形,厚壁,2~4个隔膜,中间细胞暗褐色,两端细胞淡色至无色,光滑,顶端钝圆,顶生5~7根分枝的附属丝,基部平截,有1侧生、不分枝的附属丝(图12-89)。有性态属于子囊菌门的 Sporocadaceae Corda。本属目前包括3种,分布于印度、南美和中国。如引起柠果叶斑病的迈索尔菊壳孢(*D. mysorensis* Nag Raj et Kendrick)。

(15) 疱壳孢属(*Dothichiza* Lib. ex. Roum.)

载孢体为分生孢子器,近球形,平滑,暗色,从树皮裂出,略像圆盘状,不规则裂开。分生孢子梗细，不分枝。分生孢子单胞，无色，卵圆形至圆筒形。有性态属于子囊菌门的 Dothideomycetes，地位未定。本属包括约 15 种，分布广泛。如引起杨树枝枯病的杨疡壳孢(*Dothichiza populea* Sacc et Briard)（图 12-90）。

1. 载孢体 2. 产孢细胞 3. 分生孢子

图 12-89　迈索尔菊壳孢

(*Doliomyces mysorensis*)

(引自陈秀虹等，1994)

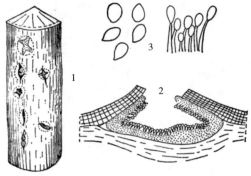

1. 杨树干上的分生孢子器　2. 分生孢子器的断面
3. 分生孢子梗和分生孢子

图 12-90　疡壳孢属

(*Dothichiza*)

(引自 Barnett et al.，1972)

（16）小穴壳属(*Dothiorella* Sacc.)

载孢体为分生孢子器，黑色，球形，成群地生长在一个很发达的子座内。子座在寄主表皮下，成熟时突破表皮。孢梗短而不分枝。分生孢子单胞无色，卵圆形到宽椭圆形（图 12-91）。有性态属于子囊菌门的葡萄座腔科(Botryosphaeriaceae Theiss. & Syd.)。本属包括约 56 种，广泛分布。如群生小穴壳(*D. gregaria* Sacc.)引起杨、柳、栗、槐、胡桃和苹果等许多树木的溃疡病和果腐及柑橘果实蒂腐病。

（17）壳梭孢属(*Fusicoccum* Corda)

载孢体为子座，埋生或表生，散生，暗褐色至黑色，球形或扁平，多腔室。各自开口或有一个共同孔口。分生孢子梗圆柱形，无色，罕有分隔，不分枝或基部分枝。产孢细胞圆柱形，离生或聚生，无色，光滑，全壁芽生单生式产孢，有限生长，顶生一个分生孢子。分生孢子梭形，无色，单胞，直，薄壁，内含不规则形油球，顶端钝圆，基部平截。（图 12-92）。有性态属于子囊菌门的葡萄座腔菌科(Botryosphaeriaceae Theiss. & Syd.)。约 90 余种，广泛分布。如引起七叶树枝枯病的七叶树壳梭孢(*F. aesculi* Corda)，栎树枝枯病的栎树壳梭孢(*F. quercus* Dud.)，桑枝枯病的桑壳梭孢(*F. mori* Yendo)，葡萄蔓割病的葡萄壳梭孢(*F. viticolum* Reddick)和樱桃干枯病的桃壳梭孢(*F. persicae* Ell. et Ev.)。

（18）裂口壳孢属(*Harknessia* Cooke)

载孢体为子座，球形，埋生，单腔室，偶多腔室，淡褐色。孔口圆形，宽大。产孢细

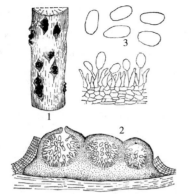

1. 栎枝上的子座和分生孢子器 2. 子座和分生孢子器断面 3. 分生孢子梗和分生孢子

图 12-91 小穴壳属（*Dothiorella*）

（引自 Barnett et al., 1972）

1. 产孢细胞 2. 分生孢子 3. 载孢体和分生孢子

图 12-92 七叶树壳梭孢（*Fusicoccum aesculi*）

（引自赵光材等，1993）

胞线形，离生，罕聚生，有限生长，不分枝，基部膨大，全壁芽生单生式产孢。分生孢子顶生，近球形、透镜状、中凸状、卵圆形、桶形或肾形，褐色，单胞，光滑，内含大油球，基部具附属丝，有的种具顶生或侧生的附属丝（图12-93）。有性态属于子囊菌门的 Harknessiaceae Crous。本属包括约 50 种，广泛分布。侵染多种植物的叶片和枝条。如引起蓝桉叶斑病的梭柄裂口壳孢（*Harknessia ventricosa* Sutton et Hodges）。

（19）半壳霉属（*Leptostroma* Fr.）

载孢体为分生孢子器，初埋于寄主内，后外露，膜质至炭质，长方形到长形，有一纵裂缝。分生孢子梗不分枝。分生孢子顶生，无色，单胞。有性态属于子囊菌门的 Rhytismataceae Chevall.。约 200 余种，分布广泛。如大孢长半壳霉（*L. macrospora* Teng），生于箬竹叶上（图 12-94）。

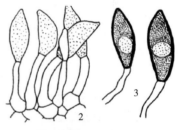

1. 载孢体 2. 产孢细胞 3. 分生孢子

图 12-93 梭柄裂口壳孢

（*Harknessia ventricosa*）

（引自 Sutton, 1980）

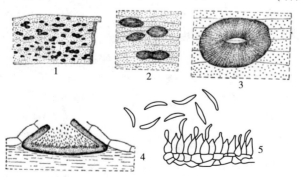

1~3. 寄主组织中的分生孢子器 4. 分生孢子器的断面 5. 分生孢子梗和分生孢子

图 12-94 半壳霉属（*Leptostroma*）

（引自 Barnett et al., 1972）

(20) 细盾霉属 (*Leptothyrium* Kunze)

载孢体为子座，埋生或表生，盾形，上半部盾壳状，底部仅由一层厚壁细胞的角胞组织构成，器壁膜质或炭质，顶端不规则开口，但不呈裂缝状。分生孢子梗不分枝。产孢细胞为内壁芽生瓶梗式产孢。分生孢子镰刀形、卵形，无色，单胞，薄壁（图 12-95）。有性态属于子囊菌门的 Pezizomycotina。本属包括 2 种，分布广泛。侵染植物的叶或果实，引起煤点病。如嗜果细盾霉（*L. carpophilum* Thum）侵染梨果表面，引起煤点病；仁果细盾霉 [*L. pomi* (Mont. et Fr.) Sacc.] 侵染苹果、梨、杏等果实，引起煤点病（蝇粪病）。

(21) 大茎点菌属 [*Macrophoma* (Sacc.) Berl. et Voglino]

载孢体为分生孢子器，埋生或表生，散生或聚生，球形、扁球形，黑色，单腔室，孔口圆形，自寄主表面突出。分生孢子梗单生，短或细长，棍棒形、圆柱形或丝状，不分枝。产孢细胞长葫芦形，基部膨大，无色，全壁芽生单生式产孢。分生孢子，卵形到宽圆筒形，无色，单胞（图 12-96）。有性态属于子囊菌门的葡萄座腔菌（Botryosphaeriaceae Theiss. & Syd.）。生于叶片和枝干上，引起叶斑病、枝枯病或轮纹病。如茶大茎点菌（*M. abensis* Hara）侵染茶、山茶叶，引起褐斑穿孔病；咖啡大茎点菌 [*M. coffeae* (Delacr.) Sacc.] 侵染咖啡叶，引起圆斑病；梭孢大茎点菌（*M. fusispora* Bub.）侵染栎属植物叶，引起圆斑病；柿大茎点菌（*M. kaki* Hara）引起柿褐纹病；轮纹大茎点菌（*M. kawatsukai* Hara）侵染苹果、李、梨、桃、杏、栗、海棠和木瓜等多种果树，引起轮纹病。杧果大茎点菌（*M. mangiferae* Hingoroai et Sharma）侵染杧果叶和果实，引起软腐病；此外，还有杨枝瘤病菌杨大茎点菌（*M. tume-faciens* Shear），槐树腐烂病菌槐大茎点菌（*M. sophorae* Miyake）和茶枝枯病菌茶生大茎点菌（*M. theaecola* Petch）等。

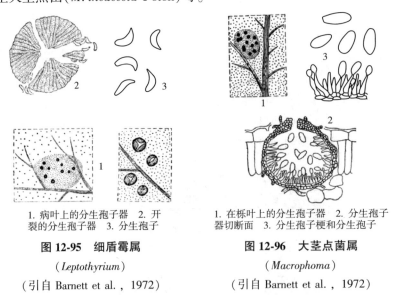

1. 病叶上的分生孢子器　2. 开裂的分生孢子器　3. 分生孢子

图 12-95　细盾霉属
(*Leptothyrium*)
(引自 Barnett et al., 1972)

1. 在栎叶上的分生孢子器　2. 分生孢子器切断面　3. 分生孢子梗和分生孢子

图 12-96　大茎点菌属
(*Macrophoma*)
(引自 Barnett et al., 1972)

(22) 壳球孢属 (*Macrophomina* Petr.)

菌丝体在寄主皮层下或皮层与木质部之间，能产生许多小形菌核。载孢体为分生孢子器，散生，球形，暗褐色，埋生，单腔室，厚壁，孔口中央生，圆形，乳突状。分生孢子梗缺。产孢细胞葫芦形至桶形，无色，光滑，离生，有限生长，内壁芽生瓶梗式产孢，开口宽，围领小。分生孢子圆柱形至纺锤形，无色，单胞，两端钝圆，直。在培养基上仅形成菌核（图12-97）。有性态属于子囊菌门的葡萄座腔菌科（Botryosphaeriaceae Theiss. & Syd.）。本属目前包括8种，广泛分布。如引起银杏茎腐病的菜豆壳球孢 [*Macrophomina phaseolina* (Tassi) Goid.] 是温暖地区一种重要的根茎部寄生菌。

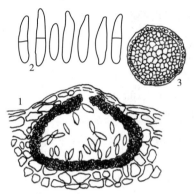
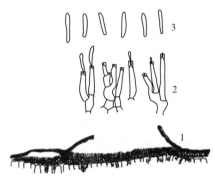

1. 载孢体 2. 分生孢子 3. 菌核切面组织

图 12-97 菜豆壳球孢
（*Macrophomina phaseolina*）
（引自戚佩坤等，1966；1994）

1. 载孢体 2. 产孢细胞 3. 分生孢子

图 12-98 槭叶痣菌
（*Melasmia acerina*）
（引自 Sutton，1980）

（23）叶痣菌属（*Melasmia* Lév.）

载孢体为子座，表生或埋生，圆形至不规则形，初离生，后聚生形成复合的载孢体，近圆形，黑色，扁平。孔口缺，靠顶破上表皮呈不规则开裂。分生孢子梗圆柱形，无色，分隔，光滑，直或弯曲，顶部渐细，基部不规则分枝。产孢细胞无色，聚生，偶离生，有限生长，直或弯曲，向顶端渐尖，内壁芽生瓶梗式产孢，产孢孔口较长，围领小，周壁加厚。分生孢子圆柱形，单胞，无色，薄壁，无油球，直或微弯，两端钝圆，基部微尖（图12-98）。有性态属于子囊菌门的斑痣盘菌科（Rhytismataceae Chevall.）。该属约20多种，广泛分布。寄生于多种植物上，引起黑痣病。如槭叶痣菌（*M. acerina* Lév.）、斑点叶痣菌（*M. punctata* Sacc. et Roum.）侵染槭属植物引起叶黑痣病；杜鹃叶痣菌（*M. rhododendri* P. Henn et Shirai）侵染杜鹃叶，引起黑痣病；柳叶痣菌（*M. salicina* Lév.）侵染柳树叶，引起黑痣病。

（24）茎点霉属（*Phoma* Sacc.）

载孢体为分生孢子器，埋生或半埋生，有时突出，单腔室，褐色，球形，散生或聚生，器壁薄。孔口单生或有多个，中央生，无乳突。分生孢子梗不常见。产孢细胞内壁芽生瓶梗式产孢，安瓿状至桶形，无色，光滑，围领和产孢口小，平周器壁明显加厚。分生孢子椭圆形、圆柱形、纺锤形、梨形或球形，无色，单胞，或偶有1个隔膜，薄壁，常有油球（图12-99）。有

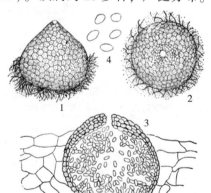

1. 分生孢子器侧视 2. 分生孢子器俯视
3. 寄主和分生孢子器切面 4. 分生孢子

图 12-99 茎点霉属（*Phoma*）
（引自 Barnett et al.，1972）

性态属于子囊菌门的亚隔孢壳科(Didymellaceae Gruyter, Aveskamp & Verkley),寄生在植物叶、茎或腐生在多种基质上。如山茶茎点霉(*Phoma camelliae* Cke),胡桃褐腐病菌胡桃茎点霉(*P. juglandis* Sacc.),柿褐斑病菌柿茎点霉(*P. diospyri* Sacc.)。松生茎点霉[*P. pinicola* (Zopf) Sacc.]侵染松属植物的针叶和枝条,引起斑点病。楸子茎点霉(*P. pomarum* Thum)侵染苹果、李属、桃、梨属等多种植物果实和枝干,引起褐腐病。苹果茎点霉(*P. pomi* Pass.)侵染山楂枝条,引起枝枯病。

该属已描述2000多种,传统上是指寄生于寄主植物茎上,产生分生孢子器,具有小型、无色、单胞分生孢子的菌物,种的划分主要是依据形态上的差异和寄主植物的不同。Boerema等经过多年研究,根据各分离菌株在标准条件下的菌落特点、颜色、厚垣孢子形成、结晶体有无、分生孢子器、分生孢子及产孢细胞等特征,对该属提出了一个类似 *Fusarium* 种类鉴定的分类系统。菌株生长标准条件是:燕麦琼脂和麦芽琼脂培养基,温度20~22℃(测定生长速度的第一周为黑暗条件),以后在每日12h近紫外光照(黑光灯)和12h黑暗条件下交替培养。在《菌物词典》第10版中,本属约含140种。目前本属约含100种。

(25)**拟茎点霉属**[*Phomopsis*(Sacc.)Bubák]

载孢体为分生孢子器,埋生,褐色至暗褐色,散生或聚生,球形、安瓿形或扁球形,单腔室或多腔室,孔口单生,或在复合载孢体上多个,圆形,常呈乳突状。分生孢子梗在基部和顶端分枝,离生,线形,无色,常多个隔膜。产孢细胞圆柱形,聚生,少离生,无色,在分生孢子梗长或短小的侧枝或主枝顶端生出,有限生长,内壁芽生瓶梗式产孢,围领和平周加厚不明显。分生孢子有2种类型,但有些种类中具有2者中间类型:α型孢子纺锤形,单胞,无色,直,常具2个油球(一端1个),有时油球更多;β型孢子线形,单胞,无色,直或弯成钩状,无油球(图12-100)。有性态属于子囊菌门的间座壳科(Diaporthaceae Höhn. ex Wehm.),多寄生在植物茎或叶片上。约234种,广泛分布。

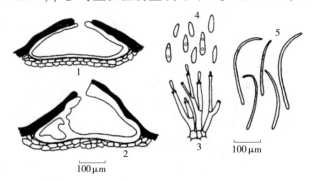

1、2. 载孢体 3. 分生孢子梗 4. α型孢子 5. β型孢子

图12-100 杜鹃拟茎点霉(*Phomopsis rhododendri*)

(引自向梅梅等,2003)

如柑橘褐色蒂腐病菌柑橘拟茎点霉(*P. citri* Fawcett),梨干枯病菌富士拟茎点霉(*P. fukushii* Tanaka et Endo),柳杉枝枯病菌柳杉拟茎点霉(*P. cryptomeriae* Kitajima),苹果枝枯和果腐病菌苹果拟茎点霉(*P. mali* Roberts)和柿苗立枯病菌柿苗拟茎点霉(*P. rojana* L.)。还有木兰拟茎点霉(*P. magnoliae*),以及白兰生拟茎点霉(*P. micheliicola*)危害木兰科植物,樟生拟茎点霉(*P. cinnamomicola*)侵染樟树,喜树拟茎点霉(*P. camptotheeae*)、蜡梅

拟茎点霉(*Phomopsis chiimonanthi*)、沙枣拟茎点霉(*P. elaeagni* Sacc.)和杜仲生拟茎点霉(*P. eueommiicola*)分别寄生在喜树、蜡梅、沙枣和杜仲枝条上引起枝枯病等。

载孢体为分生孢子器,埋生,突透镜形到球形,单腔室或多腔室,光滑,暗褐色至黑色,孔口圆形,无乳突或微具乳突。孢梗有或发育不全。产孢细胞安瓿形、葫芦形、近圆柱形,无色,光滑,全壁芽生单生式产孢。分生孢子近球形、卵形、椭圆形或近圆柱形,无色,单胞,顶端钝圆,基部明显变尖,光滑,具油球,常被一层胶质鞘,顶端具 1 不分枝的,狭窄的黏性附属丝。此外尚产生小型分生孢子,圆柱形或哑铃形,两端钝圆,无色,单胞(图 12-101)。有性态属于子囊菌门的叶点霉科(Phyllostictaceae Fr.),多为植物寄生菌,部分为内生真菌。如刺楸叶斑病菌五加叶点霉(*P. acanthopanacis* Syd.),柑橘褐斑病菌柑橘叶点霉(*P. citri* Hori),橡胶灰星病菌橡胶树叶点霉

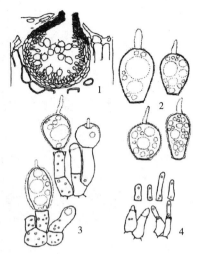

1. 载孢体 2. 分生孢子 3. 产孢细胞和发育中的分生孢子 4. 小型分生孢子及其产孢细胞

图 12-101 拟球壳叶点霉
(*Phyllosticta sphaeropsoidea*)
(引自 Nag Raj, 1993)

(*P. heveae* Zimm.),胡桃叶点病菌胡桃叶点霉[*P. juglandis*(DC.)Sacc.],梨灰斑病菌梨叶点霉(*P. pirina* Sacc.),茶灰星病菌茶叶点霉(*P. theaefolia* Hara)。拟球壳叶点霉(*P. sphaeropsoidea* Ellis et Everh.)寄生于光叶七叶树和欧洲七叶树叶上。此外,槭叶点霉(*P. aceri* Sacc.)侵染槭属植物叶,引起斑点病。朴生叶点霉(*P. celticola* Bubák et kabát)引起大叶朴叶斑病。杜鹃叶点霉(*P. rhododendri* West.)引起杜鹃叶斑病。茶生叶点霉(*P. theicola* Petch)引起油茶赤叶斑病。

(26) 叶点霉属(*Phyllosticta* Pers.)

以往根据 *Phoma* 和 *Phyllosticta* 两属菌物在寄主植物上的着生部位对其进行区分,生于茎上的为 *Phoma*,生于叶上的为 *Phyllosticta*。van der Aa(1973)对模式标本 *Phyllosticta convallariae* Pers. 进行了重新观察,认为 *Phyllosticta* 的分生孢子顶端具有一狭窄的胶质鞘状附属丝,而 *Phoma* 则无。根据此分类观点,目前文献已描述的 2000 多种 *Phyllosticta*,多数因无附属物应划归 *Phoma* 属中。然而,依据分生孢子的附属物特征区分 *Phoma* 和 *Phyllosticta* 较为困难。在《菌物词典》第 10 版中,该属包括 92 种。目前该属约 53 种。

(27) 多点霉属(*Polystigmina* Sacc.)

载孢体为假子座,埋生,黄色至橘黄色,由疏松的交错菌丝和细胞组成,多腔室,各腔室具一孔口,圆形,扁平。分生孢子梗无色,基部多分枝,上部分枝少,具隔膜,光滑。产孢细胞全壁芽生合轴式产孢,合轴式延伸,无限生长,直或弯曲,无色,光滑,顶端具多个不规则节状产孢位点。分生孢子线形,无色,弯成钩状,顶端渐尖,无隔膜,薄壁,光滑,内含不规则油球(图 12-102)。有性态属于子囊菌门的黑痣菌科(Phyllachoraceae Theiss. & H. Syd.)。该属目前包括 5 种,为蔷薇科植物上的寄生菌,主要分布于欧洲。如李多点霉[*P. rubra*(Desm.)Sacc.]侵染李属植物叶和果实,引起红点病。

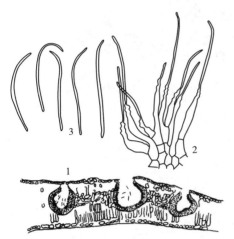
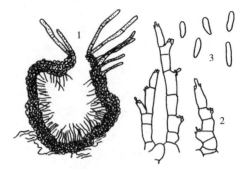

1. 载孢体　2. 产孢细胞　3. 分生孢子

图 12-102　李多点霉

(*Polystigmina rubra*)

(引自 Sutton，1980)

1. 载孢体　2. 产孢细胞　3. 分生孢子

图 12-103　番茄棘壳孢

(*Pyrenochaeta lycopersici*)

(引自 Sutton，1980)

（28）棘壳孢属（*Pyrenochaeta* de Not.）

载孢体为分生孢子器，埋生或表生，散生，偶有聚生，球形，褐色，单腔室。孔口单个，中央生，圆形，孔口处具多根刚毛。刚毛直或微弯，暗褐色，厚壁，光滑，具隔膜，向顶端渐变细。分生孢子梗长，线形，基部分枝，无色，多个隔膜。产孢细胞内壁芽生瓶梗式产孢，有限生长，聚生，在横隔下部形成短小侧枝，无色，光滑，具孔道和围领，平周加厚不明显。分生孢子圆柱形、椭圆形，无色，单胞，光滑，直，有油球或无（图 12-103）。有性态属于子囊菌门的 Pleosporomycetidae。该属目前包括 10 余种，广泛分布。如冬青棘壳孢（*P. ilicis* Wilson）生于枸骨叶和冬青枯死叶上；苹果棘壳孢（*P. mali* Smith）侵染苹果的果实，引起果实腐烂病。

（29）壳棒孢属（*Rhabdospora* Sacc.）

载孢体为分生孢子器，埋于寄主内或外露，壁色暗。孢梗不显著。分生孢子线形，多细胞。有性态属于子囊菌门的球腔菌科（Mycosphaerellaceae Lindau）。约 150 余种，分布广泛。多寄生于枝干上，如钻天杨枝瘤病菌长孢壳棒孢（*R. longispora* Ferr.）。也有寄生植物果实，如茄果干腐病菌茄壳棒孢（*R. melongenae* Hanzawa）（图 12-104）。

（30）根球孢属（*Rhizosphaera* L. Mangin et Har.）

载孢体为分生孢子器，球形，表生，着生于气孔上，通过下子座（hypostroma）与基质相连，黑色。孔口圆形，开口宽阔，无乳突。分生孢子梗缺。产孢细胞安瓿形，淡褐色，内壁芽生瓶梗式产孢，产孢口宽，平周加厚明显，围领小。分生孢子圆柱形、椭圆形，顶端钝圆，基部偶显平截，无色，单胞，内含油球（图 12-105）。有性态属于子囊菌的黑星菌科（Venturiaceae E. Müll. & Arx ex M. E. Barr）。该属目前包括 10 种，广泛分布。多侵染针叶树的针叶，引起叶斑病。如根球孢（*R. kalkoffii* Bubak）侵染云杉属植物引起叶疫病，侵染冷杉属和松属植物，引起针叶紫斑病。奥氏根球孢（*R. oudemansii* Maubl.）侵染云杉、冷杉、铁杉属植物叶，引起叶枯病。松根球孢 [*R. pini*（Cda.）Maubl.] 侵染云杉、冷杉和松属等引起叶枯病。

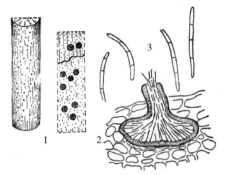

1. 菊茎上的分生孢子器 2. 分生孢子器断面 3. 分生孢子

图 12-104　壳棒孢属（*Rhabdospora*）

（引自 Barnett et al., 1972）

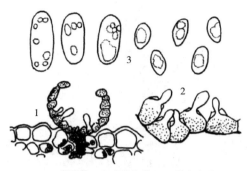

1. 载孢体 2. 产孢细胞 3. 分生孢子

图 12-105　根球孢（*Rhizosphaera kalkoffii*）

（引自 Sutton, 1980）

（31）核茎点霉属（*Sclerophoma* Höhn.）

载孢体为子座，埋生至半埋生，明显突出，黑色，球形或不规则形，散生或聚生，单腔室或多腔室，壁厚。无孔口，孢子团冲破上部组织开裂后释放孢子。分生孢子梗缺。产孢细胞桶形至安瓿形，无色至浅褐色，离生，有限生长，内壁芽生瓶梗式产孢，产孢口宽，平周加厚，围领小。分生孢子椭圆形，无色，单胞，有时向基部渐尖，光滑，有或无油球（图 12-106）。有性态属于子囊菌门的小穴壳菌科（Dothioraceae Theiss. & P. Syd.）。该属约30余种，广泛分布。如嗜腐核茎点霉[*S. pythiophila*（Cda.）Höhn.]侵染冷杉属、柏木属、刺柏属、云杉属和松属等植物叶，引起斑点病。

（32）壳针孢属（*Septoria* Sacc.）

载孢体为分生孢子器，埋生，散生或聚生，球形，乳突有或无，黑色，薄壁，器壁为浅褐色角胞组织。孔口处暗色，胞壁加厚，孔口单生，圆形，中央生，呈乳突状。分生孢子梗缺。产孢细胞全壁芽生合轴式产孢，明显或不明显，有限生长或无限生长，每个位点有一宽平不加厚的痕迹，离生，无色，光滑，安瓿形、桶形或葫芦形至短小的圆柱形。分生孢子线形，无色，多个隔膜，光滑（图 12-107）。有性态属于子囊菌门的球腔菌科（Mycosphaerellaceae Lindau）。侵染植物的叶、茎和果实，引起各种病害。如杨叶斑病菌杨壳针孢（*Septoria populi* Desm.）、柳灰斑病菌柳生壳针孢（*S. salicicola* Sacc.）和槭树叶斑病菌翅果壳针孢（*S. samarae* Peck.）。桦壳针孢[*S. betulae*（Lib.）West.]和肉桂壳针孢（*S. cinnamomi* Lin et Chi）分别侵染桦属和肉桂属叶引起斑枯病。梨生壳针孢（*S. piricola* Desm）侵染梨叶，引起褐斑病。沙枣壳针孢（*S. argyrea* Sacc.）引起沙枣褐斑病。桉壳针孢（*S. mortarlensis* Penz. Et Sacc.）引起桉树紫斑病。

该属曾报道约有1072种，目前近200种。属内各种的产孢方式较为复杂，Sutton（1980）将其分为3种类型：全壁芽生合轴式，包括模式种 *S. cytisi* 及 *S. chrysanthemella*、*S. obesa*、*S. passerinii*、*S. helianthi*；内壁芽生瓶梗式，包括 *S. apiicola* 和 *S. tritici*；简单全壁芽生，无合轴式或及顶层生产孢方式，包括 *S. adanensis*、*S. leucanthemi*、*S. socia*、*S. lactucae*、*S. glycines*、*S. lycopersici*。吕国忠等（1992）研究认为，除已报道的 *S. apiicola* 和 *S. tririci* 的产孢方式为瓶梗式外，其他种类的产孢方式均应为全壁芽生合轴式。

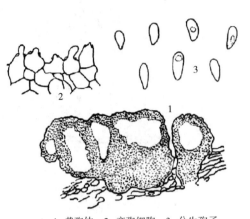

1. 载孢体　2. 产孢细胞　3. 分生孢子

图 12-106　嗜腐核茎点霉

(*Sclerophoma pythiophila*)

(引自 Sutton, 1980)

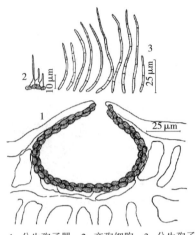

1. 分生孢子器　2. 产孢细胞　3. 分生孢子

图 12-107　桦壳针孢

(*Septoria betulae*)

(引自白金铠等, 2003)

（33）锈菌寄生孢属（*Sphaerellopsis* Cooke = *Darluca* Castagne = *Darlucella* Höhn.）

载孢体为子座，初埋生，后突破表皮外露，单腔室或多腔室，最后呈散生的分生孢子器。各腔室具 1 离生的孔口。分生孢子梗无色至浅褐色，具隔膜，基部分枝，光滑，由腔室壁内层细胞产生。产孢细胞圆柱形至桶形，无色至浅褐色，光滑，内壁芽生瓶梗式产孢，无限生长，聚生或离生。分生孢子椭圆形，初无色，后变很淡的褐色，表面具不规则小疣，0~1 个真隔膜，不缢缩，顶端钝圆，基部平截，正直，顶部具一胶质帽。胶质帽有时外翻（图 12-108）。有性态属于子囊菌门的小球腔菌科（Leptosphaeriaceae M. E. Barr）。寄生于锈菌的冬孢子堆和夏孢子堆上，为锈菌寄生菌。该属目前包括 9 种。如锈菌寄生孢 [*S. filum* (Biv.) Sutton = *Darluca filum* (Biv.) Cast.] 寄生于落叶松拟三胞锈菌 [*Triphragmiopsis laricinum* (Chou) Tai] 的冬孢子堆和夏孢子堆上。

（34）球壳孢属（*Sphaeropsis* Sacc.）

载孢体为分生孢子器，单生或聚生，埋生，后期突出，球形，暗褐色，单腔室，厚壁。孔口中央生，圆形，单生，乳突状。分生孢子梗缺。产孢细胞长葫芦形，离生，基部膨大，无色，光滑，全壁芽生单生式产孢，有限生长或无限生长。分生孢子顶生，长圆形至棍棒形，直，暗褐色，单胞（萌发前可形成隔膜），厚壁，细胞壁内表面具纹饰，顶端钝圆，基部渐窄平截（图 12-109）。有性态属于子囊菌门的葡萄座腔菌科（Botryosphaeriaceae Theiss. & Syd.）。该属原描述了约 500 余种，但多数种现已归入其他属中。广泛分布。多侵染植物的梢和枝干，引起黑腐和枝枯病。如仁果球壳孢（*S. malorum* Peck.）可侵染苹果属、梨属、李属、枇杷等植物的主干、枝条、花梗等，引起溃疡或腐烂病。松杉球壳孢 [*S. sapinea* (Fr.) Dyko & Sutton] 可侵染松属、冷杉属、落叶松属等针叶树，引起枯芽、枯梢、枝干溃疡和根冠腐烂等。

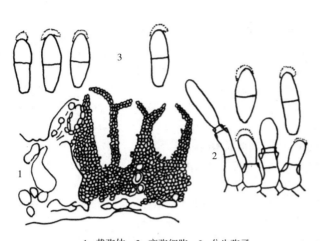

1. 载孢体 2. 产孢细胞 3. 分生孢子

图 12-108　锈菌寄生孢 (*Sphaerellopsis filum*)
(引自 Sutton, 1980)

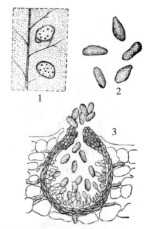

1. 苹果树叶上的病斑和分生孢子器 2. 分生孢子 3. 载孢体和产孢细胞及发育中的分生孢子

图 12-109　球壳孢属 (*Sphaeropsis*)
(引自 Barnett et al., 1972)

本章小结

无性型真菌传统上被称为半知菌，意即只知道其生活史的一半——无性阶段的真菌。无性型真菌是菌物中常见的类群，其中许多是重要的树木病原菌，也有许多具有重要的经济价值。无性型真菌主要根据无性型特征进行分类，是为了这类真菌的鉴定和命名的方便而建立起来的人为分类体系。在传统的无性型真菌分类中，通常按子实体类型将丝孢菌分成无孢菌、淡色丝孢菌、暗色丝孢菌、束梗丝孢菌、瘤座丝孢菌；将腔孢菌分成产生分生孢子盘的腔孢菌和产生分生孢子器的腔孢菌。无性型真菌可产生各种各样的分生孢子，其分生孢子发生过程或产孢方式的不同是重要的形态分类鉴定依据。根据现代菌物系统发育学分析，目前已发现存在有性阶段的无性型真菌大多属于子囊菌，少数属于担子菌，也有个别属接合菌。无性型真菌分类体系不再具有独立的属级以上的高等级分类单元意义。

思考题

1. 如何认识无性型真菌分类进展的变化？
2. 无性型真菌的主要形态特征有哪些？其载孢体和产孢方式有哪些类型？
3. 常见的树木病原丝孢菌有哪些？其主要形态特征是什么？
4. 常见的树木病原腔孢菌有哪些？其主要形态特征是什么？
5. 试述青霉属和曲霉属的形态特征及其分类概况。
6. 试述白僵菌属、木霉属、刺盘孢属、长蠕孢属和镰刀菌属的形态特征及代表种。
7. 怎样从形态特征上区别丝核菌属和小核菌属？
8. 进行植物病原真菌种类鉴定时，如何把握传统的无性型真菌形态特征和现代分子分类之间的关系？

主要参考文献

白金铠,2003.中国真菌志(第15卷):茎点霉属和叶点霉属[M].北京:科学出版社.
白金铠,2003.中国真菌志(第17卷):壳二胞属和壳针孢属[M].北京:科学出版社.
曾会才,郑服丛,贺春萍,等,2001.海南红树林生境中海疫霉种的分离与鉴定[J].菌物系统,20(3):310-315.
陈鸿逵,王拱辰,1992.浙江镰刀菌志[M].杭州:浙江科学技术出版社.
陈秀虹,伍建榕,王丽华,1994.中国一新记录属——菊壳孢属[J].真菌学报,13(4):312-313.
陈秀蓉,郭英兰,张山林,2000.引起梨叶斑的菌绒孢属一新种[J].菌物系统,19(3):306-307.
谌谟美,1982.中国—喜马拉雅区系中的一些真菌新种和新记录(续)[J].植物病理学报(1):29-34.
戴芳澜,1987.真菌的形态和分类[M].北京:科学出版社.
(美)D. J. 麦克劳克林,J. W. 斯帕塔福拉,2018.菌物进化系统学[M].2版.秦国夫,刘小勇,译.北京:科学出版社.
戴玉成,2009.中国多孔菌名录[J].菌物学报,28(3):315-327.
戴玉成,2005.中国林木病原腐朽菌图志[M].北京:科学出版社.
戴玉成,庄剑云,2010.中国菌物已知种数[J].菌物学报,29(5):625-628.
傅俊范,王崇仁,吴友三,1995.中国菌刺孢属一新记录种——槭菌刺孢[J].真菌学报,14(2):158-160.
高国平,单锋,赵瑞星,等,2016.辽宁树木病害图志(侵染性病害)[M].沈阳:辽宁科学技术出版社.
郭英兰,1984.棒孢菌属四个新种[J].真菌学报,3(3):161-169.
郭英兰,陈秀虹,1992.中国一新记录属——星孢属[J].真菌学报,11(4):326-327.
郭英兰,2002.钉孢属三个新种[J].菌物系统,21(3):305-308.
郭英兰,刘锡琎,2005.中国真菌志(第24卷):尾孢属[M].北京:科学出版社.
贺伟,叶建仁,2017.森林病理学[M].2版.北京:中国林业出版社.
贺运春,2008.真菌学[M].北京:中国林业出版社.
贺新生,2015.现代菌物分类系统[M].北京:科学出版社.
侯成林,刘世骐,1993.我国盘菌新纪录属——舟皮盘菌属及其一新种[J].真菌学报,12(2):99-102.
胡炎兴,1996.中国真菌志(第4卷):小煤炱目Ⅰ[M].北京:科学出版社.
康振生,黄丽丽,李金玉,1997.植物病原真菌超微形态[M].北京:中国农业出版社.
李泰辉,宋斌,2002.中国牛肝菌分属检索表[J].生态科学,21(3):240-245.
李玉,刘淑艳,2015.菌物学[M].北京:科学出版社.
李玉,刘朴,赵明君,2018.中国生物物种名录(第3卷):菌物 黏菌卵菌[M].北京:科学出版社.
林英任,刘和云,等,2012.中国真菌志(第14卷):斑痣盘菌目[M].北京:科学出版社.
刘波,1998.中国真菌志(第7卷):层腹菌目、黑腹菌目、高腹菌目[M].北京:科学出版社.
刘大群,董金皋,2007.植物病理学导论[M].北京:科学出版社.
刘润进,李晓林,2000.丛枝菌根及其应用[M].北京:科学出版社.
刘润进,陈应龙,2007.菌根学[M].北京:科学出版社.
刘淑艳,高松迮,2006.白粉菌属级分类系统的讨论[J].菌物学报,25(1):152-159.
陆家云,1997.植物病害诊断[M].2版.北京:中国农业出版社.
陆家云,2001.植物病原真菌学[M].北京:中国农业出版社.
路丹丹,王士娟,等,2016.斑痣盘菌科一新种——五指山散斑壳[J].菌物学报,35(3):246-251.

卯晓岚，蒋长坪，欧珠次旺，1993. 西藏大型经济真菌[M]. 北京：北京科学技术出版社.
卯晓岚，1998. 中国经济真菌[M]. 北京：科学出版社.
戚佩坤，1994. 广东省栽培药用植物真菌病害志[M]. 广州：广东科学技术出版社.
戚佩坤，白金铠，朱桂香，1966. 吉林省栽培植物真菌病害志[M]. 北京：科学出版社.
齐祖同，1997. 中国真菌志（第5卷）：曲霉属及其相关有性型[M]. 北京：科学出版社.
裘维蕃，1991. 对菌物学进展的前瞻[J]. 菌物学报，10(2)：81-84.
裘维蕃，1998. 菌物学大全[M]. 北京：科学出版社.
邵力平，沈瑞祥，张素轩，等，1984. 真菌分类学[M]. 北京：中国林业出版社.
宋福强，王立，马放，2013. 丛枝菌根真菌——紫穗槐共生体系研究[M]. 北京：科学出版社.
田秀玲，吕国忠，白金铠，1998. 中国霜霉属一新记录种[J]. 菌物系统，17(3)：287-288.
王也珍，吴声华，周文能，1999. 台湾真菌名录[M]. 中国台北："行政院"委员会.
王云章，庄剑云，1998. 中国真菌志（第10卷）：锈菌目（一）[M]. 北京：科学出版社.
魏江春，2010. 菌物生物多样性与人类可持续发展[J]. 中国科学院院刊，25(6)：645-650.
魏景超，1979. 真菌鉴定手册[M]. 上海：上海科学技术出版社.
文成敬，陶家凤，陈文瑞，1993. 中国西南地区木霉属分类研究[J]. 真菌学报，12(2)：118-130.
吴文平，1993. 几种具纤毛分生孢子的腔孢菌[J]. 真菌学报，12(1)：34-40.
向梅梅，姜子德，戚佩坤，2003. 采自广州的六个拟茎点霉新种[J]. 菌物系统，22(4)：515-519.
谢联辉，2006. 普通植物病理学[M]. 北京：科学出版社.
邢来君，李明春，1999. 普通真菌学[M]. 北京：高等教育出版社.
邢来君，李明春，魏东盛，2010. 普通真菌学[M]. 2版. 北京：高等教育出版社.
徐梅卿，何平勋，2008. 中国木本植物病原总汇[M]. 哈尔滨：东北林业大学出版社.
许志刚，2009. 普通植物病理学[M]. 4版. 北京：中国农业出版社.
余永年，1998. 中国真菌志（第6卷）：霜霉目[M]. 北京：科学出版社.
余永年，卯晓岚，2015. 中国菌物学100年[M]. 北京：科学出版社.
袁嗣令，1997. 中国乔、灌木病害[M]. 北京：科学出版社.
张猛，张天宇，孙炳达，等，2003. 暗色丝孢菌研究Ⅰ：两个中国新记录属和三个中国新记录种[J]. 菌物系统，22(2)：197-200.
张猛，张天宇，吴文平，2003. 中国长蠕孢属的分类研究Ⅰ：中国新记录种[J]. 菌物系统，22(增刊)：77-79.
郑儒永，刘小勇，2018. 中国生物物种名录（第3卷）：菌物 壶菌接合菌球囊霉[M]. 北京：科学出版社.
张素轩，1980. 半知菌分类的进展[J]. 南京林产工业学院学报(1)：95-108.
张天宇，2003. 中国真菌志（第16卷）：链格孢属[M]. 北京：科学出版社.
庄文颖，郑焕娣，曾昭清，2018. 中国生物物种名录（第3卷）：菌物 盘菌[M]. 北京：科学出版社.
张中义，冷怀琼，张志铭，等，1988. 植物病原真菌学[M]. 成都：四川科学技术出版社.
张中义，2003. 中国柱隔孢属的分类研究Ⅲ[J]. 菌物系统，22(1)：23-25.
张中义，2003. 中国真菌志（第14卷）：枝孢属、黑星孢属、梨孢属[M]. 北京：科学出版社.
张中义，2006. 中国真菌志（第26卷）：葡萄孢属、柱隔孢属[M]. 北京：科学出版社.
赵光材，李楠，1997. 小棒柄菌属和射棒孢属的新种[J]. 菌物系统，16(4)：270-273.
赵光材，盛世法，李楠，1991. 束梗孢科一个国内新记录属及其所致病害[J]. 西南林学院学报，11(1)：59-62.
郑儒永，1987. 中国真菌志（第1卷）：白粉菌目[M]. 北京：科学出版社.
周与良，邢来君，1986. 真菌学[M]. 北京：高等教育出版社.

庄剑云, 1994. 菌物的种类多样性[J]. 生物多样性(2): 108-112.

庄剑云, 魏淑霞, 2016. 中国无性型锈菌新资料Ⅱ. 夏孢子阶段的一些式样种[J]. 菌物学报, 35(12): 1475-1484.

庄文颖, 2018. 中国真菌志(第56卷): 柔膜菌科[M]. 北京: 科学出版社.

Acero F J, González J, Sáchez-Ballesteros J, et al., 2004. Molecular phylogenetic studies on the Diatrypaceae based on rDNA-ITS sequences[J]. Mycologia, 96(2): 249-259.

Ainsworth G C, Sparrow F K, Sussman A S, 1971. Ainsworth & Bisby's dictionary of the fungi[M]. 6th edition. Oxford: Oxford University Press.

Ainsworth G C, Sparrow F K, Sussman A S. 1973. The fungi: An advanced treatise. Vol. IV A and B[M]. New York and London: Academic Press.

Alexopoulos C J, Mims C W, Blackwell M, 1983. 真菌学概论[M]. 余永年, 等, 译. 北京: 农业出版社.

Alexopoulos C J, Mims C W, Blackwell M, 2002. 菌物学概论[M]. 4版. 姚一建, 李玉, 译. 北京: 中国农业出版社.

Ames R N, Schneider R W, 1979. *Entrophospor*, a new genus in the Endogonaceae[J]. Mycotaxon(8): 347-352.

Armstrong-Cho C L, Banniza S, 2006. *Glomerella truncata* sp. nov., the teleomorph of *Colletotrichum truncatum*[J]. Mycological Research, 110(8): 951-956.

Barnett H L, Hunter B B, 1972. Illustrated genera of imperfect fungi[M]. Minneapolis: Burgess Publishing Company.

Bauer R, Lutz M, Oberwinkler F, 2004. *Tuberculina*-rusts: A unique basidiomycetous interfungal cellular interaction with horizontal nuclear transfer[J]. Mycologia, 96(5): 960-967.

Baxter L, Tripathy S, Ishaque N, et al., 2010. Signatures of adaptation to obligate biotrophy in the *Hyaloperonospora arabidopsidis* genome[J]. Science, 330(6): 1549-1551.

Beever R E, Weeds P L, 2004. Taxonomy and genetic variation of *Botrytis* and *Botryotinia*[M]//Elad Y, Williamson B, Tudzynski P, et al. Botrytis: Biology, Pthology and Control. Berlin: Springer.

Berbee M L, Mona P, Hubbard S, 1999. *Cochliobolus* phylogenetics and the origin of known, highly virulent pathogens, inferred from ITS and glyceraldehyde-3-phosphate dehydrogenase gene sequences[J]. Mycologia, 91(6): 964-977.

Bessey E A, 1935. A text-book of mycology[M]. Philadelphia: P. Blakiston's Son & Co. Inc.

Binder M, Hibbett D S, 2006. Molecular systematics and biological diversification of Boletales[J]. Mycologia, 98(6): 971-981

Blaszkowski J, 1988. Three new vesicular-arbuscular mycorrhizal fungi (Endogonaceae) from Poland[J]. Bulletin of the Polish Academy of Sciences (Biological Sciences), 36(10-12): 271-275.

Blaszkowski J, 1994. Polish Glomales 10. *Acaulospora dilatata* and *Scutellospora dipurpurascens*[J]. Mycorrhiza, 4(4): 173-182.

Bmun U, 1999. Some critical notes on the classification and the generic concept of the Erysiphaceae[J]. Schlechtendalia, 3: 48-54.

Boerema G H, De Gruyter J, Noordeloos M E, et al., 2004. Phoma identification manual; differentiation of specific and infra-specific taxa in culture[M]. Wallingford: CABI.

Brasier C M, Mehrotra M D, 1995. *Ophiostoma himal-ulmi* sp. nov., a new species of Dutch elm disease fungus endemic to the Himalayas[J]. Mycological Research, 99: 205-215

Braun U, Cook R T A, Inman A J, et al., 2002. The taxonomy of the powdery mildew fungi[M]//Bélanger R

R, Dik A, Bushnell W. The Powdery Mildews: a comprehensiv treatise. St Paul: American Phytopathological Society Press.

Braun U, Crous P W, Dugan F, et al., 2003. Phylogeny and taxonomy of Cladosporium-like hyphomycetes, including *Davidiella* gen. nov., the teleomorph of *Cladosporium s. str.*[J]. Mycological Progress(2): 3-18.

Braun U, Takamatsu S, 2000. Phylogeny of *Erysiphe*, *Microsphaera*, *Uncinula* (Erysipheae) and *Cystotheca*, *Podosphaera*, *Sphaerotheca* (Cystothecae) inferred from rDNA IST sequences-some taxonomic consequences [J]. Schlechtendalia(4): 1-33.

Braun U, 2011. The current systematics and taxonomy of the powdery mildews (Erysiphales): An overview [J]. Mycoscience, 52(3): 210-212.

Burnett J, 2003. Fungi populations and species[M]. Oxford: Oxford University Press.

Camp R R, 1977. Association of microbodies, Wornin bodies, and septa in intercellular hyphae of *Cymodothea trifolii*[J]. Canadian Journal of Botany, 55(13): 1856-1859.

Castlebury L A, Rossman A Y, Jaklitsch W J, et al., 2002. A preliminary overview of the Diaporthales based on large subunit nuclear ribosomal DNA sequences[J]. Mycologia, 94(6): 1017-1031.

Cavalier-Smith T, 1993. Evolution of the eukaryotic genome[J]. Symposia-Society for General Microbiology, 1 (50): 333-385.

Cavalier-Smith T, 1998. A revised six-kingdom system of life [J]. Biological Reviews of the Cambridge Philosophical Society, 73(3): 203-266.

Cavalier-Smith T, 1981. Eukaryote kingdoms: seven or nine[J]. Biosystems, 14(3-4): 461.

Chen S F, Lombard L, Roux J, et al., 2011. Novel species of *Calonectria* associated with Eucalyptus leaf blight in Southeast China[J]. Persoonia, 26: 1-12.

Chen W Q, Swart W J, Nieuwoudt T D, 2000. A new species of *Bipolaris* from South Africa[J]. Mycotaxon, 76: 149-152.

Chongo G, Gossen B D, Buchwaldt L, et al., 2004. Genetic diversity of *Ascochyta rabiei* in Canada[J]. Plant Disease, 88(1): 4-10.

Cook R T A, Braun U, 2009. Conidial germination patterns in powdery mildews[J]. Mycological Research, 113 (5): 616-636.

Cook R T A, Henricot B, Henrici A, et al., 2006. Morphological and phylogenetic comparisons amongst powdery mildews on *Catalpa* in the UK[J]. Mycological Research, 110(6): 672-685.

Cook R T A, Inman A J, Billings C, 1997. Identification and classification of powdery mildew anamorphs using light and scanning electron microscopy and host range data[J]. Mycological Research, 101(8): 975-1002.

Crous P W, 2002. Taxonomy and Pathology of *Cylindrocladium* (*Calonectria*) and Allied Genera [M]. St Paul: APS Press.

Crous P W, Aptroot A, Kang J C, et al., 2000. The genus *Mycosphaerella* and its anamorphs[J]. Studies in Mycology, 45: 107-121.

Crous P W, Schroers H J, Groenewald J Z, et al., 2007. *Mycosphaerella* is polyphyletic[J]. Studies in Mycology, 58(1): 1-32.

Crous P W, Schubert K, Braun U, et al., 2007. Opportunistic, human-pathogenic species in the Herpotrichiellaceae are phenotypically similar to saprobic or phytopathogenic species in the Venturiaceae [J]. Studies in Mycology, 58(7): 185-217.

Crous P W, Slippers B, Wingfield M J, et al., 2006. Phylogenetic lineages in the Botryosphaeriaceae [J]. Studies in Mycology, 55(1): 235-253.

Cummins G B, Hiratsuka Y, 2003. Illustrated genera of rust fungi[M]. 3rd ed. Minnesota: APS Press.

Czabator F J, 1976. A new species of *Ploioderma* associated with a pine needle blight[J]. Memoris of the New York Botanical Garden, 28(1): 41-44.

Dai Y C, Zhuang J Y, 2010. Numbers of fungal species hitherto known in China[J]. Mycosystema, 27(6): 801-824.

Dick M W, 1997. The Myzocytiopsidaceae[J]. Mycological Research, 101(7): 878-882.

Domsch K H, Gams W, Anderson T H, 1980. Compendium of soil fungi[M]. Wallingford: Academic Press.

Druzhinina I S, Kopchinskiy A, Kubicek C P, 2006. The first one hundred *Trichoderma* species characterized by molecular data[J]. Mycoscience, 47(2): 55-64.

Ellis M B, 1971. Dematiaceous Hyphomycetes[M]. Oxford: Oxford University Press.

Ellis M B, 1976. More Dematiaceous Hyphomycetes[M]. Oxford: Oxford University Press.

Eriksson O, 1982-1985. System Ascomycetum[M]. Wallingford: Commonwealth Agricultural Bureaux International.

Feau N, Hamelin R C, Bernier L, 2007. Variability of nuclear SSU-rDNA group introns within *Septoria* Species: Incongruence with host sequence phylogenies[J]. Journal of Molecular Evolution, 64(5): 489-499.

Galun M, 1988. Effects of Symbiosis on the Mycobiont[M]//Galun M. Handbook of Lichenology vol. II. Boca Raton: CRC Press.

Gams W, Zare R, Summerbell R C, 2005. Proposal to conserve the generic name *Verticillium* (anamorphic Ascomycetes) with a conserved type[J]. Taxon, 54(1): 179.

Geldenhuis M M, Roux J, Montenegro F, et al., 2004. Identification and pathogenicity of *Graphium* and *Pesotum* species from machete wounds on *Schizolobium parahybum* in Ecuador[J]. Fungal Diversity, 15: 135-149.

Geldenhuisa M M, Roux J, Cilliers A J, et al., 2006. Clonality in South African isolates and evidence for a European origin of the root pathogen *Thielaviopsis basicola*[J]. Mycological Research, 110(3): 306-311.

Goffeau A, Barrell BG, Bussey H, et al., 1996. Life with 6000 genes[J]. Science, 274(5287): 546, 563-567.

Gostincar C, Grube M, de Hoog S, et al., 2010. Extremotolerance in fungi: evolution on the edge[J]. Fems Microbiology Ecology, 71(1): 2-11.

Green S, Castlebury L A, 2007. Connection of *Gnomonia intermedia* to *Discula betulina* and its relationship to other taxa in *Gnomoniaceae*[J]. Mycological Research, 111(1): 62-69.

Grigoriev I V., 2014. MycoCosm portal: gearing up for 1000 fungal genomes[J]. Nucleic Acids Research, 42: 699-704

Gu H L, Xu Y F, Lu D D, et al., 2015. A new species of *Lophodermium* with variously branched paraphyses [J]. Mycotaxon, 130(1): 191-196.

Haas B J, Kamoun S, Zody M C, et al, 2009. Genome sequence and analysisi of the Irish potato famine pathogen *Phytophthora infestans*[J]. Nature, 461(7262): 393-398.

Harrison R G, 1991. Molecular changes at speciation[J]. Annual Review of Ecology and Systematics, 22(1): 281-308.

Hatakeyama S, Harada Y, 2004. A new species of *Discostroma* and its anamorph *Seimatosporium* with two morphological types of conidia, isolated from the stems of *Paeonia suffruticosa*[J]. Mycoscience, 45(2): 106-111.

Hawksworth D L, Kirk P M, Sutton B C, et al., 1995. Ainsworth & Bisby's Dictionary of the Fungi[M]. 8th ed. Wallingford: CAB Intemational.

Hawksworth D L, Lücking R, 2017. Fungal diversity revisited: 2.2 to 3.8 million species[J]. Microbiology Spectrum, 5(4): 1-17.

Hawksworth D L, 1991. The fungal demention of biodiversity: magnitude, significance, and conservation [J]. Mycological Research, 95(6): 641-655.

Hawksworth D L, Kirk P M, Sutton B C, et al., 1995. Ainsworth & Bisby's Dictionary of the fungi (8th edition)[M]. Wallingford: CABI.

Hawksworth D L, Sutton B C, Ainsworth G C, et al., 1983. Ainsworth & Bisby's Dictionary of the fungi(7th edition)[M]. Wallingford: CABI.

Heckman D S, Geiser D M, Eidell B R, et al., 2001. Molecular evidence for the early colonization of land by fungi and plants[J]. Science, 293(5532): 1129-1133.

Hosen M I, Li T H, 2017. Two new species of *Phylloporus* from Bangladesh, with morphological and molecular evidence[J]. Mycologia, 109(2), 277-286.

Huang B, Li C R, Li Z G, et al., 2002. Molecular identification of the teleomorph of *Beauveria bassiana* [J]. Mycotaxon, 81: 229-236.

Huang L, Zhu Y N, Yang J Y, et al., 2018. Shoot blight on Chinese fir(*Cunninghamia lanceolata*) is canused by *Bipolaris oryzae*[J]. Plant Disease, 102(3): 500-506.

Hughes S J, 1953. Conidiophores, conidia, and classification [J]. Canadian Journal of Botany, 31(5): 577-659.

Ianiri G, Wright S A, Castoria R, et al., 2011. Development of resources for the analysis of gene function in Pucciniomycotina red yeasts[J]. Fungal Genetics and Biology, 48(7): 85-695.

Islam M T, Mohamedali A, Garg G, et al., 2013. Unlocking the puzzling biology on the black Périgord truffle *Tuber melanosporum*[J]. Journal of Proteome Research, 12(12): 5349-5356.

James T Y, Porter D, Leander C A, et al., 2000. Molecular phylogenetics of the Chytridiomycota supports the utility of ultrastructural data in chytrid systematics[J]. Canadian Journal of Botany, 78(3): 336-350.

James T Y, Letcher P M, Longcore J E, et al., 2006. A molecular phylogeny of the flagellated fungi(Chytridiomycota)and description of a new phylum(Blastocladiomycota)[J]. Mycologia, 98(6): 860-871.

Jeewon R, Liew E C Y, Hyde K D, 2003. Molecular systematics of the Amphisphaeriaceae based on cladistic analyses of partial LSU rDNA sequences[J]. Mycological Research, 107(12): 1392-1402.

Jeewon R, Liew E C Y, Hyde K D, 2002. Phylogenetic relationships of *Pestalotiopsis* and allied genera inferred from ribosomal DNA sequences and morphological characters[J]. Molecular Phylogenetics and Evolution, 25 (3): 378-392.

Johnson J T W, Seymour R L, Padgett D E, 2005. Systematics of the Saprolegniaceae: new combinations [J]. Mycotaxon, 92: 11-32.

Kemen E, Gardiner A, Schultz-LarsenT, et al., 2011. Gene gain and loss during evolution of obligate parasitism in the white rust pathogen of *Arabidopsis thaliana*[J]. Plos Biology, 9(7): 1001094.

Kile G A, 1993. Plant disease caused by species of *Ceratocystis* sensu stricto and Chalara[M]//Wingfield M J, Seifert K A, Webber J F. Ceratocystis and Ophiostoma: taxonomy, Ecology and Pathogenicity. St Paul: APS Press.

Kirk P M, Cannon P F, David J C, et al., 2001. Ainsworth & Bisby's Dictionary of the Fungi[M]. 9th ed. Wallingford: CABI.

Kirk P M, Cannon P F, Minter D W, et al., 2008. Ainsworth &-Bisby's Dictionary of the Fungi[M]. 10th ed. Wallingford: CABI.

Kramadibrata K, Walker C, Schwarzott D, et al., 2000. A new species of *Scutellospora* with a coiled germination shield. Annals of Botany, 86(1): 21-27.

Lamour K., Mudge J., Gobena D., et al., 2012. Genome sequencing and mapping reveal loss of heterozygosity as a mechanism for rapid adaptation in the vegetable pathogen *Phytophthora capsici*[J]. Molecular plant-microbe interactions, 25(10): 1350-1360.

Lee S, Groenewald J Z, Crous P W, 2004. Phylogenetic reassessment of the coelomycete genus Harknessia and its teleomorph Wuestneia(Diaporthales), and the introduction of Apoharknessia gen. nov[J]. Studies in Mycology, 50(1): 235-252.

Levesque C A, Brouwer H, Cano L, et al., 2010. Genome sequence of the necrotrophic plant pathogen *Pythium ultimum* reveals original pathogenicity mechanisms and effector repertoire [J]. Genome biology, 11 (7): R73.

Li J J, Wu S Y, Yu X D, et al., 2017. Three new species of Calocybe(Agaricales, Basidiomycota)from northeastern China are supported by morphological and molecular data[J]. Mycologia, 109(1): 55-63.

Li J Q, Wingfield M J, Liu Q L, et al., 2017. *Calonectria*, species isolated from, *Eucalyptus*, plantations and nurseries in South China[J]. IMA Fungus, 8(2): 259-286.

Liang C, Yang J, Kovács G M, et al., 2007. Genetic diversity of *Ampelomyces mycoparasites* isolated from different powdery mildew fungi in China inferred from analyses of rDNA ITS sequences[J]. Fungal Diversity, 24: 225-240.

Limkaisang S, Kom-un S, Furtado E L, et al., 2005. Molecular phylogenetic and morphological analyses of *Oidium heveae*, a powdery mildew of rubber tree[J]. Mycoscience, 46(4): 220-226.

Links M G, Holub E, Jiang R H, et al., 2011. De novo sequence assembly of *Albugo candida* reveals a small genome relative to other biotrophic oomycetes[J]. BMC Genomics, 12(1): 503.

Liu Q L, Li J Q, Wingfield M J, et al., 2020. Reconsideration of species boundaries and proposed DNA barcodes for *Calonectria*[J]. Studies in Mycology. doi: 10.1016/j.simyco.2020.08.001.

Liu X Y, Hydee K D, Ariyawansa H A, et al., 2013. Shiraiaceae, new family of Pleosporales (Dothideomyceyes, Ascomycota)[J]. Phytotaxa, 103(1): 51-60.

Liu Z Y, Liang Z Q, Liu A Y, et al., 2002. Molecular evidence for teleomorph-anamorph connections in Cordyceps based on ITS-5.8S rDNA sequences[J]. Mycological Research, 106(9): 1100-1108.

Lombard L, Chen S F, Mou X, et al., 2015. New species, hyper-diversity and potential importance of *Calonectria* spp. from *Eucalyptus* in South China[J]. Studies in Mycology, 80: 151-188.

Lombard L, Crous P W, Wingfield B D, et al., 2010. Species concepts in *Calonectria* (*Cylindrocladium*) [J]. Studies in Mycology, 66(1): 1-14.

Lombard L, Zhou X D, Crous P W, et al., 2010. *Calonectria* species associated with cutting rot of *Eucalyptus* [J]. Persoonia, 24: 1-11.

Luangsa-ard J J, Hywel-Jones N L, Manoch L, et al., 2005. On the relationships of Paecilomyces sect. Isarioidea species[J]. Mycological Research, 109(5): 581-589.

Lutz M, Bauer R, Begerow D, et al., 2004. Tuberculina-Helicobasidium: host specificity of the Tuberculina-stage reveals unexpected diversity within the group[J]. Mycologia, 96(6): 1316-1329.

Maarja Ö, Martin Z, Juan J C, et al., 2013. Global sampling of plant roots expands the described molecular diversity of arbuscular mycorrhizal fungi[J]. Mycorrhiza, 23(5): 411-430.

Martin F, Kohler A, Murat C, et al., 2010. Perigord black truffle genome uncovers evolutionary origins and mechanisms of symbiosis[J]. Nature, 464(7291): 1033-1038.

Martin G W, 1955. Are fungi plants[J]. Mycologia, 47(6): 779-792.

Ma R, Chen Q, FanY L, et al., 2017. Six new soil-inhabiting *Cladosporium* species from plateaus in China [J]. Mycologia, 109(2): 244-260.

Montanini B, Levati E, Bolchi A, et al., 2011. Genome-wide search and functional identification of transcription factors in the mycorrhizal fungus *Tuber melanosporum*[J]. New Phytologist, 189(3): 736-750.

Moore-Landecker E, 1992. Physiology and biochemistry of ascocarp induction and development[J]. Mycological Research, 96(9): 705-716.

Niekerk J M, van Groenewald J Z, Verkley G J M, et al., 2004. Systematic reappraisal of *Coniella* and *Pilidiella*, with specific reference to species occurring on *Eucalyptus* and Vitis in South Africa[J]. Mycological Research, 108(3): 283-303.

Núñez J A D, González R P, Barreal J A R, et al., 2008. The effect of *Tuber melanosporum* Vitt. Mycorrhization on growth, nutrition, and water relations of *Quercus petraea* Liebl., *Quercus faginea* Lamk., and *Pinus halepensis* Mill seedings[J]. New Forests, 35(2): 59-171.

Oehl F, Sieverding E, 2004. *Pacispora*, a new vesicular arbuscular mycorrhizal fungal genus in the Glomeromycetes[J]. Journal of Applied Botany and Food Quality-angewandte Botanik, 78(1): 72-82.

Okabe I, Matsumoto N, 2003. Phylogenetic relationship of *Sclerotium rolfsii* (teleomorph *Athelia rolfsii*) and *S. delphinii* based on ITS sequences[J]. Mycological Research, 107(2): 164-168.

Okada G, Seifert K A, Takematsu A, et al., 1998. A molecular phylogenetic reappraisal of the taxonomy of the *Graphium* complex based on 18S rDNA sequences[J]. Canadian Journal of Botany, 76(9): 1495-1506.

Olivier C, Berbee M L, Shoemaker R A, et al., 2000. Molecular phylogenetic support from ribosomal DNA sequences for origin of *Helminthosporium* from Leptosphaeria-like loculoascomycete ancestors[J]. Mycologia, 92(4): 736-746.

Öpik M, Moora M, LIIRA J, 2006. Composition of root-colonizing arbuscular mycorrhizal fungal communities in different ecosystems around the globe[J]. Journal of Ecology, 94(4): 778-790.

Paulin-Mahady A E, Harrington T C, Mcnew D L, 2002. Phylogenetic and taxonomic evaluation of *Chalara*, *Chalaropsis*, and *Thielaviopsis* anamorphs associated with *Ceratocystis*[J]. Mycologia, 94(1): 62-72.

Petrini O, Sieber T N, Toti L, 1992. Ecology, metabolit production, and substrate utilization in endophytic fungi[J]. Natural Toxins, 1(3): 185-196.

Phillips A J L, Alves A, Correia A, et al., 2005. Two new species of *Botryosphaeria* with brown, 1-septate ascospores and *Dothiorella* anamorphs[J]. Mycologia, 97(2): 513-529.

Phillips A J L, 2000. Botryosphaeria populi sp. nov. and its *Fusicoccum* anamorph from poplar trees in Portugal [J]. Mycotaxon, 76(1): 135-140.

Phillips A J L, Alves A, Pennycook S R, et al., 2008. Resolving the phylogenetic and taxonomic status of dark-spored teleomorph genera in the Botryosphaeriaceae[J]. Persoonia, 21: 29-55.

Phillips A J L, Rumbos I C, Alves A, et al., 2005. Morphology and phylogeny of *Botryosphaeria dothidea* causing fruit rot of olives[J]. Mycopathologia, 159: 433-439.

Piepenbring M, 2007. Inventoring the fungi of Panama[J]. Biodiversity Conservation(16): 73-84.

Raffaele S, Kaumon S, 2012. Genome evolution in filamentous plant pathogens: why bigger can be better [J]. Nature Reviews Microbiology, 10(6): 417-430.

Raghukumar C, Damare S R, Singh P, 2010. A review on deep-sea fungi: occurrence, diversity and adaptation [J]. Botanica Marina, 53(6): 479-492.

Renker C, Blaszkowski J, Buscot F, 2007. *Paraglomus laccatum* comb. nov.: a new member of Paraglomeraceae

(Glomeromycota)[J]. Nova Hedwigia, 84(3-4): 395-407.

Reyes-Franco M C, Hernández-Delgado S, Beas-Fernández R, et al., 2006. Pathogenic and genetic variability within *Macrophomina phaseolina* from Mexico and other countries[J]. Journal of Phytopathology, 154(7-8): 447-453.

Reynolds D R, 1993. The Fungal Holomorph: an overview[M]//Reynolds D R, Taylor J W. The Fungal Holomorph. Wallingford: CABI.

Rossman A Y, Farr D F, Castlebury L A, 2007. A review of the phylogeny and biology of the Diaporthales [J]. Mycoscience, 48(3): 135-144.

Rossman A Y, McKemy J M, Pardo-Schultheiss R A, et al., 2001. Molecular studies of the Bionectriaceae using large subunit rDNA sequences[J]. Mycologia, 93(1): 100-110.

Samuels G J, 2006. *Trichoderma*: Systematics, the sexual state, and ecology[J]. Hytopathology, 96(2): 195-206.

Savile D B O, 1978. Paleoecology and convergent evolution in rust fungi (uredinales)[J]. Biosystems, 10(1): 31-36.

Schoch C L, Shoemaker R A, Seifert K A, et al., 2006. A multigene phylogeny of the Dothideomycetes using four nuclear loci[J]. Mycologia, 98(6): 1041-1052.

Schubert K, Ritschel A, Braun U, 2003. A monograph of *Fusicladium* s. lat. (hyphomycetes)[J]. Schlechtendalia, 9: 1-132.

Schüßler A, Schwarzott D, Walker C, 2001. A new fungal phylum, the Glomeromycota: phylogeny and evolution[J]. Mycological Research, 105(12): 1413-1421.

Siddip A, K Johnstone, Ingram D S, 1992. Evidence for the production during mating factors involved in suppression of asexual sorulation and the induction of ascocarp formation in *Pyrenopeziza brassicae*[J]. Mycological Research, 96(9): 757-765.

Sieverding E, Oehl F, 2006. Revision of *Entrophospora* and description of *Kuklospora* and *Intraspora*, two new genera in the arbuscular mycorrhizal Glomeromycetes[J]. Journal of Applied Botany and Food Quality-angewandte Botanik, 80(1): 69-81.

Sinclair W A, Campana R J, 1978. Dutch elm disease: perspectives after 60 years[J]. Plant Pathology, 1: 5-52.

Singh S, Khan S W, Misra B M, 1987. Some new and noteworthy records of fungi on indian conifers[J]. Indian Forester, 113(5): 359.

Slippers B, Crous P W, Denman S, et al., 2004. Combined multiple gene genealogies and phenotypic characters differentiate several species previously identified as *Botryosphaeria dothidea*[J]. Mycologia, 96(1): 83-101.

Slippers B, Fourie G, Crous P W, 2004. Multiple gene sequences delimit *Botryosphaeria australis* sp. nov. from B. lutea[J]. Mycologia, 96(5): 1030-1041.

Spain J L, Sieverding E, Oehl F, 2006. Appendicispora: a new genus in the arbuscular mycorrhiza-forming Glomeromycetes, with a discussion of the genus *Archaeospora*[J]. Mycotaxon, 97: 163-182.

Spain J L, 2003. Emendation of *Archeospora* and its type species, *Archaeospora trappei*[J]. Mycotaxon, 87: 109-112.

Spatafora J W, 2017. The fungal tree of life: From molecular systematics to genome-scale phylogenies[J]. Microbiology Spectrum, 5(5): 1-32.

Spatafora J W, Chang Y, Benny G L, et al., 2016. A phylum-level phylogenetic classification of zygomycete fungi based on genome-scale data[J]. Mycologia, 108(5): 1028-1046.

Spier A G, 1998. *Melampsora* and *Marssonina* pathogens of poplars and willows in New Zealand[J]. European

Journal of Forest Pathology, 28(4): 233-240

Staats M, Peter van B, Jan A, et al., 2005. Molecular phylogeny of the plant pathogenic genus *Botrytis* and the evolution of host specificity[J]. Molecular Biology and Evolution, 22(2): 333-346.

Stone J K, Gernandt D S, 2005. A reassessment of *Hemiphacidium*, *Rhabdocline* and *Sarcotrochila* (Hemiphacidieaceae)[J]. Mycotaxon, 91: 115-126.

Strobel G, Daisy B, 2003. Bioprospecting for microbial endophytes and their natural product[J]. Microbiology and Molecular Biology Reviews, 67(4): 491-502.

Sutton B C, 1980. The Coelomycetes[M]. Wallingford: CABI.

Talbot P H B, 1971. Principles of fungal taxonomy[M]. London: Macmillan Education.

Tavares S, Ramos A P, Pires A S, et al., 2014. Genome size analyses of *Pucciniales* reveal the largest fungal genomes[J]. Front Plant Science, 5(422): 1-11.

Thines M, Spring O, 2005. A revision of *Albugo* (Chromista, Peronosporomycetes)[J]. Mycotaxon, 92: 443-458.

Tian M, Win J, Savory E, et al., 2011. 454 Genome sequencing of *Pseudoperonospora cubensis* reveals effector proteins with a QXLR translocation motif[J]. Molecular Plant-Microbe Interactions, 24(5): 543-553.

Toome-Heller M, 2016. Latest developments in the research of rust fungi and their allies (Pucciniomycotina)[M]//Li D W. Biology of Microfungi. Berlin: Springer.

Tsuneda A, Hambleton S, Currah R S, 2004. Morphology and phylogenetic placement of Endoconidioma, a new endoconidial genus from trembling aspen[J]. Mycologia, 96(5): 1128-1135.

Tyler B M, Tripathy S, Zhang X, et al., 2006. *Phytophthora* genome sequences uncover evolutionary origins and mechanisms of pathogenesis[J]. Science, 313(5791): 1261-1266.

Verkley G J M, Priest M J, 2000. *Septoria* and similar coelomycetous anamorphs of *Mycosphaerella*[J]. Studies in Mycology, 45: 123-128.

Verkley G J M, Starink-Willemse M, van Iperen A, et al., 2004. Phylogenetic analyses of *Septoria* species based on the ITS and LSU-D2 regions of nuclear ribosomal DNA[J]. Mycologia, 96(3): 558-571.

Voglmayr H, Riethmüller A, Göker M, et al., 2004. Phylogenetic relationships of *Plasmopara*, *Bremia* and other genera of downy mildew pathogens with pyriform haustoria based on Bayesian analysis of partial LSU rDNA sequence data[J]. Mycological Research, 108(9): 1011-1024.

Voglmayr H, Thines M, 2007. Phylogenetic relationships and nomenclature of *Bremiella sphaerosperma* (Chromista, Peronosporales)[J]. Mycotaxon, 100: 11-20.

Voigt K, 2012. Zygomycota Moreau[M]. Berlin: Borntraeger Science Publishers.

Qin W T, Zhuang W Y, 2016. Two new hyaline-ascospored species of *Trichoderma* and their phylogenetic positions[J]. Mycologia, 108(1): 205-214.

Walker C, Schüßler A, 2004. Nomenclatural clarifications and new taxa in the Glomeromycota[J]. Mycological Research, 108(9): 979-982.

Wang Q C, Liu Q L, Chen S F, 2019. Novel species of *Calonectria* isolated from soil near Eucalyptus plantations in southern China[J]. Mycologia, 118(6): 1028-1040.

Wang Q H, Fan K, Li D W, et al., 2017. Walnut anthracnose caused by *Colletotrichum siamense* in China[J]. Australasian Plant Pathology, 46(6): 585-595.

Wang Q H, Duan C H, Liu X H, et al., 2018. First report of walnut nnthracnose caused by *Colletotrichum fructicola* in China[J]. Plant Disease, 102(1): 247.

Wang S B, Miao X X, Zhao W G, et al., 2005. Genetic diversity and population structure among strains of the entomopathogenic fungus, *Beauveria bassiana*, as revealed by inter-simple sequence repeats (ISSR)[J]. Mycological Research, 109(12): 1364-1372.

Wang Z, Johnston P., Takamatsu S, et al., 2006. Toward a phylogenetic classification of the Leotiomycetes based on rDNA data[J]. Mycologia, 98(6): 1065-1075.

Webber J F, Gibbs J N, 1989. Insect dissemination of fungal pathogens of trees[M]//Wilding N, Collins N M, Hammond P M, et al. Insect-Fungus Interactions. London: Academic.

Webster J W, 1980. Introduction to fungi[M]. Cambridge: Cambridge University Press.

Webster J, Weber R W S, 2007. Introduction to Fungi[M]. 3rd ed. Cambridge: Cambridge University Press.

Wei J C, 1991. An enumeration of lichens in China[M]. Beijing: International Academic Publishers.

Wergin W P, 1973. Development of woronin bodies from microbodies in *Fusarium oxysporum* f. sp. Lycopersici [J]. Protoplasma, 76: 249-260.

Whittaker R H, 1969. New concepts of kingdoms of organisms[J]. Science, 163(3863): 150-160.

Wijayawardene N N, Hyde K D, Al-Ani L K T, et al., 2020. Outline of Fungi and fungus-like taxa [J]. Mycosphere, 11(1): 1060-1456.

Wilson I M, 1952. The Ascogenous hyphae of *Pyronema confluens*[J]. Annals of Botany, 16: 321-339.

Wood V, Gwilliam R, Rajandream M A, et al., 2002. The genome sequence of *Schizoaccharomyces pomb* [J]. Nature, 415(6874): 871-880.

Wu F, Wu X Q, Kong W L, et al., 2020. First report of leaf spot disease caused by *Alternaria alternata* on *Carya illinoensis* in China[J]. Plant Disease, 104(6): 1854-1855.

Xu J, 2006a. Microbial ecology in the age of genomics and metagenomics: Concepts, tools, and recent advances [J]. Molecular Ecology, 15(7): 1713-1731.

Xu J, 2006b. Fundamentals of fungal molecular population genetic analyses[J]. Current Issues in Molecular Biology, 8(2): 75-89.

Yang B, Wang Q Q, Jing M F, et al., 2017. Distinct regions of the *Phytophthora* essential effector Avh238 determine its function in cell death activation and plant immunity suppression[J]. New Phytologist, 214(1): 361-375.

Yu Y N, Zhuang W Y, 2003. Preface of Flora Fungorum Sinicorum. In: Selections from Yong-Nian Yu [M]. Beijing: Academy Press.

Zare R, Gams W, Schroers H J, 2004. The type species of *Verticillium* is not congeneric with the plant-pathogenic species placed in *Verticillium* and it is not the anamorph of *Nectria inventa*[J]. Mycological Research, 108(5): 576-582.

Zhang N, Blackwell M, 2001. Molecular phylogeny of dogwood anthracnose fungus (*Discula destructiva*) and the Diaporthales[J]. Mycologia, 93(2): 355-365.

Zhang N, Castlebury L A, Miller A N, et al., 2006. An overview of the systematics of the Sordariomycetes based on a four-gene phylogeny[J]. Mycologia, 96(6): 1076-1108.

Zhang W Y, 2001. Higher fungi of Tropical China[M]. Ithaca: Mycotaxon Ltd.

Zhou L, Bailey K L, Chen C Y, 2005. Molecular and genetic analyses of geographic variation in isolates of *Phoma macrostoma* used for biological weed control[J]. Mycologia, 97(3): 612-620.

Zhou S, Smith D R, Stanosz G R, 2001. Differentiation of *Botryosphaeria* species and related anamorphic fungi using Inter Simple or Short Sequence Repeat (ISSR) fingerprinting[J]. Mycological Research, 105(8): 919-926.

Zhou S, Stanosz G R, 2001. Relationships among *Botryosphaeria* species and associated anamorphic fungi inferred from the analyses of ITS and 5.8S rDNA sequences[J]. Mycologia, 93(3): 516-527.